MATEMÀTIQUES APLICADES A LES CIÈNCIES SOCIALS

J. Colera   Mª J. Oliveira   R. Colera   E. Santaella

BARCANOVA EDITORIAL

1r BATXILLERAT

Índex

Presentació i estructura

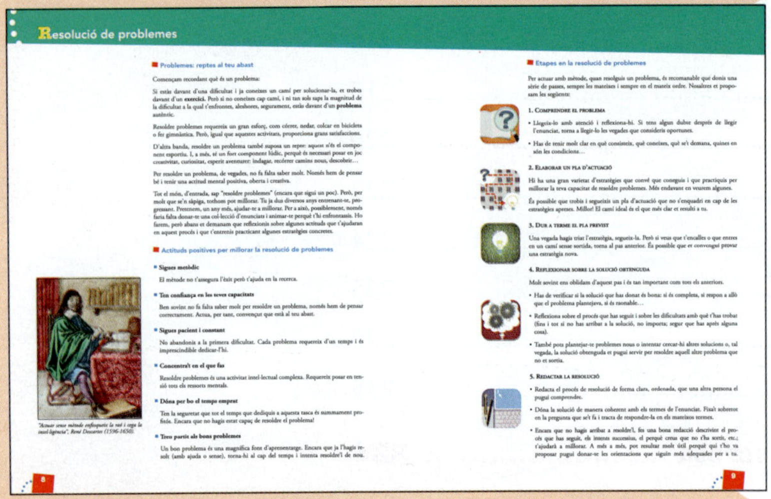

Resolució de problemes

Al principi del llibre trobaràs un apartat dedicat a la resolució de problemes.

En primer lloc, et donem unes quantes pautes i t'indiquem els passos que has de seguir a l'hora d'enfrontar-te a un problema.

Després, et mostrem diferents estratègies molt útils per a la resolució de problemes. Hi trobaràs problemes resolts mitjançant l'aplicació d'aquestes estratègies, i també problemes proposats perquè els resolguis i comprovis si estàs adquirint les habilitats presentades.

Al final, et proposem una gran quantitat de problemes perquè assagis aquestes estratègies.

Inicis de bloc

El llibre està dividit en tres blocs, que es corresponen amb diferents camps de les matemàtiques:

Aritmètica i àlgebra, Anàlisi, Estadística i probabilitat.

Cada un d'aquests blocs s'inicia amb un eix cronològic en què s'assenyalen els principals avenços en el camp de les matemàtiques tractats juntament amb els fets històrics i invents més rellevants de l'època en què es van produir.

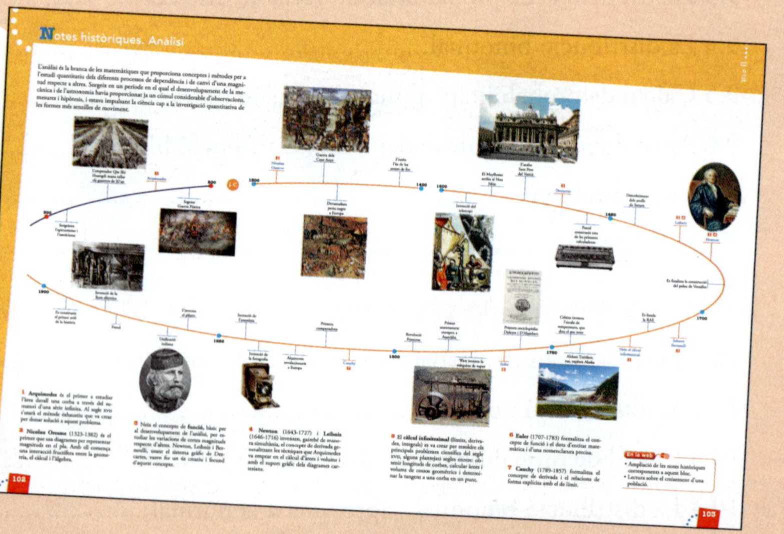

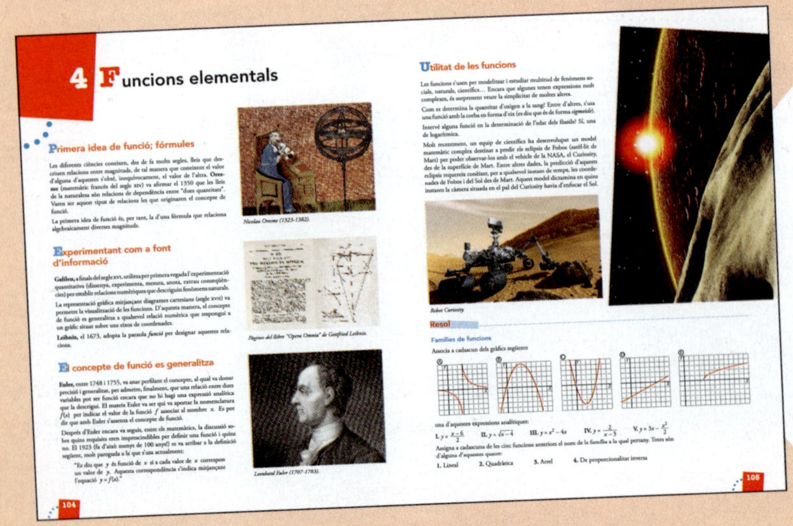

Inicis d'unitat

Les dues primeres pàgines de cada unitat estan dedicades a introduir els continguts més importants que s'hi tracten. A través dels descobriments més destacats en un camp determinat de les matemàtiques i dels personatges històrics que els van protagonitzar, s'hi fa una presentació breu dels orígens, de l'evolució i de la situació actual d'aquests continguts.

La introducció acaba sempre amb l'apartat «Resol»; s'hi proposa una activitat amb la resolució de la qual pretenem activar els teus coneixements previs de la matèria que es tractarà al llarg de la unitat.

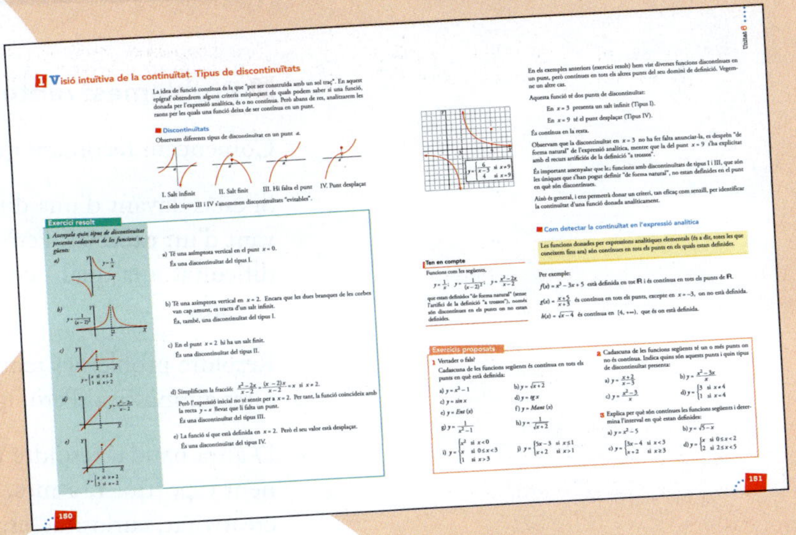

Desenvolupament de cada unitat

Les unitats es divideixen en epígrafs i subepígrafs, on mostrem els conceptes i eines que has d'aprendre.

En cada epígraf, com a norma general, trobaràs exercicis resolts que t'il·lustraran sobre com usar les eines que estàs aprenent en aquest moment i exercicis proposats que t'ajudaran a comprovar com progresses.

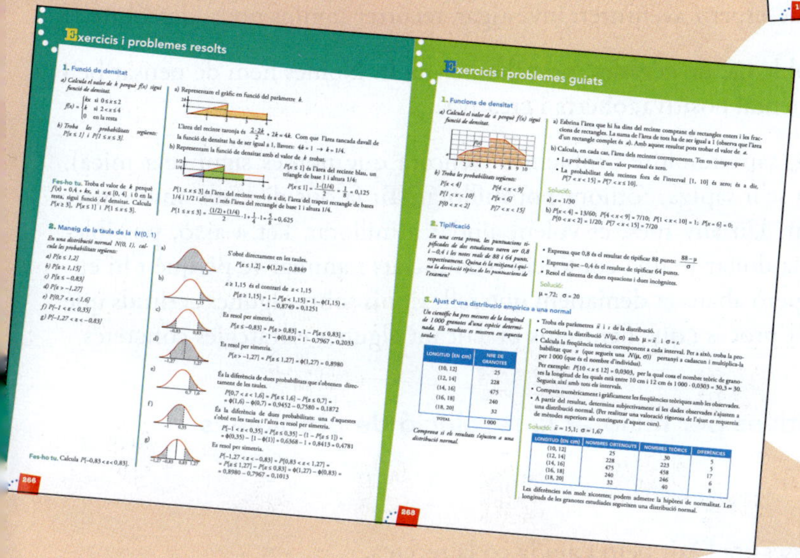

Exercicis resolts i guiats

La presentació teòrica dels continguts es completa en cada unitat amb:

- Diverses pàgines d'exercicis resolts classificats per continguts. Intenten cobrir tots els conceptes i eines que has après al llarg de la unitat, encara que, ocasionalment, se'n presenten alguns de nous.
- Una pàgina d'exercicis guiats perquè els resolguis seguint uns passos i unes indicacions breus que t'oferim en el llibre per facilitar-te aquesta tasca. També et donem la solució d'aquests exercicis.

Exercicis proposats i autoavaluacions

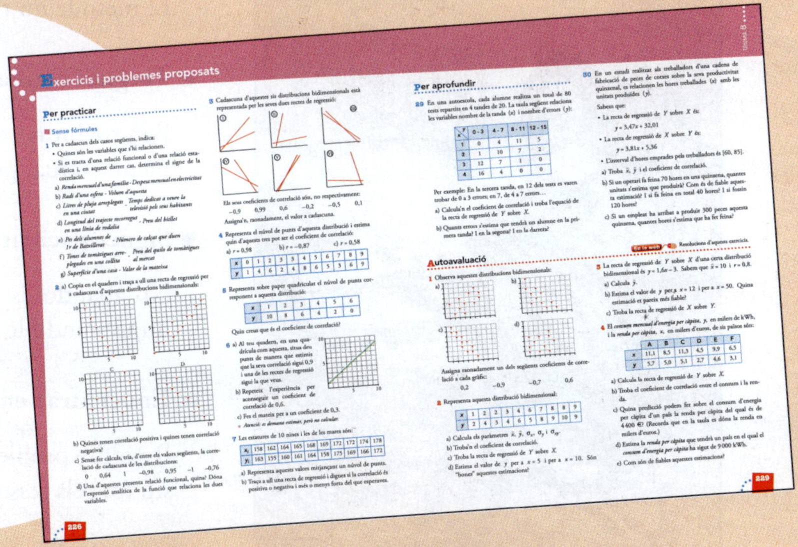

Al final de cada unitat trobaràs una gran quantitat d'exercicis que et proposem perquè els resolguis tu mateix. Estan seqüenciats per continguts i per dificultat. Aquests exercicis es clouen amb una autoavaluació que t'ajudarà a comprovar els teus progressos en l'estudi de la unitat.

A més, al final de cada bloc et proposem una llarga autoavaluació amb exercicis per repassar els continguts relacionats amb les unitats que componen el bloc.

Al final del llibre trobaràs les solucions de totes les autoavaluacions, i les resolucions completes, al web **www.espaibarcanova.cat**

El web de l'alumnat a espaibarcanova.cat

Què és? Un espai amb recursos digitals per millorar el teu aprenentatge.

Quan hi he d'accedir? Quan la icona indiqui que en **www.espaibarcanova.cat** disposes de recursos relacionats amb el contingut que estàs estudiant. I, per descomptat, visita el web sempre que vulguis investigar i aprendre més.

Problemes: reptes al teu abast

Comencem recordant què és un problema:

Si estàs davant d'una dificultat i ja coneixes un camí per solucionar-la, et trobes davant d'un **exercici.** Però si no coneixes cap camí, i ni tan sols saps la magnitud de la dificultat a la qual t'enfrontes, aleshores, segurament, estàs davant d'un **problema** autèntic.

Resoldre problemes requereix un gran esforç, com córrer, nedar, muntar en bicicleta o fer gimnàstica. Però, igual que aquestes activitats, dóna grans satisfaccions.

D'altra banda, resoldre un problema també suposa un repte: aquest n'és el component esportiu. I, a més, té un gran component lúdic, perquè s'han de posar en joc creativitat, curiositat, esperit aventurer: investigar, recórrer camins nous, descobrir...

Per resoldre un problema, de vegades, no cal saber molt. Només hem de pensar bé i tenir una actitud mental positiva, oberta i creativa.

Tothom, d'entrada, sap «resoldre problemes» (encara que només sigui una mica). Però, per molt que se'n sàpiga, tothom pot millorar. Tu ja dus diversos anys entrenant-te, progressant. Un any més, et volem ajudar a millorar. Per a això, possiblement, només caldria donar-te una col·lecció d'enunciats i animar-te perquè t'hi enfrontis. Ho farem, però abans et demanem que reflexionis sobre algunes actituds que t'ajudaran en aquest procés i que t'entrenis practicant algunes estratègies concretes.

Actituds positives per millorar la resolució de problemes

- **Sigues metòdic**

  El mètode no t'assegura l'èxit però t'ajuda en la recerca.

- **Tingues confiança en les teves capacitats**

  Ben sovint no cal saber molt per resoldre un problema, només cal pensar correctament. Actua, per tant, convençut que és al teu abast.

- **Sigues pacient i constant**

  No abandonis a la primera dificultat. Cada problema requereix d'un temps i és imprescindible dedicar-l'hi.

- **Concentra't en el que fas**

  Resoldre problemes és una activitat intel·lectual complexa. Requereix posar en tensió tots els ressorts mentals.

- **Dóna per bo el temps emprat**

  Tingues la seguretat que tot el temps que dediquis a aquesta tasca és summament profitós. Encara que no hagis estat capaç de resoldre el problema!

- **Treu partit als bons problemes**

  Un bon problema és una magnífica font d'aprenentatge. Encara que ja l'hagis resolt (amb ajuda o sense), torna-hi al cap del temps i intenta resoldre'l novament.

«Actuar sense mètode enfosqueix la raó i cega la intel·ligència», René Descartes (1596-1650).

Etapes en la resolució de problemes

Per actuar amb mètode, quan resolguis un problema, és recomanable que facis un seguit de passos, sempre els mateixos i sempre en el mateix ordre. Nosaltres et proposem els següents:

1. Comprendre el problema

- Llegeix-lo amb atenció i reflexiona-hi. Si tens algun dubte després de llegir l'enunciat, torna a llegir-lo les vegades que consideris oportunes.
- Has de tenir molt clar en què consisteix, què coneixes, què se't demana, quines en són les condicions…

2. Elaborar un pla d'actuació

Hi ha una gran varietat d'estratègies que convé que coneguis i que practiquis per millorar la teva capacitat de resoldre problemes. Més endavant en veurem algunes.

És possible que trobis i segueixis un pla d'actuació que no s'enquadri en cap de les estratègies apreses. Millor! El camí ideal és el que més clar et resulti a tu.

3. Dur a terme el pla previst

Una vegada hagis triat l'estratègia, segueix-la. Però si veus que t'encalles o que entres en un camí sense sortida, torna al pas anterior. És possible que et convingui provar una estratègia nova.

4. Reflexionar sobre la solució obtinguda

Molt sovint ens oblidem d'aquest pas i és tan important com tots els anteriors.

- Has de verificar si la solució que has donat és bona: si és completa, si respon a allò que el problema plantejava, si és raonable…
- Reflexiona sobre el procés que has seguit i sobre les dificultats amb què t'has trobat (fins i tot si no has arribat a la solució, no importa; segur que has après alguna cosa).
- També pots plantejar-te problemes nous o intentar cercar-hi altres solucions, o potser la solució que has obtingut et pot servir per resoldre aquell altre problema que no et sortia.

5. Redactar la resolució

- Redacta el procés de resolució de manera clara, ordenada, que una altra persona el pugui comprendre.
- Dóna la solució de forma coherent amb els termes de l'enunciat. Fixa't sobretot en la pregunta que se't fa i tracta de respondre-la en els mateixos termes.
- Encara que no hagis arribat a resoldre'l, fes una bona redacció descrivint el procés que has seguit, els intents successius, perquè creus que no t'ha sortit…; t'ajudarà a millorar. A més a més, pot resultar molt útil perquè qui t'ho va proposar pugui donar-te les orientacions que siguin més adequades per a tu.

Anàlisi d'algunes estratègies

Fer un esquema

Ben sovint, per entendre millor l'enunciat convé fer un esquema. Vegem-ne alguns tipus.

Esbossos

Serveixen per situar i relacionar millor les dades.

Problema resolt

LA PIRAGUA I LA CARPA

Un piragüista avança per un llac d'aigües tranquil·les quan, a una certa distància, davant seu, salta una carpa. En 15 palades arriba a l'ona creada pel salt i, en unes altres 15, abandona el cercle d'expansió. A quantes palades es trobava la piragua de la carpa quan el peix va saltar?

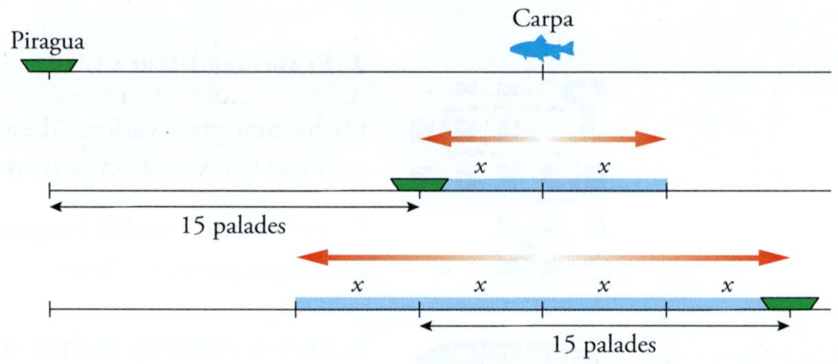

Veiem en l'esquema que 15 palades equivalen a $3x$, per tant, x equival a 5 palades.

Com que la carpa va saltar a 15 palades més x, aleshores va saltar a 20 palades del piragüista.

Dibuixos geomètrics

Si el problema és geomètric, és imprescindible una bona representació.

Problema resolt

LA CABRA

Una cabra està lligada, amb una corda de 30 m, en una cantonada d'una casa de camp de planta rectangular de 20 m × 10 m.

Quina és la superfície de la porció de parcel·la on pot pasturar la cabra?

Ens ajudem de l'esquema següent:

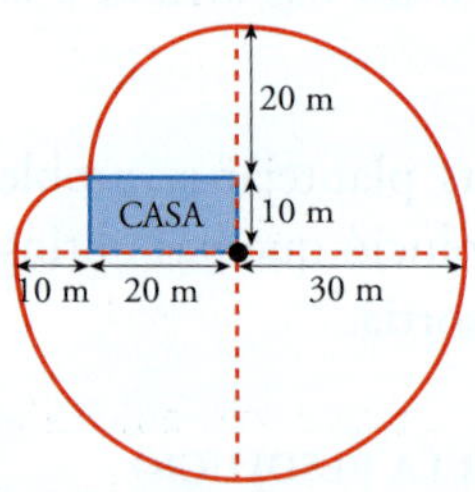

$$\text{Àrea} = \frac{3}{4}\pi \cdot 30^2 + \frac{1}{4}\pi \cdot 20^2 + \frac{1}{4}\pi \cdot 10^2 =$$

$$= 800\,\pi \approx 2\,513 \text{ m}^2$$

Aplica l'estratègia i resol

1 Un motorista surt de casa seva a les cinc de la tarda per anar a una cita. Si viatja a 60 km/h hi arribarà un quart d'hora tard, però si ho fa a 100 km/h hi arribarà un quart d'hora abans. A quina hora és la cita? A quina distància es troba de la seva destinació?

2 En el segon problema de dalt, suposem ara que la cabra està lligada a una casa de planta quadrada de 10 m de costat i que la corda que està lligada a una de les cantonades fa 20 m. Calcula, en aquest cas, la superfície on pot pasturar la cabra.

■ **DIAGRAMES DE VENN**

Són esquemes usats en la teoria de conjunts que ajuden a visualitzar les dades d'un tipus determinat de problemes.

Problema resolt

L'ENTREVISTA

En una entrevista de feina, dels 300 candidats seleccionats, 180 saben idiomes, 136 tenen experiència i 76 han fet un màster. A més a més, n'hi ha 21 amb idiomes i màster, 24 amb experiència i amb màster, i 61 amb idiomes i experiència. Hi ha 34 candidats que només tenen màster. Si no hi ha candidats que no tinguin cap de les tres coses, quants en tenen les tres? Quants n'hi ha només amb idiomes? I només amb màster?

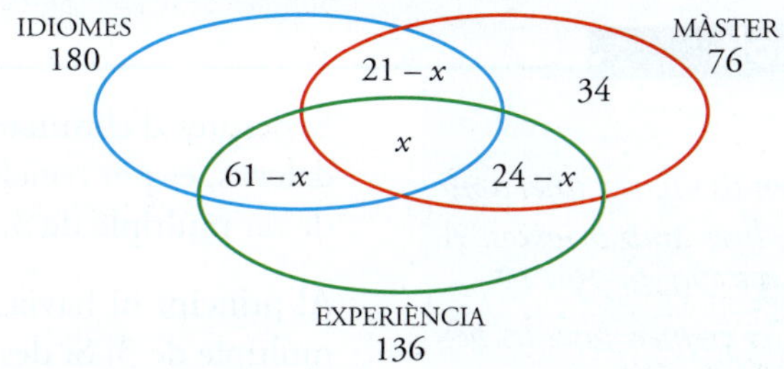

$(21 - x) + x + (24 - x) + 34 = 76 \rightarrow x = 3$

Hi ha 3 candidats amb les tres característiques.

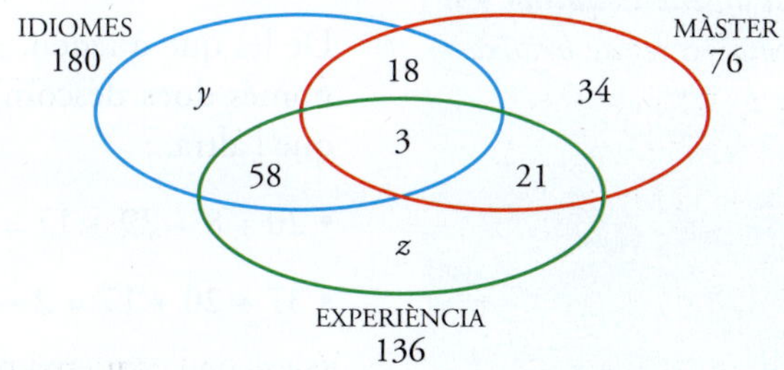

$58 + 3 + 18 + y = 180 \rightarrow y = 101$; $58 + 3 + 21 + z = 136 \rightarrow z = 54$

Hi ha 101 candidats només amb idiomes i 76 només amb màster.

■ **DIAGRAMES EN ARBRE**

Serveixen per facilitar la realització de recomptes.

Problema resolt

EL PARTIT

Dos equips de futbol s'enfronten en un partit. De quantes maneres possibles es pot haver arribat a un resultat de 3-1?

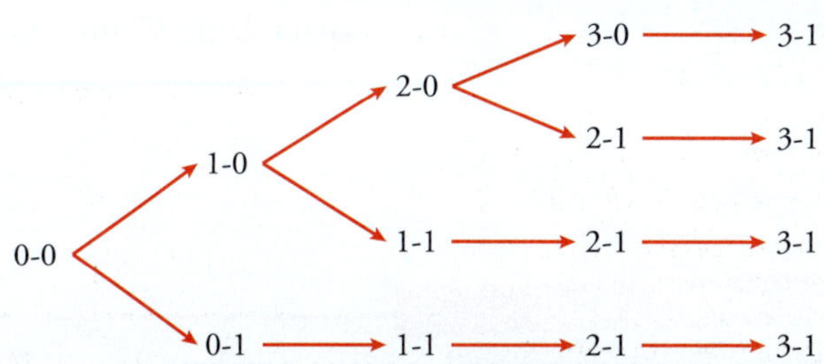

Per tant, hi ha quatre maneres diferents d'obtenir un 3-1.

Aplica l'estratègia i resol

3 En un club esportiu amb 1 500 socis, n'hi ha 513 que van al gimnàs, 696 que juguen al pàdel i 677 que van a la piscina. Fan servir les pistes de pàdel i el gimnàs 89 socis; el gimnàs i la piscina, 124, i les pistes de pàdel i la piscina, 162. Si hi ha 254 socis que només usen el gimnàs, quants socis usen totes les instal·lacions? Quants socis hi ha en total?

4 a) En un partit de futbol, de quantes maneres es pot arribar al resultat 5-0? I al resultat 4-1? Per tant, de quantes maneres es pot arribar al 5-1?

b) Si, a més de saber que un partit va acabar 4-4, sabem que va passar per 3-1, de quantes maneres va poder evolucionar el resultat?

Resolució de problemes

Temptejar. Descriure els casos diferents

En alguns problemes resulta necessari temptejar tots els casos possibles per veure quin respon a la solució que es busca. Però aquesta recerca s'ha de complementar amb el descobriment d'algun indici que ens delimiti el nombre de possibilitats.

Problema resolt

EL FORNER

Un forner fica al forn sis safates, unes amb magdalenes i unes altres amb brioixos. A les safates hi ha 37, 15, 20, 8, 29 i 17 peces. Per un descuit, es cremen totes les peces d'una de les safates. En fa un recompte i observa que té el doble de brioixos que de magdalenes. Quina safata s'ha cremat? Entre les safates que queden, quines són les de magdalenes i quines les de brioixos?

Si després d'eliminar una safata resulta que hi ha el doble de brioixos que de magdalenes, es pot concloure que la suma de les peces de les cinc safates que queden ha de ser múltiple de 3.

Al principi hi havia 37 + 15 + 20 + 8 + 29 + 17 = 126 peces. Aquest nombre és múltiple de 3. Si després de suprimir un sumand el resultat continua sent múltiple de 3, el sumand suprimit ha de ser, també, múltiple de 3. L'única safata que tenia un nombre de peces múltiple de 3 és la de 15 unitats. Aquesta és, per tant, la que s'ha cremat.

De les que queden, 37, 20, 8, 29 i 17, provem diverses combinacions i n'obtenim només dues descomposicions possibles en què es verifica que una suma és doble que l'altra:

- $20 + 8 + 29 + 17 = 2 \cdot (37)$
- $37 + 20 + 17 = 2 \cdot (8 + 29)$

D'aquestes solucions possibles, quina és la vàlida? Qualsevol. La frase on es pregunta per «les safates de magdalenes» no obliga a prescindir de la possibilitat que només n'hi hagi una.

ATENCIÓ! Abans dèiem «provem diverses combinacions i...». Vegem com la recerca es pot simplificar si tenim en compte un detall: si el nombre de magdalenes és la meitat del de brioixos, les magdalenes són la tercera part del total.

Per tant, com que hi havia 37 + 20 + 8 + 29 + 17 = 111 peces, podem concloure que 111 : 3 = 37 són magdalenes. I aquesta quantitat s'aconsegueix o bé amb una sola safata, la de 37 unitats, o bé sumant les unitats de dues safates (29 + 8).

Aplica l'estratègia i resol

5 Resol el problema anterior però amb aquests nombres de magdalenes i brioixos en les sis safates: 18, 19, 21, 23, 25 i 34.

6 En Ricard té set pots de bales de vidre amb 39, 46, 22, 14, 25, 18 i 12 unitats. Les bales de sis dels pots són vermelles i les bales de l'altre són grogues. Regala totes les bales vermelles a l'Hèctor i a l'Anna, i els dóna a cada un uns quants pots complets. Si sabem que l'Anna rep la quarta part de les bales que ha rebut l'Hèctor, quantes bales grogues hi ha en l'únic pot amb bales d'aquest color? Quins pots han rebut l'Hèctor i l'Anna?

7 S'han agafat dues fitxes de cartó i s'ha escrit un nombre en cada una de les quatre cares.

Es llancen a l'aire i sumant els nombres que queden a la vista, es poden obtenir els resultats següents: 36, 41, 50, 55.

Observa aquests nombres obtinguts en una de les tirades i esbrina els nombres que hi queden ocults:

25 **30**

Triar la incògnita adequada

Triant una bona notació, un problema es pot simplificar notablement. L'objectiu és relacionar les dades amb les variables triades i tractar que els càlculs siguin com més senzills millor. Per triar una bona notació, hem de tenir present que sigui clara, concisa i sense ambigüitats.

Problemes resolts

LES ESCALES

L'Eva puja les escales d'un edifici de 2 en 2 i les baixa de 3 en 3, amb la qual cosa fa un total de 100 salts. Quants salts fa per pujar i quants per baixar?

Si anomenem x el nombre d'esglaons que hi ha a l'edifici:

- Fa $\frac{x}{2}$ salts quan puja.
- Fa $\frac{x}{3}$ salts quan baixa.

$\frac{x}{2} + \frac{x}{3} = 100 \rightarrow x = 120$ esglaons

Per tant, fa 120 : 2 = 60 salts per pujar i 120 : 3 = 40 salts per baixar.

COTXE I CAMIÓ

Un cotxe tarda a fer el trajecte AB dues hores menys del que tarda un camió a fer el trajecte contrari, BA. Sortint simultàniament, tarden 2 hores i 55 minuts a encreuar-se. Quant tarda cada un a completar-ne el recorregut?

2 h = 120 min

2 h 55 min = 175 min

Anomenem x el temps (en minuts) que tarda el cotxe a fer el trajecte AB. Aleshores:

- El cotxe en 1 min fa $\frac{1}{x}$ del trajecte.
- El camió en 1 min fa $\frac{1}{x+120}$ del trajecte.
- Entre els dos en 1 min fan $\frac{1}{175}$ del trajecte.

$\frac{1}{x} + \frac{1}{x+120} = \frac{1}{175} \rightarrow x = 300 \text{ min} = 5 \text{ h}$

Per tant, el cotxe tarda a fer-lo 5 hores i el camió, 7 hores.

PROPOSTA: Tenint en compte que 2 h i 55 min són $\frac{35}{12}$ d'hora, resol el problema sense passar el temps a minuts.

Aplica l'estratègia i resol

8 Un grup d'amics mengen en un restaurant xinès. Cada dos comparteixen un plat d'arròs; cada tres, un de salsa, i cada quatre, un de carn. Si en total s'hi serveixen 65 plats, quants amics hi han anat a menjar?

9 En una excursió a la muntanya, organitzada per un club alpí, cada tres membres comparteixen una motxilla; cada quatre, una brúixola, i cada sis, un mapa. Si entre motxilles, brúixoles i mapes hi ha 27 objectes, quants membres del club participen en l'excursió?

10 Un pintor tarda 3 hores més que un altre a pintar una mateixa paret. Se sap que treballant junts haurien pintat la paret en 2 hores. Calcula quant va tardar cada un a fer la feina en solitari.

11 Una aixeta tarda a omplir una piscina 3 hores menys que el desguàs a buidar-la. Si tenim la piscina buida, i obrim l'aixeta i el desguàs al mateix temps, tardarà 36 hores a omplir-se. Quant tardarà cada un a complir el seu objectiu si tanquem l'altre?

Considerar casos particulars. Experimentar

En algunes ocasions, experimentar amb casos particulars ve bé. S'hi solen obtenir idees molt interessants i profitoses.

Problema resolt

SUMA D'IMPARELLS

Esbrinar a què és igual el resultat de sumar els n primers nombres imparells.

Provem amb els casos més senzills. Els observem i elaborem una hipòtesi:

$$1 = 1 = 1^2$$
$$1 + 3 = 4 = 2^2$$
$$1 + 3 + 5 = 9 = 3^2$$
$$1 + 3 + 5 + 7 = 16 = 4^2$$

Sembla raonable conjecturar que:

$$\underbrace{1 + 3 + 5 + 7 + (2n - 1)}_{\text{suma dels } n \text{ primers nombres imparells}} = n^2$$

És cert? Com podem comprovar-ho? Una manera elegant de procedir és aquesta:

$$1 + 3 + 5 + 7 + \dots + 2n - 1 = n^2$$

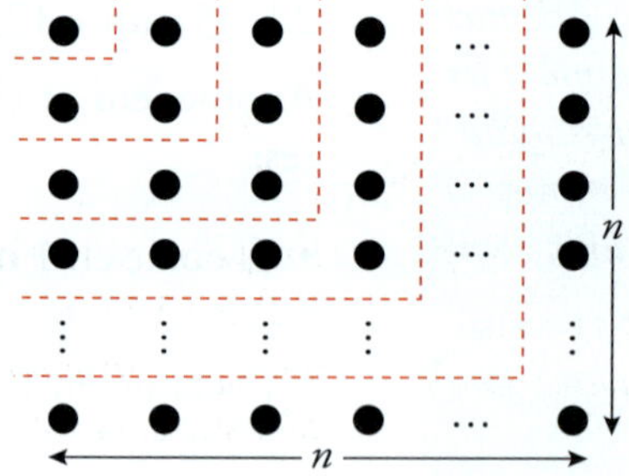

Com pots comprovar, hi ha una disposició geomètrica en forma de quadrat.

Aplica l'estratègia i resol

12 El conserge d'un hotel tanca i obre les portes de les habitacions segons el criteri següent:

- El primer dia tanca totes les portes.
- El segon dia obre les parells.
- El tercer dia canvia les múltiples de 3 (si una porta estava oberta, la tanca; i si estava tancada, l'obre).
- El quart dia canvia les múltiples de 4.
- Etcètera.

Quines portes són les que quedaran tancades al final del procés?

Ajuda: observa, segons el nombre de la porta, la quantitat, parell o imparell, de divisors que té. Per exemple, la porta 14 té un nombre parell de divisors 1, 2, 7 i 14. És a dir, 1-tancada, 2-oberta, 7-tancada, 14-oberta. Continua provant amb altres portes.

13 Observa com es passa d'una figura a la següent:

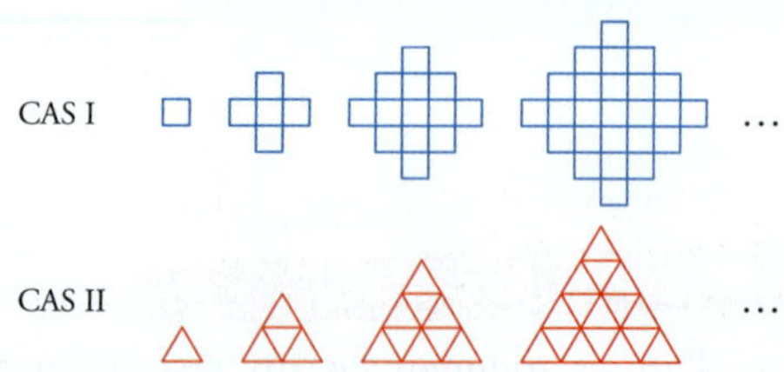

a) Quants quadradets conté la figura que ocupa el lloc 20 en el CAS I?

b) Quants trianglets conté la figura que ocupa el lloc 20 en el CAS II?

c) Quants quadradets conté la figura que ocupa el lloc n en el CAS I?

d) Quants trianglets conté la figura que ocupa el lloc n en el CAS II?

Canviar el punt de vista

Hi ha problemes que semblen impossibles de resoldre encara que l'eina matemàtica necessària per resoldre'ls sigui assequible. Aquest tipus de problemes estan dissenyats de tal manera que en abordar-los semblen molt complicats; però, un petit canvi de punt de vista fa que la resolució sigui trivial.

Problemes resolts

MÉS ESCURADENTS

Amb tres escuradents iguals podem formar un triangle equilàter.

Sabries formar amb sis escuradents quatre triangles equilàters els costats dels quals siguin la longitud del escuradents?

Per moltes voltes que hi donis, si continues posant els escuradents en una taula (en el pla), podràs arribar a una solució com la de la dreta

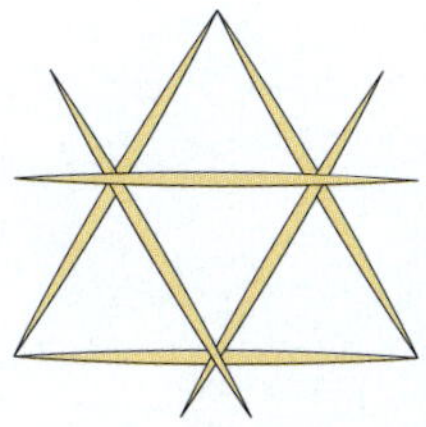

Però no val, ja que els costats del triangle han de tenir la longitud d'un escuradents i aquests són la meitat de llargs.

La solució és molt senzilla, si prens com a possibilitat alçar els escuradents del pla. Pots formar un tetraedre regular amb els sis escuradents; amb la qual cosa, ja tindràs els quatre triangles equilàters.

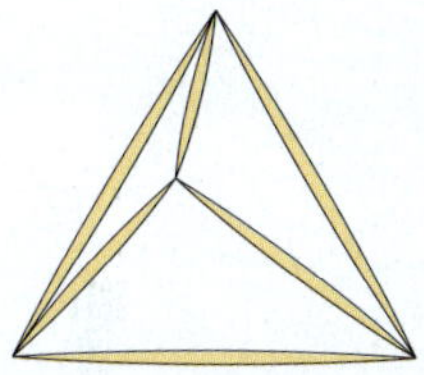

PUNTS I SEGMENTS

Passa per damunt d'aquests nou punts amb una línia trencada de quatre segments.

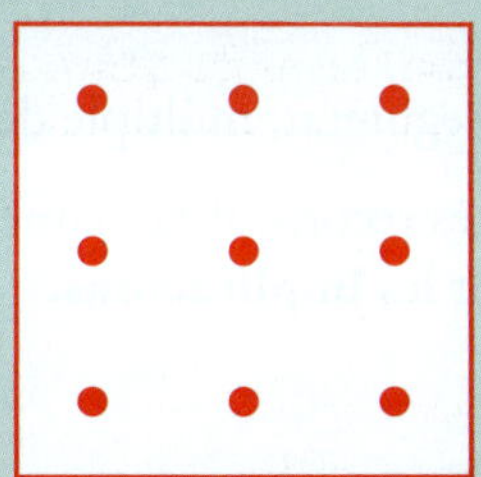

En primera instància un tendeix a intentar traçar la línia trencada dins del quadrat vermell i no és capaç d'unir els nou punts amb només quatre segments. Quan el veus per primera vegada, et fa la sensació que no pots sortir-te del quadrat. Però si te'n surts, la solució és tan simple com aquesta:

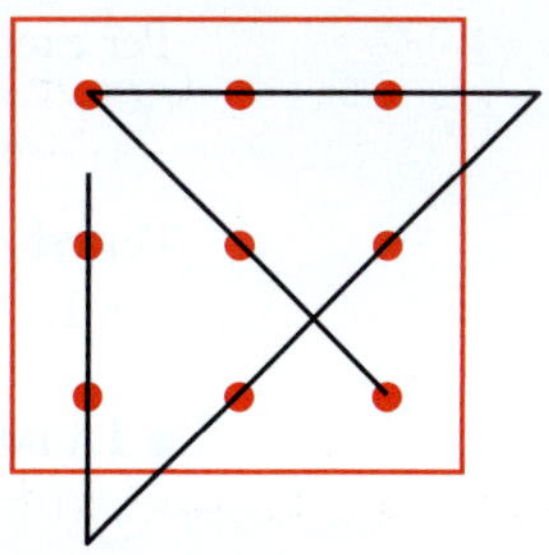

Aplica l'estratègia i resol

14 Calcula la longitud del segment d.

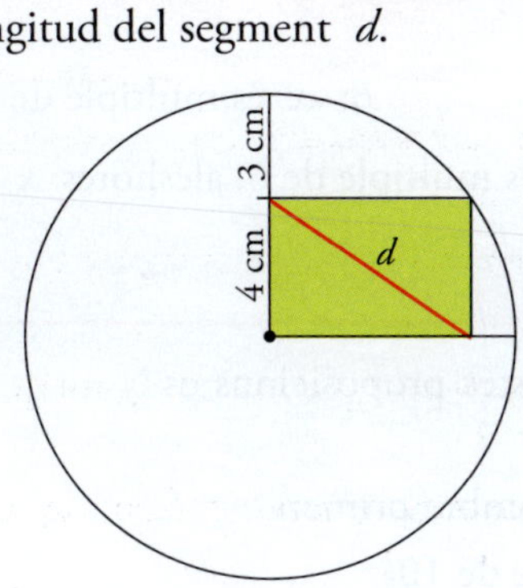

15 Sabent que el punt C és el centre del quadrat petit, quina superfície té la zona ombrejada?

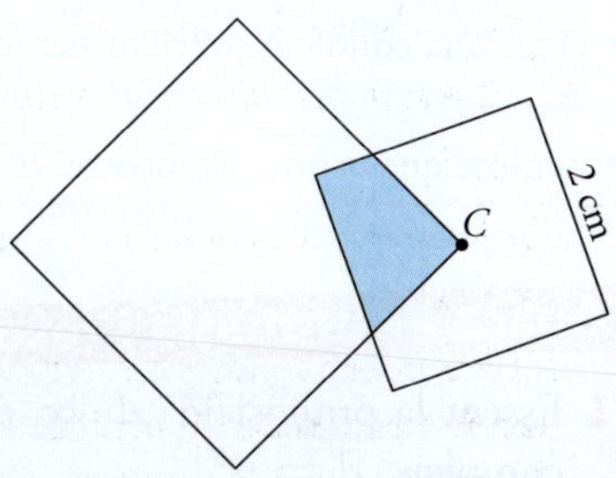

16 Com es poden col·locar deu alumnes de tal manera que formin cinc files de quatre alumnes cada una?

La demostració matemàtica

El procés deductiu

Des dels primers tractats matemàtics, el raonament deductiu és el raonament per excel·lència. En essència, consisteix en el fet que, a partir de veritats ja demostrades (o bé, admeses com a vàlides), s'obtenen resultats nous.

El raonament deductiu garanteix, per la seva mateixa naturalesa, que el que deduïm és veritat si el punt de partida també ho és. Ho analitzarem amb detall.

Proposicions

Una **proposició** és una afirmació en termes inequívocs que pot ser **certa** o **falsa.**

Per exemple:

«El 6 és un múltiple de 2» és una proposició certa.

«El 6 és un nombre primer» és una proposició falsa.

Amb freqüència, s'usen proposicions que depenen d'una variable. Per exemple:

«x és un nombre parell»

Depenent del valor de x, la proposició és certa o falsa. Les proposicions que depenen d'una o més variables són, en realitat, famílies de proposicions. Per a cada valor concret de les variables es té una proposició concreta que, ara sí, serà certa o falsa.

No obstant això, costa comprovar la veracitat d'algunes proposicions complicades. Per exemple:

«Si n és un nombre natural, $n^3 - n$ és, amb seguretat, múltiple de 6»

Per esbrinar si una proposició d'aquest tipus és certa, es recorre al raonament deductiu. En aquest procés és fonamental usar correctament les **implicacions.**

La implicació

Si una proposició, A, duu com a conseqüència una altra, B, es diu que A **implica** B i s'expressa així: $A \Rightarrow B$

En aquest cas, si A és certa, aleshores B també ho és.

Per exemple:

A: «x és múltiple de 6» B: «x és múltiple de 2»

És clar que $A \Rightarrow B$, perquè «si x és múltiple de 6, aleshores x és múltiple de 2».

Expressar una implicació

N'hi ha diferents formes:

- $A \Rightarrow B$
- Si A, aleshores B.
- A és una condició suficient perquè ocorri B.
- Sempre que ocorre A, ocorre B.

Aplica l'estratègia i resol

1 Essent la proposició A: «x és múltiple de 10», per a quina o quines d'aquestes proposicions es compleix $A \Rightarrow B$?

a) B: «x és múltiple de 2»

b) B: «$x/10$ és un nombre primer»

c) B: «x^2 és múltiple de 100»

d) B: «x^2 és múltiple de 10»

■ CADENA D'IMPLICACIONS

Si $A \Rightarrow B$ i $B \Rightarrow C$, aleshores $A \Rightarrow C$.

Per exemple:

A: «l'expressió decimal del nombre x acaba en 0»

B: «el nombre x és múltiple de 10»

C: «el nombre x és múltiple de 5»

$A \Rightarrow B$, perquè «si x acaba en 0, aleshores x és múltiple de 10».

$B \Rightarrow C$, perquè «si x és múltiple de 10, aleshores x és múltiple de 5».

Per tant, $A \Rightarrow C$, fet que vol dir que «si un nombre acaba en 0, aleshores és múltiple de 5».

Encadenar proposicions

Si s'encadenen n proposicions, s'arribarà a la conclusió que la primera implica la darrera:

Si $A_1 \Rightarrow A_2$ i $A_2 \Rightarrow A_3$ i $A_3 \Rightarrow A_4$ i ...

... i $A_{n-1} \Rightarrow A_n$

aleshores:

$A_1 \Rightarrow A_n$

■ EL MÈTODE DEDUCTIU COM A FORMA DE DEMOSTRACIÓ

Volem demostrar que una proposició X és certa. Per a això, podem procedir de la manera següent:

Partim d'una proposició A, que sabem que és certa. Mitjançant una implicació, arribem a la veracitat d'una altra proposició B. (Si A és certa i $A \Rightarrow B$, aleshores B és certa). I així, successivament, mitjançant una cadena d'implicacions arribem a la proposició X. D'aquesta manera, s'haurà demostrat que X és certa.

Problema resolt

1 *Sabem que* n *és un nombre natural*
Demostra que $n^3 - n$ *és múltiple de 6.*

$n^3 - n = n(n^2 - 1) = n(n + 1)(n - 1) = (n - 1)n(n + 1)$

Òbviament $n - 1$, n i $n + 1$ són tres nombres naturals consecutius, per la qual cosa algun d'aquests és múltiple de 2 i algun és múltiple de 3. Per tant, el seu producte és múltiple de 6.

Repetirem el raonament anterior explicitant-ne les proposicions i les implicacions:

A: «$n^3 - n = n(n + 1)(n - 1)$»

B: «$n^3 - n$ és el producte de tres nombres naturals consecutius»

C: «$n^3 - n$ és el producte de tres nombres, algun $\dot{2}$ i algun $\dot{3}$»

D: «$n^3 - n$ és $\dot{6}$»

$A \Rightarrow B \Rightarrow C \Rightarrow D$. Per tant, $A \Rightarrow D$. Com que A és certa, D és certa.

Aplica l'estratègia i resol

2 El nombre p és un nombre primer més gran que 3. Demostra que $p^2 - 1$ és múltiple de 12.

3 Demostra que cada angle d'un polígon regular de n costats fa $180° - \dfrac{360°}{n}$.

Resolució de problemes

Mètode de reducció a l'absurd

El raonament deductiu té un vessant molt interessant que descrivim a continuació:

La implicació $A \Rightarrow B$ és equivalent a aquesta altra: no $B \Rightarrow$ no A.

Per això, si volem demostrar una proposició X, podem fer-ho negant-la (no X) i deduint-ne una falsedat, un absurd: no $X \Rightarrow$ no veritat.

D'aquí es dedueix (pel fet de ser equivalent a aquesta) que: veritat $\Rightarrow X$

Per tant, X és certa.

Problema resolt

1 *Demostra que el nombre $\sqrt{2}$ és irracional.*

Suposem que no és cert; és a dir, que $\sqrt{2}$ és racional. En tal cas, existirien dos nombres enters a i b tals que:

$$\sqrt{2} = \frac{a}{b} \Rightarrow 2 = \frac{a^2}{b^2} \Rightarrow a^2 = 2b^2$$

Sabem que en la descomposició factorial d'un quadrat perfecte, diferent d'1, tots els factors que hi apareixen ho fan un nombre parell de vegades:

$$6^2 = 36 = 2 \cdot 2 \cdot 3 \cdot 3; \quad 8^2 = 64 = 2 \cdot 2 \cdot 2 \cdot 2 \cdot 2 \cdot 2; \quad 10^2 = 100 = 2 \cdot 2 \cdot 5 \cdot 5; \ldots$$

Com que b^2 és un quadrat perfecte, el factor 2 o no apareix o apareix un nombre parell de vegades. Però llavors, el factor 2 apareixeria un nombre imparell de vegades en la descomposició del quadrat perfecte a^2 ja que hem obtingut que $a^2 = 2 \cdot b^2$. Per tant, a^2 no pot ser igual a $2b^2$. Com que s'arriba a una falsedat, la igualtat inicial és falsa. Per tant, $\sqrt{2}$ és irracional.

Aplica l'estratègia i resol

4 Demostra que si n^2 és múltiple de 5, aleshores n és múltiple de 5.

5 Demostra que $\sqrt{3}$ és irracional.

6 Tres dels angles d'un quadrilàter fan 30°, 130° i 140°. Demostra que no es pot inscriure en una circumferència.

Tingues en compte que els angles d'un quadrilàter sumen 360° i que si un quadrilàter està inscrit en una circumferència, els angles oposats són suplementaris.

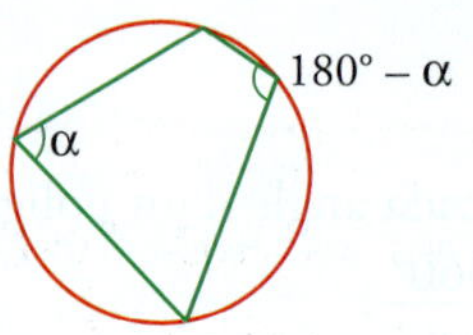

7 Tenim un tauler d'escacs i moltes fitxes de dòmino de grandària exactament igual a dues de les caselles del tauler. És clar que amb 32 d'aquestes fitxes podem «tapar» les 64 caselles. No obstant això, si prescindim de la casella d'una cantonada no podem tapar la resta amb les fitxes, perquè són un nombre imparell de caselles i cada fitxa en tapa dues.

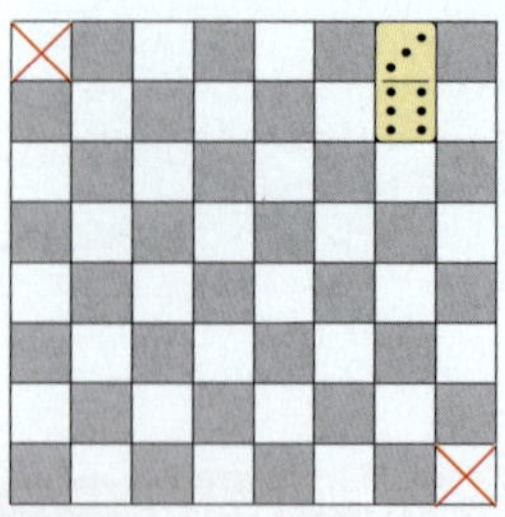

Demostra que si prescindim de les caselles de dues cantonades oposades, les 62 caselles restants no poden tapar-se amb 31 fitxes.

Mètode d'inducció completa

Imagina una fila de fitxes de dòmino situades en vertical i a la mateixa distància cadascuna de la següent.

— Comprovem que la distància entre aquestes és tal que **si en cau una, tira la següent.** (*)

— Fem caure la primera.

És clar que cauran totes perquè, en aplicar la propietat (*), la 1a tira la 2a, la 2a la 3a i així successivament, fins que totes hagin caigut.

El mètode d'inducció completa és una cosa similar.

Volem demostrar que una propietat $P(n)$ és vàlida per a qualsevol nombre natural n. Per a això, procedim així:

a) Provem que es verifica per a $n = 1$: $P(1)$ és certa.

b) Provem que, si fos vertadera per a un cert valor de n, llavors també seria vertadera per al següent, $n + 1$. És a dir, provem que:

$$\text{“}P(n) \text{ és certa”} \Rightarrow \text{“}P(n+1) \text{ és certa”}$$

[Observeu que no es diu que $P(n)$ sigui certa, sinó que si ho fos, també ho seria $P(n+1)$].

$$\boxed{P(n) \text{ vertadera} \Rightarrow P(n+1) \text{ vertadera}}$$

$$P(1) \text{ vertadera} \Rightarrow P(2) \text{ vertadera} \Rightarrow P(3) \text{ vertadera} \Rightarrow \ldots$$

Problema resolt

1 *Demostra que $n^3 + 5n$ és múltiple de 6 sempre que $n \in \mathbb{N}$.*

Apliquem el mètode d'inducció per provar la propietat $P(n)$: «$n^3 + 5n$ és múltiple de 6».

a) $n = 1 \rightarrow 1^3 + 5 \cdot 1 = 1 + 5 = 6$. Per tant, $P(1)$ es compleix.

b) Suposem que $P(n)$ és certa; és a dir, que $n^3 + 5n$ és múltiple de 6. Provem que $P(n + 1)$ és certa; és a dir, que $(n + 1)^3 + 5(n + 1)$ és múltiple de 6.

$$(n+1)^3 + 5(n+1) = n^3 + 3n^2 + 3n + 1 + 5n + 5 = \underbrace{(n^3+5n)}_{(1)} + \underbrace{(3n^2+3n)}_{(2)} + \underbrace{6}_{(3)}$$

(1) $n^3 + 5n$ és múltiple de 6 perquè així ho hem suposat.

(2) $3n^2 + 3n = 3n(n+1)$. Com que n i $n+1$ són nombres naturals consecutius i, per tant, un d'aquests és múltiple de 2, aleshores $3n(n+1)$ és múltiple de 6.

(3) 6, òbviament, és múltiple de 6.

I com que la suma de tres nombres múltiples de 6 és un altre nombre múltiple de 6, acabem de provar que $P(n+1)$ és múltiple de 6. Per tant, la propietat de partida, $P(n)$, queda demostrada pel mètode d'inducció.

Aplica l'estratègia i resol

8 Demostra, aplicant el mètode d'inducció, que $n^3 - n$ és múltiple de 6.

9 Demostra, aplicant el mètode d'inducció, que:

$$1 + 2 + \ldots + n = n(n+1)/2$$

Problemes per practicar

Tots els problemes que proposem a continuació estan resolts en www.espaibarcanova.cat. A més, en molts d'ells s'ofereixen ajudes prèvies que t'orientaran en la resolució. En el moment d'enfrontar-te a cada un, et suggerim que, en primer lloc, intentis resoldre'l pel teu compte. Si se't resisteix, demana ajuda. I, finalment, contrasta la resolució oferida amb la teva.

Tots aquests problemes estan agrupats amb un altre o més de semblants. El primer de cada grup té un nombre en vermell i els següents en blau. Per exemple, els problemes 10, 11 i 12 formen un grup; la resolució del 10 t'ajudarà a resoldre l'11 i el 12.

1 Un automobilista que condueix a 90 km/h veu un tren que s'acosta en sentit contrari per una via paral·lela a la carretera per la qual circula. El tren està compost, entre vagons i màquina, per 18 unitats. Cada unitat té una longitud de 15 m. El tren tarda a passar davant dels ulls de l'automobilista, des de la locomotora a la cua, 6 s. Sabries, amb totes aquestes dades, calcular la velocitat del tren?

2 Un tren avança a 90 km/h per un tram recte de via. Per una carretera paral·lela, i en la mateixa direcció, avança un cotxe a 120 km/h. Quina és la longitud del tren sabent que el cotxe tarda 18 s a sobrepassar-lo?

3 Un ciclista puja un port a una velocitat de 8 km/h. I el baixa pel mateix vessant a 24 km/h. Quina ha estat la mitjana de velocitat de tot el recorregut?

4 Una ambulància rep l'avís d'un accident de trànsit i surt de l'hospital cap al lloc del succés a una velocitat de 60 km/h. Si la tornada a l'hospital la fa escortada per un cotxe de policia a 100 km/h, quina és la velocitat mitjana del recorregut?

5 Si pugem un turó a una velocitat de 4 km/h i pretenem que la velocitat mitjana entre l'ascens i el descens sigui de 7 km/h, a quina velocitat hem de descendir-ne?

6 Una llebre avantatja en dotze salts dels seus el llebrer que la persegueix. Dos salts del llebrer equivalen, en longitud, a tres de la llebre. El llebrer tarda a fer tres salts el mateix que la llebre a fer-ne quatre. Quants salts farà la llebre abans que l'atrapi?

7 L'Aina i la seva germana petita, la Marta, fan una cursa. La Marta fa 7 passes en 6 segons i l'Aina, 9 passes en 4 segons. Si l'Aina surt després que la Marta hagi fet 318 passes, quant temps li costa atrapar-la, sabent que 3 passes de la Marta equivalen a 2 passes de l'Aina?

8 Un vaixell fa un servei regular entre dues ciutats, A i B, situades a la mateixa vora d'un riu. Quan va de A a B, en el sentit del corrent, tarda 3 hores; i a la tornada, tarda 4 hores. Quant tardarà un objecte que sura pel riu a anar des de A fins a B?

9 Un remer va des d'un punt A fins a un punt B i torna una altra vegada a A en 10 h. La distància entre A i B és de 24 km. Troba la velocitat del corrent de l'aigua sabent que rema 2 km aigua amunt en el mateix temps que rema 3 km aigua avall.

10 Tenim dues espelmes. La més prima fa 14 centímetres i es consumeix totalment en 3 hores i mitja. L'altra, molt més ampla, tarda 5 hores a consumir-se. Si les deixem cremar, al cap de dues hores tindran la mateixa alçària. Quina alçària té ara l'espelma més ampla?

11 Tenia dues espelmes de la mateixa qualitat i gruix, una el doble de llarg que l'altra. Fa mitja hora les he encès simultàniament i ara una fa una cinquena part de l'alçària de l'altra. Quant tardarà encara cada espelma a consumir-se?

12 Dues espelmes de la mateixa alçària s'encenen simultàniament. Una es consumeix en 4 hores i l'altra en 10 hores. Quantes hores hauran de cremar fins que la longitud d'una de les espelmes sigui la meitat que la longitud de l'altra?

13 Vas a un pis que es troba a la sisena planta d'una casa sense ascensor. Hi ha tres interruptors, I, II i III, a la planta baixa, un dels quals encén el llum del teu replà. Com saps quin és l'interruptor correcte si només puges una vegada a fer comprovacions? (És a dir, manipules els interruptors, puges, observes i dedueixes, sens dubte, quin correspon a la teva planta).

14 Sabem que una espelma il·lumina durant una hora; i que amb les sobres de 10 espelmes se'n fabrica una de nova:

a) Quantes hores de llum tindrem amb 442 espelmes?

b) Quantes espelmes es necessiten per garantir 1 000 hores de llum?

15 Les edats d'un pare i del seu fill sumen 100. Quan el pare tenia l'edat que avui té el fill, les edats sumaven 56. Quina és l'edat de cadascun?

16 En Ramon diu al seu nebot David: «La meva edat és el triple de l'edat que tenies quan jo tenia l'edat que tu tens. Quan tinguis la meva edat, la suma de les edats d'ambdós serà 70». Quina edat té en Ramon i quina en David en aquest moment?

17 Calcula l'àrea de les parts del quadrat ocupades per cada color:

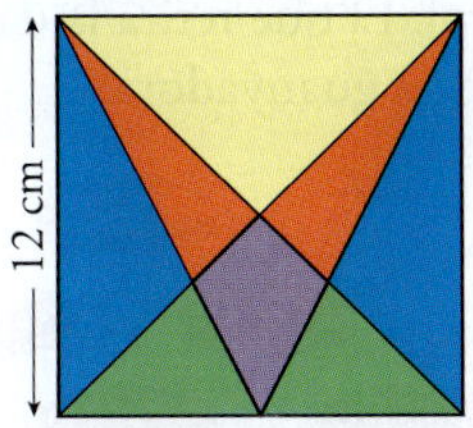

18 Calcula la superfície ocupada per cada color:

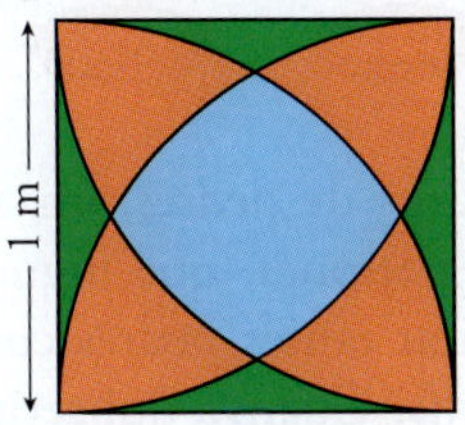

19 Calcula la superfície de la zona pintada sabent que els centres de les circumferències estan damunt dels costats del quadrat:

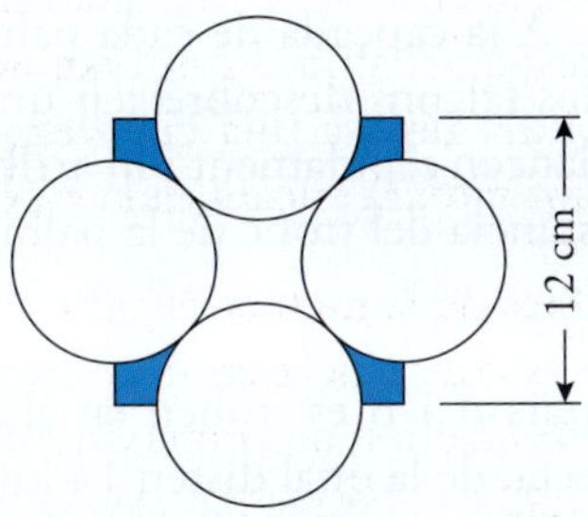

20 L'àrea del rectangle R és de 4 m^2, la del rectangle S és de 13 m^2 i la del rectangle T és de 5 m^2. Quina és l'àrea del rectangle $ABCD$?

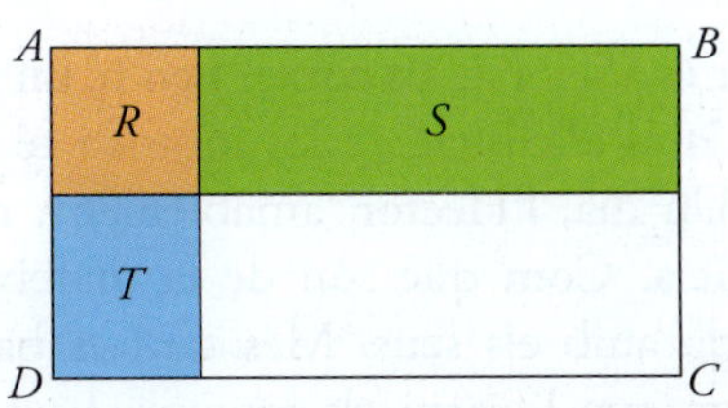

21 Aquestes quatre peces de plàstic són ortoedres:

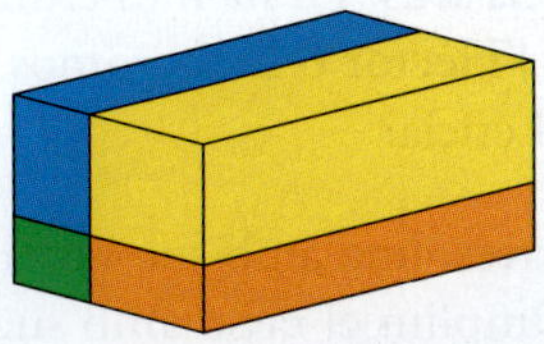

Se sap que:

El volum de la peça blava és de 225 cm^3.

El volum de la peça vermella és de 120 cm^3.

El volum de la peça verda és de 90 cm^3.

Quin és el volum de la peça groga?

22 Una sargantana estava prenent el sol tranquil·lament damunt d'aquest bloc de pedra, en el punt A; però en sentirnos arribar, ha corregut a amagar-se al punt B. Per descomptat, no ha seguit el camí més curt. Quin és el camí més curt entre A i B? Troba'n la longitud.

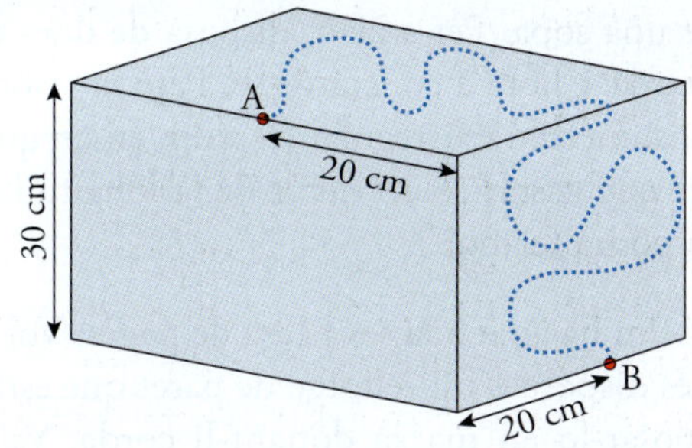

23 Descriu i troba la longitud del trajecte més curt que ha de recórrer una sargantana per a anar de A a B en cada cas. (En el tercer cas, A i B són centres de dues cares en una piràmide recta quadrangular les arestes de la qual fan, totes, 2 m).

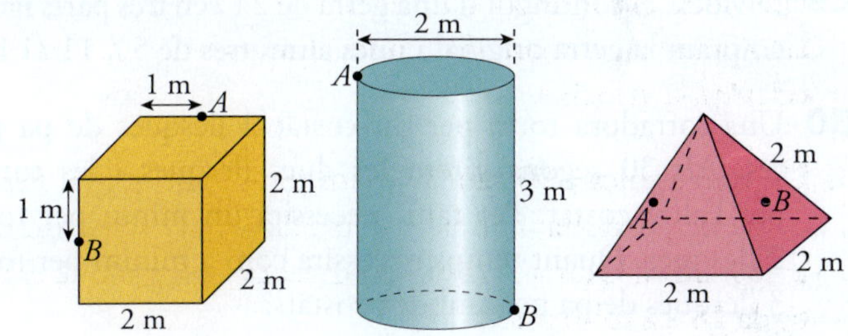

24 Agafa un full i fes-hi el següent:

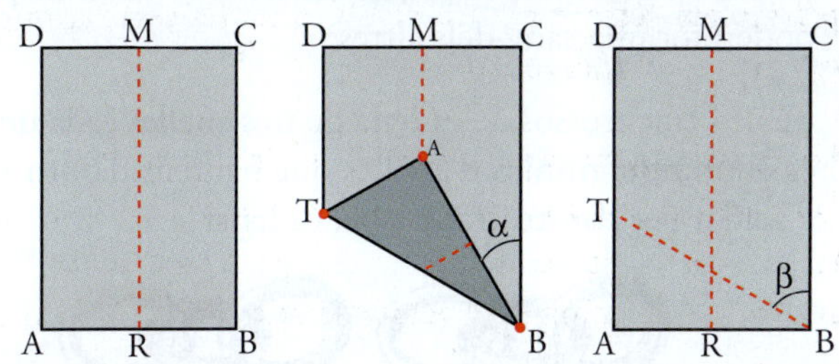

a) Quant valen els angles α i β?

b) Podries construir amb el full de paper un triangle equilàter?

25 Indica per què amb aquest procediment podem obtenir un rectangle format DIN a partir d'un quadrat:

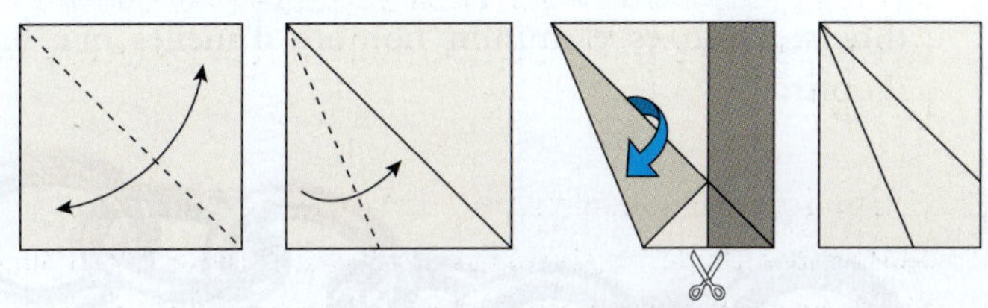

* *Recorda que un rectangle té format DIN si el quocient entre les longituds dels seus costats és* $\sqrt{2}$.

26 L'Anselm ha de tenir al forn un pollastre durant 15 minuts exactes. Però se li ha espatllat el rellotge. Disposa de dos rellotges de sorra que mesuren 11 minuts i 7 minuts. Com cronometrarà els 15 minuts?

27 Ara l'Anselm ha de cronometrar els 45 minuts que tarda a fer-se una sopa. Per a això, disposa de dues metxes. Cada una tarda 1 hora a consumir-se. Però la velocitat amb què es consumeixen és irregular (és a dir, en un quart d'hora no té per què gastar-se un quart de la longitud de la metxa). Com podrà fer-ho?

28 L'Anselm ha anat a la seva casa de pagès. Vol saber l'hora i només disposa d'un rellotge de paret que està aturat, però pot posar-lo en marxa donant-li corda. Va a casa d'uns amics, a uns 3 km, on hi ha un altre rellotge com el seu. Passa una estona xerrant amb ells i, a la tornada, posa el rellotge a l'hora amb una precisió raonable. Per fer-ho, quines altres coses fa que no es descriuen aquí?

29 Divideix el contingut d'una gerra de 24 *l* en tres parts iguals, emprant la gerra original i unes altres tres de 5 *l*, 11 *l* i 13 *l*.

30 Una torradora torra per un costat 2 llesques de pa juntes. Als 30 segons girem les dues llesques i les torrem per l'altre costat. Per tant, necessita un minut per torrar 2 llesques. Quant temps necessita com a mínim per torrar 3 llesques de pa per ambdós costats?

31 Un cirurgià ha d'operar tres persones, però només té dos parells de guants. Com ha de fer-ho si ni ell ni els pacients poden tocar la sang dels altres?

32 Tenim cinc trossos de cadena de tres anelles cada un. Quin és el nombre mínim d'anelles que haurem d'obrir i tornar a soldar per construir una sola cadena?

33 Un viatger pacta en un hostal pagar cada dia amb una de les set anelles del braçalet de plata que duu, però no vol destrossar-lo massa, perquè vol recuperar-lo quan tingui diners. Quin és el mínim nombre d'anelles que haurà d'obrir?

34 Es col·loquen 15 fitxes sobre la taula. Dos jugadors, rellevant-se, retiren, segons la seva elecció, una, dues o tres fitxes qualssevol. El que retira la darrera, perd. Intenta trobar-hi l'estratègia guanyadora.

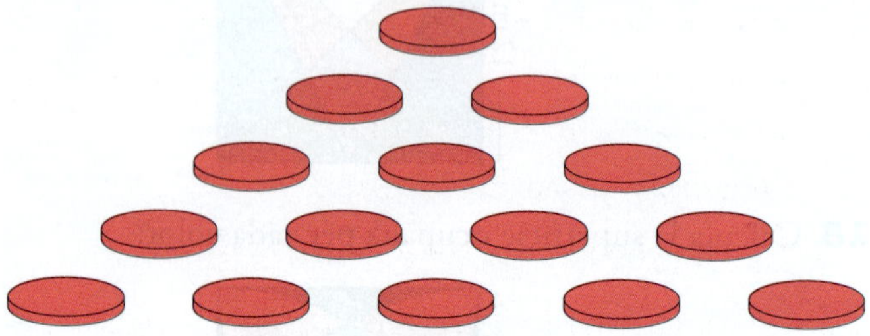

35 Hi ha dos munts de pedres, un amb 7 pedres i un altre amb 6. Dues persones, que juguen de manera alternativa, poden retirar tantes pedres com vulguin, però només d'un dels munts. Guanya qui retira la darrera pedra. Qui té avantatge, el jugador que comença o l'altre?

36 En ambdues vores d'un riu hi ha una palmera. La més alta fa 30 m; la més baixa, 20 m, i la distància entre ambdues és de 50 m. A la capçada de cada palmera hi ha un falcó. Quan els dos falcons descobreixen un peix a la superfície del riu, es llancen ràpidament i hi arriben al mateix temps. A quina distància del tronc de la palmera més alta ha aparegut el peix?

37 Dues localitats A i B es troben en el mateix costat d'una autopista recta, de la qual disten 14 km i 5 km, respectivament. Es vol construir una carretera tan curta com es pugui que uneixi ambdues localitats, passant per l'autopista. Sabent que la distància entre A i B és de 15 km, troba la longitud de la carretera.

38 L'Hèctor és aficionat als cotxes i en té un munt de cromos. La Letícia és aficionada a les motos i té molts cromos de motos. Un dia, l'Hèctor, amablement, regala 40 cromos a la Letícia. Com que són de la mateixa grandària, ella els mescla amb els seus. Més tard es barallen i l'Hèctor li demana que li torni els cromos. La Letícia, molt digna, compta 40 cromos sense triar-los i els hi dóna. Ell els mescla amb els seus. Hi ha més cromos de motos entre els de cotxes de l'Hèctor o més cromos de cotxes entre els de motos de la Letícia?

39 Tens dues gerres, una amb suc i una altra amb aigua, i un tassó buit. Omplim el tassó amb suc de la primera gerra i l'aboquem a la gerra d'aigua. Una vegada mesclat, es torna a omplir el tassó amb mescla de la segona gerra i s'aboca a la primera. Hi ha més suc a l'aigua que aigua al suc? És al contrari? Hi ha, potser, la mateixa quantitat de suc a l'aigua que d'aigua al suc? O depèn de les quantitats de cada substància que tinguéssim al principi?

40 Tres exploradors i tres caníbals han de travessar un riu amb una sola barca. A més a més:

Amb la barca només poden anar-hi una o dues persones i almenys una ha de saber remar.

Saben remar els 3 exploradors i un caníbal.

A cap vora del riu els caníbals poden superar els exploradors en nombre, perquè se'ls menjarien.

Com aconseguiran creuar el riu?

* *Distingeix el caníbal que sap remar dels altres.*

41 L'Òscar vol passar a l'altre costat del riu amb una ovella, un llop i una col gegant. A la barca només hi cap ell amb una de les tres coses. El problema és que el llop no es pot quedar només amb l'ovella, perquè se la menjaria, i l'ovella tampoc no pot quedar-se sola amb la col.

Quins passos ha de seguir l'Òscar?

42 L'Àngel, en Ben, la Cris i la Dora volen creuar un riu en una canoa que només pot carregar 100 kg. L'Àngel pesa 90 kg; en Ben, 80 kg; la Cris, 60 kg; la Dora, 40 kg, i les provisions, 20 kg. Com poden travessar?

43 Com intercanviaries entre si els vagons A i B deixant la locomotora en la posició original? Tingues en compte que la locomotora pot actuar sobre els vagons empenyent-los o estirant-los. A més, a la via morta, que fa 10 m, no pot fer la volta.

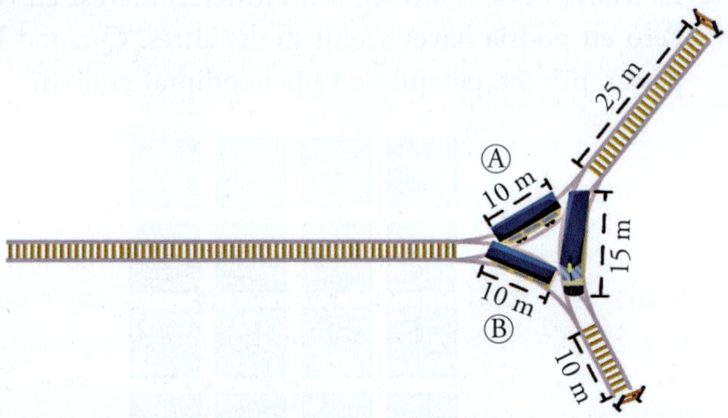

44 En quin nombre acaba 2^{83}?

* *Observa en quina xifra acaben les successives potències de base 2 i cerca una regla*

45 Sabries dir en quina xifra acaba la potència 7^{70}? I $2^{103} + 3$?

46 Si escrivim els nombres naturals seguits de la manera següent

1 2 3 4 5 6 7 8 9 10 11 12 13 14 15 …

quin dígit ocuparà el lloc cent mil?

47 Esbrina en quants zeros acaba el nombre 125!

* *Recorda que* $125! = 1 \cdot 2 \cdot 3 \cdot \ldots \cdot 123 \cdot 124 \cdot 125$.

48 Quantes llimones equilibren la balança?

49 Què caldria col·locar al platet buit per equilibrar la tercera balança?

50 Observa i resol:

51 En una taula hi ha cinc cartes:

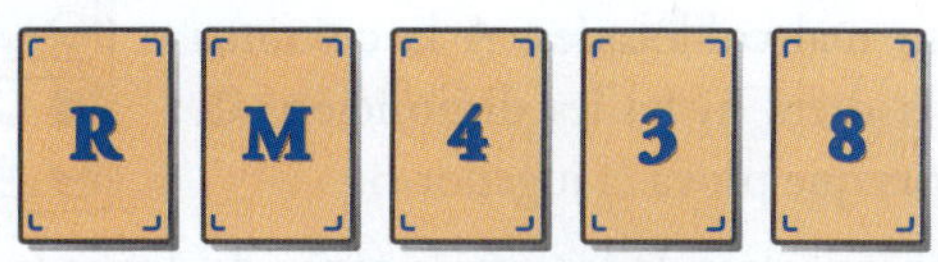

Cada carta té, en un costat, un nombre natural, i a l'altre, una lletra.

L'Enric afirma: «Qualsevol carta que tingui en un costat una vocal, té un nombre parell a l'altre costat».

Quines cartes va haver de girar en Pere per convèncer-se que l'Enric deia la veritat?

52 Si en l'exercici anterior hi hagués aquestes cartes, quines hauria d'alçar en Pere per saber que l'Enric deia la veritat?

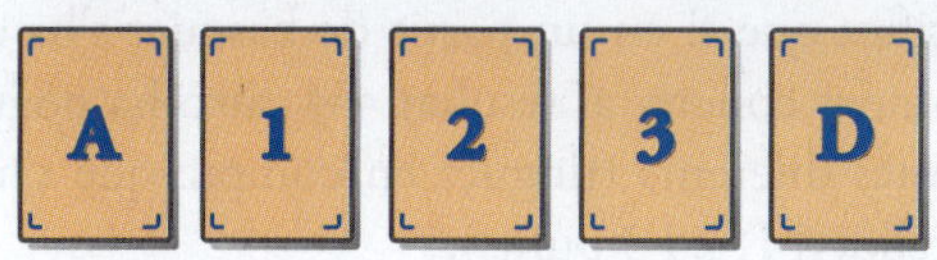

53 En una classe hi ha 30 alumnes, dels quals 22 estudien anglès i 15 estudien informàtica. Si tots estudien anglès o informàtica, quants estudien només anglès? I només informàtica? Quants estudien les dues coses?

54 S'han presentat 300 persones a una oposició, de les quals 123 no han aprovat cap examen. Si 100 han aprovat l'examen teòric i 85 el pràctic, quants candidats han superat els dos exàmens?

55 Aquest joc consisteix a trobar un nombre de quatre xifres que no comença per zero.

Escrit un nombre a la taula, a la columna B s'indica quants dígits té en comú amb el nombre que busquem i en la mateixa posició; i a la columna R s'indica quants dígits té aquest nombre en comú amb el que busquem, però en posició incorrecta.

Amb les dades de la taula següent, series capaç de trobar el nombre ocult?

	B	R
3476	0	2
3965	0	2
4269	0	1
1057	2	1

56 En el joc *MasterMind* un jugador, A, ha de col·locar 4 colors en una posició determinada i l'altre, B, ha d'encertar els colors i la seva disposició.

En aquest tauler, la columna de l'esquerra indica amb negres les fitxes de color ben col·locades, i amb blanques, les que tenen color correcte però estan mal col·locades. A la columna de la dreta hi ha les disposicions de colors que prova el jugador B.

Amb aquestes dades, series capaç de donar la disposició de colors correcta?

57 Un partit de bàsquet té ara el resultat 8-0. Si sabem que no s'ha marcat cap triple, de quantes maneres s'ha pogut arribar a aquest resultat? (Comprova que són 34 maneres).

58 Esbrina de quantes maneres es pot arribar al resultat 4-4 en un partit de bàsquet sense triples. (Per sorprenent que sembli hi ha 556 maneres. Comprova-ho).

59 Verifica que si en un partit de bàsquet s'ha arribat en un moment concret al resultat 4-4, això ha pogut ser de 784 formes diferents (tingues en compte que s'han pogut fer cistelles d'1, 2 i 3 punts).

60 Observa aquesta quadrícula:

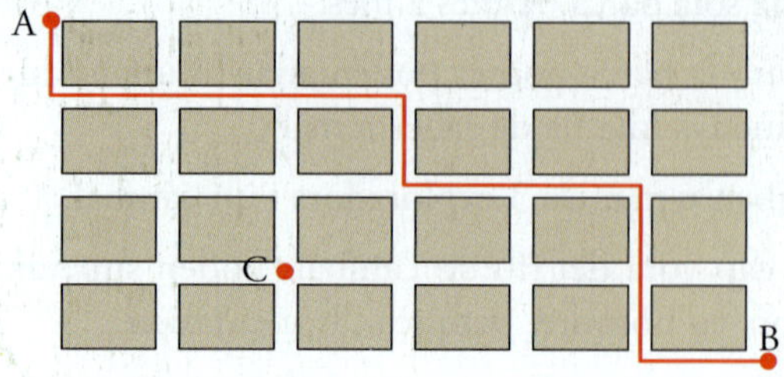

a) Quants camins de longitud mínima hi ha per anar de A a C?

b) Quants n'hi ha per anar de C a B?

c) Quants n'hi ha per anar del punt A al B, passant per C?

d) Quants n'hi ha per anar de A a B?

61 En Sergi sap que la Laia anirà de P a R. Decideix esperar-la a Q. Quina és la probabilitat que s'hi trobin?

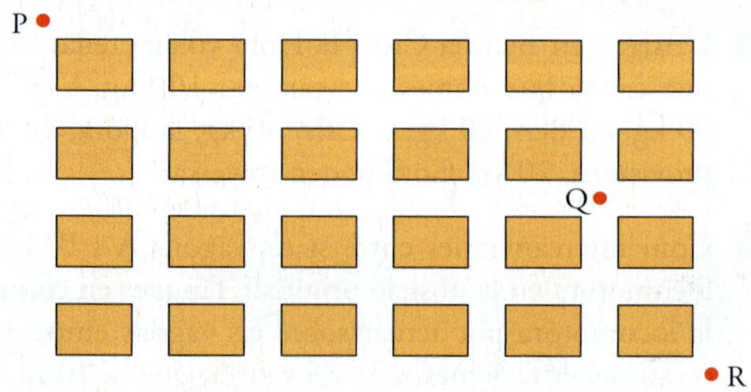

62 La Maria va de A a B seguint l'itinerari marcat en vermell. Però en podria haver seguit molts altres. Quants? I si vol passar, primer, pel quiosc Q per comprar el diari?

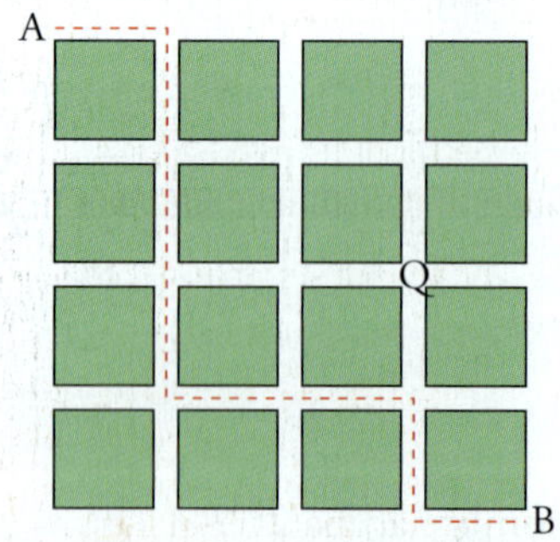

63 De quantes maneres es pot formar la paraula MATES unint lletres contigües en aquesta figura?

M
A A
T T T
E E E E
S S S S S
E E E E
T T T
A A
M

I Aritmètica i àlgebra

Notes històriques. Aritmètica i àlgebra

Amb el començament de l'agricultura, sorgeixen problemes com comptar les estacions, calcular superfícies de terrenys, etc. Això va fer necessari donar nom als nombres i comptar més enllà d'«un» i «molts». En comptar, es van descobrir relacions entre els nombres i es van establir gradualment certes lleis generals que permeteren i facilitaren el càlcul (aritmètica significa «art de calcular»).

L'àlgebra va iniciar el camí, en paral·lel amb l'aritmètica elemental, i es va desenvolupar en dues direccions bàsiques: la substitució dels nombres per lletres, i la utilització de fórmules per a la resolució d'equacions.

4000

Popularització del coure

1 Sorgiment de Sumèria

Invenció de la roda

Invenció de l'escriptura

3000

Descobriment del bronze

Construcció d'Stonehenge

Cultura del vas campaniforme

1 Primer sistema de numeració posicional

Moren els darrers mamuts a Sibèria

2000

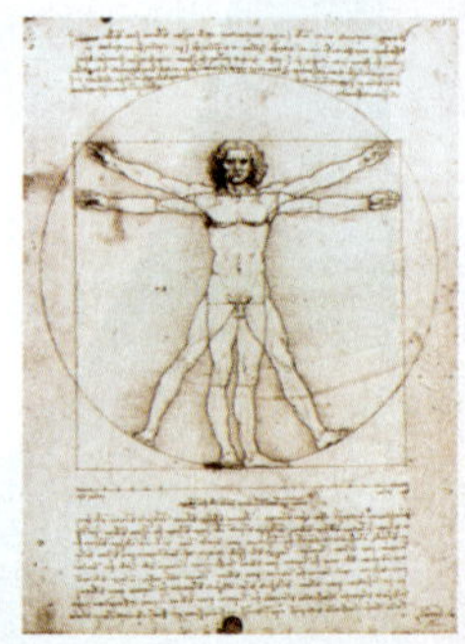

1700

Carles II, darrer rei d'Espanya de la casa d'Àustria

Hooke descobreix la cèl·lula

Velázquez

Descartes 8

Es publica el *Quixot*

1600

S'inventa el microscopi

Introducció dels nombres negatius 7

Batalla de Lepant

Tartaglia, Cardano i Viète 8

Leonardo da Vinci

Elcano fa la primera volta al món

1500

1 La civilització sumèria (Mesopotàmia) idea un sistema **posicional,** és a dir, amb uns pocs símbols eren capaços de representar qualsevol nombre.

2 Els **pitagòrics** es troben amb els nombres irracionals. Aquests nombres van plantejar, tant a ells mateixos com als matemàtics d'èpoques posteriors, problemes importants que no es van resoldre fins al segle XIX.

3 L'àlgebra del període grec antic aconsegueix el punt culminant amb **Diofant d'Alexandria** (segle III). En l'obra *L'aritmètica* va introduir un cert simbolisme per poder domesticar els problemes aritmètics. Comença així a sorgir el llenguatge algebraic.

4 Sorgeix l'**àlgebra** pròpiament dita de mà dels àrabs (segle IX). A la Península es va jugar un paper important en la seva difusió i desenvolupament.

5 Leonardo de Pisa, matemàtic italià més conegut com **Fibonacci** (1180-1250), va contribuir, amb l'obra *Liber abbaci,* a introduir el sistema de numeració decimal que havia après dels àrabs durant els viatges comercials pel nord d'Àfrica.

Tales de Milet

2 Pitàgores

500

Nabucodonosor II saqueja Jerusalem

Argantoni, darrer rei de Tartessos

Els cartaginesos arriben a la península Ibèrica

Es construeixen les termes de Caracal·la

J. C.

200

3 Diofant

Crisi de l'Imperi romà

Sorgeix l'arrianisme

300

Inici del feudalisme

4 Desenvolupament de la ciència àrab

800

Carlemany, emperador d'Occident

Descobriment de la tomba de l'apòstol Sant Jaume

900

Els xinesos inventen la pòlvora

Batalla de Las Navas de Tolosa

1200

Fibonacci 5

Alfons X el Savi 6

Marco Polo

S'inventen les ulleres

6 A l'Escola de traductors de Toledo, impulsada per Alfons X el Savi, es tradueixen totes les grans obres de la ciència àrab al llatí. Això permet introduir a Europa l'àlgebra i el **sistema de numeració decimal** (provinent de l'Índia i usat actualment).

7 En el Renaixement, el desenvolupament de l'àlgebra va conduir a la introducció dels nombres **negatius,** tan xocants en aquella època que Descartes, al segle XVII, els va considerar nombres falsos.

8 L'àlgebra aconsegueix la majoria d'edat a Itàlia i a França (segles XVI i XVII): mètodes per a la resolució general d'equacions de diferents tipus, consecució d'una simbologia adequada (**Cardano, Tartaglia, Viète**), i arriba al punt culminant amb **Descartes** (segle XVII) que combina geometria i àlgebra.

En el web

- Ampliació de les notes històriques corresponents a aquest bloc.
- Lectura sobre aritmètica electoral.

1 Nombres reals

Origen dels nombres

Des de la prehistòria, l'home ha tingut la necessitat de comptar i, per això, totes les civilitzacions han desenvolupat algun sistema de numeració. Com que els dits de les mans sempre han sigut instruments molt útils per portar els comptes, molts d'aquests sistemes van ser decimals (amb deu dígits). Per cert, la paraula dígit prové de *digitus* ('dit').

La concepció d'un mètode per designar nombres en el qual el valor de cada xifra depengués del lloc que ocupa (sistema posicional), va ser determinant perquè un sistema de numeració resultés més útil i operatiu que d'altres. En aquest procés, es va haver d'inventar el 0 per ocupar les posicions buides.

Els hindús, al segle VI, van completar així el seu pràctic sistema decimal posicional. Aquest sistema va començar a arribar a Occident a partir dels segles IX i X provinent de la ciència àrab, que al seu torn l'havia pres d'aquests.

Primera representació coneguda del zero en una paret d'un temple situat a Gwalior (Índia).

Com es designen els decimals

La notació decimal aplicada als nombres naturals, com acabem de veure, es va estendre per Europa durant els últims segles de l'edat mitjana, però, curiosament, no s'aplicava a les parts de la unitat, que, fins aquell moment i durant alguns segles més, es van expressar mitjançant fraccions sexagesimals. Per exemple, el nombre 27,56 s'escrivia així:

27; 33, 36 la qual cosa significava $27 + \frac{33}{60} + \frac{36}{60^2}$

Al final del segle XVI, gràcies a l'impuls del francès **François Viète** i del flamenc **Simon Stevin**, es va generalitzar l'ús de la notació decimal també per a les fraccions de la unitat.

Vaixell terrestre dissenyat per Simon Stevin cap al 1600.

Els nombres reals

Els irracionals van ser descoberts pels pitagòrics aproximadament al segle V abans de la nostra era. No obstant això, més que com a nombres van ser presos com a magnituds geomètriques. Aquesta forma de tractar-los es va estendre durant quasi dos mil·lennis. És molt recent, per tant, la idea que tots aquests nombres, junt amb els racionals, formen un únic conjunt amb estructura i característiques molt interessants.

El concepte de *nombre real*, com ara el fem servir, es va anar concebent i construint en evolucionar l'estudi de les funcions. Devem la seva formalització a l'alemany **Georg Cantor,** que la va realitzar el 1871.

Georg Cantor (1845-1918).

Els nombres reals en l'actualitat

El conjunt $\mathbb{R}$ és l'àmbit natural en què actualment es mouen les matemàtiques teòriques.

No obstant això, per al càlcul numèric és suficient moure's en un conjunt molt més humil: el dels nombres decimals amb un nombre finit de xifres. Aquest conjunt, anomenat $\mathbb{D}$, és un subconjunt dels racionals ($\mathbb{D} \subset \mathbb{Q}$) i, en aquest, tant les calculadores senzilles com els ordinadors potents s'hi mouen amb tota naturalitat.

El nombre ϕ, o nombre auri, un irracional històric

Els grecs pitagòrics (segle v aC) creien que tot l'univers es regia pels nombres naturals i les seves relacions (fraccions). Formaven una espècie de secta misticomatemàtica, el símbol de la qual era l'estrella de cinc puntes (pentàgon estrellat).

Pentagrama pitagòric en un rosetó mudèjar de l'església de Sant Andreu de Calataiud.

Ara bé, quan els pitagòrics van descobrir que la relació entre el costat del pentàgon estrellat i el costat del corresponent pentàgon convex no es podia expressar com a quocient de dos nombres naturals, van patir una commoció enorme en les seves creences.

Tan contrària a tota lògica els va semblar l'existència d'una relació així que van considerar irracional (contrari a la raó) el nombre corresponent.

Pitagòrics celebrant l'alba en el quadre Himne al sol naixent, *de Fyodor Bronnikov.*

Resol

El pentàgon estrellat

Observa el pentàgon estrellat que es mostra a continuació:

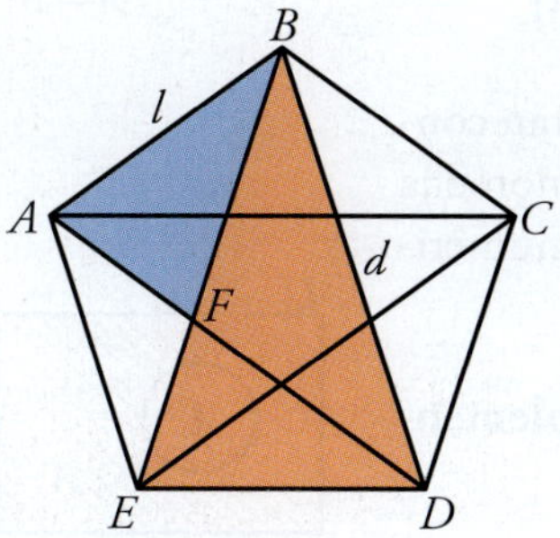

1. Demostra que els triangles ABF i EBD són semblants (és a dir, demostra que els angles són respectivament iguals).

2. Si anomenem l el costat del pentàgon i d la diagonal, basant-te en la semblança dels triangles que acabes de demostrar, troba la relació $\frac{d}{l}$ i comprova que és el nombre auri:

$$\frac{d}{l} = \frac{\sqrt{5}+1}{2} = \phi$$

1 Llenguatge matemàtic: conjunts i símbols

Terminologia usada en els conjunts

Les matemàtiques resulten més clares, precises i rigoroses si es recolzen en el llenguatge dels conjunts. Fins ara l'hem usat ocasionalment, però cada vegada hi recorrem amb més freqüència. Recordarem coses que ja has estudiat anteriorment i hi aprofundirem una mica.

- Els conjunts se solen designar mitjançant lletres majúscules: C, X, Y, A, B... encara que alguns conjunts numèrics molt usats tenen una simbologia especial que ja coneixes: $\mathbb{N}$, naturals; $\mathbb{Z}$, enters; $\mathbb{Q}$, racionals; $\mathbb{R}$, reals.

- Per expressar que x és un **element** del conjunt C s'usa el símbol $\in$ (pertany): $x \in C$ es llegeix «x **pertany** a C»; $y \notin C$ es llegeix «y **no pertany** a C». Per exemple:

  5 és un nombre natural $\rightarrow 5 \in \mathbb{N}$; [illegible] no és natural $\rightarrow$ [illegible] $\notin \mathbb{N}$

- Per descriure conjunts s'usen, habitualment, els símbols següents:

  { } (claus), tanquen els elements del conjunt o la propietat que els caracteritza.

  / («tals que»), precedeix la propietat que caracteritza els elements del conjunt. Per exemple:

  Nombres enters compresos entre –3 i 4: $\{x \in \mathbb{Z} \,/\, -3 < x < 4\}$.

  Es llegeix «el conjunt dels x pertanyents a $\mathbb{Z}$ *tals que* $-3 < x < 4$».

- Si tots els elements de A són també elements de C diem que A és un **subconjunt** de C i ho expressem així: $A \subset C$ (A està **contingut** en C), o així: $C \supset A$ (C **conté** A). Per exemple:

  $\mathbb{N} \subset \mathbb{Z}$, $\mathbb{Z} \subset \mathbb{Q}$, $\mathbb{Q} \subset \mathbb{R}$, o bé $\mathbb{Z} \supset \mathbb{N}$, $\mathbb{Q} \supset \mathbb{Z}$, $\mathbb{R} \supset \mathbb{Q}$.

Recorda

S'anomena **conjunt buit** el que no té cap element i es denota amb el símbol $\varnothing$.

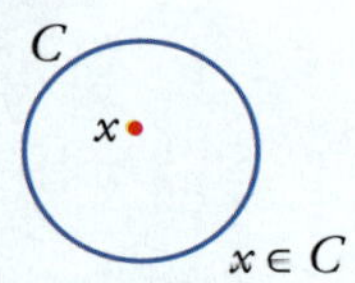

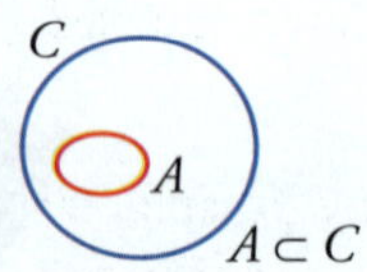

Operacions amb conjunts

- El conjunt format per tots els elements d'uns altres dos conjunts A i B es designa $A \cup B$. Es llegeix «A **unió** B».

  Si $A \subset B$, aleshores $A \cup B = B$. Per exemple, $\mathbb{N} \cup \mathbb{Z} = \mathbb{Z}$.

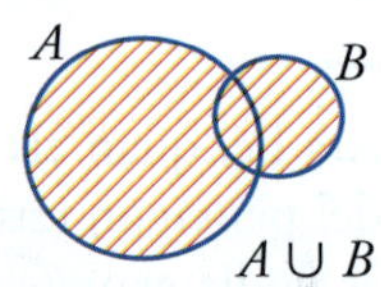

- El conjunt format pels elements que pertanyen a A i a B (a ambdós) es designa $A \cap B$. Es llegeix «A **intersecció** B».

  Si $A \subset B$, aleshores $A \cap B = A$. Per exemple, $\mathbb{N} \cap \mathbb{Z} = \mathbb{N}$.

  Si A i B no tenen cap element en comú, aleshores $A \cap B = \varnothing$.

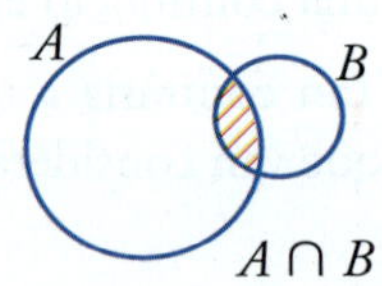

- El conjunt format per tots els elements de A que no estan en B es designa $A - B$. Es llegeix «A menys B».

  $A - B$ s'anomena conjunt **diferència**. Per exemple, els nombres naturals que no són múltiples de 3: $\mathbb{N} - \{x \,/\, x \neq \dot{3}\}$.

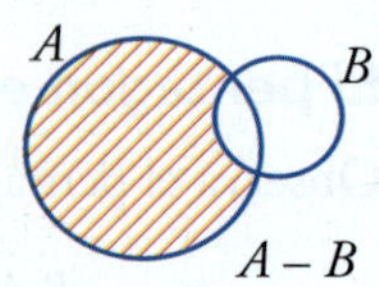

- Si en un cert context hi ha un conjunt U en el qual estan continguts tots els altres conjunts que es manegen, U s'anomena **conjunt universal**. En la majoria de les aplicacions numèriques d'aquest curs, $\mathbb{R}$ és el conjunt universal.

- Si U és el conjunt universal, $U - A$ s'anomena **complementari** de A i es designa A' o A^c.

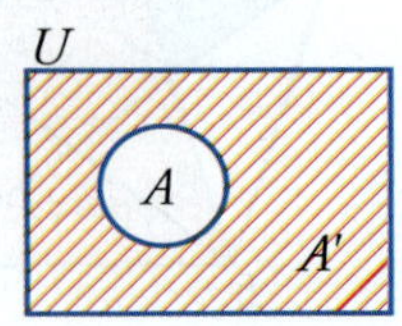

Exemple

$A = \{1, 2, 3, 4, 5, 6\}$

$B = \{2, 4, 6, 8, 10\}$

Unió

$A \cup B = \{1, 2, 3, 4, 5, 6, 8, 10\}$

Intersecció

$A \cap B = \{2, 4, 6\}$

Diferència

$A - B = \{1, 3, 5\}$

$B - A = \{8, 10\}$

Conjunt universal

$U = \{1, 2, 3, 4, 5, 6, 7, 8, 9, 10\}$

Complementaris

$A' = \{7, 8, 9, 10\}$

$B' = \{1, 3, 5, 7, 9\}$

Frases matemàtiques

L'expressió «$x \in A$» és una frase en la qual s'afirma que x *pertany al conjunt* A (és un element del conjunt A). En aquesta frase, el verb és «$\in$».

Els símbols $\in$, $\notin$, $\subset$, $\supset$, $=$, $<$, $>$, $\leq$, $\geq$ són verbs.

Amb aquests es formen frases que afirmen alguna cosa. Per exemple:

$A \cap B \subset A$ El conjunt $A \cap B$ està *contingut* en el conjunt A.

$(x-1)^2 \geq 0$ El resultat de $(x-1)^2$ *és major o igual* que 0.

$l \notin V$ La lletra l *no pertany* al conjunt de les vocals V.

Dos símbols lògics, $\Rightarrow$ i $\Leftrightarrow$

L'afirmació següent

«**Si** x és un nombre enter, **aleshores** x és un nombre racional»

relaciona dues afirmacions:

P: «x és un nombre enter»

Q: «x és un nombre racional»

Les partícules *si… aleshores…* (*si* P *aleshores* Q) serveixen per expressar una conseqüència: *sempre que ocorri* P *ocorrerà* Q.

això es pot expressar amb el símbol $\Rightarrow$ (que es llegeix **implica**):

x és un nombre enter $\Rightarrow$ x és un nombre racional

$$x \in \mathbb{Z} \Rightarrow x \in \mathbb{Q}$$

Quan, a més de $P \Rightarrow Q$ ocorre que $Q \Rightarrow P$, aleshores posarem $P \Leftrightarrow Q$. Aquest símbol $\Leftrightarrow$ (que es llegeix **si i només si**) ens indica que les afirmacions P i Q són **equivalents**, és a dir, sempre que sigui certa una afirmació ha de ser certa l'altra. Per exemple:

el triangle ABC és equilàter $\Leftrightarrow$ el triangle ABC és equiangle

Exercici proposat

1 Cert o fals?

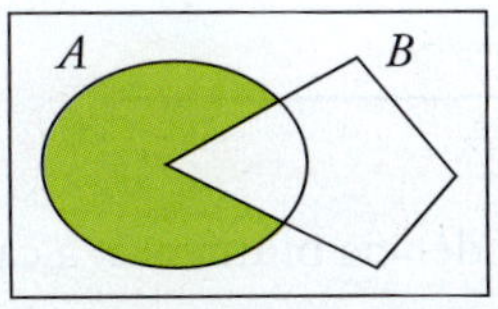

a) El conjunt pintat de l'esquerra es pot designar $A - B$.

b) El conjunt pintat de l'esquerra es pot designar $A \cap B'$.

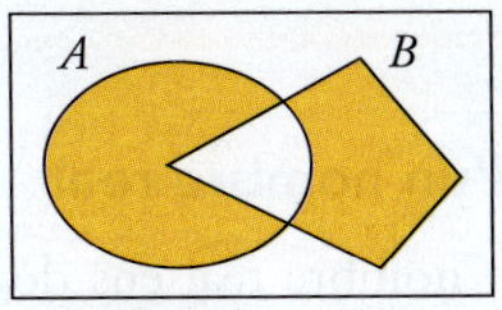

c) El conjunt pintat de la dreta es pot designar:
$(A - B) \cup (B - A)$

d) El conjunt pintat de la dreta es pot designar:
$(A \cup B) - (A \cap B)$

e) El conjunt pintat de la dreta es pot designar:
$(A \cap B') \cup (A' \cap B)$

f) $x \in \mathbb{Z} \Rightarrow x \in \mathbb{Q}$

g) $[x \in (\dot{3})$ i $x \in (\dot{2})] \Leftrightarrow x \in (\dot{6})$

$(\dot{n})$ és el conjunt dels múltiples de n.

h) $(\dot{3}) \cap (\dot{2}) = (\dot{6})$

i) $x \in A - B \Rightarrow x \in A \cap B'$

j) $(x \in A \Rightarrow x \in B)$ és el mateix que dir $A \subset B$.

k) $(x \in A \Rightarrow x \in B) \Leftrightarrow A \subset B$

l) $(x \in A \Rightarrow x \in B) \Rightarrow B \subset A$

m) $x \in (0, 1) \Leftrightarrow x \in \mathbb{R}$ i $0 < x < 1$

n) $\sqrt{2} \notin (\mathbb{R} - \mathbb{Q}) \cap (0, 1)$, però
$\sqrt{2}/2 \in (\mathbb{R} - \mathbb{Q}) \cap (0, 1)$

o) $0{,}5 \in (\mathbb{R} - \mathbb{Q}) \cap (0, 1)$

p) $(\mathbb{R} - \mathbb{Q}) \cap (0, 1)$ és el conjunt dels nombres irracionals positius menors que 1.

q) $\{x \in \mathbb{Z} \,/\, -2 < x \leq 5\} = \{-1, 0, 1, 2, 3, 4, 5\}$

r) El conjunt dels nombres enters majors que -5 i menors que 7 és $\mathbb{Z} \cap (-5, 7)$.

s) (x és un nombre real, però no és racional) $\Leftrightarrow x \in \mathbb{R} - \mathbb{Q}$

2 Nombres reals. La recta real

Reflexiona i resol

Observa com se situen aquests nombres en els conjunts numèrics:

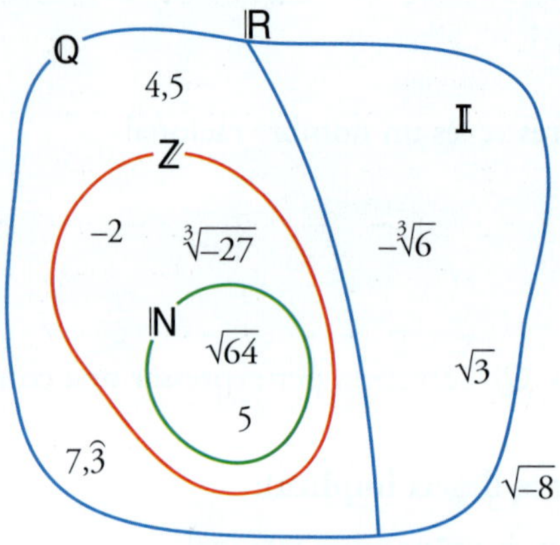

Ara, en el quadern, situa els nombres següents en un diagrama semblant:

$-\sqrt[3]{1}$; $4,\widehat{5}$; 6; $\sqrt{10}$; $\sqrt[4]{-16}$; $\sqrt[3]{-2}$; 27/5; 27/3

Atenció

Hi ha operacions el resultat de les quals no és un nombre real. Per exemple:

$\sqrt{-4}$, $\sqrt{-5}$, $\sqrt[4]{-8}$

Interpretació gràfica

Gràficament, el valor absolut d'un nombre és la seva distància al 0.

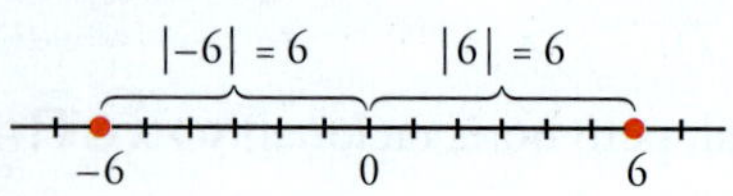

Nombres racionals

Els **nombres racionals** són els que es poden posar com a quocient de dos nombres enters. Entre aquests estan els mateixos **nombres enters**, $\mathbb{Z}$ (positius —**naturals**, $\mathbb{N}$— i negatius).

Els nombres racionals es poden expressar mitjançant decimals exactes o periòdics.

El conjunt de tots els nombres racionals es designa per $\mathbb{Q}$. En situar-los sobre la recta numèrica l'ocupen densament. Això vol dir que:

— Entre dos nombres racionals hi ha altres infinits nombres racionals.

— Si prenem un punt qualsevol de la recta numèrica hi ha infinits nombres racionals tan a prop d'aquest com vulguem.

Nombres irracionals

Encara que els nombres racionals estan densament situats, en la recta numèrica hi ha infinits punts no ocupats per nombres racionals. A cada un d'aquests punts correspon un **nombre irracional**.

Són nombres irracionals $\sqrt{2}$, $\sqrt{3}$, $\sqrt[3]{5}$, π, ϕ (nombre auri), etc.

Els nombres irracionals no es poden posar com a quocient de dos enters.

La seva expressió decimal té infinites xifres no periòdiques.

El conjunt dels nombres irracionals es designa per $\mathbb{I}$.

Nombres reals

Tant els nombres racionals com els irracionals s'anomenen **nombres reals**. El conjunt dels nombres reals es designa per $\mathbb{R}$. És a dir:

$$\mathbb{R} = \mathbb{Q} \cup \mathbb{I} \qquad \mathbb{Q} \cap \mathbb{I} = \varnothing$$

Els nombres reals omplen la recta numèrica. És a dir, si s'assenyala en la recta un origen, 0, i se situa el punt corresponent al nombre 1 (és a dir, es concreta quina és la longitud unitat), a cada nombre real correspon un punt de la recta i a cada punt de la recta correspon un nombre real. Per això la recta numèrica s'anomena **recta real**.

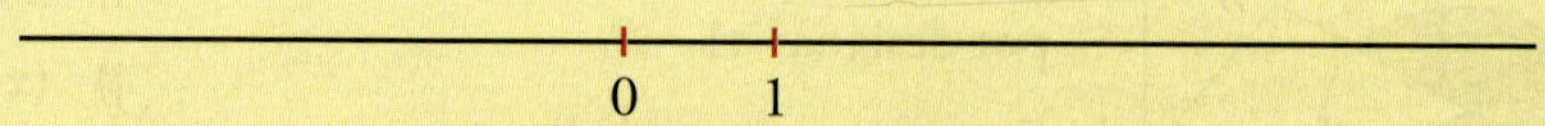

Els punts de la recta i els nombres reals estan en correspondència biunívoca: a cada punt correspon un nombre real i a cada nombre real, un punt.

Valor absolut d'un nombre real

El valor absolut d'un nombre real ens dóna «la grandària» de l'esmentat nombre. Així, –8 i 8 tenen el mateix valor absolut: 8.

El **valor absolut** d'un nombre real, a, és el mateix nombre a, si és positiu, o l'oposat, $-a$, si és negatiu:

$$|a| = \begin{cases} a, \text{ si } a \geq 0 \\ -a, \text{ si } a < 0 \end{cases}$$

Per exemple, $|1 - \sqrt{3}| = \sqrt{3} - 1$, per tant $\sqrt{3} > 1$.

Intervals i semirectes

Recordem la nomenclatura per designar alguns trams de la recta real.

NOM	SÍMBOL	DESCRIPCIÓ	SIGNIFICAT	REPRESENTACIÓ
INTERVAL OBERT	(a, b)	$\{x / a < x < b\}$	Nombres compresos entre a i b, aquests no inclosos.	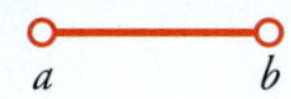
INTERVAL TANCAT	$[a, b]$	$\{x / a \le x \le b\}$	Nombres compresos entre a i b, aquests inclosos.	
INTERVAL SEMIOBERT	$(a, b]$	$\{x / a < x \le b\}$	Nombres compresos entre a i b; a no inclòs, b inclòs.	
	$[a, b)$	$\{x / a \le x < b\}$	Nombres compresos entre a i b; a inclòs, b no inclòs.	
SEMIRECTA	$(-\infty, a)$	$\{x / x < a\}$	Nombres menors que a.	
	$(-\infty, a]$	$\{x / x \le a\}$	Nombres menors que a i el mateix a.	
	$(a, +\infty)$	$\{x / a < x\}$	Nombres majors que a.	
	$[a, +\infty)$	$\{x / a \le x\}$	Nombres majors que a i el mateix a.	

Exercicis resolts

1 *Representa els conjunts numèrics següents:*

a) Nombres majors que 3.

b) $\{x / 2 \le x < 5\}$

c) $\{x / 3 \le x \le 7\}$

d) Nombres menors que 1 excloent el 0.

e) $\{x / x^2 \ge 4\} =$

$= \{x / x \le -2\} \cup \{x / x \ge 2\}$

a) $(3, +\infty)$

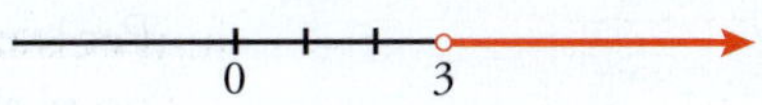

b) $[2, 5)$

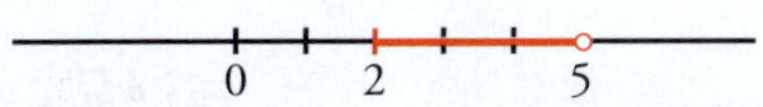

c) $[3, 7]$

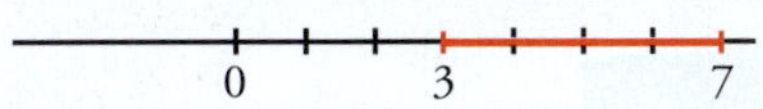

d) $(-\infty, 0) \cup (0, 1)$

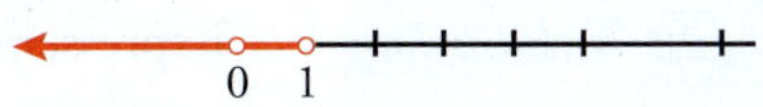

e) $(-\infty, -2] \cup [2, +\infty)$

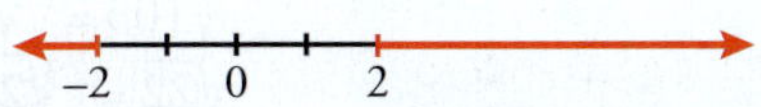

2 *Descriu i representa:*

a) $|x| \ge 3$

b) $|x - 2| < 3$

a) $|x| \ge 3 \iff x \le -3$ o $x \ge 3$

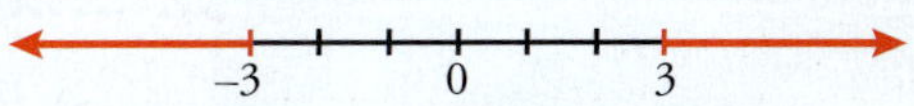

b) $|x - 2| < 3 \iff -3 \le x - 2 < 3 \iff -3 + 2 < x < 3 + 2 \iff -1 < x < 5$

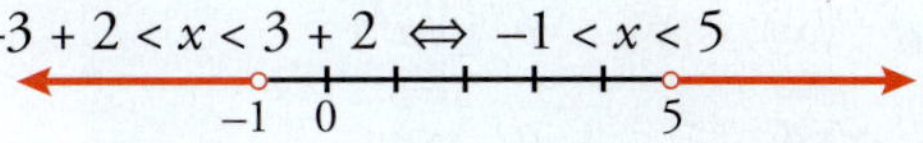

Exercicis proposats

2 Representa els conjunts següents:

a) $(-3, -1)$
b) $[4, +\infty)$
c) $(3, 9]$
d) $(-\infty, 0)$
e) $\{x / -2 \le x < 5\}$
f) $[-2, 5) \cup (5, 7]$
g) $(-\infty, 0) \cup (3, +\infty)$
h) $(-\infty, 1) \cup (1, +\infty)$

3 Esbrina i representa per a quins valors de x es compleixen les relacions següents:

a) $|x| = 5$
b) $|x| \le 5$
c) $|x - 4| = 2$
d) $|x - 4| \le 2$
e) $|x - 4| > 2$
f) $|x + 4| > 5$

3 Radicals. Propietats

Recordem que $\sqrt[n]{x} = b \Leftrightarrow a = b^n$, on n és un nombre natural major que 1, i a i b són nombres reals.

$\sqrt[n]{a}$ s'anomena **radical,** a **radicand** i n **índex** de l'arrel.

- Si $a \geq 0$, $\sqrt[n]{a}$ existeix qualsevol que sigui n.
- Si $a < 0$, $\sqrt[n]{a}$ només existeix per a valors imparells de n.

Forma exponencial dels radicals

- $\sqrt[n]{a} = a^{\frac{1}{n}}$, perquè $\left(a^{\frac{1}{n}}\right)^n = a^{\frac{n}{n}} = a$
- $\sqrt[n]{a^m} = a^{\frac{m}{n}}$, perquè $\sqrt[n]{a^m} = (a^m)^{\frac{1}{n}} = a^{m \cdot \frac{1}{n}} = a^{\frac{m}{n}}$

Potències i arrels de radicals

① $\sqrt[np]{a^p} = \sqrt[n]{a}$, perquè $\sqrt[np]{a^p} = a^{\frac{p}{np}} = a^{\frac{1}{n}} = \sqrt[n]{a}$

Aquesta propietat és útil per:

— Simplificar radicals: $\sqrt[4]{9} = \sqrt[4]{3^2} = \sqrt{3}$; $\sqrt[6]{4} = \sqrt[6]{2^2} = \sqrt[3]{2}$

— Aconseguir que dos o més radicals tinguin el mateix índex (reduir a índex comú) (vegeu l'exercici resolt 1).

② $(\sqrt[n]{a})^p = \sqrt[n]{a^p}$, perquè $\left(a^{\frac{1}{n}}\right)^p = a^{\left(\frac{1}{n}\right)\cdot p} = (a^p)^{\frac{1}{n}} = \sqrt[n]{a^p}$

Aquesta propietat només és vàlida quan hi ha els radicals $\sqrt[n]{a}$ i $\sqrt[n]{a^p}$.

Per exemple, no podem posar que $(\sqrt{-5})^4 = \sqrt{(-5)^4} = 25$, perquè el primer radical no té significat numèric.

③ $\sqrt[m]{\sqrt[n]{a}} = \sqrt[mn]{a}$, perquè $\left(a^{\frac{1}{n}}\right)^{\frac{1}{m}} = a^{\left(\frac{1}{n}\right)\cdot\left(\frac{1}{m}\right)} = a^{\frac{1}{mn}} = \sqrt[mn]{a}$

Exercicis resolts

1 *Compara $\sqrt[3]{103}$ i $\sqrt{22}$ reduint-los a índex comú.*

Expressem ambdues arrels com a arrels sisenes:

$$\left.\begin{array}{l}\sqrt[3]{103} = \sqrt[3\cdot 2]{103^2} = \sqrt[6]{103^2} = \sqrt[6]{10\,609} \\ \sqrt{22} = \sqrt[2\cdot 3]{22^3} = \sqrt[6]{22^3} = \sqrt[6]{10\,648}\end{array}\right\} \text{ Veiem que } \sqrt[3]{103} < \sqrt{22}.$$

2 *Simplifica:*

a) $\sqrt[12]{x^9}$ *b)* $\left(\sqrt[3]{a^2}\right)^6$

c) $\sqrt{\sqrt[3]{a}}$ *d)* $\sqrt[3]{\sqrt{a}}$

a) $\sqrt[12]{x^9} = \sqrt[3\cdot 4]{x^{3\cdot 3}} = \sqrt[4]{x^3}$

b) $\left(\sqrt[3]{a^2}\right)^6 = (a^2)^2 = a^4$

c) $\sqrt{\sqrt[3]{a}} = \sqrt[6]{a}$

d) $\sqrt[3]{\sqrt{a}} = \sqrt[6]{a}$

Exercicis proposats

4 Simplifica:

a) $\sqrt[9]{x^{12}}$ b) $\sqrt[12]{x^8}$ c) $\sqrt[5]{y^{10}}$

d) $\sqrt[6]{8}$ e) $\sqrt[9]{64}$ f) $\sqrt[8]{81}$

5 Quin és major, $\sqrt[4]{31}$ o $\sqrt[3]{13}$?

6 Redueix a índex comú:

a) $\sqrt[12]{a^5}$ i $\sqrt[18]{a^7}$ b) $\sqrt[3]{51}$ i $\sqrt[9]{132\,650}$

7 Simplifica:

a) $\left(\sqrt{\sqrt{\sqrt{k}}}\right)^8$ b) $\sqrt[5]{\sqrt[3]{x^{10}}}$ c) $\sqrt[3]{(\sqrt{x})^6}$

Producte i quocient de radicals

④ $\sqrt[n]{\boldsymbol{a \cdot b}} = \sqrt[n]{\boldsymbol{a}} \cdot \sqrt[n]{\boldsymbol{b}}$, perquè $\sqrt[n]{a \cdot b} = (a \cdot b)^{\frac{1}{n}} = a^{\frac{1}{n}} \cdot b^{\frac{1}{n}} = \sqrt[n]{a} \cdot \sqrt[n]{b}$

Per exemple: $\sqrt{3x^2 y} = \sqrt{3} \cdot \sqrt{x^2} \cdot \sqrt{y}$; $\sqrt[5]{32x} = \sqrt[5]{32} \cdot \sqrt[5]{x} = 2\sqrt[5]{x}$

Aquesta propietat té les aplicacions següents:

— Treure un factor fora de l'arrel. Per exemple:

$$\sqrt[3]{32} = \sqrt[3]{8 \cdot 4} = \sqrt[3]{8} \cdot \sqrt[3]{4} = 2 \cdot \sqrt[3]{4}\,; \quad \sqrt{18} = \sqrt{9} \cdot \sqrt{2} = 3 \cdot \sqrt{2}$$

— Al contrari, ajuntar diversos radicals en un de sol: $\sqrt{15} \cdot \sqrt{20} = \sqrt{300}$

⑤ $\sqrt[n]{\dfrac{\boldsymbol{a}}{\boldsymbol{b}}} = \dfrac{\sqrt[n]{\boldsymbol{a}}}{\sqrt[n]{\boldsymbol{b}}}$, perquè $\sqrt[n]{\dfrac{a}{b}} \left(\dfrac{a}{b}\right)^{\frac{1}{n}} = \dfrac{a^{1/n}}{b^{1/n}} = \dfrac{\sqrt[n]{a}}{\sqrt[n]{b}}$

Per exemple: $\sqrt{\dfrac{3}{x^3}} = \dfrac{\sqrt{3}}{\sqrt{x^3}}$; $\sqrt[3]{\dfrac{x^5}{8}} = \dfrac{\sqrt[3]{x^5}}{\sqrt[3]{8}} = \dfrac{\sqrt[3]{x^5}}{2}$

Aquesta propietat, junt amb les propietats ① i ④, serveix per posar productes i quocients de radicals en una sola arrel. Per exemple:

$$\frac{\sqrt{3} \cdot \sqrt[3]{4}}{\sqrt[6]{24}} = \frac{\sqrt[6]{3^3} \cdot \sqrt[6]{4^2}}{\sqrt[6]{2^3 \cdot 3}} = \sqrt[6]{\frac{3^3 \cdot 2^4}{2^3 \cdot 3}} = \sqrt[6]{2 \cdot 3^2} = \sqrt[6]{18}$$

Suma de radicals

Dos radicals diferents no es poden sumar si no és obtenint-ne les expressions decimals aproximades. Només és possible sumar radicals idèntics.

Per exemple, $\sqrt{3} + \sqrt{2}$ o $\sqrt{7} + \sqrt[3]{7}$ només es poden realitzar de manera aproximada o deixant-les indicades.

Sí que es pot simplificar $7\sqrt{5} + 11\sqrt{5} - \sqrt{5} = 17\sqrt{5}$.

Hi ha casos en què la possibilitat de simplificar una suma de radicals no és evident. En tals casos, hem d'enginyar-nos-les per descobrir aquesta possibilitat.

Per exemple:

$$\sqrt{8} + \sqrt{18} + \sqrt[4]{2\,500} = \sqrt{2^3} + \sqrt{3^2 \cdot 2} + \sqrt[4]{2^2 \cdot 5^4} = 2\sqrt{2} + 3\sqrt{2} + 5\sqrt{2} = 10\sqrt{2}$$

Exercicis proposats

8 Redueix:

a) $\sqrt[3]{2} \cdot \sqrt[5]{2}$ b) $\sqrt[3]{9} \cdot \sqrt[6]{3}$

c) $\sqrt{2} \cdot \sqrt[4]{2} \cdot \sqrt[8]{2}$ d) $\sqrt[4]{8} \cdot \sqrt[3]{4}$

e) $\sqrt[4]{125} \cdot \sqrt{5}$ f) $\sqrt[3]{81} \cdot \sqrt{3}$

9 Simplifica:

a) $\dfrac{\sqrt[5]{x}}{\sqrt[3]{x}}$ b) $\dfrac{\sqrt{a \cdot b}}{\sqrt[3]{a \cdot b}}$

c) $\dfrac{\sqrt[6]{a^3}}{\sqrt[3]{a^2}}$ d) $\dfrac{\sqrt[4]{a^3 \cdot b^5 \cdot c}}{\sqrt{a \cdot b^3 \cdot c^3}}$

10 Redueix:

a) $\dfrac{\sqrt[3]{3^2}}{\sqrt{3}}$ b) $\dfrac{\sqrt{9}}{\sqrt[3]{3}}$

c) $\dfrac{\sqrt[5]{16}}{\sqrt{2}}$ d) $\dfrac{\sqrt[4]{729}}{\sqrt{3}}$

11 Calcula i simplifica:

a) $5\sqrt{x} + 3\sqrt{x} + 2\sqrt{x}$ b) $\sqrt{9 \cdot 2} + \sqrt{25 \cdot 2} - \sqrt{2}$

c) $\sqrt{18} + \sqrt{50} - \sqrt{2} - \sqrt{8}$ d) $\sqrt{27} - \sqrt{50} + \sqrt{12} + \sqrt{8}$

e) $\sqrt{50a} - \sqrt{18a}$ f) $\sqrt[3]{16} + \sqrt[3]{54} - \sqrt[3]{250}$

Racionalització de denominadors

A vegades convé suprimir els radicals que hi ha en un denominador. Per a això, cal multiplicar-lo per l'expressió adequada. Naturalment, el numerador també es multiplicarà per aquesta expressió.

Vegem alguns procediments per suprimir arrels del denominador:

- Per suprimir una arrel quadrada, només cal multiplicar per la mateixa arrel.

  Per exemple: $\dfrac{7}{\sqrt{2}} = \dfrac{7 \cdot \sqrt{2}}{\sqrt{2} \cdot \sqrt{2}} = \dfrac{7\sqrt{2}}{2}$

- Per suprimir una arrel enèsima, es multiplica per una altra arrel enèsima tal que es completi en el radicand una potència enèsima.

  Per exemple: $\dfrac{1}{\sqrt[3]{25}} = \dfrac{1}{\sqrt[3]{5^2}} = \dfrac{\sqrt[3]{5}}{\sqrt[3]{5^2} \cdot \sqrt[3]{5}} = \dfrac{\sqrt[3]{5}}{\sqrt[3]{5^3}} = \dfrac{\sqrt[3]{5}}{5}$

- En una suma d'arrels quadrades, $\sqrt{a} + \sqrt{b}$, se suprimeixen els radicals multiplicant per la diferència d'aquestes, $\sqrt{a} - \sqrt{b}$, i recíprocament.

  Per exemple:

$$\frac{7}{\sqrt{5}-\sqrt{3}} = \frac{7(\sqrt{5}+\sqrt{3})}{(\sqrt{5}-\sqrt{3})(\sqrt{5}+\sqrt{3})} = \frac{7(\sqrt{5}+\sqrt{3})}{(\sqrt{5})^2-(\sqrt{3})^2} = \frac{7(\sqrt{5}+\sqrt{3})}{2}$$

$$\frac{2}{3+\sqrt{7}} = \frac{2(3-\sqrt{7})}{(3+\sqrt{7})(3-\sqrt{7})} = \frac{2(3-\sqrt{7})}{3^2-(\sqrt{7})^2} = \frac{2(3-\sqrt{7})}{2} = 3-\sqrt{7}$$

Per què volem «racionalitzar» el denominador?

Antigament, quan no hi havia instruments de càlcul com els actuals, calia aplicar-se en la recerca de mètodes que alleugessin les operacions. I és clar que resulta molt més senzill multiplicar per un radical que dividir per aquest. Per això convenia «treure fora» els radicals del denominador.

Actualment, amb les calculadores, això és innecessari. No obstant això, encara es considera que una expressió amb radicals en el denominador és antiestètica, que la simplificació està inacabada.

Tingues en compte

Les expressions $\sqrt{a} - \sqrt{b}$ i $\sqrt{a} + \sqrt{b}$ se solen anomenar **conjugades**.

Numerador i denominador es multipliquen per una de les conjugades per fer desaparèixer els radicals del denominador, ja que:

$$(\sqrt{a}+\sqrt{b})(\sqrt{a}-\sqrt{b}) = a - b$$

Què és més còmode?

$$\frac{1}{\sqrt{2}} = \frac{\sqrt{2}}{2}$$

```
1,00000   |1,4142...
 01016     0,707...
  ...
```

```
1,4142...  |2
 014        0,7070...
  02
  ...
```

Exercicis proposats

12 Racionalitza denominadors i simplifica tot el que puguis:

a) $\dfrac{5}{\sqrt{7}}$ b) $\dfrac{3}{\sqrt[3]{4}}$

c) $\sqrt{\dfrac{7}{3}}$ d) $\dfrac{1}{\sqrt{a^3}}$

e) $\dfrac{3}{\sqrt{50}}$ f) $\dfrac{4}{\sqrt{18}}$

g) $\dfrac{2}{\sqrt[3]{25}}$ h) $\dfrac{1}{\sqrt[3]{40}}$

i) $\dfrac{3}{\sqrt[3]{36}}$ j) $\dfrac{2}{\sqrt[3]{100}}$

13 Racionalitza denominadors i simplifica tot el que puguis:

a) $\dfrac{1}{\sqrt{2}+1}$ b) $\dfrac{x+y}{\sqrt{x}+\sqrt{y}}$

c) $\dfrac{a-1}{\sqrt{a}-1}$ d) $\dfrac{\sqrt{x}+\sqrt{y}}{\sqrt{x}-\sqrt{y}}$

e) $\dfrac{1}{2\sqrt{3}-\sqrt{5}}$ f) $\dfrac{3\sqrt{2}+2\sqrt{3}}{3\sqrt{2}-2\sqrt{3}}$

g) $\dfrac{1}{\sqrt{2}} + \dfrac{1}{\sqrt{2}-1} + \dfrac{1}{\sqrt{2}+1}$ h) $\dfrac{1}{\sqrt{x}-\sqrt{y}} + \dfrac{1}{\sqrt{x}+\sqrt{y}}$

4 Logaritmes. Propietats

Si $a > 0$ i $a \neq 1$, s'anomena **logaritme en base *a*** de P, i es designa $log_a P$, l'exponent al qual cal elevar la base a per obtenir P.

$$log_a P = x \iff a^x = P$$

Per exemple:

$log_2 8 = 3$ perquè $8 = 2^3$

$log_2 \frac{1}{8} = -3$ perquè $\frac{1}{8} = \frac{1}{2^3} = 2^{-3}$

$log_5 25 = 2$ perquè $25 = 5^2$

$log_5 \frac{1}{25} = -2$ perquè $\frac{1}{25} = \frac{1}{5^2} = 5^{-2}$

$log_{10} 10\,000 = 4$ perquè $10\,000 = 10^4$

$log_{10} 0{,}0001 = -4$ perquè $0{,}0001 = 10^{-4}$

Logaritme d'un nombre exacte que no és potència exacta

Els nombres que són potències exactes de la base tenen logaritmes enters.

Els altres, tenen logaritmes decimals.

Per exemple:

$$8 \xrightarrow{log_2} 3 \quad \dots \quad 11 \xrightarrow{log_2} 3,\dots \quad \dots \quad 16 \xrightarrow{log_2} 4$$

El $log_2 11$ és un nombre decimal la part entera del qual és 3.

Propietats dels logaritmes

① Dos nombres diferents tenen logaritmes diferents.

Si $P \neq Q$, aleshores $log_a P \neq log_a Q$.

Si $a > 1$ i $P < Q$, aleshores $log_a P < log_a Q$.

② El **logaritme de la base** és 1: $log_a a = 1$, perquè $a^1 = a$

③ El **logaritme de 1** és 0, sigui quina sigui la base:

$$log_a 1 = 0, \text{ perquè } a^0 = 1$$

④ El **logaritme d'un producte** és igual a la suma dels logaritmes dels factors:

$$log_a (P \cdot Q) = log_a P + log_a Q$$

⑤ El **logaritme d'un quocient** és igual al logaritme del numerador menys el del denominador:

$$log_a \left(\frac{P}{Q}\right) = log_a P - log_a Q$$

⑥ El **logaritme d'una potència** és igual a l'exponent multiplicat pel logaritme de la base de la potència:

$$log_a P^n = n\, log_a P$$

⑦ El **logaritme d'una arrel** és igual al logaritme del radicand dividit per l'índex:

$$log_a \sqrt[n]{P} = \frac{log_a P}{n}$$

⑧ **Canvi de base.** El logaritme en base a d'un nombre es pot obtenir a partir de logaritmes en una altra base:

$$log_a P = \frac{log_b P}{log_b a}$$

Com veuràs en la pàgina següent, amb aquesta propietat, i amb l'ajuda de la calculadora, podem trobar logaritmes en qualsevol base.

En el web

Indicacions per demostrar aquestes propietats.

Etimologia

Logaritme, del grec *logos* (relació) i *aritmos* (nombre): nombres de relació o de comparació. Van anomenar-se així perquè, quan es van inventar els logaritmes (i durant molt de temps), van servir per relacionar, comparar i operar amb nombres de moltes xifres.

Naturalment, tot això era abans que hi hagués calculadores.

Nota històrica

La preocupació per trobar recursos que facilitessin les operacions aritmètiques enormes va fer que al principi del segle XVII els logaritmes fossin inventats quasi simultàniament per dos matemàtics:

NAPIER (Neper), escocès, el 1614 i BÜRGUI, suís, el 1620.

John Napier (1550-1617).

Logaritmes decimals

Els logaritmes en base 10 s'anomenen **logaritmes decimals** i, en comptes de designar-se mitjançant log_{10}, es designen simplement així: log

$$log\ K = log_{10}\ K$$

La tecla [log] de la calculadora serveix per calcular logaritmes decimals. Gràcies a la propietat ⑧ anterior, podem obtenir, amb l'ajuda de la calculadora, el logaritme d'un nombre en qualsevol base.

$$log_a\ P = \frac{log\ P}{log\ a} \rightarrow \text{[log]}\ P\ [\div]\ \text{[log]}\ a\ [=] \quad \text{s'obté } log_a\ P$$

Per exemple:

$$log_2\ 11 = \frac{log\ 11}{log\ 2} \rightarrow \text{[log]}\ 11\ [\div]\ \text{[log]}\ 2\ [=]\ [3.45943162]$$

Logaritmes neperians

S'anomenen així els logaritmes la base dels quals és el nombre e, i es designen mitjançant ln:

$$ln\ K = log_e\ K \quad \text{es llegeix } \textit{logaritme neperià} \text{ de } K$$

El nom prové de l'inventor, Neper o Napier.

El nombre $e = 2{,}71828182846...$ és irracional. La seva importància és enorme en matemàtiques superiors. Ens el trobarem, de nou, en la pròxima unitat.

La tecla [ln] de la calculadora serveix per calcular logaritmes neperians. Aquests logaritmes, a més del seu interès històric, són també molt importants en matemàtiques superiors.

Exercicis resolts

1 *Troba els logaritmes següents reconeixent la potència corresponent:*

a) $log_3\ 81$ *b)* $log\ 0{,}01$
c) $log_5\ 0{,}2$ *d)* $log_2\ 0{,}125$

Expressem cada nombre com a potència de la base:

a) $81 = 3^4$. Per tant, $log_3\ 81 = 4$

b) $0{,}01 = 10^{-2}$. Per tant, $log\ 0{,}01 = log_{10}\ 0{,}01 = -2$

c) $0{,}2 = \frac{1}{5} = 5^{-1}$. Per tant, $log_5\ 0{,}2 = -1$

d) $0{,}125 = \frac{1}{8} = \frac{1}{2^3} = 2^{-3}$. Per tant, $log_2\ 0{,}125 = -3$

2 *Troba la part entera dels logaritmes següents. Obtén el valor amb la calculadora:*

a) $log_2\ 100$
b) $log\ 650$

a) Entre quines dues potències de 2 hi ha el 100?

$2^6 = 64$, $2^7 = 128$; $2^6 < 100 < 2^7$. Per tant, $6 < log_2\ 100 < 7$.

És a dir, $log_2\ 100 = 6,...$

Amb la calculadora:

$$log_2\ 100 = \frac{log\ 100}{log\ 2} \rightarrow log_2\ 100 = \text{[log]}\ 100\ [\div]\ \text{[log]}\ 2\ [=]\ [6.64385618]$$

b) Entre quines dues potències de 10 hi ha el 650?

$100 = 10^2 < 650 < 10^3 = 1\,000$. Per tant, $2 < log\ 650 < 3$.

És a dir, $log\ 650 = 2,...$

Amb la calculadora s'obté directament:

[log] 650 [=] [2.81291335]

Exercicis resolts

1 *Sabent que* $log_2 A = 3{,}5$ *i* $log_2 B = -1{,}4$, *calcula:*

a) $log_2 \dfrac{A \cdot B}{4}$

b) $log_2 \dfrac{2\sqrt{A}}{B^3}$

a) Apliquem les propietats ④ i ⑤ dels logaritmes.

$$log_2 \left(\frac{A \cdot B}{4}\right) = log_2 A + log_2 B - log_2 4 = 3{,}5 - 1{,}4 - 2 = 0{,}1$$

b) Apliquem primer les propietats ④ i ⑤, i després, les ⑥ i ⑦.

$$log_2 \left(\frac{2\sqrt{A}}{B^3}\right) = log_2 2 + log_2 \sqrt{A} - log_2 B^3 = 1 + log_2 A^{1/2} - log_2 B^3 =$$

$$= 1 + \frac{1}{2}\, log_2 A - 3\, log_2 B = 1 + \frac{1}{2} \cdot 3{,}5 - 3 \cdot (-1{,}4) = 6{,}95$$

2 *Esbrina la relació que hi ha entre* x *i* y, *sabent que es verifica de la manera següent:*

$$ln\, y = x + ln\, 7$$

Com que $x = ln\, e^x$, aleshores $ln\, y = ln\, e^x + ln\, 7$.

Apliquem la propietat ④.

$ln\, y = ln\,(e^x \cdot 7) \rightarrow y = e^x \cdot 7$

La relació entre x i y és $y = 7e^x$.

En ambdós casos apliquem la propietat ⑧.

a) $log_5 80 = \dfrac{log\ 80}{log\ 5}$

Amb la calculadora: [log] 80 [÷] [log] 5 [=] 2.722706232

Per tant, $log_5 80 \doteq 2{,}7227$.

b) $log_{12} 100 = \dfrac{log\ 100}{log\ 12}$

Amb la calculadora: [log] 100 [÷] [log] 12 [=] 1.8532568

Per tant, $log_{12} 100 = 1{,}8533$.

Exercicis proposats

14 Troba:

a) $log_2 16$ b) $log_2 0{,}25$

c) $log_9 1$ d) $log_{10} 0{,}1$

e) $log_4 64$ f) $log_7 49$

g) $ln\, e^4$ h) $ln\, e^{-1/4}$

i) $log_5 0{,}04$ j) $log_6 \left(\dfrac{1}{216}\right)$

15 Troba la part entera de…

a) $log_2 60$. b) $log_5 700$.

c) $log_{10} 43\,000$. d) $log_{10} 0{,}084$.

e) $log_9 60$. f) $ln\, e$.

g) $log_{20} 450\,000$. h) $log_{5,4} 900$.

16 Aplica la propietat ⑧ per obtenir els logaritmes següents amb l'ajuda de la calculadora:

a) $log_2 1\,500$ b) $log_5 200$

c) $log_{100} 200$ d) $log_{100} 40$

En cada cas, comprova'n el resultat usant la potenciació.

17 Calcula sabent que $log_5 A = 1{,}8$ i $log_5 B = 2{,}4$:

a) $log_5 \sqrt[3]{\dfrac{A^2}{25B}}$ b) $log_5 \dfrac{5\sqrt{A^2}}{B^2}$

18 Esbrina la relació que hi ha entre x i y, sabent que es verifica:

$$ln\, y = 2x - ln\, 5$$

5 Expressió decimal dels nombres reals. Nombres aproximats

El conjunt $\mathbb{D}$

A la pràctica, per realitzar càlculs numèrics s'usen nombres decimals amb un nombre finit de xifres. El conjunt de tots aquests es denomina $\mathbb{D}$.

És evident que $\mathbb{Z} \subset \mathbb{D} \subset \mathbb{Q}$.

Observa que $\sqrt[n]{\iota} \notin \mathbb{D}$.

En el seu lloc $0,3333 \in \mathbb{D}$.

Els nombres reals reflecteixen resultats teòrics amb una precisió absoluta. Per exemple, $\frac{3\sqrt{5}\pi}{13}$ és un nombre real el significat del qual és claríssim. La seva expressió decimal consta d'infinites xifres (1,62111109...). No obstant això, a la pràctica (en ciència aplicada, en economia o, simplement, en la vida quotidiana), aquests nombres s'expressen en forma decimal i amb una quantitat reduïda de xifres. D'aquesta manera, el nombre anterior es quedaria en 1,6; 1,62 o bé 1,621, segons la precisió que requereixi l'operació que estiguem realitzant.

D'altra banda, en els problemes reals, les dades que manegem (mesures, quantitats...) són només aproximades i en desconeixem el valor real. Quan usem un valor aproximat en lloc del valor real cometem un error. Recordem les definicions:

$$\text{Error absolut} = \text{E.A.} = |\text{Valor real} - \text{Valor aproximat}|$$

$$\text{Error relatiu} = \text{E.R.} = \frac{\text{Error absolut}}{\text{Valor real}}$$

Però calcular aquests errors és, a la pràctica, impossible perquè, com ja hem comentat, el valor real és, habitualment, desconegut. Per tant, l'error comès en usar un nombre aproximat també és desconegut. No obstant això, és imprescindible controlar-lo. I això ho farem dient: «*Aquest valor és aproximat. No sé quin error estic cometent però puc assegurar que és menor que...*». Això s'anomena *posar fita a l'error.*

Fites d'error

En donar un nombre aproximat hem de poder assegurar que:

$\text{Error absolut} < k$ (k és la **fita de l'error absolut**)

Per exemple: «El pes d'aquests paquets és de 450 g amb un error menor de 10 g».

A partir de la fita de l'error absolut es pot fitar l'error relatiu:

$$\text{Error relatiu} < \frac{k}{\text{Valor aproximat}}$$

En l'exemple anterior, $10/450 = 0,0089 < 0,009$. Podem dir, per tant, que 0,0089 és una **fita de l'error relatiu.** I es pot simplificar prenent com a fita 0,009.

Tingues en compte

L'error absolut s'expressa en la mateixa magnitud que el mesurament que s'efectua.

L'error relatiu és un nombre abstracte (sense unitats). Es pot expressar en tants per cent.

Exercici resolt

1 *a) Calcula el volum, en m³, de l'esfera circumscrita a un cub de 4 m de costat.*

b) Aproxima el volum fins als hectolitres.

c) Dóna una fita de l'error absolut i una altra de l'error relatiu.

a)

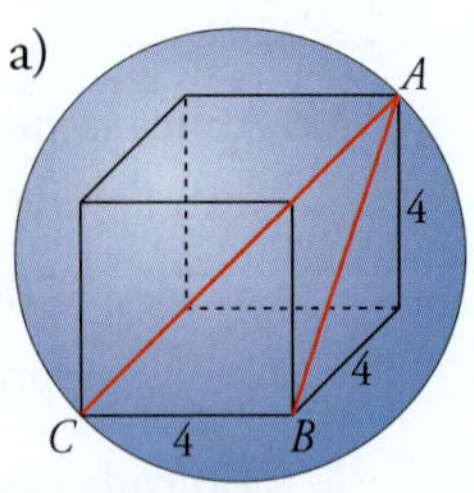

El diàmetre de l'esfera és la diagonal del cub.

$$\overline{AB} = \sqrt{4^2 + 4^2} = 4\sqrt{2};\ \overline{AC} = \sqrt{(4\sqrt{2})^2 + 4^2} = 4\sqrt{3}\ \text{m}$$

El radi, R, de l'esfera és $\frac{\overline{AC}}{2} \rightarrow R = 2\sqrt{3}$ m

$$V_{esfera} = \frac{4}{3}\pi R^3 = \frac{4}{3}\pi(2\sqrt{3})^3 = 32\sqrt{3}\pi\ \text{m}^3 \approx 174,12474\ \text{m}^3$$

b) Com que $1\ \text{hl} = 0,1\ \text{m}^3$, per aproximar a hl hem de donar el volum en m³ amb una xifra decimal: $V_{esfera} = 174,1\ \text{m}^3$

c) $\text{E.A.} < 0,02474 < 0,03\ \text{m}^3$ $\qquad$ $\text{E.R.} < \frac{0,03}{174,12474} = 0,00017... < 0,0002$

Observem que l'error absolut (i la seva fita) es dóna en la mateixa magnitud que la mesura (m³ → volum) mentre que l'error relatiu és un nombre abstracte (es pot donar en tants per cent). En aquest cas diríem que l'error relatiu és menor que el 0,02 %.

Xifres significatives

En la pàgina anterior donàvem diverses expressions aproximades del nombre:

$$\frac{3\sqrt{5}\pi}{13} = 1,62111109...$$

EXPRESSIONS APROXIMADES: 1,6   1,62   1,621

Els nombres aproximats s'expressen amb diverses xifres que sabem exemptes d'error. S'anomenen **xifres significatives**. En les expressions aproximades anteriors hem usat, respectivament, 2, 3 o 4 xifres significatives.

L'**error absolut** sol ser menor que 5 unitats del lloc següent al de l'última xifra significativa usada. En l'exemple anterior, els errors absoluts estarien fitats, respectivament, així:

FITES D'ERROR ABSOLUT: 0,05   0,005   0,0005

L'**error relatiu** és menor com més xifres significatives s'usen.

De vegades usem zeros per poder expressar un mesurament. Per exemple, si diem que el nombre d'habitants d'una ciutat és 3 800 000, probablement només controlem les dues primeres xifres, amb la qual cosa els últims zeros no serien xifres significatives. En aquest cas seria més raonable dir que el nombre d'habitants és 3,8 milions o bé 38 centenars de milers.

Exercici resolt

1 *Dóna una fita de l'error absolut i una altra de l'error relatiu en les mesures següents:*

a) 3 milions de persones.

b) 0,57 milions d'euros.

c) 0,570 milions d'euros.

a) Si es tracta d'una estimació fiable, és admissible que l'error absolut sigui menor que mig milió de persones.

Error absolut < 0,5 milions de persones

Error relatiu $< \frac{0,5}{3} = 0,1666... < 0,17 \rightarrow$ E.R. < 17 %

b) Si es tracta d'un nombre aproximat, aleshores:

Error absolut < 0,005 milions d'euros → E.A. < 5 000 €

Error relatiu $< \frac{0,005}{0,57} = 0,0087... < 0,009 \rightarrow$ E.R. < 0,9 %

c) En ser un nombre aproximat, el zero final significa que aquesta xifra (la dels mil·lèsims) està controlada. Per tant:

Error absolut < 0,0005 milions d'euros → E.A. < 500 €

Error relatiu $< \frac{0,0005}{0,570} = 0,00087... \rightarrow$ E.R. < 0,09 %

Exercicis proposats

19 Cert o fals?

I. El preu d'aquest habitatge és, aproximadament, de 390 000 €, amb un error menor que 10 000 €.

II. El preu del menú del dia és, aproximadament, de 12 €, amb un error menor que 1 €.

En I l'error absolut és molt major que en II, però l'error relatiu és menor.

20 Digues una fita de l'error absolut i una altra de l'error relatiu en els mesuraments següents:

a) En Daniel diu a la seva germana Maria que la superfície de casa seva és de 96,4 m^2.

b) Per culpa de la grip s'han perdut 37 milions d'hores de treball.

c) La Joana guanya uns 19 000 € a l'any.

Practica

Digues l'error absolut i l'error relatiu de les quantitats aproximades següents:

a) $3{,}800 \times 10^{16}$ m

b) $2{,}5 \times 10^{-6}$ hores

c) $6{,}3 \times 10^{9}$ persones

d) $2{,}40 \times 10^{-12}$ g

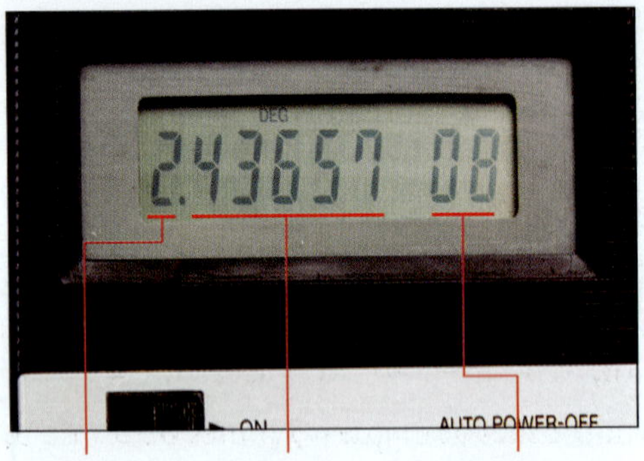

Notació científica

- El volum de la Terra és $1{,}08 \times 10^{21}$ m³. Òbviament es tracta d'un nombre aproximat i està donat en **notació científica**.

  Com a nombre aproximat, podem dir que:

  $$\text{E.A.} < 0{,}005 \times 10^{21}\ \text{m}^3 = 5 \times 10^{18}\ \text{m}^3 \rightarrow \text{E.A.} < 5 \times 10^{18}\ \text{m}^3$$

  $$\text{E.R.} < \frac{0{,}005}{1{,}08} = 0{,}0046\ldots < 0{,}005 \rightarrow \text{E.R.} < 0{,}5\,\%$$

- Un cert virus té un diàmetre de $3{,}0 \times 10^{-9}$ m. També es tracta d'un nombre aproximat posat en notació científica.

  $$\text{E.A.} < 0{,}05 \times 10^{-9}\ \text{m} = 5 \times 10^{-11}\ \text{m} \rightarrow \text{E.A.} < 5 \times 10^{-11}\ \text{m}$$

  $$\text{E.R.} < \frac{0{,}05}{3{,}0} = 0{,}01\widehat{6} < 0{,}02 \rightarrow \text{E.R.} < 2\,\%$$

Calculadora per a la notació científica

Com saps, la tecla [EXP] ajuda a expressar nombres en notació científica. Però, a més, la calculadora posseeix una manera d'actuació (MODE SCI) específic per a aquesta notació:

El mode SCI fa que la calculadora treballi sempre amb nombres en notació científica i, a més, amb la quantitat de xifres significatives que prèviament li hàgim indicat.

Per exemple, amb una calculadora en què s'accedeix al mode SCI mitjançant la seqüència [MODE] [8], desitgem treballar amb la notació científica *usant quatre xifres significatives*. Farem:

Preparació de la calculadora:

[MODE] [8] [4] → 0.000^{00}

Multipliquem $(3\,475\,980\,000) \cdot (1{,}27 \cdot 10^{-5})$.

Introducció del primer factor:

3 475 980 000 [×]; la pantalla mostra 3.476^{09}

Introducció del segon factor i execució del producte:

1,27 [EXP] 5 [+/–] [=] → 4.414^{04}

Observacions

- Quan la calculadora està en el mode SCI, admet expressions no científiques, però en donar-li a una tecla d'operació o al [=], posa el nombre en notació científica, amb les xifres significatives desitjades, arrodonint.
- La calculadora conserva en la memòria els dígits que no exhibeix en la pantalla. Si en l'exemple anterior posem la calculadora en el mode normal (MODE [9]), immediatament es mostra en la pantalla el resultat amb totes les xifres: 44144.946

Exercicis proposats

21 Calcula en notació científica sense usar la calculadora:

a) $(800\,000 : 0{,}0002) \cdot 0{,}5 \cdot 10^{12}$

b) $0{,}486 \cdot 10^{-5} + 93 \cdot 10^{-9} - 6 \cdot 10^{-7}$

22 Opera amb la calculadora:

a) $(3{,}87 \cdot 10^{15} \cdot 5{,}96 \cdot 10^{-9}) : (3{,}941 \cdot 10^{-6})$

b) $8{,}93 \cdot 10^{-10} + 7{,}64 \cdot 10^{-10} - 1{,}42 \cdot 10^{-9}$

Exercicis i problemes resolts

1. Conjunts numèrics

Classifica els nombres següents indicant a quins dels conjunts $\mathbb{N}$, $\mathbb{Z}$, $\mathbb{Q}$ *o* $\mathbb{R}$, *pertanyen:*

$\sqrt{7};\ 3;\ -4;\ 2{,}75;\ -5{,}\widehat{6};$
$-\sqrt[3]{9};\ \sqrt{16};\ \sqrt[3]{-8};\ \sqrt{-4}$

Fes-ho tu. Classifica aquests nombres:

$5;\ -7;\ 0{,}23;\ \frac{5}{4};\ \sqrt{\frac{18}{2}};\ -\sqrt{3};\ \sqrt[3]{-5};\ \sqrt{1{,}\widehat{3}}$

Sabem que els nombres naturals són enters ($\mathbb{N} \subset \mathbb{Z}$), que els enters són racionals ($\mathbb{Z} \subset \mathbb{Q}$) i que els racionals són reals ($\mathbb{Q} \subset \mathbb{R}$). Per tant, cada nombre pot estar en més d'una casella.

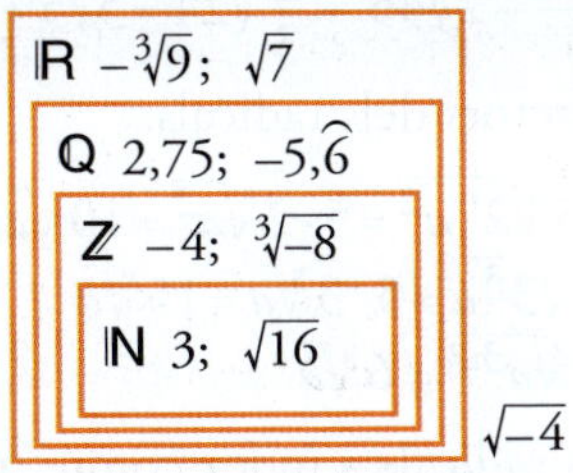

$\mathbb{N}$	$3;\ \sqrt{16}$
$\mathbb{Z}$	$3;\ \sqrt{16};\ -4;\ \sqrt[3]{-8}$
$\mathbb{Q}$	$3;\ \sqrt{16};\ -4;\ \sqrt[3]{-8};\ 2{,}75;\ -5{,}\widehat{6}$
$\mathbb{R}$	$3;\ \sqrt{16};\ -4;\ \sqrt[3]{-8};\ 2{,}75;\ -5{,}\widehat{6};\ \sqrt{7};\ -\sqrt[3]{9}$
NO REALS	$\sqrt{-4}$

2. Intervals i valor absolut

Explica quins són els nombres que compleixen cadascuna d'aquestes condicions:

a) $|x| = 5$
b) $|x+1| = 3$
c) $|x| \leq 4$
d) $|x| > 10$
e) $|x-2| < 5$
f) $|1-x| > -3$

Fes-ho tu. Indica quins nombres compleixen les condicions en cada cas:

a) $|x+2| \geq 5$ b) $|4-x| < 3$

a) Si $|x| = 5$, $\begin{cases} x = 5 \\ x = -5 \end{cases}$

b) Si $|x+1| = 3$, $\begin{cases} x+1 = 3 \ \rightarrow\ x = 2 \\ x+1 = -3 \ \rightarrow\ x = -4 \end{cases}$

c) $|x| \leq 4$ x pot ser qualsevol nombre comprès entre –4 i 4, ambdós inclosos; és a dir, $x \in [-4, 4]$.

d) $|x| > 10$ x pot ser qualsevol nombre més gran que 10 o més petit que –10. És a dir, $x < -10$ o $x > 10$, o bé $x \in (-\infty, -10) \cup (10, +\infty)$.

e) $|x-2| < 5$ $x - 2$ pot ser qualsevol nombre més gran que –5 o més petit que 5.
$-5 < x-2 < 5 \rightarrow -3 < x < 7 \rightarrow x \in (-3, 7)$

f) $|1-x| > -3$ $1 - x$ pot ser més gran que 3 o més petit que –3.

$$\left.\begin{array}{l} 1-x > 3 \rightarrow -x > 2 \overset{(*)}{\rightarrow} x < -2 \\ 1-x < -3 \rightarrow -x < -4 \overset{(*)}{\rightarrow} x > 4 \end{array}\right\} x \in (-\infty, -2) \cup (4, +\infty)$$

(*) En canviar el signe dels dos membres d'una desigualtat, canvia el sentit de la desigualtat.

3. Simplificació de radicals

Simplifica:

a) $\sqrt[8]{81}$ *b)* $\sqrt[12]{a^4 \cdot b^8}$

c) $\sqrt[3]{9} \cdot \sqrt[3]{81}$ *d)* $\sqrt[4]{x^{10}} \cdot \sqrt[6]{x^9}$

e) $\dfrac{\sqrt[6]{5^5}}{\sqrt[3]{5^4}}$ *f)* $\dfrac{(\sqrt{x})^3}{\left(\sqrt[3]{\sqrt[4]{x}}\right)^6}$

Fes-ho tu. Simplifica:

a) $\sqrt[7]{x^{21}}$ b) $\sqrt[3]{27} : \sqrt[6]{81}$ c) $\sqrt[4]{\sqrt[3]{x^2}}$

a) $\sqrt[8]{81} = \sqrt[8]{3^4} = \sqrt[8:4]{3^{4:4}} = \sqrt{3}$

b) $\sqrt[12]{a^4 \cdot b^8} = \sqrt[12:4]{a^{4:4} \cdot b^{8:4}} = \sqrt[3]{ab^2}$

c) $\sqrt[3]{9} \cdot \sqrt[3]{81} = \sqrt[3]{3^2 \cdot 3^4} = \sqrt[3]{3^6} = \sqrt[3:3]{3^{6:3}} = 3^2$

d) Reduïm a índex comú: MCM (4, 6) = 12.

$\sqrt[4]{x^{10}} \cdot \sqrt[6]{x^9} = \sqrt[12]{(x^{10})^3} \cdot \sqrt[12]{(x^9)^2} = \sqrt[12]{x^{30} \cdot x^{18}} = \sqrt[12:12]{x^{48:12}} = x^4$

e) Expressem el denominador com a arrel sisena:

$$\frac{\sqrt[6]{5^5}}{\sqrt[3]{5^4}} = \frac{\sqrt[6]{5^5}}{\sqrt[3\cdot 2]{(5^4)^2}} = \frac{\sqrt[6]{5^5}}{\sqrt[6]{5^8}} = \sqrt[6]{\frac{5^5}{5^8}} = \sqrt[6]{\frac{1}{5^3}} = \sqrt[6:3]{\frac{1}{5^{3:3}}} = \sqrt{\frac{1}{5}}$$

f) $$\frac{(\sqrt{x})^3}{\left(\sqrt[3]{\sqrt[4]{x}}\right)^6} = \frac{\sqrt{x^3}}{\sqrt[12]{x^6}} = \frac{\sqrt{x^3}}{\sqrt[12:6]{x^{6:6}}} = \frac{\sqrt{x^3}}{\sqrt{x}} = \sqrt{\frac{x^3}{x}} = \sqrt{x^2} = x$$

Exercicis i problemes resolts

4. Operacions amb radicals

Opera i simplifica:

a) $\sqrt{125}+\frac{\sqrt{54}}{2}-2\sqrt{45}-\frac{2}{3}\sqrt{24}$

b) $5\sqrt[6]{64a^2}-5\sqrt[3]{27a}+6\sqrt[9]{a^3}$

c) $\sqrt{ab}\cdot\sqrt[3]{a^2b^2}\cdot\sqrt[4]{ab^3}$

d) $\left(1-\frac{\sqrt{3}}{1+\sqrt{3}}\right)\left(1+\frac{\sqrt{3}}{1-\sqrt{3}}\right)$

a) Descomponem els radicands en factors i n'extraiem els que es pugui:

$\sqrt{125}=\sqrt{5^3}=5\sqrt{5}$; $\sqrt{54}=\sqrt{2\cdot 3^3}=3\sqrt{6}$; $\sqrt{45}=\sqrt{3^2\cdot 5}=3\sqrt{5}$; $\sqrt{24}=\sqrt{2^3\cdot 3}=2\sqrt{6}$

$$\sqrt{125}+\frac{\sqrt{54}}{2}-2\sqrt{45}-\frac{2}{3}\sqrt{24}=5\sqrt{5}+\frac{3}{2}\sqrt{6}-6\sqrt{5}-\frac{4}{3}\sqrt{6}=-\sqrt{5}+\frac{1}{6}\sqrt{6}$$

b) Extraiem factors dels radicals:

$$\left.\begin{aligned}5\sqrt[6]{64a^2}&=5\sqrt[6]{2^6a^2}=5\cdot 2\sqrt[6]{a^2}=10\sqrt[3]{a}\\5\sqrt[3]{27a}&=5\sqrt[3]{3^3a}=5\cdot 3\sqrt[3]{a}=15\sqrt[3]{a}\\6\sqrt[9]{a^3}&=6\sqrt[9:3]{a^{3:3}}=6\sqrt[3]{a}\end{aligned}\right\}\text{ Per tant: } 10\sqrt[3]{a}-15\sqrt[3]{a}+6\sqrt[3]{a}=\sqrt[3]{a}$$

c) Reduïm els radicals a índex comú: m.c.m. (2, 3, 4) = 12

$$\sqrt[12]{(ab)^6}\cdot\sqrt[12]{(a^2b^2)^4}\cdot\sqrt[12]{(ab^3)^3}=\sqrt[12]{a^6b^6a^8b^8a^3b^9}=\sqrt[12]{a^{17}b^{23}}=ab\sqrt[12]{a^5\cdot b^{11}}$$

d) Operem dins de cada parèntesi:

$$\left(\frac{1+\sqrt{3}-\sqrt{3}}{1+\sqrt{3}}\right)\left(\frac{1-\sqrt{3}+\sqrt{3}}{1-\sqrt{3}}\right)=\frac{1}{1+\sqrt{3}}\cdot\frac{1}{1-\sqrt{3}}=\frac{1}{1^2-(\sqrt{3})^2}=-\frac{1}{2}$$

Fes-ho tu. Opera i simplifica:

a) $\sqrt{32}+\frac{1}{2}\sqrt{50}-\frac{5}{6}\sqrt{2}$

b) $\sqrt{8ab}\cdot\sqrt[3]{a^2b}$

5. Racionalització de denominadors

Racionalitza i simplifica.

a) $\frac{6}{\sqrt[4]{3}}$ *b)* $\frac{\sqrt{8}}{3\sqrt{2}-2}$

c) $\frac{5\sqrt{2}-4\sqrt{3}}{5\sqrt{2}+4\sqrt{3}}$

a) Multipliquem numerador i denominador per $\sqrt[4]{3^3}$:

$$\frac{6\sqrt[4]{3^3}}{\sqrt[4]{3}\sqrt[4]{3^3}}=\frac{6\sqrt[4]{3^3}}{\sqrt[4]{3^4}}=\frac{6\sqrt[4]{27}}{3}=2\sqrt[4]{27}$$

b) Multipliquem numerador i denominador per $3\sqrt{2}+2$:

$$\frac{\sqrt{8}\,(3\sqrt{2}+2)}{(3\sqrt{2}-2)\,(3\sqrt{2}+2)}=\frac{3\sqrt{16}+2\sqrt{8}}{(3\sqrt{2})^2-2^2}=\frac{12+2\cdot 2\sqrt{2}}{14}=\frac{6+2\sqrt{2}}{7}$$

c) Multipliquem numerador i denominador per $5\sqrt{2}-4\sqrt{3}$:

$$\frac{(5\sqrt{2}-4\sqrt{3})(5\sqrt{2}-4\sqrt{3})}{(5\sqrt{2}+4\sqrt{3})(5\sqrt{2}-4\sqrt{3})}=\frac{25\cdot 2+16\cdot 3-2\cdot 5\cdot 4\sqrt{6}}{(5\sqrt{2})^2-(4\sqrt{3})^2}=\frac{98-40\sqrt{6}}{50-48}=49-20\sqrt{6}$$

Fes-ho tu. Racionalitza:

a) $\frac{2}{\sqrt[4]{5^3}}$ b) $\frac{11}{2\sqrt{5}+3}$

6. Problemes amb radicals

El volum d'un tetraedre regular és $18\sqrt{2}$ cm³. Troba'n la longitud de l'aresta.

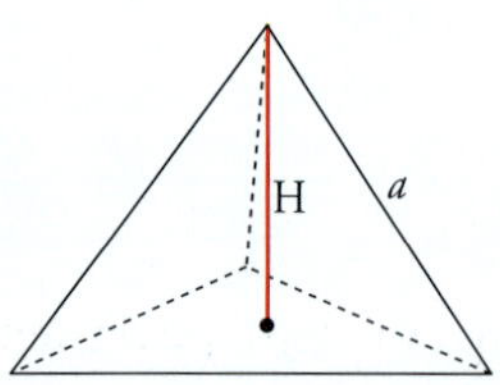

- Primer, expressem l'àrea de la base en funció de l'aresta:

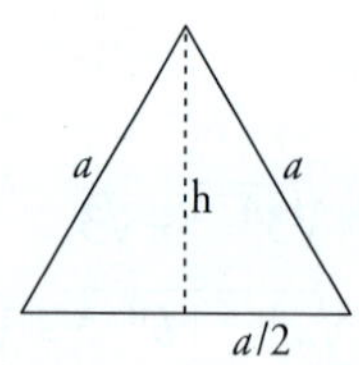

Trobem l'altura del triangle equilàter:

$$h^2=a^2-\left(\frac{a}{2}\right)^2\rightarrow h=\sqrt{\frac{3a^2}{4}}=\frac{a}{2}\sqrt{3}$$

$$A_{BASE}=\frac{1}{2}\cdot a\cdot\frac{a}{2}\sqrt{3}=\frac{\sqrt{3}}{4}a^2$$

- Després, trobem l'altura del tetraedre, H, també en funció de l'aresta:

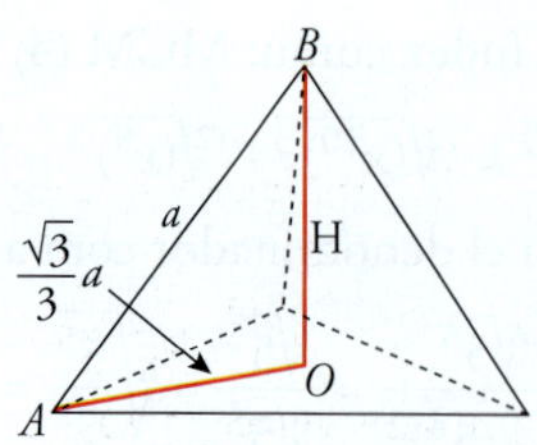

El triangle *AOB* és rectangle. Com que *O* és el baricentre d'una cara, el catet *AO* fa 2/3 de l'altura.

$$\overline{AO}=\frac{2}{3}\cdot\frac{a}{2}\sqrt{3}=\frac{\sqrt{3}}{3}a$$

$$H^2=a^2-\left(\frac{\sqrt{3}}{3}a\right)^2\rightarrow H=\sqrt{\frac{2a^2}{3}}=a\sqrt{\frac{2}{3}}$$

- Per últim, substituïm: $Volum_{TETRAEDRE}=\frac{1}{3}A_{BASE}\cdot H=\frac{1}{3}\cdot\frac{\sqrt{3}}{4}a^2\cdot a\sqrt{\frac{2}{3}}=\frac{\sqrt{2}}{12}a^3$

Per tant: $\frac{\sqrt{2}}{12}a^3=18\sqrt{2}\rightarrow a^3=216\rightarrow a=\sqrt[3]{216}=6$ cm

Fes-ho tu. El volum d'una piràmide quadrangular regular és $\frac{256}{3}\sqrt{2}$. Troba'n la longitud de l'aresta.

7. Definició de logaritme

Calcula x, en cada cas, usant la definició de logaritme:

a) $\log_x 0{,}04 = -1$ *b)* $\log_x \sqrt{27} = \frac{3}{2}$

c) $\ln \frac{1}{x} = \frac{1}{2}$ *d)* $\log x^3 = -3$

Fes-ho tu. Calcula x:

a) $\log_x 5 = 1/2$ b) $\log x^2 = -4$

Sabem que $\log_a P = x \Leftrightarrow a^x = P$; també que $\ln P = \log_e P$, i que $\log P = \log_{10} P$. Per tant:

a) $\log_x 0{,}04 = -1 \rightarrow x^{-1} = 0{,}04 \rightarrow \frac{1}{x} = \frac{4}{100} \rightarrow 100 = 4x \rightarrow x = 25$

b) $\log_x \sqrt{27} = \frac{3}{2} \rightarrow x^{3/2} = \sqrt{27} \rightarrow \sqrt{x^3} = \sqrt{27} \rightarrow x^3 = 27 \rightarrow x = 3$

c) $\ln \frac{1}{x} = \frac{1}{2} \rightarrow e^{1/2} = \frac{1}{x} \rightarrow \sqrt{e} = \frac{1}{x} \rightarrow x = \frac{1}{\sqrt{e}}$

d) $\log x^3 = -3 \rightarrow 10^{-3} = x^3 \rightarrow x = \sqrt[3]{10^{-3}} \rightarrow x = 10^{-1}$

8. Logaritmes sense calculadora

Troba el valor dels logaritmes següents sense fer servir la calculadora:

a) $\log_3 0{,}\widehat{1}$

b) $\log_4 \frac{1}{8}$

c) $\log_{100} 100\,000$

Fes-ho tu. Troba el valor de $\log_3 0{,}\widehat{3}$ i de $\log_2 \sqrt{\frac{1}{8}}$ sense usar la calculadora.

Expressem cada nombre com a potència de la base:

a) $0{,}\widehat{1} = \frac{1}{9} = 3^{-2}$. Per tant: $\log_3 0{,}\widehat{1} = \log_3 3^{-2} = -2$

b) $\frac{1}{8} = 4^x \rightarrow 2^{-3} = (2^2)^x \rightarrow -3 = 2x \rightarrow x = -\frac{3}{2}$. Per tant:

$\log_4 \frac{1}{8} = \log_4 4^{-3/2} = -\frac{3}{2}$

c) $100\,000 = 100^x \rightarrow 10^5 = (10^2)^x \rightarrow 5 = 2x \rightarrow x = \frac{5}{2}$. Per tant:

$\log_{100} 100\,000 = \log_{100} 100^{5/2} = \frac{5}{2}$

9. Propietats dels logaritmes

Sabent que $\ln k = 2{,}74$, *calcula:*

a) $\ln \sqrt{k}$ *b)* $\ln \frac{1}{k^3}$ *c)* $\ln (e^2 \cdot k)$

Fes-ho tu. Si $\ln k = -1{,}8$, calcula:

a) $\ln (k^2 \sqrt{e})$ b) $\ln \left(\frac{k}{e}\right)^3$

Hi apliquem les propietats del logaritme d'una potència, d'un quocient i d'un producte.

a) $\ln \sqrt{k} = \ln k^{1/2} = \frac{1}{2} \ln k = \frac{1}{2} \cdot 2{,}74 = 1{,}37$

b) $\ln \frac{1}{k^3} = \ln 1 - \ln k^3 = 0 - 3 \ln k = -3 \cdot 2{,}74 = -8{,}22$

c) $\ln (e^2 \cdot k) = \ln e^2 + \ln k = 2 + 2{,}74 = 4{,}74$

10. Propietats dels logaritmes

Calcula el valor de x *en cadascuna d'aquestes igualtats:*

a) $4^x = 0{,}02$

b) $\log 5^x = 12$

c) $\ln x + \ln 4 - 2 \ln 5 = \ln 3$

Fes-ho tu. Calcula x en aquests casos:

a) $\ln 3^{x-1} = 5$

b) $2 \log x - \log 4 = 2 \log 3$

a) Prenem logaritmes en els dos membres i hi apliquem la propietat del logaritme d'una potència: $\log_a x^n = n \log_a x$

$$\log 4^x = \log 0{,}02 \rightarrow x \log 4 = \log 0{,}02 \rightarrow x = \frac{\log 0{,}02}{\log 4} \rightarrow x = -2{,}82$$

b) Hi apliquem la propietat del logaritme d'una potència:

$$x \log 5 = 12 \rightarrow x = \frac{12}{\log 5} \rightarrow x = 17{,}17$$

c) Hem de transformar l'expressió en una del tipus $\ln A = \ln B$, de la qual es dedueix $A = B$. Per a això hi apliquem les propietats del logaritme d'un producte, d'una potència i d'un quocient.

$$\ln x \cdot 4 - \ln 5^2 = \ln 3 \rightarrow \ln \frac{4x}{5^2} = \ln 3 \rightarrow \frac{4x}{25} = 3 \rightarrow x = \frac{75}{4} = 18{,}75$$

11. Errors i notació científica

Una galàxia, que és a un milió d'anys llum de la nostra, s'hi acosta a una velocitat de 17 km/s.

a) Quants quilòmetres recorre en un any?

b) Quants anys tardarà a arribar a la nostra galàxia?

Expressa'n els resultats en notació científica i dóna fites de l'error absolut i de l'error relatiu comesos en cada cas.

a) Sabem que $e = v \cdot t$. Com que v ve donada en km/s, hem d'expressar t en segons. Posem la calculadora en mode SCI amb dues xifres.

$$1 \text{ any} = 365 \cdot 24 \cdot 60 \cdot 60 = 31\,536\,000 \text{ s} = 3{,}2 \cdot 10^7 \text{ s}$$

$$e = 17 \cdot 3{,}2 \cdot 10^7 = 5{,}4 \cdot 10^8 \text{ km recorreguts, aproximadament, en un any}$$

Una fita de l'error absolut és mitja unitat de la primera xifra no usada. I una de l'error relatiu s'obté dividint la fita de l'error absolut entre el valor aproximat:

$$\text{E.A.} < 0{,}05 \cdot 10^8 = 5 \cdot 10^6 \text{ km} \qquad \text{E.R.} < \frac{5 \cdot 10^6}{5{,}4 \cdot 10^8} < 0{,}009 = 0{,}9\,\%$$

La distància recorreguda és, aproximadament, igual a $5{,}4 \cdot 10^8$ km, amb un error absolut menor que $5 \cdot 10^6$ km i un error relatiu menor del 0,9 %.

b) Passam els anys llum a quilòmetres.

$$\text{Velocitat de la llum} = 300\,000 \text{ km/s} = 3 \cdot 10^5 \text{ km/s}$$

$$\text{Un milió d'anys llum} = 10^6 \cdot (3 \cdot 10^5) \cdot (3{,}2 \cdot 10^7) = 9{,}6 \cdot 10^{18} \text{ km}$$

$$t = \frac{e}{v} = \frac{9{,}6 \cdot 10^{18}}{17} = 5{,}6 \cdot 10^{17} \text{ s} \rightarrow t = \frac{5{,}6 \cdot 10^{17}}{3{,}2 \cdot 10^7} = 1{,}8 \cdot 10^{10} \text{ anys}$$

$$\text{E.A.} < 0{,}05 \cdot 10^{10} = 5 \cdot 10^8 \text{ anys} \qquad \text{E.R.} < \frac{5 \cdot 10^8}{1{,}8 \cdot 10^{10}} < 0{,}028 = 2{,}8\,\%$$

Els anys que tardarà a arribar a la nostra galàxia són, aproximadament, $1{,}8 \cdot 10^{10}$, amb un error absolut menor que $5 \cdot 10^8$ i un error relatiu menor del 2,8 %.

Fes-ho tu. Expressa el resultat d'aquestes operacions en notació científica i fita l'error absolut i l'error relatiu comesos:

a) $(15\,000\,000 : 0{,}0003)^2 \cdot (0{,}008)^3$

b) $1{,}5 \cdot 10^{-8} + 2{,}4 \cdot 10^{-7} - (1{,}2 \cdot 10^{-4})^2$

12. Repartiments proporcionals

En una carrera de muntanya s'han de repartir 2 000 € entre els tres guanyadors, de forma inversament proporcional als temps emprats, que són 40, 50 i 60 minuts.

Quant correspon a cadascun dels guanyadors?

El corredor que hi va emprar menys temps és el que ha de tenir un premi més gran. Per això hem de repartir els 2 000 € en parts inversament proporcionals a 40, 50 i 60.

Això equival a repartir de forma directament proporcional a $\frac{1}{40}$, $\frac{1}{50}$ i $\frac{1}{60}$.

Calculem el que correspon a cada un fent servir la proporcionalitat:

Sumem $\frac{1}{40} + \frac{1}{50} + \frac{1}{60} = \frac{37}{600}$

Primer premi: $\frac{x}{2\,000} = \frac{1/40}{37/600} \rightarrow x = \frac{2\,000 \cdot 1/40}{37/600} = 810{,}81$ €

Segon premi: $y = \frac{2\,000 \cdot 1/50}{37/600} = 648{,}65$ €

Tercer premi: $z = \frac{2\,000 \cdot 1/60}{37/600} = 540{,}54$ €

Fes-ho tu. Reparteix 1 500 € en parts inversament proporcionals a 15, 20 i 25.

13. Regla de tres

Afegim 125 ml d'aigua a 250 ml d'alcohol de 90°.

a) Quina serà la concentració de la mescla?

b) Quina quantitat d'aigua hi hem d'afegir de nou per obtenir un alcohol de 40°?

Un alcohol de 90° significa que té un 90 % d'alcohol pur.

a) Per calcular la concentració necessitem saber la quantitat d'alcohol pur que té la mescla i el volum de la mateixa:

$$\left.\begin{array}{l} 250 \cdot 0{,}9 = 225 \text{ ml d'alcohol pur} \\ 250 + 125 = 375 \text{ ml de mescla} \end{array}\right\} \frac{225}{375} = \frac{x}{100} \rightarrow x = 60\,\% \text{ és la nova concentració}$$

b) Anomenem V la quantitat d'aigua que hem d'afegir-hi:

$$\frac{225}{375 + V} = \frac{40}{100} \rightarrow 40\,(375 + V) = 22\,500 \rightarrow V = 187{,}5 \text{ ml}$$

Exercicis i problemes guiats

1. Simplificació de radicals

Simplifica aquesta expressió:

$$\sqrt{3\sqrt{\frac{\sqrt{12}-\sqrt{3}}{\sqrt{108}}}}$$

- Extreu factors fora del radical en $\sqrt{12}$ i $\sqrt{108}$.
- Efectua l'operació del numerador i, després, simplifica la fracció.
- Introdueix el 3 en la segona arrel.
- Aplica-hi la propietat $\sqrt[m]{\sqrt[n]{a}} = \sqrt[mn]{a}$.

Solució:

$$\sqrt[4]{\frac{3}{2}}$$

2. Valor d'un exponent

Calcula x perquè es compleixi la igualtat:

$$3^{x-1} = 173$$

- Pren logaritmes en els dos membres i aplica-hi la propietat del logaritme d'una potència per "baixar" la x de l'exponent.
- Opera i aïlla x.

Solució:

$x = 5{,}69$

3. Extracció de factors d'un radical

Extreu fora del radical els factors que sigui possible:

$$\sqrt{4a^2cd + 8abcd + 4b^2cd}$$

- Per extraure factors d'un radical hi apliquem la propietat $\sqrt{ab} = \sqrt{a}\sqrt{b}$. Per tant, hem d'expressar el radicand com un producte.
- Per a això, extreu factor comú en el radicand. N'obtendràs el quadrat d'una suma.

Solució:

$2(a+b)\sqrt{cd}$

4. Propietats dels logaritmes

Troba la relació que hi ha entre M, x i y si sabem que:

$$\ln M = \frac{1}{4}(2\ln x + 3\ln y - 5\ln 2)$$

L'objectiu és aconseguir una expressió del tipus $\ln M = \ln P$ de la qual es dedueix $M = P$.

Per a això, aplica-hi pas a pas les propietats:

$$n\ln A = \ln A^n;\ \ \ln A + \ln B = \ln(A \cdot B);\ \ \ln A - \ln B = \ln\frac{A}{B}$$

Solució:

$$M = \sqrt[4]{\frac{x^2y^3}{2^5}}$$

5. Fites d'error absolut i relatiu

Fita l'error que es comet en prendre 1,62 com a aproximació del nombre d'or, ϕ.

- L'error absolut sol ser menor que 5 unitats del lloc següent al de la darrera xifra significativa usada.
- Per obtenir una fita de l'error relatiu, divideix la fita de l'error absolut entre el valor aproximat i expressa el quocient com un percentatge.

Solució:

E.A. < 0,005; E.R. < 0,3 %

Exercicis i problemes proposats

Per practicar

Nombres racionals i irracionals

1 Classifica els nombres següents indicant a quins dels conjunts $\mathbb{N}$, $\mathbb{Z}$, $\mathbb{Q}$ o $\mathbb{R}$, pertanyen:

$5;\ -7;\ \frac{5}{4};\ \sqrt{\frac{18}{2}};\ -\sqrt{3};\ \sqrt[3]{-5};\ 4,\widehat{7};\ \frac{\pi}{2}$

2 Quins d'aquests nombres són irracionals? Expressa com a fracció els que sigui possible.

a) $3,181818\ldots$ b) $\sqrt{1,\widehat{7}}$
c) $\sqrt{8}$ d) $1,020020002\ldots$
e) $-4,0333\ldots$ f) $\sqrt[3]{81}$
g) $1,3999\ldots$ h) 2π

3 Quins nombres irracionals representen els punts: A, B, C i D? Justifica'n la resposta.

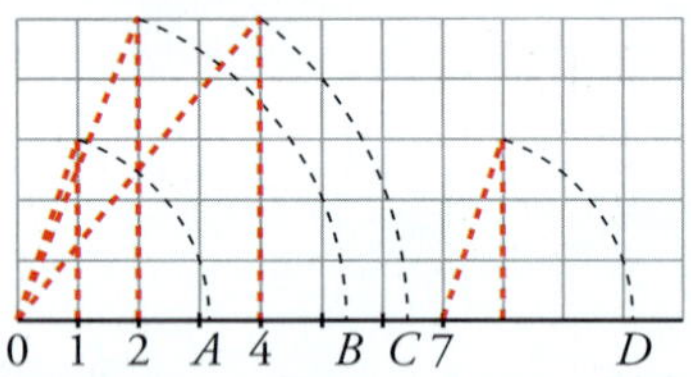

4 Indica quin, de cada parell de nombres, és més gran:

a) $\frac{140}{99}$ i $\sqrt{2}$ b) $0,52\widehat{6}$ i $0,\widehat{526}$
c) $4,\widehat{89}$ i $2\sqrt{6}$ d) $-2,098$ i $-2,1$

Arrodoneix els nombres anteriors als centèsims.

Intervals i valor absolut

5 Representa gràficament i expressa com a interval o com a semirecta els nombres que compleixen la condició donada en cada cas.

a) x és menor que -5.
b) 3 és menor o igual que x.
c) x està comprès entre -5 i 1.
d) x està entre -2 i 0, ambdós inclosos.
e) x és major o igual que -3 i menor que 2.

6 Escriu la desigualtat que verifica tot nombre x que pertany a aquests intervals o semirectes:

a) $[-2, 7]$ b) $[13, +\infty)$ c) $(-\infty, 0)$
d) $(-3, 0]$ e) $[3/2, 6)$ f) $(0, +\infty)$

7 Expressa en forma d'interval els nombres que compleixen cadascuna d'aquestes expressions:

a) $|x| < 7$ b) $|x| \geq 5$ c) $|2x| < 8$
d) $|x-1| \leq 6$ e) $|x+2| > 9$ f) $|x-5| \geq 1$

8 Escriu mitjançant intervals els possibles valors de x perquè es pugui calcular l'arrel en cada cas:

a) $\sqrt{x-4}$ b) $\sqrt{2x+1}$ c) $\sqrt{-x}$
d) $\sqrt{3-2x}$ e) $\sqrt{-x-1}$ f) $\sqrt{1+\frac{x}{2}}$

9 Expressa com un únic interval:

a) $(1, 6] \cup [2, 5)$ b) $[-1, 3) \cup (0, 3]$
c) $(1, 6] \cap [2, 7)$ d) $[-1, 3) \cap (0, 4)$
e) $[-3, 2] \cap [0, 5]$ f) $[2, +\infty) \cap (0, 10)$

10 S'anomena entorn de centre a i radi r l'interval $(a-r, a+r)$.

a) Expressa com a intervals els entorns següents: centre 2 i radi 0,25; centre -1 i radi 2.

b) Descriu com a entorns els intervals següents: $I_1 = (-3, 5)$; $I_2 = (-6, -4{,}4)$.

Potències

11 Expressa els radicals següents mitjançant potències d'exponent fraccionari i simplifica'ls:

a) $\sqrt[5]{a^2}\cdot\sqrt{a}$ b) $\frac{\sqrt[3]{x^2}}{\sqrt{x}}$ c) $\frac{1}{\sqrt[4]{a^3}}$

12 Resol, sense usar la calculadora:

a) $\sqrt[5]{32}$ b) $\sqrt[3]{343}$ c) $\sqrt[4]{625}$
d) $\sqrt{0,25}$ e) $\sqrt[3]{8^4}$ f) $\sqrt[3]{0,001}$

13 Expressa com una potència de base 2:

a) $\frac{1}{\sqrt{2}}$ b) $(-32)^{1/5}$ c) $(\sqrt[8]{2})^4$

14 Calcula usant potències de base 2, 3 i 5:

a) $4\cdot\frac{1}{3}\cdot\left(-\frac{3}{2}\right)^3$ b) $\left(-\frac{1}{2}\right)^4\cdot\left(\frac{2}{9}\right)^{-1}\cdot\frac{1}{8}$

c) $\frac{(-5)^3\cdot(-8)^3\cdot(-9)^2}{15^2\cdot 20^4}$ d) $\frac{(-30)^{-1}\cdot 15^2}{10^3}$

15 Expressa en forma de potència, efectua les operacions i simplifica:

a) $\frac{\sqrt[4]{a^3}\cdot a^{-1}}{a\sqrt{a}}$ b) $16^{1/4}\cdot\sqrt[3]{\frac{1}{4}}\cdot\frac{1}{\sqrt[6]{4}}$

16 Simplifica, fent servir les propietats de les potències:

a) $\frac{3^6\cdot 2^5\cdot 5^2}{9^3\cdot 4^3\cdot 5}$ b) $\frac{3^4\cdot 16\cdot 9^{-1}}{5^{-1}\cdot 3^5}$

c) $\frac{15^2\cdot 8^{-1}}{6^3\cdot 10^2}$ d) $\frac{a^{-3}\cdot b^{-4}\cdot c^7}{a^{-5}\cdot b^2\cdot c^{-1}}$

Radicals

17 Introdueix els factors dins de cada arrel:

a) $2\sqrt[3]{3}$ b) $4\sqrt[3]{\frac{1}{4}}$ c) $\frac{2}{x}\sqrt{\frac{3x}{8}}$

d) $\frac{3}{5}\sqrt[3]{\frac{25}{9}}$ e) $2\sqrt[4]{4}$ f) $\frac{1}{5}\sqrt[3]{15}$

18 Treu de cada arrel el factor que puguis:

a) $\sqrt[3]{16}$ b) $4\sqrt{8}$ c) $\sqrt{1000}$

d) $\sqrt[3]{8a^5}$ e) $\sqrt{\frac{125a^2}{16b}}$ f) $\sqrt{\frac{1}{4}+\frac{1}{9}}$

g) $\sqrt{\frac{16}{a^3}}$ h) $\sqrt{4a^2+4}$ i) $\sqrt{\frac{a}{9}+\frac{a}{16}}$

19 Simplifica els radicals següents:

a) $\sqrt[3]{24}$ b) $\sqrt[6]{27}$ c) $\sqrt[3]{-108}$

d) $\sqrt[12]{64y^3}$ e) $\sqrt[4]{\frac{81}{64}}$ f) $\sqrt[8]{625} : \sqrt[4]{25}$

g) $\sqrt[6]{0{,}027}$ h) $\sqrt[8]{0{,}0016}$ i) $\sqrt[4]{1+\frac{9}{16}}$

20 Redueix a índex comú i ordena de menor a major:

a) $\sqrt[4]{5},\ \sqrt[3]{3},\ \sqrt{2}$ b) $\sqrt{6},\ \sqrt[3]{4}$

c) $\sqrt[4]{6},\ \sqrt[5]{10}$ d) $\sqrt[4]{20},\ \sqrt[3]{9},\ \sqrt[6]{100}$

21 Realitza l'operació i simplifica, si és possible:

a) $4\sqrt{27}\cdot 5\sqrt{6}$ b) $2\sqrt{\frac{4}{3}}\cdot\sqrt{\frac{27}{8}}$ c) $\sqrt{2}\cdot\sqrt{\frac{1}{8}}$

d) $(\sqrt[3]{12})^2$ e) $(\sqrt[6]{32})^2$ f) $\sqrt[3]{24} : \sqrt[3]{3}$

22 Efectua i simplifica, si és possible:

a) $\sqrt[3]{2}\cdot\sqrt{3}$ b) $\sqrt[3]{a}\cdot\sqrt[3]{\frac{1}{a^2}}\cdot\sqrt{a}$ c) $\left(\frac{\sqrt[6]{32}}{\sqrt{8}}\right)^3$ d) $\sqrt[3]{2\sqrt{3}} : \sqrt{\sqrt[3]{4}}$

23 Expressa amb una arrel única:

a) $\sqrt[4]{\sqrt[3]{4}}$ b) $\sqrt[3]{2\sqrt[4]{8}}$ c) $\left(\sqrt[4]{a^3}\cdot\sqrt[5]{a^4}\right) : \sqrt{a}$

24 Racionalitza els denominadors i simplifica:

a) $\frac{2\sqrt{3}}{\sqrt{18}}$ b) $\frac{2}{\sqrt[3]{2}}$ c) $\frac{\sqrt{2}-1}{3\sqrt{2}}$

d) $\frac{3}{3+\sqrt{3}}$ e) $\frac{\sqrt{72}-\sqrt{8}}{\sqrt{6}}$ f) $\frac{5}{\sqrt{3}-\sqrt{2}}$

25 Simplifica:

a) $5\sqrt{125}+6\sqrt{45}-7\sqrt{20}+\frac{3}{2}\sqrt{80}$

b) $\sqrt[3]{16}+7\sqrt[3]{2}-\sqrt[3]{54}-\frac{21}{5}\sqrt[3]{250}$

c) $-\sqrt{54}+3\sqrt{24}-\sqrt{150}+\sqrt{294}$

26 Simplifica les expressions següents:

a) $\sqrt{18}+\sqrt{12}-\sqrt{27}+\sqrt{72}$

b) $\sqrt{\frac{2}{5}}-4\sqrt{\frac{18}{125}}+\frac{7}{2}\sqrt{\frac{8}{45}}$

c) $\frac{7}{5}\sqrt[3]{81a}-2\sqrt[3]{3a^4}-\frac{\sqrt[3]{3a}}{5}$

27 Efectua i simplifica:

a) $(\sqrt{2}+\sqrt{3})(\sqrt{6}-1)$ b) $(\sqrt{5}-\sqrt{6})(\sqrt{5}+\sqrt{6})$

c) $(2\sqrt{5}-3\sqrt{2})^2$ d) $(\sqrt{2}-1)(\sqrt{2}+1)\sqrt{3}$

28 Racionalitza i simplifica:

a) $\frac{2\sqrt{3}-\sqrt{2}}{\sqrt{18}}$ b) $\frac{2\sqrt{3}+\sqrt{2}}{\sqrt{12}}$ c) $\frac{1}{2(\sqrt{3}-\sqrt{5})}$

d) $\frac{3}{\sqrt{5}-2}$ e) $\frac{13\sqrt{10}}{\sqrt{5}-3\sqrt{2}}$ f) $\frac{3\sqrt{6}+2\sqrt{2}}{3\sqrt{3}+2}$

29 Efectua i simplifica:

a) $\frac{3}{\sqrt{3}-\sqrt{2}}-\frac{2}{\sqrt{3}+\sqrt{2}}$ b) $\frac{\sqrt{7}-\sqrt{5}}{\sqrt{7}+\sqrt{5}}-\frac{\sqrt{7}+\sqrt{5}}{\sqrt{7}-\sqrt{5}}$

Logaritmes

30 Expressa com a potència de la base i calcula aplicant-hi la definició de logaritme:

a) $log_2\ 1\,024$ b) $log\ 0{,}001$ c) $log_2\ \frac{1}{64}$

d) $log_{\sqrt{3}}\ 3$ e) $log_3\ \sqrt{3}$ f) $log_2\ \sqrt{8}$

g) $log_{1/2}\ \frac{2}{\sqrt{2}}$ h) $log_{\pi}\ 1$ i) $ln\ \frac{1}{\sqrt[3]{e}}$

31 Calcula la base d'aquests logaritmes:

a) $log_x\ 125 = 3$ b) $log_x\ \frac{1}{9} = -2$

c) $log_x\ \frac{1}{4} = 2$ d) $log_x\ 2 = \frac{1}{2}$

e) $log_x\ 0{,}04 = -2$ f) $log_x\ 4 = -\frac{1}{2}$

32 Calcula el valor de x en aquestes igualtats:

a) $log\ 3^x = 2$ b) $log\ x^2 = -2$

c) $7^x = 115$ d) $5^{-x} = 3$

e) $log_7\ 3x = 0{,}5$ f) $3^{2+x} = 172$

33 Troba amb la calculadora i comprova'n el resultat mitjançant potenciació:

a) $log\ \sqrt{148}$ b) $ln\ (2{,}3\cdot 10^{11})$

c) $ln\ (7{,}2\cdot 10^{-5})$ d) $log_3\ 42{,}9$

e) $log_5\ 1{,}95$ f) $log_2\ 0{,}034$

34 Desenvolupa les expressions següents:

a) $log\ \dfrac{a^2\sqrt[5]{b^3}}{100c^4}$ b) $ln\ \dfrac{\sqrt[4]{x^3}\cdot e^5}{\sqrt{y}}$

35 Sabent que $log\ x = 0{,}28$, calcula el valor de:

a) $log\ \dfrac{\sqrt[3]{x^2}}{100}$ b) $log\ 1\,000x^3$

c) $log\ \dfrac{1}{\sqrt{x}}$ d) $log\ 10x + log\ \dfrac{1}{x^2}$

36 Troba el valor de x en aquestes expressions:

a) $ln\ x = ln\ 17 + ln\ 13$

b) $log\ x = log\ 36 - log\ 9$

c) $ln\ x = 3\ ln\ 5 - 2\ ln\ 10$

d) $log\ x = 3\ log\ 2 - \dfrac{1}{2}\ log\ 25$

37 Si $log\ k = x$, escriu en funció de x:

a) $log\ 100k$ b) $log\ \dfrac{k}{1000}$ c) $log\ k^3$

d) $log\ \sqrt[3]{10k}$ e) $log\ \dfrac{1}{k}$ f) $(log\ k)^{1/2}$

38 Troba, en cada cas, la relació entre x, y i z:

a) $log\ z = 2\ log\ x - log\ y$

b) $log\ z = 2 - log\ x - \dfrac{1}{2}\ log\ y$

c) $log\ z = 1 - \dfrac{1}{2}\ (log\ x - log\ y)$

d) $ln\ z = 1 - 2\ ln\ x + 2\ ln\ y$

Notació científica i errors

39 Efectua i dóna el resultat en notació científica amb tres xifres significatives. Determina també, en cada cas, una fita de l'error absolut i una altra de l'error relatiu comesos:

a) $\dfrac{(3{,}12\cdot10^{-5}+7{,}03\cdot10^{-4})\,8{,}3\cdot10^{8}}{4{,}32\cdot10^{3}}$

b) $\dfrac{(12{,}5\cdot10^{7}-8\cdot10^{9})\,(3{,}5\cdot10^{-5}+185)}{9{,}2\cdot10^{6}}$

c) $\dfrac{5{,}431\cdot10^{3}-6{,}51\cdot10^{4}+385\cdot10^{2}}{8{,}2\cdot10^{-3}-2\cdot10^{-4}}$

40 Expressa en notació científica i calcula:

$$\frac{60\,000^3\cdot 0{,}00002^4}{100^2\cdot 72\,000\,000\cdot 0{,}0002^5}$$

41 Ordena de major a menor els nombres de cada apartat. Per a això, passa a notació científica els que no ho estiguin.

a) $3{,}27\cdot10^{13}$; $85{,}7\cdot10^{12}$; $453\cdot10^{11}$

b) $1{,}19\cdot10^{-9}$; $0{,}05\cdot10^{-7}$; $2000\cdot10^{-12}$

Per resoldre

42 Un dipòsit d'aigua té dues aixetes. Si les obrim al mateix temps, el dipòsit s'omple en dues hores. Si obrim només la primera, s'omple en sis hores. Quant tardarà a omplir-se el dipòsit si obrim només la segona aixeta?

43 En un concurs es reparteixen 20 000 € entre les tres persones que han tardat menys temps a fer una prova. La primera ha tardat 4 minuts; la segona, 5 minuts, i la tercera, 8 minuts. Quants diners corresponen a cadascuna si el repartiment és inversament proporcional al temps invertit?

44 Un grup d'amics es reuneixen en un bar, prenen 15 refrescs i paguen 18,75 € en total. Un d'ells ha pres només un refresc, un altre n'ha pres dos i la resta han pres 3 refrescs cadascun. Quants amics eren i quant ha hagut de pagar cadascun?

45 En una granja hi ha 75 gallines que consumeixen 450 kg de blat de moro en 30 dies. Per augmentar la producció d'ous, s'augmenta el nombre de gallines a 200 i es compren 800 kg de blat. Quants dies es podrà donar de menjar a les gallines?

46 Un empleat pot fer els 2/3 d'una feina en 8 dies fent 5 hores diàries, i un altre, els 3/4 de la mateixa feina en 6 dies de 7 hores de jornada. Quant de temps tardaran els dos junts a fer la feina, si hi dediquen 6 hores diàries?

47 Dues amigues, treballant juntes, emprarien 3 dies a fer una feina determinada. Després del primer dia, una de les dues ho ha de deixar. Continua l'altra tota sola i triga 6 dies més a acabar-la. En quants dies faria la feina cadascuna aïlladament?

48 Dues poblacions A i B disten 350 km. A la mateixa hora surt un autobús, de A cap a B, a 80 km/h i un turisme, de B cap a A, a 120 km/h. Quan s'encreuaran?

49 Un automòbil tarda 3 hores a anar de A a B i un altre tarda 5 hores a anar de B a A. Calcula el temps que tardaran a trobar-se si surten simultàniament cadascun de la seva ciutat.

50

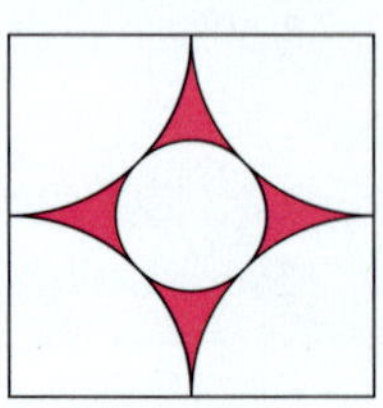

Troba l'àrea de la part pintada d'aquesta figura en què el costat del quadrat fa 1 m. Expressa l'àrea en decímetres quadrats amb tres xifres significatives i fita l'error comès.

51 L'estació espacial Mir va estar en òrbita gairebé 15 anys i durant aquest temps va fer, aproximadament, 86 500 voltes a la Terra, a una altura mitjana de 400 km. Calcula la distància total recorreguda per la Mir en aquests 15 anys. Arrodoneix el resultat a les desenes de milió i dóna una fita de l'error absolut i una fita de l'error relatiu comesos.

52 La longitud d'una barra metàl·lica després d'escalfar-la és $l = l_0(1 + kt)$ on l_0 és la longitud a 0 °C, t la temperatura final i k el coeficient de dilatació lineal. Si una barra de plom fa 1 m a 800 °C, quina n'és la longitud a 200 °C? (En el plom $k = 3 \cdot 10^{-5}$ °C^{-1}).

53 L'estrella R136a1, descoberta recentment, està a 165 000 anys llum i té una massa equivalent a 265 vegades la massa del Sol. Expressa'n la distància en quilòmetres i la massa en quilograms. Dóna, en cada cas, fites de l'error absolut i de l'error relatiu. (Massa del Sol = $1{,}989 \cdot 10^{30}$ kg).

54 El volum d'un cub és $6\sqrt{6}$ cm^3. Troba'n:

a) L'aresta.

b) La diagonal d'una cara.

c) La diagonal del cub.

Dóna'n, en cada cas, el valor exacte.

55 La superfície d'un tetraedre és $9\sqrt{3}$ cm^2. Calcula'n l'aresta i el volum. Dóna'n el valor exacte.

Qüestions teòriques

56 Explica si aquestes frases són certes o falses

a) Hi ha nombres irracionals que són enters.

b) Tot nombre irracional és real.

c) Tots els nombres decimals són racionals.

d) Entre dos nombres racionals hi ha infinits nombres irracionals.

57 Si $x \neq 0$, explica si aquestes afirmacions són certes o falses:

a) x^{-2} és negatiu si ho és x.

b) $\sqrt[3]{x}$ té el mateix signe que x.

c) Si $x > 0$, llavors $\sqrt{x} < x$.

58 Quines d'aquestes igualtats són certes? Explica per què:

a) $log\, m + log\, n = log\,(m + n)$

b) $log\, m - log\, n = \dfrac{log\, m}{log\, n}$

c) $log\, m - log\, n = log\, \dfrac{m}{n}$

d) $log\, x^2 = log\, x + log\, x$

e) $log\,(a^2 - b^2) = log\,(a + b) + log\,(a - b)$

Autoavaluació

En el web Resolucions d'aquests exercicis.

1 Classifica els nombres següents indicant a quins dels conjunts $\mathbb{N}$, $\mathbb{Z}$, $\mathbb{Q}$ o $\mathbb{R}$ pertanyen:

$$-\frac{58}{45};\ \frac{51}{17};\ \frac{\pi}{3};\ \sqrt[4]{-3};\ \sqrt[3]{-8};\ \sqrt[5]{2^3};\ 1{,}0\widehat{7}$$

2 Expressa en forma d'interval:

a) x és major que –2 i menor o igual que 5.

b) $|x - 4| < 5$

3 Escriu com a potència i simplifica:

$$(\sqrt[4]{a^3} \cdot a^{-1}) : (a\sqrt{a})$$

4 Calcula i simplifica: $\sqrt{\dfrac{125}{27}} - \sqrt{\dfrac{3}{5}}$

5 Racionalitza:

a) $\dfrac{4 + \sqrt{6}}{2\sqrt{3}}$ b) $\dfrac{2}{3 - \sqrt{3}}$

6 Simplifica: $\sqrt{63} - 2\sqrt{28} + \sqrt{175}$

7 Si $A = 3{,}24 \cdot 10^6$; $B = 5{,}1 \cdot 10^{-5}$; $C = 3{,}8 \cdot 10^{11}$ i $D = 6{,}2 \cdot 10^{-6}$, calcula $[(A{:}B) + C] \cdot D$. Expressa el resultat amb tres xifres significatives i dóna una fita de l'error absolut i una altra de l'error relatiu comesos.

8 Aplica la definició de logaritme i obtén x en dada cas:

a) $log_3\, x = -1$ b) $log\, x = 2{,}5$ c) $ln\, x = 2$

9 Calcula x en cada cas:

a) $2{,}5^x = 0{,}0087$ b) $1{,}005^{3x} = 143$

10 Expressa com un sol logaritme i digues el valor de A:

$$log\, 5 + 2\, log\, 3 - log\, 4 = log\, A$$

11 Si $log\, k = 0{,}8$, quin és el valor de $log\, 10k^3 + log\, \dfrac{\sqrt{k}}{100}$?

12 L'àrea total d'un cub és 12 cm^2. Quina és l'àrea total del cilindre inscrit en el cub? Dóna el valor exacte.

2 Aritmètica mercantil

L'aritmètica mercantil en l'antiguitat

Quant temps tardarà a duplicar-se una certa quantitat de diners al 20 % d'interès anual?

Aquest problema es proposa en una de les milers de tauletes que s'han trobat a Mesopotàmia, procedents de l'època de la dinastia Hammurabi (cap al 1800 aC).

Bé, l'enunciat no és literalment tal com l'hem posat. En la tauleta no es diu «20 per cent d'interès anual» sinó «12 per cada 60 a l'any», que és equivalent al nostre 20 %. Recordem que els babilonis usaven un sistema de numeració sexagesimal i, lògicament, la quantitat global de referència era 60 i no 100.

En la mateixa tauleta es resol el problema mitjançant un mètode molt complex amb el qual s'arriba a la solució següent:

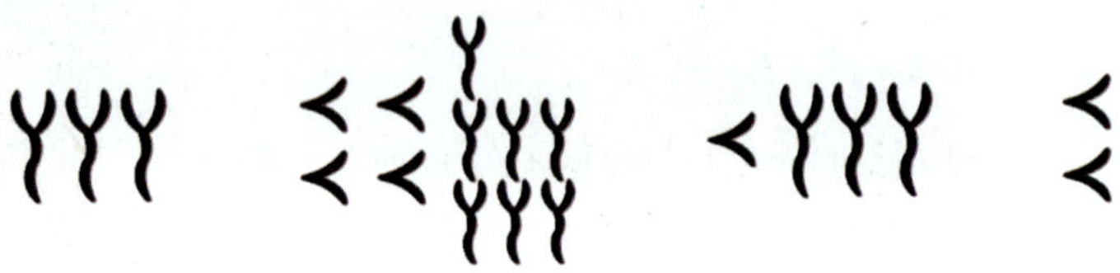

que significa 3; 47, 13, 20 = $3 + \frac{47}{60} + \frac{13}{60^2} + \frac{20}{60^3}$;

això equival a 3 anys, 9 mesos i 13 dies.

Actualment aquest problema el resolem així:

$$1{,}20^x = 2 \rightarrow x \, log \, 1{,}20 = \log 2 \rightarrow x = \frac{log \, 2}{log \, 1{,}20} = 3{,}80178 \text{ anys,}$$

que equival a 3 anys, 9 mesos i 18 dies.

Com veiem, fa 38 segles es proposaven aquest tipus de problemes i es resolien amb una precisió notable.

El préstec amb interès es va practicar en totes les civilitzacions antigues.

Tauletes mesopotàmiques de fa uns 4 000 anys.

Origen de l'expressió %

El símbol de percentatge (%) és el resultat d'una evolució que parteix de l'expressió *per cento*:

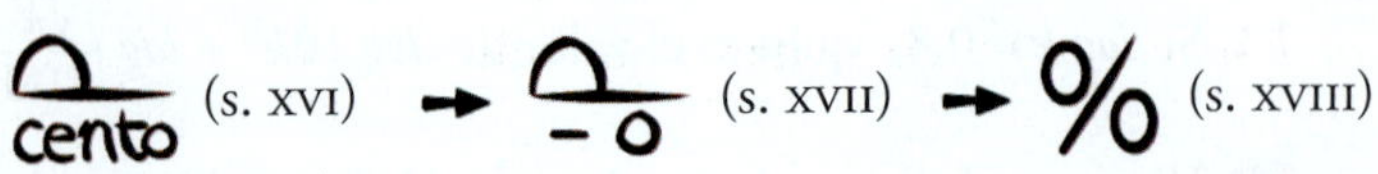

Hi ha una altra hipòtesi que atribueix el signe % a una corrupció de l'abreviatura de *cento*: cto → c|o → o/o → %

En el web Biografia de Luca Pacioli.

L'auge de l'aritmètica financera

En l'Europa medieval, als segles XIII i XIV, es produeix un auge enorme del comerç. Itàlia, per la posició geogràfica i les tradicions mercantilistes, es converteix en un lloc de privilegi del comerç internacional. Les dimensions dels negocis exigien una comptabilitat exacta, i la matemàtica havia de donar resposta a multitud de problemes que fins llavors no s'havien abordat.

Des del segle XIV, els italians coneixien les regles més senzilles de la comptabilitat, però haurien d'esperar **Luca Pacioli** (finals del segle XV) perquè un matemàtic es preocupés d'afegir a l'aritmètica un tractat sobre problemes comercials. D'aquesta manera, es van assentar les bases de l'**aritmètica financera**: el repartiment de beneficis, el càlcul de pèrdues, l'intercanvi de monedes, etcètera, eren problemes que es podien resoldre aplicant-hi convenientment un pensament proporcional (regla de tres).

Luca Pacioli (1445-1517).

I ja al segle XVI, el major desenvolupament de les activitats bancàries i comercials demanaven una aritmètica millor. La resposta a aquests interessos es fa evident en el *Tractat general de nombres i mesures* de **Tartaglia**, que conté una gran quantitat de problemes d'aritmètica mercantil.

Els canvistes, *quadre del segle XVI atribuït a un seguidor de Reymerswaele.*

Resol

1 I. Una quantitat C augmenta un 10 % i, després, disminueix un 5 %.

II. Una quantitat C disminueix un 5 % i, després, augmenta un 10 %.

El resultat final de I, és major, igual o menor que el de II?

2 Si una quantitat C augmenta un 10 % i, després, el resultat disminueix un 10 %, el que resulta és més gran, igual o més petit que C?

3 En una reunió hi ha 30 persones, de les quals el 30 % duu ulleres. Només el 20 % de les dones duu ulleres, però el 35 % dels homes les usen. Quants homes i quantes dones hi ha?

4 Ens han concedit un préstec de 20 000 € pel qual hem de pagar un 8 % anual. Un any després tornem 10 000 €. En finalitzar el segon any volem saldar el deute. Quant haurem de pagar?

1 Augments i disminucions percentuals

Ja sabem que:

- Si una quantitat C augmenta el 12 %, es transforma en 1,12 C.

  (1,12 = 1 + 0,12)

  En general, si C augmenta el r%, es transforma en $\left(1+\frac{r}{100}\right)C$.

- Si una quantitat C disminueix en un 12 %, es transforma en 0,88 C.

  (0,88 = 1 – 0,12)

  En general, si C disminueix en un r%, es transforma en $\left(1-\frac{r}{100}\right)C$.

Com es transforma una quantitat quan pateix variacions percentuals successives? Vegem-ho amb un exemple:

Exercici resolt

1 *El cost de la vida, en un país determinat, va pujar el 15 % un any i el 6 % l'any següent, i va baixar el 5 % durant el tercer any. Quina va ser la pujada total en aquests tres anys?*

Calculem en què es transforma el preu d'una cosa que valia 100 euros al començament del primer any:

1r ANY: 100 € $\xrightarrow{+15\,\%}$ 1,15 · 100 = 115 €

2n ANY: 115 € $\xrightarrow{+6\,\%}$ 1,06 · 115 = 121,90 €

3r ANY: 121,90 € $\xrightarrow{-5\,\%}$ 0,95 · 121,90 = 115,805 €

L'augment total (100 → 115,805) ha estat del 15,805 %.

Es podria haver calculat més directament multiplicant els successius índexs de variació: 1,15 · 1,06 · 0,95 = 1,15805, que correspon a l'augment del 15,805 %.

En un **augment o disminució percentual**, el nombre pel qual s'ha de multiplicar la quantitat inicial per obtenir la quantitat final s'anomena **índex de variació** ($C \to 1{,}12\ C$; 1,12 és l'índex de variació).

En un augment percentual del r %, l'índex de variació és $1+\frac{r}{100}$.

En una disminució percentual del r %, l'índex de variació és $1-\frac{r}{100}$.

Per calcular el valor final, en un augment o en una disminució percentual, es troba l'índex de variació (que convé expressar en forma decimal) i es multiplica per la quantitat inicial.

Per **encadenar augments i disminucions percentuals**, es calculen els índexs de variació corresponents als diferents passos i es multipliquen. S'obté, així, l'índex de variació global.

Exercici proposat

5 Una raqueta de tennis valia, al començament de temporada, 40 euros. Al llarg de l'any va experimentar les variacions següents: va pujar un 20 %, va baixar un 25 %, va pujar un 5 % i, finalment, va baixar un 12 %.

a) Quin ha estat l'índex de variació global?

b) Quant val al final de temporada?

c) Quin percentatge ha de pujar per tornar a costar 40 €?

Càlcul de la quantitat inicial coneixent-ne la final

Sabem que

$$C_{final} = C_{inicial} \cdot \text{Índex de variació}$$

Per tant,

$$C_{inicial} = C_{final} : \text{Índex de variació}$$

Exercici resolt

1 *Un comerciant ven els articles de la botiga augmentant un 40 % el preu de cost.*

Als familiars i amics íntims els vol vendre els productes a preu de cost. Per a això, dóna als dependents l'ordre que els rebaixin un 40 % del preu de venda al públic. (Això és un cas real).

Demostra que aquest plantejament és absurd i digues quina rebaixa hauria de fer als familiars.

Hem de saber en quant es transforma el preu d'un article que va costar 100 € si s'apuja un 40 % i després s'abaixa un 40 %:

PREU COST		PREU VENDA		PREU A FAMILIARS
100 €	$\xrightarrow{+40\%}$	$100 \cdot 1{,}4 = 140$ €	$\xrightarrow{-40\%}$	$140 \cdot 0{,}60 = 84$ €

PERD EL 16 % EN CADA VENDA

Què hauria de fer perquè el descompte fos el correcte?

Si per augmentar un 40 % es multiplica per 1,4, per tornar a la situació inicial haurem de dividir per 1,4.

$$\text{Preu inicial} = \text{Preu final} : 1{,}4 = \text{Preu final} \cdot \frac{1}{1{,}4} = \text{Preu final} \cdot 0{,}714$$

Hauria de dir que es dividís el preu final entre 1,4; o bé, que se'ls rebaixés un 28,6 % del preu de venda, perquè $\frac{1}{1{,}4} = 0{,}714 = 1 - 0{,}286$.

Conclusió:

- Si la pujada és del 40 %, el preu inicial es troba dividint el preu final per 1,4.
- Si la pujada és del r%, el preu inicial es troba dividint el preu final per $1 + \frac{r}{100}$.
- Si encadenem una pujada del r% amb una baixada del r%, no arribem a la quantitat inicial, C, sinó a una quantitat menor que C, més petita com més gran sigui r.

Fes-ho tu

1 Esbrina en quant es queda un article de 100 € el preu del qual s'augmenta un r% i, a continuació, es rebaixa un r%, per a $r = 10$, $r = 20$, $r = 50$ i $r = 80$.

Quina és la pèrdua en cada cas?

2 Calcula quin serà el preu inicial en cada cas:

a) Després d'augmentar-lo un 21 %, un article costa 332,75 €.

b) Després de rebaixar-lo un 16 %, un article costa 18,48 €.

Quin percentatge d'augment o de rebaixa s'ha de fer per deixar els articles amb el preu inicial?

Exercicis proposats

6 Després d'apujar-lo un 20 %, un article val 45,60 euros. Quant valia abans de la pujada?

7 Després de rebaixar-lo un 35 %, un article val 81,90 euros. Quant valia abans de la rebaixa?

2 Taxes i nombres índexs

Taxes

La taxa de natalitat al Marroc, durant el 2012, va ser de 19,20 ‰. Què significa aquesta afirmació? Vol dir que al Marroc van néixer 19,20 infants per cada 1 000 habitants (el 2012).

La taxa de natalitat és un *indicador social*. Les informacions socioeconòmiques quotidianes estan plenes de referències a taxes: taxa de desocupació (o d'ocupació), taxa de mortalitat, taxa de natalitat... Una taxa, com a indicador social, dóna la quantitat que interessa (naixements, defuncions, empleats...) amb relació a una quantitat de referència (per cada 10, per cada 1 000...).

TAXA DE DESOCUPACIÓ: 12 % → 12 desocupats per cada 100 persones en edat laboral.

Altres taxes també expressen de forma proporcional la relació entre dues magnituds.

TAXA D'ALCOHOLÈMIA: 0,15 → 0,15 cm^3 d'alcohol per litre de sang.

Accions i borsa

El valor de les accions d'una empresa té molt de subjectiu. És el que li assignen els inversors mitjançant les licitacions diàries en els mercats de valors (**borses**). Per això pateixen fluctuacions (pujades i baixades) molt acusades.

L'índex de les borses reflecteix el valor global de les empreses que hi cotitzen. Més que al valor concret, se sol prestar atenció a la variació percentual respecte a una data anterior:

"L'IBEX 35 ha pujat un 1,37 % aquesta setmana".

L'IBEX 35 és un índex associat a les 35 empreses més potents de les borses de l'estat espanyol.

Nombres índexs

Un **nombre índex** és una mesura estadística que permet estudiar la variació d'una magnitud, habitualment, al llarg del temps.

Per construir un nombre índex, s'estableix una data de referència, que es pren com a base, i els altres valors es calculen com el canvi patit respecte a aquest any.

$$\frac{\text{valor de la magnitud en un any determinat}}{\text{valor de la magnitud en el període base}} \cdot 100$$

Especialment important és l'**índex de preus de consum** (IPC). Mesura l'evolució en el temps dels preus dels béns i serveis que consumeix la població d'un país.

Més que el valor de l'IPC en cada moment, se solen trobar referències a la variació percentual que ha patit respecte al mes o any anterior. Per exemple, en algunes empreses i en l'administració està pactat que la pujada anual dels sous coincideixi amb la pujada de l'IPC.

Exercici resolt

1 *Interpreta les frases següents:*

a) El percentatge d'empleats dins de la població activa espanyola entre 18 i 65 anys va ser d'un 83,7 % per als homes i d'un 58,5 % per a les dones. La taxa total d'ocupació va ser del 71,3 %.

b) L'IPC ha pujat al maig un 0,28 %, i acumula una pujada anual del 3,56 %.

En tots els casos és fonamental tenir en compte quina és la quantitat de referència en cada tant per cent que es manegi:

a) Per cada 100 homes en edat laboral, n'hi havia 83,7 treballant; mentre que, per cada 100 dones, només 58,5 estaven empleades. El resultat total d'uns i altres va ser de 71,3 empleats d'un o altre sexe per cada 100 persones en edat laboral.

A partir d'aquestes dades, es pot obtenir la proporció d'homes, x, expressat en % i de dones, $(100 - x)$ %, en edat laboral:

$$\frac{83,7}{100} \cdot \frac{x}{100} + \frac{58,5}{100} \cdot \frac{100-x}{100} = \frac{71,3}{100} \rightarrow 25,2x = 1\,280 \rightarrow x = 50,8$$

Això significa que, del total de persones en edat laboral, 50,8 % són homes i, per tant, 49,2 % són dones.

b) Al maig, el global dels preus al consum ha pujat un 0,28 %; és a dir, els preus globalment s'han multiplicat per 1,0028.

Des de final de maig de l'any passat fins al 31 de maig d'enguany, els preus han pujat un 3,56 %.

3 Interessos bancaris

Els diners dels bancs

Les entitats bancàries sempre tenen uns fons de reserva per atendre els qui desitgen treure'n els diners. Però, si el mateix dia tots els estalviadors hi anessin a demanar aquests fons, l'entitat bancària no podria respondre sense demanar ajuda a altres bancs. Seria un caos.

Com saps, els bancs no guarden, específicament, els diners de cadascun dels clients, sinó que «els negocien», hi operen. Com a conseqüència, paguen al client per dipositar-los allà.

El que es guanya pels diners dipositats en un banc són els **interessos**.

El banc també presta diners i, en aquest cas, **cobra interessos**. Naturalment, cobra més del que paga. Aquest és el negoci dels bancs.

Pagament anual d'interessos

El tant per cent anual que paga un banc per dipositar-hi uns diners s'anomena **rèdit**.

Si un banc paga el $r\%$ anual, un capital C durant un any es transforma en $C\left(1+\frac{r}{100}\right)$. Com que cada any el capital es multiplica per $\left(1+\frac{r}{100}\right)$, al cap de n anys es transformarà en $C\left(1+\frac{r}{100}\right)^n$.

$$C \xrightarrow{n \text{ anys al } r\% \text{ anual}} C\left(1+\frac{r}{100}\right)^n$$

Exercicis resolts

1 *Troba en quant es transforma un capital de 20 000 euros al 8 % anual en:*

a) 1 any.

b) 4 anys.

c) 10 anys.

El capital, cada any, es multiplica per $1 + \frac{8}{100} = 1{,}08$. Per tant:

a) En 1 any es transforma en $20\,000 \cdot 1{,}08 = 21\,600$ €.

b) En 4 anys es transforma en $20\,000 \cdot 1{,}08^4 = 27\,209{,}78$ €.

c) En 10 anys es transforma en $20\,000 \cdot 1{,}08^{10} = 43\,178{,}50$ €.

AMB CALCULADORA: 20 000 ⊠ 1,08 x^y 10 = 43178.49995

Fes-ho tu. En quant es transforma un capital de 50 000 €, col·locat al 12 % anual, en 1, 2, 3, 4 i 5 anys?

2 *Per quant es multiplica un capital col·locat al 10 % anual en 1, 2, 3... anys? Quants anys tarda a duplicar-se?*

Un capital col·locat al 10 % anual cada any es multiplica per 1,10. Per tant, si el mantenim 2, 3, ..., n anys, el valor es multiplicarà per $1{,}1^2$; $1{,}1^3$; ...; $1{,}1^n$. El nombre d'anys que tarda a duplicar-se es troba esbrinant el valor més petit de n per al qual $1{,}1^n > 2$.

Aquest procés es pot fer amb la calculadora usant el "factor constant", ⊠⊠:

1,1 ⊠⊠ 1 = 1.1 (1r ANY) = 1.21 (2n ANY) = 1.331 (3r ANY) = 1.4641 (4t ANY) = ...

... = 2.14358881 (8è ANY) Es duplica al 8è any.

O també es pot resoldre mitjançant l'equació $C \cdot 1{,}1^n = 2 \cdot C$:

$$1{,}1^n = 2 \rightarrow n \log 1{,}1 = \log 2 \rightarrow n = \frac{\log 2}{\log 1{,}1} = 7{,}27\ldots$$

Es duplica als 7 anys i escaig. Si la solució ha de ser un nombre enter d'anys, hauria d'estar-hi 8 anys, i tindríem una mica més del doble que el capital inicial.

Fes-ho tu. Quants anys es necessiten perquè 50 000 € col·locats al 8 % anual es converteixin en 125 000 €?

Pagament mensual d'interessos

Sovint, el banc no tarda un any a abonar els interessos, sinó que ho fa en intervals de temps diferents (trimestre, mes). El temps que el banc deixa transcórrer perquè un capital produeixi interessos s'anomena **període de capitalització**.

Un $r\%$ anual significa un $\frac{r}{12}\%$ mensual. Si un capital C es diposita en un banc al $r\%$ anual amb pagament mensual d'interessos (període de capitalització mensual), cada mes es multiplica per $1 + \frac{r}{1\,200}$ i, per tant, al cap de n mesos s'haurà transformat en $C\left(1+\frac{r}{1\,200}\right)^n$.

$$C \xrightarrow{n \text{ mesos al } r\% \text{ anual}} C\left(1+\frac{r}{1\,200}\right)^n$$

Tingues en compte

Els bancs solen considerar anys de 360 dies. Nosaltres usarem la durada natural: 365 dies.

Pagament diari d'interessos

Un $r\%$ anual significa un $\frac{r}{365}\%$ diari. Si els períodes de capitalització són dies, per cada un que en passi, el capital es multiplica per $1 + \frac{r}{36\,500}$. Per tant, al cap de n dies, el capital s'haurà transformat així:

$$C \xrightarrow{n \text{ dies al } r\% \text{ anual}} C\left(1+\frac{r}{36\,500}\right)^n$$

Exercici resolt

1 *Rebem un préstec de 50 000 € al 12 % anual que hem de tornar, a més dels interessos, en un pagament únic 3 anys després. Digues a quant pujaria el pagament, si els períodes de capitalització fossin:*

a) anys

b) mesos

c) dies

En cada cas hem de trobar l'índex de variació i el nombre de períodes de capitalització.

a) $50\,000 \xrightarrow{3 \text{ anys al } 12\,\%} 50\,000 \cdot 1{,}12^3$

El pagament serà de $50\,000 \cdot 1{,}12^3 = 70\,246{,}40$ €.

b) Si els períodes de capitalització són mesos, el capital es multiplicarà cada mes per $1 + \frac{12}{1\,200} = 1{,}01$. Per tant, el pagament al final dels 3 anys (36 mesos) serà:

$$50\,000 \cdot 1{,}01^{36} = 71\,538{,}44 \text{ €}$$

c) Si els períodes de capitalització són dies, el capital es multiplicarà cada dia per $1 + \frac{12}{36\,500} = 1{,}00032877$. Per tant, el pagament al final dels 3 anys (1 095 dies) serà:

$$50\,000 \cdot 1{,}00032877^{1095} = 71\,662{,}23 \text{ €}$$

Exercici proposat

8 Esbrina en quant es transforma un capital de 100 000 € al 6 % anual durant 4 anys si els períodes de capitalització són:

a) anys

b) mesos

c) dies

d) trimestres

4 Què és la «taxa anual equivalent» (TAE)?

Un banc fa l'oferta següent:

Si posa els diners en el nostre COMPTE DIPÒSIT, li donem uns interessos anuals del 12 %, amb pagament mensual d'interessos (TAE del 12,68 %).

Vegem què és la TAE i per què és superior al rèdit declarat.

Al 12 % anual li correspon un 1 % mensual.

Com que cada mes es paguen els interessos, en un mes el capital ha augmentat un 1 %, és a dir, s'ha multiplicat per 1,01.

$$C \xrightarrow{\text{1 mes}} C \cdot 1{,}01$$

Al cap d'un any (12 mesos) el capital s'ha transformat en $C \cdot 1{,}01^{12} = 1{,}1268\ C$.

És a dir, el capital, en un any, ha augmentat un 12,68 %.

$$C \xrightarrow{\text{12 mesos}} C \cdot 1{,}01^{12} = 1{,}1268\ C$$

$$1{,}1268 = 1 + \frac{12{,}68}{100}$$

Un 12 % anual, amb períodes de capitalització mensuals, es converteix en un augment real del 12,68 %. Aquesta és la TAE (*taxa anual equivalent*).

En els comptes d'estalvi, quan els períodes de capitalització són inferiors a un any, els interessos anuals produïts per un cert capital són superiors al rèdit que declara el banc. S'anomena **taxa anual equivalent** (TAE) el tant per cent de creixement total del capital durant un any.

En els préstecs bancaris, la TAE és, també, superior al rèdit declarat. En calcular-la s'inclouen els pagaments fixos (comissions i despeses) que cobra el banc per concedir el préstec.

Exercici resolt

1 *Troba la TAE corresponent a un rèdit anual del 8 % amb pagament mensual d'interessos.*

Al 8 % anual li correspon un $\frac{8}{12} = 0{,}66666\ \%$ mensual.

Cada mes, el capital es multiplica per 1,0066666.

En un any es multiplicarà per $1{,}0066666^{12} = 1{,}082999... \approx 1{,}083 = 1 + \frac{8{,}3}{100}$

La TAE corresponent a un 8 % anual amb períodes de capitalització mensuals és, per tant, del 8,3 %.

8 ÷ 12 = [0.666...] → TANT PER CENT MENSUAL
÷ 100 + 1 = [1.0066...] → ÍNDEX DE VARIACIÓ MENSUAL
x^y 12 = [1.0829...] → ÍNDEX DE VARIACIÓ EN 12 MESOS

Exercici proposat

9 Un banc ens concedeix un préstec de 10 000 € al 12 % anual. En el moment de la formalització ens cobra unes despeses de 500 €.

a) Si fem només un pagament al cap d'un any, quina n'és la TAE?

b) I si haguéssim de tornar el préstec íntegre al cap de dos anys?

(Per resoldre-ho, tingues en compte que encara que fem els pagaments sobre un préstec de 10 000 €, el que realment vam rebre eren 9 500 €).

5 Amortització de préstecs

Un banc ens concedeix un préstec de 10 000 euros que hem d'amortitzar en un any en 12 pagaments mensuals idèntics. El banc diu que cobra un interès del 12 % anual i fixa una mensualitat de 888,49 euros.

És correcte aquest plantejament? Vegem-ho.

- La **primera mensualitat** es pagarà un mes després de rebre el préstec.

  Durant aquest mes hem disposat de 10 000 euros del banc. Per calcular els interessos corresponents al primer mes tindrem en compte que a un 12 % anual li correspon un 1 % mensual:

  1 % de 10 000 = 100 €

  Com que paguem 888,49 €, la quantitat amortitzada mitjançant el primer pagament és:

  888,49 – 100 = 788,49 €

  Per tant, després del primer pagament, el deute pendent amb el banc és:

  10 000 – 788,49 = 9 211,51 €

- **Segona mensualitat**

  Interessos pel deute pendent: 1 % de 9 211,51 = 92,12 €

  Quantitat amortitzada: 888,49 – 92,12 = 796,37 €

  Deute pendent: 9 211,51 – 796,37 = 8 415,14 €

- **Taula resum amb els 12 pagaments**

MENSUALITAT	DEUTE ABANS DEL PAGAMENT	INTERESSOS PENDENTS	PAGAMENT	QUANTITAT AMORTITZADA	DEUTE PENDENT
1	10 000	100	888,49	788,49	9 211,51
2	9 211,5	92,12	888,49	796,37	8 415,14
3	8 415,14	84,15	888,49	804,34	7 610,80
4	7 610,80	76,11	888,49	812,38	6 798,42
5	6 798,42	67,98	888,49	820,51	5 977,91
6	5 977,91	59,78	888,49	828,71	5 149,20
7	5 149,20	51,49	888,49	837,00	4 312,20
8	4 312,20	43,12	888,49	845,37	3 466,83
9	3 466,83	34,67	888,49	853,82	2 613,01
10	2 613,01	26,13	888,49	862,36	1 750,65
11	1 750,65	17,51	888,49	870,98	879,67
12	879,67	8,80	888,49	879,69	–0,02

Amb cada pagament de 888,49 € s'abonen els interessos que es deuen pel capital pendent i s'amortitza part del deute.

Com que cada vegada el deute és menor, els interessos són més petits i la quantitat amortitzada és, per tant, més gran.

El darrer deute pendent hauria de ser 0. La quantitat insignificant de –2 cèntims d'euro es per causa dels arrodoniments efectuats. Per tant, la mensualitat fixada pel banc és d'acord amb l'interès pactat (12 %).

En el web

Full de càlcul per obtenir anualitats o mensualitats detallant tots els pagaments.

Per a l'**amortització d'un préstec** mitjançant diversos pagaments ajornats, es té en compte que:

- Cada pagament salda els interessos que produeix el deute pendent des del pagament anterior i, la resta, amortitza part d'aquest deute.
- El darrer pagament salda els interessos pendents des del pagament anterior i amortitza la totalitat del deute pendent.
- El que és més habitual és que tots els pagaments siguin idèntics. El càlcul d'aquesta quantitat fixa (mensualitat, anualitat) que permet amortitzar el total del deute en un nombre prefixat de terminis es realitza amb tècniques que aprendrem a les pròximes pàgines.

Exercicis resolts

1 *Rebem un préstec de 20 000 €, al 15 % anual, que hem d'amortitzar en 5 pagaments anuals idèntics. Comprovem que l'anualitat corresponent és de 5 966,31 €.*

El pagament de cada anualitat serveix per saldar els interessos generats pel deute pendent en el darrer any i per amortitzar part d'aquest deute.

Descrivim ordenadament cadascun d'aquests aspectes any a any:

ANYS	DEUTE ABANS DEL PAGAMENT	INTERESSOS PENDENTS	PAGAMENT	QUANTITAT AMORTITZADA	DEUTE PENDENT
1	20 000	3 000	5 966,31	2 966,31	17 033,69
2	17 033,69	2 555,05	5 966,31	3 411,26	13 622,43
3	13 622,43	2 043,36	5 966,31	3 922,95	9 699,48
4	9 699,48	1 454,92	5 966,31	4 511,39	5 188,09
5	5 188,09	778,21	5 966,31	5 188,10	–0,01

Fes-ho tu. Rebem un préstec de 25 000 € al 6 % anual que hem d'amortitzar en 6 pagaments anuals de 4 067,25 €. Comprova que l'anualitat és la correcta.

2 *Rebem un préstec de 50 000 €, al 10 % anual, i hem d'amortitzar-lo en 4 pagaments anuals. Els tres primers són de 15 000 €.*

A quant pujarà el quart pagament?

Quin deute queda pendent després del tercer pagament? Quins interessos genera aquest deute durant 1 any? Hem d'amortitzar una cosa i l'altra.

ANYS	DEUTE ABANS DEL PAGAMENT	INTERESSOS PENDENTS	PAGAMENT	QUANTITAT AMORTITZADA	DEUTE PENDENT
1	50 000	5 000	15 000	10 000	40 000
2	40 000	4 000	15 000	11 000	29 000
3	29 000	2 900	15 000	12 100	16 900
4	16 900	1 690	x	16 900	0

El quart pagament és igual al deute pendent, 16 900 €, més el 10 % pels interessos:

$$x = 16\,900 + 1\,690 = 18\,590 \text{ €}$$

Fes-ho tu. Rebem un préstec de 120 000 € al 7,5 % anual. Hem pagat 25 000 € al final de cadascun dels quatre primers anys. Si volem saldar el deute al final del 5è any, quant hem de pagar?

Exercicis proposats

10 Comprova que podem amortitzar 10 000 € al 10 % anual amb quatre pagaments trimestrals de 2 658,18 € cadascun.

11 Amortitzarem un préstec de 500 000 € al 6 % anual en 8 mesos. Els set primers pagaments són de 60 000 €. A quant puja el darrer pagament?

6 Progressions geomètriques

Els nombres següents són en progressió geomètrica:

3, 6, 12, 24, 48, 96, 192, 384

Hi ha vuit nombres, cadascun dels quals és el doble que l'anterior. Es tracta d'una **progressió geomètrica** de vuit termes i de **raó** 2.

Observa aquestes altres progressions geomètriques:

80; 40; 20; 10; 5; 2,5; 1,25 $\left(7 \text{ termes. Raó } \frac{1}{2}\right)$

2, 20, 200, 2000, 20000 (5 termes. Raó 10)

Una **progressió geomètrica** és una successió de nombres

$a_1, a_2, a_3, \ldots, a_n$

anomenats **termes** de la progressió, on cada terme s'obté multiplicant l'anterior per un nombre constant, r, anomenat **raó** de la progressió:

$a_2 = a_1 \cdot r \quad a_3 = a_2 \cdot r \quad a_4 = a_3 \cdot r \quad \ldots \quad a_n = a_{n-1} \cdot r$

El terme n-èsim, a_n, s'obté multiplicant el primer per $n - 1$ vegades r:

$a_n = a_1 \cdot r^{n-1}$

Exercicis resolts

1 *L'1 de gener dipositem 1 000 euros en un compte bancari a un interès anual del 12 % amb pagament mensual d'interessos. Quin serà el valor dels nostres diners el dia 1 de cada mes d'aquest any si els interessos de cada mes es van acumulant al capital?*

Cada mes els diners es multipliquen per $1 + \frac{12}{1200} = 1{,}01$.

Al començament del primer mes hi ha $a_1 = 1\,000$.

D'ara en endavant, hem de tenir compte quants mesos han transcorregut des que es varen dipositar els 1 000 €:

$a_2 = 1\,000 \cdot 1{,}01; \; a_3 = 1\,000 \cdot 1{,}01^2; \; \ldots; \; a_{12} = 1\,000 \cdot 1{,}01^{11}$

Es tracta d'una progressió geomètrica de 12 termes i raó 1,01.

Fes-ho tu. L'1 de gener dipositem 20 000 € al 6 % anual amb pagament mensual d'interessos. Quin serà el valor dels nostres diners el dia 1 de cada mes d'aquest any si els interessos es van acumulant al capital?

2 *Durant 5 anys, cada any dipositem 2 000 euros al 4 %, amb pagament anual d'interessos. En quant es converteix cada dipòsit al final del 5è any?*

El primer dipòsit està 5 anys al 4 %. Es transforma en $a_1 = 2000 \cdot 1{,}04^5$.

Els següents:

$a_2 = 2000 \cdot 1{,}04^4; \; a_3 = 2000 \cdot 1{,}04^3; \; a_4 = 2000 \cdot 1{,}04^2; \; a_5 = 2000 \cdot 1{,}04$

És una progressió geomètrica de 5 termes i raó $\frac{1}{1{,}04}$.

Fes-ho tu. Durant 6 anys, cada any dipositem 3 000 € al 3 % anual amb pagament anual d'interessos. En quant es converteix cada dipòsit al final del 6è any?

Exercici proposat

12 Dipositem 100 000 euros el dia 1 de gener, en un banc, al 8 % anual. Quin valor tindrem al final de cada trimestre de l'any? Aquestes quantitats són en progressió geomètrica. Quina és la raó?

13 Dipositem una certa quantitat de diners al començament d'un any, en un banc, al 6 % anual. Cada mes aquesta quantitat augmenta en progressió geomètrica. Quina és la raó d'aquesta progressió?

Suma dels termes d'una progressió geomètrica

La suma dels n termes d'una progressió geomètrica

$$a_1,\ a_2,\ a_3,\ \ldots,\ a_n$$

adopta aquesta expressió senzilla:

$$S_n = \frac{a_n r - a_1}{r-1} \quad \text{SUMA DELS } n \text{ TERMES}$$

Hem vist en la pàgina anterior que els diners dipositats en un banc a un interès constant creixen en progressió geomètrica. La fórmula ens resultarà molt útil per trobar la quantitat total acumulada al final d'un cert període en fer ingressos fixos a intervals constants.

Exercicis resolts

1 *De l'exercici resolt 2 de la pàgina anterior, calculem ara quants diners s'acumulen, per cada ingrés, al final del 5è any després dels 5 ingressos de 2 000 € al començament de cada any. Vegem quin n'és el total, la suma.*

Les quantitats finals eren:

$$a_1 = 2000 \cdot 1{,}04^5;\ a_2 = 2000 \cdot 1{,}04^4;\ \ldots;\ a_5 = 2000 \cdot 1{,}04$$

Ja que és una progressió decreixent, ens resultarà més còmode manejar-la si "li donem la volta":

$$b_1 = 2000 \cdot 1{,}04;\ b_2 = 2000 \cdot 1{,}04^2;\ \ldots;\ b_5 = 2000 \cdot 1{,}045\ \ (r = 1{,}04^5)$$

La suma és:

$$S_5 = \frac{b_5 \cdot 1{,}04 - b_1}{1{,}04-1} = \frac{2000 \cdot 1{,}04^6 - 2000 \cdot 1{,}04}{0{,}04} = 11\,265{,}95\ €$$

2 *En l'inici de l'apartat anterior hem vist que pagant mensualitats de 888,49 € durant 12 mesos s'amortitzava un préstec de 10 000 € al 12 % anual (1 % mensual). Comprovem-ho ara de forma més còmoda.*

Quant val cadascun dels pagaments *dotze mesos després d'haver rebut el préstec?*

$$\text{1r pagament} \xrightarrow{\text{11 mesos}} 888{,}49 \cdot 1{,}01^{11};\quad \text{2n pagament} \xrightarrow{\text{10 mesos}} 888{,}49 \cdot 1{,}01^{10};$$

$$\ldots\ \text{11è pagament} \xrightarrow{\text{1 mes}} 888{,}49 \cdot 1{,}01;\quad \text{12è pagament} \xrightarrow{\text{0 mesos}} 888{,}49$$

"Donant la volta" a aquests valors, obtenim una progressió geomètrica de raó 1,01:

$$a_1 = 888{,}49;\ a_2 = 888{,}49 \cdot 1{,}01;\ \ldots;\ a_{12} = 888{,}49 \cdot 1{,}01^{11}$$

La seva suma és:

$$S_{12} = \frac{888{,}49 \cdot 1{,}01^{11} \cdot 1{,}01 - 888{,}49}{1{,}01-1} = 888{,}49\ \frac{1{,}01^{12}-1}{0{,}01} = 11\,268{,}28\ €$$

Quant valen 10 000 € dotze mesos després d'haver-los rebut?

$$10\,000 \cdot 1{,}01^{12} = 11\,268{,}25\ €$$

Les dues quantitats són, en efecte, pràcticament iguals (només difereixen en 3 cèntims).

Hem comprovat, per tant, que el valor final de les 12 mensualitats (suma de la progressió) coincideix amb el valor que prendria el préstec si es pagués íntegre al final de l'any (dotze mesos).

Exercicis proposats

14 Al començament de cada any dipositem 6 000 euros en un banc al 7 % anual.

Quants diners n'obtindrem en finalitzar el 10è any?

15 Al començament de cada mes dipositem 100 € en un banc al 6 % anual.

Quants en tindrem al final del 2n any?

7 Càlcul d'anualitats o mensualitats per amortitzar deutes

Amortització d'un deute amb pagaments anuals iguals (anualitats). Un exemple

Rebem un préstec de 20 000 euros, amb un tipus d'interès del 12 % anual, i l'hem de tornar en quatre anys mitjançant quatre pagaments iguals. Quin serà el valor de l'anualitat?

Raonem **quin valor tindran d'aquí a 4 anys** tant el capital rebut avui, 20 000, com les quatre anualitats, *a*, que pagarem en anys successius:

$$20\,000 \xrightarrow{\text{en 4 anys al 12 \% anual}} 20\,000 \cdot 1{,}12^4 = 31\,470{,}39 \text{ €}$$

$$\left.\begin{array}{l} a \xrightarrow{\text{en 3 anys}} a \cdot 1{,}12^3 \\ a \xrightarrow{\text{en 2 anys}} a \cdot 1{,}12^2 \\ a \xrightarrow{\text{en 1 any}} a \cdot 1{,}12 \\ a \end{array}\right\} \text{Quantitat total pagada}$$

Tingues en compte

Les progressions geomètriques i la fórmula per sumar-ne els termes ens permeten calcular amb comoditat el valor de les mensualitats (o anualitats) amb les quals saldar un deute en un cert període.

El total pagat consta de quatre sumands en progressió geomètrica de raó 1,12:

$$a \cdot (1 + 1{,}12 + 1{,}12^2 + 1{,}12^3) = a \cdot \frac{1{,}12^4 - 1}{1{,}12 - 1} = 4{,}779 \cdot a$$

Per tant, perquè els diners rebuts siguin iguals als pagats, ha de ser:

$$4{,}779 \cdot a = 31\,470{,}39$$

D'aquí s'obté el valor de l'anualitat: $a = 6\,585{,}14$ €

Amortització d'un deute amb pagaments mensuals iguals (mensualitats). Un exemple

Hem d'amortitzar 20 000 € al 12 % anual, en quatre anys, mitjançant 48 mensualitats iguals.

Procedim com abans. Ara considerem 48 períodes de capitalització mensuals. El 12 % anual significa l'1 % mensual.

$$20\,000 \xrightarrow{\text{en 48 mesos a l'1 \% anual}} 20\,000 \cdot 1{,}01^{48} = 32\,244{,}52 \text{ €}$$

$$\left.\begin{array}{l} m \xrightarrow{\text{en 47 mesos}} m \cdot 1{,}01^{47} \\ m \xrightarrow{\text{en 46 mesos}} m \cdot 1{,}01^{46} \\ \quad \dots \\ m \xrightarrow{\text{en 2 mesos}} m \cdot 1{,}01^2 \\ m \xrightarrow{\text{en 1 mes}} m \cdot 1{,}01 \\ m \end{array}\right\} \text{Quantitat total pagada}$$

El total pagat és en progressió geomètrica de raó 1,01:

$$m \cdot (1 + 1{,}01 + 1{,}01^2 + \dots + 1{,}01^{47}) = m \cdot \frac{1{,}01^{48} - 1}{1{,}01 - 1} = 61{,}2226 \cdot m$$

Per tant, perquè els diners rebuts siguin iguals als pagats, ha de ser:

$$61{,}2226 \cdot m = 32\,244{,}52$$

D'aquí s'obté el valor de la mensualitat:

$$m = 526{,}68 \text{ €}$$

Obtenció de la fórmula de l'anualitat per amortitzar un préstec

Un préstec, C, s'ha de tornar mitjançant n anualitats de valor a. Si el rèdit és del r % anual, com s'obté el valor de a coneixent C, n i r?

Calculem el valor que tindrà el capital, C, i cadascuna de les n anualitats en el moment en què se'n paga la darrera i, per tant, s'amortitza el crèdit:

$$\left.\begin{array}{rcl} C & \xrightarrow{\text{en } n \text{ anys}} & C(1+i)^n \\ a & \xrightarrow{\text{en } n-1 \text{ anys}} & a(1+i)^{n-1} \\ a & \xrightarrow{\text{en } n-2 \text{ anys}} & a(1+i)^{n-2} \\ & \dots & \\ a & \xrightarrow{\text{en 1 any}} & a(1+i) \\ & & a \end{array}\right\} \text{Quantitat total pagada valorada al final de l'any } n\text{-èsim.}$$

Notació

Anomenem $i = \frac{r}{100}$.

Els valors de les n anualitats formen una progressió geomètrica que té de primer terme a i de raó $1 + i$. La suma d'aquesta progressió geomètrica és:

$$a + a(1+i) + \ldots + a(1+i)^{n-2} + a(1+i)^{n-1} =$$

$$= \frac{a(1+i)^{n-1}(1+i) - a}{1+i-1} = a\frac{(1+i)^n - 1}{i}$$

La suma dels diners pagats ha de ser igual als diners rebuts. Com que els pagaments es fan en moments diferents, ho hem referit tot al final de l'any n-èsim:

$$C(1+i)^n = a\frac{(1+i)^n - 1}{i}$$

Aïllant s'obté:

$$a = C\frac{(1+i)^n \cdot i}{(1+i)^n - 1}$$

Aquesta fórmula és vàlida també quan els pagaments es fan en períodes no anuals modificant el significat de i i de n. Per exemple, per amortitzar un deute amb pagaments mensuals, el valor de cada mensualitat s'obté amb la fórmula anterior, en la qual $i = \frac{r}{1200}$ i n = nombre de mensualitats.

S'ha d'amortitzar un préstec, C, a un interès del r% anual, mitjançant n pagaments.

- **Pagaments anuals**

  Si els pagaments són anuals, l'anualitat corresponent s'obté així:

  $$a = C\frac{(1+i)^n \cdot i}{(1+i)^n - 1}, \quad \text{on } i = \frac{r}{100}$$

- **Pagaments mensuals**

  Si els pagaments són mensuals, la mensualitat corresponent s'obté així:

  $$m = C\frac{(1+i)^n \cdot i}{(1+i)^n - 1}, \quad \text{on } i = \frac{r}{1200}$$

En el web

Full de càlcul per obtenir anualitats o mensualitats on detallar tots els pagaments.

Exercicis resolts

1 *Un empresari sol·licita un préstec de 500 000 euros. Li concedeixen el crèdit a un interès fix de l'11 %. L'ha de pagar en 8 anualitats. De quant serà cada anualitat?*

Hi apliquem la fórmula per a $i = 0{,}11$ i $n = 8$:

$$a = 500\,000\,\frac{1{,}11^8 \cdot 0{,}11}{1{,}11^8 - 1} = 500\,000 \cdot 0{,}194321 = 97\,160{,}53\text{ €}$$

1,11 [x^y] 8 [×] 0,11 [÷] [(] 1,11 [x^y] 8 [−] 1 [)] [×] 500 000 [=] [97160.5271]

Fes-ho tu. Si l'interès fos del 8 % i s'hagués de pagar en 11 anualitats, de quant seria la quantia de cada anualitat?

2 *Un banc ens concedeix un préstec de 10 000 euros al 12 % anual que hem d'amortitzar en un any en 12 pagaments mensuals. Comprova que, com hem vist a l'inici de l'apartat 5, la mensualitat corresponent és de 888,49 euros.*

Hi apliquem la fórmula prenent $i = \frac{12}{12 \cdot 100} = 0{,}01$ i $n = 12$ mesos:

$$m = 10\,000\,\frac{1{,}01^{12} \cdot 1{,}01}{1{,}01^{12} - 1} = 888{,}49\text{ €}$$

1,01 [x^y] 12 [×] 0,01 [÷] [(] 1,01 [x^y] 12 [−] 1 [)] [×] 10 000 [=] [888.4878868]

Fes-ho tu. El banc ens concedeix un préstec de 25 000 euros al 6 % anual que s'ha d'amortitzar en un any amb 12 pagaments mensuals. Quina és la mensualitat que s'ha de pagar?

3 *Es desitja amortitzar un deute de 70 000 euros, en 3 anys, al 10 % anual, mitjançant pagaments trimestrals. Quant s'haurà de pagar cada trimestre?*

L'interès trimestral és: $\frac{10\,\%}{4} = 2{,}5\,\%$. Per tant, $i = \frac{2{,}5}{100} = 0{,}025$.

El nombre de pagaments és: $n = 3 \cdot 4 = 12$ (12 trimestres)

El valor de cada pagament és, per tant:

$$p = 70\,000 \cdot \frac{(1+0{,}025)^{12} \cdot 0{,}025}{(1+0{,}025)^{12} - 1} = 6\,824{,}10\text{ €}$$

1,025 [x^y] 12 [×] 0,025 [÷] [(] 1,025 [x^y] 12 [−] 1 [)] [×] 70 000 [=] [6824.09889]

Fes-ho tu. Volem amortitzar un deute de 120 000 €, en 5 anys, al 9 % anual, amb pagaments quadrimestrals. Quant hem de pagar cada quadrimestre?

Exercicis proposats

16 Esbrina la mensualitat que s'ha de pagar per amortitzar en 3 anys (36 pagaments) un deute de 24 000 euros al 9 % anual.

17 Quant s'ha de pagar cada trimestre per amortitzar en 3 anys (12 pagaments) un deute de 24 000 euros al 9 % anual?

18 Si compro a terminis una bicicleta de 3 000 € per pagar en 12 mesos al 15 % anual, quant hauré de pagar al mes?

19 Si he de pagar 4 092,23 € a l'any durant els tres anys posteriors a un préstec que em va concedir el banc a l'11 % d'interès anual, quina quantitat em va prestar?

20 Un banc m'ha prestat 15 000 € per tornar-los en 2 anys. Calcula quant hauré pagat si torno el préstec:

a) Al final dels 2 anys.

b) En 2 anualitats.

c) En 8 trimestres.

d) En 24 mensualitats.

Explica per què es paguen quantitats diferents.

21 La mensualitat que he de pagar per la compra d'una màquina per a la meva empresa és de 1 521,22 €. Si la financera em cobra el 12 % anual durant tres anys, quant costava la màquina?

8 Productes financers

Accions

Són participacions que atorguen el dret de propietat d'una societat anònima (S.A.). Representen, per tant, les parts en què es pot dividir el capital social d'una empresa. Els posseïdors són copropietaris de l'empresa i reben una remuneració (dividend) que depèn dels beneficis.

La compravenda d'accions es realitza als mercats de valors (les borses).

Bons i obligacions

Un **bo** és un instrument de crèdit legal mitjançant el qual s'adquireix el compromís de pagar una quantitat en una data determinada, amb uns interessos concrets. Generalment, els emeten grans empreses o governs. (El terme bo s'usa normalment per a emissions de deute a curt termini, mentre que els de llarg termini es coneixen com **obligacions**).

Els posseïdors de bons o obligacions són, per tant, prestadors i reben una remuneració (interès) prèviament coneguda.

Borsa de Madrid

Crèdit hipotecari

És una quantitat rebuda per a l'adquisició d'un bé immoble (pis, casa, parcel·la...), la devolució de la qual queda garantida pel bé adquirit (hipoteca). Habitualment l'amortització es fa mitjançant pagaments periòdics i està sotmesa a uns interessos pactats *a priori*.

A més a més dels interessos, un préstec hipotecari comporta altres despeses: comissió d'obertura, peritatge de taxació, notaria... Aquestes despeses addicionals es carreguen al client en el moment de rebre el préstec.

Fons d'inversió

És un instrument d'estalvi col·lectiu que consisteix a posar en comú capitals privats que s'inverteixen en l'adquisició d'accions, bons i altres productes financers. Els gestionen professionals que cerquen eficàcia i seguretat.

Són de **renda fixa** quan la inversió es fa en productes amb interès conegut (bons o obligacions). Amb el pas del temps, se'n cancel·len uns i se n'obren d'altres. Per això, la rendibilitat dels bons pot experimentar variacions lleugeres.

Són de **renda variable** quan s'inverteixen en actius financers sense rendibilitat determinada que depenen dels seus valors en les borses.

Els fons **mixts** són els que combinen ambdós tipus.

Pla de pensions

És un sistema d'estalvi pel qual una persona en edat laboral aporta un capital per a la jubilació. Les quantitats que s'estalvien anualment poden ser diferents; el capital final, desconegut; i el ritme d'imposició, irregular.

Exercici proposat

22 Cert o fals?

a) Si rebem 120 000 € per adquirir un pis, hem creat un fons d'inversió.

b) La diferència entre bons i obligacions només depèn del fet que el deute sigui a llarg o a curt termini.

c) Els sistemes d'estalvi per a la jubilació són drets de propietat d'una empresa denominats accions.

Exercicis i problemes resolts

1. Variació del poder adquisitiu d'un treballador

En la taula annexa es mostra l'evolució de les pujades de l'IPC i del salari mínim interprofessional (SMI) a Espanya des de l'inici del 2010 fins a l'inici del 2013.

Calcula la variació, al llarg d'aquest període de temps, del poder adquisitiu d'un treballador que cobra l'SMI.

NOTA. *L'IPC anual es calcula com la variació de l'IPC entre el final de desembre de l'any anterior i el final de desembre de l'any en qüestió.*

	VARIACIÓ DE L'IPC (%)	SMI (€)
2010	3,0	633,33
2011	2,4	641,40
2012	2,9	641,40
2013		645,30

Determinem la pujada acumulada de l'IPC entre el començament del 2010 i el final del 2012. Per a això multiplicarem els índexs de variació corresponents a les pujades percentuals anuals:

$$1{,}03 \cdot 1{,}024 \cdot 1{,}029 = 1{,}0853$$

que correspon a una pujada del 8,53 %.

Si la pujada de l'SMI hagués estat proporcional a la de l'IPC, l'SMI el 2013 hauria de ser de 633,33 · 1,0853 = 687,35 € en lloc de 645,30 €.

Calculem el percentatge de disminució que s'ha produït en el sou:

$$I_v = \frac{645{,}30}{687{,}35} = 0{,}9388,$$ que és l'índex de variació associat a una disminució del 6,12 % (1 – 0,9388 = 0,0612).

Per tant, el poder adquisitiu d'aquest treballador ha disminuït un 6,12 %.

Fes-ho tu. Si la pujada de l'IPC el 2013 va ser d'un 0,3 % i durant el 2014 l'SMI va quedar congelat, calcula la variació del poder adquisitiu del mateix treballador entre els anys 2010 i 2014.

2. Dipòsit amb interès variable

Una entitat bancària ofereix un dipòsit a dos anys amb períodes de capitalització mensuals i un interès creixent que evoluciona segons el quadre adjunt.

Quin benefici s'obtindrà en dipositar 15 000 € amb aquestes condicions?

PERÍODE	PRIMER SEMESTRE	SEGON SEMESTRE	TERCER SEMESTRE	QUART SEMESTRE
TAE	2 %	3,95 %	4,95 %	5,95 %

En canviar el tipus d'interès abans de l'any, hem de calcular l'interès mensual associat a cada TAE. Per això, establim la relació entre el rèdit en un període de capitalització mensual i la TAE:

$$\left(1+\frac{r}{1200}\right)^{12} = 1 + \frac{\text{TAE}}{100} \rightarrow r = \left(\sqrt[12]{1+\frac{\text{TAE}}{100}}-1\right)\cdot 1\,200$$

Calculem l'interès associat a cada TAE:

$$\text{TAE} = 2\,\% \rightarrow r = \left(\sqrt[12]{1+\frac{2}{100}}-1\right)\cdot 1\,200 = 1{,}9818 \rightarrow 1{,}98\,\%$$

$$\text{TAE} = 3{,}95\,\% \rightarrow r = \left(\sqrt[12]{1+\frac{3{,}95}{100}}-1\right)\cdot 1\,200 = 3{,}8802 \rightarrow 3{,}88\,\%$$

$$\text{TAE} = 4{,}95\,\% \rightarrow r = \left(\sqrt[12]{1+\frac{4{,}95}{100}}-1\right)\cdot 1\,200 = 4{,}8411 \rightarrow 4{,}84\,\%$$

$$\text{TAE} = 5{,}95\,\% \rightarrow r = \left(\sqrt[12]{1+\frac{5{,}95}{100}}-1\right)\cdot 1\,200 = 5{,}7936 \rightarrow 5{,}79\,\%$$

Conegut l'interès anual corresponent a cada període, podem calcular el capital final i, per tant, el benefici:

$$C_{\text{final}} = 15\,000\cdot\left(1+\frac{1{,}98}{1200}\right)^6\cdot\left(1+\frac{3{,}88}{1200}\right)^6\cdot\left(1+\frac{4{,}84}{1200}\right)^6\cdot\left(1+\frac{5{,}79}{1200}\right)^6 = 16\,286{,}60\,€$$

El benefici obtingut és de 16 286,60 – 15 000 = 1 286,60 €.

Fes-ho tu. Resol aquest mateix exercici si les TAE associades a cada semestre són 1,0046 %, 2,0184 %, 3,0416 % i 4,0742 %, respectivament.

3. Taula d'amortització d'un préstec

Rebem un préstec de 20 000 €, al 12 %, i l'hem de tornar en 4 anys, pagant cada any els interessos de la quantitat deguda més una quarta part del capital.

Calcula'n els pagaments anuals.

Cada anualitat és la suma del capital amortitzat en aquesta (en el nostre cas és una quarta part del préstec total; és a dir, 5 000 €) més els interessos que genera el deute pendent.

El primer any, el pagament serà de:

$(20\,000 \cdot 0{,}12 = 2\,400) + (20\,000 \cdot \frac{1}{4} = 5\,000) = 7\,400$ €

El segon any, serà de:

$(20\,000 - 5\,000 = 15\,000;\ 15\,000 \cdot 0{,}12 = 1\,800) + 5\,000 = 6\,800$ €

I així succesivament:

	CAPITAL PENDENT	PAGAMENT D'INTERESSOS	+	PAGAMENT DE CAPITAL	=	PAGAMENT ANUAL	DEUTE PENDENT
1r ANY	20 000	20 000 · 0,12	+	5 000	=	7 400	15 000
2n ANY	15 000	15 000 · 0,12	+	5 000	=	6 800	10 000
3r ANY	10 000	10 000 · 0,12	+	5 000	=	6 200	5 000
4t ANY	5 000	5 000 · 0,12	+	5 000	=	5 600	0

Els pagaments anuals per a l'amortització del préstec seran, en els quatre anys, de 7 400 €, 6 800 €, 6 200 € i 5 600 €.

Fes-ho tu. Ens concedeixen un préstec de 50 000 €, al 5 %, que hem de tornar en 5 anys, pagant cada any una cinquena part del capital pendent més els interessos de la quantitat deguda.

Calcula'n els pagaments anuals.

4. Comissió de cancel·lació d'un préstec

Demanem un préstec personal de 10 000 € al 12 %, que hem de tornar en 1 any en quotes mensuals. El banc ens imposa una comissió del 5 % per cancel·lació anticipada del préstec.

Si transcorreguts 3 mesos volem cancel·lar el préstec, quina quantitat haurem de pagar com a comissió?

Anàlisi del problema. *Per saber sobre quina quantitat hem de pagar la comissió del 5 %, hem de calcular quin capital està pendent d'amortitzar després de pagar les quotes dels tres primers mesos.*

Hem de construir la taula d'amortització del préstec per als tres primers mesos, on es detalli quina part de cada quota està destinada al pagament del deute.

Calculem primer la quota mensual que hem de pagar:

$$m = C \cdot \frac{(1+i)^n \cdot i}{(1+i)^n - 1} = 10\,000 \cdot \frac{\left(1+\frac{12}{1200}\right)^{12} \cdot \frac{12}{1200}}{\left(1+\frac{12}{1200}\right)^{12} - 1} = 888{,}49 \text{ €}$$

Després, construïm la taula d'amortització del préstec:

	CAPITAL PENDENT	QUOTA MENSUAL	–	PAGAMENT D'INTERESSOS	=	PAGAMENT DE CAPITAL	DEUTE PENDENT
1r MES	10 000	888,49	–	10 000,00 · 0,01	=	788,49	9 211,51
2n MES	9 211,51	888,49	–	9 211,51 · 0,01	=	796,37	8 415,14
3r MES	8 415,14	888,49	–	8 415,14 · 0,01	=	804,34	7 610,80

Als tres mesos queda per amortitzar un capital de 7 610,80 €. Hem de pagar com a comissió de cancel·lació anticipada un 5 % d'aquesta quantitat, és a dir, 7 610,80 · 0,05 = 380,54 €.

Fes-ho tu. Demanem un préstec de 100 000 €, al 5 % anual, que hem de tornar en 10 anys en quotes anuals. A més, ens imposen una comissió de cancel·lació anticipada del 2 %. Quina seria aquesta comissió si volguéssim cancel·lar-lo transcorreguts 2 anys?

Exercicis i problemes guiats

1. Augments acumulats

En el contracte laboral d'un administratiu es fixa una pujada anual del 3 %. Si comença guanyant 1 000 € mensuals, quants anys han de passar perquè el sou sigui de 1 200 €?

- Escriu l'expressió que dóna el sou del treballador després de n anys, tenint en compte que ha de reflectir augments percentuals encadenats.
- Iguala l'expressió obtinguda en el pas anterior a 1 200 i aïlla n, prenent logaritmes o per tempteig.

Solució: Han de passar 7 anys.

2. Càlcul de la TAE

Col·loquem en un dipòsit bancari a 2 anys un capital inicial de 10 000 € al 3 % anual. Troba'n la TAE associada i fes-la servir per obtenir el capital final si:

a) els períodes de capitalització són mensuals.

b) els períodes de capitalització són quadrimestrals.

a) • Troba l'interès mensual, i_m, associat a un interès anual del 3 % i l'índex de variació corresponent a aquesta pujada percentual, I_{vm}.

- Aquesta pujada es produeix 12 vegades en un any; es tracta d'una pujada percentual encadenada. Calcula'n l'índex de variació corresponent, $I_v = (I_{vm})^{12}$.
- Obtén la TAE com el percentatge associat a aquest índex.
- Finalment, calcula el capital final tenint en compte que els diners es queden dos anys en el dipòsit: $C_{\text{final}} = C_{\text{inicial}} \cdot (I_v)^2$

b) Has de seguir les mateixes passes que en l'apartat anterior, però treballant amb l'interès quadrimestral associat, i_c, (si en un any encadenés tres pujades percentuals).

Solució: a) 10 617,57 € b) 10 615,20 €

3. Plans de pensions

Un treballador contracta un pla de pensions 35 anys abans de la jubilació, amb aportacions anuals de 2 400 € al 4 %.

De quina quantitat de diners disposarà en el moment de la jubilació?

- Calcula en quant es convertirà la primera anualitat que romandrà en el dipòsit 35 anys amb un interès anual del 4 % $\rightarrow C_f = C_i \cdot (I_v)^{35}$
- Repeteix el procediment per a les anualitats següents. Observa que si continuessis calculant obtindries, en ordre invers, els 35 primers termes d'una progressió geomètrica de raó $r = 1{,}04$ i primer terme $a_1 = 2400 \cdot 1{,}04$ (correspon a la darrera anualitat que està únicament un any en el depòsit).
- Troba la quantitat total de què disposarà el treballador com a la suma dels 35 primers termes de la successió anterior:

$$S_{35} = \frac{a_{35} \cdot r - a_1}{r - 1}$$

Solució: En el moment de la jubilació disposarà de 183 835,95 €.

4. Interès variable

Una hipoteca està contractada amb un interès anual variable d'Euribor + 0,65. En el contracte s'estableix una clàusula sòl que impedeix que aquest interès baixi del 2,9 %.

Quan queden 239 mensualitats per pagar i un capital pendent de 169349,20 €, l'Euribor té un valor de 0,528.

Calcula la quota actual de la hipoteca i quina seria aquesta quota si se n'eliminés la clàusula sòl.

- Observa que per calcular la quota actual no cal el valor de l'Euribor, una taxa d'interés de referència, ja que en sumar-li el diferencial de 0,65, el total queda per sota de l'interès mínim del 2,9%.
- Empra aquesta fórmula per al càlcul de la mensualitat: $m = C \cdot \dfrac{(1+i)^n \cdot i}{(1+i)^n - 1}$, on $i = \dfrac{2{,}9}{1200}$ i n és el nombre de mensualitats pendents.
- Per calcular la quota resultant en eliminar la clàusula sòl, has d'usar la fórmula anterior canviant el valor de l'interès: $i = \dfrac{0{,}528 + 0{,}65}{1200}$

Solució: Quota actual: 933,63 €. Quota sense clàusula sòl: 795,29 €.

Exercicis i problemes proposats

Per practicar

Percentatges

1 Després d'apujar l'IVA cultural del 8 % al 21 %, el preu de les entrades en dos cines ha passat de 8 a 9 euros, i de 6,70 a 7,50 euros, respectivament. Quin ha estat el percentatge de pujada de les entrades de cada cine? Es correspon amb la pujada de l'IVA?

2 Si el preu d'un article ha passat de 35 € a 100 € en uns anys, quin és l'índex de variació? Quin ha estat l'augment expressat en percentatges?

3 El nombre total d'hipoteques a Espanya el 2009 va ascendir a 1 082 587. El 2012 hi va haver 458 937 hipoteques. Calcula'n l'índex de variació i el percentatge de baixada.

4 El 2008 hi havia 7 033 filials d'empreses estrangeres a Espanya. El 2009 el nombre va ascendir a 8 064. Quin n'és l'índex de variació? Quin percentatge suposa aquesta pujada?

5 Troba l'índex de variació del preu d'un televisor que costava 450 €, després d'apujar-lo un 15 % i rebaixar-lo posteriorment un 25 %. Quin n'és el preu actual?

6 La quantitat d'aigua d'un embassament ha disminuït en un 35 % respecte a la que hi havia el mes passat. Ara en conté 74,25 milions de litres.

Quants litres en tenia el mes passat?

7 En la taula següent es mostra, en milions d'euros, la recaptació a Espanya de l'AEAT en tres anys diferents:

	2003	2005	2008
TOTAL	28 892	47 721	51 577
ENERGIA/AIGUA	1 150	4 838	3 834
COMERÇ	9 853	18 633	21 245

a) Calcula el percentatge de la recaptació total que suposa la procedent del comerç en aquests anys.

b) Esbrina l'índex de variació de la recaptació procedent d'energia i aigua entre els anys 2003 i 2005, 2005 i 2008 i entre 2003 i 2008. Expressa-ho també usant percentatges.

8 Entre els anys 2004 i 2012 el nombre de matrimonis a Espanya va disminuir un 21,89 %. Si el 2012 hi va haver 168 835 matrimonis, quants n'hi va haver el 2004?

9 En un centre escolar, per cada 5 alumnes que aproven totes les assignatures, n'hi ha 4 que en suspenen alguna. Quina fracció i quin percentatge del total suposa cadascun dels dos tipus?

Nombres índex

10 Al març del 2014 l'IPC es calculava amb base a l'any 2011. En la taula següent es mostren els 12 grups que formaven la cistella de consum i les ponderacions respectives en el càlcul de l'IPC en base a l'any 2011:

GRUP	SECTORS	PONDERACIONS (%)	ÍNDEX MARÇ 2014	% VARIACIÓ MENSUAL
1	Alimentació i begudes no alcohòliques	18,95	104,7	−0,7
2	Begudes alcohòliques i tabac	2,81	113,9	0,1
3	Vestit i calçat	7,61	95,2	4,2
4	Habitatge	12,46	107,6	0,0
5	Parament	6,36	101,4	0,2
6	Medicina	3,26	110,9	0,2
7	Transport	15,33	104,4	0,0
8	Comunicacions	3,74	88,7	0,0
9	Oci i cultura	7,27	99,8	0,3
10	Ensenyament	1,54	114,9	0,0
11	Hotels, cafès i restaurants	11,22	101,1	0,3
12	Altres	9,45	105,3	0,0

a) Quins són els sectors amb un major i un menor pes en el càlcul de l'IPC? Quin percentatge hi representen?

b) Quant ha augmentat la despesa en transport des del 2011 fins a març del 2014?

c) L'índex associat a l'habitatge en aquest mes de març del 2014 era 107,6 i el de l'ensenyament era de 114,9. Quin significat tenen aquestes quantitats?

d) Tenint en compte les ponderacions de cada grup, calcula l'índex general de l'IPC d'aquest mes i la variació percentual mensual.

Interessos bancaris. TAE

11 El 2008 un banc oferia als seus clients un dipòsit a 1 any a un interès anual del 5 % amb pagament mensual d'interessos. El 2013, el mateix dipòsit s'oferia a un interès del 2 % anual. Si el producte s'hagués contractat amb 50 000 €, quins n'haurien estat els beneficis en cada un dels anys?

12 En quant es transforma un capital de 3 500 € dipositat durant tres mesos al 8,5 % anual? I si s'hi manté 5 anys amb períodes de capitalització trimestrals?

Exercicis i problemes proposats

13 Un banc ens ofereix dos tipus de dipòsits a 10 anys. El dipòsit A, amb un rèdit del 3 % i pagament mensual d'interessos, i el dipòsit B, amb un rèdit del 3,5 % i pagament anual d'interessos. Quina opció és més avantatjosa? Quin benefici obtindrem en cada dipòsit si hi col·loquem 15 000 euros?

14 Un capital col·locat al 2,5 % anual durant quatre anys s'ha convertit en 11 038,13 €. A quant puja aquest capital?

15 Quants anys ha d'estar dipositat un capital de 15 000 €, al 4,7 % anual, per convertir-se en 18 000 €?

16 Calcula el tant per cent anual a què s'han de col·locar 600 € perquè en dos anys es converteixin en 699,84 €.

17 Dipositem 32 500 € en un banc durant un any i mig i es converteixen en 32 720 €. Quin tant per cent mensual ens dóna el banc?

18 Calcula la TAE per a un rèdit anual del 10 % amb pagaments mensuals d'interessos.

19 Col·loquem en un dipòsit a 3 anys 10 000 € al 4,5 % anual, amb els períodes de capitalització mensuals. Calcula'n la TAE associada. En quant es transforma el capital inicial?

20 Calcula en quant es transformen 5 000 euros en un any al 10 % si els períodes de capitalització són: a) semestres; b) trimestres; c) mesos. Digues, en cada cas, quina és la TAE corresponent.

* *a) 10 % anual → 5 % durant 2 semestres →*
→ TAE: $(1 + 5/100)^2$ → 10,25 %.

Amortització de préstecs

21 Un comerciant demana un préstec de 5 000 euros per tornar en un sol pagament als tres mesos. A quant ha de pujar aquest pagament si el preu dels diners està al 12 % anual?

22 Rebem un préstec de 8 500 € al 15 % anual, que hem de tornar en un sol pagament. Quants anys han transcorregut si en liquidar-lo paguem 14 866,55 €?

23 Calcula la quota mensual d'un préstec de 6 000 € amb un rèdit del 8 % que hem de tornar en 1 any. Si el temps per a la devolució fóra de 2 anys, quina en seria la nova quota?

24 Hem d'amortitzar 50 000 € en 5 anys, amb un interès del 15 %, de manera que cada any es paguen els interessos del capital pendent més la cinquena part del capital total. Calcula el que s'ha de pagar cada any.

25 Una entitat bancària ens concedeix un préstec de 20 000 € que amortitzarem en 5 anys amb un interès anual del 9 %. Calcula les quotes del préstec si:

a) els pagaments són mensuals.

b) els pagaments són trimestrals.

c) els pagaments són anuals.

26 Una persona paga un cotxe en seixanta mensualitats de 333,67 €. Si el preu dels diners està al 12 % anual, quin seria el preu del cotxe si es pagués al comptat?

* *Coneixem m i hem de calcular C. Substitueix les dades en la fórmula i aïlla C.*

27 Comprem un electrodomèstic de 750 € i el paguem en 24 terminis mensuals amb un interès del 13 %. Quina serà la quota mensual?

28 Un banc ens concedeix un préstec al 6 %, que hem d'amortitzar en 7 anualitats de 14 330,80 € cadascuna. Quants diners ens ha prestat?

Per resoldre

29 En un examen de francès han aprovat el 60 % dels estudiants. En la recuperació dels suspesos n'aproven el 30 %, que sumen 18. Quin és el percentatge total d'aprovats? Quants estudiants fan francès?

* *Tingues en compte que només el 40 % es presenta a la recuperació. Suma els percentatges dels qui aproven.*

30 Si el preu del lloguer d'un apartament puja un 10 % cada any, quants anys tardaria a duplicar-se?

31 La taula següent recull l'evolució del salari mínim interprofessional (SMI) i l'IPC anual a Espanya des de l'inici del 2006 fins a l'inici del 2011:

	SMI (€/MES)	IPC (%)
2006	540,90	2,7
2007	570,60	4,2
2008	600,00	1,4
2009	624,00	0,8
2010	633,30	3,0
2011	641,40	

a) Calcula el percentatge de pujada anual i l'acumulat, en aquest període de temps, de l'SMI.

b) Calcula el percentatge de pujada acumulat de l'IPC en els 5 anys.

c) Un treballador que cobra l'SMI, ha perdut o ha guanyat poder adquisitiu en aquest període de temps?

* *Fixa't en el problema resolt 1 de la pàgina 68.*

32 Calcula la TAE associada a un rèdit anual del 6% amb períodes de capitalització mensuals. Quina seria la TAE si el pagament d'interessos fos trimestral?

33 Un dipòsit ens ofereix un 5% TAE. Si els períodes de capitalització són mensuals, quin n'és el rèdit associat?

* *Si* r *és el rèdit,* $\left(1+\dfrac{r}{1\,200}\right)^{12} = 1{,}05.$

34 Un banc paga el 2% trimestral. Quants anys han d'estar dipositats 2000 euros per convertir-se en 2536,48 €?

35 Una família paga una quota mensual de 644,30 € per la hipoteca de la casa. Si el préstec va ser a 25 anys amb un rèdit del 6%, quin va ser el capital inicial sol·licitat?

36 Vull demanar una hipoteca per comprar una casa. La meva nòmina és de 1500 € i l'entitat bancària no vol que el meu nivell d'endeutament sigui superior a un terç de la nòmina. Si em concedeixen una hipoteca a 30 anys amb un rèdit del 4,5%, quina és la quantitat màxima que puc demanar al banc?

37 El banc ens concedeix un préstec personal de 15000 € al 12% anual per tornar en 24 mensualitats. Si ens fixa una comissió de cancel·lació anticipada de l'1%, a quant pujaria aquesta comissió si volem cancel·lar el préstec al cap de 6 mesos?

38 Ingresso en un banc 3500 € al principi de cada any al 8% durant 5 anys. Quants diners tindré al final del cinquè any?

39 Un estalviador ingressa cada any en la mateixa data 1500 € en un compte que li produeix el 6% anual. Quina quantitat haurà acumulat al cap de 3 anys?

40 He rebut un préstec d'una financera pel qual he de pagar 10 anualitats de 1413,19 €. Quina és la quantitat prestada si el rèdit és el 10,5%?

41 Comprova que si ingressem al final de cada any una anualitat de 2500 € durant 8 anys, al 5%, acumularem en total 23872,77 €.

42 Un treballador estalvia 5000 € anuals que ingressa al banc al principi de cada any. Si el banc li dóna un 9,5% d'interès, quina quantitat hi tindrà al cap de 10 anys?

Per aprofundir

43 Una persona inicia un pla de pensions als 45 anys, amb quotes mensuals de 200 € al 9% anual, amb períodes de capitalització mensuals. De quin capital disposarà als 65 anys?

44 Rebem un préstec de 10000 € al 12% anual que hem de pagar en un any a terminis mensuals. El banc ens cobra 350 € per la gestió del préstec en el moment de la concessió. Comprova que la TAE corresponent a aquest préstec és d'un 16,77%.

* *El banc ens cobra 10 000 € al 1 % mensual, però el que realment rebem és 9650 €, que al* r% *anual* (r = *TAE*) *serà igual al que el banc ens cobra. Planteja l'equació corresponent i aïlla* r.

Autoavaluació

En el web Resolucions d'aquests exercicis.

1 En un control de qualitat fet en una fàbrica de bombetes LED, el 5% no va superar les 12000 hores de vida. De les restants, un 2% no va passar de les 15000 hores. Si 13965 bombetes varen passar el control, quin percentatge de bombetes no va superar la prova? Quantes bombetes es testaren?

2 El sou d'un treballador va augmentar, a principis d'any, de 1450 € a 1508 €. Quin en va ser l'índex de variació? I el percentatge de pujada?

3 Uns pantalons que costen 50 € tenen un descompte de 10 € a les rebaixes. Posteriorment, es tornen a rebaixar un 40%. Calcula'n el preu final i l'índex de variació.

4 Posem 60000 € en un banc al 3% anual. Quants anys hem de deixar aquests diners al banc per obtenir-ne 33478,04 € de benefici?

5 Un banc ofereix un 7% anual. Hi ingressem 12000 € i els mantenim 2 anys. Calcula els diners que hi tindrem després dels 2 anys si els períodes de capitalització són mensuals. I si són semestrals? Calcula la TAE en ambdós casos.

6 Demanem un préstec de 5000 € al 5% d'interès semestral, que s'ha de tornar al cap de 3 anys en un sol pagament. Quin serà l'import d'aquest pagament?

7 Hem d'amortitzar 15000 € en 3 anys, a un interès anual del 10%, de manera que cada any es paguen els interessos del capital pendent més la tercera part del capital total. Calcula l'import que s'ha de pagar cada any.

8 Per a la compra d'un cotxe de 19000 €, demanem un préstec al 7% d'interès anual que pagarem en quotes mensuals durant 6 anys. Quina serà aquesta quota?

3 Àlgebra

El llenguatge algebraic

L'àlgebra es val de l'aritmètica i n'és, al seu torn, un auxiliar importantíssim. En el seu llenguatge, clar i concís, radica gran part de la seva eficàcia.

Al peculiar llenguatge algebraic es va arribar de manera gradual: egipcis, babilonis, àrabs, hindús i xinesos van resoldre moltes situacions de caràcter algebraic, encara que van usar un llenguatge pròxim al natural. Les equacions es proposaven de la manera següent:

Quant val la ***cosa*** *que si es triplica i s'hi afegeix deu, val igual que el resultat de multiplicar la* ***cosa*** *per la* ***cosa****?*

Més endavant van simplificar:

Tres vegades la ***cosa*** *més deu és* ***cosa*** *per* ***cosa****.*

El camí per arribar a la senzilla expressió $3x + 10 = x^2$ va ser molt llarg. El simbolisme algebraic va irrompre amb tota la força a partir del segle XVI. Les altres ciències pressionaven, de manera indirecta, perquè augmentés l'eficiència de les matemàtiques. **Viète**, al final del segle XVI, va donar al llenguatge algebraic una configuració pròxima a l'actual. Finalment **Descartes**, al segle XVII, ho va acabar de perfeccionar.

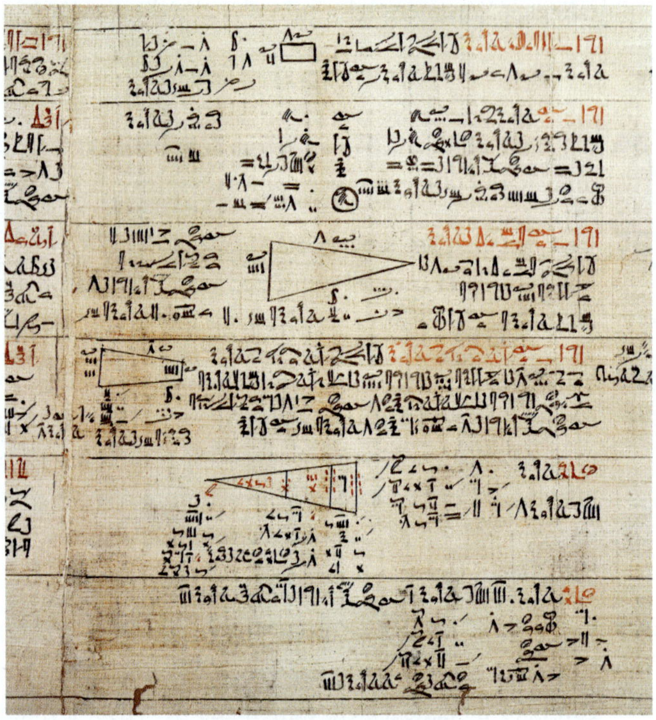

Papir de Rhind amb problemes matemàtics del segle XIX *aC.*

Resolució d'equacions

Diofant d'Alexandria (segle III) va proposar problemes algebraics complexos i els va resoldre per mètodes originals i molt interessants. Però la seva aportació no va tenir mètode i va tenir poc valor pedagògic.

Segell rus en honor d'Al-Khwarizmi.

Al-Khwarizmi (segle IX) va ser qui, per primera vegada, va realitzar un tractament sistemàtic i complet de la resolució d'equacions de primer i segon graus. El seu llibre *Al-jabr wa'l muqabalah*, elemental, didàctic i exhaustiu, va ser molt conegut i estudiat i, posteriorment, traduït a tots els idiomes. El començament del títol, *al-jabr*, dóna nom a aquesta ciència (*àlgebra*).

Al segle XVI, diversos algebristes italians (**Tartaglia**, **Cardano**, **Ludovico Ferrari**, **Scipione del Ferro**, **Antonio del Fiore**) van mantenir unes interessantíssimes, agitades i fecundes discussions sobre la resolució de diferents tipus d'equacions cúbiques (de tercer grau) i quàrtiques (de quart grau).

Niccolò Fontana (1499-1557), més conegut com Tartaglia.

En el web Biografia de Cardano.

En el web Biografia de Diofant.

Sistemes d'equacions

Els sistemes d'equacions es van plantejar i es van resoldre de manera simultània a les equacions, ja que el pas d'un sistema de dues equacions amb dues incògnites a una equació amb una incògnita no suposa cap problema especial.

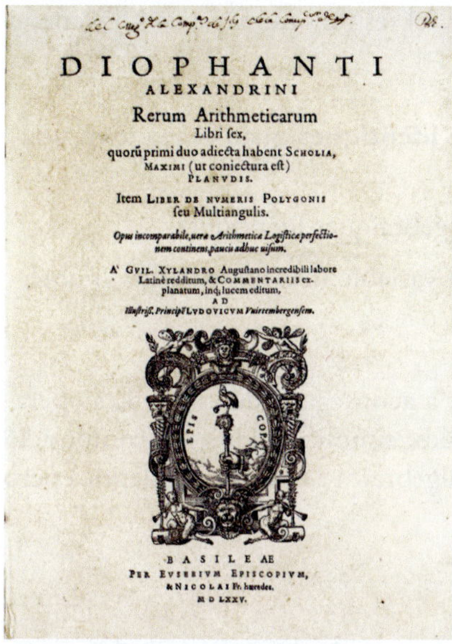
DIOPHANTI
ALEXANDRINI
Rerum Arithmeticarum
Libri sex,
quorũ primi duo adiecta habent Scholia,
Maximi (ut coniectura est)
Planudis.
Item Liber de numeris Polygonis
seu Multiangulis.
Opus incomparabile, uerae Arithmeticae Logisticae perfectionem continens, paucis adhuc uisum.
A' Guil. Xylandro Augustano incredibili labore Latinè redditum, & Commentariis explanatum, inq; lucem editum,
AD
Illustriss. Principē Ludovicum Vuirtembergensem.
BASILEAE
Per Eusebium Episcopium,
& Nicolai Fr. haeredes.
M D LXXV.

Portada de la gran obra de Diofant: Aritmètica.

Diofant, original i enginyós, resolia els problemes que podrien donar lloc a un sistema d'equacions mitjançant una única equació amb una sola incògnita triada hàbilment per aconseguir el seu propòsit.

Històricament, els sistemes d'equacions lineals no han estat un repte especialment difícil. Ja al segle II aC, els xinesos resolien sistemes lineals de diverses equacions amb el mateix nombre d'incògnites, mitjançant un mètode elegant i potent, semblant al que usem ara.

L'àlgebra en l'actualitat

En el món actual es presenten problemes algebraics tremends no per la seva complexitat matemàtica sinó per la gegantina quantitat de variables que hi apareixen. Un sistema amb centenars d'equacions i centenars d'incògnites (que teòricament és trivial), tot valent-se d'ordinadors potentíssims, tardaria molts milers d'hores a ser resolt usant els mètodes habituals. La investigació algebraica actual s'interessa a dissenyar nous camins que escurcen aquests processos perquè aquests problemes es puguin abordar amb ordinadors en un temps raonable.

Resol

Els cadets que desfilen amb la seva mascota

Una companyia de cadets, formada en quadre de 20 metres de costat, avança amb pas regular. La mascota de la companyia, un gos petit, parteix del centre de l'última fila, punt *A*, camina en línia recta fins al centre de la primera fila, punt *B*, i torna de la mateixa manera fins al centre de l'última fila. En el moment de tornar a arribar a *A*, els cadets han recorregut exactament 20 metres. Suposant que el gos camina amb velocitat constant i que no perd temps en els girs, quants metres ha recorregut?

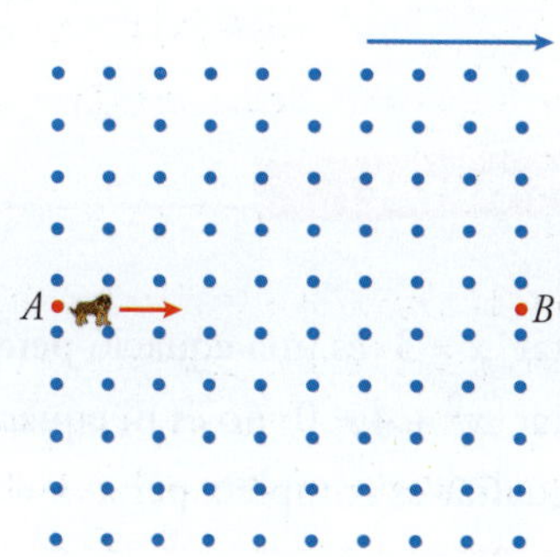

1 Les igualtats en àlgebra

La paraula *àlgebra*

L'obra més important del matemàtic àrab del segle IX Al-Khwarizmi duia el títol d'*Al-jabr wa'l muqabalah*.

La primera paraula, *al-jabr*, servirà, d'ara en endavant, per designar la ciència que s'hi tractava.

En àlgebra es manegen dos tipus d'igualtats de significats diferents. Analitzem-les.

Identitats

Quan posem $(2x - 5)^2 = 4x^2 - 20x + 25$ estem dient que «el quadrat de $2x - 5$ coincideix amb el polinomi $4x^2 - 20x + 25$».

Es tracta d'una **identitat** perquè desenvolupant el primer membre s'obté el segon membre. Sigui quin sigui el valor que donem a x, el resultat numèric dels dos membres coincidirà.

Es diu que dues **expressions algebraiques** són **idèntiques** quan operant en una s'arriba a l'altra.

Identitat és la igualtat entre dues expressions algebraiques idèntiques.

Si en una identitat donem valors numèrics a la variable (o a les variables) s'obté, sempre, una igualtat numèrica.

Una gran part de l'activitat en àlgebra consisteix a aconseguir identitats. Les operacions amb polinomis i amb fraccions algebraiques, simplificacions, descomposició factorial…, serveixen per passar d'una expressió algebraica a una altra d'idèntica però més convenient per al que pretenem.

Equacions

Identitat o equació?

La igualtat $(x-2)^2 = x^2 - 4x + 4$, és evidentment, una identitat. Però podem prendre-la com a equació, i en aquest cas qualsevol valor de x n'és solució.

Es pot interpretar una identitat com a equació. En aquest cas, té solucions infinites.

La igualtat $x^3 + x^2 = 12x$ no és certa si la llegim com a identitat entre els dos membres. Es tracta d'una **equació** en la qual es diu que: «volem trobar un valor de x per al qual el polinomi $x^3 + x^2$ prengui el mateix valor que el polinomi $12x$». O dit d'una altra manera: «Per a quin valor de x es compleix que $x^3 + x^2$ és igual a $12x$?». La solució «$x = 3$, $x = -4$, $x = 0$» és la resposta a aquesta pregunta.

Una **equació** és una *proposta d'igualtat*.

Solució d'una equació és un valor de la variable (o un valor de cada variable) amb el qual la igualtat es compleix.

Resoldre una equació és trobar-ne totes les solucions o arribar a la conclusió que no té solució.

En resoldre una equació es fan «passos». Per exemple:

$$(x-2)^2 + 2 = x \rightarrow x^2 - 4x + 4 + 2 - x = 0$$

Cada pas comporta una equivalència: «l'equació $(x-2)^2 + 2 = x$ és equivalent (té les mateixes solucions) que l'equació $x^2 - 4x + 4 + 2 - x = 0$».

El darrer pas sol dur a la solució.

$$(x-2)^2 + 2 = x \rightarrow x^2 - 4x + 4 + 2 - x = 0 \rightarrow x^2 - 5x + 6 = 0 \rightarrow$$

$$\rightarrow x = \frac{5 \pm \sqrt{25-24}}{2} \rightarrow x = 2 \text{ o } x = 3$$

Exercici proposat

1 Cert o fals?

a) La igualtat $x = 3$ és una equació perquè només es compleix per a $x = 3$.

b) La igualtat $x^2 + 4 = 0$ no és ni equació ni identitat, ja que no es compleix per a cap valor de x.

c) Si una igualtat es compleix per a $x = 1$, $x = 2$, $x = 3$…, llavors és una identitat.

2 Factorització de polinomis

Per a la resolució d'equacions és fonamental tenir destresa en el maneig de les expressions algebraiques. Suposem que en aquest nivell es dominen les operacions amb polinomis, i per això començarem el nostre repàs amb la revisió dels conceptes i tècniques necessaris per a la descomposició de polinomis en factors. Comencem amb la regla de Ruffini.

Regla de Ruffini

La regla de Ruffini serveix per dividir un polinomi per $x - a$. Vegem amb un exemple com es fa i què s'aconsegueix:

Dividim $5x^4 - 12x^3 - 23x + 11$ entre $x - 3$.

COEFICIENTS DEL DIVIDEND

	5	−12	0	−23	11
3		15	9	27	12
	5	3	9	4	23

COEFICIENTS DEL QUOCIENT — RESIDU

Línies verdes: els nombres de sota s'obtenen sumant els de dalt.

Línies vermelles: el nombre de la dreta s'obté multiplicant per 3 el de l'esquerra.

Hem obtingut un quocient, $5x^3 + 3x^2 + 9x + 4$, i un residu, 23.

És a dir: $\dfrac{5x^4 - 12x^3 - 23x + 11}{x - 3} = 5x^3 + 3x^2 + 9x + 4 + \dfrac{23}{x - 3}$

Tingues en compte

En dividir un polinomi per $x - a$:

- el *quocient* és un polinomi d'un grau inferior al dividend.
- el *residu* és un nombre.

En el web

Full de càlcul per treballar amb la regla de Ruffini.

Una propietat important

Efectuem una divisió exacta. Per exemple, $(x^3 - 5x^2 + 7x - 78) : (x - 6)$.

	1	−5	7	−78
6		6	6	78
	1	1	13	0

Observa que perquè la divisió sigui exacta, els nombres de la darrera columna han de ser iguals (excepte el signe). És a dir: $6 \cdot 13 = 78$. El terme independent, −78, és múltiple de 6.

Reflexiona sobre el resultat obtingut: *Perquè la divisió per $x - 6$ sigui exacta, el terme independent ha de ser múltiple de 6.*

Obtenim així alguna cosa semblant a un criteri de divisibilitat de polinomis.

Criteri de divisibilitat per $x - a$, per a valors enters de a

Si un polinomi té coeficients enters, perquè sigui divisible per $x - a$ és necessari que el terme independent sigui múltiple de a.

Per tant, per cercar expressions $x - a$ que siguin divisors del polinomi, provarem amb els valors de a que siguin divisors del terme independent.

Atenció

Aquest criteri és vàlid només per a polinomis amb **coeficients enters**.

Exercicis proposats

2 Aplica la regla de Ruffini per calcular el quocient i el residu de les divisions de polinomis següents:

a) $(x^3 - 3x^2 + 2x + 4) : (x + 1)$

b) $(5x^5 + 14x^4 - 5x^3 - 4x^2 + 5x - 2) : (x + 3)$

c) $(2x^3 - 15x - 8) : (x - 3)$

d) $(x^4 + x^2 + 1) : (x + 1)$

3 a) El polinomi $x^3 - 8x^2 + 17x - 10$ podria ser divisible per $x - a$ per als següents valors de a: 1, −1, 2, −2, 5, −5, 10, −10. Comprova que ho és per $x - 1$, $x - 2$ i $x - 5$.

b) Troba els divisors d'aquests polinomis:

a) $x^3 + 3x^2 - 4x - 12$ b) $x^4 + 5x^3 - 7x^2 - 29x + 30$

Valor d'un polinomi per a $x = a$

El valor numèric d'un polinomi, $P(x)$, per a $x = a$, és el nombre que s'obté en substituir la x per a i fer-hi operacions. Aquest nombre s'anomena $P(a)$.

Per exemple, si $P(x) = 5x^4 - 3x^3 - 4x^2 + 6x - 1$, per a $x = 2$ obtenim:

$$P(2) = 5 \cdot 2^4 - 3 \cdot 2^3 - 4 \cdot 2^2 + 6 \cdot 2 - 1 = 51$$

$P(2) = 51$ és el residu de dividir $P(x)$ entre $x - 2$ (comprova-ho).

El teorema del residu generalitza aquest resultat.

Teorema del residu

El valor que pren un polinomi, $P(x)$, quan fem $x = a$, és a dir, $P(a)$, coincideix amb el residu de dividir $P(x)$ entre $x - a$.

És a dir, $P(a) = r$.

Demostració

$$\begin{array}{l|l} P(x) & x - a \\ \hline r & C(x) \end{array}$$

$$P(x) = (x - a)\, C(x) + r$$

Si fem $x = a$:

$$P(a) = (a - a)\, C(a) + r = r$$

Arrels d'un polinomi

Un nombre a s'anomena **arrel** d'un polinomi $P(x)$ si $P(a) = 0$. Evidentment, les arrels d'un polinomi $P(x)$ són les solucions de l'equació $P(x) = 0$.

Si a és arrel de $P(x)$, llavors el polinomi $P(x)$ és divisible per $x - a$ i es pot posar $P(x) = (x - a)\, C(x)$.

Per localitzar les arrels enteres d'un polinomi, hem de tenir en compte una propietat ja coneguda i important: *si un polinomi té coeficients enters, les arrels enteres són divisors del terme independent.*

Arrels d'un polinomi

2 és arrel del polinomi

$$P(x) = x^4 + 2x^3 - 7x^2 - 8x + 12$$

perquè $P(2) = 0$.

Les arrels enteres de $P(x)$ estan entre els divisors de 12. És a dir, poden ser 1, –1, 2, –2, 3, –3, 4, –4, 6, –6, 12 o –12.

La divisibilitat dels polinomis

- Un polinomi $P(x)$ és divisible per un altre polinomi $Q(x)$ quan $P(x) : Q(x)$ és exacte. En aquest cas, $P(x) : Q(x) = C(x)$. I, per tant, $P(x) = Q(x) \cdot C(x)$.

  Els polinomis $Q(x)$ i $C(x)$ s'anomenen **divisors** de $P(x)$.

  Per exemple: $(3x^3 - 14x^2 + 4x + 3) : (3x + 1) = x^2 - 5x + 3$

  Per tant: $3x^3 - 14x^2 + 4x + 3 = (3x + 1) \cdot (x^2 - 5x + 3)$

- Un polinomi es diu que és **irreductible** quan cap polinomi de grau inferior és divisor seu.

  Els polinomis irreductibles són:

  — els de primer grau: x, $2x - 1$, $\frac{x}{2} + 3$, …

  — els de segon grau sense arrels: $x^2 + 1$, $2x^2 - 3x + 5$, …

- Un polinomi de segon grau amb arrels a i b es pot descompondre en forma de producte: $k(x - a)(x - b)$.

  Per exemple, el polinomi $5x^2 + 5x - 60$ té dues arrels: $x = 3$, $x = -4$ (comprova-ho resolent l'equació $5x^2 + 5x - 60 = 0$).

  Per tant:

  $$5x^2 + 5x - 60 = 5(x - 3)(x + 4)$$

- Qualsevol altre polinomi es pot descompondre en producte de polinomis irreductibles.

  Per exemple:

  $$3x^4 + 3x^3 - 33x^2 + 3x - 36 = 3(x - 3)(x + 4)(x^2 + 1)$$

Atenció

La divisibilitat en el conjunt dels polinomis és molt semblant a la divisibilitat entre nombres enters.

- Els polinomis irreductibles exerceixen, en la divisibilitat entre polinomis, el mateix paper que els nombres primers en la divisibilitat entre nombres enters.
- La descomposició d'un polinomi en polinomis irreductibles és semblant a la descomposició d'un nombre en factors primers:

$$\begin{array}{r|l} 3x^4 + 3x^3 - 33x^2 + 3x - 36 & x - 3 \\ 3x^3 + 12x^2 + 3x + 12 & x + 4 \\ 3x^2 + 3 & x^2 + 1 \\ 3 & 3 \\ 1 & \end{array}$$

Reflexiona

A la pàgina anterior hem vist que tot polinomi es pot factoritzar com a producte de polinomis irreductibles. No obstant això, una cosa és que *es pugui* i una altra que *sapiguem fer-ho.*

Procediment per factoritzar un polinomi

Veurem en quins casos sabem descompondre un polinomi en factors i de quins procediments ens podem valdre.

- Sempre que es pugui, traurem la x factor comú.
- La regla de Ruffini ens ajuda a localitzar amb eficàcia les arrels enteres d'un polinomi, per tant:
  - Si els coeficients de $P(x)$ són nombres enters, les arrels enteres de $P(x)$ són divisors del seu terme independent.
  - Si $P(a) = 0$, aleshores $P(x) = (x - a)\,Q(x)$. D'aquesta manera es van localitzant successivament les arrels.
- Si un polinomi de grau major que 2 no té arrels enteres, és poc probable que puguem descompondre'l amb els coneixements que posseïm.

Exercici resolt

1 *Descompon en factors irreductibles el polinomi següent:*

$$x^6 - 15x^4 - 42x^3 - 40x^2$$

Observem que x és factor comú i l'extraiem tantes vegades com sigui possible:

$$x^6 - 15x^4 - 42x^3 - 40x^2 = x^2(x^4 - 15x^2 - 42x - 40)$$

Ja hem extret el factor x dues vegades. Ara busquem les arrels enteres de $x^4 - 15x^2 - 42x - 40$ aplicant-hi la regla de Ruffini i provant amb els divisors de 40 (±1, ±2, ±4, ±5, ±8, ±10, ±20, ±40).

Comprovem que 1, –1, 2 no són arrels (fes-ho). Provem amb –2:

	1	0	–15	–42	–40
–2		–2	4	22	40
	1	–2	–11	–20	0

–2 sí que és arrel. Per tant:

$x^4 - 15x^2 - 42x - 40 =$

$= (x + 2)(x^3 - 2x^2 - 11x - 20)$

Busquem les arrels enteres de $x^3 - 2x^2 - 11x - 20$. Provem amb els divisors de 20 (ja no hem de provar amb 1, –1 i 2, però sí amb –2).

Comprovem que –2, 4 i –4 no són arrels (fes-ho). Provem amb 5:

	1	–2	–11	–20
5		5	15	20
	1	3	4	0

5 sí que és arrel. Per tant:

$x^3 - 2x^2 - 11x - 20 =$

$= (x - 5)(x^2 + 3x + 4)$

Com que el factor que queda és de segon grau, comprovem si té arrels resolent l'equació corresponent:

$x^2 + 3x + 4 = 0$ no té arrels. Per tant, $x^2 + 3x + 4$ és irreductible.

La descomposició queda així:

$$x^6 - 15x^4 - 42x^3 - 40x^2 = x^2 \cdot (x + 2) \cdot (x - 5) \cdot (x^2 + 3x + 4)$$

Exercicis proposats

4 Descompon factorialment els polinomis següents:

a) $x^6 - 9x^5 + 24x^4 - 20x^3$

b) $x^6 - 3x^5 - 3x^4 - 5x^3 + 2x^2 + 8x$

c) $x^6 + 6x^5 + 9x^4 - x^2 - 6x - 9$

d) $4x^4 - 15x^2 - 5x + 6$

5 a) Intenta factoritzar $x^4 + 4x^3 + 8x^2 + 7x + 4$.

b) Fes-ho ara sabent que és divisible per $x^2 + x + 1$.

6 Intenta factoritzar $6x^4 + 7x^3 + 6x^2 - 1$. Torna a intentar-ho sabent que $-\frac{1}{2}$ i $\frac{1}{3}$ són arrels seves.

3 Fraccions algebraiques

Recorda

Les fraccions de polinomis es comporten de manera molt semblant a les fraccions numèriques.

Definicions

- S'anomena **fracció algebraica** el quocient de dos polinomis, $\frac{P(x)}{Q(x)}$.
- **Simplificació**. Si el numerador i el denominador d'una fracció algebraica es poden dividir per un mateix polinomi (de grau major o igual que 1), en fer-ho se simplifica la fracció.

  Per exemple: $\frac{3x^3 - 2x^2 + 5x}{x^2 - 3x} = \frac{(3x^2 - 2x + 5)\,x}{(x-3)\,x} = \frac{3x^2 - 2x + 5}{x - 3}$

Recorda

Per obtenir el màxim comú divisor (MCD) de dos polinomis, es descomponen factorialment i es prenen els factors que coincideixen en ambdós amb els menors exponents que presenten.

Si el MCD de dos polinomis és un nombre (polinomi de grau zero), aleshores els dos polinomis són **primers entre si**.

- Una fracció els termes de la qual (numerador i denominador) són primers entre si, s'anomena **irreductible**.

  Si en una fracció algebraica dividim numerador i denominador pel seu MCD, s'obté una **fracció irreductible**.

  És el que hem fet en l'exemple anterior, dividint per x numerador i denominador.

- Dues **fraccions algebraiques** són **equivalents** si:
  - Una d'aquestes s'obté simplificant l'altra.
  - O bé totes dues, en simplificar-se, donen lloc a la mateixa fracció.

  Per exemple, les fraccions $\frac{x-2}{x^2+x-6}$ i $\frac{x}{x^2+3x}$ són equivalents perquè en simplificar-se totes dues donen lloc a $\frac{1}{x+3}$.

  Si dues fraccions, $\frac{P(x)}{Q(x)}$ i $\frac{M(x)}{N(x)}$, són equivalents, aleshores «els productes creuats» coincideixen:

  $$P(x) \cdot N(x) = Q(x) \cdot M(x)$$

  Per exemple, realitzem els productes creuats de les fraccions de l'exemple anterior per comprovar que són equivalents:

  $$(x-2)(x^2+3x) = x^3 + x^2 - 6x = (x^2 + x - 6)x$$

Reducció a comú denominador

En multiplicar el numerador i el denominador d'una fracció algebraica per un mateix polinomi, s'hi obté una fracció equivalent.

Per exemple:

$$\frac{2x+1}{3x^2 - x} = \frac{(2x+1)(x-1)}{(3x^2-x)(x-1)} = \frac{2x^2 - x - 1}{3x^3 - 4x^2 + x}$$

són equivalents.

Si tenim diverses fraccions algebraiques, podem obtenir-ne d'altres equivalents a les primeres que tinguin el mateix denominador. Es diu, aleshores, que s'han reduït a **denominador comú**.

Per exemple, si volem reduir a denominador comú les fraccions $\frac{1}{x}$ i $\frac{x+1}{x-2}$, calcularem el MCM $[x, x-2] = x(x-2)$ i obtindrem $\frac{(x-2)}{x(x-2)}$ i $\frac{(x+1)\,x}{(x-2)\,x}$, que són equivalents a les inicials i tenen, ambdues, el mateix denominador.

Recorda

Per obtenir el mínim comú múltiple (MCM) de dos polinomis, es descomponen factorialment i es prenen tots els factors, coincidents o no, amb els majors exponents que presenten.

Operacions

Per **sumar** fraccions algebraiques, es redueixen a comú denominador (si no ho estan ja) i se sumen els numeradors.

La **resta** és un cas particular de la suma.

Per exemple, efectuem $\frac{x+7}{x}+\frac{x-2}{x^2+x}-2x$:

Trobem el MCM dels denominadors. El denominador de $2x$ és 1.

$$\text{MCM}\,[x,\ x^2+x,\ 1]=\text{MCM}\,[x,\ x(x+1)]=x(x+1)$$

Reduïm la fracció a comú denominador i operem:

$$\frac{(x+7)(x+1)}{x(x+1)}+\frac{x-2}{x(x+1)}-\frac{2x\cdot x\cdot(x+1)}{x(x+1)}=\frac{(x+7)(x+1)+x-2-2x^2(x+1)}{x(x+1)}=$$

$$=\frac{x^2+8x+7+x-2-2x^3-2x^2}{x^2+x}=\frac{-2x^3-x^2+9x+5}{x^2+x}$$

El **producte** de dues fraccions algebraiques és el producte dels numeradors partit pel producte dels denominadors.

Per exemple: $\frac{3x+1}{x-1}\cdot\frac{x}{x+1}=\frac{(3x+1)\,x}{(x-1)(x+1)}=\frac{3x^2+x}{x^2-1}$

La **fracció inversa** de $\frac{x^2-5x}{3x-1}$ és $\frac{3x-1}{x^2-5x}$, perquè el seu producte és una fracció equivalent al nombre 1.

El **quocient** de dues fraccions algebraiques és igual al producte de la primera per la inversa de la segona.

Per exemple:

- $\frac{2x}{x+1}:\frac{x-1}{x^2}=\frac{2x}{x+1}\cdot\frac{x^2}{x-1}=\frac{2x^3}{x^2-1}$
- $\frac{x^2}{2}\cdot\left(\frac{1}{x+1}:\frac{x-1}{3}\right)=\frac{x^2}{2}\cdot\left(\frac{1}{x+1}\cdot\frac{3}{x-1}\right)=\frac{x^2}{2}\cdot\left(\frac{3}{(x+1)(x-1)}\right)=$

$$=\frac{3x^2}{2(x+1)(x-1)}=\frac{3x^2}{2(x^2-1)}=\frac{3x^2}{2x^2-2}$$

Exercicis proposats

7 Cert o fals?

a) $\frac{x+1}{x^2+1}=\frac{1}{x+1}$ b) $\frac{x-1}{x^2-1}=\frac{1}{x+1}$

c) $\frac{3x-3}{x^2-1}=\frac{3}{x+1}$ d) $\frac{x+1}{x}-1=\frac{1}{x}$

8 Redueix prèviament a comú denominador les fraccions algebraiques següents, i suma-les:

$\frac{x+7}{x}$ $\frac{x-2}{x^2+x}$ $-\frac{2x+1}{x+1}$

9 Calcula:

a) $\frac{1}{x^2-1}+\frac{2x}{x+1}-\frac{x}{x-1}$ b) $\frac{x}{x+1}+5x$

10 Efectua aquestes operacions:

a) $\frac{x^2-2x+3}{x-2}\cdot\frac{2x+3}{x+5}$ b) $\frac{x^2-2x+3}{x-2}:\frac{2x+3}{x+5}$

11 Calcula:

a) $\frac{x+2}{x}:\left(\frac{x-1}{3}\cdot\frac{x}{2x+1}\right)$ b) $\frac{x^4-x^2}{x^2+1}\cdot\frac{x^4+x^2}{x^4}$

4 Resolució d'equacions

Equacions de 2n grau, $ax^2 + bx + c = 0$

Les solucions s'obtenen aplicant-hi la fórmula següent:

$$x = \frac{-b \pm \sqrt{b^2 - 4ac}}{2a} \quad \begin{cases} \text{Si } b^2 - 4ac > 0, \text{ hi ha dues solucions.} \\ \text{Si } b^2 - 4ac = 0, \text{ hi ha una solució.} \\ \text{Si } b^2 - 4ac < 0, \text{ no té solució.} \end{cases}$$

Quan $b = 0$ o $c = 0$, l'equació s'anomena **incompleta** i es pot resoldre de manera senzilla sense necessitat d'aplicar-hi la fórmula anterior.

- $ax^2 + c = 0 \rightarrow$ s'aïlla x^2
- $ax^2 + bx = 0 \rightarrow x(ax + b) = 0$. Les solucions són $x = 0$, $x = -\frac{b}{a}$.

Equacions biquadrades, $ax^4 + bx^2 + c = 0$

Són equacions de quart grau sense termes de grau imparell.

Per resoldre-les efectuem el canvi $x^2 = y$, i, per tant, $x^4 = y^2$, amb la qual cosa queda una equació de segon grau amb la incògnita y:

$$ax^4 + bx^2 + c = 0 \rightarrow ay^2 + by + c = 0$$

Per cada valor positiu de y hi haurà dos valors de x: $x = \pm\sqrt{y}$.

Exercici resolt

1 *Resol les equacions següents:*

a) $x^4 - 10x^2 + 9 = 0$

b) $x^4 - 2x^2 - 3 = 0$

c) $x^4 - 5x^2 = 0$

a) $x^4 - 10x^2 + 9 = 0 \xrightarrow{x^2 = y} y^2 - 10y + 9 = 0$

$$y = \frac{10 \pm \sqrt{100 - 36}}{2} = \frac{10 \pm 8}{2} = \begin{cases} 1 \rightarrow x = \pm\sqrt{1} = \pm 1 \\ 9 \rightarrow x = \pm\sqrt{9} = \pm 3 \end{cases}$$

Solucions: $-1, 1, -3, 3$

b) $x^4 - 2x^2 - 3 = 0 \xrightarrow{x^2 = y} y^2 - 2y - 3 = 0$

$$y = \frac{2 \pm \sqrt{4 + 12}}{2} = \frac{2 \pm 4}{2} = \begin{cases} -1 \rightarrow \text{No dóna solució per a } x \\ 3 \rightarrow x = \pm\sqrt{3} \end{cases}$$

Solucions: $-\sqrt{3}, \sqrt{3}$

c) $x^4 - 5x^2 = 0 \xrightarrow{x^2 = y} y^2 - 5y = 0$

$$y(y - 5) = 0 \begin{cases} y = 0 \rightarrow x = 0 \\ y = 5 \rightarrow x = \pm\sqrt{5} \end{cases}$$

En aquest cas no cal fer canvi de variable; treure factor comú x^2 és suficient.

$$x^4 - 5x^2 = 0 \rightarrow x^2 \cdot (x^2 - 5) = 0 \begin{cases} x^2 = 0 \rightarrow x = 0 \\ (x^2 - 5) = 0 \rightarrow x = \pm\sqrt{5} \end{cases}$$

Solucions: $0, -\sqrt{5}, \sqrt{5}$

Fes-ho tu. Resol aquesta equació:

$x^4 - 2x^2 + 1 = 0$

Exercicis proposats

12 Resol les equacions següents:

a) $x^4 - x^2 - 12 = 0$ b) $x^4 - 8x^2 - 9 = 0$

13 Resol:

a) $x^4 + 10x^2 + 9 = 0$ b) $x^4 - x^2 - 2 = 0$

Equacions amb radicals

Ocasionalment ens trobem amb equacions en què x es troba sota una arrel quadrada. Per resoldre aquest tipus d'equacions:

- aïlla l'arrel quadrada en un membre;
- eleva ambdós membres al quadrat.

En aquest procés (en elevar al quadrat) poden aparèixer solucions falses que, naturalment, hem de rebutjar. Per això, en aquest tipus d'equacions **és fonamental comprovar-ne totes les solucions.**

Exercici resolt

1 *Resol les equacions següents:*

a) $\sqrt{2x-3}+1=x$

b) $\sqrt{2x-3}+\sqrt{x+7}=4$

a) $\sqrt{2x-3}+1=x$

$\sqrt{2x-3}=x-1$ Elevem al quadrat ambdós membres:

$2x-3=x^2-2x+1 \rightarrow x^2-4x+4=0 \rightarrow$ *Solució:* $x=2$

Comprovació: $\sqrt{2\cdot 2-3}+1=\sqrt{1}+1=2$ La solució és vàlida.

b) $\sqrt{2x-3}+\sqrt{x+7}=4$ Aïllem una de les dues arrels:

$\sqrt{2x-3}=4-\sqrt{x+7}$ Elevem al quadrat ambdós membres:

$2x-3=16+(x+7)-8\sqrt{x+7}$ Aïllem en un membre el terme on és l'arrel:

$x-26=-8\sqrt{x+7}$ Elevem al quadrat els dos membres:

$x^2-52x+676=64(x+7) \rightarrow x^2-116x+228=0 \rightarrow x_1=2,\ x_2=114$

Comprovació:

$$\begin{cases} x_1=2 \rightarrow \sqrt{2\cdot 2-3}+\sqrt{2+7}=\sqrt{1}+\sqrt{9}=1+3=4 \rightarrow x_1 \text{ és vàlida.} \\ x_2=114 \rightarrow \sqrt{2\cdot 114-3}+\sqrt{114+7}=15+11\neq 4 \rightarrow x_2 \text{ no és vàlida.} \end{cases}$$

La solució de l'equació és $x=2$ (única).

Fes-ho tu. a) $\sqrt{19-6x}-2=x$ b) $\sqrt{x-2}+\sqrt{x-3}=5$

Exercicis proposats

14 Resol:

a) $-\sqrt{2x-3}+1=x$

b) $\sqrt{2x-3}-\sqrt{x+7}=4$

c) $2+\sqrt{x}=x$

d) $2-\sqrt{x}=x$

e) $\sqrt{3x+3}+1=\sqrt{8-2x}$

f) $\sqrt{3x+3}-1=\sqrt{8-2x}$

15 Resol:

a) $\sqrt{4x+9}-\sqrt{2x+1}=2$

b) $\sqrt{3x+4}-\sqrt{1-x}=1$

c) $\sqrt{x+3}+3=x$

d) $\sqrt{x-2}+\sqrt{x+1}=3$

e) $\sqrt{3x}-\sqrt{x}-\sqrt{2}=0$

f) $\sqrt{-5-7x}+\sqrt{4+x}=\sqrt{7-6x}$

Equacions racionals

Els denominadors algebraics, igual que els numèrics, se suprimeixen multiplicant pel producte de tots aquests o, millor, pel mínim comú múltiple. D'aquesta manera s'arriba a una equació que, probablement, se sap resoldre.

En el procés de multiplicar per expressions polinòmiques, de vegades apareixen solucions falses. Per tant, sempre que ho fem, **haurem de comprovar-ne totes les solucions** obtingudes.

Exercici resolt

1 *Resol aquestes equacions:*

a) $\frac{6}{x}+\frac{x+1}{x-2}=6$

b) $\frac{2x-3}{x^2-5x}+\frac{x+4}{x}=\frac{3}{4}$

a) Per eliminar els denominadors de l'equació multipliquem ambdós membres per $x(x-2)$.

$$6(x-2)+(x+1)x=6x(x-2) \rightarrow$$

$$\rightarrow 5x^2-19x+12=0 \rightarrow$$

$$\rightarrow x=\frac{19\pm\sqrt{361-240}}{10}=\frac{19\pm 11}{10}=\begin{cases}3\\ \frac{4}{5}\end{cases}$$

Comprovades les solucions sobre l'equació inicial, es veu que ambdues són vàlides.

Solucions: $x_1=3,\ x_2=\frac{4}{5}$

b) Per suprimir els denominadors de l'equació multipliquem ambdós membres per $4(x^2-5x)=4x(x-5)$.

$$4(2x-3)+4(x+4)(x-5)=3(x^2-5x) \rightarrow$$

$$\rightarrow x^2+19x-92=0 \rightarrow$$

$$\rightarrow x=\frac{-19\pm\sqrt{361+368}}{2}=\frac{-19\pm 27}{2}=\begin{cases}-23\\ 4\end{cases}$$

Comprovades les solucions sobre l'equació inicial, es veu que ambdues són vàlides.

Solucions: $x_1=-23,\ x_2=4$

Fes-ho tu.

$$\frac{1}{x}+\frac{1}{x-2}=\frac{4}{3}$$

Exercicis proposats

16 Resol les equacions següents:

a) $\frac{1}{x}+\frac{1}{x+3}=\frac{3}{10}$

b) $\frac{4}{x}+\frac{2(x+1)}{3(x-2)}=4$

c) $\frac{1}{x}+\frac{1}{x^2}=\frac{3}{4}$

17 Resol:

a) $\frac{x}{x-1}+\frac{2x}{x+1}=3$

b) $\frac{5}{x+2}+\frac{x}{x+3}=\frac{3}{2}$

c) $\frac{x+3}{x-1}-\frac{x^2+1}{x^2-1}=\frac{26}{35}$

Equacions exponencials

Són aquelles en què la incògnita és a l'exponent.

Per exemple:

a) $3^{1-x^2} = \frac{1}{27}$

b) $5^{x^2-5x+6} = 1$

c) $2^x + 2^{x+1} = 12$

Per resoldre equacions del tipus a) i b), s'ha d'expressar el segon membre com una potència de la mateixa base que el primer ($1/27 = 3^{-3}$, $1 = 5^0$). En el cas c), hauràs de fer un canvi de variable.

Exercici resolt

1 *Resol les equacions següents:*

a) $3^{1-x^2} = \frac{1}{27}$

b) $5^{x^2-5x+6} = 1$

c) $2^x + 2^{x+1} = 12$

a) Expressem $\frac{1}{27}$ com a potència de base 3: $\frac{1}{27} = \frac{1}{3^3} = 3^{-3}$

$$3^{1-x^2} = \frac{1}{27} \rightarrow 3^{1-x^2} = 3^{-3} \rightarrow 1 - x^2 = -3 \rightarrow x^2 = 4 \rightarrow x = \pm 2$$

Solucions: $x_1 = -2$, $x_2 = 2$

b) Expressem el segon membre com a potència de base 5: $1 = 5^0$

$$5^{x^2-5x+6} = 5^0 \rightarrow x^2 - 5x + 6 = 0 \rightarrow x = \frac{5 \pm \sqrt{25-24}}{2} = \begin{cases} 2 \\ 3 \end{cases}$$

Solucions: $x_1 = 2$, $x_2 = 3$

c) $2^x + 2^{x+1} = 12$. Fem el següent canvi de variable:

$2^x = y$. Per tant, $2^{x+1} = 2^x \cdot 2 = 2y$.

$$y + 2y = 12 \rightarrow 3y = 12 \rightarrow y = 4 \rightarrow 2^x = 4 \rightarrow x = 2$$

Solució: $x = 2$

Fes-ho tu.

a) $5^{6-x^2} = \frac{1}{125}$ b) $7^{x^2+2x-15} = 1$ c) $3^x + 3^{x-1} = 36$

Exercicis proposats

18 Resol les equacions següents:

a) $2^{3x} = 0{,}5^{3x+2}$

b) $3^{4-x^2} = \frac{1}{9}$

c) $\frac{4^{x-1}}{2^{x+2}} = 186$

d) $7^{x+2} = 5\,764\,801$

19 Resol:

a) $3^x + 3^{x+2} = 30$

b) $5^{x+1} + 5^x + 5^{x-1} = \frac{31}{5}$

c) $\frac{5^{x^2+1}}{25^{x+2}} = 3\,125$

d) $5^{2x} = 0{,}2^{4x-6}$

Equacions logarítmiques

Són aquelles en què la incògnita es troba en una expressió afectada per un logaritme. Per exemple:

a) $log\,x + log\,50 = 3$ b) $5\,log_2\,(x+3) = log_2\,32$ c) $2\,log\,x = log\,(10-3x)$

Es resolen tenint en compte les propietats dels logaritmes.

Una vegada resoltes, **s'ha de comprovar la validesa de les solucions** sobre l'equació inicial, tenint en compte que només existeix el logaritme de nombres positius.

Exercici resolt

1 *Resol les equacions següents:*

a) $log\,x + log\,50 = 3$

b) $5\,log_2\,(x+3) = log_2\,32$

c) $2\,log\,x = log\,(10-3x)$

a) Tindrem en compte que:

- $log\,x + log\,50 = log\,(50x)$
- $3 = log\,1\,000$, perquè log significa log_{10}

$log\,50x = log\,1\,000 \rightarrow 50x = 1\,000 \rightarrow x = \frac{1000}{50} = 20$

b) Tindrem en compte que:

- $5\,log_2\,(x+3) = log_2\,(x+3)^5$ i que $32 = 2^5$.

$log_2\,(x+3)^5 = log_2\,2^5 \rightarrow (x+3)^5 = 2^5 \rightarrow x+3 = 2 \rightarrow x = -1$

c) Tindrem en compte que $2\,log\,x = log\,x^2$.

$log\,x^2 = log\,(10-3x) \rightarrow x^2 = 10-3x \rightarrow x^2 + 3x - 10 = 0$

Possibles solucions: $x_1 = 2$, $x_2 = -5$

La solució $x_2 = -5$ no és vàlida perquè en l'equació original apareix $log\,x$ i no es pot trobar el logaritme d'un nombre negatiu.

Per tant, la solució única és $x_1 = 2$.

(Si l'equació inicial fos $log\,x^2 = log\,(10-3x)$, serien vàlides les dues solucions).

Fes-ho tu. Resol:

a) $log\,x - log\,4 = 2$

b) $3\,log_5\,(x-1) = log_5\,125$

c) $2\,ln\,x = ln\,(2x+3)$

(Recorda: ln és logaritme neperià o logaritme en base e)

Exercicis proposats

20 Cert o fals?

a) En resoldre una equació amb algun radical quadràtic sempre hi apareix alguna arrel falsa.

b) 4 i –4 són solucions de l'equació $\sqrt{5+x} + \sqrt{5-x} = 4$.

c) 4 i –4 són solucions de l'equació $\sqrt{5+x} - \sqrt{5-x} = 2$.

21 Resol les equacions següents:

a) $x^4 - x^2 - 12 = 0$ b) $x^4 - 8x^2 - 9 = 0$

c) $x^4 + 10x^2 + 9 = 0$ d) $x^4 - x^2 - 2 = 0$

22 Resol les equacions següents:

a) $\frac{1}{x} + \frac{1}{x+3} = \frac{3}{10}$ b) $\frac{4}{x} + \frac{2(x+1)}{3(x-2)} = 4$

c) $\frac{1}{x} + \frac{1}{x^2} = \frac{3}{4}$ d) $\frac{x}{x-1} + \frac{2x}{x+1} = 3$

e) $\frac{5}{x+2} + \frac{x}{x+3} = \frac{3}{2}$ f) $\frac{x+3}{x-1} - \frac{x^2+1}{x^2-1} = \frac{26}{35}$

23 Resol:

a) $-\sqrt{2x-3} + 1 = x$ b) $\sqrt{2x-3} - \sqrt{x+7} = 4$

c) $2 + \sqrt{x} = x$ d) $2 - \sqrt{x} = x$

e) $\sqrt{3x+3} - 1 = \sqrt{8-2x}$ f) $\sqrt{5x+1} + 2 = \sqrt{26+2x}$

24 Resol:

a) $2^{3x} = 0{,}5^{3x+2}$ b) $3^{4-x^2} = \frac{1}{9}$

c) $\frac{4^{x+1}}{2^{x+2}} = 186$ d) $7^{x+2} = 5\,764\,801$

25 Resol les equacions següents:

a) $3^x + 3^{x+2} = 30$

b) $5^{x+1} + 5^x + 5^{x-1} = \frac{31}{5}$

c) $2\,log\,x - log\,(x+6) = 3\,log\,2$

d) $4\,log_2\,(x^2+1) = log_2\,625$

4 Resolució de sistemes d'equacions

Recorda que:

- Una **solució** d'una equació amb diverses incògnites és un conjunt de valors (un per a cada incògnita) que fan certa la igualtat. Per exemple, una solució de l'equació $x^2 + y - z = 12$ és $x = 2$, $y = 3$, $z = -5$ perquè $2^2 + 3 - (-5)$ és igual a 12.
- Les equacions amb més d'una incògnita solen tenir infinites solucions.
- Un **sistema d'equacions** és un conjunt d'equacions de les quals pretenem trobar-ne la solució comuna (o les solucions comunes); o bé, reconèixer que no tenen cap solució comuna (**incompatibles**).

  Per exemple, la solució del sistema d'equacions següent:

  $$\left.\begin{array}{l} x + y = 7 \\ 5x - 2y = -7 \end{array}\right\}$$ és $x = 1$, $y = 6$ perquè és solució de totes dues equacions.

- Per **resoldre un sistema d'equacions** hi ha diversos procediments que repassarem en els exemples que apareixen a continuació. Dominant aquests procediments i les tècniques per resoldre equacions (que hem repassat en pàgines anteriors) es pot afrontar amb solvència una amplíssima gamma de sistemes d'equacions.

Exercicis resolts

1 *Resol els sistemes d'equacions següents:*

a) $\begin{cases} 2x - y = 9 \\ \sqrt{x + y} + y = x \end{cases}$

b) $\begin{cases} 2 \log x - \log y = 5 \\ \log (xy) = 4 \end{cases}$

a) Resolguem-ho pel **mètode de substitució**.

Aïllem y en la 1a equació: $y = 2x - 9$.

Substituïm en la 2a:

$$\sqrt{x + 2x - 9} + 2x - 9 = x \rightarrow \sqrt{3x - 9} = 9 - x$$

Elevem al quadrat ambdós membres i resolem:

$$3x - 9 = (9 - x)^2 \rightarrow 3x - 9 = 81 + x^2 - 18x \rightarrow$$
$$\rightarrow x^2 - 21x + 90 = 0 \rightarrow x_1 = 6,\ x_2 = 15$$

Solucions: $\begin{cases} x_1 = 6,\ y_1 = 3 \\ \cancel{x_2 = 15,\ y_2 = 21} \end{cases}$

Comprovades sobre les equacions del sistema inicial, veiem que la primera solució és vàlida, però la segona no.

b) $\begin{cases} 2 \log x - \log y = 5 \\ \log (xy) = 4 \end{cases} \xrightarrow{\log (A \cdot B) = \log A + \log B} \left.\begin{array}{l} 2 \log x - \log y = 5 \\ \log x + \log y = 4 \end{array}\right\}$

Apliquem el **mètode de reducció**.

Sumem, membre a membre, les dues equacions:

$$\left.\begin{array}{l} 3 \log x = 9 \rightarrow \log x = 3 \\ \log y = 4 - \log x = 4 - 3 = 1 \end{array}\right\} \rightarrow \begin{array}{l} \log x = 3 \rightarrow x = 10^3 = 1000 \\ \log y = 1 \rightarrow y = 10^1 = 10 \end{array}$$

Solució: $x = 1000$, $y = 10$

Exercicis resolts

1 *Resol aquest sistema:*

$$\begin{cases} e = \frac{1}{4,8}t^2 \\ e = 20(t-18) \end{cases}$$

$$\begin{cases} e = \frac{1}{4,8}t^2 \\ e = 20(t-18) \end{cases}$$

Aquest sistema descriu els moviments de dos mòbils, un amb acceleració uniforme i un altre amb velocitat constant. La solució buscada és el lloc i el moment de trobada d'ambdós mòbils (e en metres i t en segons).

Ho resolem pel **mètode d'igualació:**

$$\frac{1}{4,8}t^2 = 20\,(t-18) \rightarrow t^2 = 4,8 \cdot 20\,(t-18) \rightarrow t^2 - 96t + 1\,728 = 0 \begin{cases} t_1 = 24 \\ t_2 = 72 \end{cases}$$

Solucions: $\begin{cases} t_1 = 24 \rightarrow e_1 = 120 \\ t_2 = 72 \rightarrow e_2 = 1080 \end{cases}$

Els dos mòbils coincideixen en dos moments: als 24 s estan tots dos a 120 m de la sortida, i als 72 s, a 1 080 m de la sortida.

2 *Resol el sistema següent:*

$$\begin{cases} y = x + 2 \\ \frac{1}{x} - \frac{x}{y} = 0 \end{cases}$$

Substituïm el valor de y de la 1a equació en la 2a: $\frac{1}{x} - \frac{x}{x+2} = 0$

Multipliquem per $x(x+2)$:

$$(x+2) - x \cdot x = 0 \rightarrow x^2 - x - 2 = 0 \rightarrow x_1 = -1,\ x_2 = 2$$

Solucions: $\begin{cases} x_1 = -1 \rightarrow y_1 = 1 \\ x_2 = 2 \rightarrow y_2 = 4 \end{cases}$

Comprovant en el sistema inicial, veiem que totes dues solucions són vàlides.

3 *Resol aquest sistema:*

$$\begin{cases} \log(x+y) - \log(x-y) = \log 5 \\ 2^x = 4 \cdot 2^y \end{cases}$$

Transformarem les equacions perquè desapareguin els logaritmes i les potències.

1a equació: $\log \frac{x+y}{x-y} = \log 5 \rightarrow \frac{x+y}{x-y} = 5 \rightarrow x + y = 5x - 5y \rightarrow$

$\rightarrow 4x = 6y \rightarrow 2x = 3y$

2a equació: $2^x = 2^2 \cdot 2^y \rightarrow 2^x = 2^{2+y} \rightarrow x = 2 + y$

El sistema queda així: $\begin{cases} 2x = 3y \\ x = 2 + y \end{cases}$

Substituïm la 2a en la 1a: $2(2+y) = 3y \rightarrow y = 4 \rightarrow x = 6$

Solució: $x = 6,\ y = 4$

Exercicis proposats

26 Cert o fals?

a) El sistema $\begin{cases} x + y = 5 \\ x - y = 3 \end{cases}$ té dues solucions: $x = 4,\ y = 1$

b) El sistema $\begin{cases} x^2 + y^2 = 5 \\ x^2 - y^2 = 3 \end{cases}$ només té dues solucions:

$[x_1 = 2,\ y_1 = 1]$ i $[x_2 = -2,\ y_2 = -1]$

c) El sistema $\begin{cases} x^2 + y^2 = 5 \\ x^2 - y^2 = 3 \end{cases}$ té quatre solucions:

$[x_1 = 2,\ y_1 = 1]$; $[x_2 = 2,\ y_2 = -1]$;
$[x_3 = -2,\ y_3 = 1]$; $[x_4 = -2,\ y_4 = -1]$

27 Resol aquests sistemes d'equacions:

a) $\begin{cases} 2x - y - 1 = 0 \\ x^2 - 7 = y + 2 \end{cases}$

b) $\begin{cases} \frac{1}{x} + \frac{1}{y} = 1 - \frac{1}{xy} \\ xy = 6 \end{cases}$

c) $\begin{cases} x = 2y + 1 \\ \sqrt{x+y} - \sqrt{x-y} = 2 \end{cases}$

d) $\begin{cases} y^2 - x^2 = 16 \\ \sqrt{5 - 4y} - x = -(x+y) \end{cases}$

28 Resol:

a) $\begin{cases} x^2 + xy + y^2 = 21 \\ x + y = 1 \end{cases}$

b) $\begin{cases} \log(x^2 + y) - \log(x - 2y) = 1 \\ 5^{x+1} = 25^{y+1} \end{cases}$

c) $\begin{cases} x - y = 27 \\ \log x - 1 = \log y \end{cases}$

d) $\begin{cases} \log(2x - y^2) = \log(2 - y) + 1 \\ 3^{x-1} = 27^{y+3} \end{cases}$

6 Mètode de Gauss per a sistemes lineals

Per als sistemes lineals de més de dues equacions i dues incògnites hi ha una interessant generalització del mètode de reducció. Vegem-ho per a sistemes de tres equacions amb tres incògnites.

Sistemes lineals

Les equacions polinòmiques de primer grau s'anomenen *lineals*. En aquestes, les incògnites no estan elevades a cap exponent, ni multiplicades entre si, ni sota radicals, ni en el denominador.

Un sistema format per equacions lineals es denomina *sistema lineal*.

Sistemes escalonats

Observa com resolem els sistemes d'equacions següents:

a) $$\begin{cases} 3x - 5y - 10z = -15 \\ 2y + 5z = 4 \\ 3z = -6 \end{cases}$$

La resolució es realitza de manera molt senzilla:

3a equació: $z = -\dfrac{6}{3} = -2$

2a equació: $2y + 5 \cdot (-2) = 4 \rightarrow 2y = 14 \rightarrow y = \dfrac{14}{2} = 7$

1a equació: $3x - 5 \cdot 7 - 10(-2) = -15 \rightarrow 3x = 0 \rightarrow x = 0$

El procés per arribar a la solució $x = 0$, $y = 7$, $z = -2$ ha sigut molt senzill per la *forma escalonada* del sistema: cada equació té una incògnita menys que l'anterior.

b) $$\begin{cases} y - 2z = -4 \\ 4y = 24 \\ x - 2y + z = -5 \end{cases}$$

Encara que la seva fisonomia sigui menys clara, aquest altre sistema també és *escalonat* i, per tant, la seva resolució resulta igualment senzilla.

2a equació: $y = \dfrac{24}{4} = 6$

1a equació: $6 - 2z = -4 \rightarrow -2z = -4 - 6 = -10 \rightarrow z = 5$

3a equació: $x - 2 \cdot 6 + 5 = -5 \rightarrow x = -5 + 12 - 5 = 2$

Solució: $x = 2$, $y = 6$, $z = 5$

Un **sistema** de tres equacions amb tres incògnites s'anomena **escalonat** si en una de les equacions solament apareix una incògnita i en una altra de les equacions falta alguna de les altres dues incògnites.

D'ara endavant intentarem transformar qualsevol sistema lineal en un altre d'equivalent escalonat, perquè aquests són molt senzills de resoldre.

Exercicis proposats

29 Reconeix com a escalonats i resol:

a) $\begin{cases} x = 7 \\ 2x - 3y = 8 \\ 3x + y - z = 12 \end{cases}$ b) $\begin{cases} 3x + 4y = 0 \\ 2y = -6 \\ 5x + y - z = 17 \end{cases}$

c) $\begin{cases} 3x = -3 \\ 5y = 20 \\ 2x + y - z = -2 \end{cases}$ d) $\begin{cases} y = 4 \\ x - z = 11 \\ y - z = 7 \end{cases}$

30 Resol els sistemes escalonats següents:

a) $\begin{cases} y = -5 \\ 2z = 8 \\ 3x = 3 \end{cases}$ b) $\begin{cases} x + 2y - z = -3 \\ 3x + y = -5 \\ 5y = -10 \end{cases}$

c) $\begin{cases} x - 5y + 3z = 8 \\ 3y - z = 5 \\ 4z = 4 \end{cases}$ d) $\begin{cases} 4x + y - z = 7 \\ 2y = 8 \\ 3x = 9 \end{cases}$

Mètode de Gauss

Acabem de veure que els sistemes escalonats són molt senzills de resoldre. El mètode de Gauss consisteix a transformar un sistema d'equacions lineals qualsevol en un sistema escalonat. Vegem-ho amb uns exemples:

Aclariments I

* Per suprimir la x de les equacions segona i tercera.

** Per suprimir la y de la segona equació.

I. $\begin{cases} x - 3y + 4z = 21 \\ 3x + y - z = -18 \\ 2x - y + 3z = 12 \end{cases} \xrightarrow{*}$ (1a); (2a) – 3 · (1a); (3a) – 2 · (1a) $\begin{cases} x - 3y + 4z = 21 \\ 10y - 13z = -81 \\ 5y - 5z = -30 \end{cases} \to$

$\xrightarrow{**}$ (1a); (2a) – 2 · (3a); (3a) : 5 $\begin{cases} x - 3y + 4z = 21 \\ -3z = -21 \\ y - z = -6 \end{cases}$

2a equació $\to z = 7$
3a equació $\to y = 1$ *Solució:* $x = -4,\ y = 1,\ z = 7$
1a equació $\to x = -4$

Aclariments II

* Ja que la segona equació no té y, la suprimim també de la primera.

** És més fàcil eliminar la z que la x pel fet que en la segona equació el coeficient de la z és –1.

II. $\begin{cases} x - 2y + z = 3 \\ 2x - z = 9 \\ 3x + y - 2z = 13 \end{cases} \xrightarrow{*}$ (1a) + 2 · (3a); (2a); (3a) $\begin{cases} 7x - 3z = 29 \\ 2x - z = 9 \\ 3x + y - 2z = 13 \end{cases} \to$

$\xrightarrow{**}$ (1a) – 3 · (2a); (2a); (3a) $\begin{cases} x = 2 \\ 2x - z = 9 \\ 3x + y - 2z = 13 \end{cases}$

1a equació $\to x = 2$
2a equació $\to z = -5$ *Solució:* $x = 2,\ y = -3,\ z = -5$
3a equació $\to y = -3$

Aclariments III

* Per suprimir la z de les equacions primera i segona.

** Per fer més petits els coeficients de la segona equació.

*** Per suprimir la y de la primera equació.

III. $\begin{cases} 5x + 2y - 3z = -1 \\ 2x + 3y - 4z = -6 \\ 6x - 4y + z = 8 \end{cases} \xrightarrow{*}$ (1a) + 3 · (3a); (2a) + 4 · (3a); (3a) $\begin{cases} 23x - 10y = 23 \\ 26x - 13y = 26 \\ 6x - 4y + z = 8 \end{cases} \to$

$\xrightarrow{**}$ (1a); (2a) : 13; (3a) $\begin{cases} 23x - 10y = 23 \\ 2x - y = 2 \\ 6x - 4y + z = 8 \end{cases} \xrightarrow{***}$ (1a) – 10 · (2a); (2a); (3a) $\begin{cases} 3x = 3 \\ 2x - y = 2 \\ 6x - 4y + z = 8 \end{cases}$

1a equació $\to x = 1$
2a equació $\to y = 0$ *Solució:* $x = 1,\ y = 0,\ z = 2$
3a equació $\to z = 2$

Exercicis proposats

31 Resol pel mètode de Gauss:

a) $\begin{cases} x + y + z = 2 \\ x - y + z = 6 \\ x - y - z = 0 \end{cases}$ b) $\begin{cases} 2x + 3y = 14 \\ x - 2y + z = -3 \\ 2x - y - z = 9 \end{cases}$

32 Resol:

a) $\begin{cases} 5x - 4y + 3z = 9 \\ 2x + y - 2z = 1 \\ 4x + 3y + 4z = 1 \end{cases}$ b) $\begin{cases} 2x - 5y + 4z = -1 \\ 4x - 5y + 4z = 3 \\ 5x - 3z = 13 \end{cases}$

Sistemes incompatibles (sense solució)

Si un sistema d'equacions és incompatible (no té solució), com evoluciona en intentar resoldre'l pel mètode de Gauss? Com reconeixerem, finalment, que és incompatible? Vegem-ho:

IV. $\begin{cases} 3x + 2y - 2z = 4 \\ 4x + y - z = 7 \\ x + 4y - 4z = 0 \end{cases} \xrightarrow{*}$ $\begin{matrix} (1a) - 2 \cdot (2a) \\ (2a) \\ (3a) - 4 \cdot (2a) \end{matrix}$ $\begin{cases} 5x + 2y - 3z = -1 \\ 2x + 3y - 4z = -6 \\ 6x - 4y + z = 8 \end{cases} \to$

$\to$ $\begin{matrix} (1a) : (-5) \\ (2a) \\ (3a) - 3 \cdot (1a) \end{matrix}$ $\begin{cases} x = 2 \\ 4x + y - z = 7 \\ 0x = 2 \end{cases}$ La tercera equació és un absurd, impossible per a qualsevol valor de x.

Arribem a un absurd. Per tant, el sistema no té solució. És incompatible.

Si en aplicar el mètode de Gauss arribem a una equació del tipus $0x + 0y + 0z = k$ $(k \neq 0)$, aleshores el sistema és **incompatible**.

Aclariments IV

* Per suprimir la y de les equacions primera i tercera.

Ens trobem amb un regal inesperat: també desapareix la z.

Nomenclatura

Seria més correcte dir que *les equacions que formen el sistema són incompatibles.*

No obstant això, s'abreuja dient que *el sistema és incompatible.*

Sistemes indeterminats (amb infinites solucions)

Hi ha sistemes en què sobra una equació, perquè no diu res que no es pugui deduir de les altres. Aprendrem a reconèixer-los:

V. $\begin{cases} 3x + 2y - 2z = 4 \\ 4x + y - z = 7 \\ x + 4y - 4z = -2 \end{cases} \to$ $\begin{matrix} (1a) - 2 \cdot (2a) \\ (2a) \\ (3a) - 4 \cdot (2a) \end{matrix}$ $\begin{cases} -5x = -10 \\ 4x + y - z = 7 \\ -15x = -30 \end{cases} \to$

$\to$ $\begin{matrix} (1a) : (-5) \\ (2a) \\ (3a) - 3 \cdot (1a) \end{matrix}$ $\begin{cases} x = 2 \\ 4x + y - z = 7 \\ 0x = 0 \end{cases}$ La tercera equació no aporta res. La suprimim i ens quedem amb les altres dues:

$$\begin{cases} x = 2 \\ 4x + y - z = 7 \end{cases} \to 8 + y - z = 7 \to y = z - 1 \to \begin{cases} x = 2 \\ y = z - 1 \end{cases}$$

Per a cada valor de z hi ha una solució.

Per exemple, per a $z = 5 \to x = 2,\ y = 4,\ z = 5$

Si en aplicar el mètode de Gauss arribem a una equació del tipus $0x + 0y + 0z = 0$, se suprimeix. Si queden menys equacions que incògnites, el sistema té infinites solucions; llavors s'anomena sistema **indeterminat**.

Un sistema lineal pot ser...

- Compatible: amb solució.
  - — Determinat: amb solució única.
  - — Indeterminat: amb infinites solucions.
- Incompatible: sense solució.

Exercicis proposats

33 Intenta resoldre pel mètode de Gauss:

a) $\begin{cases} x + y + z = -2 \\ x - 2y - z = 3 \\ 2x - y = 0 \end{cases}$ b) $\begin{cases} x + y + z = -2 \\ x - 2y - z = 3 \\ 2x - y = 1 \end{cases}$

34 Resol:

a) $\begin{cases} x + z = 3 \\ 2x - y + 4z = 8 \\ x + y - z = 2 \end{cases}$ b) $\begin{cases} x + z = 3 \\ 2x - y + 4z = 8 \\ x + y - z = 1 \end{cases}$

7 Inequacions i sistemes amb una incògnita

Una inequació és una desigualtat entre expressions algebraiques. Observa aquestes tres inequacions i el sistema d'inequacions:

a) $2x + 1 < 7$ b) $x^2 - 5x + 4 \leq 0$ c) $\sqrt{x+3} \geq 5$ d) $\begin{cases} 3x - 9 < 0 \\ 2x + 4 \geq 0 \end{cases}$

Com veus, es tracta de desigualtats en les quals s'usen els signes $<$, $\leq$, $>$ o $\geq$.

La **solució d'una inequació** és un valor de x amb el qual es compleix la desigualtat.

Per exemple: 22, 50, 1 000 són algunes solucions de la inequació c).

La **solució d'un sistema d'inequacions** és una solució comuna a totes les inequacions que el formen. Per exemple, $x = 0$ és solució del sistema d), perquè és solució de les dues inequacions.

Resoldre una inequació o un sistema d'inequacions consisteix a trobar-ne *totes* les solucions. Habitualment, en tenen d'infinites, que s'agrupen en intervals de $\mathbb{R}$.

Inequacions lineals amb una incògnita

Per resoldre una **inequació lineal** amb una incògnita, es procedeix de manera semblant a com es fa amb les equacions, però tenint en compte les desigualtats. Les solucions són tots els punts d'un interval infinit.

Les solucions d'un **sistema d'inequacions lineals** amb una incògnita poden formar un interval, finit o infinit, o poden no existir.

Exercicis resolts

1 *Resol* $-2x + 1 < 7$.

En la inequació $-2x + 1 < 7$, restem 1 de cada membre: $-2x < 6$

En dividir entre –2, canvia la desigualtat:

$$-2x < 6 \rightarrow x > -3$$

Solucions: $\{x \mid x > -3\} = (-3, +\infty)$

Gràficament s'interpreta així: per a valors de x majors que –3, la recta $y = -2x + 1$ va per sota de $y = 7$; és a dir, $-2x + 1 < 7$.

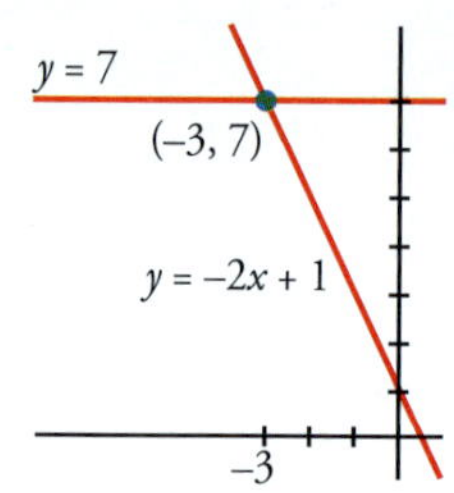

2 *Resol:*

$\begin{cases} 3x - 9 < 0 \\ 2x + 4 \geq 0 \end{cases}$

Resolem cada equació per separat:

$$\begin{cases} 3x - 9 < 0 \\ 2x + 4 \geq 0 \end{cases} \rightarrow \begin{cases} 3x < 9 \\ 2x \geq -4 \end{cases} \rightarrow \begin{cases} x < 3 \\ x \geq -2 \end{cases}$$

Les *solucions* del sistema són les comunes a les dues inequacions:

$$\{x \mid x < 3 \ \text{ i } \ x \geq -2\} = \{x \mid -2 \leq x < 3\} = [-2, 3)$$

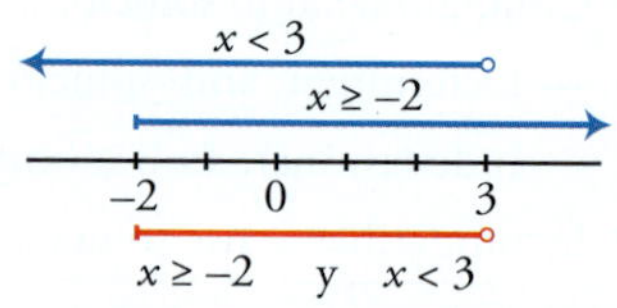

Exercicis proposats

35 Resol aquestes inequacions:

a) $3x - 2 \leq 10$ b) $x - 2 > 1$

c) $2x + 5 \geq 6$ d) $3x + 1 \leq 15$

36 Resol aquests sistemes d'inequacions:

a) $\begin{cases} 3x - 2 \leq 10 \\ x - 2 > 1 \end{cases}$ b) $\begin{cases} 2x + 5 \geq 6 \\ 3x + 1 \leq 15 \end{cases}$

Inequacions quadràtiques amb una incògnita

Les solucions de les inequacions $ax^2 + bx + c < 0$ (o bé ≤ 0) i $ax^2 + bx + c > 0$ (o bé ≥ 0) depenen de la posició de la paràbola $y = ax^2 + bx + c$ respecte a l'eix X i que el signe sigui $<$, $\leq$, $>$ o $\geq$.

Exercicis resolts

1 *Resol les inequacions:*

a) $x^2 - 5x + 4 \leq 0$

b) $x^2 - 5x + 4 < 0$

c) $x^2 - 5x + 4 \geq 0$

d) $x^2 - 5x + 4 > 0$

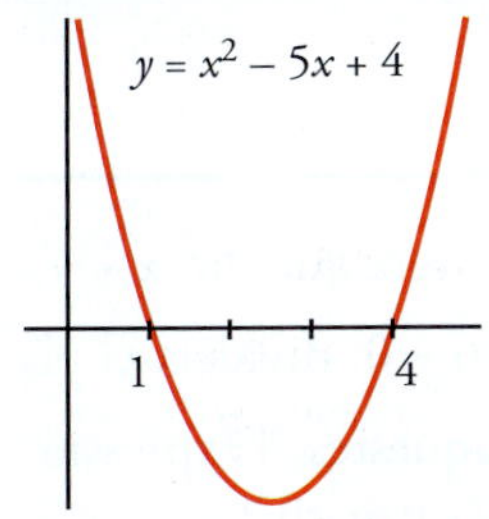

La representació gràfica de la paràbola $y = x^2 - 5x + 4$ ens ajuda a interpretar les quatre desigualtats i, per tant, a resoldre les quatre inequacions.

La paràbola $y = x^2 - 5x + 4$ talla l'eix X en 1 i en 4.

En l'interval $[1, 4]$ pren valors negatius o nuls.
Per tant:

- Les *solucions* de la inequació a) són els punts de l'interval $[1, 4]$.
- Les *solucions* de b) són els punts de l'interval $(1, 4)$.

Les solucions de c) i d) són els valors de x per als quals la paràbola està a sobre de l'eix X. Per tant:

- *Solucions* de c): $(-\infty, 1] \cup [4, +\infty)$.
- *Solucions* de d): $(-\infty, 1) \cup (4, +\infty)$.

2 *Resol les inequacions:*

a) $x^2 - 5x + 7 \leq 0$

b) $x^2 - 5x + 7 \geq 0$

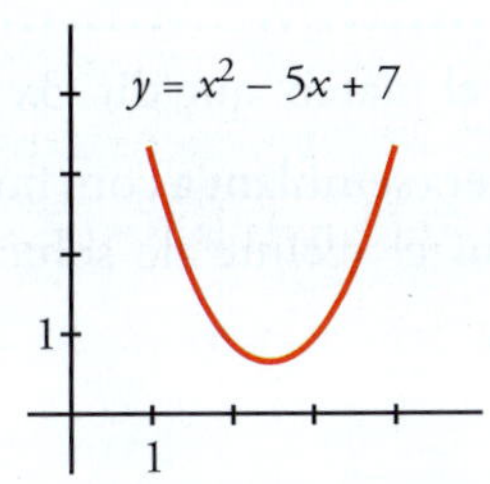

La paràbola queda tota per sobre de l'eix X.

Per tant, la inequació a) no té solució, i qualsevol nombre real és solució de la inequació b).

3 *Resol el sistema:*

$$\begin{cases} x^2 - 5x + 4 \leq 0 \\ 3x - 9 < 0 \end{cases}$$

Resolem per separat cada inequació:

Solucions de la primera inequació: $[1, 4]$ (vegeu Exercicis resolts 1)

Solucions de la segona inequació: $(-\infty, 3)$

Ens quedem amb les solucions comunes:

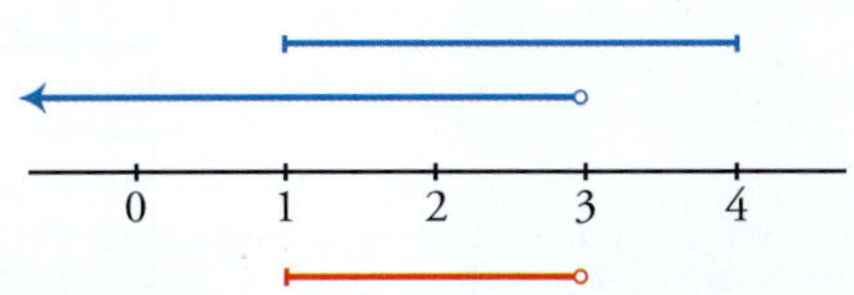

Solucions comunes: $[1, 3)$

Exercicis proposats

37 Resol les inequacions següents:

a) $x^2 - 3x - 4 < 0$ b) $x^2 - 3x - 4 \geq 0$

c) $x^2 + 7 < 0$ d) $x^2 - 4 \leq 0$

38 Resol els sistemes d'inequacions següents:

a) $\begin{cases} x^2 - 3x - 4 \geq 0 \\ 2x - 7 > 5 \end{cases}$ b) $\begin{cases} x^2 - 4 \leq 0 \\ x - 4 > 1 \end{cases}$

8 Inequacions lineals amb dues incògnites

Una inequació lineal amb dues incògnites adopta una d'aquestes formes:

$$ax + by + c < 0 \qquad \text{o} \qquad ax + by + c > 0$$

En compte dels signes $<$ o $>$, poden tenir $\leq$ o $\geq$.

En cada una d'aquestes, *el conjunt de solucions és el semiplà que hi ha a un dels costats de la recta* $ax + by + c = 0$. Quan en la desigualtat està inclòs l'«igual» ($\leq$ o $\geq$), els punts de la recta són també solucions. Per expressar gràficament si la recta és solució o no, es dibuixa amb traç continu o discontinu, respectivament.

Exercicis resolts

1 *Resol la inequació següent:*

$x + y \leq 6$

$x + y \leq 6$ és el mateix que dir $x + y - 6 \leq 0$.

La recta $x + y - 6 = 0$ divideix el pla en dues meitats.

En cada una d'aquestes, l'expressió $x + y - 6$ pren un signe. En quina és negatiu?

Per esbrinar-ho, prenem un punt qualsevol; per exemple, el (0, 0). En aquest,

$$0 + 0 - 6 < 0$$

es compleix la desigualtat en el sentit buscat.

Per tant, les solucions de la inequació $x + y - 6 \leq 0$ són tots els punts de la regió senyalada en vermell, inclosa la recta.

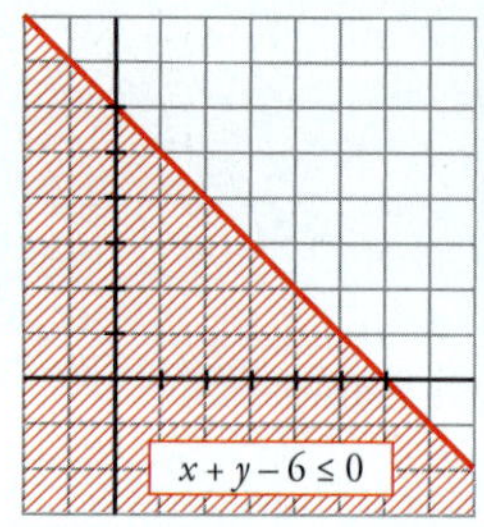

2 *Resol la inequació següent:*

$3x - 2y \geq -6$

$3x - 2y \geq -6$ és el mateix que dir $3x - 2y + 6 \geq 0$.

Raonant de manera semblant a com ho vam fer en l'exercici anterior, obtenim el recinte de solucions d'aquesta altra inequació.

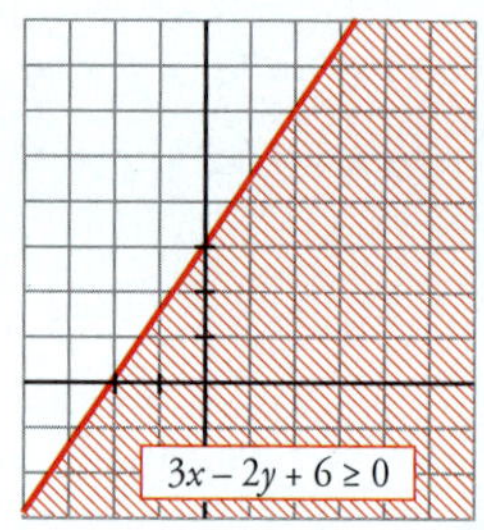

3 *Resol les inequacions següents:*

a) $x > 0$

b) $y < 4$

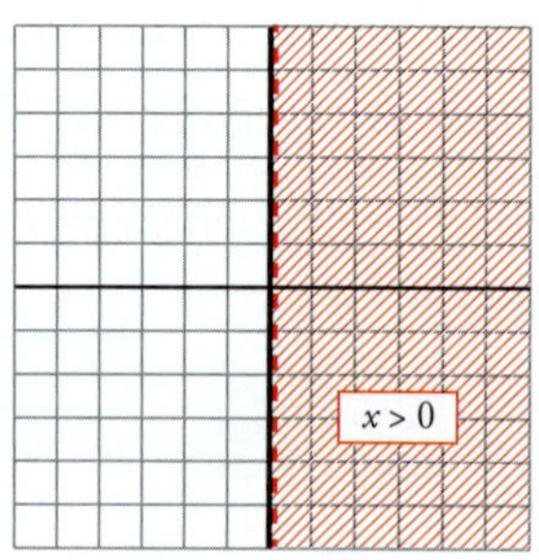

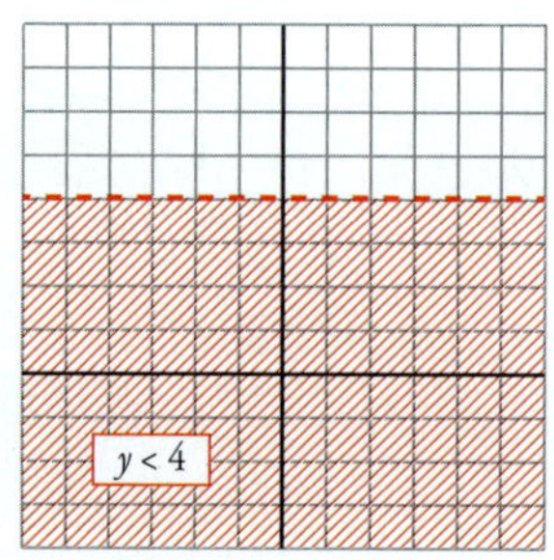

L'eix Y no pertany al conjunt de solucions, perquè és $x = 0$.

Exercicis proposats

39 Resol:

a) $3x + 2y \geq 6$ b) $x - y + 1 \geq 0$

40 Resol:

a) $x \leq -2$ b) $y > 1$

Sistemes d'inequacions lineals amb dues incògnites

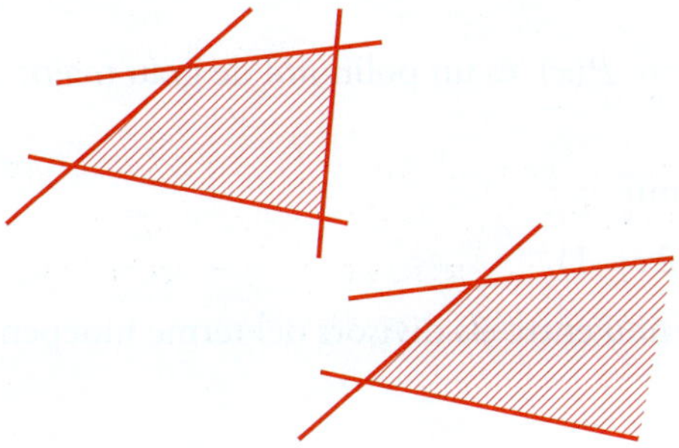

Diverses inequacions formen un sistema quan es busquen solucions comunes a totes aquestes.

Com que el conjunt de solucions d'una inequació de primer grau amb dues incògnites és un semiplà, el conjunt de solucions d'un sistema d'inequacions d'aquest tipus és la intersecció de diversos semiplans, és a dir, un **recinte poligonal** o bé un **recinte obert**.

És possible que els semiplans no tinguin cap punt en comú. En tal cas, el sistema no té solució i es diu que és incompatible.

Exercici resolt

1 *Resol els sistemes d'inequacions següents:*

a) $\begin{cases} x + y \le 6 \\ 3x - 2y \ge -6 \end{cases}$

b) $\begin{cases} x + y > 9 \\ -2x + 3y \le 12 \end{cases}$

a) Totes dues inequacions s'han resolt en la pàgina anterior. La solució d'aquest sistema és la intersecció dels dos semiplans que són les solucions d'ambdues inequacions. (És a dir, les solucions del sistema són tots els punts d'aquest recinte).

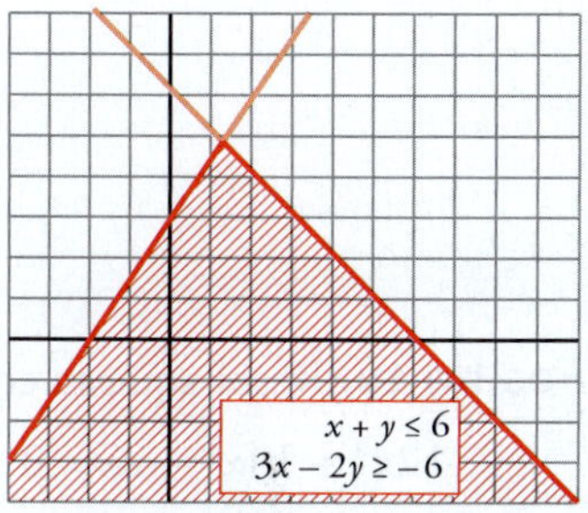

b) Resolem cada una de les inequacions:

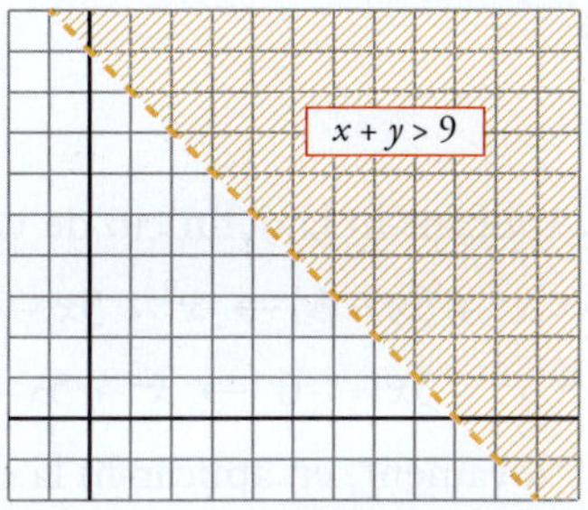

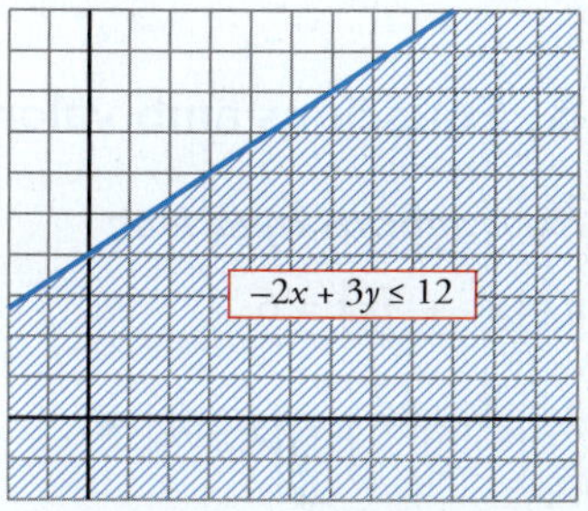

La solució és el recinte intersecció d'ambdues. Es pot obtenir representant directament les dues rectes sobre els mateixos eixos i assenyalant en cada una d'aquestes el semiplà corresponent a la desigualtat indicada. El recinte solució s'obté tenint en compte la part comuna dels diferents semiplans.

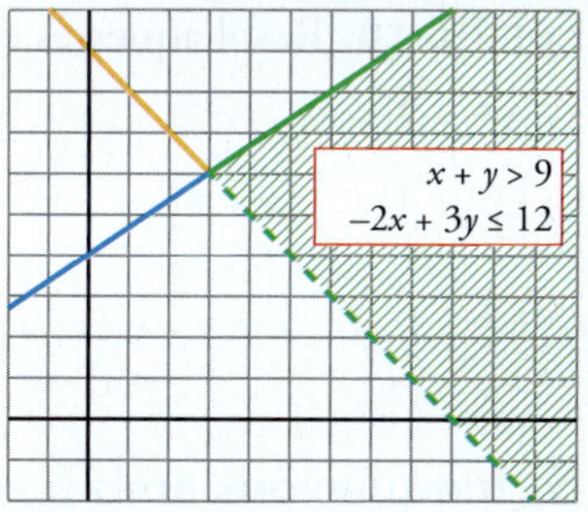

Exercicis proposats

41 Resol els sistemes d'inequacions següents:

a) $\begin{cases} 3x + 2y \ge 6 \\ x - y + 1 \ge 0 \end{cases}$

b) $\begin{cases} x + y > 9 \\ -2x + 3y \ge 12 \end{cases}$

c) $\begin{cases} x \ge 3 \\ y \le 2 \end{cases}$

d) $\begin{cases} x + y \ge 11 \\ -x + 2y \ge 10 \\ y \le 9 \end{cases}$

e) $\begin{cases} x + y \le 11 \\ -x + 2y \ge 10 \\ y < 9 \end{cases}$

f) $\begin{cases} x + y < 11 \\ -x + 2y \le 10 \\ y \ge 9 \end{cases}$

g) $\begin{cases} 2x - 3y \le -3 \\ x + y \le 11 \\ x \ge 2 \end{cases}$

h) $\begin{cases} 2x - 3y > -3 \\ x + y > 11 \\ x \le 2 \end{cases}$

Exercicis i problemes resolts

1. Equacions polinòmiques de grau tres o superior

Resol l'equació següent:

$$6x^4 + 5x^3 - 2x^2 - x = 0$$

Per resoldre equacions del tipus $P(x) = 0$, on $P(x)$ és un polinomi de grau major o igual que 3, factoritzem el polinomi $P(x)$.

Comencem, si és possible, traient factor comú x.

$$6x^4 + 5x^3 - 2x^2 - x = x(6x^3 + 5x^2 - 2x - 1)$$

Busquem ara les arrels enteres del polinomi nou entre els divisors del terme independent i factoritzem.

	6	5	−2	−1
−1		−6	1	1
	6	−1	−1	0

$$6x^3 + 5x^2 - 2x - 1 = (x + 1)(6x^2 - x - 1)$$

Com que no hi ha més arrels enteres, per descompondre el polinomi de segon grau resolem l'equació associada.

$$6x^2 - x - 1 = 0 \rightarrow x = \frac{1}{2},\ x = -\frac{1}{3} \rightarrow 6x^2 - x - 1 = 6\left(x - \frac{1}{2}\right)\left(x + \frac{1}{3}\right)$$

L'equació inicial és equivalent a: $6x(x + 1)\left(x - \frac{1}{2}\right)\left(x + \frac{1}{3}\right) = 0$

Solucions: $x_1 = 0,\ x_2 = -1,\ x_3 = 1/2,\ x_4 = -1/3$

Fes-ho tu. Resol aquesta equació:

$$12x^4 + 14x^3 - 2x = 0$$

2. Equacions amb valors absoluts

Resol aquestes equacions:

a) $|x^2 + 5x| = 6$

b) $\left|\frac{x-12}{3}\right| = |x - 4|$

a) Aplicant-hi la definició de valor absolut, sorgeixen dues equacions, que resolem:

- $x^2 + 5x = 6 \rightarrow x^2 + 5x - 6 = 0 \rightarrow x_1 = 1;\ x_2 = -6$
- $x^2 + 5x = -6 \rightarrow x^2 + 5x + 6 = 0 \rightarrow x_3 = -2;\ x_4 = -3$

b) Novament, en aplicar-hi la definició de valor absolut, obtenim dues equacions:

- $\frac{x-12}{3} = x - 4 \rightarrow x - 12 = 3x - 12 \rightarrow x_1 = 0$
- $\frac{x-12}{3} = -x + 4 \rightarrow x - 12 = -3x + 12 \rightarrow x_2 = 6$

Fes-ho tu. Resol aquestes equacions:

a) $|x^2 - 2| = 2$

b) $|3x + 1| = |2x + 4|$

3. Inequacions amb fraccions algebraiques

Resol aquesta inequació:

$$\frac{x}{x+1} \leq 0$$

Perquè la fracció sigui negativa, numerador i denominador han de tenir un signe diferent. Calculem les arrels d'ambdós polinomis. Aquestes determinen els intervals en què s'ha d'estudiar el signe de la fracció:

$x = 0;\ x + 1 = 0 \rightarrow x = -1$

	$(-\infty, -1)$	$(-1, 0)$	$(0, +\infty)$
x	−	−	+
$x+1$	−	+	+
$\frac{x}{x+1}$	+	−	+

A més de l'interval $(-1, 0)$, incloem $x = 0$ que anul·len la fracció.

La solució és: $(-1, 0]$.

Fes-ho tu. Resol aquesta inequació:

$$\frac{x-1}{x} \leq 0$$

4. Equacions tipus $ax^{2n} + bx^n + c = 0$

Resol:

$$x^6 - 7x^3 - 8 = 0$$

Fes-ho tu. Resol aquesta equació:

$$x^8 - 15x^4 - 16 = 0$$

Anàlisi del problema

Una equació del tipus $\mathbf{ax^{2n} + bx^n + c = 0}$ *suposa una generalització de les equacions biquadrades i es resol amb el canvi de variable:* $\mathbf{y = x^n}$

En el nostre cas, el canvi de variable és $y = x^3$, i l'equació queda $y^2 - 7y - 8 = 0$.

$$y = \frac{7 \pm \sqrt{7^2 - 4 \cdot (-8)}}{2} = \frac{7 \pm 9}{2} \begin{cases} y = -1 \rightarrow -1 = x^3 \rightarrow x_1 = -1 \\ y = 8 \rightarrow 8 = x^3 \rightarrow x_2 = 2 \end{cases}$$

5. Equacions exponencials

Resol aquestes equacions:

a) $(0,5)^{x+1} = \dfrac{1}{4}$

b) $2^x \cdot 3^{x+1} = 6$

c) $2^{2x} - 2^{x+2} + 4 = 0$

a) Ambdós membres de l'equació es poden expressar com a potències de base 2:

$$(0,5)^{x+1} = \frac{1}{4} \rightarrow \left(\frac{1}{2}\right)^{x+1} = \frac{1}{2^2} \rightarrow 2^{-x-1} = 2^{-2}$$

N'igualem els exponents i resolem l'equació obtinguda: $-x - 1 = -2 \rightarrow x = 1$

b) Obtenim una expressió de la forma $a^x = b$. Per tant, $x = log_a\, b$.

$$2^x \cdot 3^{x+1} = 6 \rightarrow 2^x \cdot 3 \cdot 3^x = 6 \rightarrow 3 \cdot 6^x = 6 \rightarrow 6^x = 2 \rightarrow x = log_6\, 2 = \frac{log\, 2}{log\, 6}$$

Un altre mètode: Prenem logaritmes en ambdós membres de l'equació, hi apliquem les propietats dels logaritmes i aïllem x:

$$2^x \cdot 3^{x+1} = 6 \rightarrow log(2^x \cdot 3^{x+1}) = log\, 6 \rightarrow log\, 2^x + log\, 3^{x+1} = log\, 6 \rightarrow$$

$$\rightarrow x \cdot log\, 2 + (x+1) \cdot log\, 3 = log\, 6 \rightarrow x \cdot log\, 2 + x \cdot log\, 3 = log\, 6 - log\, 3 \rightarrow$$

$$\rightarrow x(log\, 2 + log\, 3) = log\, 2 \rightarrow x = \frac{log\, 2}{log\, 6}$$

c) Expressem totes les potències en funció de 2^x:

$$2^{2x} - 2^{x+2} + 4 = 0 \rightarrow (2^x)^2 - 2^2 \cdot 2^x + 4 = 0$$

Fem el canvi de variable $y = 2^x$: $y^2 - 4y + 4 = 0 \rightarrow (y-2)^2 = 0 \rightarrow y = 2$

Desfem el canvi de variable: $2^x = 2 \rightarrow x = 1$

Fes-ho tu. Resol les equacions:

a) $3^{x^2+1} = 9^x$

b) $2^{x+1} = 5$

c) $2^{2x} - 3 \cdot 2^x + 2^x + 2 = 0$

6. Equacions logarítmiques

Resol les equacions següents:

a) $log\,(x^2 + 1) = 1$

b) $log_x\, 121 = 2$

c) $log\, 2 + log\, x = log\, 5 - log\, 10$

Podem resoldre les dues primeres equacions usant la definició de logaritme.

a) $log\,(x^2 + 1) = 1 \leftrightarrow 10 = x^2 + 1 \rightarrow x^2 = 9 \rightarrow x = \pm 3$

Comprovem que ambdues solucions són vàlides.

b) $log_x\, 121 = 2 \leftrightarrow 121 = x^2 \rightarrow x = \pm 11$

En aquest cas, l'única solució vàlida és $x = 11$, ja que la base d'un logaritme ha de ser sempre positiva.

c) Apliquem que $log\, A + log\, B = log\,(A \cdot B)$ i que $log\, A - log\, B = log\left(\dfrac{A}{B}\right)$.

$$log\, 2 + log\, x = log\, 5 - log\, 10 \rightarrow log\,(2x) = log\left(\frac{5}{10}\right) \rightarrow log\, 2x = log\left(\frac{1}{2}\right)$$

Usem ara que: $log\, A = log\, B \rightarrow A = B$

$$log\, 2x = log\left(\frac{1}{2}\right) \rightarrow 2x = \frac{1}{2} \rightarrow x = \frac{1}{4}$$

Fes-ho tu. Resol les equacions:

a) $ln\,(2x) = 1$

b) $log_x\, 16 = 2$

c) $log\, 3 + log\, x = log\, 15 - log\, 5$

Exercicis i problemes guiats

1. Resolució d'un problema mitjançant un sistema d'inequacions

A una exposició assisteixen menys de 100 persones i es recapten més de 260 € amb entrades de 2 € i de 4 €. Quantes entrades de cada tipus s'han pogut vendre?

- Defineix les variables associades a les dues incògnites del problema: nombre d'entrades venudes de 2 € (x) i nombre d'entrades venudes de 4 € (y).
- Planteja les inequacions associades a les restriccions proposades a l'enunciat:
  ① Es venen entrades d'ambdós tipus. Obtindràs dues inequacions diferents.
  ② Hi assisteixen menys de 100 persones, per la qual cosa el nombre total d'entrades ha de ser menor que 100.
  ③ La suma dels diners procedents de la venda d'ambdós tipus d'entrades ha de ser superior a 260 €.
- Representa les rectes associades a cada una de les inequacions i assenyala els semiplans que hi determinen (tingues en compte que quan la inequació conté una desigualtat estricta la recta que determina el semiplà no forma part de la solució). La solució és la regió del pla comuna a totes les solucions.

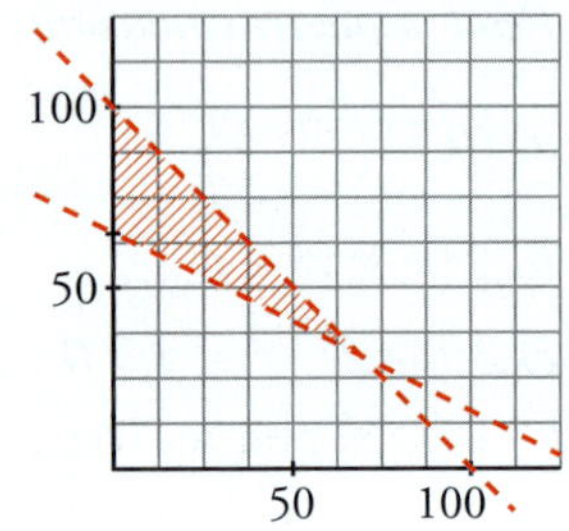

Solució: Qualsevol punt de coordenades enteres de la regió ratllada és una solució.

2. Resolució d'un problema mitjançant un sistema de dues equacions amb dues incògnites

Un pelegrí que recorre el Camí de Sant Jaume avança a una velocitat de 3,5 km/h. S'adona que, a aquest pas, arribarà a l'alberg 1 hora més tard del que preveia.

Llavors, accelera el pas i recorre la resta del camí a 5 km/h, i hi arriba mitja hora abans del temps fixat.

Quina distància li faltava per recórrer aquest dia fins a l'alberg?

Anàlisi del problema: *A l'enunciat es relacionen espai, temps i velocitat. En ser la velocitat constant, la fórmula que relaciona aquestes magnituds és:* $e = v \cdot t$. *L'espai que ha de recórrer és la incògnita i es pot recórrer a dues velocitats diferents disminuint el temps emprat en 1,5 hores en un dels casos.*

- Expressa la distància que ha de recórrer amb dues equacions diferents, segons la velocitat del pas.
- Observa que el temps, a les dues equacions, està relacionat. Anomena'l t quan la velocitat és de 3,5 km/h i $t - 1{,}5$ quan la velocitat és de 5 km/h.
- Resol el sistema lineal de dues equacions amb dues incògnites que hi has obtingut.

Solució: En el moment en què accelera el pas li falten per recórrer 17,5 km.

3. Resolució d'un problema mitjançant un sistema de tres equacions amb tres incògnites

Un corredor puja els pendents a 8 km/h, els baixa a 16 km/h i marxa pel pla a 11,5 km/h.

En la darrera marató va tardar 3 hores i mitja, i si el recorregut hagués estat en sentit invers, el temps hauria estat de 4 hores i quart. Sabent que una marató té un recorregut de 42 km, quina va ser la longitud del recorregut pla en aquesta marató?

Anàlisi del problema: *Hi ha tres incògnites: trams de pujada (x), part plana (y) i trams de baixada (z). Observa que si la marató s'hagués fet en sentit invers, els trams de pujada i baixada intercanviarien els papers. En ser la velocitat constant a cada tipus de tram, el temps emprat per a cada part es calcularà com a* $t = e/v$.

- Necessitem tres equacions que obtindrem així:
  ① La suma dels tres trams ha de ser igual a la distància total del recorregut.
  ② El temps que tarda a completar la marató s'ha de calcular com la suma dels temps que tarda a recórrer cada tipus de tram.
  ③ Repeteix el plantejament de la segona equació, ara amb el temps per fer el recorregut en sentit invers.
- Resol el sistema obtingut pel mètode de Gauss.

Solució: Hi ha 9,2 km de recorregut pla.

Exercicis i problemes proposats

Per practicar

Divisió de polinomis. Regla de Ruffini

1 Calcula el quocient i el residu en cada cas:

a) $(4x^5 - 4x + 1) : (2x^2 + 1)$ b) $x^6 : (x^3 + x)$

c) $(x^4 + x^2 - 20x) : (x + 2)$ d) $(x^4 - 81) : (x + 3)$

2 Expressa en la forma $\frac{D}{d} = Q + \frac{r}{d}$.

a) $\frac{x-1}{x+3}$ b) $\frac{3x-1}{x-2}$

c) $\frac{3x^3-2x^2+1}{x^2+2}$ d) $\frac{2x^5-3x^2+1}{x^3-1}$

e) $\frac{x^3+x^2+x+1}{x^2+1}$ f) $\frac{x^5}{x^2+3}$

3 Troba el polinomi $P(x)$ sabent que:

$$\frac{4x^4-8x^3+4x^2+x-1}{P(x)} = x-1$$

4 Troba, usant la regla de Ruffini, si el polinomi $2x^4 - 3x + 1$ és divisible entre $(x - 1)$ i $(x + 1)$.

Fes-ho també emprant el teorema del residu.

5 Calcula el valor de m perquè sigui exacta la divisió $(2x^3 - 9x^2 + 2x + m) : (x - 4)$.

Factorització de polinomis

6 Factoritza cada polinomi i assenyala'n les arrels:

a) $2x^2 - 8x - 10$ b) $4x^2 - 9$

c) $x^3 + x^2 - 5x - 5$ d) $x^4 + x^2 - 20$

e) $2x^6 - 14x^4 + 12x^3$ f) $6x^3 + 7x^2 - x - 2$

g) $x^5 - 16x$ h) $2x^4 - 2x^3 - 18x^2 + 18x$

7 Treu factor comú i usa les identitats notables per factoritzar:

a) $x^7 - 4x^5$ b) $9x^4 - 6x^3 + x^2$

c) $2x^3 - 18x$ d) $12x^3 + 36x^2 + 27x$

e) $98x^3 - 56x^4 + 8x^5$ f) $6x^9 - 54x$

g) $25x^{15} - 15x^8 + \frac{1}{4}x$ h) $\frac{x^6}{4} - x^4 + x^2$

Fraccions algebraiques

8 Descompon en factors i simplifica les fraccions següents:

a) $\frac{x+1}{x^2-1}$ b) $\frac{x^2-4}{x^2+4x+4}$

9 Redueix al mínim comú denominador i opera:

a) $\frac{x+1}{x-1} - \frac{3}{x+1} + \frac{x-2}{x^2-1}$

b) $\frac{1-x}{x+3} + \frac{2x}{x-2} - \frac{x^2+5x-10}{x^2+x-6}$

c) $\frac{x^2}{x^2+2x+1} - \frac{2x-3}{x-1} + 3$

10 Opera i simplifica:

a) $\frac{3}{x} : \frac{x-3}{x}$ b) $\frac{x+1}{3} \cdot \frac{15}{x^2-1}$

c) $\left(\frac{x^3}{6}\right)^2 \cdot \left(\frac{3}{x}\right)^2$ d) $\frac{x-2}{x} : \left(\frac{x-2}{x}\right)^2$

11 Opera i simplifica:

a) $\left(\frac{1}{x-1} - \frac{2x}{x^2-1}\right) : \frac{x}{x+1}$

b) $\left[\left(1-\frac{1}{x}\right) : \left(1+\frac{1}{x}\right)\right] : (x^2-1)$

c) $\left(\frac{1}{x+1} - \frac{1}{x-1}\right) : \left(\frac{1}{x-1} + \frac{1}{x+1}\right)$

d) $\left[\left(x+\frac{1}{x}\right) : \left(x-\frac{1}{x}\right)\right] \cdot (x-1)$

e) $\left(\frac{x-2}{x-3} - \frac{x-3}{x-2}\right) : \left(\frac{1}{x-3} + \frac{1}{x-2}\right)$

Equacions de primer i segon grau

12 Resol les equacions següents:

a) $(3x + 1)(2x - 3) - (x - 3)(6x + 4) = 9x$

b) $\frac{x^2-1}{4} - \frac{2}{3}(x+1) = \frac{(2x-3)^2-(13x-5)}{16}$

c) $\frac{1}{6}\left[(13-2x)-2(x-3)^2\right] = -\frac{1}{3}(x+1)^2$

d) $\frac{x^2-1}{3} + (x-2)^2 = \frac{x^2+2}{2}$

e) $0{,}5(x - 1)^2 - 0{,}25(x + 1)^2 = 4 - x$

f) $(0{,}5x - 1)(0{,}5x + 1) = (x + 1)^2 - 9$

13 Resol aquestes equacions incompletes de segon grau sense aplicar-hi la fórmula general:

a) $(x + 1)^2 - (x - 2)^2 = (x + 3)^2 + x^2 - 20$

b) $\frac{x^2-2x+5}{2} - \frac{x^2+3x}{4} = \frac{x^2-4x+15}{6}$

c) $\frac{3x+1}{3} - \frac{5x^2+3}{2} = \frac{x^2-1}{2} - \frac{x+2}{3}$

d) $\frac{3x^2-1}{4} + \frac{1}{2}\left[x^2-2-\frac{1}{2}x\right] = \frac{x^2-5}{4}$

Exercicis i problemes proposats

14 Resol aquestes equacions (una no té solució i l'altra en té d'infinites):

a) $\dfrac{(x+1)^2}{16} - \dfrac{1+x}{2} = \dfrac{(x-1)^2}{16} - \dfrac{2+x}{4}$

b) $0{,}2x + 0{,}6 - 0{,}25(x-1)^2 = 1{,}25x - (0{,}5x+2)^2$

c) $(5x-3)^2 - 5x(4x-5) = 5x(x-1)$

d) $\dfrac{2x+1}{7} - \dfrac{(x+1)(x-2)}{2} = \dfrac{x-2}{2} - \dfrac{(x-2)^2}{2}$

15 Resol les equacions següents expressant prèviament els decimals en forma de fracció:

a) $0{,}\widehat{3}x^2 - x - 1{,}\widehat{3} = 0$ b) $0{,}\widehat{1}x^2 - 1 = 0$

c) $0{,}\widehat{1}x^2 - 0{,}\widehat{5}x = 0$ d) $0{,}\widehat{1}x^2 - 1{,}\widehat{7} = x - 4$

Equacions biquadrades

16 Resol i comprova'n les solucions:

a) $x^4 - 5x^2 + 4 = 0$ b) $x^4 + 3x^2 - 4 = 0$

c) $x^4 + 3x^2 + 2 = 0$ d) $x^4 - 5x^2 + 36 = 0$

e) $9x^4 - 46x^2 + 5 = 0$ f) $x^4 - 4x^2 = 0$

g) $4x^4 - 17x^2 + 4 = 0$ h) $9x^4 - x^2 = 0$

17 Resol aquestes equacions del tipus $ax^{2n} + bx^n + c = 0$ fent el canvi de variable $y = x^n$:

a) $x^6 + 16x^3 + 64 = 0$ b) $8x^6 - 7x^3 - 1 = 0$

c) $x^8 - 82x^4 + 81 = 0$ d) $x^8 + x^4 - 2 = 0$

18 Troba les solucions d'aquestes equacions:

a) $(2x^2+1)(x^2-3) = (x^2+1)(x^2-1) - 8$

b) $\dfrac{1}{4}(3x^2-1)(x^2+3) - (2x^2+1)(x^2-3) = 4x^2$

Equacions amb radicals

19 Resol les equacions següents:

a) $\sqrt{5x+6} = 3 + 2x$ b) $x + \sqrt{7-3x} = 1$

c) $\sqrt{2-5x} + x\sqrt{3} = 0$ d) $\sqrt{2x} + \sqrt{5x-6} = 4$

e) $\sqrt{3x+4} + 2x - 4 = 0$ f) $x - \sqrt{7-3x} = 1$

g) $\sqrt{x^2+x} - \sqrt{x+1} = 0$ h) $\sqrt{x^2+3} - \sqrt{3-x} = 0$

20 Resol:

a) $\dfrac{\sqrt{10+x}}{3} - \dfrac{\sqrt{1-3x}}{2} = 0$ b) $\dfrac{\sqrt{x^2+5}}{6} + \dfrac{x}{4} = x - 1$

21 Resol i comprova'n les solucions:

a) $\dfrac{1}{\sqrt{1-x}} = \dfrac{1}{2}$ b) $\dfrac{3}{\sqrt{x+3}} = \dfrac{6}{\sqrt{10x+6}}$

c) $\dfrac{1}{\sqrt{x+2}} = \dfrac{2}{x-1}$ d) $\dfrac{3}{\sqrt{x+5}} = \dfrac{\sqrt{5x+5}}{x+1}$

22 Resol aïllant el radical i elevant al cub:

a) $\sqrt[3]{x^2-28} + 3 = 0$ b) $\sqrt[3]{x+1} - 2 = 0$

c) $\dfrac{3}{\sqrt[3]{13-5x}} = -1$ d) $\dfrac{2}{\sqrt[3]{x}} = 4$

Equacions factoritzades i factoritzables

23 Resol les equacions factoritzades següents:

a) $(3x-6)^5 = 0$ b) $4x^2(x+1)^2(x-2) = 0$

c) $(x+2)(x^2+1)(x^2+5) = 0$

24 Resol aquestes equacions identificant-hi identitats notables:

a) $x^2 + 6x + 9 = 0$ b) $x^4 - 2x^2 + 1 = 0$

c) $x^6 + 2x^3 + 1 = 0$ d) $x^4 - 16 = 0$

25 Les equacions següents tenen totes les solucions enteres. Troba-les usant la regla de Ruffini:

a) $x^3 + 6x^2 + 11x + 6 = 0$

b) $x^3 - 5x^2 - 2x + 24 = 0$

c) $x^4 - x^3 - 7x^2 + 13x - 6 = 0$

d) $x^4 - 3x^3 - 2x^2 + 12x - 8 = 0$

26 Descompon en factors i resol:

a) $x^3 + x^2 - 6x = 0$ b) $x^4 - 2x^3 + x^2 = 0$

c) $x^3 - 9x = 0$ d) $x^3 + 4x^2 + x - 6 = 0$

e) $2x^3 - 5x^2 + 4x = 1$ f) $-x^3 + 13x = 12$

g) $x^3 - 5x^2 + 7x = 3$ h) $x^3 + 2x^2 - 4x = 8$

Equacions racionals

27 Resol:

a) $\dfrac{x+2}{x} + 3x = \dfrac{5x+6}{2}$ b) $\dfrac{1}{x} + \dfrac{2}{x} + \dfrac{3}{x} = \dfrac{x}{3} - 1$

c) $\dfrac{600}{x} + 80 = \dfrac{600}{x-2}$ d) $\dfrac{8}{x+6} + \dfrac{12-x}{x-6} = 1$

28 Resol les equacions següents:

a) $\dfrac{10}{3} + \dfrac{5-x}{x+5} = \dfrac{x+5}{x-5}$ b) $\dfrac{x}{x-3} + \dfrac{2x}{x+3} = \dfrac{6}{x^2-9}$

29 Resol:

a) $\dfrac{x}{x+1} = \dfrac{4}{x+4}$ b) $\dfrac{3}{x+3} = \dfrac{x+2}{2-x}$

c) $\dfrac{2x}{x+2} = \dfrac{3x+2}{2x}$ d) $\dfrac{x^2}{x+1} = \dfrac{x}{x^2+1}$

30 Resol aquesta equació simplificant prèviament les fraccions algebraiques que hi apareixen. Comprova'n les solucions:

$$\frac{x^2+4x+4}{x+2} + \frac{x^4-1}{x^2+1} = \frac{x^2+3x+2}{x+1}$$

Equacions exponencials i logarítmiques

31 Troba la solució de les equacions següents prenent logaritmes a cada membre:

a) $7^x = 20$ b) $1{,}2^x = 10$

32 Resol expressant ambdós membres de cada equació com a potències de la mateixa base:

a) $2^{x^2-1} = 64$ b) $3^{x+2} = 6\,561$

c) $(0{,}2)^x = 25$ d) $\sqrt{2^x} = 0{,}25$

33 Resol les equacions següents mitjançant un canvi de variable:

a) $2^{2x} - 5 \cdot 2^x + 4 = 0$

b) $3^x - 3^{x-1} + 3^{x-2} = 21$

c) $3^x - 3^{-x} = \dfrac{728}{27}$

34 Resol aplicant-hi la definició de logaritme:

a) $log_x\, 25 = 2$ b) $log\, x = -1$

c) $log_x\, 27 = 3$ d) $log_2\, x = 3$

35 Troba la solució de les equacions següents:

a) $log\, x = log\, 9 + log\, 2$ b) $ln\, x = 2\, ln\, 10$

c) $\dfrac{1}{2} log\,(x+1) = log\, 3$ d) $\dfrac{1}{3} log_2\, x = -3$

Sistemes d'equacions

36 Resol els sistemes següents:

a) $\begin{cases} 2x - 11y = -11 \\ 23x + y = 1 \end{cases}$ b) $\begin{cases} 3x + 5 = 2y + 1 \\ x - 9 = 1 - 5y \end{cases}$

c) $\begin{cases} \dfrac{x+1}{3} + y = 1 \\ \dfrac{x-3}{4} + 2y = 1 \end{cases}$ d) $\begin{cases} \dfrac{x}{3} - \dfrac{y}{2} = 4 \\ \dfrac{x}{2} - \dfrac{y}{4} = 2 \end{cases}$

37 Resol:

a) $\begin{cases} x \cdot y = 15 \\ \dfrac{x}{y} = \dfrac{5}{3} \end{cases}$ b) $\begin{cases} \dfrac{1}{x} + \dfrac{1}{y} = \dfrac{5}{6} \\ 2x + 3y = 2 \end{cases}$

38 Resol per substitució:

a) $\begin{cases} x - y = 6 \\ x^2 + y^2 = 20 \end{cases}$ b) $\begin{cases} x + y = 2 \\ xy = 1 \end{cases}$

c) $\begin{cases} (x^2+1)y^2 = 5 \\ 4x - y = 0 \end{cases}$ d) $\begin{cases} x^2 - y^2 = 5 \\ xy = 6 \end{cases}$

39 Resol per reducció:

a) $\begin{cases} 3x^2 - 5y^2 = 30 \\ x^2 - 2y^2 = 7 \end{cases}$ b) $\begin{cases} x^2 + y^2 + xy = \dfrac{3}{4} \\ x^2 - y^2 - xy = -\dfrac{1}{4} \end{cases}$

40 Resol els sistemes següents:

a) $\begin{cases} \dfrac{2x-1}{x+1} + \dfrac{y+3}{y+1} = 3 \\ x(x-2) = y(1-y) \end{cases}$ b) $\begin{cases} x^2 + y^2 = 65 \\ xy = 28 \end{cases}$

c) $\begin{cases} x^2 + y^2 - 5x - 5y + 10 = 0 \\ x^2 - y^2 - 5x + 5y + 2 = 0 \end{cases}$ d) $\begin{cases} (x+y)(x-y) = 7 \\ 3x - 4y = 0 \end{cases}$

41 Resol:

a) $\begin{cases} y^2 - 2y + 1 = x \\ \sqrt{x} + y = 5 \end{cases}$ b) $\begin{cases} \sqrt{3(x+y)} + x = 12 \\ 2x - y = 6 \end{cases}$

42 Resol per substitució:

a) $\begin{cases} x - y = 1 \\ 2^x + 2^y = 6 \end{cases}$ b) $\begin{cases} x + y = 5 \\ log\, x + log\, y = log\, 6 \end{cases}$

Mètode de Gauss

43 Resol pel mètode de Gauss:

a) $\begin{cases} x - y - z = -10 \\ x + 2y + z = 11 \\ 2x - y + z = 8 \end{cases}$ b) $\begin{cases} x + y + z = 3 \\ 2x - y + z = 2 \\ x - y + z = 1 \end{cases}$

c) $\begin{cases} x + y + z = 18 \\ x - z = 6 \\ x - 2y + z = 0 \end{cases}$ d) $\begin{cases} x + y + z = 2 \\ 2x + 3y + 5z = 11 \\ x - 5y + 6z = 29 \end{cases}$

e) $\begin{cases} x + y - 2z = 9 \\ 2x - y + 4z = 4 \\ 2x - y + 6z = -1 \end{cases}$ f) $\begin{cases} 2x - 3y + z = 0 \\ 3x + 6y - 2z = 0 \\ 4x + y - z = 0 \end{cases}$

44 Resol aplicant-hi el mètode de Gauss:

a) $\begin{cases} x - y = 1 \\ 2x + 6y - 5z = -4 \\ x + y - z = 0 \end{cases}$ b) $\begin{cases} x + 2y + z = 3 \\ x - 2y + 5z = 5 \\ 5x - 2y + 17z = 1 \end{cases}$

c) $\begin{cases} x + y + 3z = 2 \\ 2x + 3y + 4z = 1 \\ -2x - y - 8z = -7 \end{cases}$ d) $\begin{cases} 2x - y - z = 2 \\ 3x - 2y - 2z = 2 \\ -5x + 3y + 5z = -1 \end{cases}$

e) $\begin{cases} x + y + z = 3 \\ -x + 2y + z = 5 \\ x + 4y + 3z = 1 \end{cases}$ f) $\begin{cases} -2x + y + z = 1 \\ 3x + 2y - z = 0 \\ -x + 4y + z = 2 \end{cases}$

* *Hi trobaràs sistemes compatibles (determinats i indeterminats) i sistemes incompatibles.*

Exercicis i problemes proposats

Inequacions

45 Resol les inequacions següents:

a) $2x - 3 < x - 1$

b) $\frac{3x-2}{2} \leq \frac{2x+7}{3}$

c) $-3x - 2 < 5 - \frac{x}{2}$

d) $\frac{3x}{5} - x > -2$

46 Resol els sistemes d'inequacions següents:

a) $\begin{cases} 4x - 3 < 1 \\ x + 6 > 2 \end{cases}$

b) $\begin{cases} 3x - 2 > -7 \\ 5 - x < 1 \end{cases}$

c) $\begin{cases} 5 - x < -12 \\ 16 - 2x < 3x - 3 \end{cases}$

d) $\begin{cases} 2x - 3 > 0 \\ 5x + 1 < 0 \end{cases}$

47 Resol:

a) $-x^2 - 2x + 3 \geq 0$

b) $5 - x^2 < 0$

c) $x^2 + 3x > 0$

d) $-x^2 + 6x - 5 \leq 0$

e) $x^2 - 7x + 6 \leq 0$

f) $x^2 - 7x + 6 > 0$

48 Resol aquests sistemes:

a) $\begin{cases} x^2 + 2x > 15 \\ 3 - 2x < 7 \end{cases}$

b) $\begin{cases} 5x - x^2 \geq 4 \\ 5x - 1 < 4x + 2 \end{cases}$

49 Resol gràficament:

a) $x + y - 2 \geq 0$

b) $2x - 3y \leq 6$

c) $\frac{x - 3y}{2} \leq 3$

d) $\frac{x}{2} - \frac{y}{3} \geq -1$

50

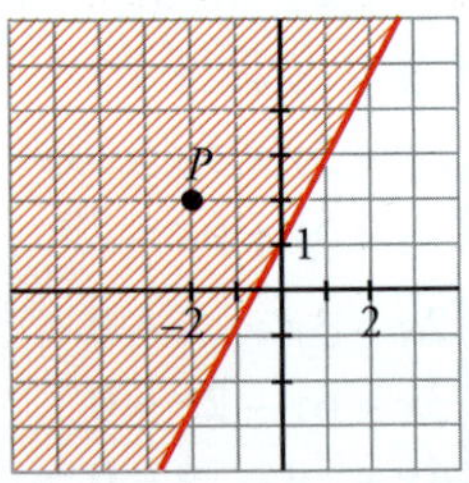

a) Comprova que el punt P verifica la inequació $2x - y \leq -1$.

b) Tria tres punts qualssevol de la zona ratllada i prova que són solucions de la inequació.

51 Resol gràficament els sistemes següents:

a) $\begin{cases} 2x + y \geq 2 \\ x \leq 3 \end{cases}$

b) $\begin{cases} x - y \leq 3 \\ y \leq 2 \end{cases}$

c) $\begin{cases} 2x - y \leq 3 \\ 2x + y \leq 5 \end{cases}$

d) $\begin{cases} 3x - 2y \leq 5 \\ x + y \geq 8 \end{cases}$

e) $\begin{cases} x \geq 0 \\ y \geq 0 \\ x - y \leq 5 \end{cases}$

f) $\begin{cases} y \geq 1 \\ x \leq 3 \\ -x + y \leq 1 \end{cases}$

g) $\begin{cases} x \leq 5 \\ y \geq 0 \\ y \leq x + 1 \\ 2x + y \geq 3 \end{cases}$

h) $\begin{cases} x \geq 2 \\ 3x + y \geq 7 \\ 2x - y \geq -7 \end{cases}$

Per resoldre

52 El residu de la divisió $(-x^3 + 3x^2 + kx + 7) : (x + 2)$ és igual a -7. Quant val k?

53 Resol les equacions següents:

a) $\frac{x+3}{2} - \frac{(x+1)^2}{6} = \frac{(x-1)(x+1)}{3} - 2x$

b) $\sqrt{3x+3} - \sqrt{2x} = 1$

c) $2x^4 + 3x^3 - x = 0$

d) $x^4 - x^2 - 12 = 0$

e) $\frac{x+2}{x^2-1} - \frac{x-1}{x+1} = 1$

54 Resol aquestes equacions amb valor absolut:

a) $|x + 1| = 3$

b) $|x^2 - 3| = 1$

c) $\left|\frac{x+1}{2}\right| = 2$

d) $|x + 2| = |3x - 2|$

55 Resol pel mètode més adequat:

a) $5^{2x-4} = 1$

b) $3^x = 30$

c) $2^{2x} - 5 \cdot 2^x + 2^2 = 0$

d) $(0{,}25)^{x+1} = 1\,024$

56 Resol els sistemes d'equacions següents:

a) $\begin{cases} \log x + \log y = 3 \\ \log x - \log y = -1 \end{cases}$

b) $\begin{cases} 5^x \cdot 5^y = 1 \\ 5^x : 5^y = 25 \end{cases}$

c) $\begin{cases} 2\sqrt{x+1} = y + 1 \\ 2x - 3y = 1 \end{cases}$

d) $\begin{cases} \sqrt{x+y} + 2 = x + 1 \\ 2x - y = 5 \end{cases}$

57 Resol:

a) $\begin{cases} 2(x - y) = 3z + 14 \\ \frac{x}{3} + \frac{z}{6} = 5 + y \\ 2(x + y) - 3(y + z) = 10 \end{cases}$

b) $\begin{cases} \frac{x+y}{2} + \frac{2y-z}{2} = y + 1 \\ x + y + z - 6 = 0 \\ 3(x + z) = y - 2 \end{cases}$

58 Comprova que una d'aquestes inequacions té per solució el conjunt $\mathbb{R}$ i l'altra és incompatible:

a) $5(x - 2) - 4(2x + 1) < -3x + 1$

b) $3(x - 2) + 7 < x + 2(x - 5)$

59 Resol:

a) $\frac{1}{x+3} < 0$

b) $\frac{x^2+1}{x+5} > 0$

c) $\frac{x+3}{x-3} \leq 0$

d) $\frac{x^2-4}{x} \geq 0$

60 Contractem una hipoteca al gener del 2014 amb revisió semestral del tipus d'interès. Al juliol ens puja la quota un 4 % i en la revisió següent baixa un 1% respecte al juliol. Si al gener del 2015 paguem 19,24 € mensuals més que en el mateix mes de l'any anterior, quina era la quota inicial?

61 En la primera prova d'una oposició queden eliminats el 52 % dels participants. En la segona prova s'elimina el 25 % dels restants. Si el nombre total de persones suspeses és 512, quantes persones es van presentar a l'oposició?

62 Una piscina tarda a omplir-se 5 hores usant la presa d'aigua habitual, i 20 hores si emprem una mànega. Quin temps necessitarem per omplir-la si emprem ambdós mètodes de manera simultània?

63 En una botiga es ven te blanc a 18 €/kg i te verd a 14 €/kg. També s'hi ven una mescla d'ambdós productes a 16,4 €/kg. Quina és la composició de la mescla?

64 Calcula les dimensions d'una finca rectangular sabent que el perímetre fa 140 m i la diagonal és de 50 m.

65 Una botiga ha venut 60 ordinadors, a un preu original de 1 200 €, amb un descompte del 20 % en uns i del 25 % en altres. Si s'han recaptat 56 400 €, calcula a quants ordinadors es va rebaixar el 25 %.

66 Hem necessitat 10 dm^2 de cartó per construir una capsa de base quadrada de 2 dm^3 de volum. Quines són les dimensions de la capsa?

67 La suma de les edats, en el moment actual, de tres germans és de 15 anys. D'aquí a un any, l'edat del menor serà la meitat que l'edat del mitjà. Fa 2 anys, l'edat del gran era el doble que la del mitjà. Troba les edats dels tres germans.

68 En una caixa registradora trobem bitllets de 50 €, 100 € i 200 €. El nombre total de bitllets és igual a 21 i la quantitat total de diners és de 1 800 €. Sabent que el nombre de bitllets de 50 € és el quíntuple dels de 200 €, calcula el nombre de bitllets de cada classe.

69 En una funció de teatre es recapten 5 200 €, venent 200 entrades de tres preus diferents: 30 €, 25 € i 10 €. Si sabem que el nombre de localitats més econòmiques suposa un 25 % del nombre de localitats de 25 €, calcula el nombre de localitats de cada tipus.

70 Preparem un assortiment amb dos tipus de bombons de 10 €/kg i 15 €/kg. El nostre pressupost és de 600 € i volem preparar-ne, almenys, 40 kg. Quines restriccions té la composició de l'assortiment?

71 En un comitè d'una comunitat de veïns, que ha d'estar format entre 6 i 8 persones, ni el nombre d'homes ni el de dones pot ser inferior a un terç del grup. Quantes combinacions possibles hi ha?

72 La recaptació d'un partit de futbol en què es van vendre menys de 50 000 entrades va superar els 1,5 milions d'euros. Si es van vendre entrades de 30 € i de 40 €, quantes localitats de cada tipus van ser venudes?

Autoavaluació

En el web — Resolucions d'aquests exercicis.

1 Factoritza els polinomis següents i assenyala'n les arrels:

a) $P(x) = x^3 + x^2 - 4x - 4$ b) $Q(x) = 2x^3 - x^2 - x$

2 Opera i simplifica'n el resultat:

a) $\dfrac{(x+5)^2 - 2x(x+5)}{(x+5)^4}$

b) $\left(\dfrac{x+1}{x} - \dfrac{x}{x+2}\right) : \left(1 + \dfrac{x}{x+2}\right)$

3 Resol les equacions següents:

a) $\dfrac{3x+1}{3} - \dfrac{5x^2+3}{2} = \dfrac{x^2-1}{2} - \dfrac{x+2}{3}$

b) $x^4 - 8x^2 - 9 = 0$

c) $x - \sqrt{2x-1} = 1 - x$

d) $\dfrac{x}{x-3} - \dfrac{x+3}{x+1} = \dfrac{x^2-3}{(x+1)(x-3)}$

4 Resol les equacions següents:

a) $3^{x^2} \cdot 3^{-2} = 9$ b) $5^{x^2} \cdot 25^{x-1} = 5^{3x}$

c) $log\, x + log\, 2 = 1$ d) $log_x 49 = 2$

5 Resol aquests sistemes d'equacions:

a) $\begin{cases} xy = -2 \\ 3x + 2y = -1 \end{cases}$ b) $\begin{cases} \sqrt{-2x} + y = -1 \\ x - 2y = 4 \end{cases}$

6 Resol pel mètode de Gauss:

a) $\begin{cases} 3x - 5y + z = 11 \\ x + 2y - 3z = -10 \\ x + y - 2z = -6 \end{cases}$ b) $\begin{cases} x - 5y + 9z = 4 \\ 2x + y - 3z = 2 \\ x + 17y - 33z = 0 \end{cases}$

7 Resol:

a) $x^2 + 5x \geq 0$ b) $x^2 - 25 < 0$

c) $\begin{cases} 2x + 1 \geq 7 \\ x + 1 \leq 8 \end{cases}$ d) $\begin{cases} x + y \geq 1 \\ y - 2x \geq 3 \\ y \leq 3 \end{cases}$

8 Un botiguer inverteix 125 € en la compra d'una partida de pomes. En rebutja 20 quilos perquè són defectuoses i ven la resta per 147 €, augmentant 0,40 € cada quilo sobre el preu de compra. Quants quilos en va comprar?

Autoavaluació. Bloc I: Aritmètica i àlgebra

1 Explica si és certa o falsa cada una d'aquestes frases:

a) Tot nombre decimal es pot expressar com a fracció.

b) La suma de dos nombres irracionals és sempre irracional.

c) El producte de dos nombres irracionals pot ser un nombre racional.

d) El quocient de dos nombres decimals exactes és sempre un decimal exacte.

2 Expressa com un interval únic:

a) $[1, 6) \cup (-2, 5]$ b) $[1, 6) \cap (-2, 5]$

3 Escriu els valors que pot prendre x perquè siguin vàlides les expressions següents:

a) $|2x - 3| = 5$ b) $|x - 5| < 2$

4 Fes les operacions següents i simplifica:

a) $\sqrt{a^3} - 2a\sqrt[4]{a^2} + 3a\sqrt[6]{a^3} - \sqrt[8]{a^{12}}$

b) $\dfrac{\sqrt{98} - \sqrt{18}}{\sqrt{96}} \cdot 30\sqrt{3}$

c) $(\sqrt{2} + \sqrt{3})(\sqrt{6} - 1)$

d) $\dfrac{5}{\sqrt{6}} + \dfrac{2}{\sqrt{6} + 3\sqrt{2}} - \dfrac{4\sqrt{2}}{\sqrt{3}}$

5 Si $\log k = -1{,}3$ calcula el valor d'aquestes expressions:

a) $\log k^3$ b) $\log \dfrac{1}{k}$ c) $\log \dfrac{k}{100}$

6 Calcula x aplicant-hi la definició de logaritme:

a) $\log_2 \sqrt{x} = -1$ b) $\ln \dfrac{3}{x} = 2$

7 Expressa el resultat de l'operació següent amb tres xifres significatives i dóna una fita de l'error absolut i una altra de l'error relatiu comès:

$$(5 \cdot 10^{-18})(3{,}52 \cdot 10^{15}) : (-2{,}18 \cdot 10^{-7})^2$$

8 El preu de la llet va pujar un 15 % al gener i un 18 % al febrer, i va baixar un 20 % al març. Quina va ser la pujada total en aquests tres mesos?

9 Dipositem un capital de 5 000 € al 6% anual durant 3 anys i 3 mesos. Calcula en quant es transforma si el període de capitalització és:

a) Trimestral b) Mensual

Digues, en cada cas, quina és la TAE.

10 Un treballador inicia un pla de pensions als 40 anys, i hi ingressa cada any 4 000 € al 2 % anual. De quina quantitat disposarà als 65 anys?

11 Vam rebre un préstec de 10 000 € anual, que havíem de tornar en un únic pagament. Quant temps ha transcorregut si en liquidar-lo paguem 16 304,7 €?

12 Un banc ens presta 30 000 € al 10 % anual, que hem de tornar en 3 anys mitjançant pagaments mensuals. Quant haurem de pagar cada mes?

13 Factoritza els polinomis següents:

a) $x^3 - 9x$ b) $3x^5 - 4x^4 - 5x^3 + 2x^2$

14 Opera i simplifica:

a) $\dfrac{(3x^2 + 4x)(x^2 + 1) - (x^3 + 2x^2 + 1)2x}{(x^2 + 1)^2}$

b) $\left(\dfrac{x^2 - 4}{x + 1} : \dfrac{x^2 + 2x}{x^3 - x}\right) - (x^2 - 3x)$

15 Resol les equacions següents:

a) $(x + 4)^2 - 7 = (2x + 3)^2 + 2x$

b) $2x^4 - 3x^2 - 2 = 0$

c) $3x^5 - 4x^4 - 5x^3 + 2x^2 = 0$

d) $\dfrac{7 - x}{x^2 + 4x + 4} + \dfrac{x}{x + 2} = 1$

e) $\sqrt{2x + 3} - 2x = x - 6$ f) $\sqrt{x} + \sqrt{4x + 9} = 7$

g) $3^{x^2 - 2} = \dfrac{1}{3}$ h) $4^{2x} - 2 \cdot 4^{x + 1} + 16 = 0$

i) $2 \log x + \log (x + 1) = \log (x^2 + 4x)$

j) $\ln (x^2 - 1) = 1$

16 Resol els següents sistemes d'equacions:

a) $\begin{cases} x + y = 3 \\ xy + x = 0 \end{cases}$ b) $\begin{cases} x - 4y = 5 \\ 2^{x-6} \cdot 2^y = 16 \end{cases}$

c) $\begin{cases} 2x + 2y - z = 3 \\ 3x - 2y - z = -4 \\ -4x - y + 2z = 0 \end{cases}$ d) $\begin{cases} x + 2y + z = 1 \\ -2x + y - z = -5 \\ 3x - y + 3z = 10 \end{cases}$

17 Resol:

a) $x^2 - x - 6 > 0$ b) $x^3 - 2x^2 - x + 2 \le 0$

c) $\begin{cases} x + 1 > 3 \\ 2x - 1 \le 9 \end{cases}$ d) $\begin{cases} 2x + 3y > 6 \\ x - y \le 1 \end{cases}$

18 Una aixeta A tarda a omplir un dipòsit el doble de temps que una altra B. Obertes simultàniament, omplen el dipòsit en dues hores. Quant tarda cada aixeta per separat?

19 Una pastisseria va vendre 27 pastissos. El nombre dels de xocolata va duplicar el de pastissos de nata i entre ambdós van excedir en 3 les vendes de pastissos de formatge. Quants se'n van vendre de cada tipus?

En el web Resolucions d'aquests exercicis.

II Anàlisi

Notes històriques. Anàlisi

L'anàlisi és la branca de les matemàtiques que proporciona conceptes i mètodes per a l'estudi quantitatiu dels diferents processos de dependència i de canvi d'una magnitud respecte d'altres. Sorgeix en un període en el qual el desenvolupament de la mecànica i de l'astronomia havia proporcionat ja un cúmul considerable d'observacions, mesures i hipòtesis, i estava impulsant la ciència cap a la investigació quantitativa de les formes més senzilles de moviment.

300

Sorgeixen l'epicureisme i l'estoïcisme

L'emperador Qin Shi Huangdi fa modelar els guerrers de Xi'an

1 Arquimedes

Segona Guerra Púnica

200

J. C.

1300

2 Nicolau Oresme

Guerra dels Cent Anys

Devastadora pesta negra a Europa

1900

Es construeix el primer avió de la història

Invenció de la llum elèctrica

Freud

Unificació italiana

S'inventa el plàstic

1850

Invenció de l'anestèsia

Invenció de la fotografia

Alçaments revolucionaris a Europa

Primera computadora

Cauchy 7

1 Arquimedes és el primer a estudiar l'àrea sota una corba a través del sumatori d'una sèrie infinita. Al segle XVII s'usarà el mètode exhaustiu que va crear per donar solució a aquest problema.

2 Nicolau Oresme (1323-1382) és el primer que usa diagrames per representar magnituds en el pla. Amb ell comença una interacció fructífera entre la geometria, el càlcul i l'àlgebra.

3 Neix el concepte de **funció**, bàsic per al desenvolupament de l'anàlisi, per estudiar les variacions de certes magnituds respecte d'altres. Newton, Leibniz i Bernoulli, utilitzant el sistema gràfic de Descartes, van fer un ús creatiu i fecund d'aquest concepte.

4 Newton (1643-1727) i **Leibniz** (1646-1716) inventen, gairebé de manera simultània, el concepte de derivada generalitzant les tècniques que Arquimedes va emprar en el càlcul d'àrees i volums i amb el suport gràfic dels diagrames cartesians.

S'estén l'ús de les armes de foc

1400

1600

Invenció del telescopi

El *Mayflower* arriba al Nou Món

S'acaba la basílica de Sant Pere del Vaticà

3 Descartes

Pascal construeix una de les primeres calculadores

1650

Descobriment dels anells de Saturn

3 4 Leibniz

3 4 Newton

S'acaba la construcció del palau de Versalles

1700

Johann Bernoulli 3

Neix el càlcul infinitesimal 5

Aleksei Txírikov, rus, explora Alaska

Celsius inventa l'escala de temperatura que duu el seu nom

1750

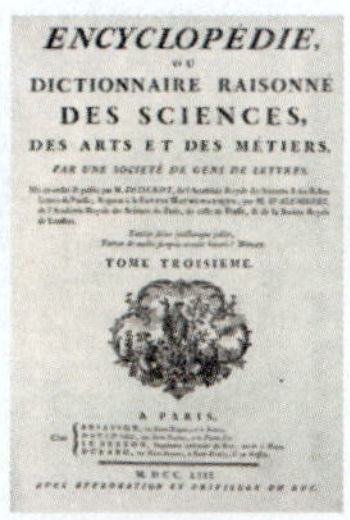

Primera enciclopèdia: Diderot i D'Alembert

Euler 6

Watt inventa la màquina de vapor

Primer assentament europeu a Austràlia

Revolució Francesa

1800

5 El **càlcul infinitesimal** (límits, derivades, integrals) es va crear per resoldre els principals problemes científics del segle XVII, alguns plantejats segles enrere: obtenir longituds de corbes, calcular àrees i volums de cossos geomètrics i determinar la tangent a una corba en un punt.

6 **Euler** (1707-1783) formalitza el concepte de funció i el dota d'entitat matemàtica i d'una nomenclatura precisa.

7 **Cauchy** (1789-1857) formalitza el concepte de derivada i el relaciona de forma explícita amb el de límit.

En el web

- Ampliació de les notes històriques corresponents a aquest bloc.
- Lectura sobre el creixement d'una població.

4 Funcions elementals

Primera idea de funció. Fórmules

Les diferents ciències coneixen, des de fa temps, lleis que descriuen relacions entre magnituds, de manera que coneixent el valor d'alguna s'obté, inequívocament, el valor de l'altra. **Oresme** (matemàtic francès del segle XIV) va afirmar el 1350 que les lleis naturals són relacions de dependència entre «dues quantitats». Van ser aquest tipus de relacions les que van servir d'origen al concepte de *funció*.

La primera idea de funció és, doncs, la d'una fórmula que relaciona algebraicament diverses magnituds.

Nicolau Oresme (1323-1382).

Experimentant com a font d'informació

Galileu, a final del segle XVI, va fer servir per primera vegada l'experimentació quantitativa (dissenyar, experimentar, mesurar, anotar, extreure conseqüències) per establir relacions numèriques que descrivien fenòmens naturals.

La representació gràfica mitjançant diagrames cartesians (segle XVII) va permetre la visualització de les funcions. D'aquesta manera, el concepte de funció es generalitza a qualsevol relació numèrica que respongui a un gràfic situat sobre uns eixos de coordenades.

Leibniz, el 1673, va adoptar la paraula *funció* per designar aquestes relacions.

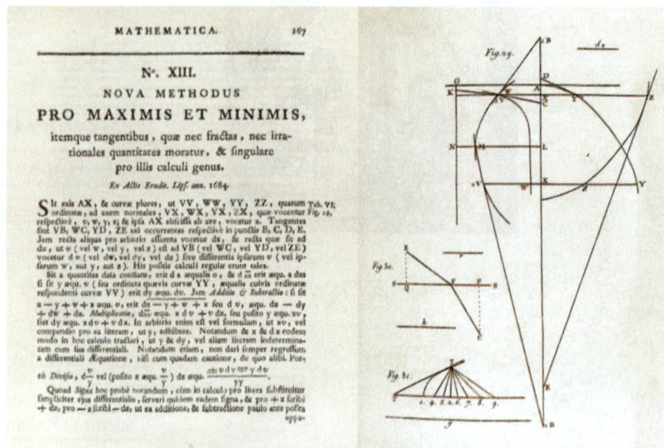

MATHEMATICA. 167

N°. XIII.

NOVA METHODUS PRO MAXIMIS ET MINIMIS, itemque tangentibus, quæ nec fractas, nec irrationales quantitates moratur, & singulare pro illis calculi genus.

Ex Actis Erudit. Lips. ann. 1684.

Pàgines del llibre Opera Omnia, *de Gottfried Leibniz.*

El concepte de *funció* es generalitza

Euler, entre el 1748 i el 1755, va anar perfilant el concepte, al qual va donar precisió i generalitat, admetent, finalment, que una relació entre dues variables pot ser funció encara que no hi hagi una expressió analítica que la descrigui. El mateix Euler va ser qui va aportar la nomenclatura $f(x)$ per indicar el valor de la funció f associat amb el nombre x. Es pot dir que amb Euler s'estableix el concepte matemàtic de funció.

Després d'Euler encara va seguir, entre els matemàtics, la discussió sobre quins requisits eren imprescindibles per definir una funció i quins no. El 1923 (fa menys de 100 anys!) es va arribar a la definició següent, molt semblant a la que s'usa actualment:

> «Es diu que y és funció de x si a cada valor de x correspon un valor de y. Aquesta correspondència s'indica mitjançant l'equació $y = f(x)$.»

Leonhard Euler (1707-1783).

Utilitat de les funcions

Les funcions s'usen per modelitzar i estudiar multitud de fenòmens socials, naturals, científics... Encara que algunes funcions tenen expressions molt complexes, és sorprenent veure la simplicitat de moltes altres. En tot cas, fins i tot algunes de les funcions amb fisonomies complexes no són res més que funcions elementals ja conegudes sotmeses a certes operacions i transformacions. Per exemple:

Com es determina la quantitat d'oxigen a la sang? Entre d'altres maneres, s'usa una funció la corba de la qual té forma d'essa (es diu que és de forma sigmoide). Intervé alguna funció en la determinació de l'edat dels fòssils? Sí, una de logarítmica.

Molt recentment, un equip de científics ha desenvolupat un model matemàtic complex per predir els eclipsis de Fobos (satèl·lit de Mart) i poder observar-los amb el vehicle de la NASA *Curiosity* des de la superfície de Mart. Entre altres dades, la predicció d'aquests eclipsis requereix conèixer, per a qualsevol instant de temps, les coordenades de Fobos i del Sol des de Mart. Aquest model dictamina en quins instants la càmera situada en el *Curiosity* ha d'enfocar el Sol.

Robot Curiosity

Resol

Famílies de funcions

Associa a cadascun dels gràfics següents una de les expressions analítiques de sota:

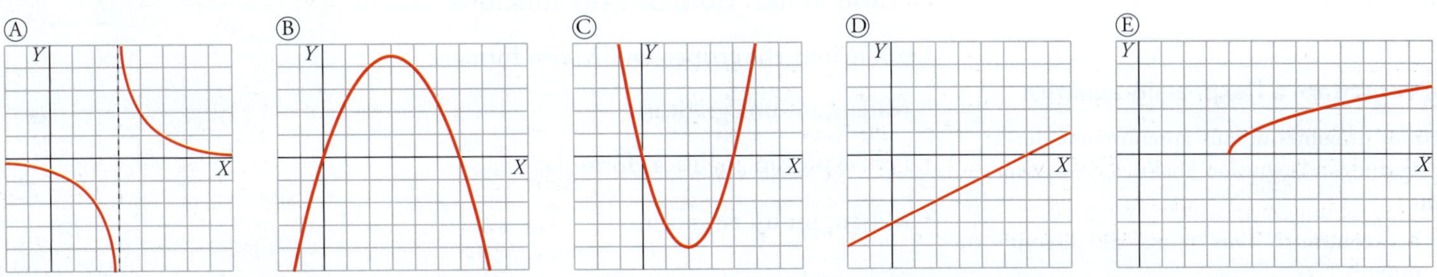

I. $y = \dfrac{x-6}{2}$ **II.** $y = \sqrt{x-4}$ **III.** $y = x^2 - 4x$ **IV.** $y = \dfrac{2}{x-3}$ **V.** $y = 3x - \dfrac{x^2}{2}$

Assigna a cadascuna de les cinc funcions anteriors el nom de la família a la qual pertany. Totes són d'alguna d'aquestes quatre:

1. Lineal **2.** Quadràtica **3.** Radical **4.** De proporcionalitat inversa

1 Les funcions i el seu estudi

Concepte de funció

En la ciència, en la tècnica, en la naturalesa, podem identificar infinitat de funcions:

- La *velocitat* que porta una partícula depèn del temps; és funció del *temps*.
- La *pressió* de l'aigua de la mar és funció de la *profunditat*.
- La *grandària* amb què es veu un objecte a través d'una lupa és funció de la *distància* a la qual es col·loca la lupa.
- La *sensació* amb què es percep un estímul és funció de la *intensitat* d'aquest.

En totes elles es relacionen dues variables. Tant en aquestes com en altres funcions que manegem habitualment, les dues variables que es relacionen prenen valors reals (és a dir, es mouen en el conjunt $\mathbb{R}$ dels nombres reals).

f és una **funció de $\mathbb{R}$ en $\mathbb{R}$** si a cada nombre real, $x \in Dom$, es fa correspondre un altre nombre real, $f(x)$:

$$Dom \subset \mathbb{R} \qquad \begin{array}{rcl} Dom & \longrightarrow & \mathbb{R} \\ x & \longrightarrow & f(x) \end{array}$$

El conjunt Dom, o bé D, dels valors que pot prendre la variable independent, x, s'anomena **domini de definició** de la funció.

El conjunt de valors que pren la funció s'anomena **recorregut**.

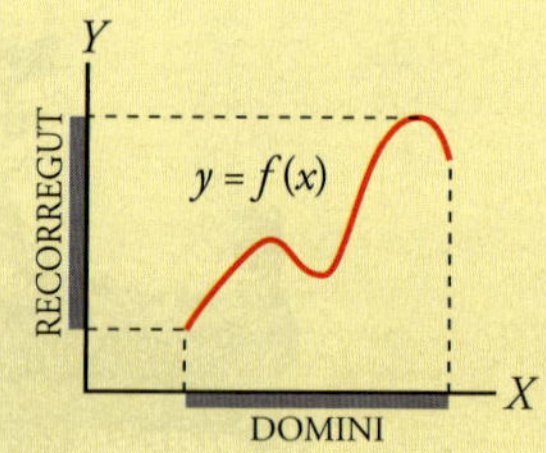

Destaquem que perquè $f(x)$ sigui funció, cada valor de $x \in Dom$ ha de tenir assignat un únic valor $f(x)$:

$$\boldsymbol{f(x)} \textbf{ és únic per a cada } \boldsymbol{x \in Dom}$$

Donat que tant la variable x com la funció $f(x)$ prenen valors reals, aquestes funcions s'anomenen **funcions reals de variable real**.

En el web

Animació interactiva per visualitzar el domini i el recorregut de diversos tipus de funcions.

Com vénen donades les funcions

Les funcions ens arriben en diversos formats:

- Mitjançant una gràfica.
- Per l'expressió analítica (fórmula).
- Mitjançant un enunciat.

La representació gràfica permet que ens fem una idea molt clara de com és la funció amb una sola mirada.

L'expressió analítica sintetitza algebraicament de manera perfecta la relació entre les dues variables.

Si la funció ens ve donada per un enunciat (acompanyat o no d'una taula de valors), haurem de traduir-ho a una gràfica o, millor, a una expressió analítica si és possible.

«Preguntar» a l'expressió analítica

En les pròximes unitats aprendrem a «fer-li preguntes» a l'expressió analítica d'una funció.

- Ets contínua? Tens punts de discontinuïtat?
- Quines són les teves branques infinites?

Les preguntes anteriors es fan, matemàticament, amb els **límits** i les següents, amb les **derivades**.

- On creixes? On decreixes? Quins són els teus màxims i mínims?

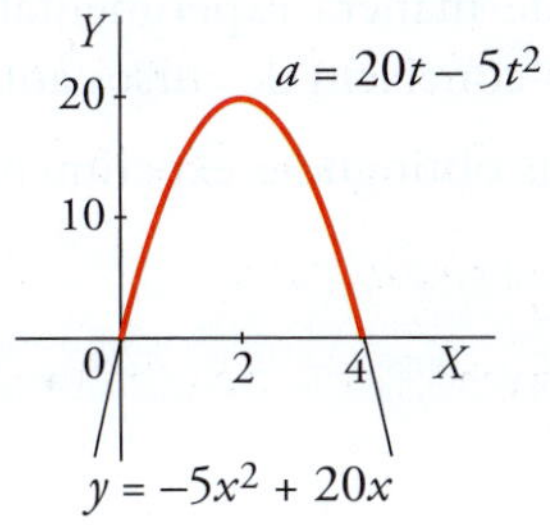

Per què es restringeix el domini de definició

- La funció $y = -5x^2 + 20x$ correspon a una paràbola. A cada valor real de la x li correspon un valor de y. El seu domini de definició és tot $\mathbb{R}$.
- La funció $a = 20t - 5t^2$ correspon a l'altura a què es troba una pedra que llancem cap amunt amb una velocitat de 20 m/s. És la mateixa paràbola del paràgraf anterior, però ara la funció només està definida per a valors de t que facin $a \geq 0$ (la pedra para en arribar a terra). El domini de definició d'aquesta funció és $[0, 4]$.
- La funció l'expressió analítica de la qual és $y = \sqrt{x-7}$ no està definida en $x = 1$, perquè $\sqrt{1-7} = \sqrt{-6}$ no és un nombre real. Només està definida si x val 7 o més. El seu domini de definició és $[7, +\infty)$.

El domini de definició d'una funció pot quedar restringit per algun dels motius següents:

- El context real del que s'ha extret la funció.
- La impossibilitat de realitzar alguna operació amb alguns valors de x. Per exemple:
  — Si s'anul·lés el denominador en una fracció algebraica.
  — Si aparegués un nombre negatiu dins d'una arrel quadrada.
  — …
- Per voluntat de qui proposa la funció.

Observació

Si no es diu una altra cosa, el domini de definició d'una funció és tan ampli com permeti l'expressió analítica.

Exercicis proposats

1 *Troba el domini de definició de:*

a) $y = \dfrac{1}{x^2 - 5x}$

b) $y = \sqrt{5x - x^2}$

c) $y = x^3 - x^2,\ x \in [0, 8]$

a) El denominador no pot ser zero.

$x^2 - 5x = 0 \Rightarrow x = 0$ o $x = 5$. Per tant, $Dom = \mathbb{R} - \{0, 5\}$.

b) El radicand no pot ser negatiu.

$5x - x^2 = 0 \Rightarrow x = 0$ o $x = 5$

$5x - x^2$ és major o igual a 0 si x està comprès entre 0 i 5.

Per tant, $Dom = [0, 5]$.

c) $Dom = [0, 8]$, tal com està proposat en l'enunciat.

Exercicis proposats

1 Cert o fals?

a) El domini de definició d'una funció no pot ser mai $\mathbb{R}$.

b) El domini de definició de $y = -\sqrt{x}$ és $[0, +\infty)$.

c) El domini de definició de $y = \sqrt{-x}$ és $(-\infty, 0]$.

2 Troba el domini de definició de les funcions següents:

a) $y = \sqrt{x^2 - 1}$

b) $y = \sqrt{x - 1}$

c) $y = \sqrt{1 - x}$

d) $y = \sqrt{4 - x^2}$

e) $y = \sqrt[3]{x^2 - 4}$

f) $y = 1/\sqrt{x^2 - 1}$

g) $y = \dfrac{1}{\sqrt{x-1}}$

h) $y = \dfrac{1}{\sqrt{1-x}}$

i) $y = \dfrac{1}{\sqrt[3]{4 - x^2}}$

j) $y = \dfrac{1}{\sqrt{x^2 - 4}}$

k) $y = x^3 - 2x + 3$

l) $y = \dfrac{1}{x}$

m) $y = \dfrac{1}{x^2}$

n) $y = \dfrac{1}{x^2 - 4}$

o) $y = \dfrac{1}{x^2 + 4}$

p) $y = \dfrac{1}{x^3 + 1}$

q) L'àrea d'un cercle de radi variable, r, és $A = \pi r^2$

2 Funcions lineals. Interpolació

Funcions d'oferta i demanda

En el procés de compra-venda de qualsevol producte es poden considerar dues funcions:

- Funció oferta, $o(x)$: com més gran sigui el preu del producte, major serà la quantitat d'unitats que l'empresa estigui disposada a produir i, per tant, major serà l'oferta. $o(x)$ és creixent.
- Funció demanda, $d(x)$: com més gran sigui el preu del producte, menor serà el nombre de persones disposades a comprar-lo i, per tant, menor serà la demanda. $d(x)$ és decreixent.

Amb freqüència les funcions d'oferta i demanda són lineals: es representen mitjançant segments.

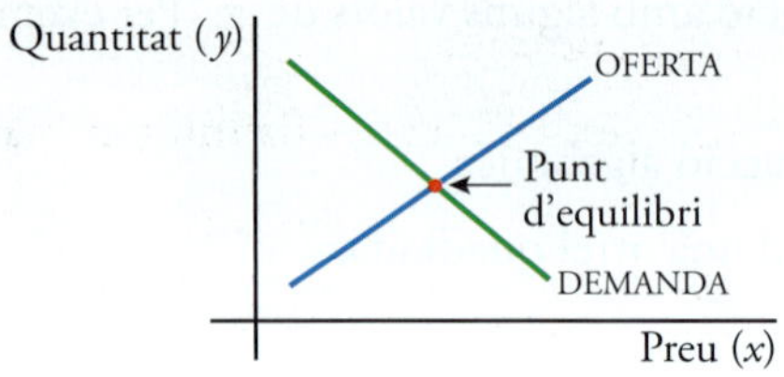

El punt de tall és un punt d'equilibri: per a aquest preu, el que s'ofereix és igual al que es demana i ni sobra ni manca mercaderia.

NOTA: En economia, aquestes funcions es descriuen prenent *la quantitat* com a variable independent i *el preu* com a variable dependent.

Les funcions descriuen fenòmens quotidians, psicològics, econòmics, científics... Aquestes funcions habitualment s'obtenen de manera experimental i, ben sovint, responen a alguna de les grans famílies que ja coneixem de cursos anteriors.

Recordem aquestes famílies i algunes funcions obtingudes experimentalment que hi corresponen.

Funcions lineals

Les **funcions lineals** es descriuen amb equacions de primer grau $y = mx + n$ (m, pendent; n, ordenada en l'origen), i es representen amb rectes.

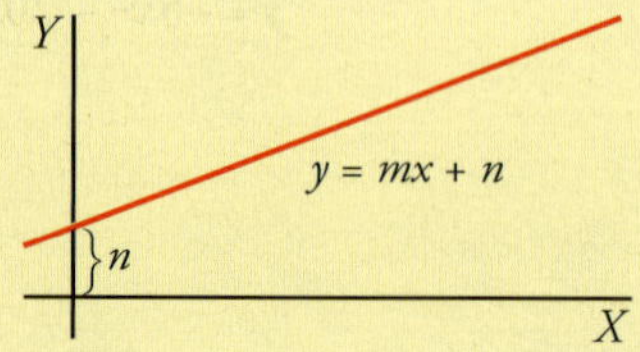

El **pendent**, m, és el coeficient de la x quan la y està aïllada. És la variació que es produeix en la y quan la x augmenta una unitat.

Si coneixem les coordenades de dos punts de la recta, $P(x_1, y_1)$, $Q(x_2, y_2)$, per tal de **trobar el pendent**, procedim així:

$$m = \frac{y_2 - y_1}{x_2 - x_1}$$

$y_2 - y_1$ és la variació de la y

$x_2 - x_1$ és la variació de la x

Si d'una recta (funció lineal) es coneix un dels punts (x_0, y_0) i el pendent, m, l'equació es pot posar així:

FORMA PUNT-PENDENT DE L'EQUACIÓ D'UNA RECTA

$$y = m(x - x_0) + y_0$$

Exemple de funció lineal:

La *pressió P* (en atmosferes) a la mar i la *profunditat h* (en metres) es relacionen amb l'equació:

$$P = 1 + \frac{h}{10}, \quad h > 0$$

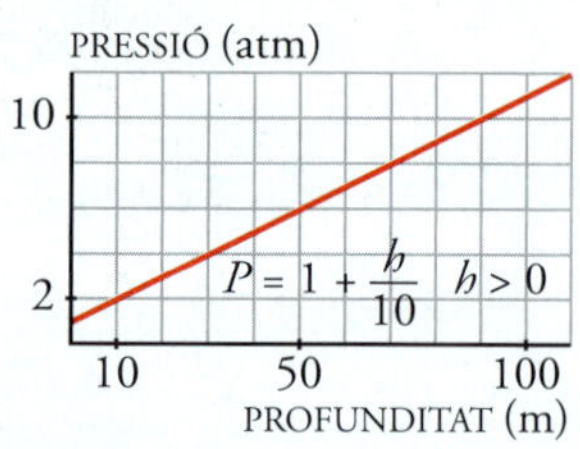

Exercici resolt

1 *Escriu l'equació de les rectes representades en la gràfica.*

a) Passa per (0, 4) i (2, 5). El seu pendent és $m = \frac{5-4}{2-0} = \frac{1}{2}$. La seva ordenada en l'origen és 4.

La seva equació és: $y = \frac{1}{2}x + 4$

b) Passa per (0, 0) i (3, 2). El seu pendent és $m = \frac{2}{3}$. La seva ordenada en l'origen és 0.

La seva equació és: $y = \frac{2}{3}x$

Recorda: aquestes funcions lineals amb les rectes que passen per l'origen s'anomenen **funcions de proporcionalitat**.

c) Passa per (2, 7) i per (5, 3). El seu pendent és $\frac{3-7}{5-2} = -\frac{4}{3}$.

La seva equació és: $y = -\frac{4}{3}(x-2) + 7$

Interpolació lineal

Si d'una funció coneixem només dos dels punts, no podrem dir gairebé res del seu comportament en altres punts. No obstant això, si tinguéssim motius per suposar que entre aquests dos punts la funció és lineal (almenys aproximadament), en podríem trobar (exactament o aproximadament) els valors en punts intermedis, valent-nos de l'equació d'una recta.

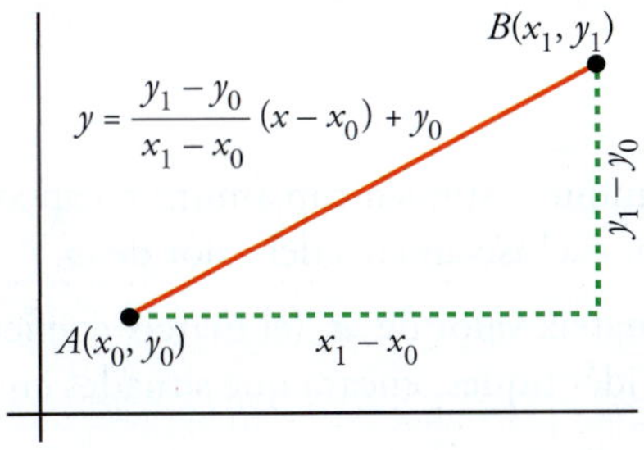

Una funció passa pels punts $A(x_0, y_0)$, $B(x_1, y_1)$, és a dir, $f(x_0) = y_0$, $f(x_1) = y_1$. Si hi ha raó per suposar que la funció és lineal en l'interval $[x_0, x_1]$, llavors en podem trobar el valor per a qualsevol abscissa, x, d'aquest interval a partir de la recta que passa per A i B:

$$\text{si } x \in (x_0, x_1), \text{ llavors } f(x) = \frac{y_1 - y_0}{x_1 - x_0}(x - x_0) + y_0$$

Aquest procés s'anomena **interpolació lineal**.

Si x és exterior a $[x_0, x_1]$, el procés s'anomena **extrapolació**.

En l'extrapolació, com més allunyat estigui x de l'interval, menys fiable és el valor que obtenim per a $f(x)$.

Exercici resolt

1 *Si pengem un pes de 40 g d'una molla, s'estira fins a 12 mm. I si hi pengem un pes de 60 g, s'estira fins a 20 mm.*

a) Quina en seria la longitud si hi pengéssim un pes de 55 g?

b) Quina en seria la longitud si hi pengéssim un pes de 100 g?

c) I si el pes fos de 5 kg?

a) Podem suposar que, almenys en l'interval [40, 60], la longitud de la molla depèn linealment del pes que hi pengem. Per tant, podem estimar-ne la longitud per a un pes intermedi:

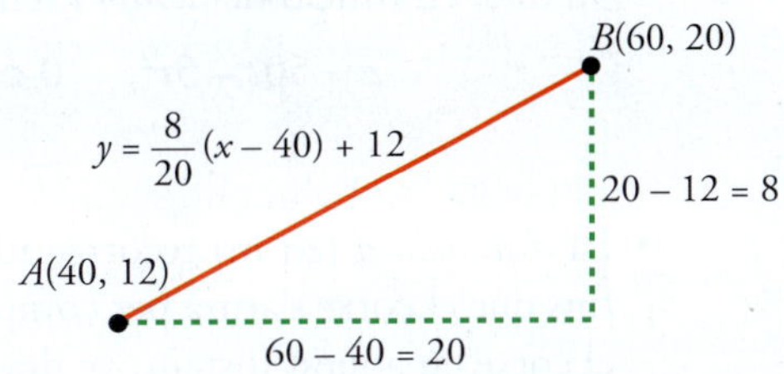

$$f(55) = \frac{8}{20}(55 - 40) + 12 = \frac{2}{5} \cdot 15 + 12 = 18$$

Per a 55 g, la longitud de la molla serà de 18 mm.

b) Per a 100 g, s'obté $f(100) = \frac{2}{5}(100 - 40) + 12 = 36$ mm.

c) Per a 5 kg = 5 000 g, $f(5000) = \frac{2}{5}(5000 - 40) + 12 = 1\,996$ mm.

L'extrapolació realitzada en b) pot ser raonable, perquè 100 g és pròxim a l'interval [40, 60]. Però en c), allò que s'ha obtingut és un disbarat. Per a aquest pes (5 000 g) la molla es deforma o es trenca. Aquesta extrapolació no és vàlida.

Exercicis proposats

3 Representa la funció següent:

$$y = -2x + 7, \quad x \in (1, 4]$$

4 Una funció lineal f compleix: $f(3) = 5$, $f(7) = -4$, $Dom(f) = [0, 10]$. Quina n'és l'expressió analítica? Representa-la.

5 En una universitat, l'any 2009 hi havia 10 400 alumnes matriculats, i 13 200 en el 2014. Estima quants n'hi havia:

a) l'any 2010. b) el 2012. c) el 2007.

d) Quants hem d'esperar que n'hi hagi el 2017?

e) I el 2047?

6 El consum de benzina d'un automòbil determinat, per cada 100 km, depèn de la velocitat que duu. A 60 km/h consumeix 5,7 *l* i a 90 km/h consumeix 7,2 *l*.

a) Estima'n el consum si recorre 100 km a 80 km/h.

b) Quant consumirà a 100 km/h?

c) I a 200 km/h?

3 Funcions quadràtiques. Interpolació

En el web

Animació i exercicis interactius per visualitzar com canvia una recta o una paràbola en variar-ne els paràmetres.

Funcions quadràtiques. Interpolació

Les **funcions quadràtiques** es descriuen amb equacions de segon grau

$$y = ax^2 + bx + c, \quad a \neq 0$$

i es representen mitjançant paràboles.

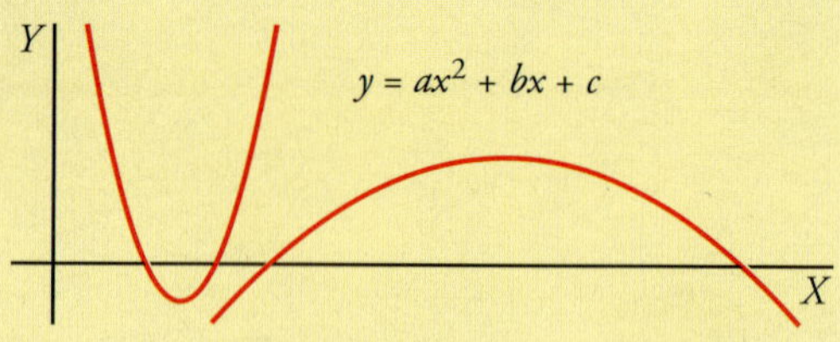

- Tenen els eixos paral·lels a l'eix Y.
- Les formes d'aquestes paràboles (que les branques estiguen cap amunt o cap avall, que siguin més o menys amples...) depenen, exclusivament, del valor de a.
  - — Si dues funcions quadràtiques tenen el mateix valor de a (el mateix coeficient de x^2), les paràboles corresponents són idèntiques, encara que situades en posicions diferents.
  - — Si $a > 0$, les branques van cap amunt, i si $a < 0$, cap avall.
  - — Com major sigui $|a|$, més estilitzada és la paràbola.
- L'abscissa del vèrtex de la paràbola $y = ax^2 + bx + c$ és $x_0 = -\dfrac{b}{2a}$.

Exemples:

- L'*altura a* (en m) a la qual es troba un objecte que es llança verticalment cap amunt amb una velocitat de 50 m/s, en funció del *temps t* (en s), és la següent:

$$a = 50t - 5t^2, \quad 0 \leq t \leq 10$$

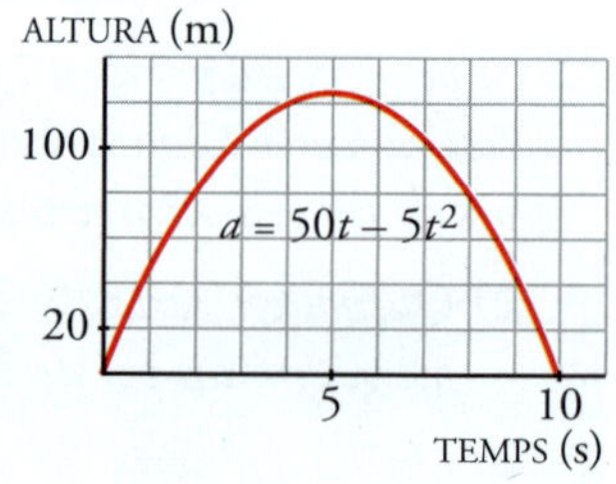

- La *distància d* (en m) recorreguda per un cotxe des que el conductor veu el perill fins que el cotxe s'atura per complet en funció de la *velocitat v* (en km/h) que porta el cotxe en aquest instant, ve donada per aquesta expressió analítica:

$$d = 0{,}0074v^2 + 0{,}21v, \quad 0 \leq v \leq 100$$

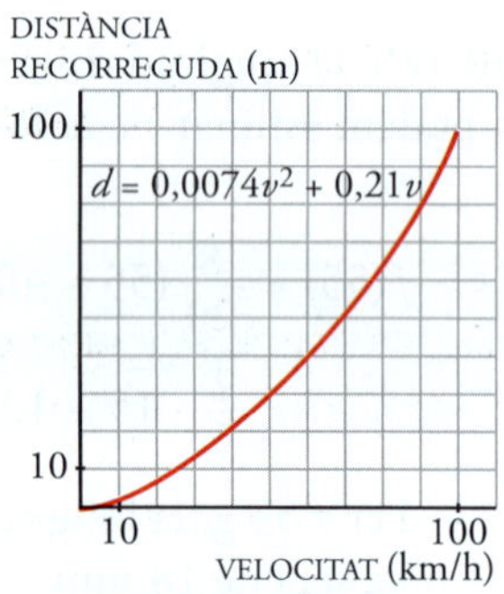

Exercici resolt

1 *Representa les paràboles següents:*

a) $y = x^2 - 4x + 6$

b) $y = x^2 - 1$

c) $y = -\frac{1}{2}x^2 + 2x + 5$

d) $y = 2x^2 - 8x + 4$

Les abscisses dels vèrtexs són: a) 2, b) 0, c) 2, d) 2.

Donant alguns valors a cadascuna, n'obtenim la representació:

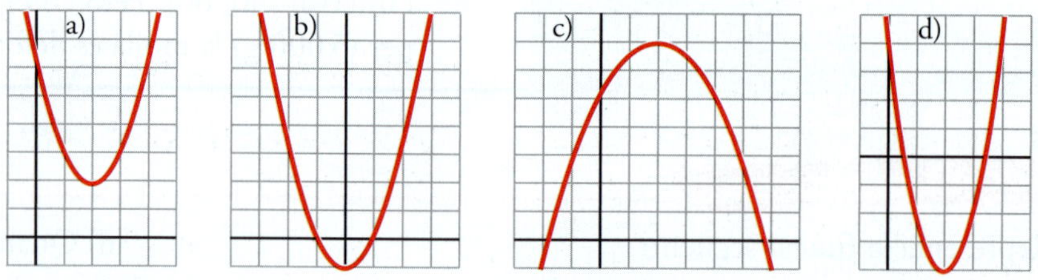

Exercicis proposats

7 Representa aquestes paràboles:

a) $y = x^2 - 2x + 3$ b) $y = -x^2 - 2x - 3$

c) $y = x^2 - 6x + 5$ d) $y = 2x^2 - 10x + 8$

e) $y = \frac{1}{3}x^2 - x + 3$ f) $y = \frac{1}{4}x^2 + x - 2$

8 Representa les funcions següents:

a) $y = x^2 - 6x + 1, \ x \in [2, 5)$

b) $y = -x^2 + 3x, \ x \in [0, 4]$

c) $y = x^2 - 4, \ x \in (-\infty, -2) \cup (2, +\infty)$

Paràbola que passa per tres punts

Si els punts $A(x_1, y_1)$, $B(x_2, y_2)$ i $C(x_3, y_3)$ no estan alineats, aleshores existeix una paràbola (i només una) que passa per A, B i C. Per determinar-la, posem l'equació en forma general, $y = ax^2 + bx + c$, i "l'obliguem" a què passi per cadascun dels tres punts. Obtenim, així, un sistema de tres equacions amb tres incògnites, a, b i c. En resoldre'l, s'obtenen els paràmetres de l'equació.

Exercici resolt

1 *Trobar l'equació de la paràbola que passa pels punts (2, – 1), (6, –5) i (10, 7).*

Fes-ho tu. Troba l'equació de la paràbola que passa per (0, 3), (2, –3) i (6, 9).

Expressem l'equació de la paràbola en forma general, $y = ax^2 + bx + c$, i l'obliguem a que passi per cada un dels punts donats:

$$\left.\begin{array}{lll} (2, -1) \rightarrow -1 = a \cdot 2^2 + b \cdot 2 + c & \rightarrow & 4a + 2b + c = -1 \\ (6, -5) \rightarrow -5 = a \cdot 6^2 + b \cdot 6 + c & \rightarrow & 36a + 6b + c = -5 \\ (10, 7) \rightarrow 7 = a \cdot 10^2 + b \cdot 10 + c & \rightarrow & 100a + 10b + c = 7 \end{array}\right\}$$

Resolem aquest sistema i obtenim els coeficients: $a = \frac{1}{2}$, $b = -5$, $c = 7$.

La paràbola buscada és $y = \frac{1}{2}x^2 - 5x + 7$.

Mètode de Newton per obtenir l'equació d'una paràbola

Aplicant aquest mètode, l'obtenció de la paràbola que passa per tres punts, $A(x_1, y_1)$, $B(x_2, y_2)$ i $C(x_3, y_3)$, s'aconsegueix de manera més còmoda. Usa l'expressió següent com a equació de la paràbola:

$$y = p + m(x - x_1) + n(x - x_1)(x - x_2)$$

En imposar que passi per A, B i C, el sistema d'equacions obtengut és escalonat i, per tant, més fàcil de resoldre.

Exercici resolt

1 *Troba, pel mètode de Newton, l'equació de la paràbola que passa pels punts (2, –1), (6, –5) i (10, 7).*

Fes-ho tu. Troba, pel mètode de Newton, l'equació de la paràbola que passa per (0, 3), (2, –3) i (6, 9). Comprova que és la mateixa que s'obté en el *Fes-ho tu* anterior.

Equació de la paràbola: $y = p + m(x - 2) + n(x - 2)(x - 6)$

Imposem que passi pels tres punts donats:

$(2, -1) \rightarrow -1 = p + m \cdot (2 - 2) + n \cdot (2 - 2) \cdot (2 - 6) \rightarrow p = -1$

$(6, -5) \rightarrow -5 = p + m \cdot (6 - 2) + n \cdot (6 - 2) \cdot (6 - 6) \rightarrow p + 4m = -5 \rightarrow m = -1$

$(10, 7) \rightarrow 7 = p + m \cdot (10 - 2) + n \cdot (10 - 2) \cdot (10 - 6) \rightarrow p + 8m + 32n = 7 \rightarrow n = \frac{1}{2}$

Obtenim, així, l'equació: $y = \frac{1}{2}(x - 2)(x - 6) - (x - 2) - 1$

Operant-hi i reagrupant s'obté, com és natural, la mateixa equació de l'exercici resolt anterior:

$$y = \frac{1}{2}x^2 - 5x + 7$$

Exercicis proposats

9 Troba l'equació de la paràbola que passa pels punts (–1, 0), (2, 12) i (8, –72) de les dues maneres següents:

a) Amb l'equació en forma general.

b) Pel mètode de Newton.

10 Troba els punts de la paràbola $y = x^2 + 6x + 5$ que té d'abscisses 0, 3 i 5.

Obtén, pel mètode de Newton, la paràbola que passa per aquests tres punts i comprova que és la mateixa.

Interpolació parabòlica

Si d'una funció coneixem només tres punts $A(x_1, y_1)$, $B(x_2, y_2)$ i $C(x_3, y_3)$, $x_1 < x_2 < x_3$, podrem trobar-ne nous valors aproximats a partir de la paràbola que passa pels punts, $y = P(x)$. La confiança que podem tenir en el valor estimat dependrà del tipus de funció i de la situació del nou punt:

- Si x és en l'interval $[x_1, x_3]$, es tracta d'una **interpolació** i hem d'esperar que el valor estimat sigui relativament pròxim al real.
- Si x és fora de l'interval $[x_1, x_3]$, es tracta d'una **extrapolació** i l'estimació serà molt més fiable com més a prop estigui x d'algun dels extrems de l'interval.

Exercici resolt

1 *El percentatge de desocupació a Espanya en alguns anys passats va ser:*

ANY	2008	2012	2014
%	13,79	25,77	23,67

Estima el percentatge de desocupació de 2013, 2007 i 2006 mitjançant una interpolació (o extrapolació) parabòlica.

Prenem com a any zero l'any 2008. En conseqüència, hem d'obtenir l'equació de la paràbola que passa pels punts (0; 13,79), (4; 25,77), (6; 23,67). Ho farem mitjançant el mètode de Newton.

Equació:

$$y = P(x) = p + m(x - 0) + n(x - 0)(x - 4) \rightarrow y = P(x) = p + mx + nx(x - 4)$$

Ara, l'obliguem a què passi per cadascun dels tres punts donats:

$$(0; 13{,}79) \rightarrow 13{,}79 = p + m \cdot 0 + n \cdot 0 \cdot (-4) \rightarrow p = 13{,}79$$

$$(4; 25{,}77) \rightarrow 25{,}77 = 13{,}79 + m \cdot 4 + n \cdot 4 \cdot 0 \rightarrow m = 2{,}995$$

$$(6; 23{,}67) \rightarrow 23{,}67 = 13{,}79 + 2{,}995 \cdot 6 + n \cdot 6 \cdot 2 \rightarrow n = -0{,}674$$

L'equació és $y = P(x) = 13{,}79 + 2{,}995x - 0{,}674x(x - 4)$

Obtenim el valor de P en cadascun dels punts demanats:

2013 $\rightarrow x = 5 \rightarrow P(5) = 13{,}79 + 2{,}995 \cdot 5 - 0{,}674 \cdot 5 \cdot 1 = 25{,}4$ (Valor real: 25,73 %, bastant pròxim a l'estimat)

2007 $\rightarrow x = -1 \rightarrow P(-1) = 7{,}425$ (Valor real: 8,57 %, bastant pròxim)

2006 $\rightarrow x = -2 \rightarrow P(-2) = -0{,}288$ (Absurd. Valor real: 8,26 %)

Com veiem, les estimacions fetes per interpolació i per extrapolació per a un x pròxim a l'interval, són bones. En allunyar-nos de l'interval s'obté un resultat absurd.

Fes-ho tu. El percentatge de desocupació a Espanya en alguns anys va ser:

ANY	1994	1997	2000
%	24,1	20,6	13,9

Estima, mitjançant una interpolació parabòlica, el percentatge de desocupació de 1998, 2001 i 2003 i compara'l amb els valors reals:

ANY	1998	2001	2003
%	18,6	10,63	11,37

Exercici proposat

11 En una universitat, l'any 2009 hi havia 10 400 estudiants, 11 300 el 2011 i 13 200 el 2014. Estima quants n'hi havia:

a) l'any 2010.

b) el 2012.

c) el 2007.

d) Quants s'ha d'esperar que n'hi hagi el 2017?

Aquest enunciat és com el de l'exercici 3 de l'epígraf anterior, però enriquit amb una nova dada corresponent a l'any 2011; per això, ara, amb tres punts, es pot efectuar una interpolació parabòlica.

12 El consum de benzina d'un cert automòbil, per cada 100 km, depèn de la seva velocitat. A 60 km/h consumeix 5,7 *l*; a 70 km/h, 6 *l*, i a 90 km/h consumeix 7,2 *l*. Calcula quant gastarà per cada 100 km recorreguts anant a les velocitats següents:

a) 80 km/h b) 100 km/h c) 200 km/h

Aquest enunciat és com el de l'exercici 4 de l'epígraf anterior, però enriquit amb una nova dada corresponent al consum a 70 km/h, i per això, ara, amb tres punts, es pot efectuar una interpolació parabòlica.

4 Funcions de proporcionalitat inversa

S'anomenen **funcions de proporcionalitat inversa** aquelles l'equació de les quals és $y = \frac{k}{x}$. Les gràfiques en són hipèrboles. El domini de definició és $(-\infty, 0) \cup (0, +\infty)$.

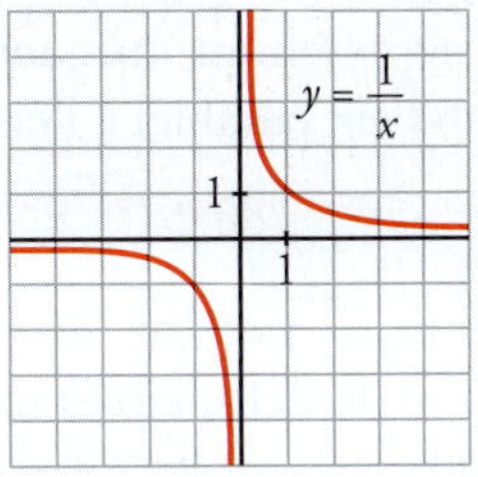

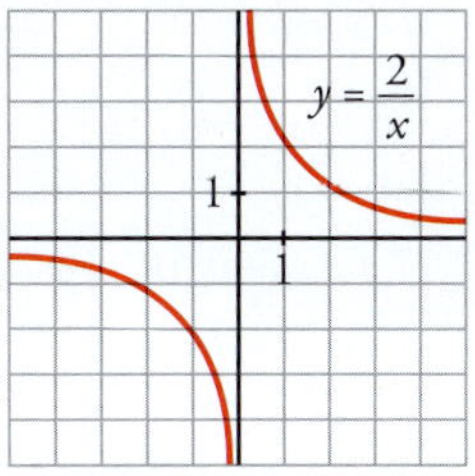

Recordem que cada hipèrbola «se cenyeix» a un parell de rectes anomenades asímptotes. D'aquesta manera, a les funcions de proporcionalitat inversa *les asímptotes són els eixos de coordenades.*

També són hipèrboles els gràfics de les funcions $y = \frac{ax + b}{cx + d}$.

Exemples:

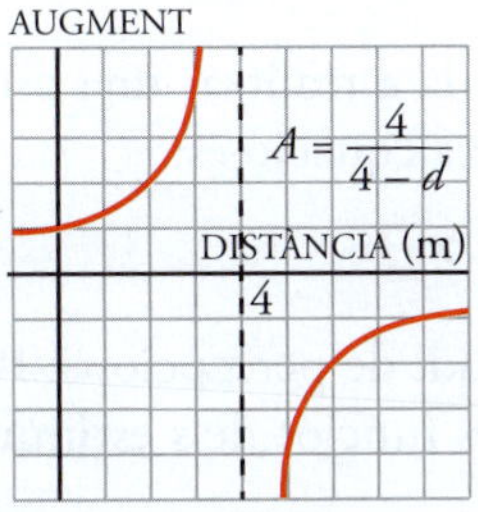

- L'*augment* A produït per una lupa determinada ve donat per l'equació:

$$A = \frac{4}{4 - d}$$

on d és la distància a la lupa (en cm) a la qual se situa l'objecte.

- Tapem l'orifici de sortida d'una xeringa de 8 cm de longitud. En empènyer l'èmbol de la xeringa, l'aire es comprimeix.

La relació entre la *pressió* P (en atm), i la *longitud* l (en cm) de la columna d'aire respon a l'equació:

$$l = \frac{8}{P + 1}, \quad P \geq 0$$

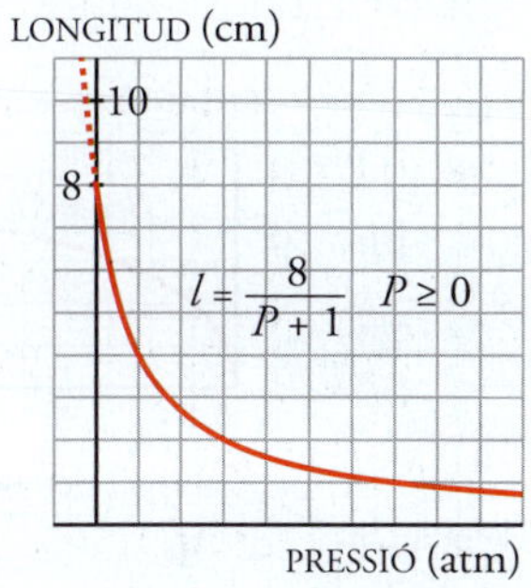

En el web

Animació interactiva per veure com varia una funció del tipus $\frac{1}{x - a}$ en variar-ne el paràmetre.

Exercici resolt

1 *Representa:*

a) $y = \frac{6}{x}$

b) $y = -\frac{4}{x}$

a) Les asímptotes són els eixos de coordenades.

Alguns punts de coordenades enteres són:

(1, 6), (2, 3), (3, 2), (6, 1), (–1, –6), (–2, –3), (–3, –2), (–6, –1)

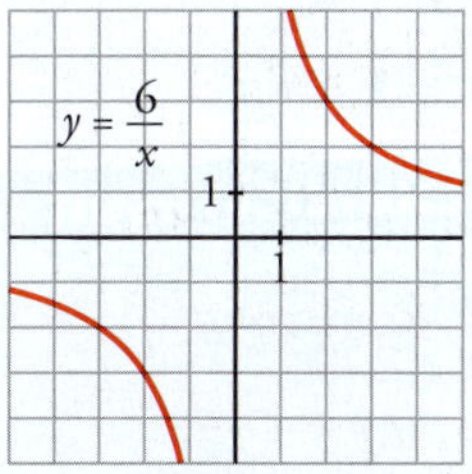

b) Les asímptotes són els eixos de coordenades.

Alguns punts de coordenades enteres són:

(–4, 1), (–2, 2), (–1, 4), (1, –4), (2, –2), (4, –1)

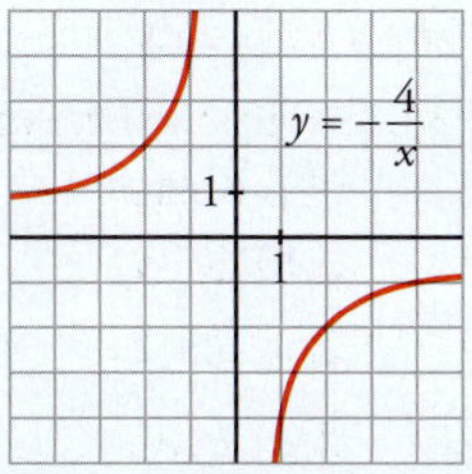

Exercici proposat

13 Representa: a) $y = -\frac{1}{x}$ b) $y = \frac{8}{x}$ c) $y = -\frac{6}{x}$ d) $y = \frac{12}{x}$ e) $y = -\frac{16}{x}$

5 Funcions radicals

Les funcions d'equació

$$y = \sqrt{kx}, \quad k \neq 0$$

es representen mitjançant mitges paràboles amb l'eix paral·lel a l'eix X.

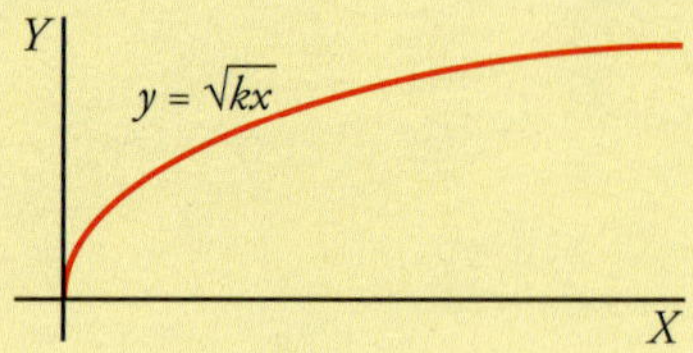

La funció $y = \sqrt[3]{x}$ és contínua i creixent i el domini de definició és tot $\mathbb{R}$.

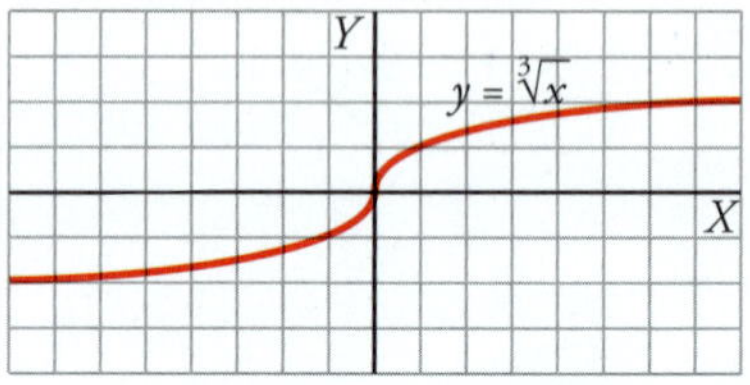

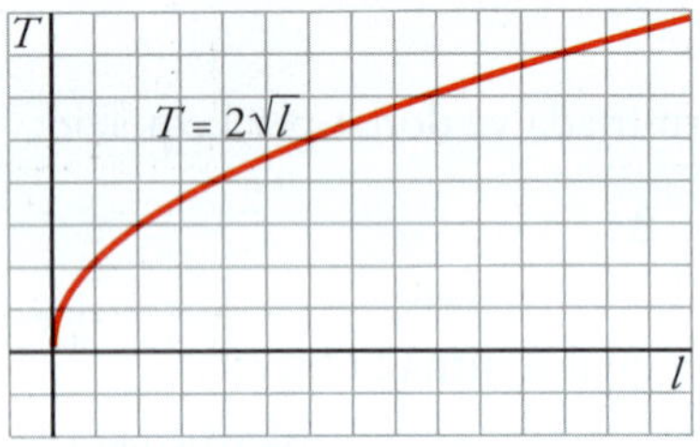

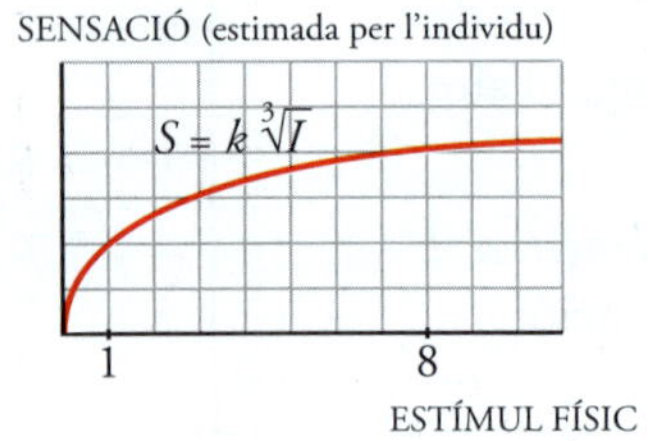

Exemples:

- El *període* T d'un pèndol (temps que tarda a realitzar una oscil·lació completa) és funció de la seva *longitud* l (en m). La seva equació és:

$$T = 2\sqrt{l}$$

- En psicologia té molta importància l'estudi de percepcions. Percebem llum, olors, sons... La percepció (sensació) depèn (és funció) dels estímuls físics que ens arriben per mitjà dels sentits.

  Una de les fórmules que relaciona la *sensació* S amb la *intensitat* I de l'estímul és:

$$S = k\sqrt[a]{I}$$

  on l'índex de l'arrel pren valors diferents segons l'estímul que s'estudiï.

  Aquesta relació entre estímuls (físics) i sensacions (psicològiques) s'anomena Llei psicofísica.

Exercici resolt

1 *Representa:*

a) $y = \sqrt{-4x}$

b) $y = \sqrt[3]{-27x}$

a)

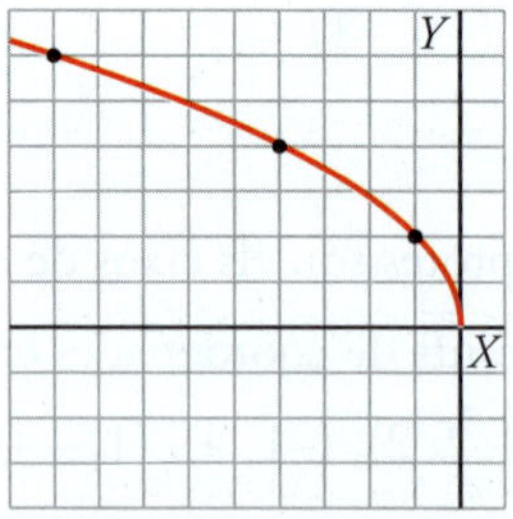

b)

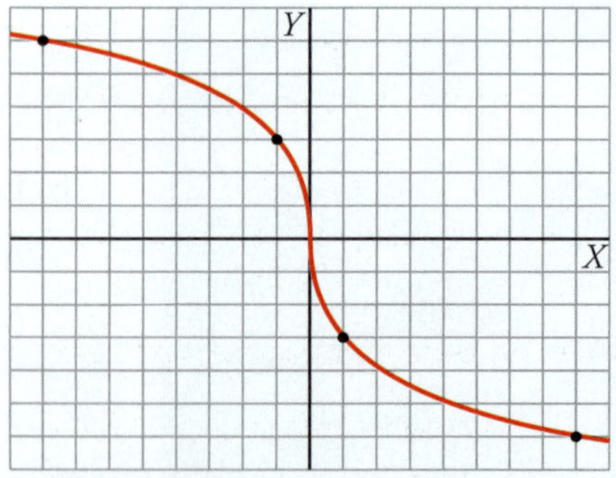

Exercici proposat

14 Representa: a) $y = \sqrt{4x}$ b) $y = \sqrt{9x}$ c) $y = -\sqrt{9x}$ d) $y = \sqrt{-9x}$ e) $y = \sqrt[3]{-8x}$

Exercicis proposats

15 Associa a cada una de les gràfiques següents una de les equacions de sota. Observa que hi ha més equacions que gràfics.

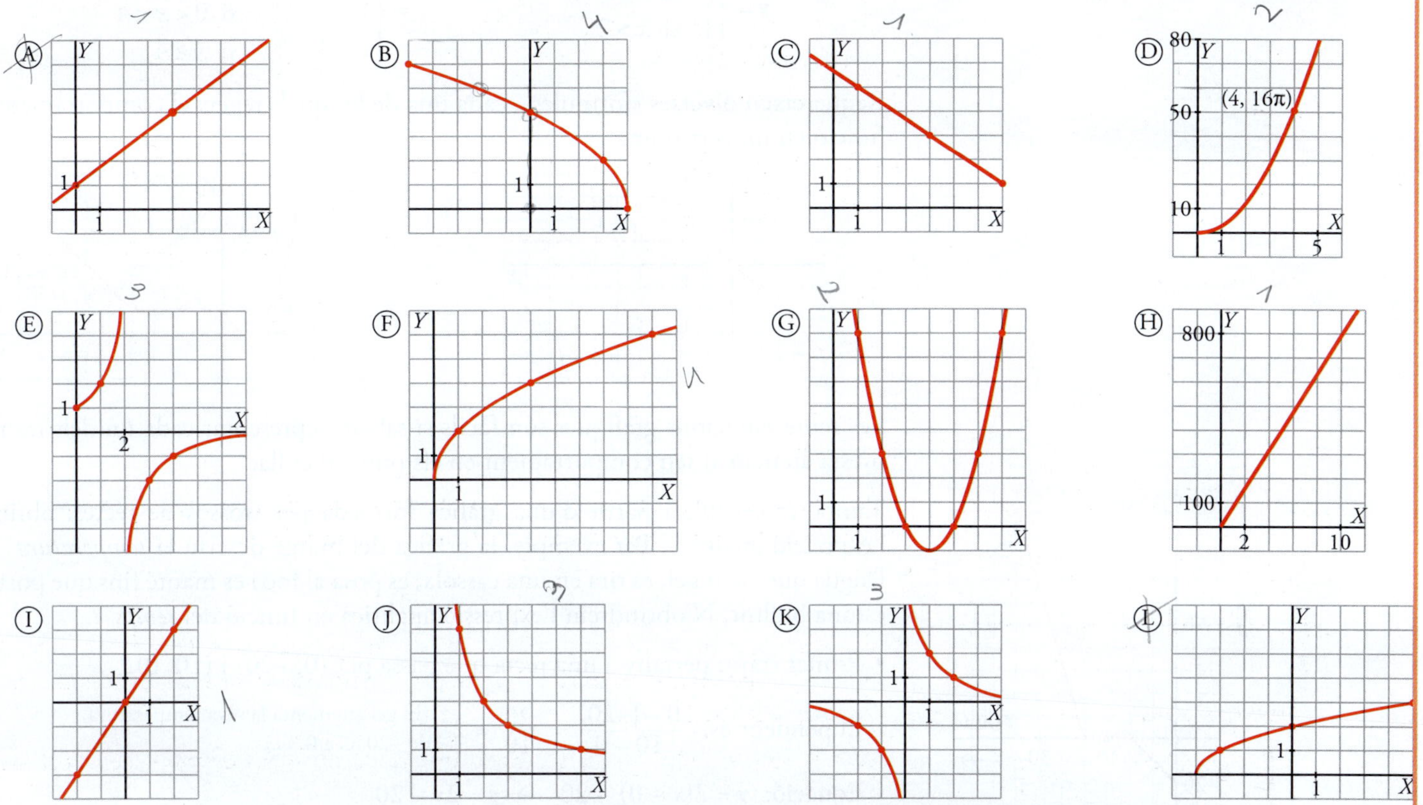

LINEALS	QUADRÀTIQUES	PROPORCIONALITAT INVERSA	RADICALS
L_1 $y = \frac{3}{2}x$	Q_1 $y = x^2 - 8x + 15$	PI_1 $y = \frac{1}{x}$	R_1 $y = \sqrt{2x + 4}$
L_2 $y = -\frac{2}{3}(x - 1) + 5$	Q_2 $y = (x + 3)(x + 5)$	PI_2 $y = \frac{2}{2 - x}$	R_2 $y = \sqrt{x + 4}$
L_3 $y = 25\pi x$	Q_3 $y = x^2,\ x > 0$	PI_3 $y = \frac{2}{x}$	R_3 $y = 2\sqrt{4 - x}$
L_4 $y = \frac{3}{4}x + 1$	Q_4 $y = \pi x^2,\ x > 0$	PI_4 $y = \frac{6}{x},\ x > 0$	R_4 $y = \sqrt{4x},\ x > 0$

16 Cada un dels enunciats següents es correspon amb una gràfica d'entre les de l'exercici anterior. Identifica-la.

1. Superfície, en centímetres quadrats, d'un cercle. Radi, en centímetres.
2. Augment d'una lupa. Distància a l'objecte, en centímetres.
3. Període d'un pèndol. Longitud, en metres.
4. Volum d'un cilindre, en centímetres cúbics. El radi del cercle de la base fa 5 cm. Altura, en centímetres.
5. Longitud d'una molla, en decímetres. Fa 1 dm i s'allarga 75 mm per cada quilo que s'hi penja.
6. Dimensions (llarg i ample, en centímetres) de rectangles amb una superfície de 6 cm^2.

6 Funcions definides «a trossos»

Les expressions analítiques de les funcions següents són molt peculiars:

$$y = \begin{cases} x & \text{si } x \le 2 \\ 1 & \text{si } x > 2 \end{cases} \qquad y = \begin{cases} x^2 + 2x + 1 & \text{si } x \le 0 \\ 1 & \text{si } 0 < x < 4 \\ x - 3 & \text{si } x \ge 4 \end{cases}$$

Requereixen diverses «fórmules», cada una de les quals regeix el comportament de la funció en un cert tram.

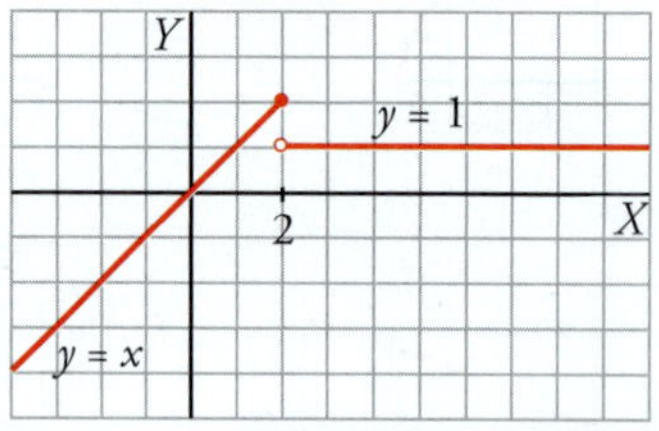

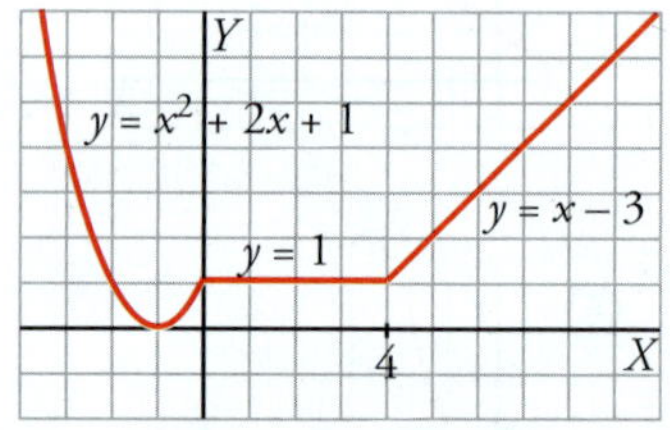

Les representacions gràfiques són fàcils si sabem representar cada un dels trams i es presta atenció al seu comportament en els punts d'enllaç.

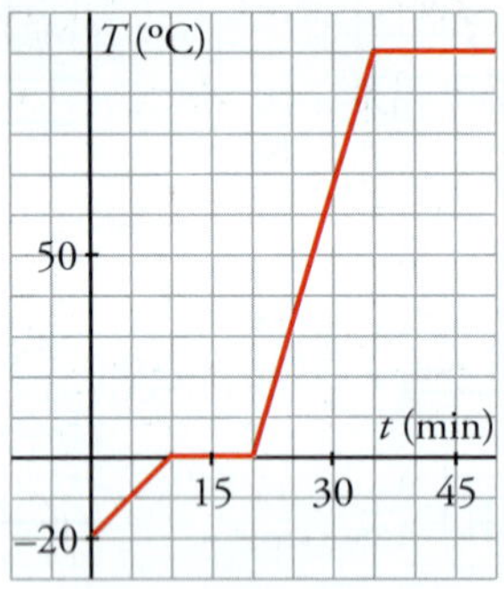

També és senzill, a partir d'una gràfica formada per trossos de rectes, obtindre'n l'expressió analítica. Per exemple, la gràfica del marge descriu la *temperatura* T de l'aigua que, sent gel, es tira en una cassola, es posa al foc i es manté fins que porta una estona bullint. N'obtindrem l'expressió analítica en funció del *temps* t.

- Primer tram: pertany a una recta que passa per (0, –20) i (10, 0).

  El pendent és: $\dfrac{0-(-20)}{10-0} = \dfrac{20}{10} = 2$ (El gel augmenta la seva temperatura de –20 °C a 0 °C.)

  Equació: $y = 2(x-0) - 20 \rightarrow y = 2x - 20$

- Segon tram: $y = 0$ (El gel es descongela.)

- Tercer tram: pertany a una recta que passa per (20, 0) i (35, 100).

  Equació: $y = \dfrac{100}{15}(x-20) \rightarrow y = \dfrac{20}{3}x - \dfrac{400}{3}$ (L'aigua augmenta la seva temperatura de 0 °C a 100 °C.)

- Quart tram: $y = 100$ (L'aigua en ebullició es manté a 100 °C.)

Si en comptes de x i y posem t (temps) i T (temperatura), l'expressió analítica és:

$$T = f(t) = \begin{cases} 2t - 20 & 0 \le t \le 10 \\ 0 & 10 < t < 20 \\ \dfrac{20}{3}t - \dfrac{400}{3} & 20 \le t \le 35 \\ 100 & 35 < t \le 50 \end{cases}$$

Exercicis proposats

17 Representa aquesta funció:

$$f(x) = \begin{cases} x + 1 & x \in [-3, 0) \\ x^2 - 2x + 1 & x \in [0, 3] \\ 4 & x \in (3, 7) \end{cases}$$

18 Fes la representació gràfica de la funció següent:

$$g(x) = \begin{cases} 2x + 1 & \text{si } x < 1 \\ x^2 - 1 & \text{si } x \ge 1 \end{cases}$$

19 Escriu l'expressió analítica que correspon a la gràfica següent:

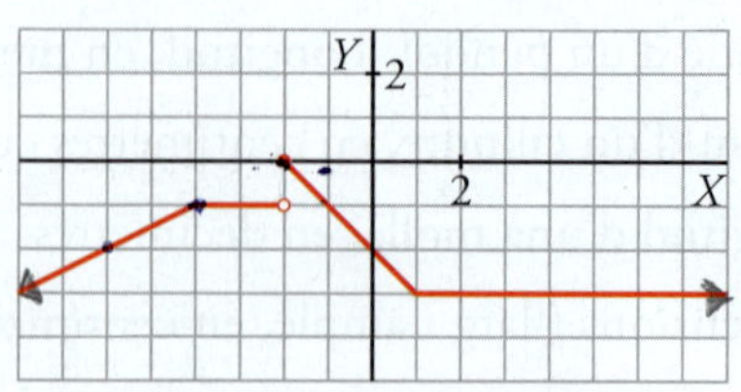

Funció «part entera»

S'anomena **part entera** d'un nombre x el nombre més gran enter menor o igual a x. A partir d'això, definim la **funció part entera de *x***, $Ent(x)$, que fa correspondre a cada nombre x la seva part entera.

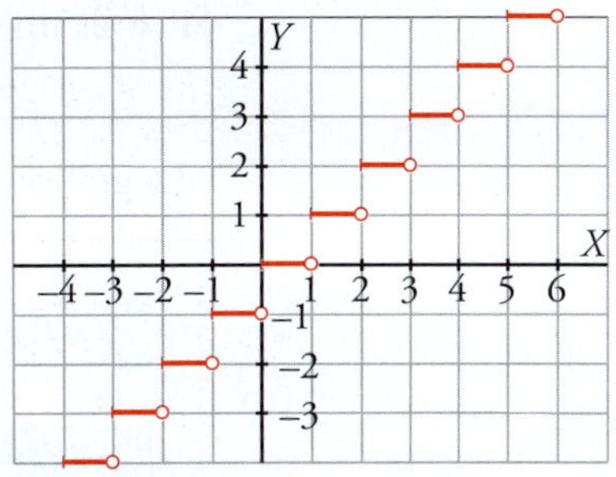

Practica

$Ent(7,5) = 7$

$Ent(-4) = -4$

$Ent(-5,3) = -6$ atenció!

Continua:

$Ent(6,48)$	$Ent(7)$
$Ent(-3,9)$	$Ent(-11,3)$
$Ent(-8)$	

Funció «part decimal»

La **part decimal** o **mantissa** d'un nombre x és $Mant(x) = x - Ent(x)$. Per exemple:

$$Mant(7,54) = 7,54 - 7 = 0,54 \qquad Mant(-7,54) = -7,54 - (-8) = 0,46$$

A partir d'això, definim la **funció part decimal de *x***, $Mant(x)$, que fa correspondre a cada nombre x la seva part decimal.

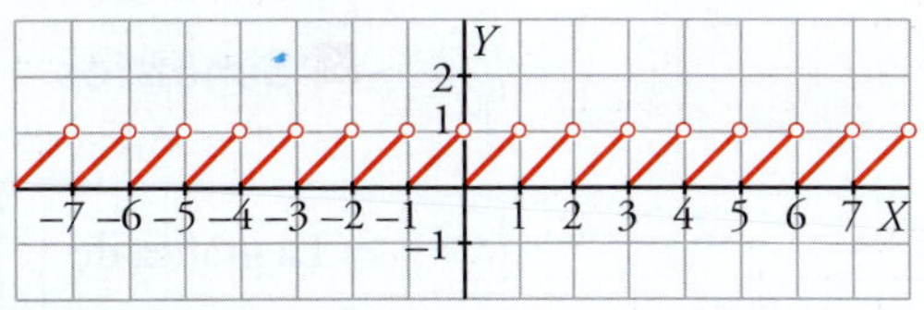

Practica

$Mant(7,68) = 0,68$

$Mant(-8) = 0$

$Mant(-7,68) = 0,32$

Continua:

$Mant(3,791)$	$Mant(-6,94)$
$Mant(2)$	$Mant(-4,804)$

Funció «valor absolut»

Recordem que el valor absolut d'un nombre a coincideix amb a si és positiu o nul, o amb el seu oposat, si és negatiu:

$$|a| = \begin{cases} a & \text{si } a \geq 0 \\ -a & \text{si } a < 0 \end{cases}$$

La funció $y = |x|$ es defineix, en conseqüència, així:

$$y = |x| = \begin{cases} x & \text{si } x \geq 0 \\ -x & \text{si } x < 0 \end{cases}$$

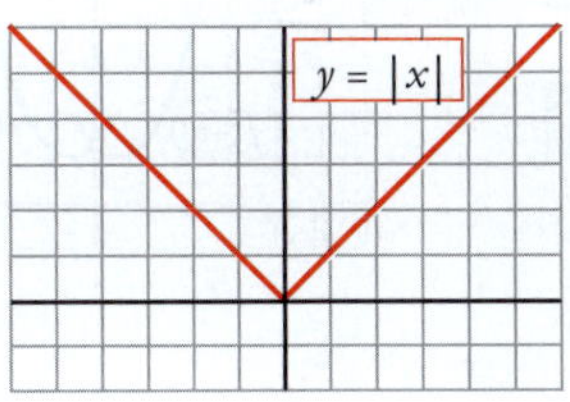

Exercicis proposats

20 Cert o fals?

a) La gràfica vermella correspon a la funció $y = Ent\left(\dfrac{x}{4}\right)$.

b) La gràfica verda correspon a la funció $y = 5 + Ent\left(\dfrac{x}{4}\right)$.

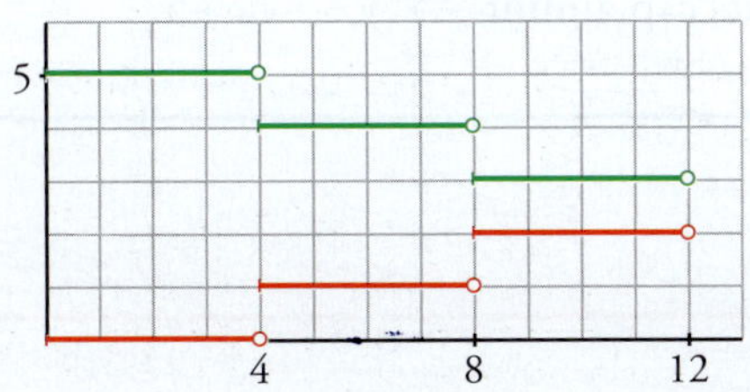

21 Representa:

a) $y = Ent(x) + 2$ b) $y = Ent(x + 0,5)$

22 Cert o fals?

a) La gràfica vermella correspon a $y = 3Mant\left(\dfrac{x}{4}\right)$.

b) La gràfica vermella correspon a $y = 3Mant(4x)$.

c) La gràfica verda correspon a $y = 5 - Mant\left(\dfrac{x}{4}\right)$.

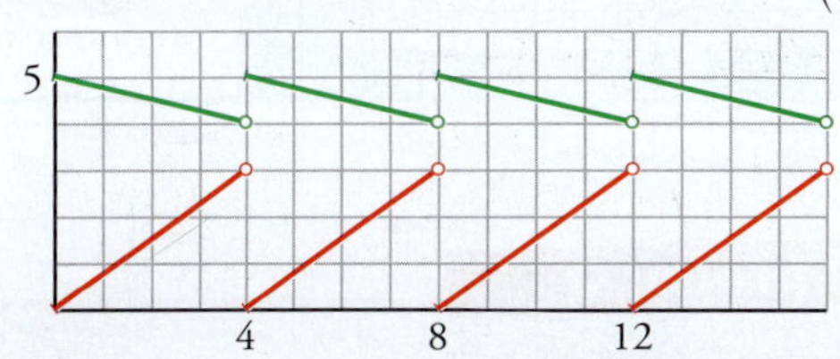

23 Representa:

a) $y = Mant(x) - 0,5$ b) $y = |Mant(x) - 0,5|$

7 Transformacions elementals de funcions

Veurem com canvia la gràfica de $y = f(x)$ quan sotmetem la funció a transformacions molt senzilles.

Translacions

Si k és un nombre positiu, aleshores:

La gràfica de	s'obté traslladant la gràfica de $y = f(x)$
$y = f(x) + k$	k unitats cap amunt.
$y = f(x) - k$	k unitats cap avall.
$y = f(x + k)$	k unitats cap a l'esquerra.
$y = f(x - k)$	k unitats cap a la dreta.

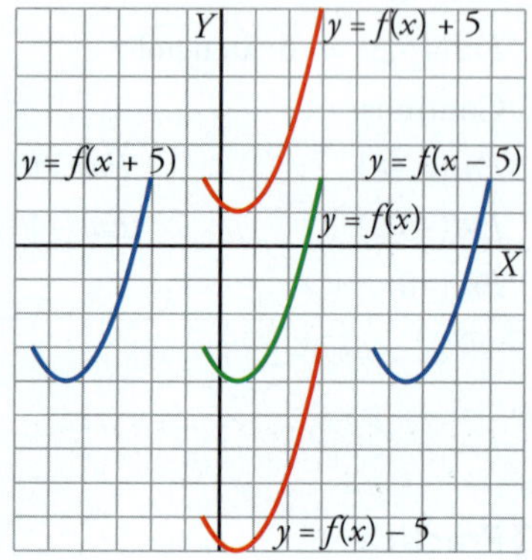

Simetries

La gràfica de	és la simètrica de la gràfica de $y = f(x)$
$y = -f(x)$	respecte de l'eix X.
$y = f(-x)$	respecte de l'eix Y.

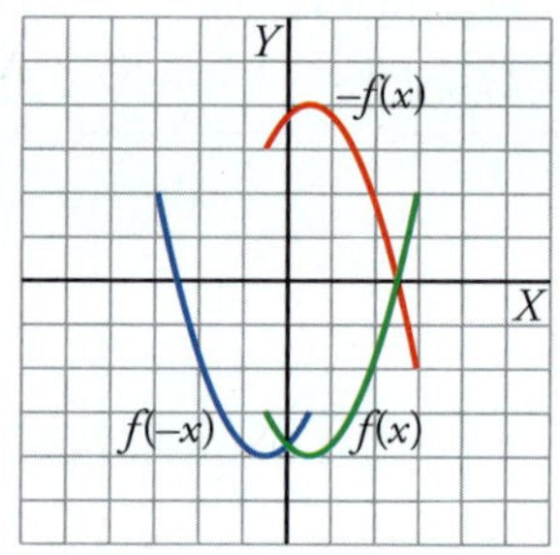

Exercici resolt

1 *Relaciona les gràfiques següents per mitjà de les seves equacions:*

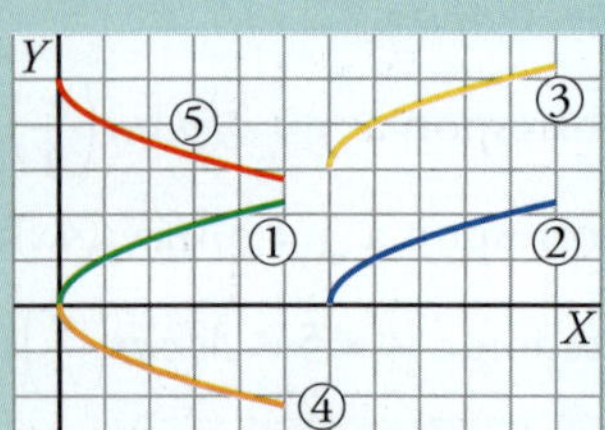

① És la gràfica de la funció $\sqrt{x}$.

② S'obté traslladant ① 6 unitats a la dreta $\rightarrow y = \sqrt{x-6}$.

③ S'obté traslladant ② 3 unitats cap amunt $\rightarrow y = \sqrt{x-6} + 3$.

④ És el simètric respecte a l'eix X de ① $\rightarrow y = -\sqrt{x}$.

⑤ S'obté traslladant ④ 5 unitats cap amunt $\rightarrow y = -\sqrt{x} + 5$.

Exercici proposat

24 Representa successivament:

a) $y = \dfrac{1}{x}$ b) $y = \dfrac{1}{x+3}$ c) $y = -\dfrac{1}{x+3}$ d) $y = -\dfrac{1}{x+3} + 8$

Estirades i contraccions

Si k és un nombre positiu, aleshores:

La gràfica de	s'obté a partir de la gràfica de $y = f(x)$
$y = kf(x)$	estirant-la en sentit vertical multiplicant per k.
$y = \frac{1}{k}f(x)$	contraient-la en sentit vertical dividint entre k.

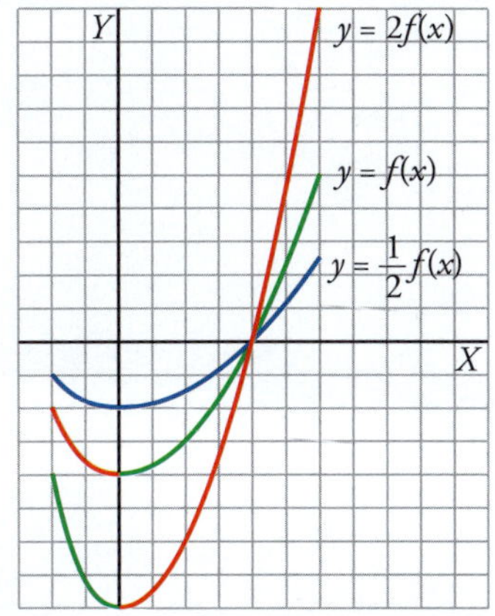

Exercicis resolts

1 *Represента successivament les funcions següents:*

① $y = \dfrac{6}{x}$

② $y = \dfrac{6}{x-5}$

③ $y = -\dfrac{6}{x-5}$

per arribar, finalment, a la representació de:

④ $y = -\dfrac{6}{x-5} + 4$

② s'obté desplaçant ① 5 unitats a la dreta.

③ és el simètric de ② respecte de l'eix X.

④ s'obté pujant ③ 4 unitats.

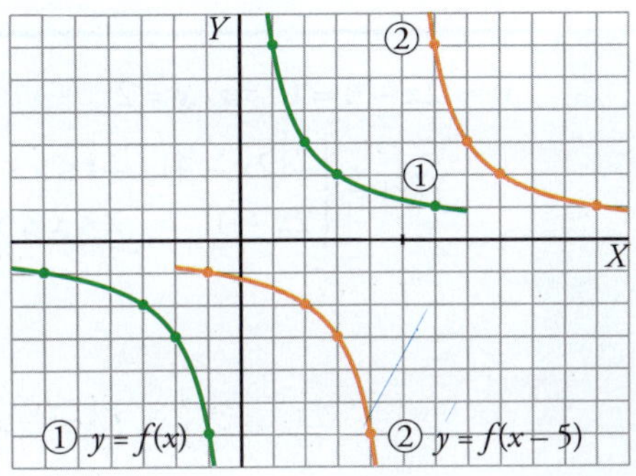

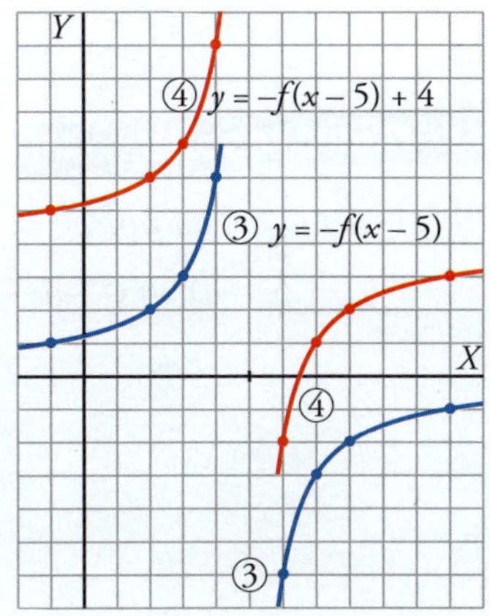

2 *Representa successivament:*

① $y = \sqrt{x}$

② $y = 2\sqrt{x}$

③ $y = -2\sqrt{x}$

④ $y = -2\sqrt{-x}$

per arribar, finalment, a la representació de:

⑤ $y = -2\sqrt{-(x+6)}$

② s'obté estirant ① en sentit vertical multiplicant per 2.

③ és el simètric de ② respecte de l'eix X.

④ és el simètric de ③ respecte de l'eix Y.

⑤ s'obté desplaçant ④ 6 unitats a l'esquerra.

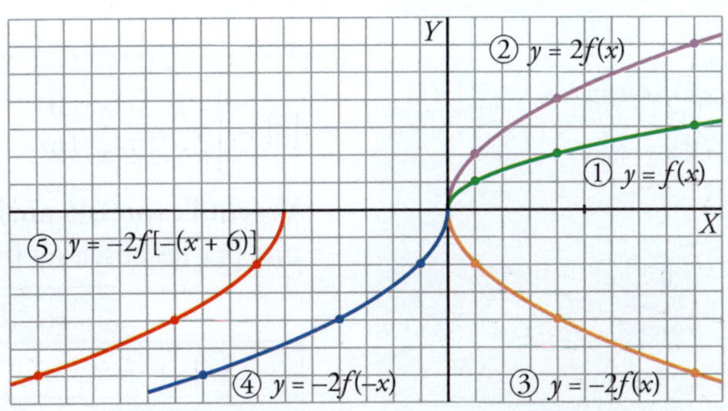

Exercicis proposats

25 Si $y = f(x)$ passa per (3, 8), digues un punt de:

$y = f(x) - 6$, $y = f(x+4)$, $y = \frac{1}{2}f(x)$, $y = 2f(x)$,

$y = -f(x)$, $y = f(-x)$, $y = -2f(-x) + 3$

26 Representa:

a) $y = -\dfrac{4}{x+8} - 3$

b) $y = 3\sqrt{-x+10}$

Valor absolut d'una funció

El valor absolut d'una funció $y = f(x)$ es defineix així:

$$y = |f(x)| = \begin{cases} f(x) & \text{si } f(x) \geq 0 \\ -f(x) & \text{si } f(x) \leq 0 \end{cases}$$

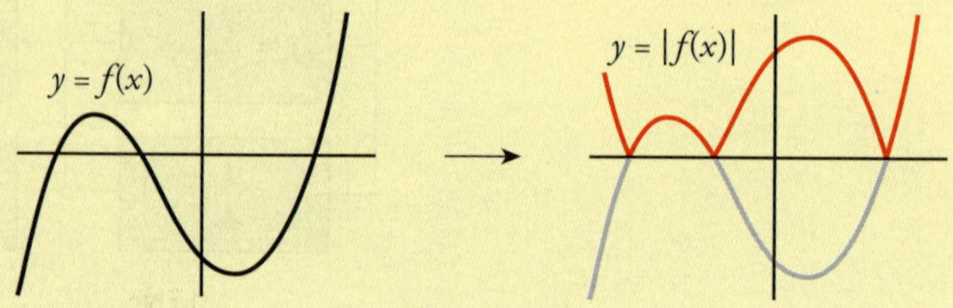

Perquè la definició sigui del tot correcta, hauríem de determinar *els valors de* x per als quals es pren la funció tal qual, $f(x)$, i els valors de x per als quals se'n pren l'oposada, $-f(x)$. Per a això hem de conèixer les arrels de la funció $f(x)$, és a dir, els punts en què el gràfic de $y = f(x)$ talla l'eix X.

Exercicis resolts

1 *Representa aquesta funció:*

$y = |2x - 4|, \; x \in [-1,5]$

$2x - 4 = 0 \Rightarrow x = 2$

$$f(x) = \begin{cases} -(2x-4), & -1 \leq x \leq 2 \\ 2x - 4, & 2 \leq x \leq 5 \end{cases}$$

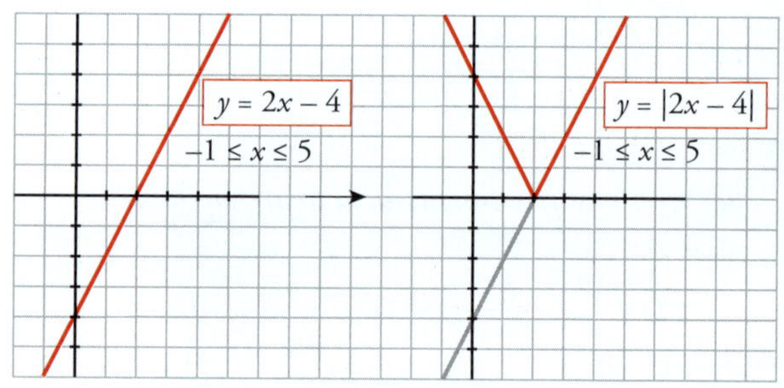

2 *Representa la funció següent:*

$y = |x^2 - 5x + 4|$

$x^2 - 5x + 4 = 0 \Rightarrow x = 1$ o $x = 4$

$$f(x) = \begin{cases} x^2 - 5x + 4, & x \leq 1 \\ -(x^2 - 5x + 4), & 1 \leq x \leq 4 \\ x^2 - 5x + 4, & x \geq 4 \end{cases}$$

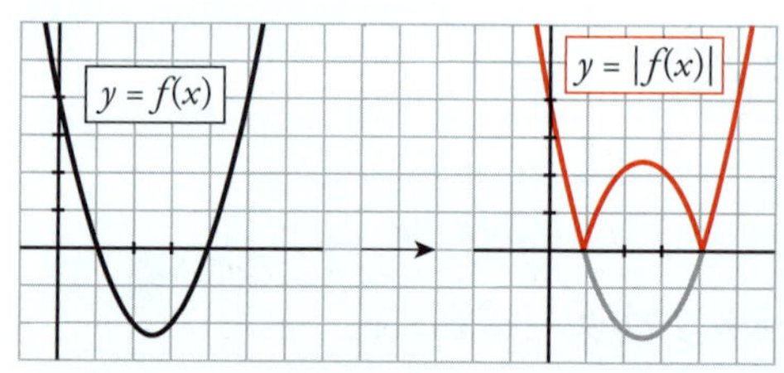

3 *Representa aquesta funció:*

$y = |x| + |x - 4|$

$$|x| = \begin{cases} -x & \text{si } x \leq 0 \\ x & \text{si } x \geq 0 \end{cases} \qquad |x-4| = \begin{cases} -(x-4) = -x+4 & \text{si } x \leq 4 \\ x - 4 & \text{si } x \geq 4 \end{cases}$$

Vegem l'expressió analítica en els diferents trams definits per les abscisses 0 i 4:

	x ≤ 0	**0 ≤ x ≤ 4**	**x ≥ 4**
|x|	$-x$	x	x
|x – 4|	$-x + 4$	$-x + 4$	$x - 4$
|x| + |x – 4|	$-2x + 4$	4	$2x - 4$

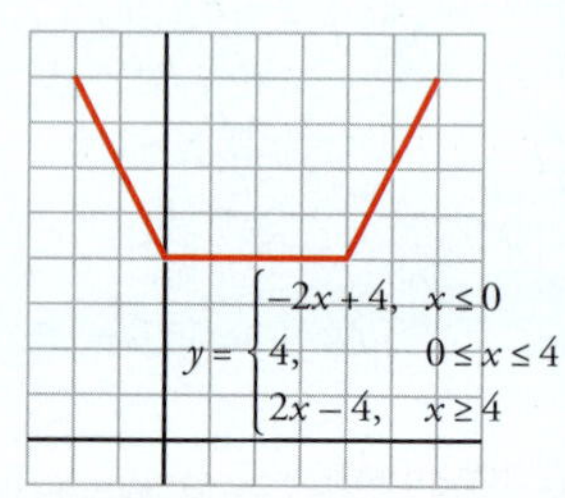

Exercicis proposats

27 Representa: a) $y = \left|\frac{x}{2} - 3\right|, \; x \in [-2, 7]$ b) $y = |-x^2 + 4x + 5|$ c) $y = |x| - |x - 4|$ d) $y = |x + 2| + |x - 3|$

Exercicis i problemes resolts

1. Domini de definició

Troba el domini de definició d'aquesta funció:

$$f(x) = \frac{1}{\sqrt{2x^2 + 7x - 4}}$$

La funció està definida per als valors de x que fan el radicand positiu: $2x^2 + 7x - 4 > 0$.

Resolem la inequació, cercant en primer lloc les solucions de l'equació:

$$2x^2 + 7x - 4 = 0 \rightarrow x = -4;\ x = \frac{1}{2}$$

Aquests valors determinen els intervals en què s'ha d'estudiar el signe de $2x^2 + 7x - 4$.

	$(-\infty, -4)$	$(-4, 1/2)$	$(1/2, +\infty)$
SIGNE DE $2x^2 + 7x - 4$	+	–	+

Domini de definició de $f = (-\infty, -4) \cup (1/2, +\infty)$.

Fes-ho tu. Troba el domini de definició d'aquesta funció:

$$f(x) = \sqrt{x^2 - 4x - 5}$$

2. Interpolació lineal

Un boeing 747 consumeix 83 912 litres de combustible en un vol Madrid-Caracas (7 001 km) i 13 143 litres en un vol Madrid-París (1 054 km). Estima'n el consum en un vol Madrid-Moscou (3 044 km).

Anàlisi del problema. *Suposem que el consum a l'interval [1 054, 7 001] depèn linealment dels quilòmetres recorreguts. Per tant, podem estimar-ne el consum, per a un recorregut intermedi, mitjançant interpolació lineal.*

Trobem l'equació de la recta que passa pels punts (1 054, 13 143) i (7 001, 83 912):

Pendent: $m = \dfrac{83912 - 13143}{7001 - 1054} = 11{,}9$

Equació: $f(x) = 13\,143 + 11{,}9(x - 1\,054) = 11{,}9x + 600{,}4$

Per a $x = 3\,044 \rightarrow f(3\,044) = 36\,824$

El consum estimat per al vol Madrid-Moscou és de 36 824 litres.

Fes-ho tu. La població d'un municipi era de 23 442 habitants l'any 2000 i de 26 087 l'any 2012. Estima'n la població els anys 2005 i 2013.

3. Funció quadràtica

Una fira ramadera està oberta al públic entre les 10 i les 20 hores. El nombre de visitants ve donat per la funció:

$$N(t) = -20t^2 + Bt + C$$

on t és l'hora de visita.

Sabent que a les 17 h s'aconsegueix el màxim de 1 500 visitants, troba B i C i representar-ne la funció.

La funció $N(t) = -20t^2 + Bt + C$ és una paràbola oberta cap avall. El punt més alt (17, 1 500) correspon al vèrtex.

Amb l'abscissa del vèrtex calculem B:

$$t = \frac{-b}{2a} \rightarrow 17 = \frac{-B}{2(-20)} \rightarrow B = 680$$

La paràbola passa per (17, 1 500).

$$N(17) = 1\,500 \rightarrow -20 \cdot 17^2 + 680 \cdot 17 + C = 1\,500 \rightarrow C = -4\,280$$

Per tant, la funció és:

$$N(t) = -20t^2 + 680t - 4\,280;\ 10 \le t \le 20$$

Per representar la funció hem de trobar alguns punts:

$t = 10 \rightarrow N(10) = 520 \rightarrow (10, 520)$

$t = 20 \rightarrow N(20) = 1\,320 \rightarrow (20, 1\,320)$

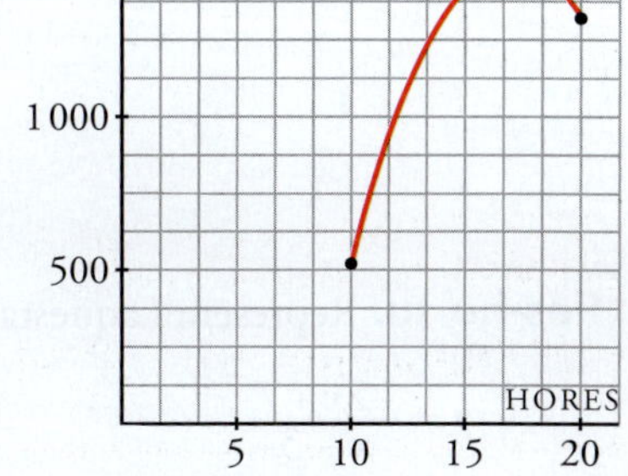

Fes-ho tu. Representa la funció següent:

$$f(t) = -t^2 + 12t - 31,\ 4 \le t \le 7$$

Exercicis i problemes resolts

4. Funció definida «a trossos»

El salari net mensual és el que s'obté en restar els impostos obligatoris al salari brut. En un país s'apliquen aquests impostos:

- *20 % de la part del salari brut compresa entre 500 €, que és el salari mínim, i 2 000 €.*
- *40 % de la part del salari brut superior a 2 000 €.*

a) Quin salari net correspon a 1 200 € de salari brut? I a 2 500 €?

b) Escriu la funció que dóna els impostos segons el salari brut x*, i representa-la.*

c) Quin ha de ser, com a mínim, el salari brut perquè el net sigui superior a 2 500 €?

a) Tenim en compte que els primers 500 € no tenen impostos.

El salari net per a 1 200 € és $1\,200 - 0{,}2 \cdot (1\,200 - 500) = 1\,060$ €

El salari net per a 2 500 € és $2\,500 - 0{,}2 \cdot 1\,500 - 0{,}4 \cdot 500 = 2\,000$ €

b) Calculem la funció que ens dóna els impostos $I(x)$ en els casos que $500 < x \le 2\,000$ i $x > 2\,000$.

- Si $500 < x \le 2\,000$:

$I(x) = 0{,}2(x - 500) = 0{,}2x - 100$

- Si $x > 2\,000$:

$I(x) = 0{,}2 \cdot 1\,500 + 0{,}4(x - 2\,000) = 0{,}4x - 500$

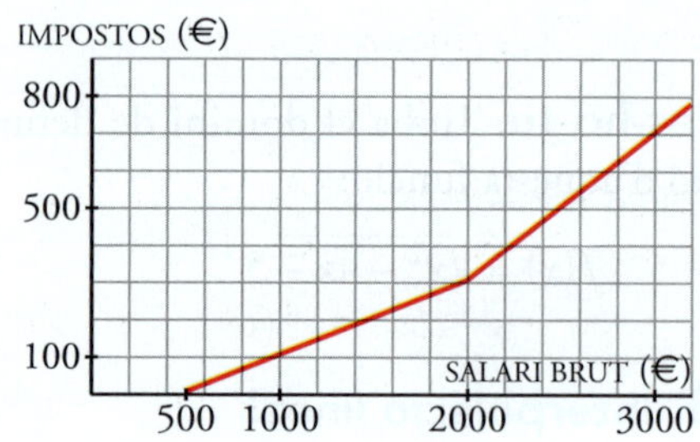

Per tant:

$$I(x) = \begin{cases} 0{,}2x - 100 & \text{si } 500 < x \le 2000 \\ 0{,}4x - 500 & \text{si } x > 2000 \end{cases}$$

c) Resolem la inequació $x - I(x) > 2\,500$:

$$x - (0{,}4x - 500) > 2\,500 \rightarrow 0{,}6x > 2\,000 \rightarrow x > 3\,333{,}33$$

El salari brut ha de ser superior a 3 333,33 €.

5. Hipèrboles

Representa les hipèrboles següents:

a) $y = \dfrac{2}{x-3}$

b) $y = \dfrac{3x-5}{x-2}$

c) $y = \dfrac{2x+1}{x+1}$

a) La gràfica de $y = \dfrac{2}{x-3}$ és com la de $y = \dfrac{2}{x}$ desplaçada 3 unitats a la dreta, com es pot comprovar donant alguns valors:

$$f(1) = -1,\ f(2) = -2,\ f(4) = 2,\ f(5) = 1$$

Les asímptotes són l'eix X i la recta $x = 3$.

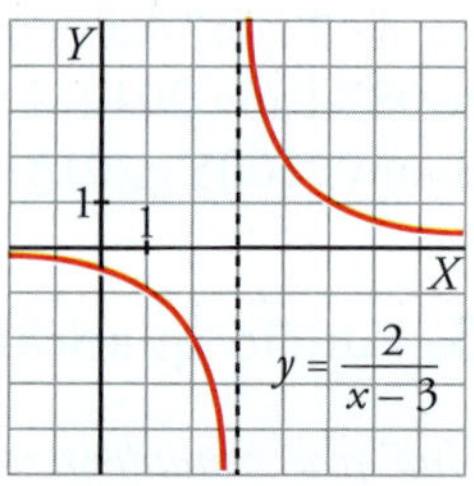

b) Escriurem la funció usant la relació:

$$\frac{\text{dividend}}{\text{divisor}} = \text{quocient} + \frac{\text{residu}}{\text{divisor}}$$

$$\begin{array}{r|l} 3x - 5 & x - 2 \\ \hline -3x + 6 & 3 \\ \hline 1 & \end{array} \rightarrow \frac{3x-5}{x-2} = 3 + \frac{1}{x-2}$$

Per tant, la gràfica de $y = \dfrac{3x-5}{x-2} = 3 + \dfrac{1}{x-2}$

és com la de $y = \dfrac{1}{x}$ desplaçada 2 unitats a la dreta i 3 cap amunt.

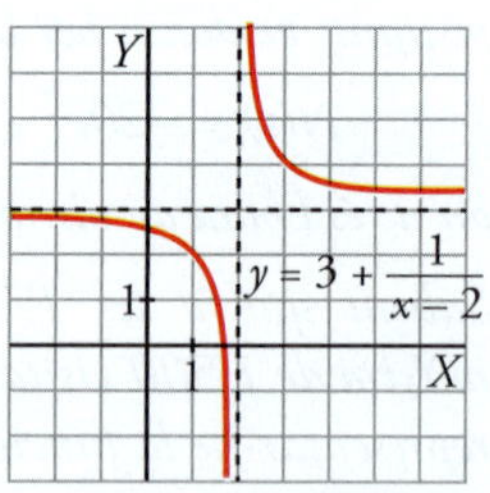

c) Dividim:

$$\begin{array}{r|l} 2x + 1 & x + 1 \\ \hline -2x - 2 & 2 \\ \hline -1 & \end{array} \rightarrow \frac{2x+1}{x+1} = 2 + \frac{-1}{x+1}$$

La gràfica de $y = \dfrac{2x+1}{x+1}$ és la simètrica de $\dfrac{1}{x}$ respecte a l'eix X, desplaçada 2 unitats cap amunt i 1 cap a l'esquerra.

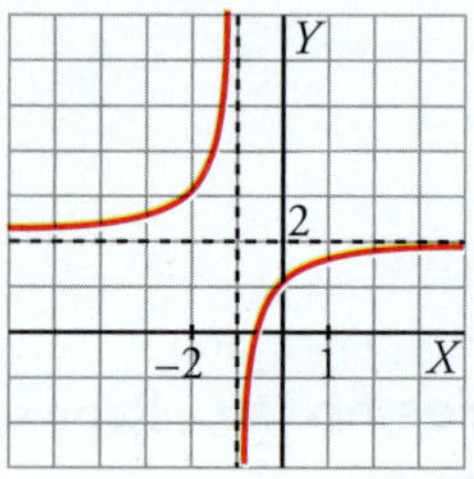

En el web

Animació interactiva per veure com varia la representació d'una hipèrbola.

Fes-ho tu. Representa aquesta funció:

$$y = \frac{-2x+7}{x-3}$$

6. Transformacions d'una funció

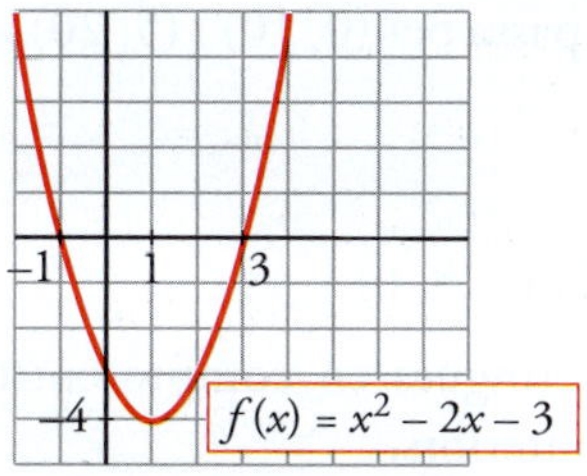

Aquest és la gràfica de la funció:

$$f(x) = x^2 - 2x - 3$$

Representa, a partir d'aquesta, les funcions següents i escriu-ne l'equació:

a) $g(x) = f(x) + 3$ *b)* $h(x) = f(x + 2)$

c) $i(x) = -f(x)$ *d)* $j(x) = f(2x)$

Fes-ho tu. A partir de la gràfica de $f(x) = \sqrt{x}$, representa aquestes funcions:

a) $g(x) = f(x - 4)$ b) $h(x) = f(x) - 2$

c) $i(x) = \sqrt{2x}$

a) La gràfica de g s'obté traslladant el de f tres unitats cap amunt.

L'equació és:

$$g(x) = x^2 - 2x - 3 + 3 \rightarrow g(x) = x^2 - 2x$$

b) S'obté traslladant la gràfica de f dues unitats cap a l'esquerra.

Equació de h:

$$h(x) = (x + 2)^2 - 2(x + 2) - 3 = x^2 + 2x - 3$$

c) S'obté canviant de signe els valors de $f(x)$. Serà una paràbola oberta cap avall amb el vèrtex en (1, 4).

Equació: $i(x) = -x^2 + 2x + 3$

d) S'obté contraient la gràfica de f en sentit horitzontal dividint entre 2. El vèrtex serà (1/2, –4), i els punts de tall amb els eixos seran (–1/2, 0) i (3/2, 0).

Equació: $j(x) = 4x^2 - 4x - 3$

a)

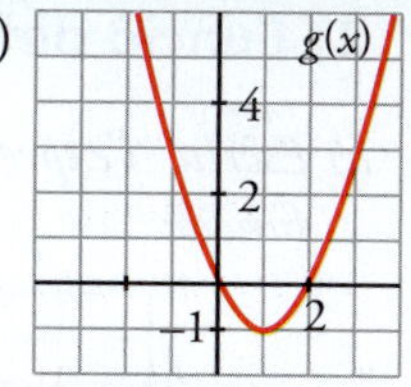

b)

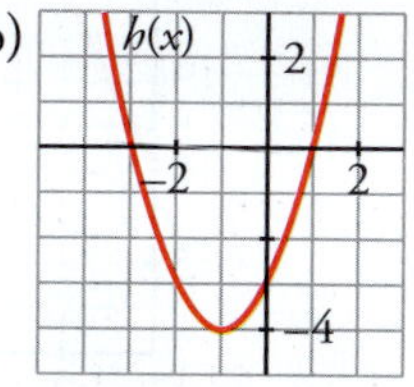

c)

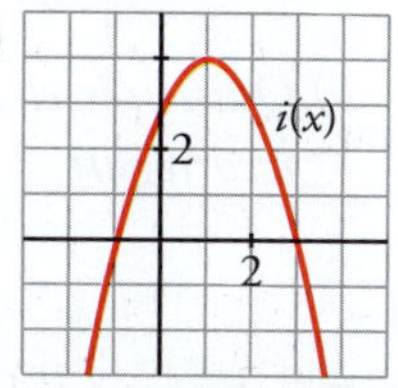

d)

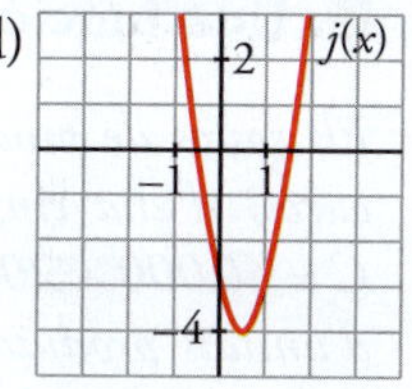

7. Valor absolut d'una funció

Defineix com a funcions «a trossos» les funcions següents i representa-les gràficament.

a) $f(x) = \left|\dfrac{1}{x-2}\right|$

b) $f(x) = 4|x| - x^2$

c) $f(x) = \sqrt{|x|}$

Fes-ho tu. Defineix per intervals i representa aquestes funcions:

a) $f(x) = 2x - |x|$

b) $f(x) = \left|2 - \dfrac{x^2}{2}\right|$

a) La gràfica de $y = \dfrac{1}{x-2}$ és com la de $y = \dfrac{1}{x}$ traslladada 2 unitats cap a la dreta.

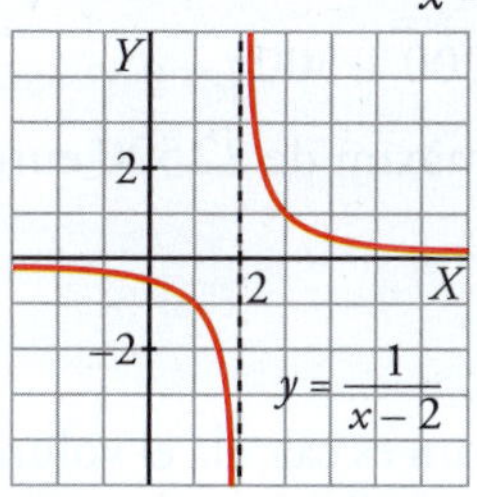

→

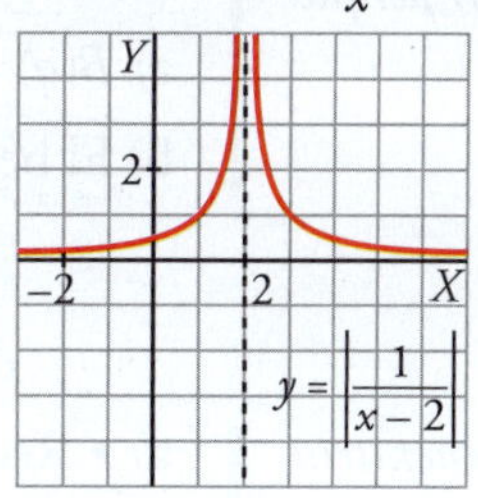

$$f(x) = \begin{cases} -\dfrac{1}{x-2} & \text{si } x < 2 \\ \dfrac{1}{x-2} & \text{si } x > 2 \end{cases}$$

b) Recordem que la funció $y = |x|$ es defineix així: $y = \begin{cases} -x & \text{si } x < 0 \\ x & \text{si } x \geq 0 \end{cases}$. Per tant:

$$f(x) = \begin{cases} 4(-x) - x^2 & \text{si } x < 0 \\ 4x - x^2 & \text{si } x \geq 0 \end{cases} = \begin{cases} -4x - x^2 & \text{si } x < 0 \\ 4x - x^2 & \text{si } x \geq 0 \end{cases}$$

Busquem els vèrtexs i els punts de tall amb els eixos de cada paràbola:

PARÀBOLA	VÈRTEX	TALLS AMB L'EIX X
$y = -4x - x^2$	(–2, 4)	(0, 0) i (–4, 0)
$y = 4x - x^2$	(2, 4)	(0, 0) i (4, 0)

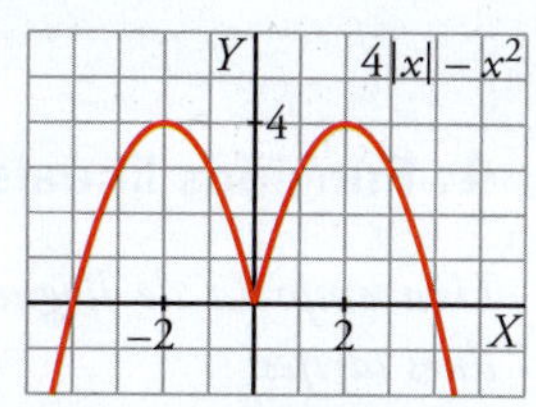

c) Aplicant-hi la definició de $y = |x|$, tenim:

$$f(x) = \begin{cases} \sqrt{-x} & \text{si } x < 0 \\ \sqrt{x} & \text{si } x \geq 0 \end{cases}$$

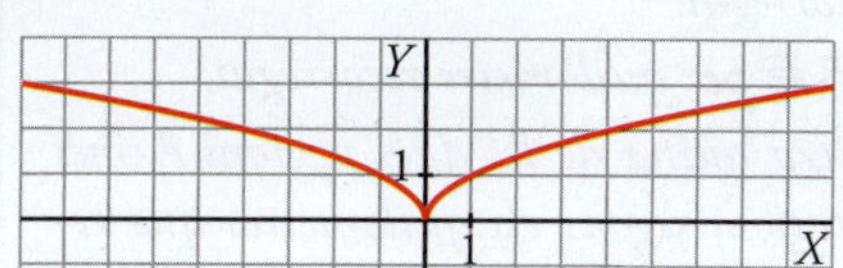

Exercicis i problemes guiats

1. Funció definida «a trossos»

a) Escriu l'expressió analítica d'aquesta funció:

b) Quin n'és el domini de definició? I el recorregut?

a) • Obtén el pendent del primer tram de recta que passa per (0, 10) i (5, 20) i escriune l'equació.

• Observa que el segon tram és constant.

• El tercer tram de recta passa pels punts (20, 20) i (25, 0).

• Per escriure l'expressió analítica de la funció, tingues en compte entre quins valors de x estan definits cada un dels trams anteriors.

b) • Per a quins valors de x existeix la funció?

• Observa els valors màxim i mínim de $f(x)$ per determinar-ne el recorregut.

Solució:

a) $f(x) = \begin{cases} 10 + 2x & \text{si } 0 \le x < 5 \\ 20 & \text{si } 5 \le x < 20 \\ 100 - 4x & \text{si } 20 \le x \le 25 \end{cases}$ b) Domini = [0, 25]. Recorregut = [0, 20].

2. Una funció quadràtica

Els costos de producció d'un producte (en euros) d'una empresa, vénen donats per: $C = 40\,000 + 20q + q^2$, sent q el nombre d'unitats produïdes. El preu de venda de cada unitat és de 520 euros.

a) Expressa en funció de q el benefici de l'empresa i representa'l gràficament.

b) Quantes unitats s'han de produir perquè el benefici sigui màxim?

a) • Obtindràs la funció *benefici*, B, restant del preu de venda de q unitats, $520q$, el cost per produir aquestes q unitats.

• Obtindràs una funció quadràtica. Representa-la.

b) Observant la representació gràfica de la funció *benefici*, apreciaràs en quin punt aconsegueix el valor màxim (en el vèrtex, ja que és una paràbola amb les branques cap avall).

Solució:

a) $B(q) = -40\,000 + 500q - q^2$.

b) El benefici màxim de 22 500 euros s'obté produint 250 unitats

3. Una funció polinòmica

Considera tots els cons amb la generatriu de 15 cm.

a) Escriu la funció que ens dóna el volum del con segons el que mesura l'altura, x.

b) Quin n'és el domini de definició?

a) • Recorda com es calcula el volum d'un con en funció del radi de la base i de l'altura.

• Has d'expressar el radi del con en funció de l'altura x (observa en el dibuix el triangle de costats x, R i 15 cm).

b) Entre quins valors pot variar l'altura x?

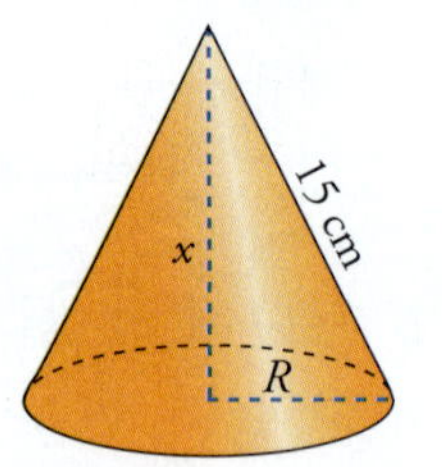

Solució:

a) $V(x) = \dfrac{\pi(225x - x^3)}{3}$ b) *Dom* $V(x) = (0, 15)$

4. Funcions lineals

Una empresa de lloguer de cotxes ofereix dues tarifes:

A: 50 € fixos més 0,25 € per quilòmetre recorregut.

B: 0,5 € per quilòmetre recorregut.

Analitza quina de les dues opcions és més avantatjosa segons els quilòmetres que recorreguem.

• Obtén, a cadascun dels dos casos, l'expressió analítica de la funció que ens dóna la despesa segons els quilòmetres recorreguts.

• Representa en els mateixos eixos les dues funcions, triant una escala adequada.

• Troba el punt de tall d'ambdues funcions i observa els valors de la funció a l'esquerra i a la dreta d'aquest punt.

Solució: L'opció B és més avantatjosa si es recorren menys de 200 km. A partir d'aquesta distància, és més avantatjosa l'opció A.

Exercicis i problemes proposats

Per practicar

Domini de definició

1 Troba el domini de definició d'aquestes funcions:

a) $y = \dfrac{2}{(x+5)^2}$ b) $y = \dfrac{1}{2}$

c) $y = \dfrac{}{\sqrt{-x+10}}$ d) $y = \dfrac{4}{x+8}$

2 Estudia el domini de definició d'aquestes funcions:

a) $y = \sqrt{2x+5}$ b) $y = \sqrt{x^2-1}$

c) $y = \sqrt{x^2+3x+4}$ d) $y = \sqrt{4-x^2}$

3 Digues quin és el domini de definició de:

a) $y = 3 + 2^{1-x}$ b) $y = log_2\,(x+3)$

c) $y = ln\,(2-x)$ d) $y = \sqrt{x-}$

4 Observa les gràfiques d'aquestes funcions i indica quin n'és el domini de definició i el recorregut:

a) 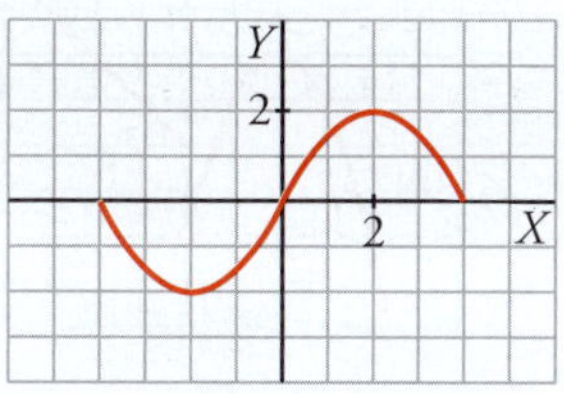

b) 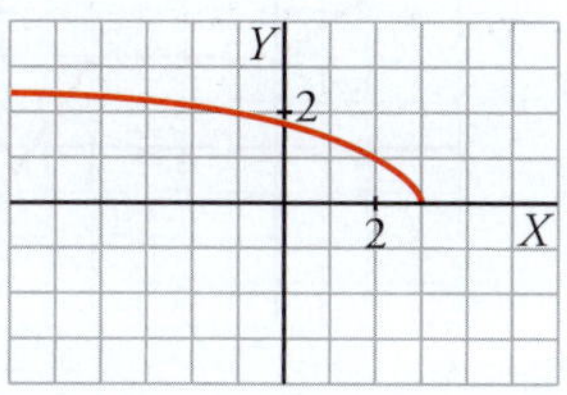

c) 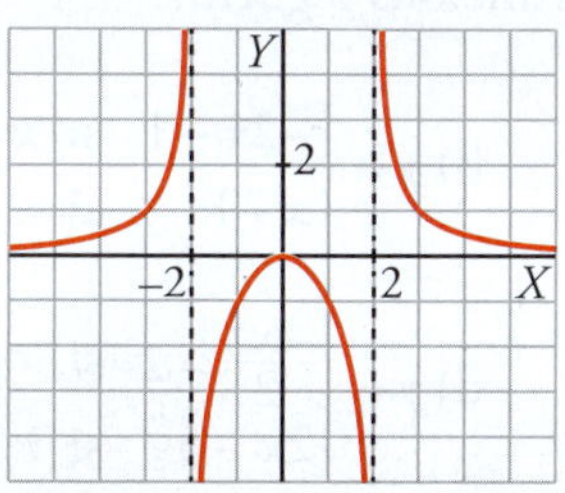

d) 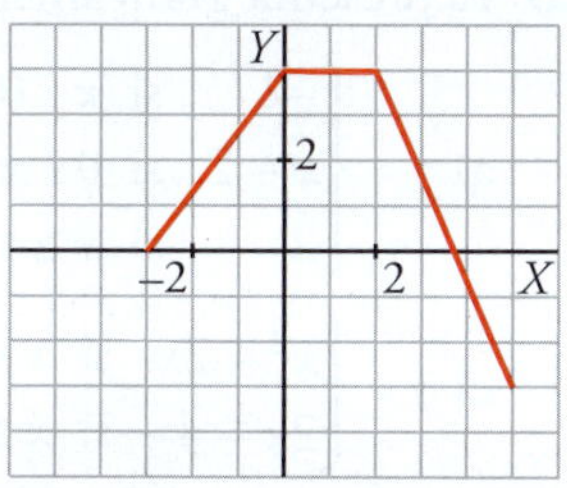

5 La funció $h(t) = 80 + 64t - 16t^2$ ens dóna l'altura a què està una pilota llançada cap amunt en l'instant t, fins que torna a terra. Quin n'és el domini de definició?

6 Escriu l'àrea d'aquest rectangle de perímetre 16 cm en funció de la base x.

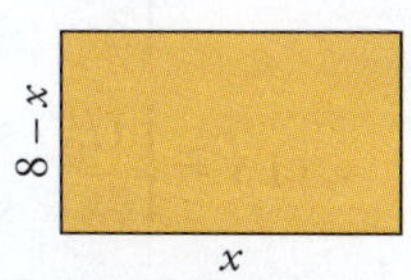

Quin és el domini de definició d'aquesta funció? Quin és el seu recorregut?

7 La temperatura d'un pacient, des que comença la seva malaltia fins que torna a tenir 37 °C, ha evolucionat segons la funció $T = -0{,}1t^2 + 1{,}2t + 37$, sent t el nombre de dies transcorreguts des de l'inici de la malaltia. Quin n'és el domini de definició? I el recorregut?

Funcions lineals i quadràtiques. Interpolació

8 Escriu les equacions de les rectes següents i representa-les gràficament:

a) Passa per $P(1, -5)$ i $Q(10, 11)$.

b) Passa per (–7, 2) i el pendent és –0,75.

c) Talla els eixos en (3,5; 0) i (0, –5).

d) És paral·lela a la recta $3x - y + 1 = 0$ i passa per (–2, –3).

9 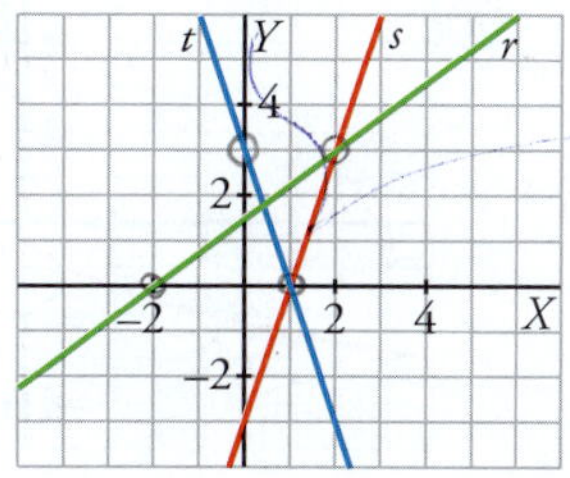

Calcula el pendent de les rectes r, s i t. Després, escriu-ne l'equació.

10 Calcula, mitjançant interpolació o extrapolació lineal, els valors de y que falten a cada taula:

a)

x	0,45	0,5	0,6
y	2	…	0,25

b)

x	47	112	120
y	18	37	…

11 Aquesta taula mostra la temperatura atmosfèrica presa a altures diferents:

ALTURA (m)	0	500	1 000	1 500
TEMPERATURA (°C)	15	11,7	8,4	5,1

Calcula la temperatura a 1 200 m i a 2 000 m.

12 Representa les funcions següents:

a) $y = x^2 + 2x + 1$ b) $y = \dfrac{x^2}{2} + 3x + 1$

c) $y = -x^2 + 3x - 5$ d) $y = \dfrac{x^2}{3} + 3x + 6$

e) $y = -4x^2 + 1$ f) $y = -2x^2 - 3x + 0{,}5$

13 Troba l'equació de la paràbola que passa pels punts (–2, –9), (2, –5) i (4 , 0) de dues maneres:

a) Usant l'expressió $y = ax^2 + bx + c$.

b) Pel mètode de Newton.

14 Troba, en cada cas, l'equació de la paràbola que passa pels punts donats:

a) (1, –1), (3, 3), (5, –1)

b) (0, –4), (1, –6), (3, –4)

Completa els punts (4, …) i (–3, …) perquè pertanyin a cada una de les paràboles anteriors.

Exercicis i problemes proposats

Representació de funcions elementals

15 Associa a cada gràfica la seva expressió analítica.

a) $y = -0{,}5x^2 + 3$ b) $y = \sqrt{x+2}$

c) $y = 3x^2 + 5x - 1$ d) $y = \dfrac{1}{x} + 2$

e) $y = \dfrac{1}{2} - \dfrac{x}{3}$ f) $y = -\sqrt{-x}$

(I)

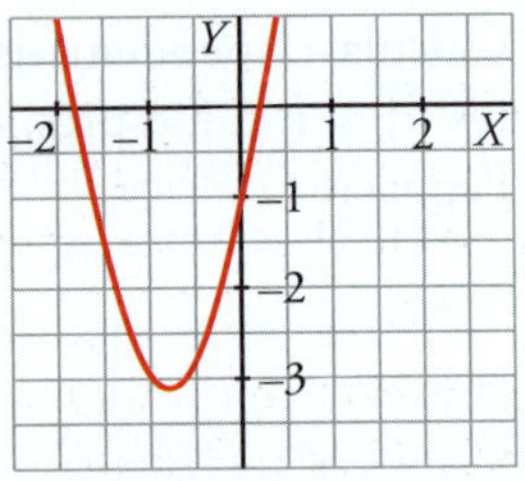

(II)

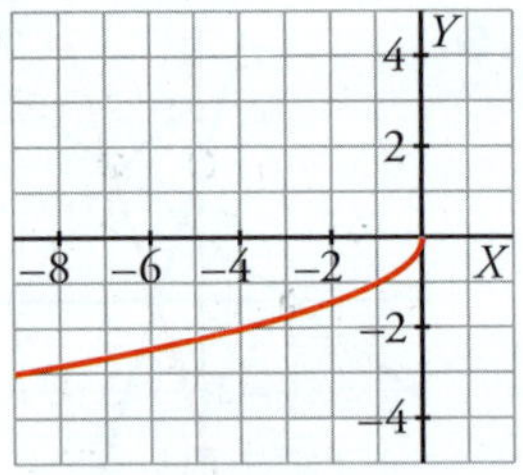

(III)

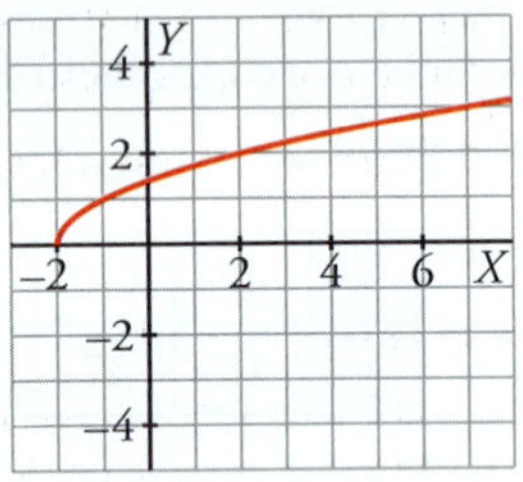

(IV)

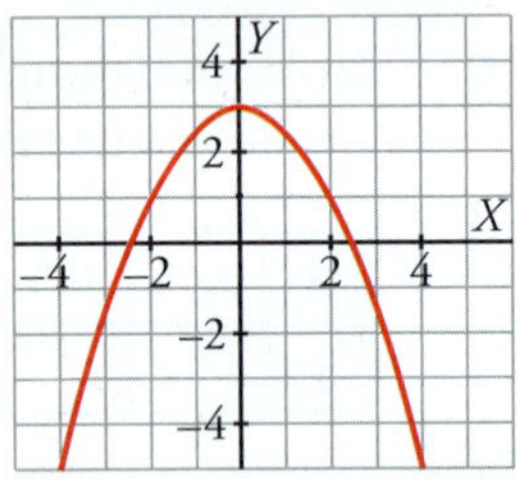

(V)

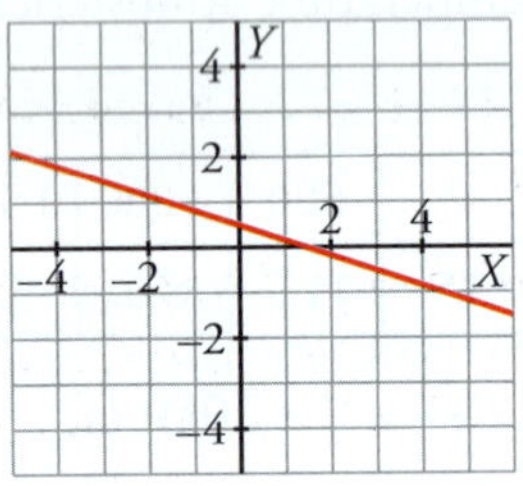

(VI)

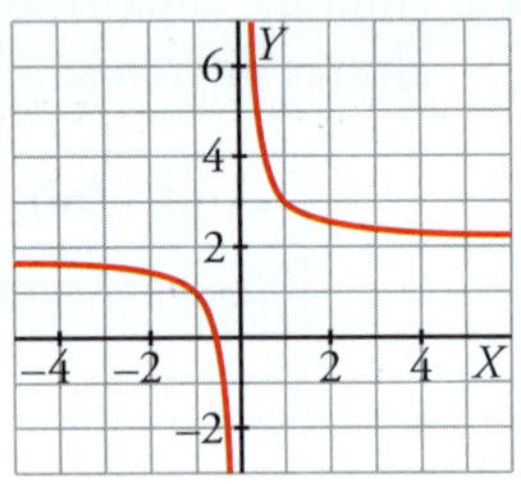

16 Representa les funcions següents:

a) $y = \sqrt{x-1}$ b) $y = -\sqrt{x+3}$

c) $y = 2 + \sqrt{x}$ d) $y = 1 - \sqrt{x}$

17 Representa les funcions següents:

a) $y = \dfrac{1}{x+1}$ b) $y = \dfrac{1}{x-1}$

c) $y = \dfrac{-1}{x}$ d) $y = \dfrac{-1}{x-3}$

18 Representa aquestes funcions en l'interval indicat:

a) $y = 2x^2 - 4$, $[0, 2]$ b) $y = -\dfrac{3x^2}{2}$, $x \geq -1$

c) $y = \dfrac{1}{x}$, $x < 0$ d) $y = \dfrac{3x-30}{5}$, $[-5, 5]$

e) $y = \dfrac{1}{x-2}$, $[-2, 2)$ f) $y = \sqrt{x}$, $[0, 1]$

Funcions definides «a trossos»

19 Associa a cada gràfic l'expressió analítica que li correspon:

a) $y = \begin{cases} 2 - \dfrac{2x}{3} & \text{si } x < 0 \\ 2 & \text{si } 0 \leq x \leq 4 \\ 8 - \dfrac{3x}{2} & \text{si } x > 4 \end{cases}$ b) $y = \begin{cases} -(x+2)^2 & \text{si } x < 0 \\ x - 2 & \text{si } x \geq 0 \end{cases}$

c) $y = \begin{cases} x^2 - 4x + 2 & \text{si } x < 4 \\ \dfrac{14 - 2x}{3} & \text{si } x \geq 4 \end{cases}$ d) $y = \begin{cases} 2 + \dfrac{4x}{3} & \text{si } x < 0 \\ 2 & \text{si } 0 \leq x \leq 4 \\ \dfrac{3x}{2} - 4 & \text{si } x > 4 \end{cases}$

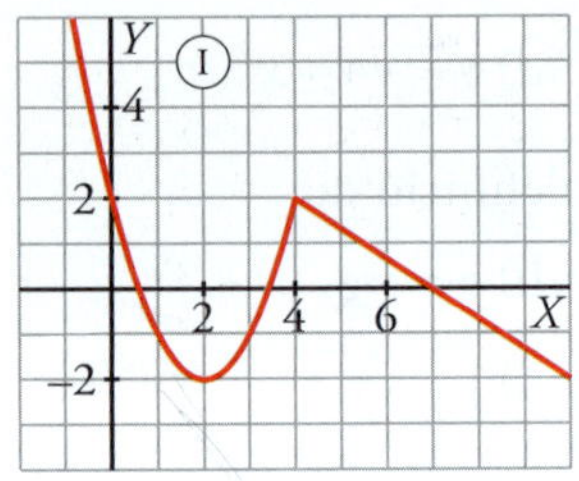

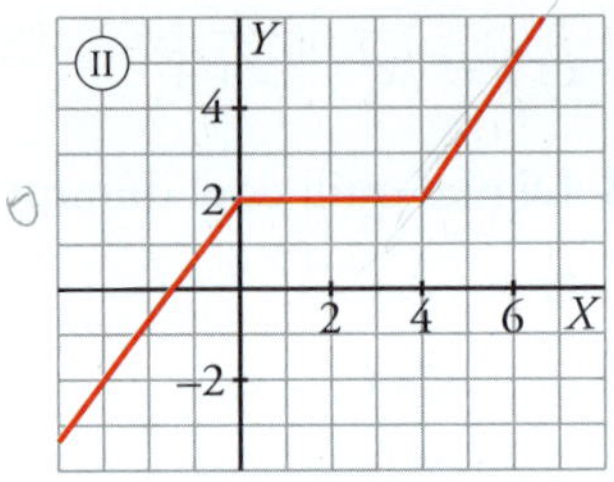

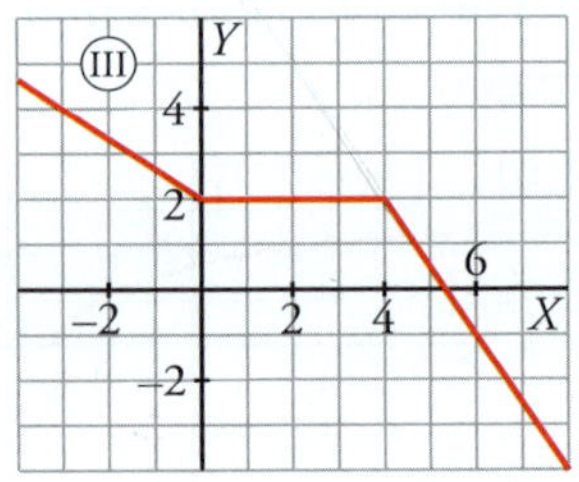

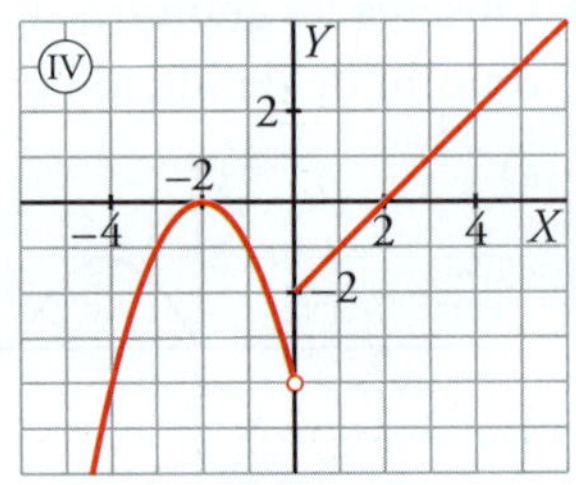

20 Representa gràficament les funcions següents:

a) $y = \begin{cases} -2 & \text{si } x < 0 \\ x - 2 & \text{si } 0 \leq x < 4 \\ 2 & \text{si } x \geq 4 \end{cases}$ b) $y = \begin{cases} -2x - 1 & \text{si } x \leq 1 \\ x + 1 & \text{si } x > 1 \end{cases}$

c) $y = \begin{cases} x^2 - 2x & \text{si } x < 2 \\ 2x - 4 & \text{si } x \geq 2 \end{cases}$ d) $y = \begin{cases} \dfrac{-x^2}{2} + 2 & \text{si } x \leq 3 \\ 2x - 5 & \text{si } x > 3 \end{cases}$

21 Representa:

a) $y = \begin{cases} -x^2 & \text{si } x < 2 \\ -x + 6 & \text{si } 2 \leq x < 7 \\ 3 & \text{si } x \geq 7 \end{cases}$ b) $y = \begin{cases} -x - 1 & \text{si } x \leq -1 \\ 2x^2 - 2 & \text{si } -1 < x < 1 \\ x - 1 & \text{si } x \geq 1 \end{cases}$

c) $y = \begin{cases} 1/x & \text{si } x < 0 \\ \sqrt{x} & \text{si } x \geq 0 \end{cases}$ d) $y = \begin{cases} \sqrt{-x} & \text{si } x \leq 0 \\ -\sqrt{x} & \text{si } x > 0 \end{cases}$

22 Obtén l'expressió analítica d'aquestes funcions:

a)

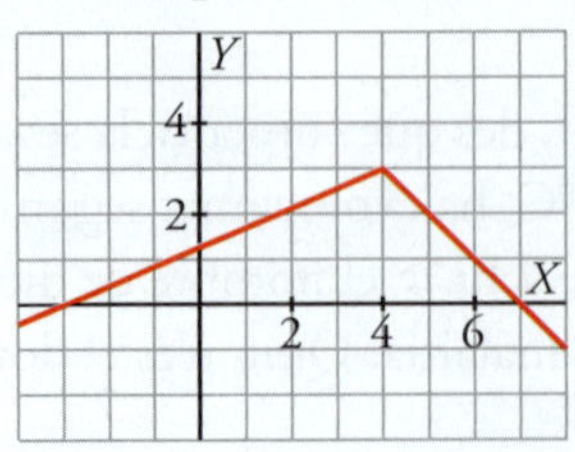

b)

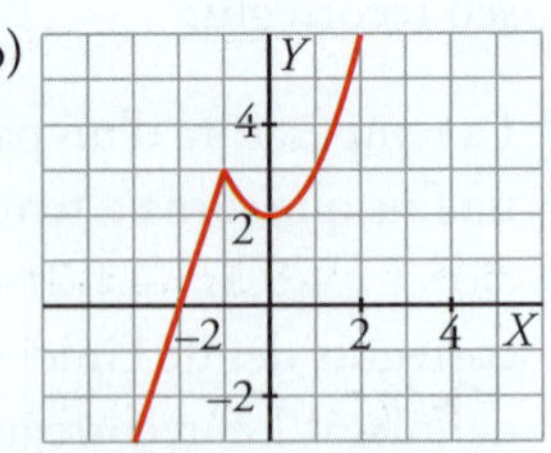

En el web: Exercicis per relacionar la gràfica d'una funció amb l'expressió analítica que li correspon.

Valor absolut d'una funció

23 Representa la funció $y = |x - 5|$ i comprova que la seva expressió analítica en intervals és:

$$y = \begin{cases} -x+5 & \text{si } x < 5 \\ x-5 & \text{si } x \geq 5 \end{cases}$$

24 Representa les funcions següents i defineix-les com a funcions "a trossos":

a) $y = |4 - x|$ b) $y = |3x + 6|$

c) $y = \left|\dfrac{x-3}{2}\right|$ d) $y = |-x - 1|$

25 Representa aquestes funcions:

a) $y = |x^2 - 1|$ b) $y = |x^2 - 4x|$

c) $y = |x^2 + 2x - 3|$ d) $y = |x^2 - 2x + 1|$

26 Representa:

a) $y = \left|\dfrac{1}{x}\right|$ b) $y = 1 + |x|$

c) $y = \dfrac{|x|}{x}$ d) $y = 2|x| + x$

Transformacions d'una funció

27 Representa $f(x) = 4 - x^2$ i, a partir d'aquesta, representa:

a) $g(x) = f(x) - 3$ b) $h(x) = f(x + 2)$

28 Aquesta és la gràfica de la funció $y = f(x)$:

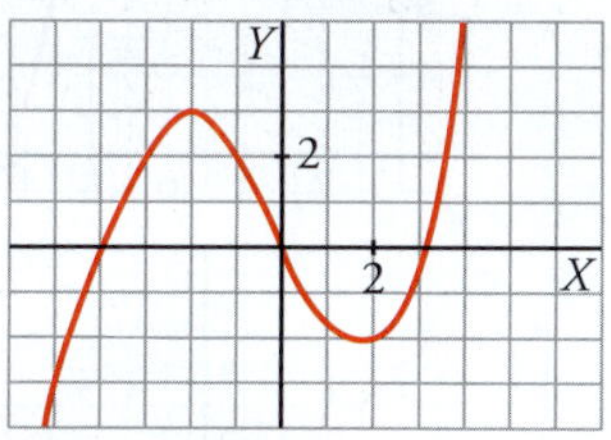

Representa, a partir d'aquesta, les funcions:

a) $y = f(x - 1)$ b) $y = f(x) + 2$

29 A partir de la gràfica de $f(x) = 1/x$, representa:

a) $g(x) = f(x) - 2$ b) $h(x) = f(x - 3)$

c) $i(x) = -f(x)$ d) $j(x) = |f(x)|$

30 Representa la funció $f(x) = \sqrt{x}$ i dibuixa a partir d'aquesta:

a) $g(x) = f(x + 1)$ b) $h(x) = f(x) - 3$

31 Representa successivament:

$$y = \frac{2}{x};\ y = \frac{2}{x-3};\ y = \frac{2}{x} + 1;\ y = -\frac{2}{x-3}$$

32 A partir de la gràfica de $f(x) = x^2$, representa:

a) $y = f(2x)$ b) $y = f\left(\dfrac{x}{2}\right)$ c) $y = 3f(x)$ d) $y = \dfrac{f(x)}{2}$

Per resoldre

33 El percentatge de cases que tenien telèfon mòbil era, el 2006, del 80,5 % i el 2009, del 88,2 %. Estima'n el percentatge que hi havia el 2008.

34 El preu del bitllet d'una línia de rodalies depèn dels quilòmetres recorreguts. Per 57 km he pagat 2,85 euros, i per 168 km, 13,4 euros. Calcula el preu d'un bitllet per a una distància de 100 km.

35 Amb unes despeses en publicitat de 3 000 €, les vendes obtingudes per una empresa han estat de 28 000 €; amb 5 000 € invertits en publicitat, les vendes han pujat a 39 000 €.

a) Estima, mitjançant interpolació lineal, quines serien les vendes si s'invertissin 4 000 € en publicitat.

b) Si sabem que amb una despesa de 6 000 € s'han obtingut unes vendes de 40 000 €, estima mitjançant interpolació parabòlica les vendes que s'obtindrien invertint 4 000 € en publicitat.

36 Mesurant la temperatura a altures diferents, s'ha observat que per cada 180 m d'ascens el termòmetre baixa 1 °C. Si a la base d'una muntanya de 800 m estem a 10 °C, quina serà la temperatura al cim?

Representa gràficament la funció *altura/temperatura* i cerca'n l'expressió analítica.

37 En la cuina d'un restaurant, un equip de 2 cuiners és capaç de preparar les comandes per a 30 comensals. Si l'equip és de 4 cuiners, la capacitat s'eleva fins als 50 comensals. I si l'equip arribés a 8 cuiners, es destorbarien els uns als altres i no hi hauria focs per a tots, i per això la capacitat es mantindria en 50 comensals. Estima mitjançant interpolació parabòlica quants comensals podria atendre un equip de 5 cuiners.

38 Un opositor s'enfronta a un temari de 3 100 pàgines. Sap que si estudia 4 hores diàries és capaç de memoritzar 4 pàgines per dia. Si hi dedica 8 hores, n'aprèn 7 pàgines; i si hi dedica 12 hores, arriba a 9 pàgines. Es planteja una jornada diària de 10 hores i vol saber el nombre de dies que li suposarà donar una primera volta al temari complet. Usa la interpolació parabòlica per respondre-li.

39 La dosi diària d'un fàrmac és de 10 mg i cada dia ha d'augmentar 2 mg fins a arribar a 20 mg. S'ha de seguir 15 dies amb aquesta quantitat i a partir de llavors anar-la disminuint 4 mg cada dia.

a) Representa la funció que descriu aquest enunciat i determina'n l'expressió analítica.

b) Digues quin n'és el domini i el recorregut.

40 En les funcions d'oferta i demanda, s'anomena *quantitat d'equilibri* el nombre d'unitats que fa falta produir perquè l'oferta i la demanda s'igualin, $o(x) = d(x)$; i s'anomena *preu d'equilibri* el preu amb el qual s'aconsegueix aquesta igualtat.

a) Troba el preu i la quantitat d'equilibri d'un producte que té aquestes funcions d'oferta i demanda: $o(x) = 2{,}5x - 100$ i $d(x) = 300 - 1{,}5x$
(x en euros, d i o en milers d'unitats del producte).

b) Si el preu del producte és de 80 €, n'hi haurà escassetat o excés? I si el preu fos de 120 €?

c) Quin seria el preu i la quantitat d'equilibri si les funcions d'oferta i demanda fossin $o(x) = 0{,}25x^2 - 100$ i $d(x) = 185 - 2x$?

41 El cost de producció de x unitats d'un producte és igual a $(1/4)x^2 + 35x + 25$ euros i el preu de venda d'una unitat és $50 - (x/4)$ euros.

a) Escriu la funció que ens dóna el benefici total si es venen les x unitats produïdes, i representa-la.

b) Troba el nombre d'unitats que s'han de vendre perquè el benefici sigui màxim.

42

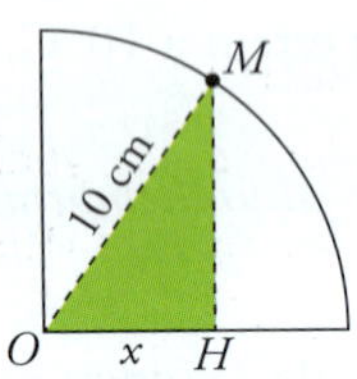

En un quart de circumferència de 10 cm de radi prenem un punt M i construïm el triangle rectangle OMH.

Expressa l'àrea d'aquest triangle segons la mesura del catet x. Quin n'és el domini de definició?

43 Un fabricant ven mensualment 100 electrodomèstics a 400 euros cada un i sap que per cada 10 euros de pujada vendrà 2 electrodomèstics menys.

a) Quins seran els ingressos si apuja els preus 50 euros?

b) Escriu la funció que relaciona la pujada de preu amb els ingressos mensuals.

c) Quina ha de ser la pujada perquè els ingressos siguin màxims?

44 S'estima que els beneficis mensuals d'una fàbrica de llaminadures, en milers d'euros, vénen donats per la funció $f(x) = -0{,}1x^2 + 2{,}5x - 10$, quan es venen x tones de producte.

a) Representa la funció.

b) Calcula la quantitat mínima que s'ha de vendre per no tenir pèrdues.

c) Quantes tones s'han de vendre perquè el benefici sigui màxim? Quin és aquest benefici?

45 Una discoteca obre a les 10 de la nit i tanca quan se'n van tots els clients. La funció que ens dóna el nombre de clients, N, segons el nombre d'hores que duu oberta, t, és $N(t) = 80t - 10t^2$.

a) Representa la funció.

b) A quina hora el nombre de clients és màxim?

c) A quina hora tancarà la discoteca?

46 El percentatge d'alumnes que assisteixen a un curs d'anglès de 10 mesos de durada ve donat per la funció:

$$P(t) = \begin{cases} at^2 + bt + c & \text{si } 0 \le t \le 3 \\ 28 & \text{si } 3 < t \le 10 \end{cases} \quad (t, \text{ en mesos})$$

Sabem que, inicialment, el 100 % dels alumnes assisteix al curs; que, transcorregut un mes, n'hi assisteix el 60 % i que en complir-se el tercer mes, l'assistència es redueix al 28 %. Calcula a, b, c i representa'n la funció.

47 Els beneficis esperats d'una empresa en els pròxims 10 anys, en milions d'euros, vénen donats per la funció $B(t) = -2t^2 + 20t + 5$; t, en anys.

a) Representa'n la funció.

b) Quan seran màxims els beneficis?

48 Obtén l'expressió analítica de les funcions següents:

a)
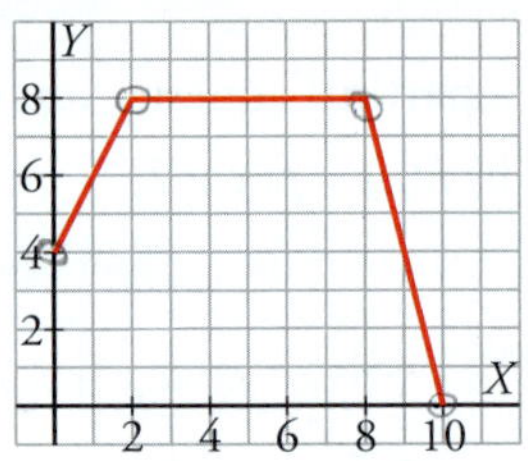

b)
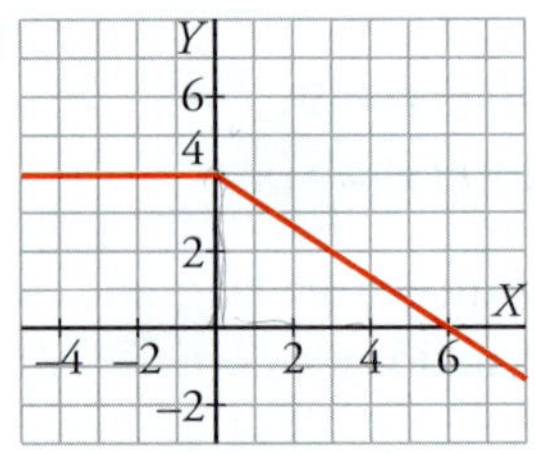

c)
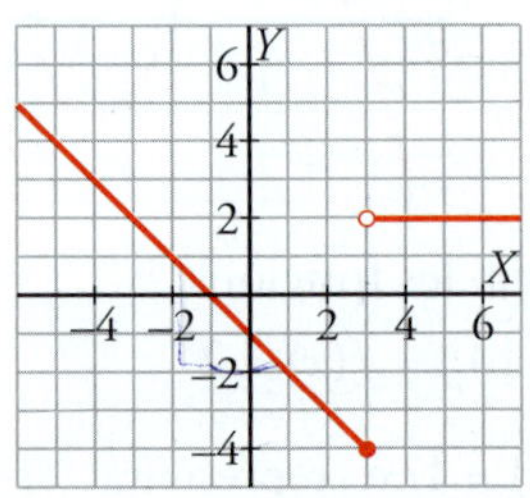

d)
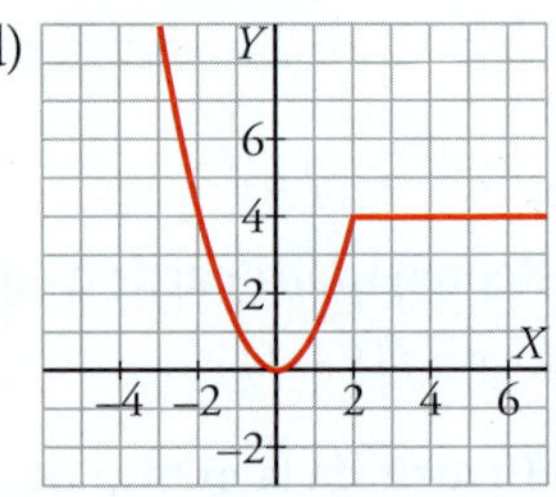

49 Representa les funcions següents partint d'una de més senzilla i realitzant-hi transformacions:

a) $y = \dfrac{3x-2}{x-1}$

b) $y = \dfrac{x-2}{x-4}$

c) $y = \dfrac{3x+2}{x+1}$

d) $y = \dfrac{x+1}{x-1}$

50 Representa les funcions següents i defineix-les com a funcions "a trossos":

a) $y = |2x + 5|$

b) $y = |4 - x^2|$

c) $y = \left|\dfrac{3}{2}x - 3\right|$

d) $y = |-x^2 + 2x + 3|$

Qüestions teòriques

51 Cert o fals?

a) La funció $y = \sqrt{a - x}$ no existeix si $a < 0$.

b) Una funció no pot tallar l'eix Y en dos punts.

c) Podem obtenir la gràfica de $y = \sqrt{x + 3}$ traslladant tres unitats cap amunt la gràfica de $y = \sqrt{x}$.

d) La gràfica de $y = mx^2 + n$ és una recta.

e) La paràbola $y = 3x^2$ és més estreta que $y = x^2$.

52 Quants punts de tall poden tenir les funcions donades en cada cas? Justifica la resposta amb exemples gràfics.

a) $\begin{cases} y = x^2 \\ y = ax + b \end{cases}$ b) $\begin{cases} y = \sqrt{x} \\ y = ax + b \end{cases}$ c) $\begin{cases} y = 1/x \\ y = ax + b \end{cases}$

53 L'expressió analítica d'aquesta funció és del tipus $y = (x - m)^2 + n$.

Observa la gràfica i digues el valor de m i n.

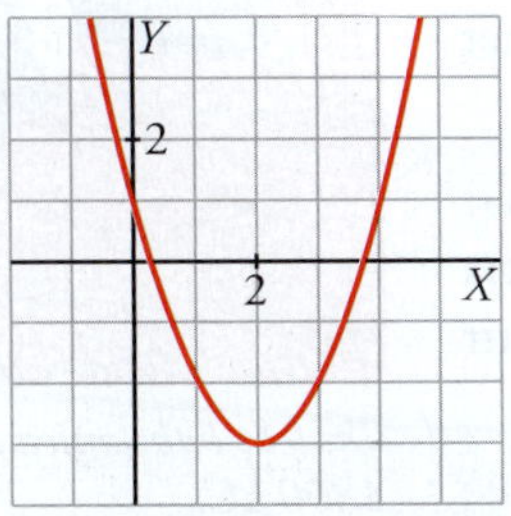

54 Quin és el domini de definició i el recorregut d'aquestes funcions?:

a)

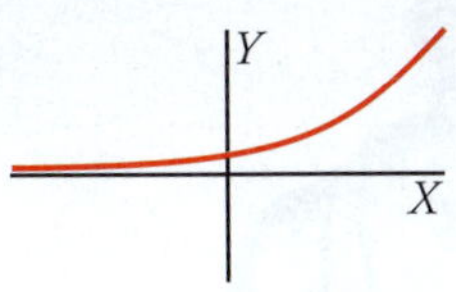

b)

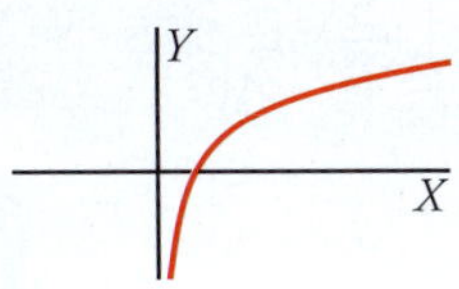

Per aprofundir

55 Defineix per intervals i representa:

a) $y = |x - 4| - |x|$

b) $y = |x + 1| + |x - 3|$

c) $y = |2x - 4| - |x - 1|$

56 Troba el domini de definició d'aquestes funcions:

a) $y = \sqrt{\dfrac{x + 3}{x - 2}}$ b) $y = \sqrt{\dfrac{x - 9}{x}}$

57 L'evolució mensual del nombre de socis d'un club, durant un any, ve donada per la funció:

$$f(x) = \begin{cases} -x^2 + 6x + a & \text{si } 0 \le x \le 6 \\ 50 & \text{si } 6 < x \le 8 \\ x^2 - 20x + 146 & \text{si } 8 < x \le 12 \end{cases} \quad (x, \text{ en mesos})$$

a) Troba a sabent que el club es va fundar amb 50 socis.

b) Representa la funció i digues en quin mes el nombre de socis va ser màxim i en quin mes va ser mínim.

c) Si per cobrir despeses el club necessita tenir més de 47 socis, en quin mes va tenir pèrdues?

58 Les tarifes d'una empresa de transports són:

- 40 € per tona de càrrega si aquesta és menor o igual a 20 t.
- Si la càrrega és més gran que 20 t, es restarà, dels 40 €, tants euros com tones sobrepassin les 20.

a) Dibuixa la funció *ingressos de l'empresa segons la càrrega que transporti* (càrrega màxima: 30 t).

b) Obtén-ne l'expressió analítica.

Autoavaluació

En el web Resolucions d'aquests exercicis.

1 Troba el domini de definició de les funcions següents:

a) $y = x^3 - x^2$ b) $y = \dfrac{3x}{(2x - 6)^2}$

c) $y = \sqrt{4 - 2x}$ d) $y = \sqrt{5x - x^2}$

2 Representa les funcions següents:

a) $y = -0{,}5x^2 + 2x - 2$ b) $y = |5 + 2x|$

c) $f(x) = \begin{cases} 1 - x^2 & \text{si } x \le 0 \\ x + 3 & \text{si } x > 0 \end{cases}$

3 A partir de les gràfiques de $y = \sqrt{x}$ i $y = \dfrac{1}{x}$, representa:

a) $y = \sqrt{x - 2}$ b) $y = \sqrt{2x}$

c) $y = \dfrac{-1}{x + 2}$ d) $y = \dfrac{x - 2}{x - 3}$

SANDRA GUAPA

4 Assistir a un gimnàs durant 6 mesos ens costa 246 €. Si hi assistim 15 mesos, el preu és 570 €. Quant haurem de pagar si hi volem anar durant un any?

5 Posem al foc un perol amb aigua a 10 °C. En 5 minuts arriba als 100 °C i es manté així durant mitja hora, fins que l'aigua s'evapora totalment. Representa la funció que descriu aquest fenomen i troba'n l'expressió analítica.

6 El preu de venda d'un article ve donat per l'expressió $p = 12 - 0{,}01x$ (x = nombre d'articles fabricats; p = preu, en centenars d'euros).

a) Si es venen 500 articles, quins seran els ingressos?

b) Representa la funció *nombre d'articles/ingressos*.

c) Quants articles s'han de fabricar perquè els ingressos siguin màxims?

5 Funcions exponencials, logarítmiques i trigonomètriques

Origen de la trigonometria

La trigonometria neix i es desenvolupa amb l'impuls, fonamentalment, de l'astronomia. Fa gairebé 4 000 anys, egipcis i babilonis varen ser pioners en aquest camp. Als mateixos babilonis els devem la mesura sexagesimal dels angles i les primeres i molt rudimentàries taules trigonomètriques.

Els grecs n'heretaren els coneixements, els varen assentar i ampliar. Destacaren per les aportacions teòriques **Hiparc de Nicea** (segle II aC), gran astrònom, i, molt especialment, **Ptolemeu d'Alexandria** (segle II), autor d'una monumental obra d'astronomia de 13 volums, el primer dels quals desenvolupa tota la trigonometria hel·lena.

Els àrabs (segles IX i X) conegueren aquesta obra i la varen anomenar *Almagest* (la més gran). Inspirant-s'hi, construïren una trigonometria molt pràctica i ben fonamentada, que es va estendre per Europa a partir del segle XII.

En el web Biografies d'Hiparc i Ptolemeu.

Tauleta babilònica amb problemes geomètrics datada l'any 1800 aC.

La trigonometria a Europa

L'obra dels àrabs, i en concret la trigonometria, es va estendre per Europa a partir del segle XII.

L'astrònom prussià **Johann Müller (Regiomontanus)**, en el segle XV, va ser el primer europeu a sistematitzar i ampliar els coneixements trigonomètrics rebuts dels àrabs. Més endavant, amb el desenvolupament de l'aritmètica i l'àlgebra, la seva obra va ser notablement simplificada.

Es pot considerar que la trigonometria aconsegueix el punt culminant amb les sèries de **Fourier**, a principis del segle XIX, amb les quals la trigonometria s'uneix estretament a l'anàlisi i proporciona un instrument sense precedents per a l'exploració de les vibracions i moviments periòdics que apareixen a tota la naturalesa.

La primera representació del sinus

Gilles de Roberval, matemàtic francès especialment interessat en l'estudi de diverses corbes, va esbossar el 1635 per primera vegada la gràfica de la meitat d'un arc de la corba sinus. El que fins llavors era una col·lecció de valors (taula numèrica) útil per a la trigonometria, va començar a mirar-se com a gràfica d'una funció.

Més endavant, **Leibniz** (1646-1716) va donar carta de naturalesa a la funció sinus, juntament amb les altres funcions trigonomètriques.

Johann Müller de Königsberg.

Les funcions trigonomètriques en el món actual

El món està ple d'ones, vibracions, ritmes periòdics... La ciència ha dissenyat aparells per detectar-los i descriure'ls. Els batecs del cor, les ones cerebrals, la ràdio, l'electromagnetisme... formen part del nostre món pròxim. El macromón de les galàxies i el micromón de l'àtom també ens envien missatges mitjançant les ones.

L'*anàlisi harmònica* és l'eina matemàtica que tracta de les funcions periòdiques. Va començar amb l'estudi de la vibració d'una corda musical i s'ha desenvolupat de tal manera que es poden analitzar i descriure tot tipus d'ones. Física, química, medicina, enginyeria, tecnologia... són deutores d'aquesta branca de les matemàtiques. Els seus ingredients bàsics són les funcions trigonomètriques que s'estudien en aquesta unitat.

Conceptes musicals com sèrie harmònica, timbre o harmònics, estan estretament lligats a l'estudi de la vibració d'una corda.

Funcions exponencials i logarítmiques

Ja coneixes aquestes funcions de cursos anteriors. Com saps, les funcions exponencials es troben amb moltíssima freqüència al nostre món: a la naturalesa (creixement de poblacions animals o vegetals), a l'economia (creixement d'un capital dipositat en un banc). Les funcions logarítmiques s'usen per determinar l'edat dels fòssils, per descriure el pH (grau d'acidesa) de les substàncies químiques...

Resol

Dues maneres de visualitzar la corba sinus

1a En un full de paper transparent, pinta una diagonal amb un retolador vermell de traç gruixut. Enrotlla la transparència sobre el costat llarg del full i hi veuràs la corba sinus amb tota nitidesa.

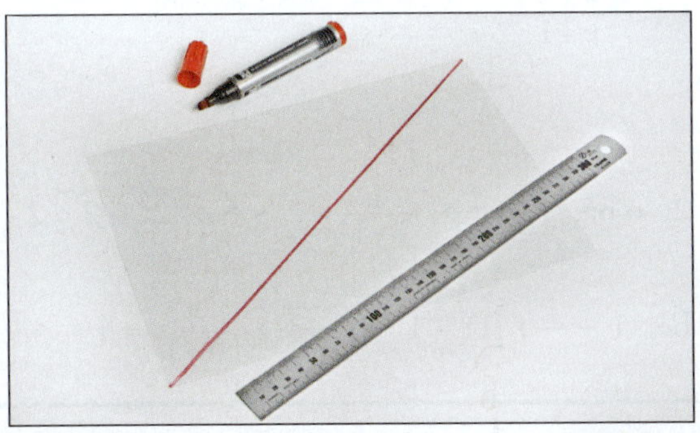

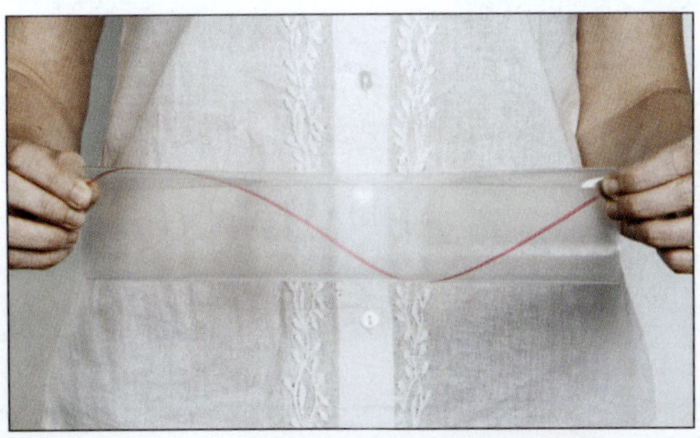

2a Enrotlla un full de paper al voltant d'una espelma o al voltant del suport de cartó d'un rotlle de paper higiènic. Talla'l amb un ganivet, cúter o serra d'arquet, traçant un angle de 45° amb el seu eix. Desenrotlla'l. La corba resultant és la corba sinus.

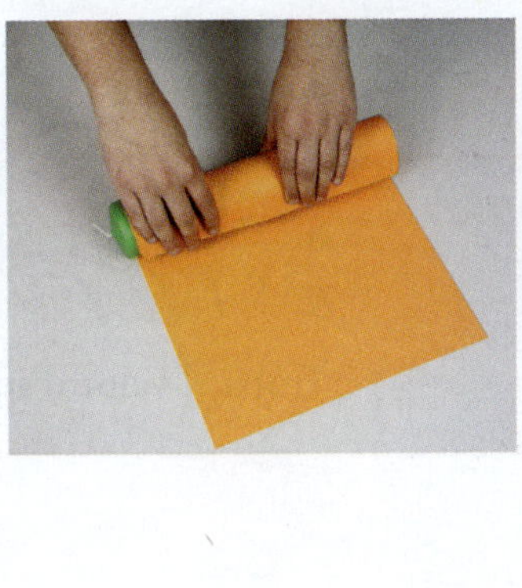

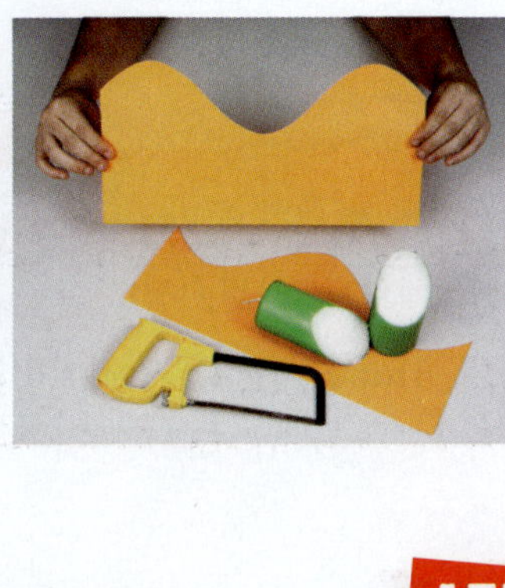

1 Composició de funcions

La funció $\sqrt{x^2+5x}$ té a veure amb les funcions:

- $f(x) = x^2 + 5x$
- $g(x) = \sqrt{x}$

Vegem com: $\sqrt{x^2+5x} = \sqrt{f(x)} = g[f(x)]$

La funció $g[f(x)]$ s'anomena funció composta de f i g.

Donades dues funcions, f i g, s'anomena **funció composta** de f i g, i es designa per $g \circ f$, la funció que transforma x en $g[f(x)]$:

$$x \xrightarrow{g \circ f} g[f(x)] \qquad x \xrightarrow{f} f(x) \xrightarrow{g} g[f(x)]$$

L'expressió $g \circ f(x)$ es llegeix f composta amb g. S'anomena en primer lloc la funció de la dreta perquè és la primera a actuar sobre la x.

En general, la funció $f[g(x)]$ és diferent de $g[f(x)]$.

Exercici resolt

1 *Considera les funcions:*

$$f(x) = x^2 - x \quad i \quad g(x) = \frac{4}{x+1}$$

a) Obtén l'expressió analítica de:

$f \circ g \qquad g \circ f \qquad f \circ f \qquad g \circ g$

b) Troba $f[g(1)]$ i $g[f(1)]$.

a) • $f[g(x)] = f\left[\frac{4}{x+1}\right] = \left(\frac{4}{x+1}\right)^2 - \frac{4}{x+1} = \frac{16}{(x+1)^2} - \frac{4(x+1)}{(x+1)^2} = \frac{12-4x}{(x+1)^2} \Rightarrow$

$\Rightarrow f \circ g(x) = \frac{12-4x}{(x+1)^2}$

• $g[f(x)] = g[x^2 - x] = \frac{4}{(x^2-x)+1} = \frac{4}{x^2-x+1} \Rightarrow g \circ f(x) = \frac{4}{x^2-x+1}$

• $f[f(x)] = f(x^2-x) = (x^2-x)^2 - (x^2-x) = x^4 - 2x^3 + x^2 - x^2 + x \Rightarrow$

$\Rightarrow f \circ f(x) = x^4 - 2x^3 + x$

• $g[g(x)] = g\left[\frac{4}{x+1}\right] = \frac{4}{\frac{4}{x+1}+1} = \frac{4}{\frac{4+x+1}{x+1}} = \frac{4(x+1)}{4+x+1} = \frac{4x+4}{x+5} \Rightarrow$

$\Rightarrow g \circ g(x) = \frac{4x+4}{x+5}$

b) • $f[g(1)] = \frac{12-4\cdot 1}{(1+1)^2} = \frac{8}{4} = 2$; o bé, $1 \xrightarrow{g} \frac{4}{1+1} = 2 \xrightarrow{f} 2^2 - 2 = 2$

• $g[f(1)] = \frac{4}{1^2-1+1} = 4$; o bé, $1 \xrightarrow{f} 1^2 - 1 = 0 \xrightarrow{g} \frac{4}{0+1} = 4$

Exercicis proposats

1 Si $f(x) = x^2 - 5x + 3$ i $g(x) = x^2$, obtén les expressions de $f[g(x)]$ i $g[f(x)]$.

Troba $f[g(4)]$ i $g[f(4)]$.

2 Si $f(x) = \sqrt{x}$ i $g(x) = x + 4$, obtén les expressions de $f \circ g$, $g \circ f$, $f \circ f$ i $g \circ g$.

Troba el valor d'aquestes funcions en $x = 0$ i $x = 5$.

2 Funció inversa o recíproca d'una altra

Compondrem les funcions $f(x) = x^3 - 6$ i $f^{-1}(x) = \sqrt[3]{x+6}$:

$$x \xrightarrow{f} x^3 - 6 \xrightarrow{f^{-1}} \sqrt[3]{(x^3-6)+6} = \sqrt[3]{x^3} = x \qquad f^{-1}[f(x)] = x$$

$$x \xrightarrow{f^{-1}} \sqrt[3]{x+6} \xrightarrow{f} \left(\sqrt[3]{x+6}\right)^3 - 6 = (x+6) - 6 = x \qquad f[f^{-1}(x)] = x$$

Veiem que f i f^{-1} tenen la peculiaritat que en actuar successivament sobre un nombre x, el nombre es manté, és a dir, cadascuna d'aquestes funcions desfà el que fa l'altra. Per això es diu que f^{-1} és la **inversa** de f, o que cadascuna d'aquestes és inversa de l'altra.

Observa la simetria dels punts d'una i altra funció respecte a $y = x$:

PUNTS DE $f(x)$: $y = x^3 - 6$	(–1, –7)	(0, –6)	(2, 2)	…	(a, b)
PUNTS DE $f^{-1}(x)$: $y = \sqrt[3]{x+6}$	(–7, –1)	(–6, 0)	(2, 2)	…	(b, a)

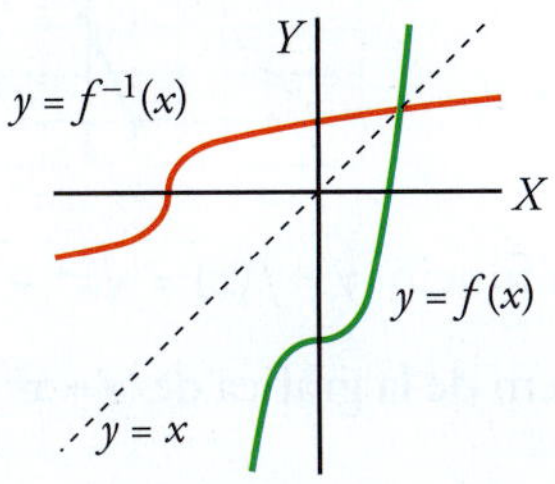

Gràfics de funcions inverses

S'anomena **funció inversa** o **recíproca** de f una altra funció (es designa per f^{-1}) que compleix la condició següent:

Si $f(a) = b$, llavors $f^{-1}(b) = a$

Com a conseqüència, es donen les relacions següents:

$$x \xrightarrow{f} f(x) \xrightarrow{f^{-1}} x; \text{ és a dir, } f^{-1}[f(x)] = x$$

$$x \xrightarrow{f^{-1}} f^{-1}(x) \xrightarrow{f} x; \text{ és a dir, } f[f^{-1}(x)] = x$$

La funció inversa de f^{-1} és, al seu torn, f. Per això es diu, simplement, que les funcions f i f^{-1} són inverses o recíproques.

Les gràfiques de dues funcions inverses són simètriques respecte de la recta $y = x$.

Perquè una funció tingui inversa ha de ser **injectiva,** és a dir, cada valor de y ha de correspondre a un únic valor de x. Si no és així, s'ha de descompondre en trams en què sigui injectiva, cadascun dels quals tindrà la seva funció inversa.

Per exemple, com que $y = x^2$ no és injectiva, per trobar-ne la inversa procedim així:

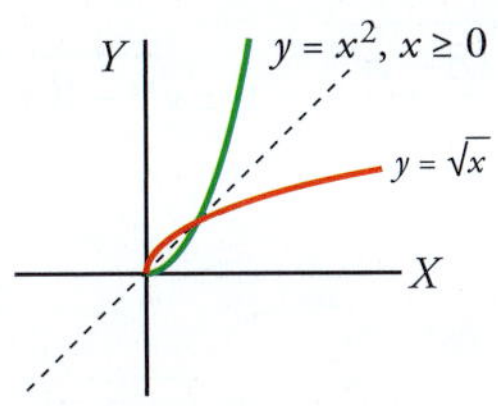

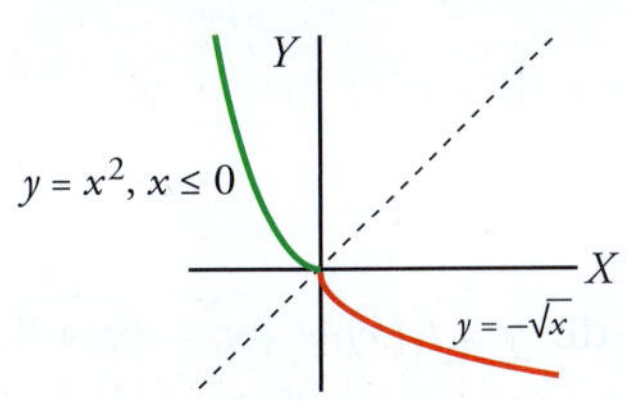

$$y = f(x) = x^2 \begin{cases} y = f_1(x) = x^2,\ x \geq 0 \ \to\ f_1^{-1}(x) = \sqrt{x} \\ y = f_2(x) = x^2,\ x \leq 0 \ \to\ f_2^{-1}(x) = -\sqrt{x} \end{cases}$$

Exercicis proposats

3 Cert o fals?

a) La funció recíproca de $y = x$ és $y = \dfrac{1}{x}$.

b) Cadascuna de les funcions $y = x$, $y = \dfrac{1}{x}$ és recíproca de si mateixa.

c) La inversa de $y = \dfrac{9}{x}$, $x \in [3, 9]$ és $y = \dfrac{9}{x}$, $x \in [1, 3]$.

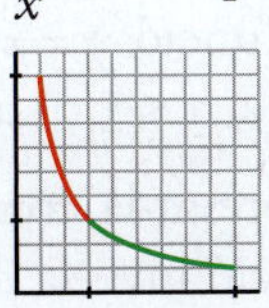

d) Si una funció és creixent, la recíproca és decreixent.

4 Representa $y = 2x$, $y = \dfrac{x}{2}$ i comprova que són inverses.

5 Comprova que s'ha de descompondre $y = x^2 - 1$ en dues branques per trobar-ne les inverses.

Digues quines són.

6 Comprova que la funció recíproca de $y = 2x + 4$ és $y = \dfrac{1}{2}x - 2$.

Expressió analítica de la funció inversa d'una altra

Per trobar la inversa de $y = f(x)$, s'intercanvien les dues incògnites, $x = f(y)$. Ara, si es pot, s'aïlla la y.

Per exemple, $f(x) = 2x - 3$:

$$y = 2x - 3 \rightarrow x = 2y - 3 \rightarrow y = \frac{x+3}{2}$$

$$\text{Per tant, } f^{-1}(x) = \frac{x+3}{2}$$

Vegem com procediríem si $f(x)$ tingués el domini de definició limitat:

$$f(x) = 2x - 3, \ x \in [-1, 4]$$

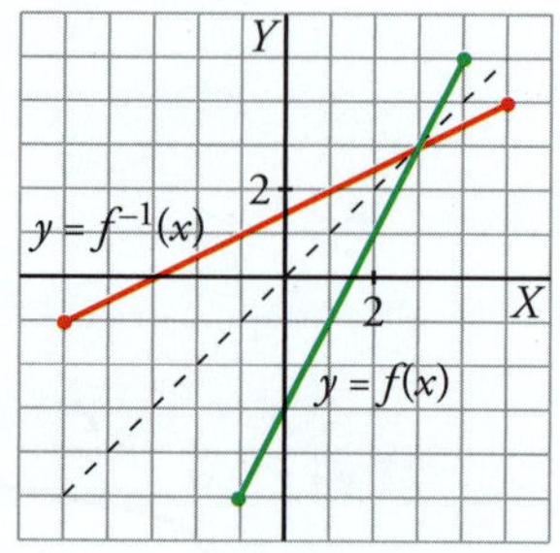

Per trobar-ne la inversa, trobem els valors que pren la funció en els extrems de l'interval: $f(-1) = -5$, $f(4) = 5$.

$$\text{Per tant, } f^{-1}(x) = \frac{x+3}{2}, \ x \in [-5, 5]$$

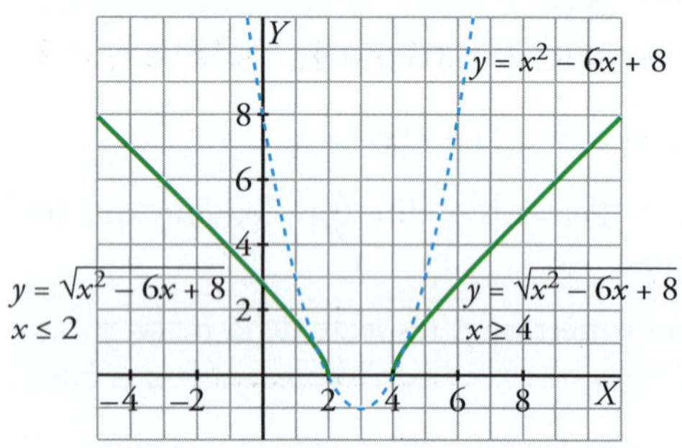

Vegem-ne un altre exemple; trobem la inversa de la funció $y = f(x) = \sqrt{x^2 - 6x + 8}$:

Per representar $y = \sqrt{x^2 - 6x + 8}$ (en verd) ens ajudem de la gràfica de $y = x^2 - 6x + 8$ (en blau).

Com veus, $y = f(x)$ no està definida en els valors que tenen el radicand negatiu, és a dir, a (2, 4). Per tant, la seva gràfica està composta per dues branques:

$$y = f_1(x) = \sqrt{x^2 - 6x + 8}, \ x \le 2$$

$$y = f_2(x) = \sqrt{x^2 - 6x + 8}, \ x \ge 4$$

Obtenim les expressions analítiques de les inverses:

$$y = \sqrt{x^2 - 6x + 8} \rightarrow x = \sqrt{y^2 - 6y + 8} \rightarrow x^2 = y^2 - 6y + 8 \rightarrow$$

$$\rightarrow y^2 - 6y + (8 - x^2) = 0 \rightarrow y = \frac{6 \pm \sqrt{36 - 4(8 - x^2)}}{2} = 3 \pm \sqrt{9 - 8 + x^2} = 3 \pm \sqrt{x^2 + 1}$$

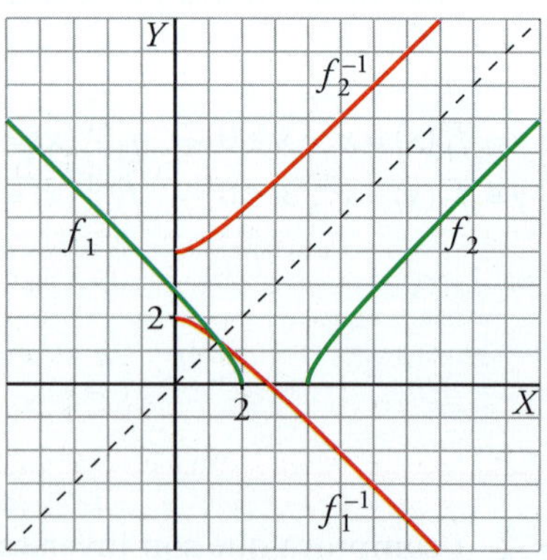

És a dir:

La inversa de $y = f_1(x) = \sqrt{x^2 - 6x + 8}$, $x \le 2$, és:

$$y = f_1^{-1}(x) = 3 - \sqrt{x^2 + 1}, \ x \ge 0$$

La inversa de $y = f_2(x) = \sqrt{x^2 - 6x + 8}$, $x \ge 4$, és:

$$y = f_2^{-1}(x) = 3 + \sqrt{x^2 + 1}, \ x \ge 0$$

Exercicis proposats

7 Troba l'expressió analítica de la funció inversa de:

a) $f(x) = \dfrac{x-5}{2}$, $x \in [3, 13]$

b) $g(x) = \dfrac{2-x}{3}$, $x \in [-7, 14]$

8 La funció $y = x^2 - 2x$ té dues branques: una de decreixent per a $x \le 1$, i una altra de creixent per a $x \ge 1$.

Expressa-la com dues funcions $f_1(x)$ i $f_2(x)$ i troba la funció inversa de cadascuna.

3 Funcions exponencials

La funció exponencial de base 2: y = 2x

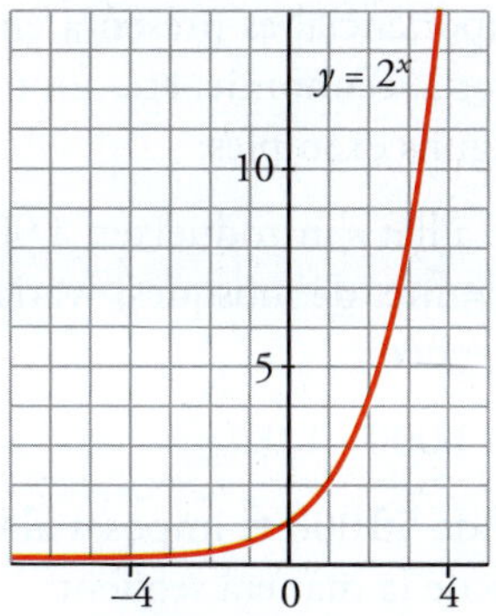

La gràfica de l'esquerra mostra la representació de la funció $y = 2^x$. Es tracta d'una funció definida en tot $\mathbb{R}$, contínua i creixent.

Creix més de pressa que qualsevol funció potència. Per exemple, encara que la funció $y = x^{10}$ al principi és més gran que $y = 2^x$, aquesta «la supera» per a valors prou grans de x.

x	2	4	10	40	60	…
x^{10}	1 024	1 048 576	10 000 000 000	$1{,}049 \cdot 10^{16}$	$6{,}05 \cdot 10^{17}$	…
2^x	4	16	1 024	$1{,}1 \cdot 10^{12}$	$1{,}15 \cdot 10^{18}$	…

La funció exponencial de base 1/2: $y = (1/2)^x$

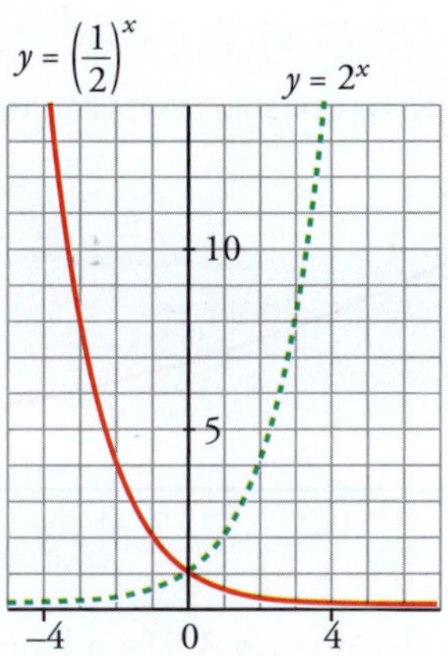

La gràfica de la funció $y = \left(\frac{1}{2}\right)^x$ és simètrica, respecte de l'eix Y, de la de $y = 2^x$. La raó és la següent:

$$\left.\begin{aligned} y &= f_1(x) = 2^x \\ y &= f_2(x) = (1/2)^x = 2^{-x} \end{aligned}\right\} f_1(-x) = f_2(x)$$

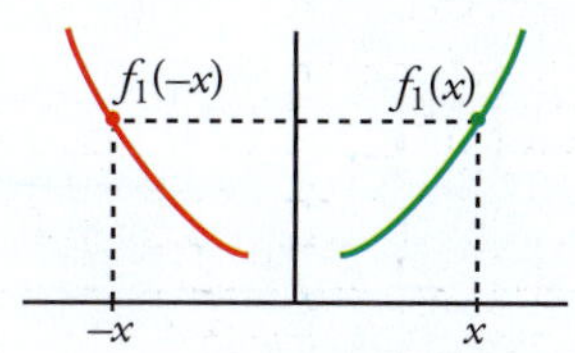

Com a conseqüència de la propietat anterior, la funció $y = \left(\frac{1}{2}\right)^x$ és també contínua en tot $\mathbb{R}$, però decreixent.

Característiques de les funcions exponencials

S'anomenen **funcions exponencials** les que tenen per equació $y = a^x$, sent la base a un nombre positiu diferent d'1.

- Totes són contínues en $\mathbb{R}$, i passen per $(0, 1)$ i $(1, a)$.
- Si $a > 1$, són creixents, molt més com més gran sigui a. El creixement de qualsevol d'aquestes arriba a ser molt ràpid, i supera fins i tot qualsevol funció potència. Per això, l'expressió creixement exponencial és sinònim de creixement molt ràpid.
- Si $0 < a < 1$, són decreixents.
- En matemàtiques superiors la funció $y = e^x$ és extraordinàriament important. Tant és així que quan es parla de «la funció exponencial», sense esmentar quina n'és la base, s'hi està fent referència.
- També són exponencials les funcions $y = a^{kx}$, perquè $a^{kx} = (a^k)^x$. És a dir, $y = a^{kx}$ és una funció exponencial de base a^k.
- A les calculadores científiques sol haver-hi dues tecles, 10^x (log) i e^x (ln), amb les quals s'obtenen valors de les funcions $y = 10^x$ i $y = e^x$, respectivament.

Recorda

El nombre e és un irracional, el valor del qual és:

$$e = 2{,}7182818\ldots$$

Fenòmens que es descriuen amb la funció exponencial

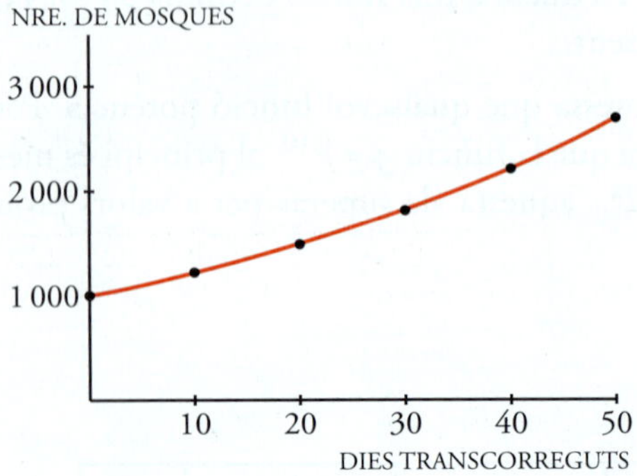

La funció exponencial es presenta en multitud de fenòmens de creixement animal, vegetal, bacterià, econòmic, etc. En tots aquests, la variable independent és el temps. Vegem-ne alguns exemples:

- En un lloc aïllat s'introdueixen 1 000 mosques d'una espècie determinada. La població (N = nre. de mosques) varia al llarg del temps t (expressat en dies) segons la funció següent:

  $$N = 1\,000 \cdot 1{,}02^t$$

- Un capital de 50 000 € imposat al 6 % anual es transforma en un capital C al cap de t anys de la manera següent:

  $$C = 50\,000 \cdot 1{,}06^t$$

La funció exponencial també s'utilitza per descriure fenòmens de decreixement. Per exemple:

- Les substàncies radioactives es desintegren amb el pas del temps i la quantitat de substància radioactiva disminueix de forma exponencial. En unes, la desintegració és rapidíssima; en d'altres, molt lenta. Una quantitat determinada de massa d'una substància es desintegra segons l'equació:

  $$M = m \cdot 0{,}76^t$$

  on t és el temps i ve donat en milers d'anys, m és la quantitat inicial de substància radioactiva i M és la quantitat de substància radioactiva passat un temps t.

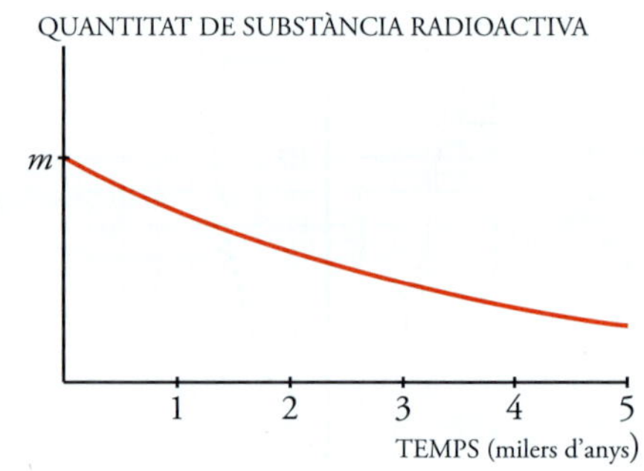

- Si un capital de 80 000 € dipositats en divises es devalua un 3,5 % a l'any, la seva evolució amb el temps es descriu mitjançant la funció:

  $$C = 80\,000 \cdot \left(\frac{100 - 3{,}5}{100}\right)^t = 80\,000 \cdot 0{,}965^t$$

Exercicis proposats

9 La massa de fusta d'un bosc augmenta en un 40 % cada 100 anys. Si prenem com a unitat de massa vegetal (biomassa) la que hi havia l'any 1800, que considerem l'instant de partida, i com a unitat de temps 100 anys, la funció $M = 1{,}4^t$ ens dóna la quantitat de massa vegetal, M, en un instant qualsevol, t, expressat en *segles a partir de 1800* (raona per què).

a) Esbrina quan hi haurà una massa de fusta que tripliqui la de l'any 1800 ($1{,}4^t = 3$) i quan n'hi havia la tercera part. Observa que els dos períodes de temps són iguals.

b) Calcula la quantitat de fusta que hi haurà, o hi havia, el 1900, el 1990, el 2000, el 1600 i el 1550.

10 Comprova que, a l'exemple anterior referent a la desintegració d'una substància radioactiva determinada, $M = m \cdot 0{,}76^t$ (t expressat en milers d'anys), el *període de semidesintegració* (temps que la substància radioactiva tarda a reduir-se a la meitat) és, aproximadament, de 2 500 anys.

Per a això, comprova que una quantitat inicial qualsevol es redueix a la meitat (aproximadament) al cap de 2 500 anys ($t = 2{,}5$).

4 Funcions logarítmiques

La funció inversa de $y = 2^x$ s'anomena funció logarítmica de base 2 i es designa així: $y = log_2\, x$. Els valors que pren aquesta funció són, òbviament, els dels logaritmes en base 2.

La gràfica de $y = log_2\, x$ és simètrica respecte de la recta $y = x$ de la gràfica de $y = 2^x$, per causa de ser-ne la funció inversa.

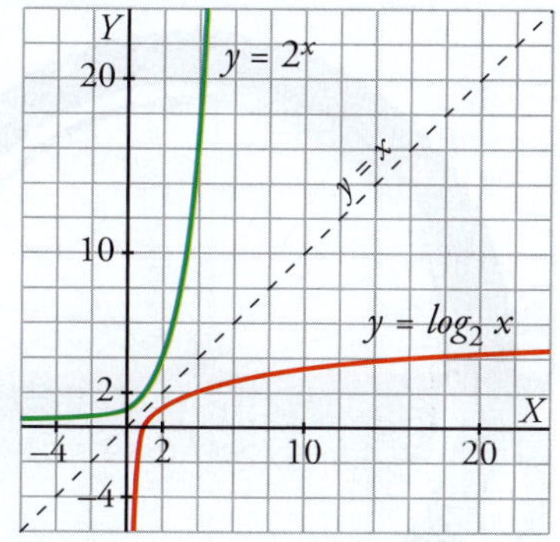

Característiques de les funcions logarítmiques

NOTA: També hi ha les funcions logarítmiques $y = log_a\, x$ per a $0 < a < 1$, però aquí no les estudiarem.

Es diuen **funcions logarítmiques** les que tenen l'equació $y = log_a\, x$, sent a un nombre positiu superior a 1.

- Totes són contínues en $(0, +\infty)$ i passen pels punts (1, 0) i (a, 1).
- Són creixents. El creixement és molt lent, molt més com més gran sigui a.
- En matemàtiques superiors la funció $y = log_e\, x$ és molt important. S'anomena **logaritme neperià** i es designa $y = ln\, x$ o $y = Lx$. És la funció inversa de l'exponencial de base e.
- A les calculadores científiques sol haver-hi dues tecles, [log] i [ln], amb les quals s'obtenen valors de les funcions $y = log_{10}\, x$ i $y = ln\, x$, respectivament.

La funció logarítmica com a model

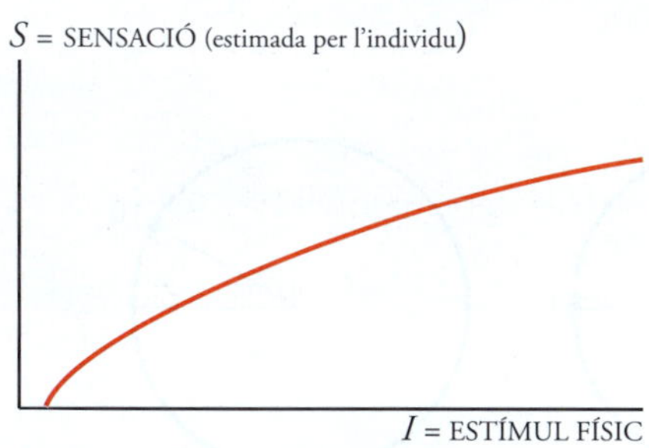

En psicologia, l'estudi de percepcions té una gran importància. L'individu percep colors, sons, olors, gustos... La percepció depèn (*és funció*) dels estímuls físics. Per exemple, parlem de la il·luminació (I), que pot ser mesurada físicament, i la percepció, S, que aprecia un individu. La relació entre les dues variables ve donada per una variant de l'anomenada *llei psicofísica* o llei de Weber-Fechner:

$$S = C\, ln\, I \quad (C \text{ és una constant})$$

Per a valors petits de I l'individu aprecia canvis petits també. Però com més gran sigui I, més grans han de ser els canvis perquè s'apreciïn.

Exercici resolt

1 *Troba la funció recíproca de:* $y = 10^x,\ x \in [-2, 4]$

$10^{-2} = \dfrac{1}{100} = 0{,}01;\ \ 10^4 = 10\,000$

La funció $y = 10^x$ passa per (–2; 0,01) i per (4, 10 000). Per tant, la recíproca passa per (0,01; –2) i per (10 000, 4).

Conclusió: la recíproca de $y = 10^x,\ x \in [-2, 4]$ és $y = log_{10}\, x,\ x \in [0{,}01;\ 10\,000]$.

Exercicis proposats

11 Cert o fals?

La funció recíproca de $y = 2^x,\ x > 0$ és $y = log_2\, x,\ x > 1$.

12 Troba la funció recíproca de:

$y = log_2\, x,\ x \in [8, 32]$

5 Funcions trigonomètriques

Visió intuïtiva

Estem arreglant una punxada d'una roda de bicicleta, que tenim situada a la vora d'una taula, tal com es veu en la fotografia.

En girar la roda, el punt P on té la punxada varia l'altura respecte de la taula.

La funció que relaciona x amb y

x: longitud recorreguda pel punt P *en girar*

y: altura a la qual es troba P *respecte al nivell de la taula*

prenent la longitud del radi com a unitat de mesura, s'anomena **funció sinus**:

$$x \text{ (recorregut)} \xrightarrow{sin} y = sin\, x \text{ (altura)}$$

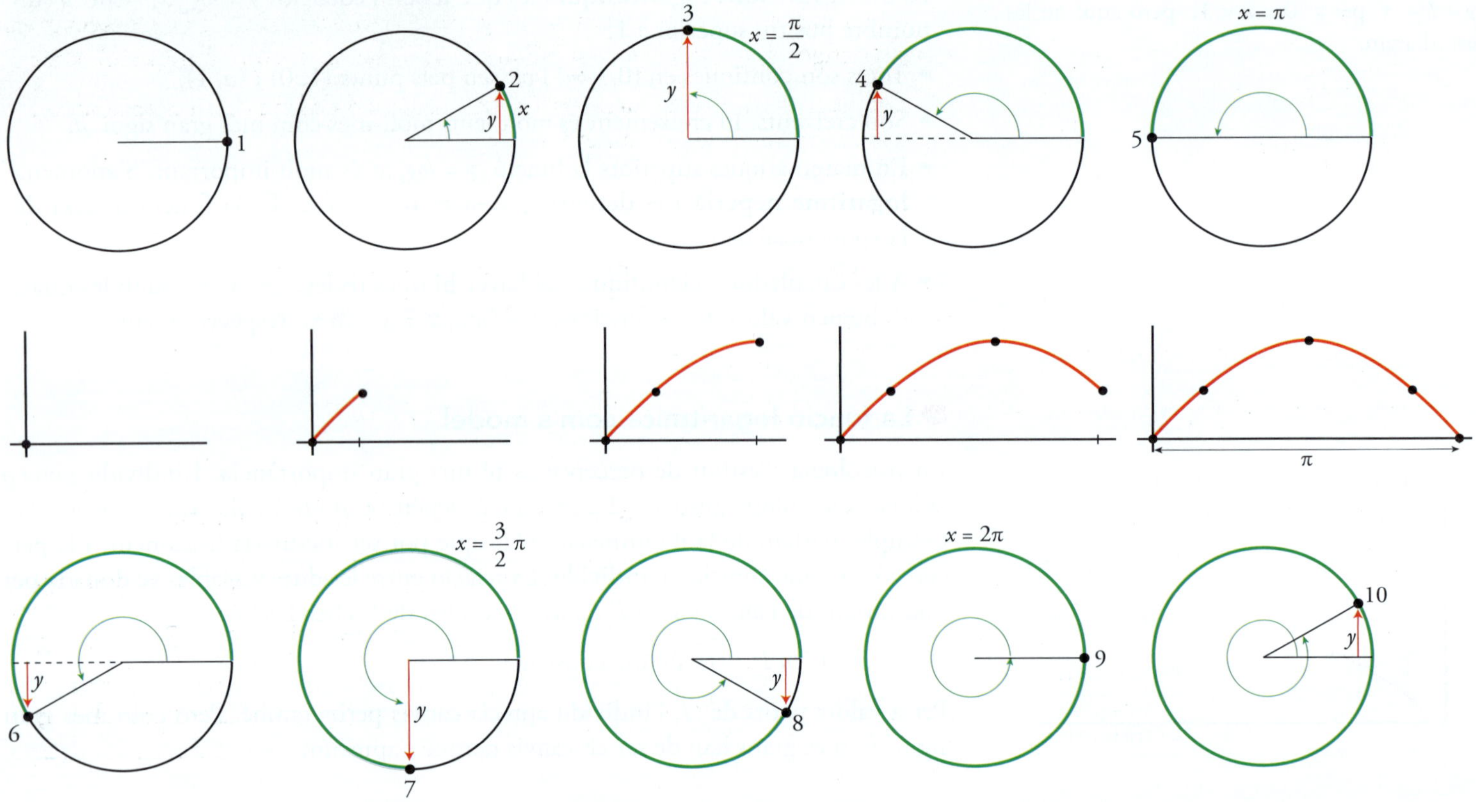

Així és la gràfica que obtenim:

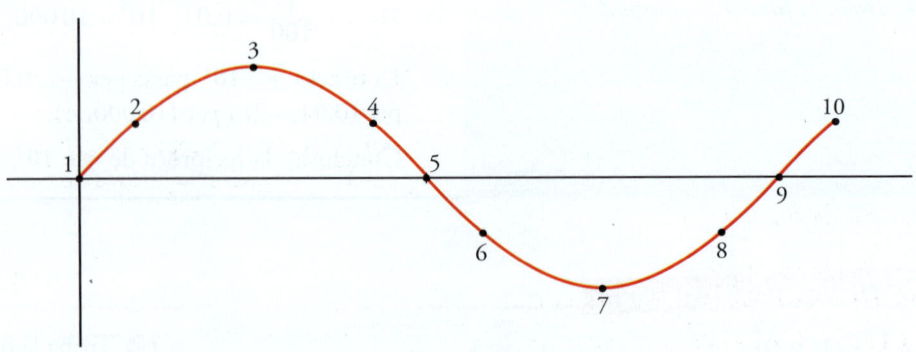

Podem observar que cada posició de P correspon a un angle de gir, α. Si aquest angle el mesurem pel valor de x, direm que està mesurat en **radians**.

Observa

A partir de la primera volta, els valors de la funció es repeteixen una vegada i una altra. Es tracta d'una **funció periòdica**. El seu període és 2π, perquè aquesta és la distància que recorre P quan fa una volta completa.

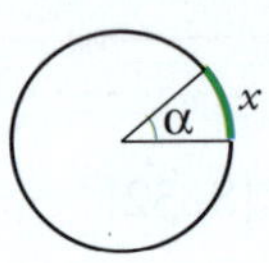

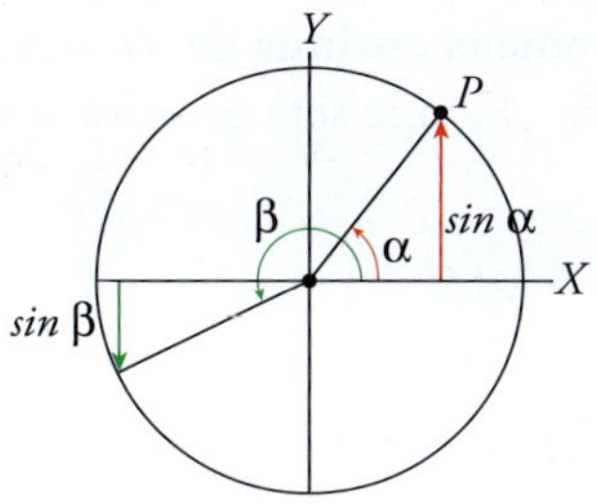

$-1 \leq sin\ \alpha \leq 1$

Sinus d'un angle

Un punt P gira sobre una circumferència de radi 1. Hi tracem uns eixos de coordenades X, Y amb origen en el centre de la circumferència.

Si α és l'angle de gir, s'anomena **sinus** de α, i s'escriu $sin\ \alpha$ l'ordenada del punt P. És la distància de P a l'eix X, de manera que si el punt queda damunt de l'eix X, la distància és positiva $(sin\ \alpha > 0)$ i si el punt queda sota l'eix X, la distància és negativa $(sin\ \beta < 0)$.

El sinus d'un angle pren, per tant, valors entre –1 i 1: $-1 \leq sin\ \alpha \leq 1$

La circumferència de radi unitat que emprem per mesurar els valors del sinus s'anomena **circumferència goniomètrica**.

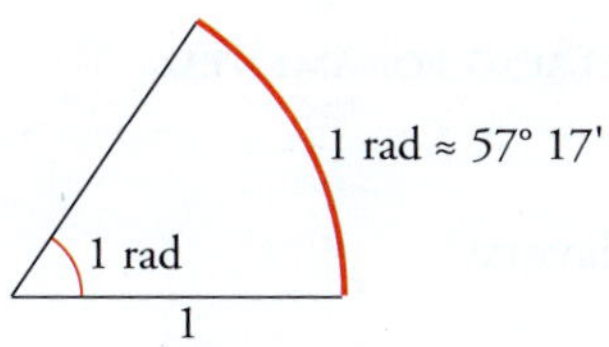

$\alpha° = \frac{180}{\pi}\ \alpha\ \text{rad}$

Graus i radians

Els angles es mesuren, habitualment, en graus. No obstant això, per representar les funcions trigonomètriques és molt útil una altra unitat de mesura d'angles: el **radian**.

El valor d'un angle α en radians és igual a la longitud de l'arc corresponent mesurat sobre la circumferència goniomètrica.

Valors del sinus

El valor del sinus d'un angle es pot obtenir amb la calculadora:

EN GRAUS: MODE DEG → sin 45 °'" 37 °'" = 0.7146761

$sin\ 45°\ 37' = 0{,}715$

EN RADIANS: MODE RAD → sin 1,5 = 0.997494986

$sin\ (1{,}5\ \text{rad}) = 0{,}997$

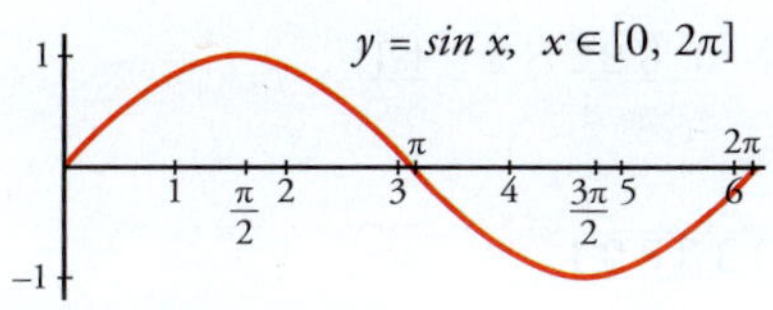

x: mesura de l'angle en radians.

Observa alguns valors interessants que donen lloc a la gràfica adjunta:

GRAUS	0°	30°	45°	60°	90°	120°	135°	150°	180°	210°	225°	240°	270°	300°	315°	330°	360°
RADIANS	0	$\frac{\pi}{6}$	$\frac{\pi}{4}$	$\frac{\pi}{3}$	$\frac{\pi}{2}$	$\frac{2\pi}{3}$	$\frac{2\pi}{4}$	$\frac{5\pi}{6}$	π	$\frac{7\pi}{6}$	$\frac{5\pi}{4}$	$\frac{4\pi}{3}$	$\frac{3\pi}{2}$	$\frac{5\pi}{3}$	$\frac{7\pi}{4}$	$\frac{11\pi}{6}$	2
sin	0	$\frac{1}{2}$	$\frac{\sqrt{2}}{2}$	$\frac{\sqrt{3}}{2}$	1	$\frac{\sqrt{3}}{2}$	$\frac{\sqrt{2}}{2}$	$\frac{1}{2}$	0	$\frac{-1}{2}$	$\frac{-\sqrt{2}}{2}$	$\frac{-\sqrt{3}}{2}$	–1	$\frac{-\sqrt{3}}{2}$	$\frac{-\sqrt{2}}{2}$	$\frac{-1}{2}$	0

La funció sinus

La gràfica representada en el marge és el de la funció $y = sin\ x$, sent x la mesura en radians d'un angle de l'interval $[0, 2\pi]$, és a dir, entre 0° i 360°.

Si considerem angles més grans de 360° (2π rad) fent que el punt continuï girant després de la primera volta, i angles negatius quan l'angle gira en sentit contrari, els valors del sinus es repeteixen. S'obté, així, la funció següent, definida en tot el conjunt $\mathbb{R}$, **contínua** i **periòdica** de període 2π.

Funció periòdica

Una funció és periòdica si:

$$f(x) = f(x + l) = \ldots = f(x + kl),\ k \in \mathbb{Z}$$

És a dir, si els valors de f es repeteixen cada vegada que s'avança o es retrocedeix un interval de longitud l.

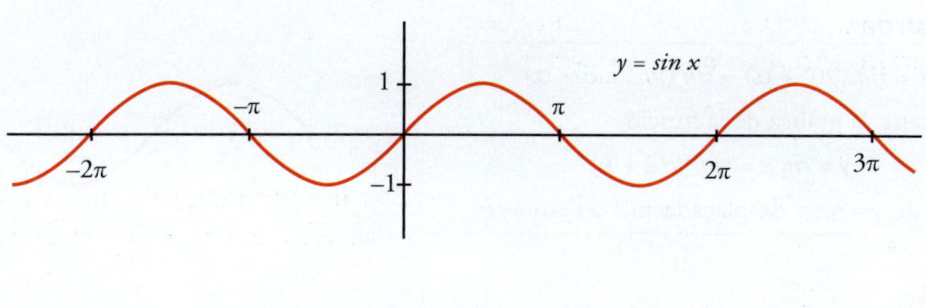

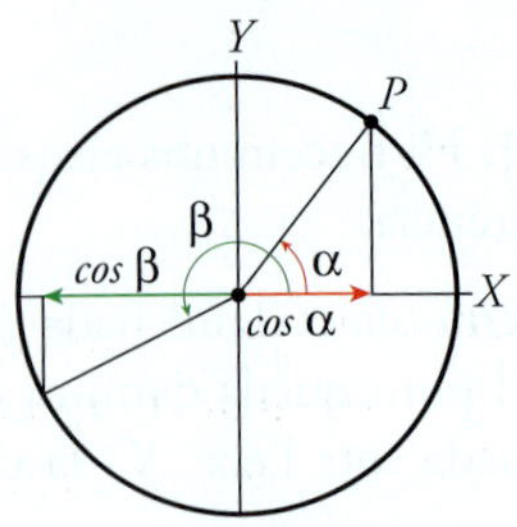

$-1 \le cos\,\alpha \le 1$

Cosinus d'un angle

Situem un angle α sobre la circumferència goniomètrica. El primer costat de l'angle és l'eix X i el segon determina un punt P. S'anomena **cosinus** de α i es designa $cos\ \alpha$, l'abscissa de P, és a dir, la distància a l'eix Y, que serà positiva si està a la dreta i negativa si està a l'esquerra.

El cosinus d'un angle pren valors entre -1 i 1: $-1 \le cos\,\alpha \le 1$

Relacions entre sinus i cosinus

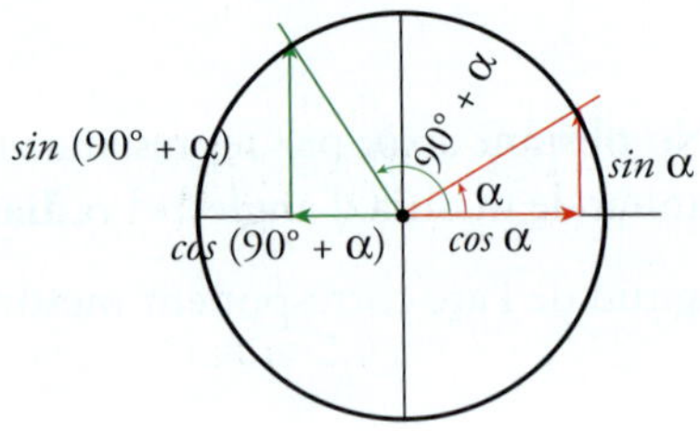

- Com que sigui quin sigui l'angle α, $sin\,\alpha$ i $cos\,\alpha$ són les coordenades d'un punt P de la circumferència goniomètrica, el radi de la qual és 1, es verifica que:

$$(sin\,\alpha)^2 + (cos\,\alpha)^2 = 1 \qquad \text{RELACIÓ FONAMENTAL}$$

- Si dos angles difereixen en 90°, α i $\alpha + 90°$, llavors:

$$sin\,(90° + \alpha) = cos\,\alpha \qquad cos\,(90° + \alpha) = -sin\,\alpha$$

Valors del cosinus

Els valors del sinus d'un angle es poden obtenir amb la calculadora:

EN GRAUS: [MODE] [DEG] → [cos] 45 [° ′ ″] 37 [° ′ ″] [=] [0.69945547]

$cos\ 45°\ 37' = 0{,}699$

EN RADIANS: [MODE] [RAD] → [cos] 1,5 [=] [0.070737201]

$cos\ (1{,}5\ \text{rad}) = 0{,}0707$

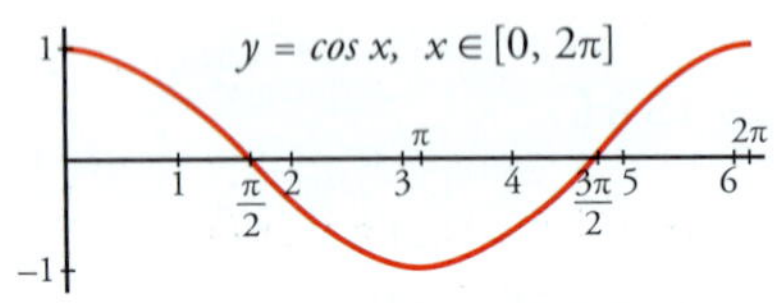

x: mesura de l'angle en radians.

Observa alguns valors interessants que donen lloc a la gràfica adjunta:

GRAUS	0°	30°	45°	60°	90°	120°	135°	150°	180°	210°	225°	240°	270°	300°	315°	330°	360°
RADIANS	0	$\frac{\pi}{6}$	$\frac{\pi}{4}$	$\frac{\pi}{3}$	$\frac{\pi}{2}$	$\frac{2\pi}{3}$	$\frac{2\pi}{4}$	$\frac{5\pi}{6}$	π	$\frac{7\pi}{6}$	$\frac{5\pi}{4}$	$\frac{4\pi}{3}$	$\frac{3\pi}{2}$	$\frac{5\pi}{3}$	$\frac{7\pi}{4}$	$\frac{11\pi}{6}$	2
COS	1	$\frac{\sqrt{3}}{2}$	$\frac{\sqrt{2}}{2}$	$\frac{1}{2}$	0	$\frac{-1}{2}$	$\frac{-\sqrt{2}}{2}$	$\frac{-\sqrt{3}}{2}$	-1	$\frac{-\sqrt{3}}{2}$	$\frac{-\sqrt{2}}{2}$	$\frac{-1}{2}$	0	$\frac{1}{2}$	$\frac{\sqrt{2}}{2}$	$\frac{\sqrt{3}}{2}$	1

La funció cosinus

La gràfica representada en el marge és el de la funció $y = cos\,x$, sent x la mesura en radians d'un angle de l'interval $[0, 2\pi]$, és a dir, entre 0° i 360°.

Si considerem angles més grans de 360° (2π rad) i angles negatius, els valors del cosinus es repeteixen. S'obté així la funció següent definida en tot $\mathbb{R}$, **contínua** i **periòdica** de període 2π:

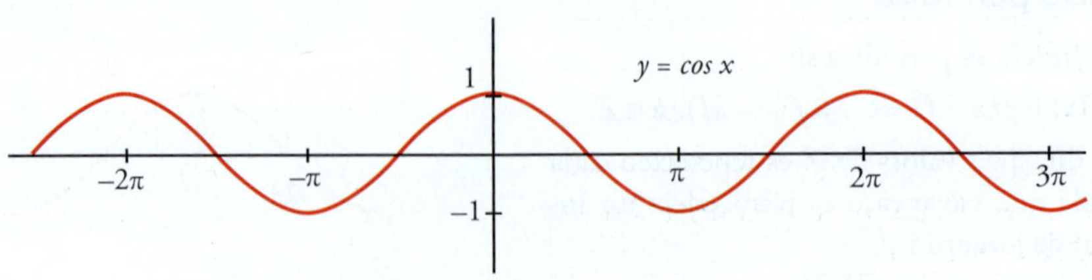

Recorda

$cos\,\alpha = sin\,(90° + \alpha) = sin\,(\pi/2\ \text{rad} + \alpha)$

Per tant, la gràfica de la funció

$y = cos\,x = sin\,(\pi/2 + x)$

és la de $y = sin\,x$ desplaçada $\pi/2$ a l'esquerra.

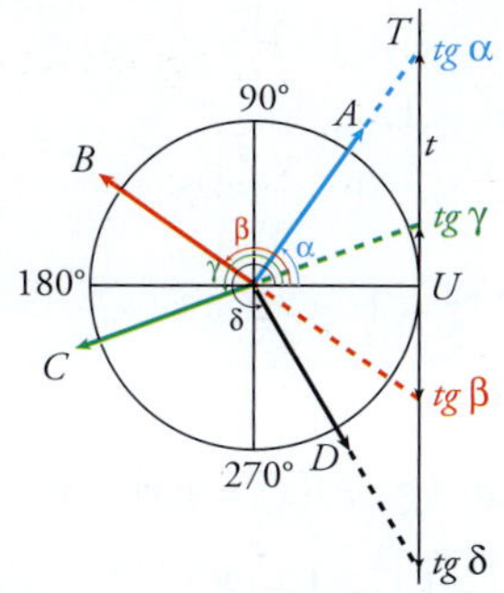

Tangent d'un angle

En el punt U on la circumferència goniomètrica talla la part positiva de l'eix de les X, tracem una recta t tangent a aquesta.

Situem un angle sobre la circumferència. En prolongar el segon costat de l'angle, o la semirecta oposada, talla la recta t en un punt T. S'anomena **tangent** de l'angle la mesura UT, que serà positiva si T està sobre l'eix X i negativa si està per sota (observa-ho en la gràfica del marge).

Els angles de 90° i 270° no tenen tangent, perquè ni el segon costat de l'angle ni la semirecta oposada tallen la recta t.

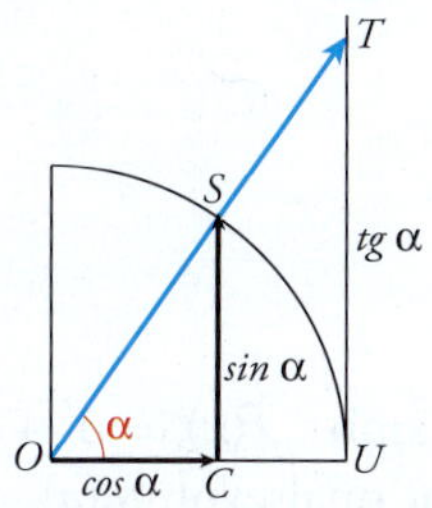

Relacions entre sinus, cosinus i tangent

Si α és un angle diferent de 90° i de 270°, es verifica que

$$tg\ \alpha = \frac{sin\ \alpha}{cos\ \alpha}$$

Per provar-ho, observem que els triangles OCS i OUT són semblants. Per tant:

$$\frac{\overline{UT}}{\overline{OU}} = \frac{\overline{CS}}{\overline{OC}} \quad \rightarrow \quad \frac{tg\ \alpha}{1} = \frac{sin\ \alpha}{cos\ \alpha}$$

Si l'angle està situat en un altre quadrant, també es compleix la igualtat, amb el signe corresponent.

Notació

Sinus, cosinus i tangent d'un angle s'anomenen les **raons trigonomètriques**.

Valors de la tangent

Observa alguns valors de la tangent, que donen lloc a la gràfica adjunta:

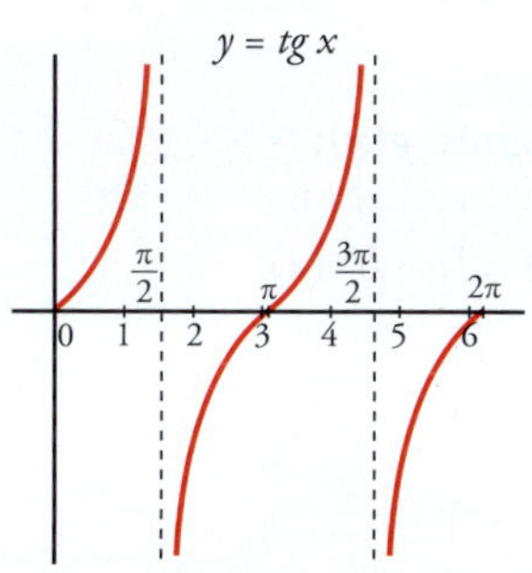

GRAUS	0°	30°	45°	60°	90°	120°	135°	150°	180°	210°	225°	240°	270°	300°	315°	330°	360°
RADIANS	0	$\frac{\pi}{6}$	$\frac{\pi}{4}$	$\frac{\pi}{3}$	$\frac{\pi}{2}$	$\frac{2\pi}{3}$	$\frac{2\pi}{4}$	$\frac{5\pi}{6}$	π	$\frac{7\pi}{6}$	$\frac{5\pi}{4}$	$\frac{4\pi}{3}$	$\frac{3\pi}{2}$	$\frac{5\pi}{3}$	$\frac{7\pi}{4}$	$\frac{11\pi}{6}$	2
tg	1	$\frac{\sqrt{3}}{3}$	1	$\sqrt{3}$	–	$-\sqrt{3}$	–1	$\frac{-\sqrt{3}}{3}$	0	$\frac{\sqrt{3}}{3}$	1	$\sqrt{3}$	–	$-\sqrt{3}$	–1	$\frac{-\sqrt{3}}{3}$	0

En el web

Animacions que mostren la representació de:
- la funció sinus.
- la funció cosinus.
- la funció tangent.

La funció tangent

Procedint de forma similar a com ho hem fet per a les funcions $sin\ x$ i $cos\ x$, s'obté la funció $y = tg\ x$. Es tracta d'una funció **definida** i **contínua** en tot $\mathbb{R}$ excepte en les abscisses $\frac{\pi}{2} + k\pi$, sent k nombres enters (les rectes $y = \pi/2 + k\pi$ són asímptotes de la funció $y = tg\ x$). És **periòdica** de període π.

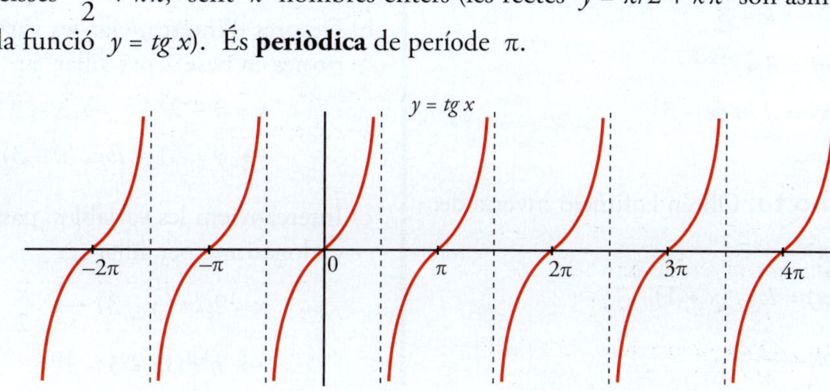

Notació

Les funcions

$$y = sin\ x, \quad y = cos\ x, \quad y = tg\ x$$

s'anomenen **funcions trigonomètriques** o **funcions circulars**.

Exercicis i problemes resolts

1. Composició de funcions

Considera les funcions $f(x) = 2^{x+1}$, $g(x) = \sqrt{x+1}$, $h(x) = x^2 - 1$. *Troba:*

a) $g \circ f$ *b)* $h \circ f$

c) $g \circ h$ *d)* $h \circ g \circ f$

e) $h \circ h$

Fes-ho tu. Troba $f \circ g$ i $g \circ f$ sent $f(x) = 3x^2 - 5$ i $g(x) = \sqrt{2x - 1}$.

Observem que $f(x) = 2^{x+1}$; $g(x) = \sqrt{x+1}$; $h(x) = x^2 - 1$.

a) $(g \circ f)(x) = g[f(x)] = g(2^{x+1}) = \sqrt{2^{x+1}+1}$

b) $(h \circ f)(x) = h[f(x)] = h(2^{x+1}) = (2^{x+1})^2 - 1 = 2^{2x+2} - 1$

c) $(g \circ h)(x) = g[h(x)] = g(x^2 - 1) = \sqrt{x^2 - 1 + 1} = x$

Les funcions g i h són inverses perquè verifiquen $(g \circ h)(x) = i(x) = x$.

d) $(h \circ g \circ f)(x) = h[g(2^{x+1})] = h(\sqrt{2^{x+1}+1}) = (\sqrt{2^{x+1}+1})^2 - 1 = 2^{x+1}$

e) $(h \circ h)(x) = h[h(x)] = h(x^2 - 1) = (x^2 - 1)^2 - 1 = x^4 - 2x^2$

2. Reconèixer funcions compostes

Explica com, a partir de les funcions $f(x) = 1 + 2^x$, $g(x) = \sqrt{x^2+1}$, $h(x) = 1/x^2$, *es poden obtenir les funcions:*

a) $m(x) = 1 + 2^{\sqrt{x^2+1}}$

b) $n(x) = \dfrac{1}{(1 + 2^x)^2}$

c) $p(x) = \sqrt{(1/x^4) + 1}$

Fes-ho tu. A partir de les funcions f, g, h definides aquí dalt, obtén:

a) $q(x) = \sqrt{(1+2^x)^2 + 1}$

b) $r(x) = \dfrac{1}{x^2 + 1}$

a) Observem que $m(x) = 1 + 2^{\sqrt{x^2+1}}$ té a veure amb $f(x) = 1 + 2^x$ i amb $g(x) = \sqrt{x^2+1}$, de manera que per obtenir un valor qualsevol $m(a)$ calculem en primer lloc $\sqrt{a^2+1}$, després elevem a 2 aquest valor i li sumem 1. És a dir, hi apliquem primer g i després f:

$$f[g(x)] = f(\sqrt{x^2+1}) = 1 + 2^{\sqrt{x^2+1}} \rightarrow m(x) = (f \circ g)(x)$$

b) En $n(x)$ intervenen $f(x)$ i $h(x)$. La primera que actua sobre x és f i després h. Per tant:

$$h[f(x)] = h(1 + 2^x) = \frac{1}{(1+2^x)^2} \rightarrow n(x) = (h \circ f)(x)$$

c) Per obtenir $p(x)$ hi apliquem $h(x)$ en primer lloc i després $g(x)$:

$$g[h(x)] = g\left(\frac{1}{x^2}\right) = \sqrt{\left(\frac{1}{x^2}\right)^2 + 1} = \sqrt{\frac{1}{x^4} + 1} \rightarrow p(x) = (g \circ h)(x)$$

3. Funció inversa d'una altra

Obtén la funció inversa de cadascuna de les funcions següents:

a) $f(x) = \dfrac{1}{x - 3}$

b) $g(x) = 3 + 2^{x+1}$

c) $h(x) = 2\ ln\ (x - 3)$

Fes-ho tu. Obtén la funció inversa de:

a) $p(x) = 3^{x-2}$

b) $q(x) = log_2\ (x + 1)$

c) $r(x) = \dfrac{2}{x + 4}$

a) Per obtenir la funció inversa, intercanviem les variables i aïllem la y:

$$x = \frac{1}{y-3} \rightarrow y - 3 = \frac{1}{x} \rightarrow y = \frac{1}{x} + 3 \rightarrow f^{-1}(x) = \frac{1}{x} + 3$$

b) Després d'intercanviar les variables, passem 3 al primer membre i prenem logaritmes en base 2 per aïllar y:

$$x = 3 + 2^{y+1} \rightarrow x - 3 = 2^{y+1} \rightarrow log_2\ (x - 3) = y + 1 \rightarrow$$
$$\rightarrow y = -1 + log_2\ (x - 3) \rightarrow g^{-1}(x) = -1 + log_2\ (x - 3)$$

c) Intercanviem les variables, passem 2 al primer membre i hi apliquem la definició de logaritme per aïllar y:

$$x = 2\ ln\ (y - 3) \rightarrow \frac{x}{2} = ln\ (y - 3) \rightarrow e^{x/2} = y - 3 \rightarrow e^{x/2} + 3 = y \rightarrow$$
$$\rightarrow h^{-1}(x) = 3 + e^{x/2}$$

4. Gràfics de funcions exponencials i logarítmiques

A partir d'aquestes gràfiques,

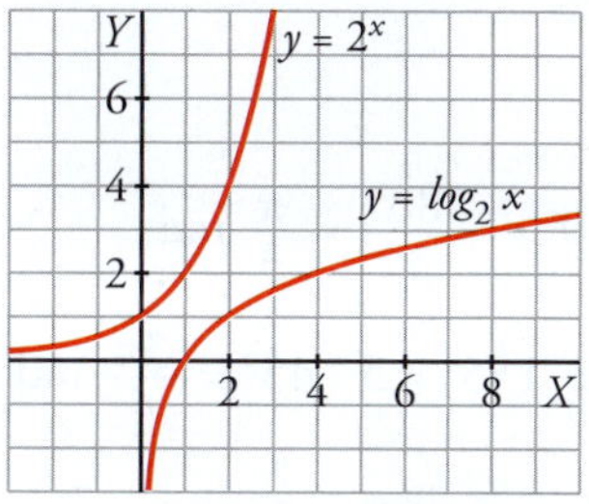

representa:

a) $y = 2^x + 1$ *b)* $y = -2^x$

c) $y = 2^{x-2}$ *d)* $y = 2^{-x}$

e) $y = log_2\,(x + 2)$ *f)* $y = -log_2\, x$

a) S'obté desplaçant $y = 2^x$ una unitat cap amunt.

b) És la simètrica de $y = 2^x$ respecte de l'eix X.

c) S'obté traslladant 2^x dues unitats cap a la dreta.

d) És la simètrica de 2^x respecte de l'eix Y. Coincideix amb $y = (1/2)^x$.

e) S'obté traslladant $y = log_2\, x$ dues unitats cap a l'esquerra.

f) És la simètrica de $log_2\, x$ respecte de l'eix X.

a)
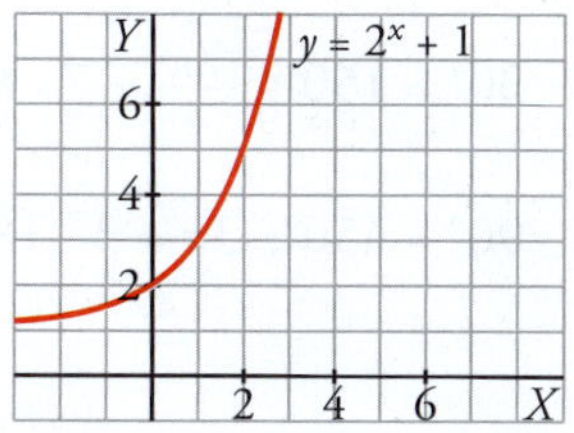

b)
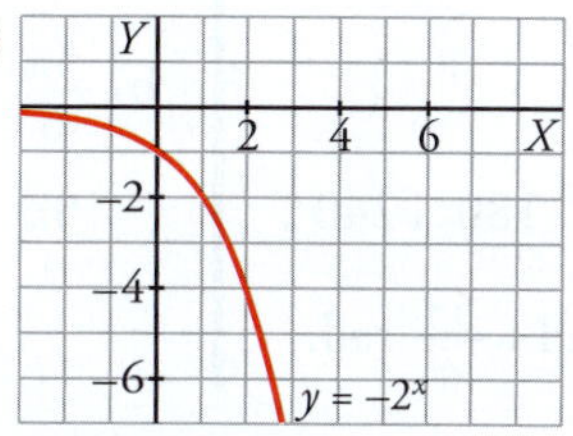

c)
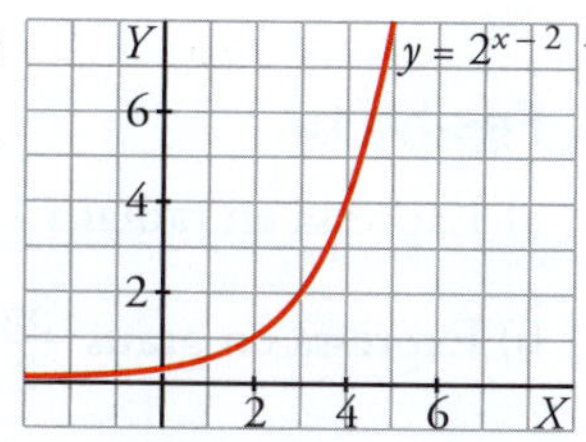

d)
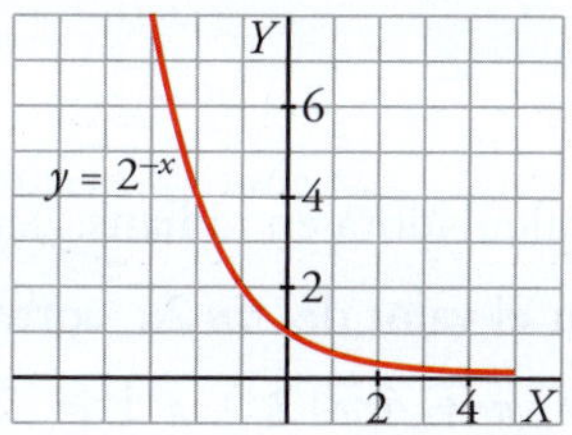

e)
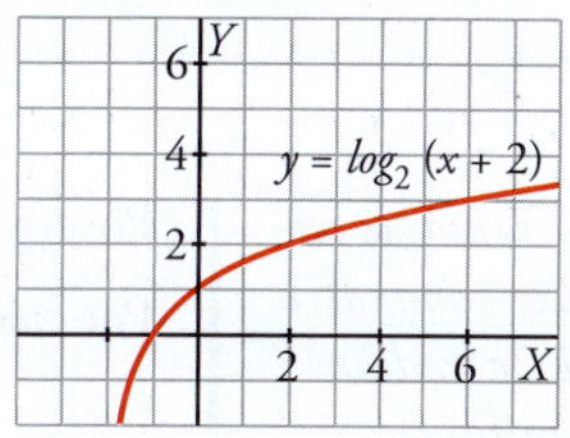

f)
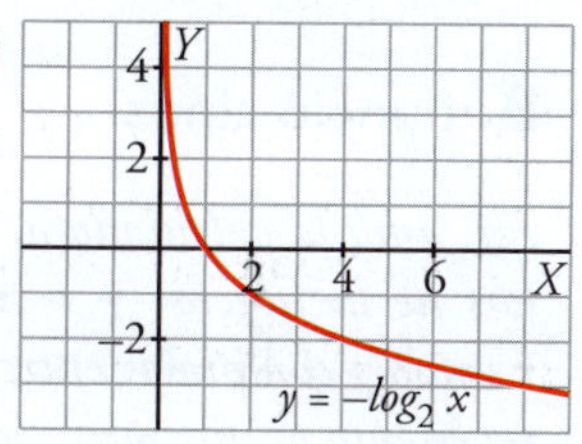

Fes-ho tu. Representa:

a) $y = 2^x - 1$ b) $y = 2^{x+3}$

c) $y = log_2\,(x - 2)$ d) $y = log_2\,(-x)$

5. Funció exponencial

El procés de cicatrització d'una ferida segueix una llei exponencial. La superfície S *de la ferida al cap de* t *dies es pot calcular mitjançant la fórmula* $S = S_o e^{kt}$, *on* S_o *és la superfície inicial i* k *una constant.*

a) Si una ferida tenia una superfície inicial de 50 cm² i al cap de dos dies fa 24,83 cm², quin és el valor de k*?*

b) Calcula la superfície de la ferida després de 8 dies.

c) Representa'n la funció.

a) Coneixem $S_0 = 50$ i un punt (2; 24,83). Substituint aquests valors en la fórmula $S = S_0 e^{kt}$ podem obtenir k.

$$S = 50e^{kt} \xrightarrow{t\,=\,2} 24{,}83 = 50e^{2k} \rightarrow e^{2k} = 0{,}4966 \rightarrow 2k = ln\, 0{,}4966 \rightarrow k = -0{,}35$$

b) Per a $t = 8$, $S = 50e^{-0{,}35 \cdot 8} = 3$ cm²

c)
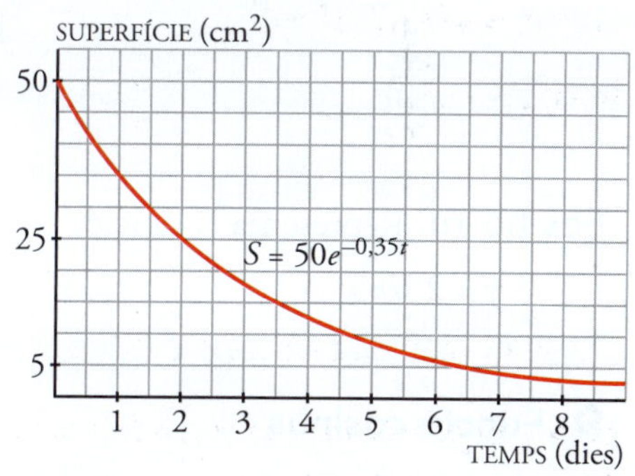

6. Funció logarítmica

La gràfica d'una funció logarítmica del tipus $y = 1 + log_b\,(x - a)$ *passa pels punts (4, 1) i (7, 3).*

a) Calcula a *i* b.

b) Representa la funció i la seva inversa.

a) Passa per (4, 1): $1 = 1 + log_b\,(4 - a) \rightarrow log_b\,(4 - a) = 0 \rightarrow b^0 = 4 - a \rightarrow a = 3$

Passa per (7, 3): $3 = 1 + log_b\,(7 - 3) \rightarrow 2 = log_b\, 4 \rightarrow b^2 = 4$ → $b = -2$ (no val), $b = 2$

b) La funció és $y = 1 + log_2\,(x - 3)$.

El seu domini és $(3, +\infty)$.

Passa pels punts (3,5; 0), (4, 1) i (7, 3).

La gràfica de la funció inversa és simètrica respecte a la bisectriu del primer quadrant.

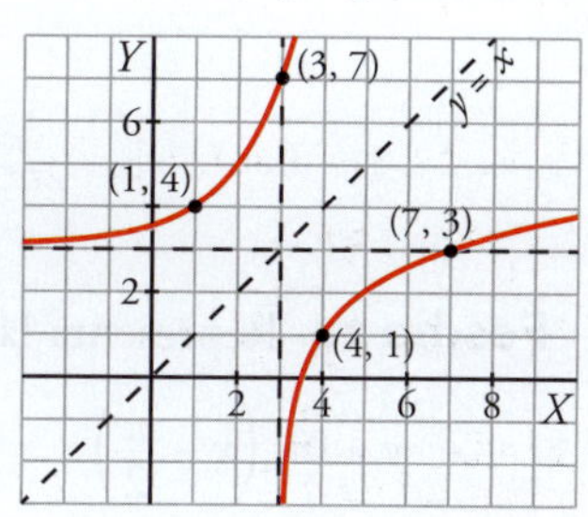

Fes-ho tu. Troba a i b perquè la gràfica de la funció $y = -2 + log_b\,(x + a)$ passi per (1, 0) i (–1, –1).

Exercicis i problemes resolts

7. Graus i radians

a) Expressa en radians els angles següents:

30°, 45°, 60°, 90°, 120°, 135°

b) Expressa en graus aquests angles mesurats en radians:

$$\frac{5\pi}{6}, \frac{7\pi}{4}, \frac{4\pi}{3}, \frac{5\pi}{2}, 3\pi, \frac{7\pi}{6}$$

a) Si un punt P recorre una circumferència completa de radi 1, l'angle de gir és 360° que, mesurat per l'arc, equival a 2π rad.

Per tant: $360° = 2\pi \text{ rad} \rightarrow 180° = \pi \text{ rad}$

$$30° = \frac{180°}{6} = \frac{\pi}{6} \text{ rad}; \quad 45° = \frac{180°}{4} = \frac{\pi}{4} \text{ rad}; \quad 60° = \frac{180°}{3} = \frac{\pi}{3} \text{ rad}$$

$$90° = \frac{180°}{2} = \frac{\pi}{2} \text{ rad}; \quad 120° = 2 \cdot 60° = \frac{2\pi}{3} \text{ rad}; \quad 135° = 3 \cdot 45° = \frac{3\pi}{4} \text{ rad}$$

b) $\frac{5\pi}{6} = 5 \cdot 30° = 150°$; $\frac{7\pi}{4} = 7 \cdot 45° = 315°$; $\frac{4\pi}{3} = 4 \cdot 60° = 240°$

$\frac{5\pi}{2} = 5 \cdot 90° = 450°$; $3\pi = 3 \cdot 180° = 540°$; $\frac{7\pi}{6} = 7 \cdot 30° = 210°$

Fes-ho tu.

a) Expressa en radians 150°, 180° i 240°.

b) Expressa en graus $\frac{3\pi}{2}$ rad i $\frac{5\pi}{4}$ rad.

8. Funció sinus

Fes, amb la calculadora, una taula de valors de la funció $y = \sin 2x$, donant a x valors compresos entre 0 i 2π radians i representa gràficament aquesta funció.

Posem la calculadora en radians: MODE RAD

Per calcular el valor de $\sin 2x$ corresponent a $x = \frac{\pi}{4}$, fem:

sin (π ÷ 4 × 2) = 1

x	0	$\frac{\pi}{4}$	$\frac{\pi}{2}$	$\frac{3\pi}{4}$	π	$\frac{5\pi}{4}$	$\frac{3\pi}{2}$	$\frac{7\pi}{4}$	2π
$y = \sin 2x$	0	1	0	–1	0	1	0	–1	0

Per representar aquests punts, expressem els valors de x en forma decimal $\left(\frac{\pi}{4} \approx 0{,}78;\ \frac{\pi}{2} \approx 1{,}57\ldots\right)$.

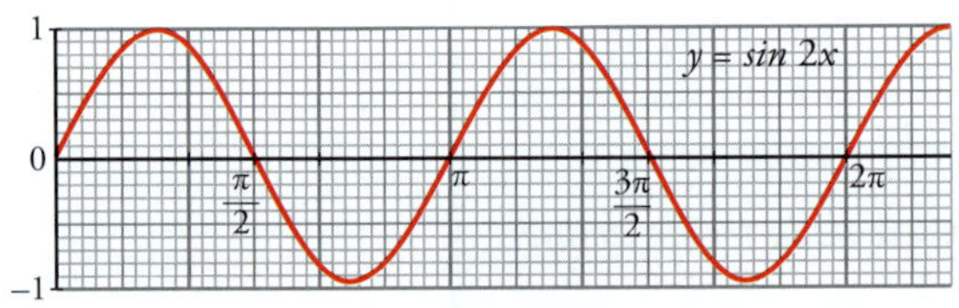

Fes-ho tu. Representa la funció:

$y = 2 \sin x$

9. Funció cosinus

Representa la funció:

$$y = \cos\left(x + \frac{\pi}{2}\right)$$

Fem una taula de valors com la de l'exercici anterior:

x	0	$\frac{\pi}{4}$	$\frac{\pi}{2}$	$\frac{3\pi}{4}$	π	$\frac{5\pi}{4}$	$\frac{3\pi}{2}$	$\frac{7\pi}{4}$	2π
$y = \cos\left(x + \frac{\pi}{2}\right)$	0	–0,7	–1	–0,7	0	0,7	1	0,7	0

Observa que coincideix amb la gràfica de la funció $y = -\sin x$.

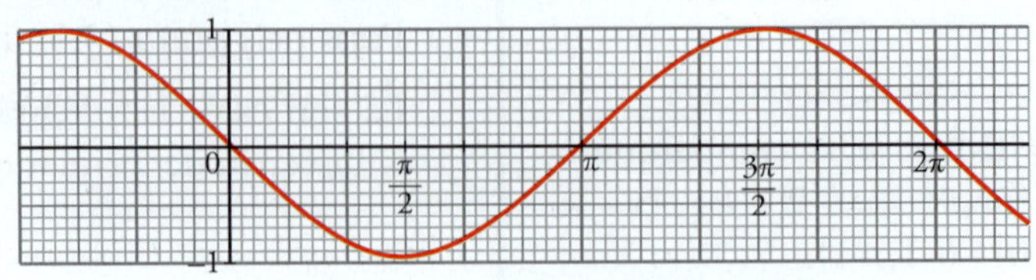

Fes-ho tu. Representa la funció:

$$y = \sin\left(x - \frac{\pi}{2}\right)$$

Exercicis i problemes guiats

1. Funció inversa

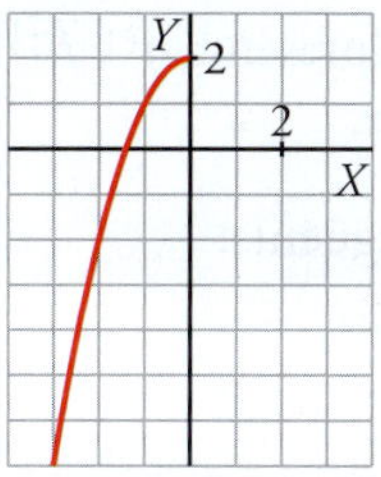

Aquesta és la gràfica de la funció:

$f(x) = 2 - x^2, \ x \leq 0$

a) Dóna'n el domini de definició i el seu recorregut.

b) Representa'n la funció inversa.

c) Troba l'expressió analítica de $f^{-1}(x)$.

a) El domini de definició de f està limitat. Per saber quin n'és el recorregut considera quin és el valor màxim que pot tenir $f(x)$.

b) Fes una taula de valors de $f(x)$ i inverteix les variables per obtenir alguns punts de $f^{-1}(x)$. Recorda que les funcions inverses han de ser simètriques respecte de la bisectriu del primer quadrant.

c) En intercanviar les variables i aïllar la y, obtendràs dues funcions amb recorregut diferent. Tingues en compte que el domini de $f(x)$ és el recorregut de $f^{-1}(x)$.

Solució:

a) Domini de $f = (-\infty, 0]$

Recorregut de $f = (-\infty, 2]$

c) $f^{-1}(x) = -\sqrt{2 - x}$

b)

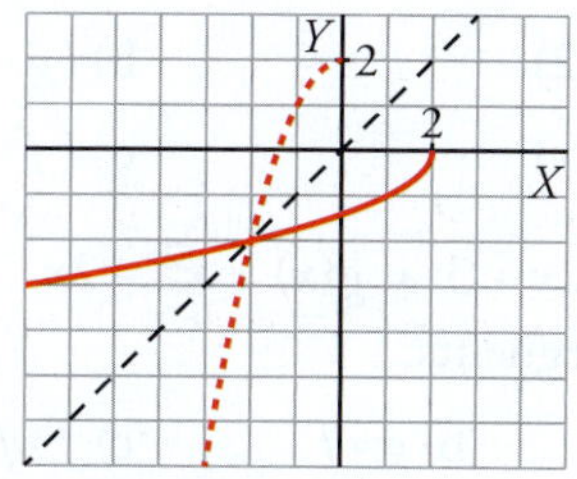

2. Interès compost

Dipositem en un banc 5 000 € al 4,8 % anual amb un pagament trimestral d'interessos.

a) Quin serà el capital acumulat al cap de 3 anys?

b) Escriu la funció que ens diu en quant es transforma aquest capital al cap de t anys.

- El 4,8 % anual significa un $\frac{4,8}{4} = 1,2\%$ trimestral.
- Com que els períodes de capitalització són trimestrals, al final del primer any el capital es convertirà en $5\,000 \cdot \left(1 + \frac{1,2}{100}\right)^4$.
- Aquesta quantitat es multiplicarà cada any per $\left(1 + \frac{1,2}{100}\right)^4$.

Solució:

a) 5 769,5 €   b) $f(t) = 5000 \cdot (1,012)^{4t} \approx 5000 \cdot (1,049)^t$

3. Depreciació

Una màquina que va costar 20 000 € es deprecia a un ritme del 10 % anual.

a) Quin en serà el valor d'aquí a 4 anys?

b) Quants anys han de passar perquè el valor sigui de 12 000 €?

c) Escriu la funció que dóna el nombre d'anys que han de passar per arribar a un valor x.

a) Al cap d'un any el preu baixa un 10 %. Per tant, el valor de la màquina serà $20\,000 \cdot (1 - 0,1)$. Repeteix aquest raonament per a quatre anys.

b) Escriu la funció, $f(t)$, que dóna el preu després de t anys. Fes $f(t) = 12\,000$ i aïlla t.

c) La funció demanada és la funció inversa de $f(t)$.

Solució:

a) 13 122 €   b) 5 anys   c) $t = \frac{\log x - \log 20\,000}{\log 0,9}$

4. Funció logística

La funció

$$f(x) = \frac{12\,000}{1 + 499(1,09^{-x})}$$

dóna les vendes totals d'un videojoc x dies després de ser llançat. En quin dia es va arribar a 6 000 jocs venuts?

- Observa que has de trobar el valor de x per al que $f(x) = 6\,000$.
- Opera l'expressió fins a eliminar denominadors i fer-la el més senzilla possible.
- Obtindràs una expressió del tipus $\frac{A}{B} = C^{-x}$. Per obtenir el valor de x, pren logaritmes i usa la calculadora.

Solució:

Es va arribar als 6 000 jocs venuts 72 dies després del llançament.

Exercicis i problemes proposats

Per practicar

Composició de funcions

1 Donades les funcions $f(x) = x + 3$ i $g(x) = 2x^2$, troba:

a) $f[g(2)]$ b) $g[f(-4)]$ c) $f[g(x)]$ d) $g[f(x)]$

2 Considera $f(x) = x^2 + 1$ i $g(x) = \dfrac{1}{x}$. Calcula:

a) $(f \circ g)\ (2)$ b) $(g \circ f)\ (-3)$

c) $(g \circ g)\ (x)$ d) $(f \circ g)\ (x)$

3 Si $f(x) = 2x + 3$ i $g(x) = x^2 - 2x$, obtén l'expressió de les funcions següents:

a) $f \circ g$ b) $g \circ f$ c) $f \circ f$ d) $g \circ g$

4 Donades les funcions $f(x) = 3x + 2$ i $g(x) = \sqrt{x}$, troba:

a) $(f \circ g)\ (x)$ b) $(g \circ f)\ (x)$ c) $(g \circ g)\ (x)$

5 Donades les funcions

$$f(x) = x^2 + 1 \qquad g(x) = \frac{3}{x-2} \qquad h(x) = \sqrt{x-3}$$

obtén les expressions de:

a) $f \circ g$ b) $g \circ f$ c) $f \circ h$

d) $g \circ h$ e) $h \circ f$ f) $h \circ g$

Troba, si és possible, el valor de les funcions obtingudes per a $x = 5$ i $x = 0$.

6 Amb les funcions $f(x) = \dfrac{1}{x^2}$ i $g(x) = x - 2$, hem obtingut $p(x) = \dfrac{1}{(x-2)^2}$ i $q(x) = \dfrac{1}{x^2} - 2$.

Indica quina correspon a $f \circ g$ i quina a $g \circ f$.

7 Explica com a partir de les funcions

$$f(x) = 2^{x-1} \qquad g(x) = \sqrt{x} + 2 \qquad h(x) = \frac{1}{x-3}$$

es poden obtenir aquestes altres:

a) $m(x) = 2^{\sqrt{x}+1}$ b) $n(x) = \sqrt{2^{x-1}} + 2$

c) $p(x) = \sqrt{\dfrac{1}{x-3}} + 2$ d) $q(x) = 2^{\frac{4-x}{x-3}}$

e) $r(x) = \dfrac{1}{\sqrt{x}+1}$ f) $s(x) = \dfrac{1}{\sqrt{2^{x-1}} - 1}$

8 Considera aquestes funcions:

$$f(x) = x - 5 \qquad g(x) = \sqrt{x} \qquad h(x) = \frac{1}{x+2}$$

Explica com es poden obtenir, per composició, p, q i r:

$$p(x) = \sqrt{x-5};\quad q(x) = \sqrt{x} - 5;\quad r(x) = \frac{1}{\sqrt{x}+2}$$

Funció inversa d'una altra

9 Donada $f(x) = 1 + \sqrt{x}$, troba $f^{-1}(x)$. Representa f i f^{-1} i comprova'n la simetria respecte de $y = x$.

10 Troba la funció inversa de les funcions següents:

a) $y = 3x - 2$ b) $y = \dfrac{x+3}{2}$

c) $y = \sqrt{2x+1}$ d) $y = 1 + 2^x$

e) $y = 2 + log_3 x$ f) $y = 4 - x^2,\ x \geq 0$

11 Representa gràficament la funció inversa en cada cas:

a) b) c)

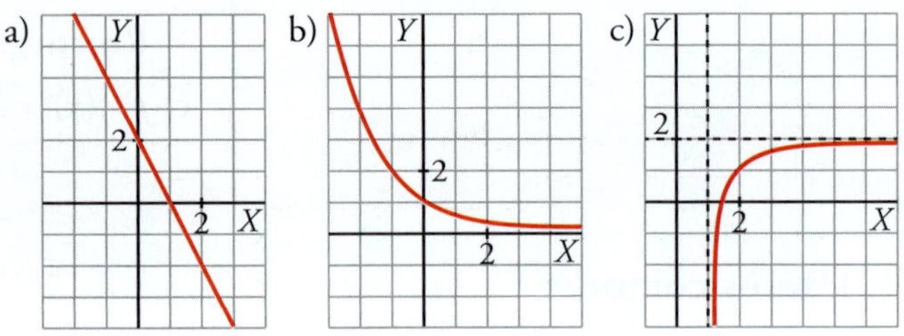

12 Comprova si cada parell de funcions són una inversa de l'altra. Per a això calcula $f \circ f^{-1}$ o bé $f^{-1} \circ f$:

a) $f(x) = \dfrac{1}{x+2}$; $f^{-1}(x) = \dfrac{1}{x} - 2$

b) $f(x) = \sqrt{2x+3}$; $f^{-1}(x) = \dfrac{x^2+2}{3}$

c) $f(x) = 1 + log_2 \dfrac{x}{3}$; $f^{-1}(x) = 3 \cdot 2^{x-1}$

13 Considera la funció $y = \sqrt{x+2},\ x \in [-2, 7]$.

a) Quin n'és el recorregut?

b) Obtén-ne la funció inversa i determina el domini de definició i el recorregut d'aquesta.

Funcions exponencials i logarítmiques

14 Representa aquestes funcions a partir de la gràfica de $y = 2^x$:

a) $y = 2^{x+2}$ b) $y = 2^x - 3$

c) $y = 2^{x/2}$ d) $y = \left(\dfrac{1}{2}\right)^{x+3}$

e) $y = 1 - 2^x$ f) $y = 2^{2-x}$

15 Representa les funcions següents a partir de la gràfica de $y = log_2 x$:

a) $y = 1 + log_2 x$ b) $y = log_2 (x - 1)$

c) $y = 2 - log_2 x$ d) $y = log_2 (-x)$

16 Amb ajuda de la calculadora, representa aquestes funcions:

a) $y = 3 \cdot 0{,}8^x$ b) $y = (1/2) \cdot 1{,}8^x$

c) $y = ln\ (2x)$ d) $y = ln\ (x + 1)$

17 Associa a cada una de les expressions següents la gràfica que li correspon:

a) $y = ln\, x$ b) $y = 2^{1-x}$ c) $y = e^x$

d) $y = -log_2\, x$ e) $y = -(1/2)^x$ f) $y = log_2\,(x + 3)$

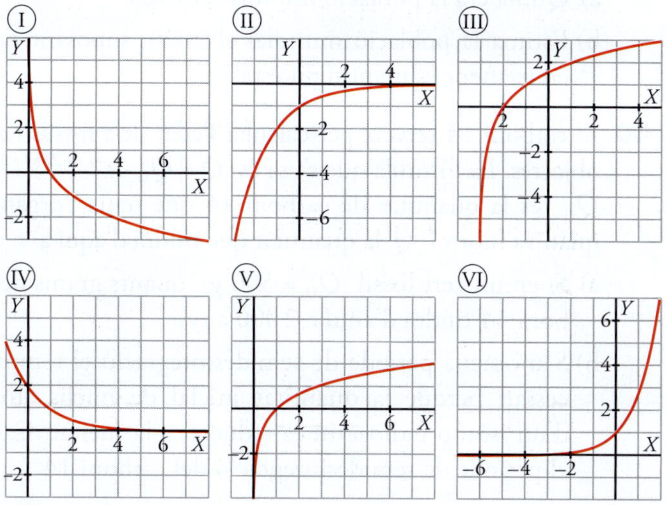

18 Comprova que les gràfiques de $y = 3^x$ i $y = \left(\frac{1}{3}\right)^x$ són simètriques respecte a l'eix OY.

19 Fes una taula de valors de la funció $y = 3^x$. A partir d'aquesta, representa la funció $y = log_3\, x$.

20 Quin és el domini de $y = log_2\,(2 - x)$? Representa-la.

Funcions trigonomètriques

21 Representa aquestes funcions:

a) $y = 1 + sin\, x$ b) $y = -cos\, x$

22 Associa a cadascuna de les funcions següents la gràfica que li correspon:

a) $y = cos\, 2x$ b) $y = -sin\, x$

c) $y = 2sin\, x$ d) $y = 1 + cos\, x$

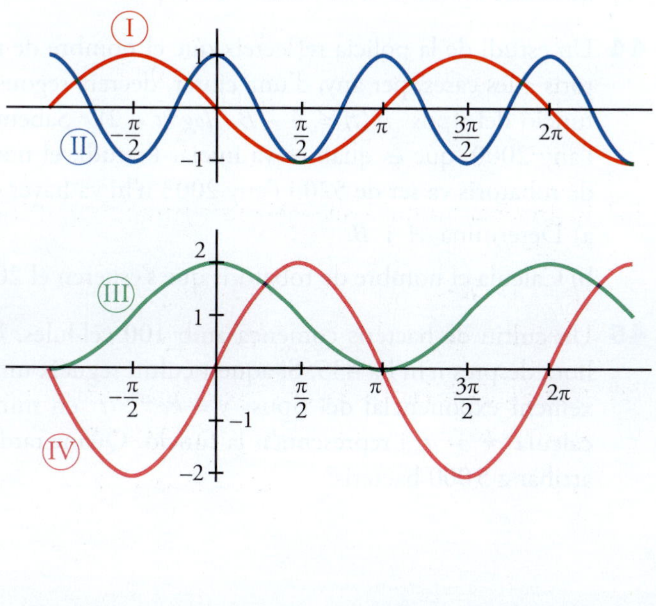

Per resoldre

23 Troba la funció inversa de les funcions següents i digues-ne, en cada cas, el domini de definició:

a) $y = \dfrac{3}{x + 2}$ b) $y = \dfrac{1}{\sqrt{x - 3}}$

c) $y = 1 + \dfrac{2}{x}$ d) $y = \sqrt{x^2 + 4},\ x \geq 0$

e) $y = 2x^3 - 1$ f) $y = x^2 - 4,\ x \leq 0$

24 Representa i troba la funció inversa en cada cas:

a) $y = 3 + 2^{x-1}$ b) $y = 0{,}2 \cdot 2^{3-x}$

c) $y = 1{,}8 \cdot 5^{0{,}2x}$ d) $y = 1 + log_2\,(x + 4)$

e) $y = ln\,(3x + 2)$ f) $y = 2{,}5 \cdot e^{-x/2}$

25 La gràfica d'una funció exponencial del tipus $y = ka^x$ passa pels punts (0; 0,5) i (1; 1,7).

Calcula k i a, i representa'n la funció.

26 Els punts (1; 1,2) i (2; 0,48) pertanyen a la gràfica de la funció $y = k \cdot a^x$.

a) Calcula k i a.

b) Troba el valor de x per al qual $y = 120$.

27 La gràfica de la funció logarítmica $y = -2 + log_b\,(x + a)$ talla els eixos de coordenades en els punts (0, –2) i (8, 0).

a) Calcula a i b.

b) Per a quins valor de x és $y = 3$?

28 La funció $y = a + b\, ln\, x$ passa pels punts (e, 5) i ($1/e$, –1).

a) Calcula a i b.

b) Quina n'és la funció inversa?

29 La funció $y = \dfrac{5}{9}(x - 32)$ converteix graus Fahrenheit en graus centígrads. Troba la funció per convertir graus centígrads en graus Fahrenheit.

30 Aquesta gràfica representa la variació d'un moviment que es repeteix periòdicament.

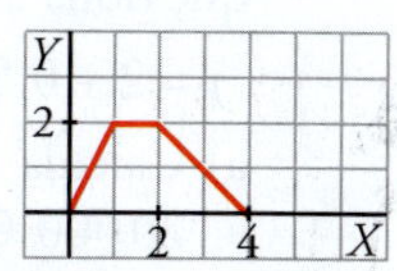

a) Representa'l a l'interval [0, 10].

b) Calcula $f(7)$, $f(10)$ i $f(20)$.

31 Un cultiu de bacteris creix segons la funció $y = 1 + 2^{x/10}$ (y: milers de bacteris, x: hores).

Quants n'hi havia en el moment inicial? I al cap de 10 hores? Quant tardaran a duplicar-se?

Exercicis i problemes proposats

32 La concentració d'un fàrmac a la sang ve donada per $y = 100 \cdot (0{,}94)^t$ (y en mg/ml, t en h).

a) Digues quina és la concentració inicial i la que té el pacient al cap de 3 hores.

b) Representa'n la funció.

c) Si volem que la concentració no baixi de 60 mg/ml, al cap de quant de temps haurem d'injectar-li'n de nou?

33 La quantitat de material radioactiu que queda al cap de t anys en una mostra de 75 grams, es pot calcular mitjançant l'equació $Q(t) = 75(0{,}62)^t$.

a) Quants anys han de transcórrer perquè hi quedin 10 grams de material radioactiu?

b) Representa'n la funció.

34 Un alumne d'un curs de psicologia sap que el percentatge de coneixements que recordarà t mesos després d'acabar el curs es pot calcular mitjançant la funció:

$$R(t) = 94 - 46{,}8 \, log\,(t-1)$$

a) Calcula'n el percentatge que recordarà 6 mesos després d'acabar el curs.

b) Representa'n la funció.

35 Sabem que la pressió atmosfèrica varia amb l'altura. L'equació $h(x) = 41{,}97(0{,}996)^x$ ens dóna l'altura d'una muntanya, en quilòmetres, si en coneixem la pressió atmosfèrica, x, en mil·libars.

a) Si al cim de l'Everest la pressió és de 389 mil·libars, quina és l'altura de l'Everest?

b) Quina serà la pressió al cim d'una muntanya de 3 500 metres d'altura?

36 La funció $y = 80 \cdot 2^{-0{,}4t}$ ens dóna la quantitat (en grams) d'estronci radioactiu en una mostra d'aigua en l'instant t (en anys).

a) Quina quantitat n'hi haurà al cap de 10 anys?

b) Quan s'haurà reduït al 50 % la quantitat actual?

37 El nombre d'exemplars que es venen d'un llibre depèn dels diners que es dediquen a fer-ne publicitat. La funció que dóna aquesta relació és:

$y = 2 + 0{,}5 \, ln\,(x+1)$; x en milers d'euros, y en milers

a) Calcula quants exemplars se'n venen si s'inverteixen 20 000 € en publicitat.

b) Quant farà falta invertir per vendre 5 000 llibres?

38 Un capital de 10 000 € es diposita en un banc al 6 % d'interès anual amb pagament mensual d'interessos. Escriu la funció que ens diu en quant es transforma aquest capital en m mesos. Calcula quant tarda a duplicar-se el capital.

39 La població mundial ha crescut de forma exponencial des del 1650. La funció $P(t) = 0{,}5 \cdot e^{0{,}0072t}$ (t en anys, $P(t)$ en milers de milions) ens dóna una bona aproximació de la població mundial fins al 2015.

a) Quina era la població mundial el 1920?

b) Estima la població mundial el 2020, suposant que el creixement es mantingui estable.

40 El carboni 14 serveix per calcular l'edat dels fòssils i altres objectes. La fórmula que s'usa és $Q = Q_0 \cdot e^{-t\, ln\, 2/5730}$, on Q_0 és la quantitat de carboni 14 que tenia l'organisme quan va morir i Q la quantitat que tindrà d'aquí a t anys.

a) Si en un cert fòssil $Q_0 = 500$ g, quants grams de carboni 14 tindrà d'aquí a 2 000 anys?

b) S'anomena període de semidesintegració el temps necessari perquè la quantitat inicial de nuclis atòmics d'un isòtop radioactiu es redueixi a la meitat. Calcula el període de semidesintegració del carboni 14.

41 El preu d'un automòbil esportiu és de 24 000 €. Sabem que es deprecia a un ritme d'un 12 % anual.

a) Quina funció dóna el valor del cotxe al cap de t anys?

b) Quan arribarà a la meitat del valor inicial?

42 Invertim 20 000 € al 4,8 % anual en un compte que es capitalitza semestralment.

a) Escriu la funció que ens dóna els diners que tenim al compte corrent al cap de t anys.

b) Quant de temps ha de passar perquè el capital inicial augmenti un 50 %?

43 El nombre de receptes per a medicaments genèrics emeses pels metges del servei de salut ha crescut exponencialment des del 2005. La funció és del tipus $f(t) = k\, e^{at}$. Calcula k i a sabent que l'any 2005 ($t = 0$) es van emetre 6,52 milers de receptes i el 2008 se'n van fer 9,84 milers. En quin any s'arribarà a 50 milers de receptes?

44 Un estudi de la policia reflecteix que el nombre de robatoris a les cases, per any, d'una ciutat, decreix segons una funció del tipus $N(t) = A - B \cdot log\,(t+2)$. Sabem que l'any 2000, que és quan es va iniciar l'estudi, el nombre de robatoris va ser de 520 i l'any 2003 n'hi va haver 476.

a) Determina A i B.

b) Calcula el nombre de robatoris que s'esperen el 2020.

45 Un cultiu de bacteris comença amb 100 cèl·lules. Mitja hora després n'hi ha 435. Si aquest cultiu segueix un creixement exponencial del tipus $y = ke^{at}$ (t en minuts), calcula k i a i representa'n la funció. Quant tardarà a arribar a 5 000 bacteris?

46 Una tassa de cafè acabat de fer està a 75 °C. Després de 3 minuts en una habitació a 21 °C, la temperatura del cafè ha baixat a 64 °C. Si la temperatura T del cafè a cada instant t ve donada per l'expressió $T = A\,e^{kt} + 21$, calcula A i k i representa'n la funció.

Quant haurem d'esperar perquè la temperatura del cafè sigui de 45 °C?

47 Un estudi demogràfic estima que la població d'un barri creixerà segons aquesta funció:

$$y = \frac{10\,000}{1 + ke^{-0,2t}} \quad (t,\ \text{anys};\ y,\ \text{nombre d'habitants})$$

a) El barri té, actualment, 1 250 habitants. Troba k.

b) Calcula quina en serà la població d'aquí a 10 anys.

Qüestions teòriques

48 Donada la funció $y = a^x$, contesta:

a) Pot ser negativa la y? I la x?

b) Per a quins valors de a és decreixent?

c) Quin és el punt pel qual passen totes les funcions del tipus $y = log_a\, x$?

d) Per a quins valors de x es verifica $0 < a^x < 1$ sent $a > 1$? I si $0 < a < 1$?

49 Si $f(x) = 2^x$ i $g(x) = log_2\, x$, quina és la funció $(g \circ f)(x)$? I $(f \circ g)(x)$?

50 Considera les funcions $y = sin\, x$, $y = cos\, x$ i $y = tg\, x$.

a) Quin n'és el període?

b) Digues quin és el domini de definició de cadascuna.

c) Entre quins valors varien?

51 Justifica quina de les funcions següents és la funció inversa de $y = 3^x - 2$.

a) $y = 2 + log_3\, x$ b) $y = \sqrt[3]{x+2}$ c) $y = log_3\,(x + 2)$

52 Aquestes gràfiques corresponen a funcions del tipus $y = ka^x$ o $y = k\, log_a\, x$ amb $a > 1$. Identifica-les i indica en cada cas si $k > 0$ o $k < 0$.

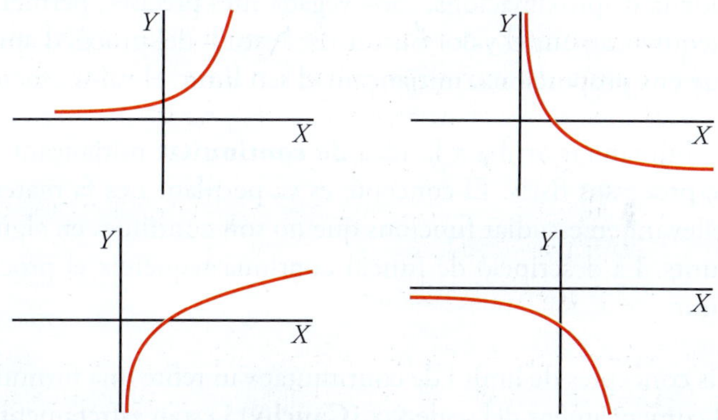

Autoavaluació

En el web Resolucions d'aquests exercicis.

1 Donades $f(x) = \sqrt{x+1}$, $g(x) = \dfrac{1}{x-3}$, troba:

a) $f[g(2)]$ b) $g[f(15)]$ c) $f \circ g$ d) $g^{-1}(x)$

2 Representa la gràfica de la funció inversa de $y = f(x)$.

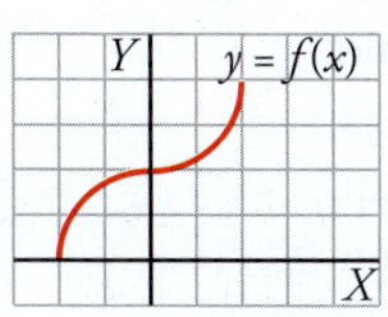

3 La gràfica d'una funció $y = a + b\, log_2\,(x + 2)$ passa pels punts (0, 1) i (2, 0). Troba a i b i justifica si es tracta d'una funció creixent o decreixent.

4 El preu d'una furgoneta baixa un 8 % cada any. Si va costar 18 000 €, quant tardarà a reduir-se a la meitat?

5 Un cultiu de bacteris comença amb 50 cèl·lules. Dues hores després n'hi ha 162. Si aquest cultiu creix de forma exponencial segons la funció $y = ke^{at}$ (t en hores), calcula k i a. Quant tardarà a arribar a 5 000 bacteris?

6 Representa aquestes funcions:

a) $y = 1,5 \cdot 2^x - 3$ b) $y = 2 + ln\,(x + 1)$

Troba la funció inversa en cada cas.

7 Associa a aquesta gràfica una de les expressions següents i digues quin n'és el període:

a) $y = cos\, x$ b) $y = cos\, 2x$ c) $y = 2cos\, x$

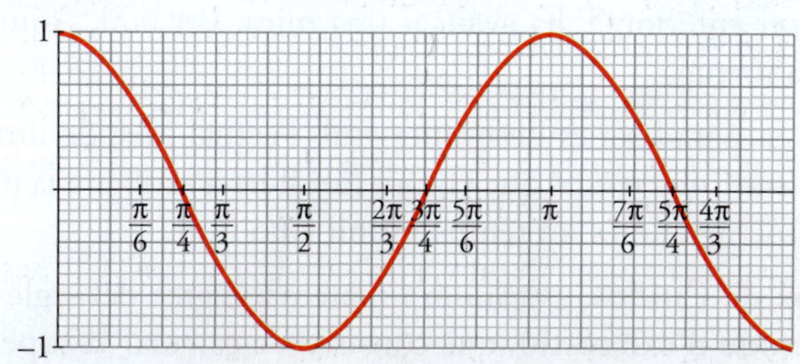

Completa aquests punts perquè pertanyin a la funció: $y = 2\, cos\, x$: $(5\pi/6, \ldots)$, $(4\pi/3, \ldots)$, $(-\pi/4, \ldots)$

Representa-la a l'interval $[0, 2\pi]$.

6 Límits de funcions. Continuïtat i branques infinites

Com s'arriba al concepte de límit

L'estat de repòs (immobilitat) és desconegut en la naturalesa. Tot es mou, tot canvia. El **límit de funcions** estudia, precisament, els processos de canvi. La idea del seu tractament matemàtic és la següent: en certes situacions no és possible obtenir directament el valor exacte d'una magnitud; aleshores, se n'obtenen aproximacions successives. Aquesta cadena d'aproximacions, cada vegada més precises, permet determinar inequívocament el valor buscat. És l'estudi del procés d'aproximació el que ens proporciona, mitjançant el seu límit, el valor exacte.

La humanitat arriba a la idea de **continuïtat** mitjançant l'observació de processos físics. El concepte es va perfilant i es fa matemàticament rellevant en estudiar funcions que no són contínues en alguns dels seus punts. La descripció de funció contínua requereix el procés de pas al límit.

Els conceptes de límit i de continuïtat van rebre una formulació precisa al començament del segle XIX (**Cauchy**) i estan estretament lligats al de nombre real.

Agustin Louis Cauchy (1789-1857).

En el web — Biografia de Cauchy.

Antecedents

Zenó va ser un filòsof grec del segle IV aC. En coneixes les paradoxes? És molt famosa la d'Aquil·les i la tortuga: Aquil·les (A), heroi grec famós, entre d'altres coses, per la seva velocitat, emprèn una carrera amb una tortuga (T) a la qual deixa un bon avantatge. S'hi «demostra» que A no atrapa *mai* T, perquè quan A arriba al lloc d'on va partir T, T ja ha avançat un cert tram. Quan A recorre aquest tram, T ha avançat una mica més. I així successivament: *sempre* que A arriba on era T en l'*instant* anterior, T ha avançat una mica. Per tant, Aquil·les no atrapa *mai* la tortuga.

Aquesta paradoxa es desmunta amb l'actual idea de límit: la suma de tots els infinits temps que empra Aquil·les a arribar a la posició anterior de la tortuga no és un temps infinit sinó finit.

Èudox de Cnidos, astrònom i matemàtic grec del segle IV aC, va usar el **mètode d'exhaustió**, que consisteix a calcular la superfície d'una figura curvilínia com a aproximació de figures rectilínies successives cada vegada més pròximes a la primera. **Arquimedes** (segle III aC) va usar aquest mateix mètode de manera admirable per calcular àrees i volums de figures espacials.

Zenó d'Elea (c.490 aC – c.430 aC).

En el web — Biografia d'Arquimedes.

Per a què serveix la continuïtat

Les funcions que es refereixen a fenòmens reals relacionen, sovint, causes amb efectes. Per exemple, en una funció $P = f(T)$ que relacioni la temperatura en una autoclau amb la pressió dins d'aquesta, la temperatura és la causa i la pressió, l'efecte. Que f sigui contínua significa que a variacions petites en la causa corresponen variacions petites en l'efecte.

Ja que tota mesura que prenguem d'una magnitud real és aproximada (mai exacta), la continuïtat permet aproximar-nos tant com desitgem al valor de l'efecte (pressió) controlant només, tant com sigui necessari, el valor de la causa (temperatura). Una discontinuïtat en la funció portaria com a conseqüència que els efectes fossin imprevisibles, ja que la causa sempre estarà sotmesa a la imprecisió de la mesura.

Autoclau.

Resol

A través d'una lupa

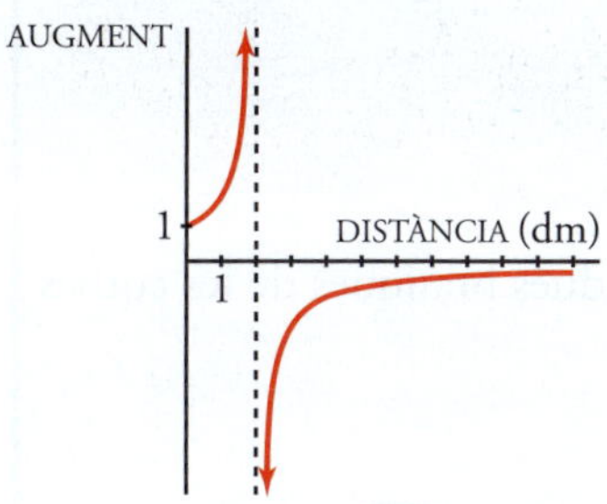

L'*augment* A produït per una lupa determinada ve donat per l'equació següent:

$$A = \frac{2}{2-d}$$

on d és la *distància* (en decímetres) entre l'objecte que volem observar i la lupa.

Si acostem l'objecte a la lupa fins a tocar-la $(d = 0)$, la grandària es manté igual. Això, en termes de límits, s'escriu així:

$$\lim_{d \to 0} A = 1$$

Com s'escriuria el que expliquem a continuació en termes de límits?

a) Si acostem l'objecte a 2 dm, aproximadament, es fa més i més gran. A més, l'objecte es veurà del dret si $d < 2$, o invertit, si $d > 2$.

$\lim_{d \to 2^-} A = \ldots$ $\qquad \lim_{d \to 2^+} A = \ldots$

b) Si allunyem la lupa de l'objecte, aquest es veu cada vegada més petit.

$\lim_{d \to +\infty} A = \ldots$

Soroll i silenci

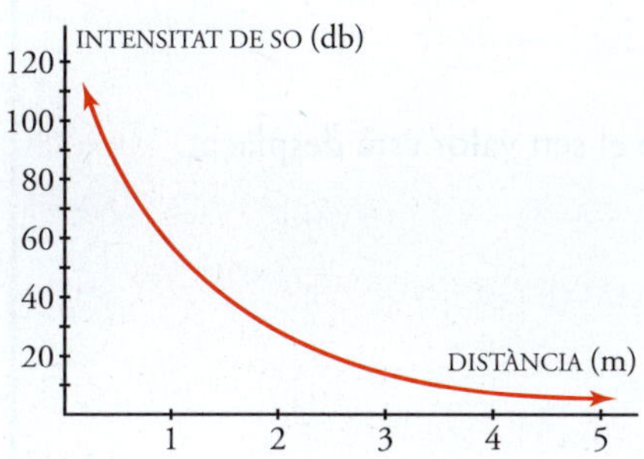

Si acostem molt l'orella a un focus de so, aquest es fa insuportable. Si l'allunyem molt, deixa de sentir-se. Tradueix aquests fets a límits, anomenant I la *intensitat del so* (en decibels) i d la *distància* (en metres) a la qual ens col·loquem del focus emissor:

$\lim_{d \to 0} I = \ldots$ $\qquad \lim_{d \to +\infty} I = \ldots$

1 Visió intuïtiva de la continuïtat. Tipus de discontinuïtats

La idea de funció contínua és la que «pot ser construïda amb un sol traç». En aquest epígraf obtindrem alguns criteris mitjançant els quals podem saber si una funció, donada per la seva expressió analítica, és o no contínua. Però abans, analitzarem les raons per les quals una funció deixa de ser contínua en un punt.

Discontinuïtats

Observem diferents tipus de discontinuïtat en un punt a.

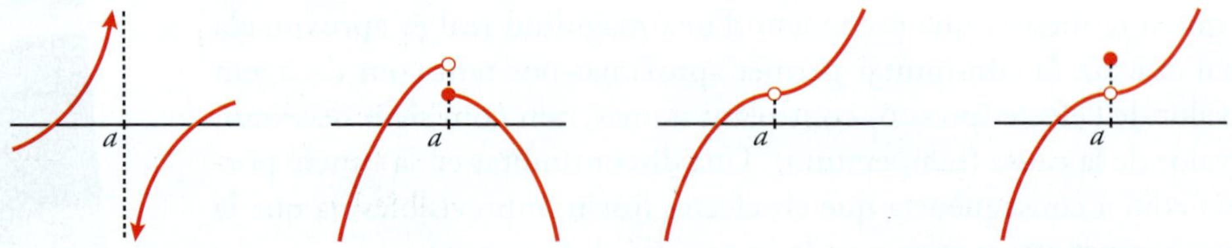

I. Salt infinit — II. Salt finit — III. Hi falta el punt — IV. Punt desplaçat

Les dels tipus III i IV s'anomenen discontinuïtats «evitables».

Exercici resolt

1 *Assenyala quin tipus de discontinuïtat presenta cada una de les funcions següents:*

a)

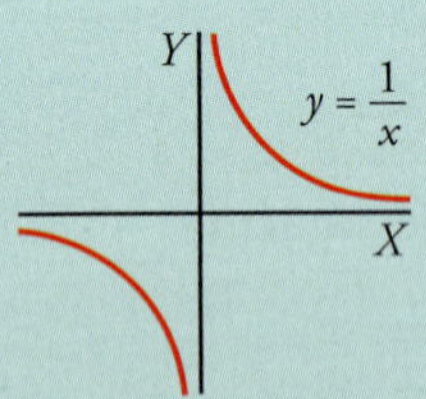

a) Té una asímptota vertical en el punt $x = 0$.

És una discontinuïtat del tipus I.

b)

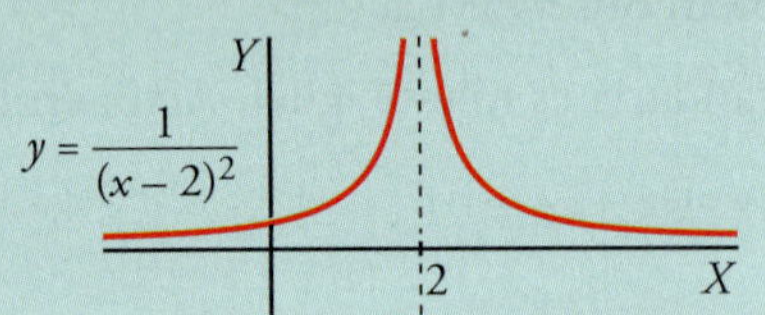

b) Té una asímptota vertical en $x = 2$. Encara que les dues branques de les corbes van cap amunt, es tracta d'un salt infinit.

És, també, una discontinuïtat del tipus I.

c)

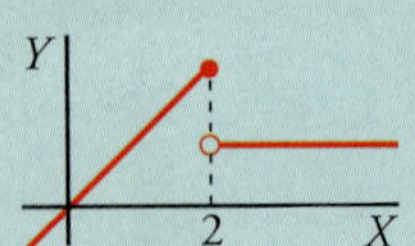

$$y = \begin{cases} x & \text{si } x \le 2 \\ 1 & \text{si } x > 2 \end{cases}$$

c) En el punt $x = 2$ hi ha un salt finit.

És una discontinuïtat del tipus II.

d)

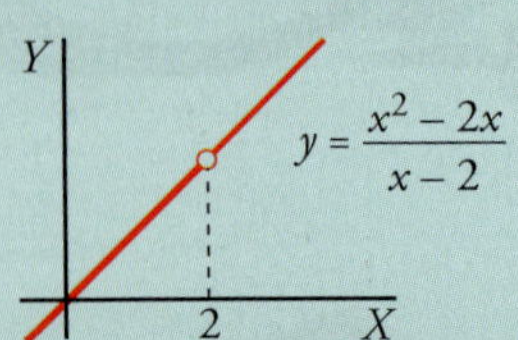

d) Simplifiquem la fracció: $\frac{x^2 - 2x}{x - 2} = \frac{(x-2)x}{x-2} = x$ si $x \ne 2$.

Però l'expressió inicial no té sentit per a $x = 2$. Per tant, la funció coincideix amb la recta $y = x$ llevat que li falta un punt.

És una discontinuïtat del tipus III.

e)

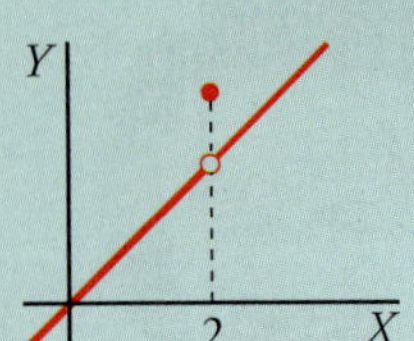

$$y = \begin{cases} x & \text{si } x \ne 2 \\ 3 & \text{si } x = 2 \end{cases}$$

e) La funció sí que està definida en $x = 2$. Però el seu valor està desplaçat.

És una discontinuïtat del tipus IV.

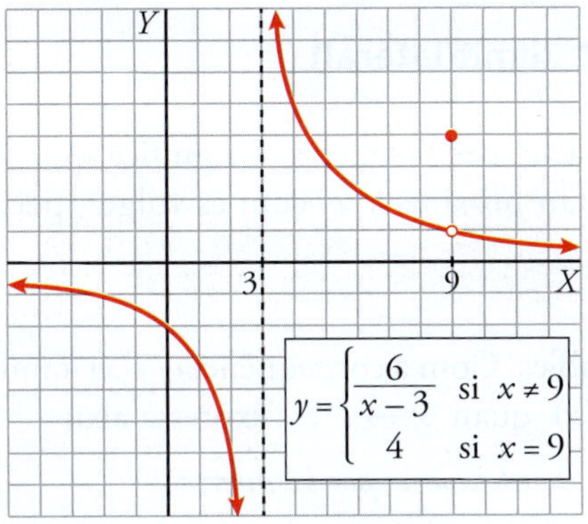

En els exemples anteriors (exercici resolt) hem vist diverses funcions discontínues en un punt, però contínues en tots els altres punts del seu domini de definició. Vegem-ne un altre cas.

Aquesta funció té dos punts de discontinuïtat:

En $x = 3$ presenta un salt infinit (Tipus I).

En $x = 9$ té el punt desplaçat (Tipus IV).

És contínua en tota la resta.

Observem que la discontinuïtat en $x = 3$ no ha calgut anunciar-la, es desprèn «de manera natural» de l'expressió analítica, mentre que la del punt $x = 9$ s'ha explicitat mitjançant el recurs artificiós de la definició «a trossos».

És important assenyalar que les funcions amb discontinuïtats de tipus I i III, que són les úniques que s'han pogut definir «de forma natural», no són definides en el punt en què són discontínues.

Això és general, i ens permetrà donar un criteri, tan eficaç com senzill, per identificar la continuïtat d'una funció donada analíticament.

Com detectar la continuïtat en l'expressió analítica

Les funcions donades per expressions analítiques elementals (és a dir, totes les que coneixem fins ara) són contínues en tots els punts en els quals són definides.

Per exemple:

$f(x) = x^3 - 3x + 5$ és definida en tot $\mathbb{R}$ i és contínua en tots els punts de $\mathbb{R}$.

$g(x) = \dfrac{x+5}{x+3}$ és contínua en tots els punts, excepte en $x = -3$, on no és definida.

$h(x) = \sqrt{x-4}$ és contínua en $[4, +\infty)$, que és on és definida.

Tingues en compte

Funcions com les següents,

$y = \dfrac{1}{x}$; $y = \dfrac{1}{(x-2)^2}$; $y = \dfrac{x^2 - 2x}{x - 2}$

que són definides «de manera natural» (sense l'artifici de la definició «a trossos»), només són discontínues en els punts on no són definides.

Exercicis proposats

1 Cert o fals?

Cada una de les funcions següents és contínua en tots els punts en què és definida:

a) $y = x^2 - 1$

b) $y = \sqrt{x+2}$

c) $y = \sin x$

d) $y = tg\, x$

e) $y = Ent\,(x)$

f) $y = Mant\,(x)$

g) $y = \dfrac{1}{x^2 - 1}$

h) $y = \dfrac{1}{\sqrt{x+2}}$

i) $y = \begin{cases} x^2 & \text{si } x < 0 \\ x & \text{si } 0 \le x < 3 \\ 1 & \text{si } x > 3 \end{cases}$

j) $y = \begin{cases} 5x - 3 & \text{si } x \le 1 \\ x + 2 & \text{si } x > 1 \end{cases}$

2 Cada una de les funcions següents té un o més punts on no és contínua. Indica quins són aquests punts i quin tipus de discontinuïtat presenten:

a) $y = \dfrac{x+2}{x-3}$

b) $y = \dfrac{x^2 - 3x}{x}$

c) $y = \dfrac{x^2 - 3}{x}$

d) $y = \begin{cases} 3 & \text{si } x \neq 4 \\ 1 & \text{si } x = 4 \end{cases}$

3 Explica per què són contínues les funcions següents i determina l'interval en què són definides:

a) $y = x^2 - 5$

b) $y = \sqrt{5 - x}$

c) $y = \begin{cases} 3x - 4 & \text{si } x < 3 \\ x + 2 & \text{si } x \ge 3 \end{cases}$

d) $y = \begin{cases} x & \text{si } 0 \le x < 2 \\ 2 & \text{si } 2 \le x < 2 \end{cases}$

2 Límit d'una funció en un punt. Continuïtat

En les pàgines anteriors hem vist la idea intuïtiva de continuïtat. Però per donar-ne una definició rigorosa es necessita el **concepte de límit**. A partir d'aquest concepte s'extrauran mètodes per al càlcul de límits, bàsics també per a l'obtenció de branques infinites.

Ⓘ $\lim\limits_{x \to c^-} f(x) = +\infty$	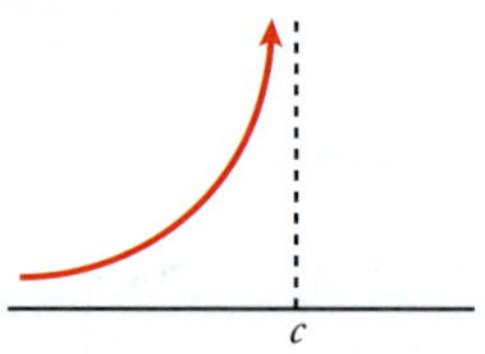
Ⓘⓘ $\lim\limits_{x \to c^-} f(x) = -\infty$	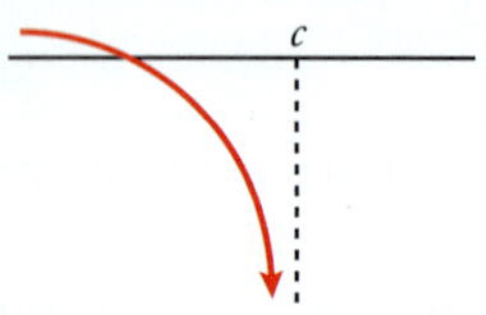
Ⓘⓘⓘ $\lim\limits_{x \to c^-} f(x) = l$	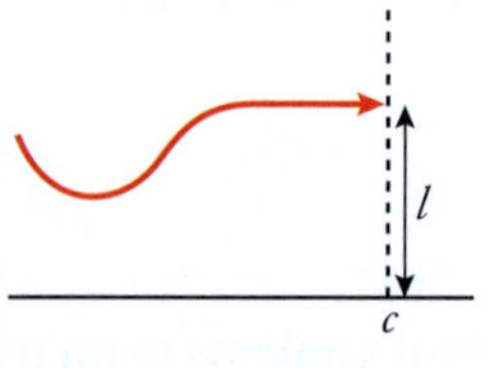

Significat de *lím f(x)* quan $x \to c^-$ (límit lateral)

L'expressió $x \to c^-$ es llegeix «x tendeix a c per l'esquerra» i significa que x pren valors cada vegada més pròxims a c, tan pròxims a c com es vulgui, però menors que c.

Si $x \to c^-$, aleshores a x li donem valors variables. Com a conseqüència, $f(x)$ també pren valors variables. El comportament de $f(x)$ quan $x \to c^-$, s'expressa així:

$$\lim_{x \to c^-} f(x) \quad (\textit{límit de } f(x) \textit{ quan } x \textit{ tendeix a } c \textit{ per l'esquerra})$$

i pot ser d'una de les maneres següents:

Ⓘ $\boxed{\lim\limits_{x \to c^-} f(x) = +\infty}$ Quan $x \to c^-$, $f(x)$ pren valors cada vegada més grans, arribant a superar qualsevol valor, per gran que sigui.

Exemple: $f(x) = \dfrac{1}{(x-1)^2}$

x	0	0,9	0,99	…
f(x)	1	100	10 000	…

$\lim\limits_{x \to 1^-} f(x) = +\infty$

Ⓘⓘ $\boxed{\lim\limits_{x \to c^-} f(x) = -\infty}$ Quan $x \to c^-$, $f(x)$ pren valors cada vegada «més negatius» (negatius i cada vegada més grans en valor absolut).

Exemple: $f(x) = \dfrac{1}{x-1}$

x	0	0,9	0,99	…
f(x)	–1	–10	–100	…

$\lim\limits_{x \to 1^-} f(x) = -\infty$

Ⓘⓘⓘ $\boxed{\lim\limits_{x \to c^-} f(x) = l}$ Quan $x \to c^-$, $f(x)$ pren valors cada vegada més pròxims al nombre l.

Exemple: $f(x) = x^2 + 5$

x	0	0,9	0,99	…
f(x)	5	5,81	5,9801	…

$\lim\limits_{x \to 1^-} f(x) = 6$

Les funcions que nosaltres coneixem fins ara tenen un d'aquests tres comportaments quan $x \to c^-$.

Exercici proposat

4 Per a cada una de les funcions següents:

$f_1(x) = \dfrac{-5}{(x-3)^2}$, $f_2(x) = \dfrac{4}{3-x}$, $f_3(x) = 2^x$,

completa en el quadern la taula adjunta, amb ajuda de la calculadora, i estima el valor de $\lim\limits_{x \to 3^-} f(x)$.

x	2	2,5	2,9	2,99	2,999
f(x)					

Significat de *lím* f(x) quan $x \to c^+$ (límit lateral)

L'expressió $x \to c^+$ (x tendeix a c per la dreta) significa que x pren valors cada vegada més pròxims a c, i majors que c.

El significat de $\lim\limits_{x \to c^+} f(x)$ *–límit de* $f(x)$ *quan* x *tendeix a* c *per la dreta–* és semblant al de $\lim\limits_{x \to c^-} f(x)$. Vegem gràficament els tres comportaments que es poden donar, idèntics als vistos per a $x \to c^-$.

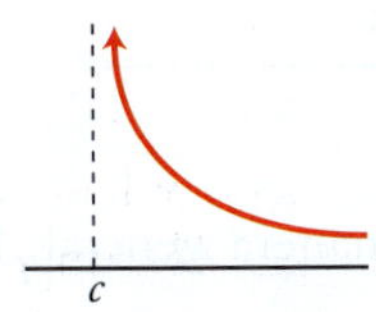

$\lim\limits_{x \to c^+} f(x) = +\infty$

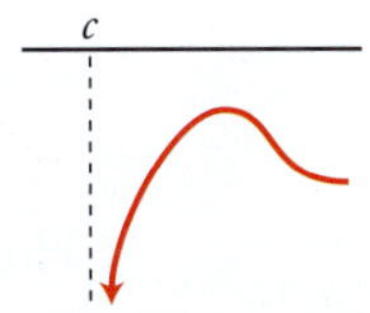

$\lim\limits_{x \to c^+} f(x) = -\infty$

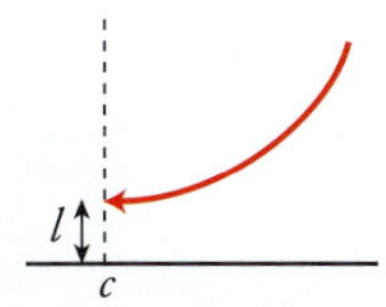

$\lim\limits_{x \to c^+} f(x) = l$

Significat de *lím* f(x) quan $x \to c$

$x \to c$ significa que x pren valors cada vegada més pròxims a c, tan pròxims com es vulgui, tant a l'esquerra com a la dreta.

$\lim\limits_{x \to c} f(x)$ *–límit de* $f(x)$ *quan* x *tendeix a* c*–* és el comportament de la funció quan x s'aproxima a c tant per la dreta com per l'esquerra.

Si $\lim\limits_{x \to c^-} f(x) = \lim\limits_{x \to c^+} f(x) = l$, diem que $\lim\limits_{x \to c} f(x) = l$.

Anàlogament, quan els dos límits laterals són $+\infty$ o $-\infty$.

Si els dos límits laterals no coincideixen, es diu que **no existeix** el $\lim\limits_{x \to c} f(x)$.

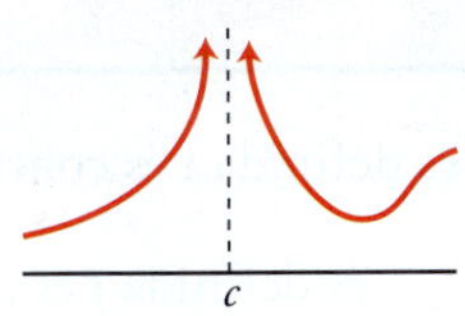

$\lim\limits_{x \to c} f(x) = +\infty$

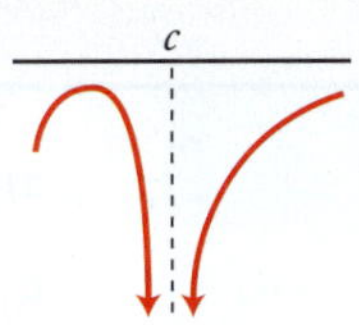

$\lim\limits_{x \to c} f(x) = -\infty$

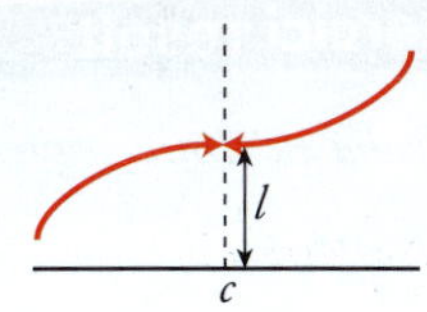

$\lim\limits_{x \to c} f(x) = l$

Si la funció no està definida a l'esquerra de c, aleshores $\lim\limits_{x \to c} f(x) = \lim\limits_{x \to c^+} f(x)$. Anàlogament si no està definida a la dreta de c.

Relació de la continuïtat en c amb el límit quan $x \to c$

Les funcions contínues es caracteritzen de la manera següent:

f és contínua en $x = c$ si es compleix: $\lim\limits_{x \to c} f(x) = f(c)$.

Observa que en aquesta definició es resumeixen les tres condicions següents:

- f té límit finit quan $x \to c$.
- f està definida en $x = c$.
- El límit en c coincideix amb el valor de la funció.

Amb calculadora

Comprova que

$$\lim_{x \to 1^+} \frac{1}{(x-1)^2} = +\infty$$

$$\lim_{x \to 1^+} \frac{1}{x-1} = +\infty$$

$$\lim_{x \to 1^+} (x^2 + 5) = 6$$

donant a x els valors

2; 1,5; 1,1; 1,01; 1,001; 1,0001; …

Exemples

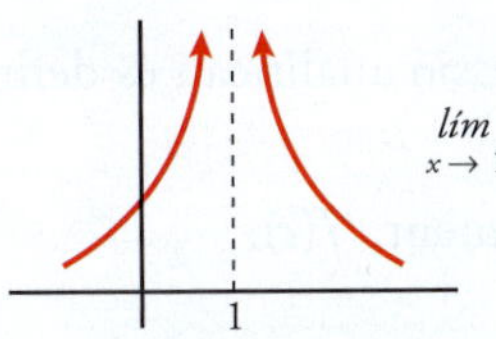

$\lim\limits_{x \to 1} \frac{1}{(x-1)^2} = +\infty$

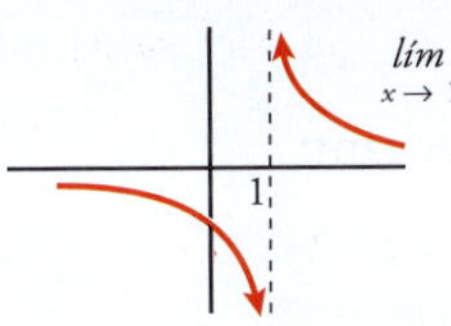

$\lim\limits_{x \to 1} \frac{1}{x-1}$ no existeix

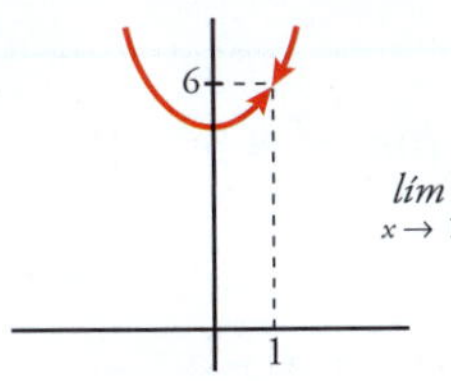

$\lim\limits_{x \to 1} (x^2 + 5) = 6$

En el web

Animació interactiva per veure les condicions de continuïtat en un punt.

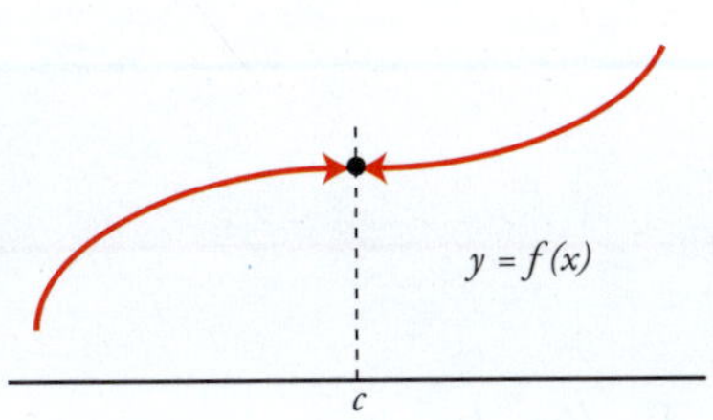

$y = f(x)$ és contínua en c $\Leftrightarrow$ $\lim\limits_{x \to c} f(x) = f(c)$

3 Càlcul de límits en un punt

El càlcul de límits de funcions en punts concrets pot ser molt fàcil o difícil, segons els casos. Analitzarem diferents situacions que ens permetran reconèixer quin procés convé seguir en cada cas.

Límit en un punt en què la funció és contínua

Quin és el límit de $sin\ x$ quan $x \rightarrow \frac{\pi}{3}$? $\left(\lim\limits_{x \to \pi/3} sin\ x\right)$

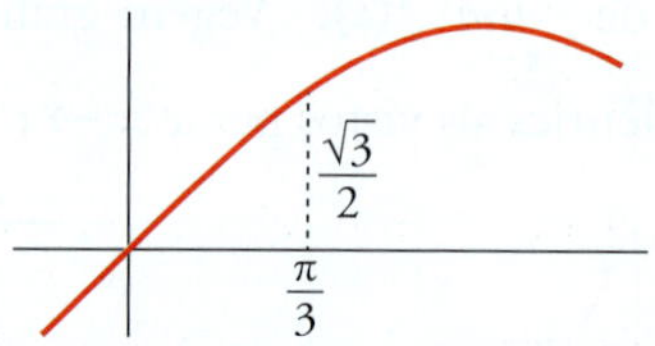

Sembla evident que aquest límit és $\frac{\sqrt{3}}{2}$; és a dir, el valor de $sin\ x$ en aquest punt.

Raonarem per què això és així.

Ho farem de manera general, basant-nos en dos resultats obtinguts en la pàgina anterior:

- Si f és contínua en c, aleshores $\lim\limits_{x \to c} f(x) = f(c)$.
- Les funcions que usem habitualment mitjançant l'expressió analítica són contínues en tots els punts en què són definides.

Com a conseqüència podem afirmar el següent:

> Si $f(x)$ és una funció habitual donada per la seva expressió analítica i és definida en el punt $x = c$, aleshores:
>
> per trobar $\lim\limits_{x \to c} f(x)$ calcularem, senzillament, $f(c)$.

Aplicant aquesta regla al càlcul del $\lim\limits_{x \to \pi/3} sin\ x$:

$y = sin\ x$ és contínua en tot $\mathbb{R}$ i, en concret, en $x = \frac{\pi}{3}$. Per tant:

$$\lim_{x \to \pi/3} sin\ x = sin\ \frac{\pi}{3} = \frac{\sqrt{3}}{2}$$

Exercici resolt

1 *Troba els límits següents:*

a) $\lim\limits_{x \to 3} x^2$

b) $\lim\limits_{x \to 2} \frac{5x}{x-5}$

c) $\lim\limits_{x \to 7} \sqrt{3x+4}$

d) $\lim\limits_{x \to \frac{\pi}{4}} (sin\ x + 3)$

a) $f(x) = x^2$ és definida i és contínua en $x = 3$. Per tant, $\lim\limits_{x \to 3} x^2 = 3^2 = 9$.

b) $f(x) = \frac{5x}{x-5}$ és definida i és contínua en $x = 2$.

Per tant, $\lim\limits_{x \to 2} \frac{5x}{x-5} = \frac{5 \cdot 2}{2-5} = \frac{10}{-3} = -\frac{10}{3}$.

c) $f(x) = \sqrt{3x+4}$ és definida i és contínua en $x = 7$.

Per tant, $\lim\limits_{x \to 7} \sqrt{3x+4} = \sqrt{3 \cdot 7 + 4} = \sqrt{25} = 5$.

d) $f(x) = sin\ x + 3$ és definida i és contínua en $x = \frac{\pi}{4}$.

Per tant, $\lim\limits_{x \to \frac{\pi}{4}} (sin\ x + 3) = sin\ \frac{\pi}{4} + 3 = \frac{\sqrt{2}}{2} + 3$

Exercici proposat

5 Calcula raonadament el valor dels límits següents:

a) $\lim\limits_{x \to 0} \frac{3}{x-2}$ b) $\lim\limits_{x \to 0} (cos\ x - 1)$ c) $\lim\limits_{x \to 2} \sqrt{x^2 - 3x + 5}$ d) $\lim\limits_{x \to 0,1} log_{10}\ x$

Límits de funcions definides «a trossos»

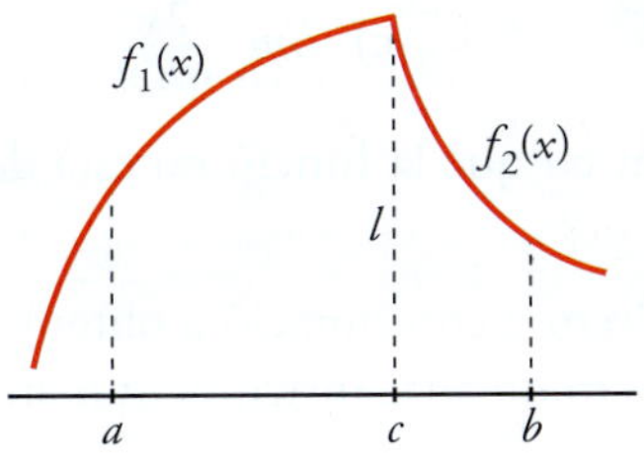

$\underset{x \to c}{lím} f_1(x) = \underset{x \to c}{lím} f_2(x)$

Analitzem $f(x) = \begin{cases} f_1(x), & x \le c \\ f_2(x), & x > c \end{cases}$ on $f_1(x)$ i $f_2(x)$ són funcions contínues.

- **Càlcul de $\boldsymbol{lím\, f(x)}$ en el punt de ruptura**

  Com que f_1 i f_2 són contínues, $\underset{x \to c^-}{lím} f(x) = f_1(c)$ i $\underset{x \to c^+}{lím} f(x) = f_2(c)$. Per tant:

  - Si $f_1(c) = f_2(c) = l$, aleshores $\underset{x \to c}{lím} f(x) = l$.
  - Si $f_1(c) \neq f_2(c)$, aleshores el límit no existeix.

- **Càlcul de $\boldsymbol{lím\, f(x)}$ en un altre punt qualsevol del domini**

  Per trobar el límit, procedirem així:

  Si $a < c$, $\underset{x \to a}{lím} f(x) = f_1(a)$. Si $b > c$, $\underset{x \to b}{lím} f(x) = f_2(b)$.

Exercicis resolts

1 *La funció*

$$f(x) = \begin{cases} f_1(x) = 2x - 5, & x < 3 \\ f_2(x) = -x + 2, & x \ge 3 \end{cases}$$

és contínua en $x = 3$?

Troba'n el límit en 1 i en 7.

- **Continuïtat en $x = 3$.** Vegem si coincideixen els límits laterals.

$$\left.\begin{aligned} \underset{x \to 3^-}{lím} f(x) &= f_1(3) = 2 \cdot 3 - 5 = 1 \\ \underset{x \to 3^+}{lím} f(x) &= f_2(3) = -3 + 2 = -1 \end{aligned}\right\} \begin{aligned} &\text{No coincideixen.} \\ &\text{No existeix } \underset{x \to 3}{lím} f(x). \end{aligned}$$

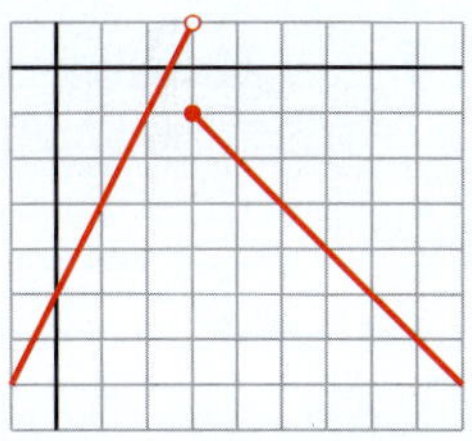

Com a conseqüència, $f(x)$ no és contínua en $x = 3$.

- **Límit en $x = 1$.** Com que $1 < 3$, és la funció f_1 la que regeix en aquest punt.

$$\underset{x \to 1}{lím} f(x) = \underset{x \to 1}{lím} f_1(x) = \underset{x \to 1}{lím} (2x - 5) = 2 \cdot 1 - 5 = -3$$

- **Límit en $x = 7$.** Com que $7 > 3$, és la funció f_2 la que regeix en aquest punt.

$$\underset{x \to 7}{lím} f(x) = \underset{x \to 7}{lím} f_2(x) = \underset{x \to 7}{lím} (-x + 2) = -7 + 2 = -5$$

Fes-ho tu. La funció $g(x) = \begin{cases} x^3 - 5x + 3, & x \neq -2 \\ 5 & x = -2 \end{cases}$ és contínua en $x = -2$?

Troba'n el límit en 0 i en 4.

2 *Calcula el valor de n perquè la funció*

$$f(x) = \begin{cases} x^2 - 5x + 1, & x \le 4 \\ 2x + n, & x > 4 \end{cases}$$

sigui contínua en tot $\mathbb{R}$.

Qualsevol que sigui n, $f(x)$ és contínua en els punts diferents de 4.

Hem d'analitzar la continuïtat en $x = 4$. Per a això, fem que el límit per l'esquerra coincideixi amb el límit per la dreta.

Ja que $f(4) = 4^2 - 5 \cdot 4 + 1 = -3$, ha de ser $\underset{x \to 4}{lím} f(x) = -3$.

$$\left.\begin{aligned} \underset{x \to 4^-}{lím} f(x) &= 4^2 - 5 \cdot 4 + 1 = -3 \\ \underset{x \to 4^+}{lím} f(x) &= 2 \cdot 4 + n = 8 + n \end{aligned}\right\} 8 + n = -3 \Rightarrow n = -11$$

Per a $n = -11$, f té límit en $x = 4$, que coincideix amb $f(4)$. Per tant, és contínua en $x = 4$. Conclusió: per a $n = -11$, f és contínua en tot $\mathbb{R}$.

Fes-ho tu. Calcula k perquè $f(x) = \begin{cases} x^3 - 2x + k, & x \neq 3 \\ 7 & x = 3 \end{cases}$ sigui contínua en $\mathbb{R}$.

Indeterminació (0/0)

En els límits b) i c) de la dreta, tant el numerador com el denominador tendeixen a zero quan $x \to c$. Diem en aquests casos que es tracta d'una *indeterminació «zero partit per zero»*, $\left(\frac{0}{0}\right)$. Per esbrinar-ne el límit hem de *desfer* aquesta indeterminació.

Límit d'expressions en què s'anul·la el denominador

Observem aquests límits:

a) $\lim\limits_{x \to 2} \frac{x+1}{x-2}$ b) $\lim\limits_{x \to 0} \frac{x^3+3x^2}{x^4}$ c) $\lim\limits_{x \to 0} \frac{2x}{\sin x}$

En tots aquests s'ha de trobar el límit en un punt en què la funció no està definida perquè s'anul·la el denominador.

Els dos primers (quocient de polinomis), aprendrem a continuació a obtenir-los de manera sistemàtica. Per al tercer, mentre no tinguem un altre instrument matemàtic, ens valdrem de la calculadora.

Exercici resolt

1 *Calcula* $\lim\limits_{x \to 0} \frac{2x}{\sin x}$ *amb ajuda de la calculadora.*

Donem a x valors pròxims a 0, acostant-nos-hi cada vegada més.

$$\left.\begin{array}{ll} x=0{,}01 & \to 2\cdot 0{,}01/\sin 0{,}01 = 2{,}00003 \\ x=0{,}001 & \to 2\cdot 0{,}001/\sin 0{,}001 = 2{,}0000003 \\ x=-0{,}001 & \to 2\cdot(-0{,}001)/\sin(-0{,}001) = 2{,}0000003 \end{array}\right\}$$

Sembla clar que $\lim\limits_{x \to 0} \frac{2x}{\sin x} = 2$.

Límit del quocient de dos polinomis, *P*(*x*)/*Q*(*x*)

- Si **el denominador no s'anul·la**, $Q(c) \neq 0$, la funció és contínua en c i, per tant, el límit en c és el valor de la funció en c.

Si $Q(c) \neq 0$, $\lim\limits_{x \to c} \frac{P(x)}{Q(x)} = \frac{P(c)}{Q(c)}$

- Si **el denominador s'anul·la i el numerador no s'anul·la**, el límit és infinit.

Si $P(c) \neq 0$ i $Q(c) = 0$, aleshores $\lim\limits_{x \to c} \frac{P(x)}{Q(x)} = \pm\infty$

En aquests casos, cal estudiar els dos límits laterals. Aquest estudi es pot fer amb l'ajuda de la calculadora trobant el signe de $P(x)/Q(x)$ en punts molt pròxims a c, a un costat i a l'altre d'aquest. Per exemple, en $c - 0{,}01$ i en $c + 0{,}01$.

- Si **tant el numerador com el denominador s'anul·len**, es tracta d'una indeterminació $\left(\frac{0}{0}\right)$. Per resoldre-la s'ha de simplificar l'expressió.

Si $P(c) = 0$, $Q(c) = 0$, aleshores el quocient es pot simplificar dividint numerador i denominador per $(x - c)$:

$$P(x) = (x-c)\cdot P_1(x) \qquad Q(x) = (x-c)\cdot Q_1(x)$$

$$\lim_{x \to c} \frac{P(x)}{Q(x)} = \lim_{x \to c} \frac{(x-c)\cdot P_1(x)}{(x-c)\cdot Q_1(x)} = \lim_{x \to c} \frac{P_1(x)}{Q_1(x)}$$

Per trobar aquest límit nou, analitzarem en quin dels tres casos es troba.

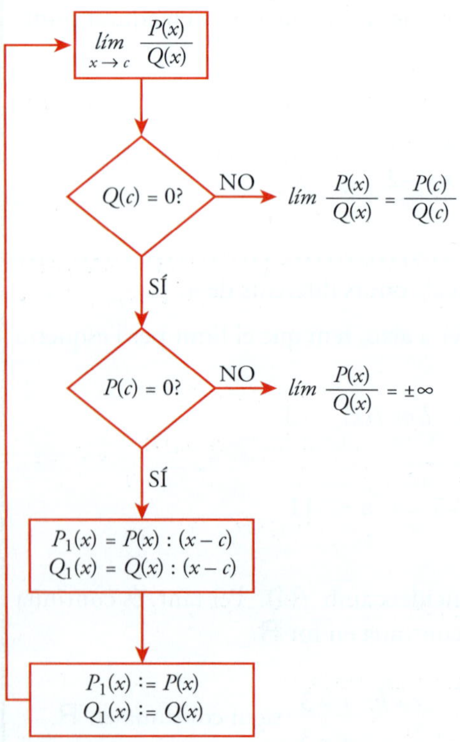

L'expressió := significa «es posa en lloc de».

Exercicis resolts

1 *Calcula*

$$\lim_{x \to 2} \frac{x+1}{x-2}$$

i representa'n el resultat.

- El denominador s'anul·la en $x = 2$, però no el numerador. Per tant, el límit és infinit, amb signe més o menys.
- Ara estudiem el signe de la funció per a valors pròxims a 2, a l'un i l'altre costat d'aquest:

ESQ.: $x = 1{,}99 \rightarrow \frac{1{,}99+1}{1{,}99-2} = -299 < 0; \quad \lim_{x \to 2^-} f(x) = -\infty$

DTA.: $x = 2{,}01 \rightarrow \frac{2{,}01+1}{2{,}01-2} = 301 > 0; \quad \lim_{x \to 2^+} f(x) = +\infty$

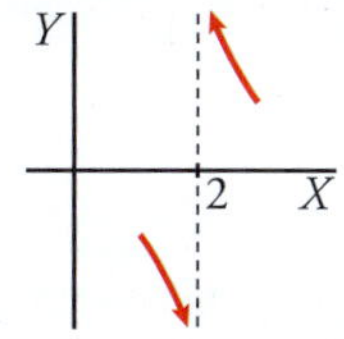

Fes-ho tu. Calcula i representa: a) $\lim_{x \to 0} \frac{x-3}{x}$; b) $\lim_{x \to 0} \frac{x-3}{x^2}$; c) $\lim_{x \to 1} \frac{x^3}{(x-1)^2}$.

2 *Troba*

$$\lim_{x \to 2} \frac{x^2-5x+6}{x^2+3x-10}$$

i representa'n el resultat.

- S'anul·la el denominador en $x = 2$? S'anul·la també el numerador?

  En $x = 2$ s'anul·len ambdós. Simplifiquem la fracció dividint per $(x-2)$:

$$\frac{x^2-5x+6}{x^2+3x-10} = \frac{(x-3)(x-2)}{(x+5)(x-2)} = \frac{x-3}{x+5}$$

- Comprovem que en la fracció simplificada el denominador ja no s'anul·la en $x = 2$. Podem obtenir-ne el límit substituint:

$$\lim_{x \to 2} \frac{x^2-5x+6}{x^2+3x-10} = \lim_{x \to 2} \frac{x-3}{x+5} = -\frac{1}{7}$$

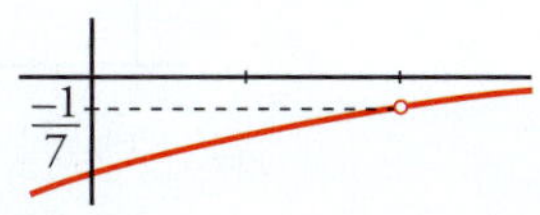

Fes-ho tu. Calcula i representa: a) $\lim_{x \to 5} \frac{x^2-4x-5}{x^2-8x+15}$; b) $\lim_{x \to 0} \frac{2x^3-5x^2}{x^2}$.

3 *Calcula*

$$\lim_{x \to 2} \frac{x^3-5x^2+6x}{x^3-7x^2+16x-12}$$

i representa'n el resultat.

- Per a $x = 2$ s'anul·la el denominador i també el numerador. Per tant, simplifiquem dividint a dalt i a baix per $x-2$:

$$\lim_{x \to 2} f(x) = \lim_{x \to 2} \frac{(x-2)(x^2-3x)}{(x-2)(x^2-5x+6)} = \lim_{x \to 2} \frac{x^2-3x}{x^2-5x+6}$$

- Ara, per a $x = 2$, observem que s'anul·la el denominador però no el numerador. Per tant, els límits laterals són $\pm\infty$. Estudiem el signe de la funció a l'un i l'altre costat de 2:

ESQ.: $x = 1{,}99$

$$\frac{1{,}99^2-3 \cdot 1{,}99}{1{,}99^2-5 \cdot 1{,}99+6} = \frac{-}{+} = -$$

$$\lim_{x \to 2^-} f(x) = -\infty$$

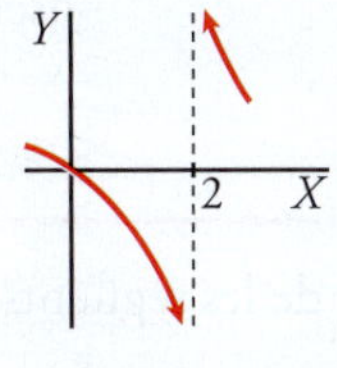

DTA.: $x = 2{,}01$

$$\frac{2{,}01^2-3 \cdot 2{,}01}{2{,}01^2-5 \cdot 2{,}01+6} = \frac{-}{-} = +$$

$$\lim_{x \to 2^+} f(x) = +\infty$$

Com que els límits laterals no coincideixen, no existeix $\lim_{x \to 2} f(x)$.

Fes-ho tu. Troba aquests límits i representa'n els resultats:

a) $\lim_{x \to 1} \frac{x^2+4x-5}{x^3-2x^2+x}$ b) $\lim_{x \to 0} \frac{x^3+3x^2}{x^4}$

4 Límit d'una funció quan $x \to +\infty$

Per expressar que donem a x valors tan grans com es vulgui, posem $x \to +\infty$ (x tendeix a «més infinit»). Per exemple, si donem a x els valors 10, 100, 1 000, 10 000, ..., diem que $x \to +\infty$.

Vegem possibles comportaments de $f(x)$ quan $x \to +\infty$:

$\lim\limits_{x \to +\infty} f(x) = +\infty$

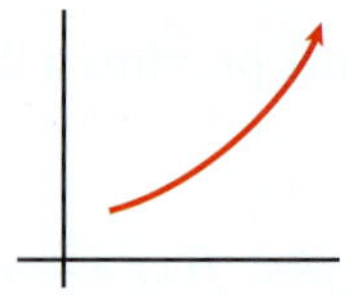

$\lim\limits_{x \to +\infty} f(x) = +\infty$ Quan $x \to +\infty$, els valors de $f(x)$ creixen tant com es vulgui.

Per exemple, són d'aquest tipus les famílies de funcions següents:

potències, $y = x^n$ exponencials, $y = a^x$, $a > 1$

arrels, $y = \sqrt[n]{x}$ logaritmes, $y = log_a\, x$, $a > 1$

$\lim\limits_{x \to +\infty} f(x) = -\infty$

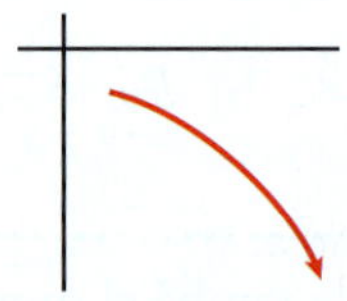

$\lim\limits_{x \to +\infty} f(x) = -\infty$ Quan $x \to +\infty$, els valors de $f(x)$ són cada vegada «més negatius».

Per exemple, podríem posar les mateixes funcions de l'exemple anterior precedides del signe menys:

$y = -x^n$, $y = -a^x$, $y = -\sqrt[n]{x}$, $y = -log_a\, x$

$\lim\limits_{x \to +\infty} f(x) = l$

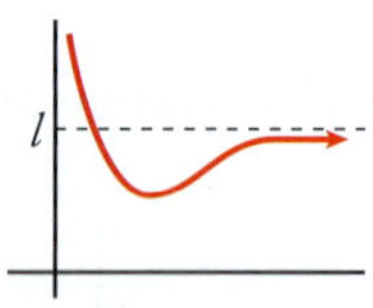

$\lim\limits_{x \to +\infty} f(x) = l$ Quan $x \to +\infty$, els valors de $f(x)$ són tan pròxims a l com es vulgui. En aquest cas, es diu que la recta $y = l$ és una **asímptota horitzontal** de la corba.

Per exemple, donada la funció $f(x) = \dfrac{2x^2 - 3}{x^2 + 5}$, tenim que $\lim\limits_{x \to +\infty} f(x) = 2$. Vegem-ho amb ajuda de la calculadora:

x	10	100	1 000	10 000	...
$\mathbf{\dfrac{2x^2 - 3}{x^2 + 5}}$	1,876	1,9987	1,999987	1,99999987	...

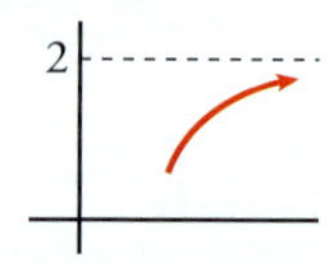

$\lim\limits_{x \to +\infty} f(x)$ no existeix

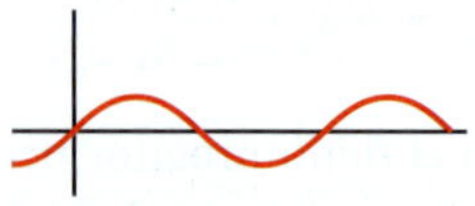

$\lim\limits_{x \to +\infty} f(x)$ no existeix Quan $x \to +\infty$, els valors de $f(x)$ ni creixen ni decreixen indefinidament, ni s'acosten cada vegada més a cap nombre.

Per exemple, les funcions trigonomètriques presenten aquest comportament, perquè oscil·len indefinidament.

Exercici proposat

6 Digues el límit quan $x \to +\infty$ de les següents funcions donades pels seus gràfics:

a)

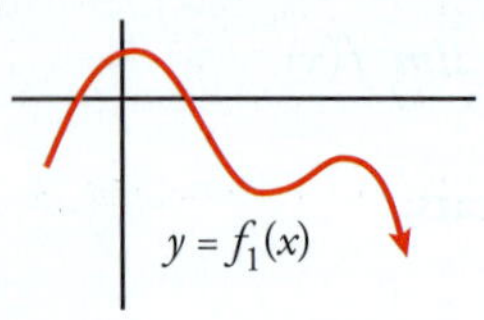

b)

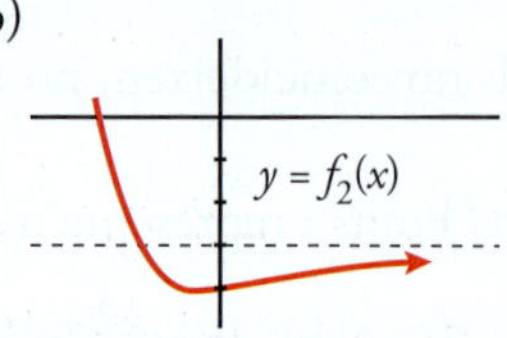

c)

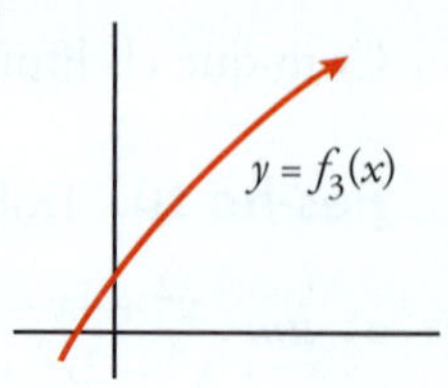

d)

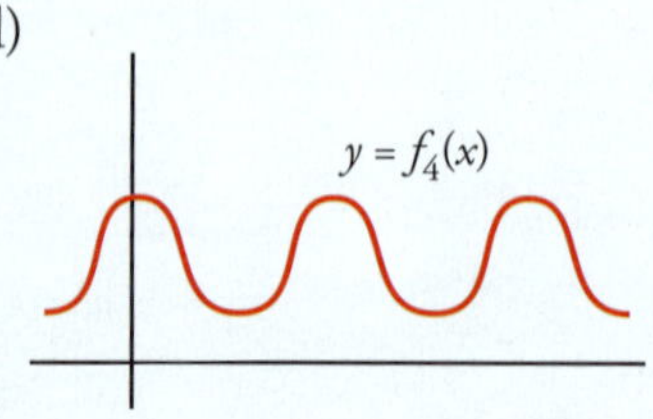

5 Càlcul de límits quan $x \to +\infty$

Igual que en els límits en un punt, el càlcul de límits quan $x \to +\infty$ presenta una variada casuística, que depèn del tipus de funcions que es presenten. Vegem les més importants per a aquest nivell.

Límits de funcions polinòmiques

Les funcions següents, evidentment, tendeixen a $+\infty$ quan $x \to +\infty$:

$f(x) = x^2$ $\qquad$ $f(x) = x^4 + 17$

$f(x) = x - 3$ $\qquad$ $f(x) = x^3 - x^2$

Potser resulti menys evident però, reflexionant, també és clar que tendeixen a $+\infty$ les funcions següents:

$f(x) = 2x^2 - 40x$

$f(x) = 3x^4 - 1\,000\,000$

$f(x) = x^3 - 1\,000x^2$

Es pot comprovar donant a x valors prou grans.

Si a les funcions anteriors els canviem el signe, tendeixen a $-\infty$:

$$\lim_{x \to +\infty} (-3x^4 + 1\,000\,000) = -\infty \qquad \lim_{x \to +\infty} (-x^3 + 1\,000x^2) = -\infty$$

En general, podem afirmar que:

> El límit quan $x \to +\infty$ d'una funció polinòmica és $+\infty$ o $-\infty$, segons que el coeficient del terme de major grau sigui positiu o negatiu.

Per exemple:

$$\lim_{x \to +\infty} (3x^4 - 5x^3) = +\infty$$

$$\lim_{x \to +\infty} (-5x^3 + 7x^2 + 9) = -\infty$$

Reflexió important

Quan $x \to +\infty$, el protagonisme d'una funció polinòmica l'exerceix el terme de major grau, perquè, per a valors grans de x, el valor de les potències de grau inferior és insignificant comparat amb el seu. Per exemple:

$$x^3 - 20x^2$$

Per a $x = 1\,000$:

$$\begin{array}{rr} x^3 = & 1\,000\,000\,000 \\ -20x^2 = & -200\,000\,000 \\ \hline x^3 - 20x^2 & 800\,000\,000 \end{array}$$

Límits de funcions inverses de polinòmiques

Si $\lim_{x \to +\infty} f(x) = \pm\infty$, aleshores $\lim_{x \to +\infty} \frac{1}{f(x)} = 0$, perquè en dividir 1 per un nombre cada vegada més gran, el quocient és cada vegada més pròxim a zero.

> Si $P(x)$ és una funció polinòmica, aleshores $\lim_{x \to +\infty} \frac{1}{P(x)} = 0$.

Per exemple, $\lim_{x \to +\infty} \frac{1}{2x^3 - 5x^2 + 3} = 0$.

Exercicis proposats

7 Digues el valor del límit quan $x \to +\infty$ de les funcions següents:

a) $f(x) = -x^2 + 3x + 5$ $\qquad$ b) $f(x) = 5x^3 + 7x$

c) $f(x) = x - 3x^4$ $\qquad$ d) $f(x) = \frac{1}{3x}$

e) $f(x) = -\frac{1}{x^2}$ $\qquad$ f) $f(x) = \frac{x^3 - 1}{-5}$

8 Com que $\lim_{x \to +\infty} (x^3 - 200x^2) = +\infty$, troba un valor de x per al qual sigui $x^3 - 200x^2 > 1\,000\,000$.

9 Com que $\lim_{x \to +\infty} \frac{1}{x^2 - 10x} = 0$, troba un valor de x per al qual sigui $\frac{1}{x^2 - 10x} < 0{,}0001$.

Límits de funcions racionals: $P(x)/Q(x)$

Exemple

$$\lim_{x\to+\infty} \frac{5x^4-300x^2-40}{3x^3+500x} =$$
$$= \lim_{x\to+\infty} \frac{5x^4}{3x^3} = \lim_{x\to+\infty} \frac{5x}{3} = +\infty$$

Hem vist que, quan $x \longrightarrow +\infty$, el protagonisme d'una funció polinòmica l'exerceix el terme de grau més gran.

De la mateixa manera, en el límit quan $x \longrightarrow +\infty$ d'un quocient de polinomis, només importaran els termes de grau més gran del numerador i del denominador. Per tant, podem donar les regles següents per tal de trobar límits quan $x \longrightarrow +\infty$ de funcions racionals:

En una funció racional $f(x) = \dfrac{P(x)}{Q(x)} = \dfrac{a\,x^m + \ldots}{b\,x^n + \ldots}$

- Si *grau de P > grau de Q* (és a dir, $m > n$), aleshores $\lim\limits_{x\to+\infty} f(x) = \pm\infty$.
  El signe del resultat és el de $\dfrac{a}{b}$.
- Si *grau de P < grau de Q* ($m < n$), aleshores $\lim\limits_{x\to+\infty} f(x) = 0$.
- Si *grau de P = grau de Q* ($m = n$), aleshores $\lim\limits_{x\to+\infty} f(x) = \dfrac{a}{b}$.

Exercici resolt

1 *Troba el límit quan $x \longrightarrow +\infty$ de les funcions següents:*

a) $f(x) = \dfrac{x^2-5x+3}{3x-5}$

b) $f(x) = \dfrac{x^2+3}{x^3}$

c) $f(x) = \dfrac{3x^2-5x+1}{2x^2-6}$

d) $f(x) = \dfrac{x^2+3}{-x^3}$

a) $\lim\limits_{x\to+\infty} \dfrac{x^2-5x+3}{3x-5} = \lim\limits_{x\to+\infty} \dfrac{x^2}{3x} = \lim\limits_{x\to+\infty} \dfrac{x}{3} = +\infty$

Com que el grau del numerador és més gran que el grau del denominador i, a més, els coeficients dels termes de major grau són ambdós positius, el límit és $+\infty$.

b) $\lim\limits_{x\to+\infty} \dfrac{x^2+3}{x^3} = \lim\limits_{x\to+\infty} \dfrac{x^2}{x^3} = \lim\limits_{x\to+\infty} \dfrac{1}{x} = 0$

El límit és 0, perquè *grau de P(x) < grau de Q(x)*.

c) $\lim\limits_{x\to+\infty} \dfrac{3x^2-5x+1}{2x^2-6} = \lim\limits_{x\to+\infty} \dfrac{3x^2}{2x^2} = \dfrac{3}{2}$

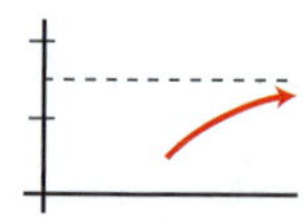

d) $\lim\limits_{x\to+\infty} \dfrac{x^2+3}{-x^3} = \lim\limits_{x\to+\infty} \dfrac{x^2}{-x^3} = \lim\limits_{x\to+\infty} \dfrac{1}{-x} = 0$

Exercicis proposats

10 Calcula $\lim\limits_{x\to+\infty} f(x)$ i representa'n les branques:

a) $f(x) = \dfrac{1}{3x}$ b) $f(x) = \dfrac{3}{x}$

c) $f(x) = -\dfrac{1}{x^2}$ d) $f(x) = 3x - 5$

11 Calcula $\lim\limits_{x\to+\infty} f(x)$ i representa'n les branques:

a) $f(x) = \dfrac{x^3-1}{-5}$ b) $f(x) = \dfrac{x^2-3}{x^3}$

c) $f(x) = \dfrac{x^3}{x^2-3}$ d) $f(x) = \dfrac{1-x^3}{1+x^3}$

6 Límit d'una funció quan $x \to -\infty$

Es diu que $x \to -\infty$ quan els valors que pren s'allunyen cap a la part negativa de l'eix de les X. Per exemple, –10, –1 000, –10 000…

Les definicions, raonaments i procediments sobre els límits quan $x \to -\infty$ són semblants als que s'han fet per a límits quan $x \to +\infty$. En resumirem els fonamentals.

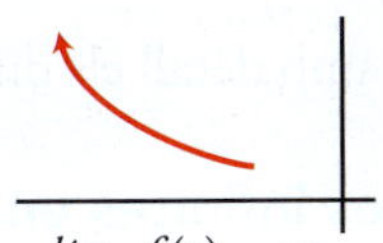

$\lim\limits_{x \to -\infty} f(x) = +\infty$

$\lim\limits_{x \to -\infty} f(x) = -\infty$

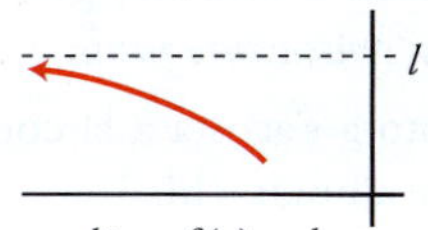

$\lim\limits_{x \to -\infty} f(x) = l$

Exemple

$\lim\limits_{x \to -\infty} x^2 = +\infty$

$\lim\limits_{x \to -\infty} x^3 = -\infty$

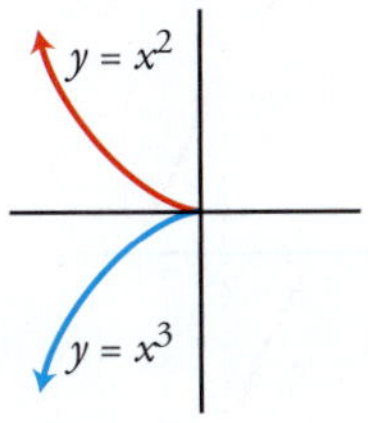

Per calcular els límits de funcions polinòmiques i racionals, només cal raonar sobre les potències de nombres negatius:

> Si n és parell, $\lim\limits_{x \to +\infty} x^n = +\infty$, i si n és imparell, $\lim\limits_{x \to +\infty} x^n = -\infty$.

Tenint això en compte i aplicant correctament la regla dels signes, els procediments per al càlcul de límits de funcions polinòmiques i racionals són els mateixos que els ja vistos per al cas de $x \to +\infty$.

Exercici resolt

1 *Troba el límit quan $x \to -\infty$ de les funcions següents:*

a) $f(x) = 3x^3 - 5x^2 + 7$

b) $f(x) = \dfrac{3}{-5x^2 + 7x + 2}$

c) $f(x) = \dfrac{-x^3 + 2x^2 + 7}{x^2 - 2x + 3}$

d) $f(x) = \dfrac{7x^3 + 2x^2 - 1}{-2x^3 + 11}$

e) $f(x) = \sqrt{2x + 6}$

f) $f(x) = 2^x$

a) $\lim\limits_{x \to +\infty} (3x^3 - 5x^2 + 7) = \lim\limits_{x \to +\infty} 3x^3 = -\infty$

b) $\lim\limits_{x \to -\infty} \dfrac{3}{-5x^2 + 7x + 2} = \lim\limits_{x \to -\infty} \dfrac{3}{-5x^2} = 0$

c) $\lim\limits_{x \to -\infty} \dfrac{-x^3 + 2x^2 + 7}{x^2 - 2x + 3} = \lim\limits_{x \to -\infty} \dfrac{-x^3}{x^2} = \lim\limits_{x \to -\infty} (-x) = +\infty$

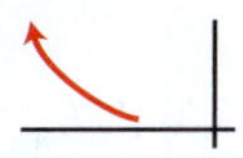

d) $\lim\limits_{x \to -\infty} \dfrac{7x^3 + 2x^2 - 1}{-2x^3 + 11} = \lim\limits_{x \to -\infty} \dfrac{7x^3}{-2x^3} = \dfrac{7}{-2} = -\dfrac{7}{2}$

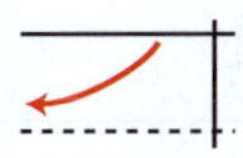

e) La funció no està definida a l'esquerra de –3. Per tant, no és possible trobar-ne el límit quan $x \to -\infty$.

f) Per a $x = -10$, $2^{-10} = \dfrac{1}{2^{10}} = \dfrac{1}{1024} = 0{,}00098\ldots$

Per a $x = -20$, $2^{-20} = \dfrac{1}{2^{20}} = \dfrac{1}{1048576} = 0{,}00000095\ldots$

És clar que $\lim\limits_{x \to +\infty} 2^x = 0$.

Exercicis proposats

12 Troba els límits quan $x \to -\infty$ i quan $x \to +\infty$ de les funcions següents:

a) $f(x) = -2x^3 + 7x^2$

b) $f(x) = 3x^4 - 7x$

c) $f(x) = 10^x$

d) $f(x) = \sqrt{5x - 8}$

e) $f(x) = \sqrt{-2x^2 + 1}$

f) $f(x) = -5^x$

13 Troba els límits quan $x \to -\infty$ i quan $x \to +\infty$ de les funcions següents:

a) $f(x) = \sqrt{3 - x}$

b) $f(x) = \dfrac{x^2 + 3}{-x^3}$

c) $f(x) = \dfrac{-x^3}{x^2 + 3}$

d) $f(x) = \dfrac{5x^3 - 10}{3x^3 + 10x^2}$

7 Branques infinites. Asímptotes

Les **branques infinites** són trams de corba que s'allunyen indefinidament. Perquè hi hagi una branca infinita és necessari que una de les variables, x o y, o ambdues, tendeixin a infinit.

Quan una branca infinita se cenyeix (s'aproxima) a una recta, s'anomena **asímptota** de la corba.

Estudiarem amb detall els diferents tipus de branques infinites.

Etimologia

Asímptota deriva del grec *asymptotos*, que significa *sense caure junts*.

L'asímptota s'acosta a la corba sense trobar-la, sense ajuntar-s'hi.

Branques infinites en $x = c$. Asímptotes verticals

Si $\lim\limits_{x \to 0} f(x) = \pm\infty$, aleshores la recta $x = c$ és una **asímptota vertical**.

Si la funció està definida a un costat i a l'altre de l'asímptota, pot ocórrer un d'aquests quatre casos:

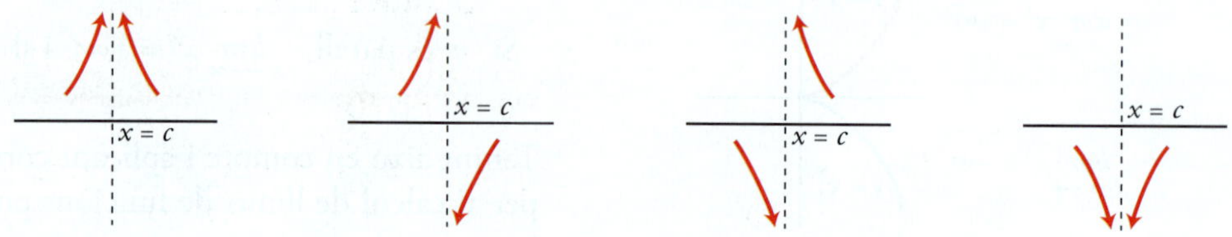

Per dilucidar quin d'aquests és, cal estudiar-ne els límits laterals:

$$\lim_{x \to c^-} f(x) \quad \text{i} \quad \lim_{x \to c^+} f(x)$$

Per exemple, $y = \dfrac{x^2}{x-3}$ té una asímptota vertical en $x = 3$, perquè el límit en $x = 3$ és infinit.

Per trobar el signe de $f(x)$ en les proximitats de 3, donarem a x valors pròxims a 3 (una mica més petits i una mica més grans).

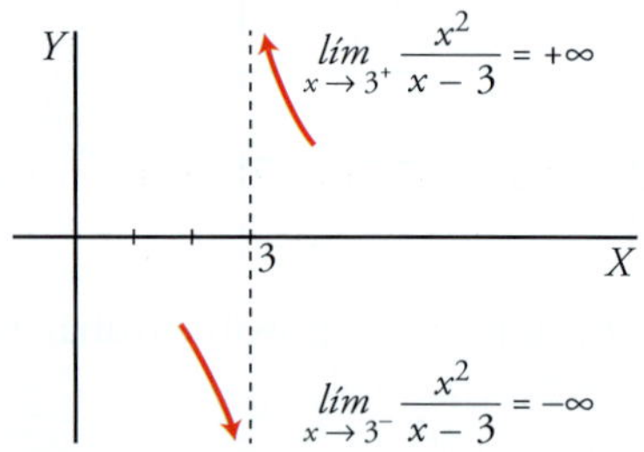

ESQ.: $x = 2{,}99 \longrightarrow f(x) = \dfrac{2{,}99^2}{(2{,}99-3)} = -894$ (negatiu) $\longrightarrow \lim\limits_{x \to 3^-} f(x) = -\infty$

DTA.: $x = 3{,}01 \longrightarrow f(x) = \dfrac{3{,}01^2}{(3{,}01-3)} = 906$ (positiu) $\longrightarrow \lim\limits_{x \to 3^+} f(x) = +\infty$

Un altre exemple: $y = \dfrac{1}{\sqrt{x-2}}$ té una asímptota vertical en $x = 2$. Però la funció només està definida a la dreta de l'asímptota. I és evident que si $x > 2$, el signe de la funció és positiu. Per tant:

$$\lim_{x \to 2^+} \frac{1}{\sqrt{x-2}} = +\infty.$$

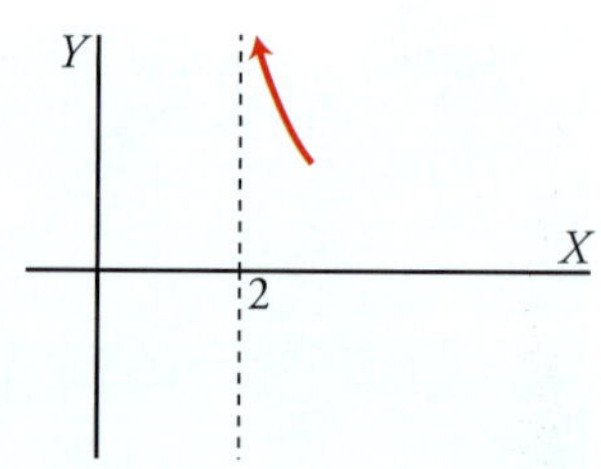

Branques infinites en $x \to +\infty$ (o $x \to -\infty$)

Hi ha diversos tipus de branques infinites quan $x \to +\infty$. Vegem-ne les més importants:

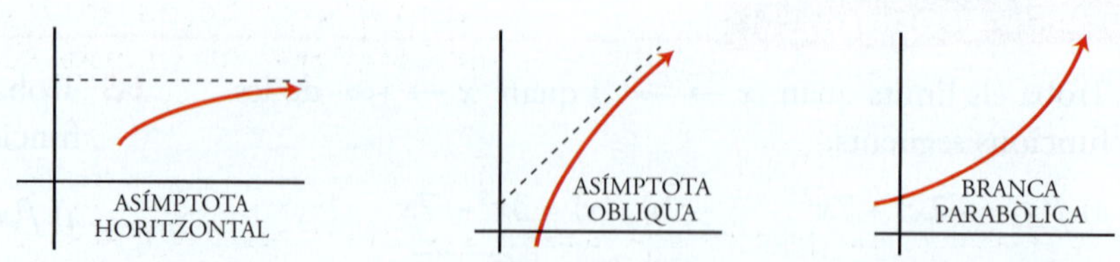

Anàlogament, per a $x \to -\infty$.

Vegem a continuació en quins casos apareix cada una d'aquestes branques.

Nota

Tota la casuística que es descriu per a $x \to +\infty$ és semblant per a $x \to -\infty$.

■ Asímptota horitzontal

Si $\lim\limits_{x \to +\infty} f(x) = l$, aleshores la recta $y = l$ és **asímptota horitzontal**.

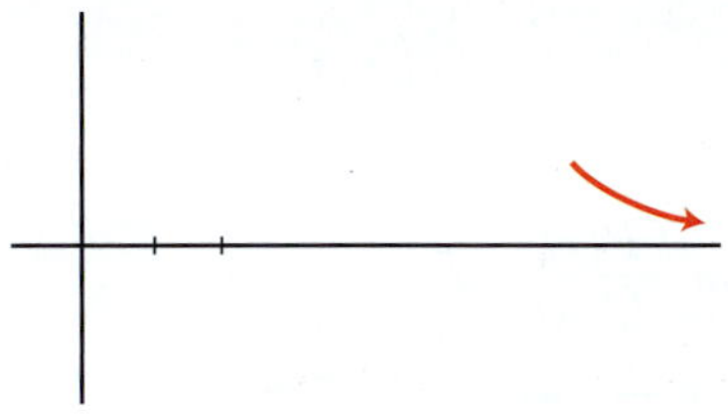

És important conèixer la posició de la corba respecte de l'asímptota. S'aconsegueix estudiant el signe de $f(x) - l$ per a valors «grans» de x.

Per exemple, $y = \dfrac{1}{\sqrt{x-2}}$ té una asímptota en $y = 0$ (eix X), perquè $\lim\limits_{x \to +\infty} f(x) = +\infty$.

Com que $f(x) > 0$, la corba queda per damunt de la recta $y = 0$.
Aquesta asímptota horitzontal només és vàlida per a $x \to +\infty$, perquè la funció no està definida a l'esquerra de 2.

■ Asímptota obliqua

Si $\lim\limits_{x \to +\infty} f(x) = \pm\infty$, $\lim\limits_{x \to +\infty} \dfrac{f(x)}{x} = a \neq 0$ i $\lim\limits_{x \to +\infty} (f(x) - ax) = b$, aleshores la recta $y = ax + b$ és **asímptota obliqua**.

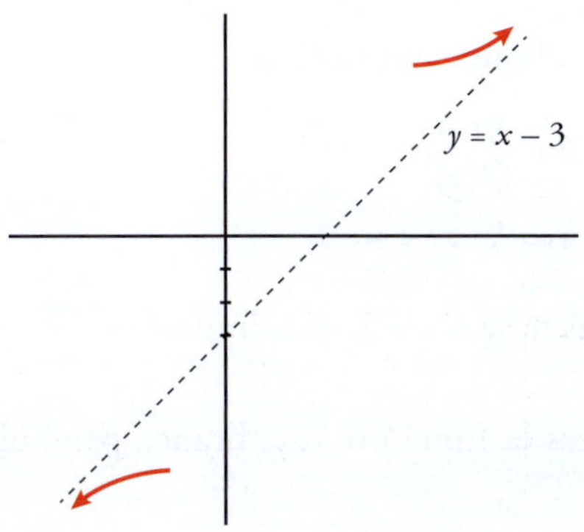

Quan $x \to -\infty$, $\dfrac{x^2 - 3x + 5}{x} < x - 3$

Quan $x \to +\infty$, $\dfrac{x^2 - 3x + 5}{x} > x - 3$

No obstant això, en totes les funcions racionals, i en alguns altres casos, és possible determinar l'asímptota obliqua de manera molt més senzilla.

Per exemple, $y = \dfrac{x^2 - 3x + 5}{x}$. Simplifiquem: $y = x - 3 + \dfrac{5}{x}$

Ara és evident que la recta $y = x - 3$ és asímptota, perquè la diferència entre corba i recta és $\dfrac{5}{x}$, que tendeix a 0 quan $x \to \pm\infty$.

Com que $\dfrac{5}{x}$ pren valors positius quan $x \to +\infty$ i negatius si $x \to -\infty$, la corba queda per damunt de l'asímptota a la dreta, i per sota, a l'esquerra.

■ Branca parabòlica

Si $\lim\limits_{x \to +\infty} f(x) = \pm\infty$ i la corba no té asímptota obliqua, aleshores presenta una **branca parabòlica**.

Hi ha dos tipus de branques parabòliques:

TIPUS 1.
Creixement cada vegada més ràpid

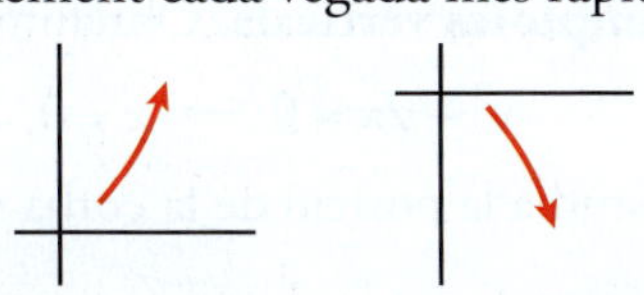

La corba creix, o decreix, cada vegada més de pressa. D'aquest tipus són les branques parabòliques de les funcions **polinòmiques** i de les **exponencials**.

TIPUS 2.
Creixement cada vegada més lent

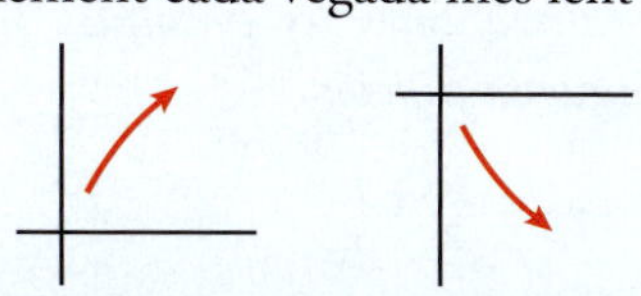

La corba creix, o decreix, cada vegada més lentament. D'aquest tipus són les funcions **radicals** i les **logarítmiques**.

Exercici proposat

14 Determina les asímptotes i la posició de la corba respecte a aquestes:

a) $y = \dfrac{3x+1}{x-2}$ b) $y = \dfrac{3x^2-7}{x-2}$ c) $y = \dfrac{1}{x}$ d) $y = -\dfrac{1}{x^2}$ e) $y = \dfrac{1}{\sqrt{x^2-9}}$

8 Branques infinites en les funcions racionals

Per fer aquest estudi suposem que la funció $y = \frac{P(x)}{Q(x)}$ està simplificada, és a dir, que $P(x)$ i $Q(x)$ no tenen arrels comunes.

Asímptotes verticals

Si c és arrel de $Q(x)$, $x = c$ és una asímptota.

Branques en l'infinit

- Si *grau de* $P(x) \le$ *grau de* $Q(x)$, aleshores $\lim_{x \to \pm\infty} \frac{P(x)}{Q(x)} = l$.

  La recta $y = l$ és asímptota horitzontal per a $x \to +\infty$ i $x \to -\infty$.

  Per exemple, $y = \frac{2x}{x^2+1}$ té l'asímptota $y = 0$.

  $y = \frac{2x^2+5}{x^2+1}$ té l'asímptota $y = 2$.

- Si *grau de* $P(x)$ – *grau de* $Q(x) = 1$, efectuem el quocient indicat:

  $$\begin{array}{l|l} P(x) & Q(x) \\ \hline R(x) & ax+b \end{array} \qquad \frac{P(x)}{Q(x)} = ax + b + \frac{R(x)}{Q(x)}$$

  La recta $y = ax + b$ és asímptota per a $x \to +\infty$ i $x \to -\infty$.

  Per exemple, $y = \frac{x^2}{x-1} = x + 1 + \frac{1}{x-1}$. La recta $y = x + 1$ és asímptota.

- Si *grau de* $P(x)$ – *grau de* $Q(x) \ge 2$, aleshores la funció té una branca parabòlica quan $x \to +\infty$ i una altra quan $x \to -\infty$.

  Per exemple, $y = \frac{x^4}{x+2}$ té una branca parabòlica cap amunt ↗ quan $x \to +\infty$ i una altra cap avall ↙ quan $x \to -\infty$, perquè $\lim_{x \to +\infty} f(x) = +\infty$ i $\lim_{x \to -\infty} f(x) = -\infty$.

Atenció: En les funcions racionals, una vegada obtingudes totes les branques infinites, quasi sempre ens trobem amb l'agradable sorpresa que, amb només aquesta informació, podem conèixer la forma de la corba amb claredat.

Branques infinites en les funcions racionals $P(x)/Q(x)$

- **Asímptotes verticals**

  Les arrels del denominador de $Q(x)$ són asímptotes verticals.

- **Asímptota horitzontal**

  Existeix si *grau* $P(x) \le$ *grau* $Q(x)$.

  S'obté trobant $\lim_{x \to \pm\infty} \frac{P(x)}{Q(x)} = l$.

  És la recta $y = l$, tant en $+\infty$ com en $-\infty$.

- **Asímptota obliqua**

  Existeix si *grau* $P(x)$ – *grau* $Q(x) = 1$.

  Per trobar-les, s'efectua el quocient i s'obté aquest resultat:

  $$\frac{P(x)}{Q(x)} = ax + b + \frac{R(x)}{Q(x)}$$

  La recta $y = ax + b$ és asímptota obliqua, tant en $+\infty$ com en $-\infty$.

- **Branques parabòliques**

  Existeixen si *grau* $P(x)$ – *grau* $Q(x) \ge 2$.

  N'hi ha una per a $x \to -\infty$ i una altra per a $x \to +\infty$.

En el web

Animació interactiva per veure com varien les asímptotes vertical i obliqua d'una funció racional.

Exercicis resolts

1 *Localitza totes les branques infinites d'aquesta funció:*

$$y = \frac{x^2+1}{x^2-2x}$$

Asímptotes verticals. Obtenim les arrels del denominador:

$x^2 - 2x = 0 \to x = 0,\ x = 2$ són asímptotes

S'estudia la posició de la corba respecte a cada una de les asímptotes.

	PRÒXIM. x = 0		PRÒXIM. x = 2	
x	–0,01	0,01	1,99	2,01
$\frac{x^2+1}{x^2-2x}$	+	–	–	+

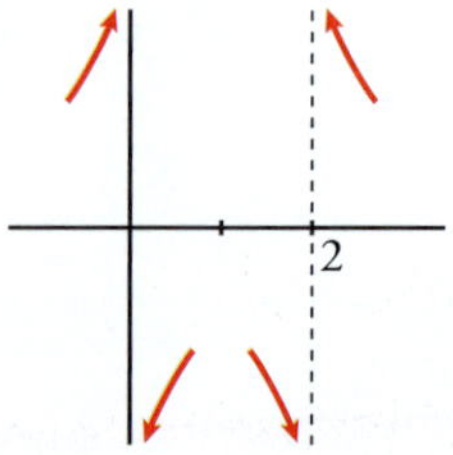

Branques en l'infinit. Com que *grau de* $P(x)$ = *grau de* $Q(x)$, la funció té una asímptota horitzontal.

$\lim_{x \to +\infty} f(x) = \lim_{x \to -\infty} f(x) = 1$. Asímptota: $y = 1$

Exercicis resolts

Per veure la posició de la corba respecte a l'asímptota, n'estudiem la diferència d'ordenades:

$$f(x) - 1 = \frac{x^2+1}{x^2-2x} - 1 = \frac{2x+1}{x^2-2x} \begin{cases} + \text{ si } x \to +\infty \\ - \text{ si } x \to -\infty \end{cases}$$

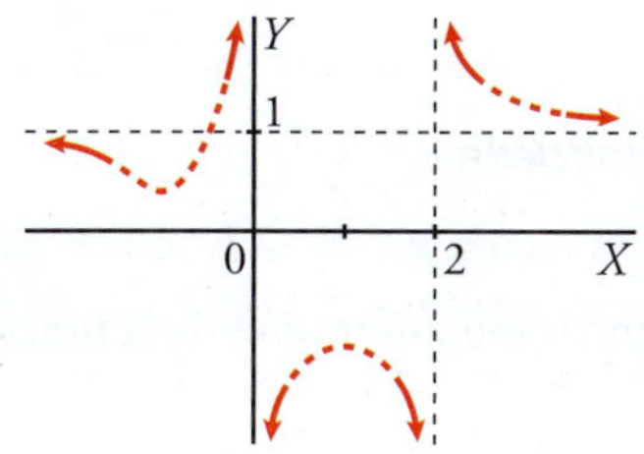

La línia puntejada uneix de manera natural les branques infinites. La corba està pràcticament construïda.

2 *Troba les branques infinites d'aquesta funció:*

$$y = \frac{x^2-5x+7}{x-2}$$

Asímptota vertical, $x = 2$.

Vegem la posició de la corba respecte a aquesta:

ESQ.: $f(1{,}99) = -101$ negatiu

DTA.: $f(2{,}01) = 99$ positiu

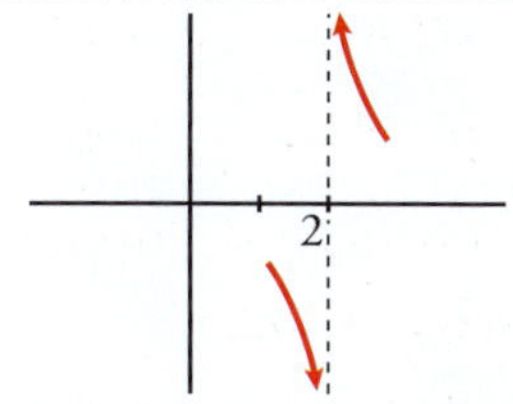

Branques en l'infinit. Com que *grau de* $P(x)$ – *grau de* $Q(x) = 1$, hi ha asímptota obliqua. Dividim i arribem al resultat següent:

$$\frac{x^2+5x+7}{x-2} = x - 3 + \frac{1}{x-2}$$

$y = x - 3$ és asímptota obliqua.

Vegem la posició de la corba respecte de l'asímptota mirant el signe de $[f(x) - (x-3)]$:

$$f(x) - (x-3) = \frac{1}{x-2} \begin{cases} + \text{ si } x \to +\infty \\ - \text{ si } x \to -\infty \end{cases}$$

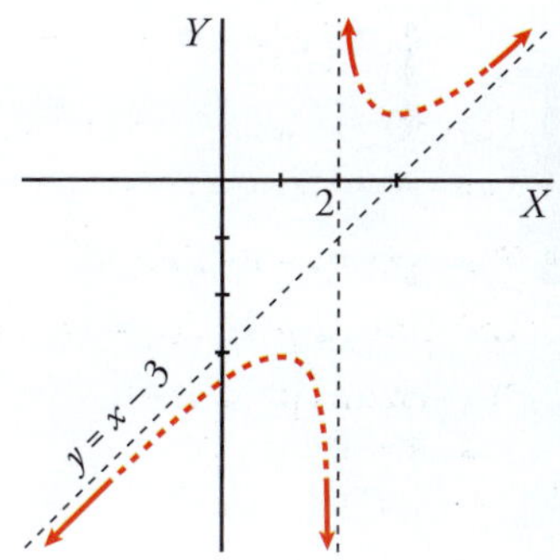

3 *Determina les branques infinites de la funció següent:*

$$y = \frac{x^3-5x^2}{-x+3}$$

Asímptota vertical, $x = 3$.

Posició de la corba respecte a aquesta:

ESQ.: $f(2{,}99) = -1\,797$ negatiu

DTA.: $f(3{,}01) = 1\,803$ positiu

Branques en l'infinit.

Com que *grau de* $P(x)$ – *grau de* $Q(x) = 2$, hi ha branques parabòliques en $+\infty$ i en $-\infty$.

$$\lim_{x \to +\infty} \frac{x^3-5x^2}{-x+3} = -\infty, \quad \lim_{x \to -\infty} \frac{x^3-5x^2}{-x+3} = -\infty$$

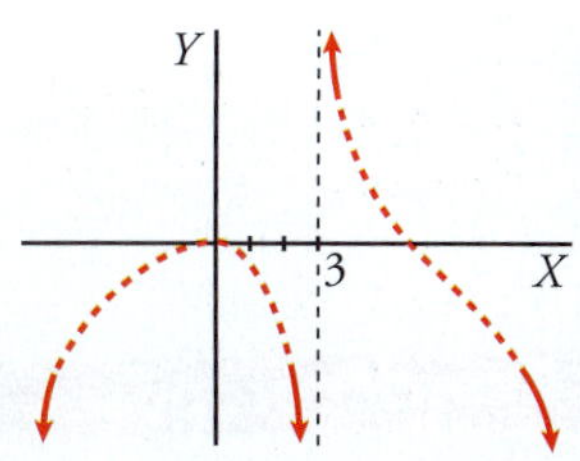

Exercici proposat

15 Troba les branques infinites de les funcions següents i, a partir d'aquestes, perfila la forma de la corba:

a) $y = \frac{1}{x^2+1}$ b) $y = \frac{x}{1+x^2}$ c) $y = \frac{x^4}{x^2+1}$ d) $y = \frac{x^2+2}{x^2-2x}$

e) $y = \frac{x^2}{1+x^2}$ f) $y = \frac{x^3}{1+x^2}$ g) $y = \frac{x^2+3x}{x+1}$ h) $y = \frac{2x^3-3x^2}{x}$

En la web — Exercicis de càlcul d'asímptotes en funcions racionals.

9 Branques infinites en les funcions trigonomètriques, exponencials i logarítmiques

Recorda

Les rectes $x = \frac{\pi}{2} + k$, on k és un nombre enter, són asímptotes de la funció $y = tg\,x$.

Funcions trigonomètriques

Les **funcions trigonomètriques**, $y = sin\,x$, $y = cos\,x$, $y = tg\,x$, pel fet de ser periòdiques, no tenen límit (ni finit ni infinit) quan $x \to +\infty$ ni quan $x \to -\infty$. Per tant, no tenen branques infinites en $+\infty$ i en $-\infty$. No obstant això, la funció $y = tg\,x$ sí que té infinites asímptotes verticals:

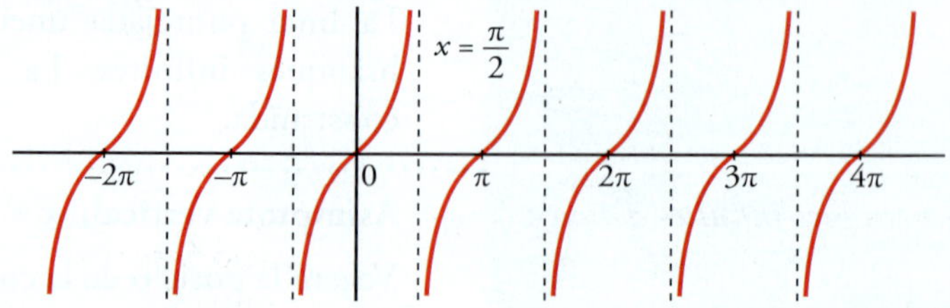

Funcions exponencials

Les **funcions exponencials** tenen una asímptota horitzontal i una branca parabòlica «de creixement cada vegada més ràpid».

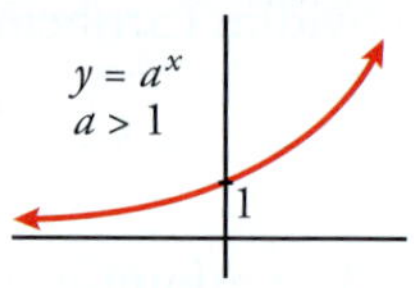

L'eix X és asímptota horitzontal quan $x \to -\infty$, perquè $\lim\limits_{x \to -\infty} a^x = 0$.

Té una branca parabòlica quan $x \to +\infty$, ja que $\lim\limits_{x \to +\infty} a^x = +\infty$.

No té asímptotes verticals, perquè és contínua en tot $\mathbb{R}$.

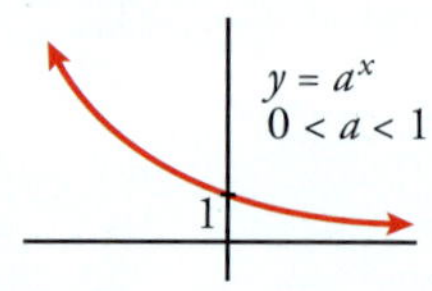

L'eix X és asímptota horitzontal quan $x \to +\infty$, perquè $\lim\limits_{x \to +\infty} a^x = 0$.

Té una branca parabòlica quan $x \to -\infty$, ja que $\lim\limits_{x \to -\infty} a^x = +\infty$.

No té asímptotes verticals, perquè és contínua en tot $\mathbb{R}$.

Funcions logarítmiques

Les **funcions logarítmiques**, $y = log_a\,x$, $a > 1$, només estan definides en $(0, +\infty)$.

L'eix Y és una asímptota vertical a la qual la corba s'aproxima per la dreta, perquè $\lim\limits_{x \to 0^+} log_a\,x = -\infty$.

Quan $x \to +\infty$, té una branca parabòlica «de creixement cada vegada més lent».

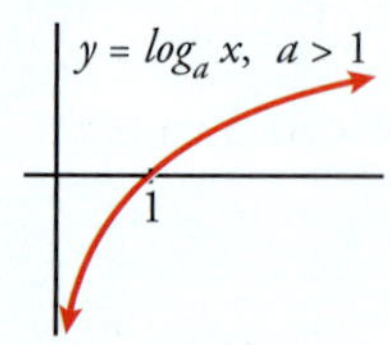

Exercici proposat

16 Cert o fals?

a) La funció $y = |log_2\,x|$ es representa així:

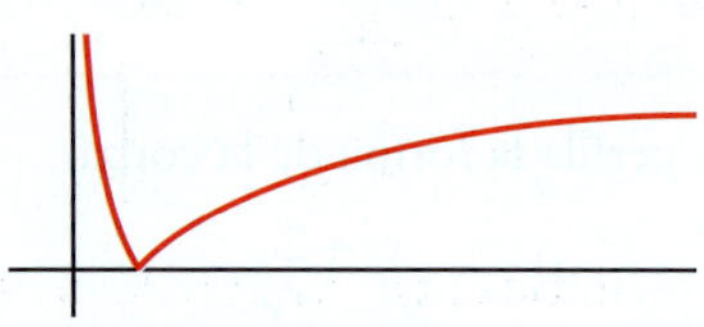

Té dues branques infinites: una asímptota vertical en $y = 0$ i una branca parabòlica quan $x \to +\infty$.

b) La funció $y = log_2\,|x|$ es representa així:

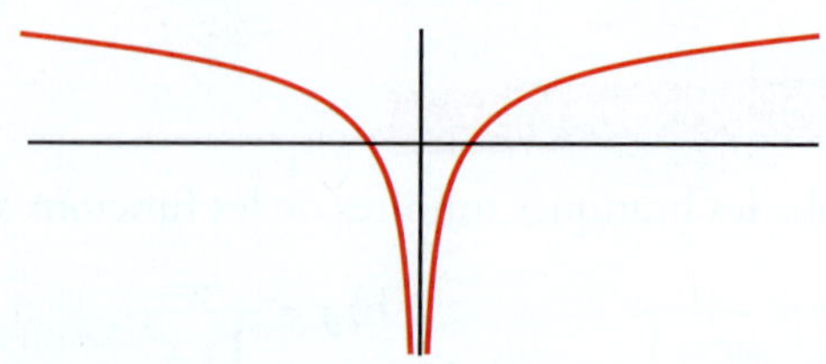

Té una asímptota vertical en $x = 0$ i cada una de les branques parabòliques en $-\infty$ i en $+\infty$.

Exercicis i problemes resolts

1. Càlcul del límit en un punt sobre la gràfica d'una funció

Calcula, a partir de la gràfica de $f(x)$, els límits següents:

a) $\lim_{x \to 0} f(x)$ *b)* $\lim_{x \to 5} f(x)$

c) $\lim_{x \to 8} f(x)$

És f contínua en aquests punts?

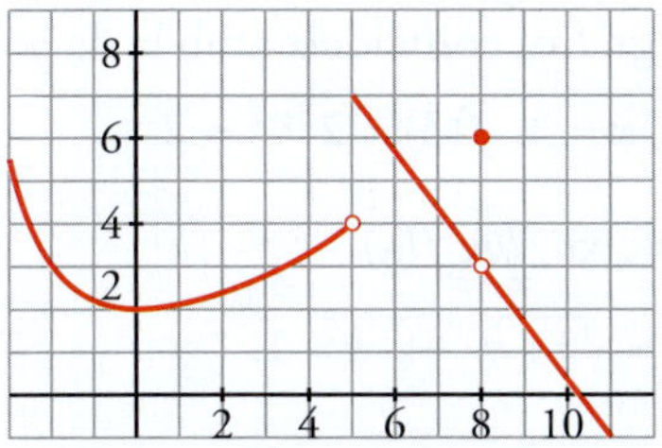

a) $\lim_{x \to 0} f(x) = 2$. A més, $\lim_{x \to 0} f(x) = f(0) = 2 \rightarrow f$ és contínua en $x = 0$.

b) Observem que la funció s'aproxima a nombres diferents si donem a x valors més petits o més grans que 5.

$$\left.\begin{array}{l} \lim_{x \to 5^-} f(x) = 4 \\ \lim_{x \to 5^+} f(x) = 7 \end{array}\right\} \text{ No existeix } \lim_{x \to 5} f(x) \text{ perquè } \lim_{x \to 5^-} f(x) \neq \lim_{x \to 5^+} f(x)$$

f és discontínua en $x = 5$; té un salt finit.

c) La situació és semblant al cas a) però el límit no coincideix amb el valor de la funció en el punt: $\lim_{x \to 8} f(x) = 3$ i $f(8) = 6$, per tant $\lim_{x \to 8} f(x) \neq f(8)$.

f és discontínua en $x = 8$. Té un punt desplaçat.

2. Límits i continuïtat d'una funció definida «a trossos»

Considera la funció

$$f(x) = \begin{cases} 2x + 1 & si\ x < -2 \\ 2 & si\ -2 \leq x < 1 \\ 3x - 1 & si\ x > 1 \end{cases}$$

a) Troba el límit en $x = -2$; $x = 0$; $x = 1$.

b) Estudia'n la continuïtat.

a) • $x = -2$ és un «punt de ruptura». Per això cal estudiar-ne els límits laterals.

$$\lim_{x \to 0^+} f(x) = \begin{cases} \lim_{x \to -2^-} (2x + 1) = -3 \\ \lim_{x \to -2^+} 2 = 2 \end{cases} \quad \text{No coincideixen; per tant, no existeix } \lim_{x \to 0^+} f(x).$$

• En $x = 0$, com que $-2 < 0 < 1$, $\lim_{x \to 0} f(x) = \lim_{x \to 0} 2 = 2$.

• $x = 1$ és un «punt de ruptura». Calculem els límits laterals.

$$\lim_{x \to 1} f(x) = \begin{cases} \lim_{x \to 1^-} f(x) = \lim_{x \to 1^-} 2 = 2 \\ \lim_{x \to 1^+} f(x) = \lim_{x \to 1^+} (3x - 1) = 2 \end{cases} \quad \text{Coincideixen: } \lim_{x \to 1} f(x) = 2.$$

b) f és discontínua en $x = -2$ perquè no existeix $\lim_{x \to 0^+} f(x)$; en aquest punt la funció té un salt finit.

També és discontínua en $x = 1$ perquè no hi ha $f(1)$; li falta un punt, és una discontinuïtat evitable.

Fes-ho tu. Troba el límit de la funció $f(x) = \begin{cases} 2x - 3, & \text{si } x < 3 \\ x - 2, & \text{si } x \geq 3 \end{cases}$ en $x = 0$ i en $x = 3$. Estudia'n la continuïtat.

3. Càlcul del límit en un punt

Calcula els límits següents:

a) $\lim_{x \to 0} e^{x+1}$

b) $\lim_{x \to 1} \frac{3x - 2}{x^2 - 1}$

c) $\lim_{x \to 3} \frac{x^3 - 3x^2}{x^2 - x - 6}$

a) $\lim_{x \to 0} e^{x+1} = e^{0+1} = e$

b) $\lim_{x \to 1} \frac{3x - 2}{x^2 - 1} = \frac{1}{0} = \pm\infty$ Estudiem el signe de f a l'esquerra i a la dreta d'1.

$$\left.\begin{array}{l} x = 0{,}99;\ f(0{,}99) = \dfrac{3 \cdot 0{,}99 - 2}{0{,}99^2 - 1} < 0 \rightarrow \lim_{x \to 1^-} \dfrac{3x - 2}{x^2 - 1} = -\infty \\ x = 1{,}01;\ f(1{,}01) = \dfrac{3 \cdot 1{,}01 - 2}{1{,}01^2 - 1} > 0 \rightarrow \lim_{x \to 1^+} \dfrac{3x - 2}{x^2 - 1} = +\infty \end{array}\right\}$$

c) $\lim_{x \to 3} \frac{x^3 - 3x^2}{x^2 - x - 6} = \frac{0}{0}$ És una indeterminació; per resoldre-la, simplifiquem la fracció.

$$\frac{x^3 - 3x^2}{x^2 - x - 6} = \frac{x^2(x - 3)}{(x - 3)(x + 2)} = \frac{x^2}{x + 2};\ \lim_{x \to 3} \frac{x^3 - 3x^2}{x^2 - x - 6} = \lim_{x \to 3} \frac{x^2}{x + 2} = \frac{9}{5}$$

Fes-ho tu. Calcula:

a) $\lim_{x \to 1} \frac{x^2 - 2x + 1}{2x^2 - 2x}$ b) $\lim_{x \to -2} \frac{x}{(x + 2)^2}$

4. Funció contínua en un punt

Troba, en cada cas, el valor de k perquè les funcions següents siguin contínues en $\mathbb{R}$.

a) $f(x) = \begin{cases} \dfrac{3x^2 + 6x}{x + 2} & si\ x \neq -2 \\ k & si\ x = -2 \end{cases}$

b) $g(x) = \begin{cases} 2^{x-2} & \text{si } x \leq 3 \\ \sqrt{x + k} & \text{si } x > 3 \end{cases}$

Fes-ho tu. Troba el valor de k perquè la funció $f(x) = \begin{cases} 2x - 5 & \text{si } x \leq 1 \\ x + k & \text{si } x > 1 \end{cases}$ sigui contínua en tot $\mathbb{R}$.

a) Perquè f sigui contínua en $x = c$, ha de ser $\lim\limits_{x \to c} f(x) = f(c)$.

Si $c \neq -2$, f és contínua perquè $\lim\limits_{x \to c} f(x) = \dfrac{3c^2 + 6c}{c + 2} = f(c)$.

Si $c = -2$, $\lim\limits_{x \to -2} f(x) = \lim\limits_{x \to -2} \dfrac{3x^2 - 6x}{x + 2} = \dfrac{0}{0} \to \lim\limits_{x \to -2} \dfrac{3x(x + 2)}{x + 2} = -6$.

Com que $f(-2) = k$, ha de ser $k = -6$ perquè f sigui contínua en $x = -2$. Per tant, per a $k = -6$ f és contínua en $\mathbb{R}$. La seva gràfica coincideix amb la de $y = 3x$.

b) Estudiem la continuïtat en el punt de ruptura $x = 3$. $f(3) = 2^{3-2} = 2$

$\lim\limits_{x \to 3} f(x) = \begin{cases} \lim\limits_{x \to 3^-} 2^{x-2} = 2 \\ \lim\limits_{x \to 3^+} \sqrt{x + k} = \sqrt{3 + k} \end{cases}$ Perquè existeixi $\lim\limits_{x \to 3} f(x)$, ha de ser $2 = \sqrt{3 + k} \to k = 1$.

Per a $k = 1$, f és contínua en $x = 3$. A més, f és contínua en $\mathbb{R}$, perquè ho són $g_1(x) = 2^{x-2}$ i $g_2(x) = \sqrt{x + 1}$ en els intervals en què estan definides.

5. Càlcul de límits quan $x \to +\infty$ i $x \to -\infty$

Troba, en cada cas, el límit de $f(x)$ quan $x \to +\infty$ i quan $x \to -\infty$, i interpreta'n els resultats gràficament.

a) $f(x) = \sqrt[3]{9x + 10}$

b) $f(x) = \dfrac{3x + 1}{2 - x}$

c) $f(x) = \dfrac{2x + 1}{x^2}$

Fes-ho tu. Calcula $\lim\limits_{x \to +\infty} f(x)$ i $\lim\limits_{x \to -\infty} f(x)$ en els casos següents:

a) $f(x) = \sqrt[3]{x^2 - 1}$

b) $f(x) = \dfrac{4x^2 - 1}{3 - 2x^2}$

c) $f(x) = \dfrac{x^2}{x - 5}$

d) $f(x) = \dfrac{5x + 3}{x^2 - 2}$

a) Podem aconseguir que $f(x)$ sigui tan gran com vulguem donant a x valors molt grans.

Per exemple, si volem que $f(x) > 10^3$, ha de ser $x > \dfrac{10^9 - 10}{9}$. Per tant:

$\begin{cases} \lim\limits_{x \to +\infty} \sqrt[3]{9x + 10} = +\infty \\ \lim\limits_{x \to -\infty} \sqrt[3]{9x + 10} = -\infty \end{cases}$

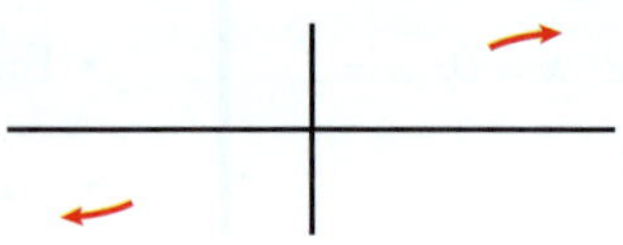

b) Com que el grau del numerador és igual al del denominador, el límit és el quocient entre els coeficients dels termes de major grau.

$\left.\begin{array}{l} \lim\limits_{x \to +\infty} \dfrac{3x + 1}{2 - x} = \lim\limits_{x \to +\infty} \dfrac{3x}{-x} = -3 \\ \lim\limits_{x \to -\infty} \dfrac{3x + 1}{2 - x} = \lim\limits_{x \to -\infty} \dfrac{3x}{-x} = -3 \end{array}\right\}$ $y = -3$ és una asímptota horitzontal.

Estudiem la posició de la corba respecte de l'asímptota:

$x = 100$, $f(100) = -3{,}07 < -3$

$x = -100$, $f(-100) = -2{,}93 > -3$

La corba és a sota de l'asímptota quan $x \to +\infty$ i a sobre de l'asímptota quan $x \to -\infty$.

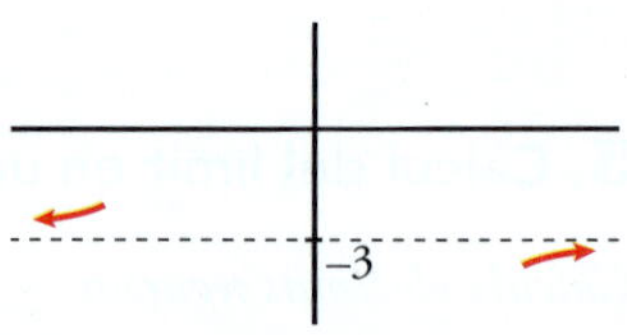

c) Com que el grau del numerador és menor que el del denominador, el límit és 0.

$\lim\limits_{x \to +\infty} \dfrac{2x + 1}{x^2} = 0$; $\lim\limits_{x \to -\infty} \dfrac{2x + 1}{x^2} = 0$

La recta $y = 0$ és una asímptota horitzontal. Estudiem la posició de la corba respecte a l'asímptota.

Si $x = 100$, $f(100) = \dfrac{201}{100^2} > 0$; si $x = -100$, $f(-100) = \dfrac{-199}{100^2} < 0$.

Quan $x \to +\infty$, la corba és a sobre de l'asímptota i quan $x \to -\infty$, la corba és a sota d'aquesta.

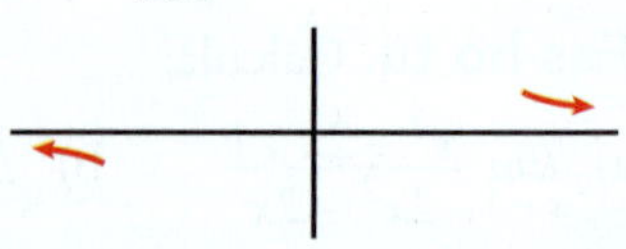

6. Branques infinites i asímptotes

Troba les branques infinites de les funcions següents. Si hi ha asímptotes, estudia la posició de la corba respecte a aquestes.

a) $f(x) = \dfrac{x^2-1}{x^2+4}$

b) $f(x) = \dfrac{x}{(x-1)^2}$

c) $f(x) = \dfrac{2x^2}{x-3}$

a) • **Asímptotes verticals.** Busquem les arrels del denominador.

En aquest cas no hi ha asímptotes verticals perquè no hi ha cap valor que anul·li el denominador $(x^2+4 \neq 0)$.

• **Asímptotes horitzontals.** Trobem els límits en l'infinit.

$\lim\limits_{x\to+\infty} \dfrac{x^2-1}{x^2+4} = 1$; $\lim\limits_{x\to-\infty} \dfrac{x^2-1}{x^2+4} = 1 \rightarrow y = 1$ és asímptota horitzontal.

Per veure la posició de la corba respecte a aquesta asímptota, estudiem el signe de la diferència entre la corba i l'asímptota.

$d = f(x) - 1 = \dfrac{x^2-1}{x^2+4} - 1 = \dfrac{-5}{x^2+4}$; $d < 0$ per a qualsevol valor de x.

Per tant, $f(x) < 1$ tant si $x \to +\infty$, com si $x \to -\infty$; la corba s'aproxima a l'asímptota per sota.

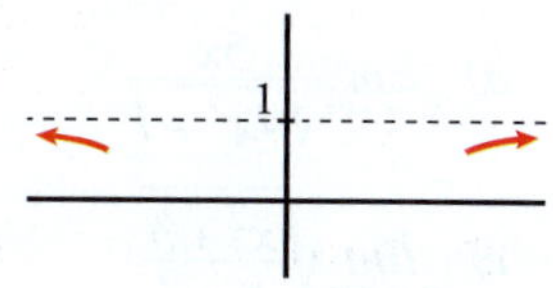

• No pot tenir **asímptotes obliqües** perquè els graus del numerador i del denominador són iguals.

b) • **Asímptotes verticals**

$(x-1)^2 = 0 \rightarrow x = 1$; $\lim\limits_{x\to1} \dfrac{x}{(x-1)^2} = \infty$; $x = 1$ és asímptota vertical.

Si $x \rightarrow 1^-$, $\left(f(x) = \dfrac{+}{+} > 0\right)$ $f(x) \rightarrow +\infty$.

Si $x \rightarrow 1^+$, $\left(f(x) = \dfrac{+}{+} > 0\right)$ $f(x) \rightarrow +\infty$.

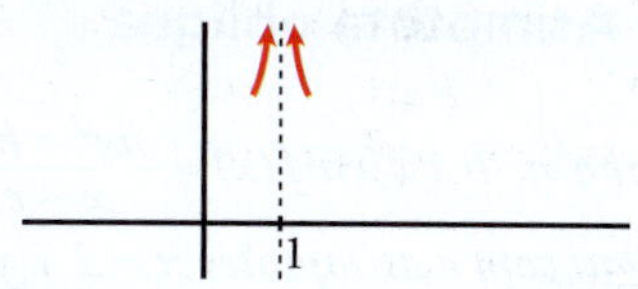

• **Asímptotes horitzontals**

$\lim\limits_{x\to\pm\infty} \dfrac{x}{(x-1)^2} = 0$; $y = 0$ és asímptota horitzontal.

Si $x \rightarrow +\infty$, $f(x) > 0$. La corba és sobre l'asímptota.

Si $x \rightarrow -\infty$, $f(x) < 0$. La corba és a sota de l'asímptota.

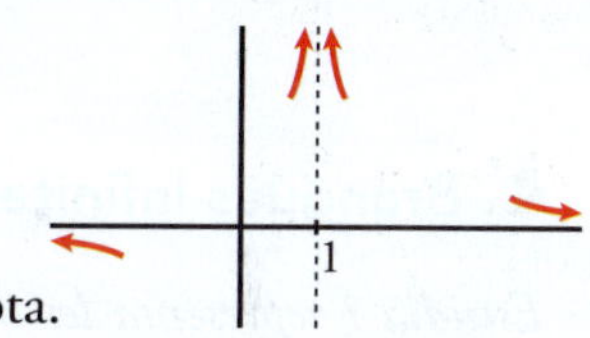

• No hi ha **asímptota obliqua**.

c) • **Asímptotes verticals**

$x - 3 = 0 \rightarrow x = 3$; $\lim\limits_{x\to3} \dfrac{2x^2}{x-3} = \pm\infty$; $x = 3$ és asímptota vertical.

Posició:

Si $x \rightarrow 3^-$, $\left(f(x) = \dfrac{+}{-} < 0\right)$ $f(x) \rightarrow -\infty$.

Si $x \rightarrow 3^+$, $\lim\limits_{x\to0^+}$ $f(x) \rightarrow +\infty$.

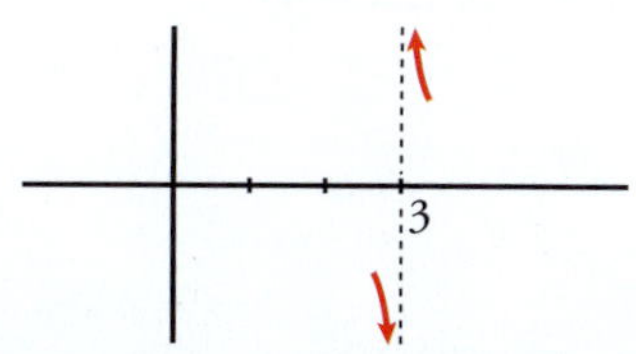

• **Asímptotes horitzontals o obliqües**

Com que el grau del numerador és una unitat més gran que el del denominador, hi ha asímptota obliqua. Per trobar-la, dividim i expressem la funció com a:

$\dfrac{\text{dividend}}{\text{divisor}} = \text{quocient} + \dfrac{\text{residu}}{\text{divisor}} \rightarrow \dfrac{2x^2}{x-3} = 2x + 6 + \dfrac{18}{x-3}$

$y = 2x + 6$ és asímptota obliqua.

Estudiem el signe de la diferència per veure la posició.

$d = f(x) - y = \dfrac{18}{x-3} \begin{cases} \text{Si } x \rightarrow +\infty, (d > 0) \text{ i } f(x) > y \\ \text{Si } x \rightarrow -\infty, (d < 0) \text{ i } f(x) < y \end{cases}$

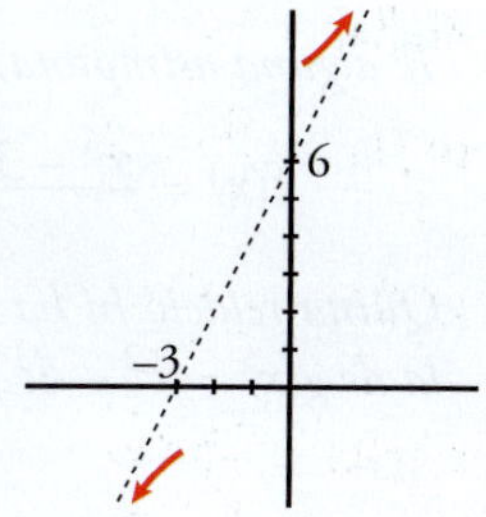

Fes-ho tu. Estudia les asímptotes de les funcions següents:

a) $f(x) = \dfrac{3x-1}{x-2}$

b) $f(x) = \dfrac{x^3}{x^2+1}$

Exercicis i problemes guiats

1. Límits d'una funció definida «a trossos»

Donada la funció

$$f(x) = \begin{cases} \frac{1}{x} & si\ x < 0 \\ 3x - 5 & si\ 0 \le x < 4 \\ 9x - x^2 & si\ x \ge 4 \end{cases}$$

troba $\lim_{x \to +\infty} f(x)$, $\lim_{x \to -\infty} f(x)$ *i* $\lim_{x \to 0} f(x)$.

- Sabem que $x \to +\infty$ significa que donem a x valors tan grans com vulguem (100, 1 000...). Tingues en compte en quin «tros» de la funció es calculen aquests valors i troba el límit en aquesta expressió.
- Raona de manera anàloga en el cas $x \to -\infty$.
- En el cas de $x = 0$ cal estudiar-ne els límits laterals.

Solució: $\lim_{x \to +\infty} f(x) = -\infty$; $\lim_{x \to -\infty} f(x) = 0$; $\lim_{x \to 0^-} f(x) = -\infty$; $\lim_{x \to 0^+} f(x) = -5$

2. Límits en l'infinit

Calcula els límits següents:

a) $\lim_{x \to +\infty} \frac{5x}{\sqrt{4x^2 + 1}}$ *b)* $\lim_{x \to +\infty} \frac{\sqrt{3x}}{x + 1}$

c) $\lim_{x \to +\infty} \sqrt{\frac{x^2 + 3}{x - 2}}$

Anàlisi del problema. *Estem davant de quocients d'expressions irracionals. Com en el cas de quocients de polinomis, en calcular límits en l'infinit només importa el terme de major grau del numerador i del denominador i els seus coeficients.*

Estudia, en cada cas, el grau del numerador i del denominador i aplica la mateixa regla que en el quocient de polinomis. Tingues en compte que *grau* $\sqrt[n]{x^p} = p/n$.

Solucions: a) 5/2 b) 0 c) $+\infty$

3. Asímptota obliqua

Troba a, b i c en $f(x) = \frac{ax^2 + bx}{x - c}$ *perquè tingui com a asímptotes* $x = 2$ *i* $y = 2x - 1$.

- Troba c usant l'asímptota vertical.
- Obtén l'equació de l'asímptota obliqua en funció de a i de b i iguala els coeficients que obtinguis als de la recta $y = 2x - 1$.

Solució: $c = 2$; $a = 2$; $b = -5$

4. Branques infinites

Estudia i representa les branques infinites de les funcions següents:

a) $f(x) = 1{,}5^x$

b) $f(x) = 0{,}4^x$

c) $f(x) = \ln(2x - 4)$

a) i b) Recorda que les funcions exponencials són contínues en $\mathbb{R}$. Per trobar-ne el límit quan $x \to +\infty$ i quan $x \to -\infty$, fes servir la calculadora donant a x valors «grans» positius i negatius i analitza els resultats que obtinguis.

c) Recorda com és la gràfica de la funció logarítmica. Determina el domini de definició de f: $(a, +\infty)$. Estudia el valor de $f(x)$ en les proximitats de a i per a valors grans de x.

Solucions:

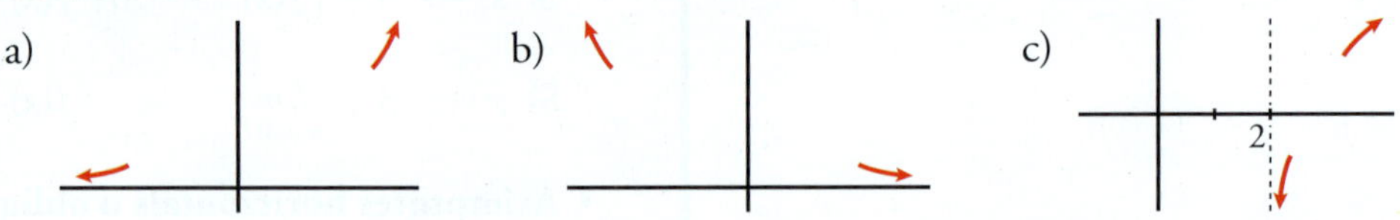

5. Existència d'asímptotes

Té alguna asímptota, la funció següent?:

$$f(x) = \frac{x^3 - 3x^2 - 4x + 12}{x - 3}$$

Quina relació hi ha entre la seva gràfica i la de $g(x) = x^2 - 4$?

- Justifica per què no té asímptota horitzontal ni obliqua.
- Calcula el límit de f en el punt que anul·la el denominador i dedueix si té asímptota vertical.
- Simplifica f i representa f i g. Quin és el domini de cada una?

Solució: No té asímptotes. La gràfica de f és idèntica a la de g excepte en el punt (3, 5). *Dom* $f = \mathbb{R} - \{3\}$; *Dom* $g = \mathbb{R}$.

Exercicis i problemes proposats

Per practicar

Continuïtat i límit en un punt

1 Quina d'aquestes funcions és contínua en $x = 3$? Assenyala, en cada una de les altres, la raó de la discontinuïtat:

a)
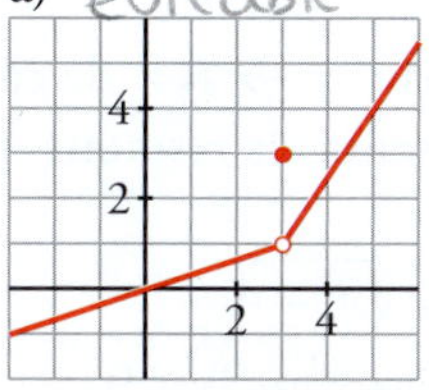

b)
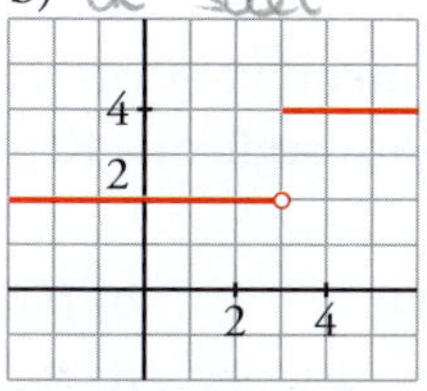

c)
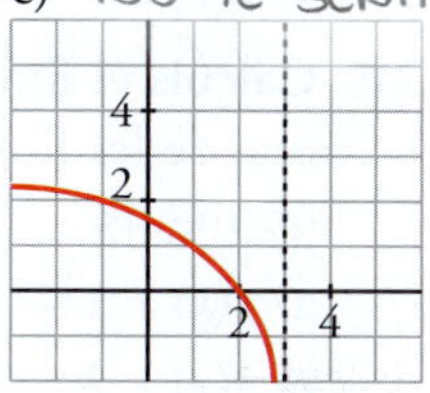

d)
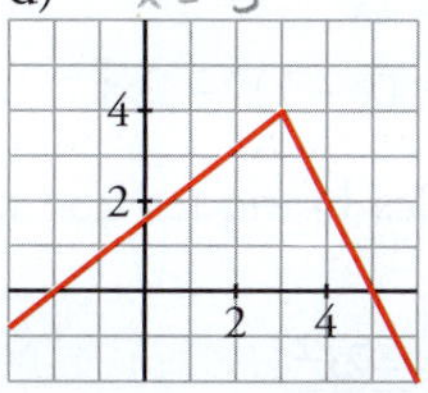

e)
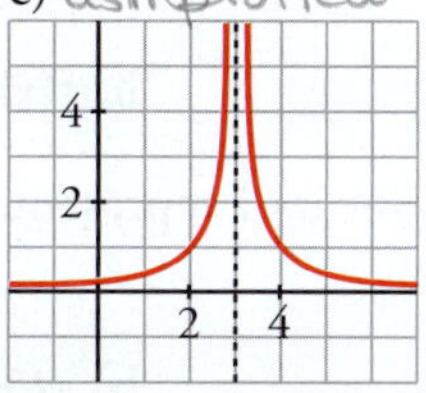

f)
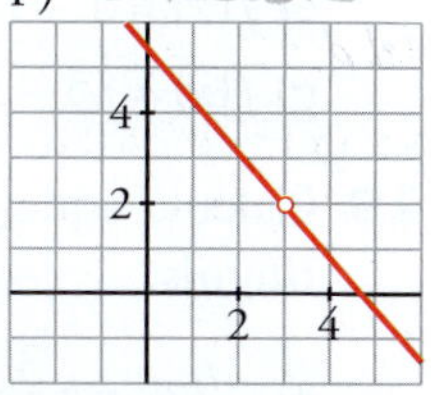

2 Cada una de les funcions següents té un o més punts on no és contínua. Indica quins són aquests punts i el tipus de discontinuïtat:

a)
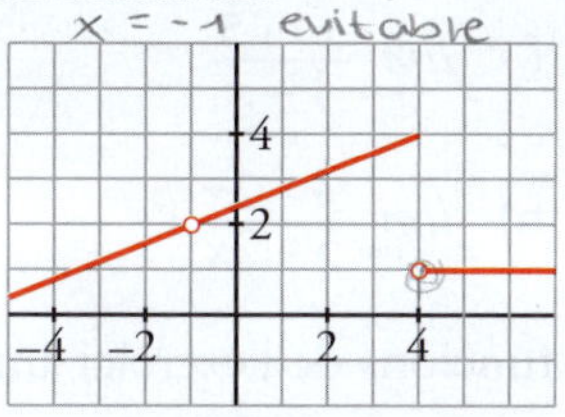

b)
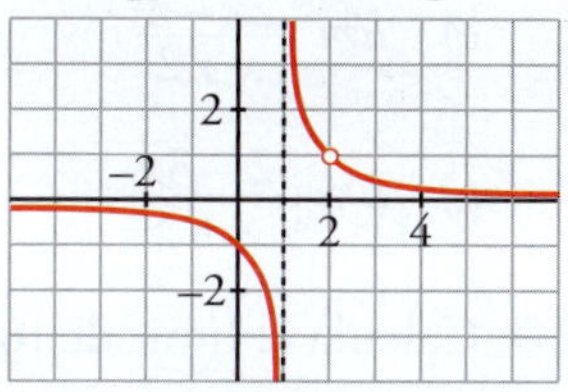

c)
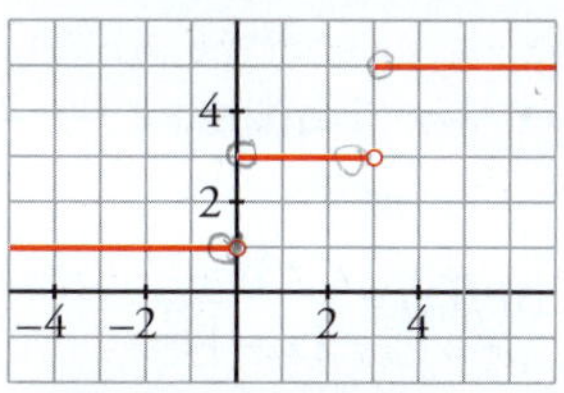

d)
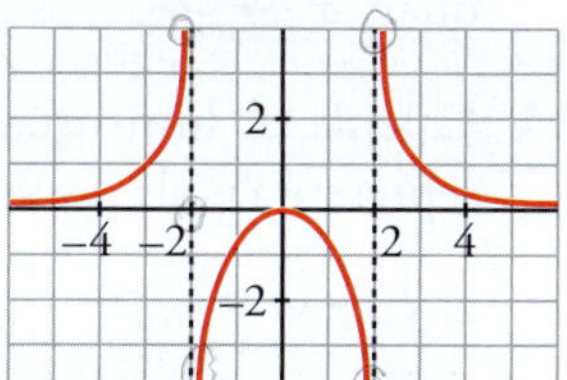

3 Comprova que només una de les funcions següents és contínua en $x = 1$. Explica la raó de la discontinuïtat en les altres:

a) $f(x) = \begin{cases} x+2 & \text{si } x<1 \\ 3 & \text{si } x>1 \end{cases}$ b) $f(x) = \begin{cases} 2x & \text{si } x\neq 1 \\ -1 & \text{si } x=1 \end{cases}$

c) $f(x) = \begin{cases} -2 & \text{si } x<1 \\ x-3 & \text{si } x\geq 1 \end{cases}$ d) $f(x) = \dfrac{1}{x-1}$

4 Indica per a quins valors de $\mathbb{R}$ són contínues les funcions següents:

a) $y = \sqrt{x^2+2}$ b) $y = \dfrac{2}{x^4+3x^3}$

c) $y = \sqrt{5-2x}$ d) $y = ln\,(x+4)$

e) $y = 2^{3-x}$ f) $y = |x-5|$

5 Sobre la gràfica de la funció següent $f(x)$, troba:

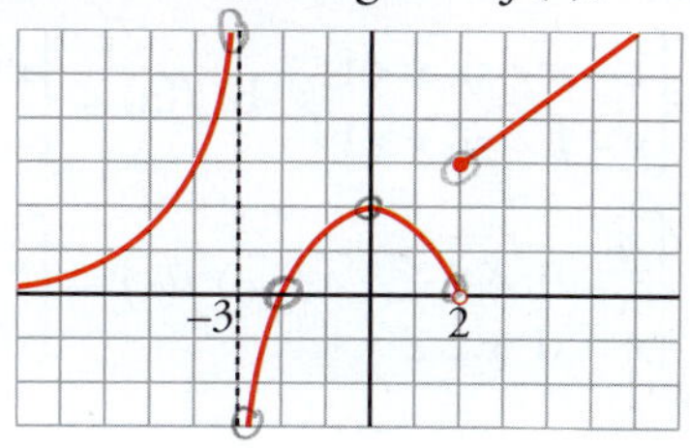

a) $\lim\limits_{x\to -3^-} f(x)$ b) $\lim\limits_{x\to -3^+} f(x)$ c) $\lim\limits_{x\to 0} f(x)$

d) $\lim\limits_{x\to 2^-} f(x)$ e) $\lim\limits_{x\to 2^+} f(x)$ f) $\lim\limits_{x\to -2} f(x)$

6 Relaciona cada una d'aquestes expressions amb la gràfica corresponent:

A. $\lim\limits_{x\to 3} f(x) = 2$ B. $\lim\limits_{x\to 3} f(x) = 4$ C. $\lim\limits_{x\to 3} f(x)$ no existeix

I
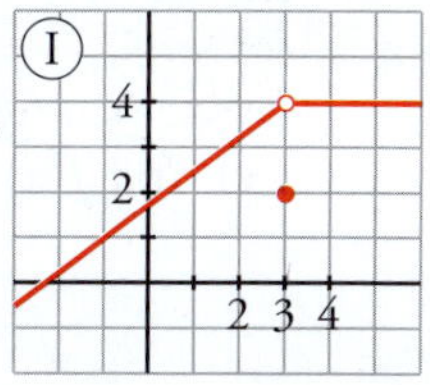

II
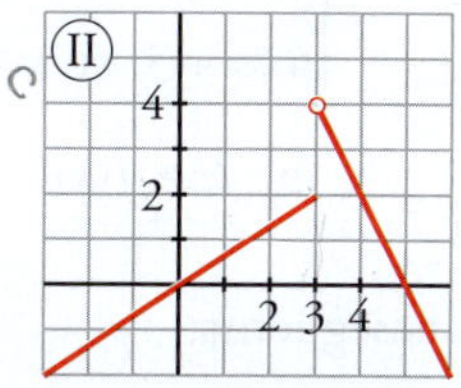

III
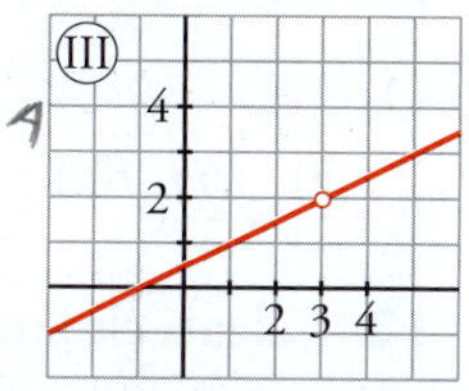

Alguna és contínua en $x = 3$?

7 Calcula els límits següents:

a) $\lim\limits_{x\to 0}\left(5-\dfrac{x}{2}\right)$ b) $\lim\limits_{x\to -1}(x^3-x)$

c) $\lim\limits_{x\to 3}\dfrac{1-x}{x-2}$ d) $\lim\limits_{x\to 0,5} 2^x$

e) $\lim\limits_{x\to -2}\sqrt{10+x-x^2}$ f) $\lim\limits_{x\to 4} log_2\, x$

g) $\lim\limits_{x\to 0} cos\, x$ h) $\lim\limits_{x\to 2} e^x$

8 Donada la funció $f(x) = \begin{cases} x^2+1 & \text{si } x<0 \\ x+1 & \text{si } x\geq 0 \end{cases}$, troba:

a) $\lim\limits_{x\to -2} f(x)$ b) $\lim\limits_{x\to 3} f(x)$ c) $\lim\limits_{x\to 0} f(x)$

9 Comprova si les funcions següents són contínues en els punts que s'indiquen:

a) $f(x) = \begin{cases} 3-x & \text{si } x<-1 \\ x^2+3 & \text{si } x\geq -1 \end{cases}$ en $x = -1$

b) $f(x) = \begin{cases} 1 & \text{si } x<1 \\ 2^{x-1} & \text{si } x>1 \end{cases}$ en $x = 1$

c) $f(x) = \begin{cases} \sqrt{4-x} & \text{si } x<0 \\ x-2 & \text{si } x\geq 0 \end{cases}$ en $x = 0$

d) $f(x) = \begin{cases} 2-x^2 & \text{si } x<2 \\ 2x-6 & \text{si } x\geq 2 \end{cases}$ en $x = 2$

e) $f(x) = \begin{cases} 5-x & \text{si } x<3 \\ \dfrac{2}{x-2} & \text{si } x\geq 3 \end{cases}$ en $x = 3$

10 Aquestes funcions, són discontínues en algun punt?

a) $f(x) = \begin{cases} 1-x^2 & \text{si } x<1 \\ x-1 & \text{si } x \geq 1 \end{cases}$ b) $f(x) = \begin{cases} x^2 & \text{si } x \neq -1 \\ -1 & \text{si } x=-1 \end{cases}$

c) $f(x) = \begin{cases} \dfrac{4}{x} & si\ x<2 \\ x & si\ x \geq 2 \end{cases}$ d) $f(x) = \begin{cases} 2^{x-3} & \text{si } x<3 \\ \sqrt{x-3} & \text{si } x>3 \end{cases}$

11 Donada la funció $f(x) = \begin{cases} 2x & \text{si } x \leq 3 \\ \dfrac{x^2-9}{x^2-3x} & \text{si } x>3 \end{cases}$, calcula'n:

a) $\lim\limits_{x\to 0} f(x)$ b) $\lim\limits_{x\to 3} f(x)$ c) $\lim\limits_{x\to 5} f(x)$

12 En la funció $f(x) = \begin{cases} x^2-2 & \text{si } x<-1 \\ 3x-1 & \text{si } -1 \leq x<4 \\ 4\sqrt{x}+3 & \text{si } x \geq 4 \end{cases}$, troba'n:

a) $\lim\limits_{x\to -1} f(x)$ b) $\lim\limits_{x\to 4} f(x)$ c) $\lim\limits_{x\to 9} f(x)$

13 Calcula els límits següents:

a) $\lim\limits_{x\to 0} \dfrac{4x}{x^2-2x}$ b) $\lim\limits_{x\to 0} \dfrac{2x^2+3x}{x}$

c) $\lim\limits_{x\to 1} \dfrac{x^2-1}{x-1}$ d) $\lim\limits_{x\to -1} \dfrac{x^3+1}{x^2+x}$

e) $\lim\limits_{x\to -2} \dfrac{x+2}{x^2-4}$ f) $\lim\limits_{x\to 2} \dfrac{x^2-x-2}{x-2}$

g) $\lim\limits_{x\to -3} \dfrac{x+3}{x^2+4x+3}$ h) $\lim\limits_{x\to 1} \dfrac{x^4-1}{x^2-1}$

14 Resol els límits següents i representa els resultats que obtinguis:

a) $\lim\limits_{x\to 1} \dfrac{x^2}{x-1}$ b) $\lim\limits_{x\to 0} \dfrac{x^2+x}{x^2}$

c) $\lim\limits_{x\to -2} \dfrac{x^2}{x^2+2x}$ d) $\lim\limits_{x\to 0} \dfrac{x^3}{x^4-10x^2}$

15 Calcula els límits següents i representa els resultats que obtinguis:

a) $\lim\limits_{x\to 3} \dfrac{x^2-x-6}{x^2-3x}$ b) $\lim\limits_{x\to 1} \dfrac{x^2-3x+2}{x^2-2x+1}$

c) $\lim\limits_{x\to 0} \dfrac{x^2-2x}{x^3+x^2}$ d) $\lim\limits_{x\to -1} \dfrac{x^3+x^2}{x^2+2x+1}$

e) $\lim\limits_{x\to 1} \dfrac{x^4-1}{x-1}$ f) $\lim\limits_{x\to 2} \dfrac{2x^2-8}{x^2-4x+4}$

16 Calcula:

a) $\lim\limits_{x\to 1} \left(\dfrac{7-5x}{x^2+1}\right)^{2-5x}$ b) $\lim\limits_{x\to 2} log_2 \left(\dfrac{3x+4}{x^2+1}\right)^5$

c) $\lim\limits_{x\to \pi/2} \dfrac{e^{sen\,x}}{1+cos\,x}$ d) $\lim\limits_{x\to 10} log\,(2\sqrt{3x}-5)^3$

Límit quan $x \to +\infty$ i $x \to -\infty$

17 Determina quin és el límit quan $x \to +\infty$ i quan $x \to -\infty$ en les gràfiques següents:

a) 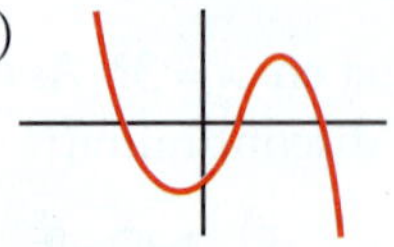

b) 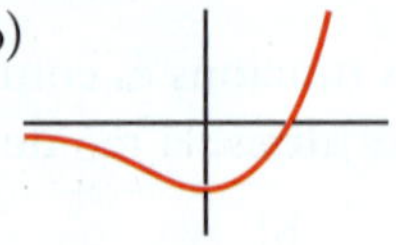

c) 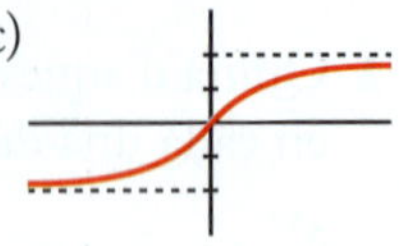

18 Calcula el límit quan $x \to +\infty$ i quan $x \to -\infty$ de cada una de les funcions següents. Representa els resultats que obtinguis.

a) $f(x) = x^3 - 10x$ b) $f(x) = \sqrt{x^2-4}$

c) $f(x) = 7 - 3x$ d) $f(x) = -x^2 + 8x + 9$

e) $f(x) = 1 - (x-2)^2$ f) $f(x) = 7x^2 - x^3$

g) $f(x) = (5-x)^2$ h) $f(x) = (x+1)^3 - 2x^2$

19 Calcula aquests límits i representa les branques que obtinguis:

a) $\lim\limits_{x\to +\infty} \dfrac{3}{(x-1)^2}$ b) $\lim\limits_{x\to +\infty} \dfrac{-2x^2}{3-x}$

c) $\lim\limits_{x\to +\infty} \dfrac{-1}{x^2-1}$ d) $\lim\limits_{x\to +\infty} \dfrac{1}{(2-x)^3}$

e) $\lim\limits_{x\to +\infty} \dfrac{2x-1}{x+2}$ f) $\lim\limits_{x\to +\infty} \dfrac{x^2+5}{1-x}$

g) $\lim\limits_{x\to +\infty} \dfrac{2-3x}{x+3}$ h) $\lim\limits_{x\to +\infty} \dfrac{3-2x}{5-2x}$

20 Calcula el límit de totes les funcions de l'exercici anterior quan $x \to -\infty$.

21 Calcula el límit quan $x \to +\infty$ i quan $x \to -\infty$ i representa'n els resultats.

a) $f(x) = \dfrac{x^2}{x-1}$ b) $f(x) = \dfrac{3x^2}{(x-1)^2}$

c) $f(x) = \dfrac{1}{x^2-10}$ d) $f(x) = \dfrac{1-12x^2}{3x^2}$

e) $f(x) = \dfrac{5-2x}{x^2+1}$ f) $f(x) = \dfrac{1-x}{(2x+1)^2}$

g) $f(x) = \dfrac{x^3-x^2}{7-x^2}$ h) $f(x) = \dfrac{3x^2-7x+2}{2x^2+4x-9}$

22 Digues quin és el límit de les funcions següents quan $x \to +\infty$ i quan $x \to -\infty$:

a) $f(x) = \begin{cases} 2 & \text{si } x<3 \\ 5-x & \text{si } x \geq 3 \end{cases}$ b) $f(x) = \begin{cases} 3-x & \text{si } x<0 \\ \dfrac{2}{x+1} & \text{si } x \geq 0 \end{cases}$

23 Digues quin és el límit d'aquestes funcions quan $x \to +\infty$:

a) $f(x) = \dfrac{1}{x-2}$ b) $f(x) = \dfrac{-3}{x^2+2x-4}$

c) $f(x) = \dfrac{2}{\sqrt{x}}$ d) $f(x) = 3 - \dfrac{1}{x^2}$

Asímptotes

24 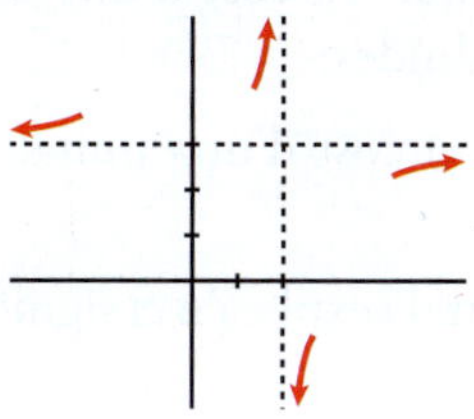

Aquest gràfic mostra la posició de la corba $y = f(x)$ respecte de les seves asímptotes.

Digues quines són aquestes i descriu-ne la posició.

25 D'una funció $y = f(x)$, en coneixem les asímptotes i la posició de la corba respecte a aquestes.

$$x = -1 \begin{cases} \text{si } x \to -1^-, \ f(x) \to +\infty \\ \text{si } x \to -1^+, \ f(x) \to +\infty \end{cases}$$

$$y = -2 \begin{cases} \text{si } x \to +\infty, \ f(x) > -2 \\ \text{si } x \to -\infty, \ f(x) < -2 \end{cases}$$

Representa gràficament aquesta informació.

26 Troba les asímptotes de les funcions següents i situa la corba respecte de cada una d'elles:

a) $y = \dfrac{2x}{x-3}$ b) $y = \dfrac{x-1}{x+3}$

c) $y = \dfrac{2x+3}{4-x}$ d) $y = \dfrac{2}{1-x}$

e) $y = \dfrac{1}{2-x}$ f) $y = \dfrac{4x+1}{2x-3}$

27 Troba les asímptotes de les funcions següents i situa la corba respecte d'elles:

a) $y = \dfrac{x^2}{x^2+4}$ b) $y = \dfrac{3}{x^2+1}$

c) $y = \dfrac{2x^2-1}{x^2}$ d) $y = \dfrac{x^4}{x-1}$

e) $y = \dfrac{-1}{(x+2)^2}$ f) $y = \dfrac{3x}{x^2-1}$

28 Cada una de les funcions següents té una asímptota obliqua. Troba-la i estudia la posició de la corba respecte d'ella:

a) $f(x) = \dfrac{3x^2}{x+1}$ b) $f(x) = \dfrac{3+x-x^2}{x}$

c) $f(x) = \dfrac{4x^2-3}{2x}$ d) $f(x) = \dfrac{x^2+x-2}{x-3}$

e) $f(x) = \dfrac{2x^3-3}{x^2-2}$ f) $f(x) = \dfrac{-2x^2+3}{2x-2}$

29 Troba les asímptotes de les funcions següents i situa la corba respecte de cada una d'elles:

a) $y = \dfrac{(3-x)^2}{2x+2}$ b) $y = \dfrac{x^2}{x^2+x+1}$

c) $y = \dfrac{x^3}{x^2-4}$ d) $y = \dfrac{3x^2}{x+2}$

Per resoldre

30 Calcula, en cada cas, el valor de k perquè la funció $f(x)$ sigui contínua en tot $\mathbb{R}$.

a) $f(x) = \begin{cases} x^2-4 & \text{si } x \le 3 \\ x+k & \text{si } x > 3 \end{cases}$

b) $f(x) = \begin{cases} 6-(x/2) & \text{si } x < 2 \\ x^2+kx & \text{si } x \ge 2 \end{cases}$

c) $f(x) = \begin{cases} (x^2+x)/x & \text{si } x \ne 0 \\ k & \text{si } x = 0 \end{cases}$

31 Calcula k perquè les funcions següents siguin contínues en el punt on canvia la seva definició. Estudia'n després la continuïtat:

a) $f(x) = \begin{cases} \dfrac{x^2-25}{x^2-5x} & \text{si } x \ne 5 \\ k & \text{si } x = 5 \end{cases}$

b) $f(x) = \begin{cases} \dfrac{x^2-x}{x^2+x-2} & \text{si } x \ne 1 \\ k & \text{si } x = 1 \end{cases}$

32 Estudia la continuïtat de les funcions següents. Després, representa-les:

a) $f(x) = \begin{cases} \dfrac{1}{x-1} & \text{si } x < 3 \\ \sqrt{x+1} & \text{si } x \ge 3 \end{cases}$

b) $f(x) = \begin{cases} e^{2-\sqrt{x}} & \text{si } x < 4 \\ log_2\,(x-2) & \text{si } x \le 4 \end{cases}$

33 Determina a i b perquè aquesta funció sigui contínua:

$$f(x) = \begin{cases} 3x+b & \text{si} < -2 \\ 4 & \text{si } -2 \le x \le 3 \\ ax-2 & \text{si } x > 3 \end{cases}$$

34 Calcula els límits següents:

a) $\lim\limits_{x \to +\infty} \dfrac{\sqrt{x+3}}{x}$ b) $\lim\limits_{x \to +\infty} \dfrac{3x-5}{\sqrt{x^2+1}}$

c) $\lim\limits_{x \to -\infty} \dfrac{100x}{\sqrt[3]{x^2}}$ d) $\lim\limits_{x \to -\infty} \dfrac{3x}{\sqrt{4-x^3}}$

e) $\lim\limits_{x \to +\infty} \dfrac{\sqrt[3]{x^6-7x}}{4x-2}$ f) $\lim\limits_{x \to +\infty} \dfrac{\sqrt{2x^2+1}}{x-2}$

35 Troba les branques infinites de les següents funcions exponencials i logarítmiques:

a) $y = 2^{x+3}$ b) $y = 1{,}5^x - 1$

c) $y = 2 + e^x$ d) $y = e^{-x} + 1$

e) $y = log\,(x-3)$ f) $y = 1 - ln\,x$

g) $y = ln\,(2x+4)$ h) $y = ln\,(x^2+1)$

Exercicis i problemes proposats

36 La funció $p(t) = \begin{cases} 2+t^2 & \text{si } 0 \le t \le 1 \\ \dfrac{8t^2-t-1}{2t^2} & \text{si } t>1 \end{cases}$ mostra com varia la profunditat de la capa de sorra d'una platja des de la construcció d'un dic (p en metres, t en anys). Si la profunditat arriba a superar els 4 m, s'haurà d'elevar el passeig marítim.

a) Estudia si la profunditat és una funció contínua del temps.

b) A llarg termini, caldrà elevar l'altura del passeig?

37 La funció següent representa la valoració d'una empresa, en milions d'euros, en funció del temps, t, en els darrers 13 anys.

$$f(t) = \begin{cases} 5-0{,}1t & \text{si } 0 \le t < 5 \\ a+0{,}05(t-5) & \text{si } 5 \le t < 10 \\ 4{,}75+0{,}3(t-b) & \text{si } 10 \le t \le 13 \end{cases}$$

a) Calcula el valor de a i de b perquè la valoració de l'empresa sigui una funció contínua del temps.

b) Quin era el valor inicial de l'empresa? I el valor als 13 anys?

38 El tipus d'interès anual que ofereix una financera depèn del temps que el client estigui disposat a mantenir la inversió, i ve donat per la funció $I(t) = \dfrac{6t}{t+1}$, $t > 0$, en anys.

a) Representa la funció per a un període de 10 anys.

b) A quin valor tendeix l'interès si la inversió es manté a molt llarg termini?

39 En una empresa es fan muntatges en cadena. El nombre de muntatges fets per un treballador sense experiència depèn dels dies d'entrenament segons la funció $M(t) = \dfrac{30t}{t+4}$ (t en dies).

a) Quants muntatges farà en acabar el període d'entrenament que dura 20 dies?

b) Troba l'asímptota horitzontal i explica'n el significat.

40 El nombre de peixos d'una piscifactoria evoluciona segons la funció $f(t) = 50 + \dfrac{100t^2}{t^2+1}$ (t en dies).

a) Comprova que la població augmenta la primera setmana.

b) Esbrina si el creixement serà indefinit o si tendirà a estabilitzar-se.

41 El cost de la producció de x unitats d'un article ve donat per la funció $C(x) = 0{,}5x + 1\,000$. El cost d'una unitat depèn del nombre d'unitats produïdes.

a) Quina és la funció que dóna el cost d'una unitat si es produeixen x unitats?

b) Calcula'n l'asímptota horitzontal i explica'n el significat.

42 Observa les gràfiques següents i descriu-ne les branques infinites, les asímptotes i la posició de la corba respecte d'aquestes:

a) b)

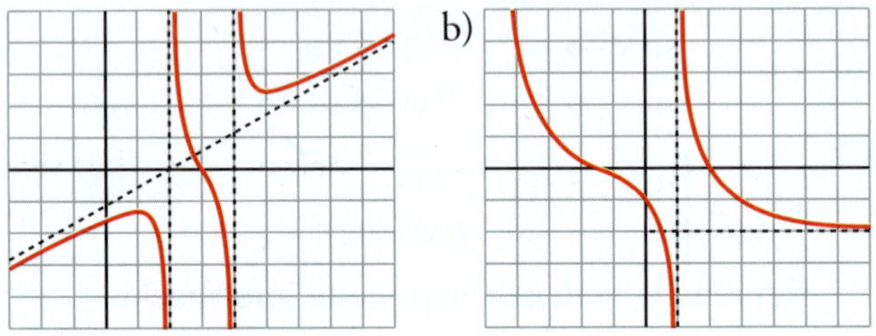

43 Representa, en cada cas, una funció que compleixi les condicions donades.

a) $\lim\limits_{x\to -2^-} f(x) = -\infty$; $\lim\limits_{x\to -2^+} f(x) = +\infty$

$\lim\limits_{x\to -\infty} f(x) = 3$, $f(x) < 3$; $\lim\limits_{x\to +\infty} f(x) = +\infty$

b) Asímptota vertical: $x = 1$

$\lim\limits_{x\to 1^-} f(x) = \lim\limits_{x\to 1^+} f(x) = -\infty$

Asímptota obliqua: $y = x + 2$

diferencia $[f(x) - y] < 0$ si $x \longrightarrow \pm\infty$

c) $\lim\limits_{x\to -1^+} f(x) = -\infty$; $\lim\limits_{x\to -1^-} f(x) = +\infty$

$\lim\limits_{x\to +\infty} f(x) = 2$, $f(x) > 2$; $\lim\limits_{x\to -\infty} f(x) = 2$, $f(x) > 2$

44 Determina el valor de a i de b de manera que les rectes $x = -1$ i $y = \dfrac{3}{2}$ siguin asímptotes de la funció $f(x) = \dfrac{ax+3}{bx-4}$. Després, representa la posició de les tres.

45 Donada la funció $f(x) = \begin{cases} x^2+ax+b & \text{si } x \le 2 \\ 4x-2 & \text{si } x>2 \end{cases}$, calcula els valors de a i de b perquè f sigui contínua i la seva gràfica passi per l'origen de coordenades.

46 Determina, en cada cas, quin ha de ser el valor de a perquè es verifiquin les igualtats següents:

a) $\lim\limits_{x\to 2} \dfrac{ax+3}{3x-1} = -1$ b) $\lim\limits_{x\to -\infty} \dfrac{ax^2-2x+7}{1-3x^2} = -2$

47 Estudia el tipus de discontinuïtat que presenta la funció $f(x) = \dfrac{x^3+2x^2+9}{x^2-9}$ en $x = 3$ i en $x = -3$.

Qüestions teòriques

48 Cert o fals? Justifica la resposta i posa'n exemples.

a) Si no existeix $f(2)$, no es pot calcular $\lim_{x \to 2} f(x)$.

b) Si no existeix $f(1)$, $f(x)$ no pot ser contínua en $x = 1$.

c) Una funció pot tenir dues asímptotes horitzontals.

d) Una funció pot tenir tres asímptotes verticals.

e) Si $g(a) = 0$, $y = \frac{f(x)}{g(x)}$ té asímptota vertical.

f) La funció $y = 2^{-x}$ no té asímptotes.

49 Explica, en cada cas, com ha de ser el numerador de la fracció $\lim_{x \to +\infty} \frac{-----}{2x^2 - 5x + 3}$ perquè el resultat sigui:

a) $+\infty$ b) $-\infty$ c) 0 d) 3

50 Donada la funció $f(x) = ax^n + bx^{n-1} + \ldots + h$, justifica si són certes o falses les afirmacions següents:

a) Si $a > 0$ i n és parell, aleshores $\lim_{x \to -\infty} f(x) = -\infty$.

b) Si $a > 0$ i n és senar, aleshores $\lim_{x \to -\infty} f(x) = +\infty$.

c) Si $a < 0$ i n és parell, aleshores $\lim_{x \to +\infty} f(x) = -\infty$.

d) Si $a < 0$ i n és senar, aleshores $\lim_{x \to -\infty} f(x) = +\infty$.

51 Existeix algun valor de b per al qual sigui contínua la funció $f(x) = \begin{cases} 3x - 2 & \text{si } x < 1 \\ 4 & \text{si } x = 1 \\ -2x + b & \text{si } x > 1 \end{cases}$? Justifica la resposta.

Per aprofundir

52 Calcula $\lim_{x \to +\infty} \frac{3x^2 - 5x}{x - 1} - ax$ en els casos $a > 3$ i $0 < a < 3$. Per a quin valor de a és el límit un nombre real? Quin és aquest límit?

53 Troba els límits següents (usa la calculadora):

a) $\lim_{x \to +\infty} \frac{x^3}{e^x}$ b) $\lim_{x \to +\infty} \frac{x}{\ln x}$

c) $\lim_{x \to +\infty} \frac{e^x - 1}{x^5}$ d) $\lim_{x \to +\infty} \frac{\ln(2x + 3)}{x^2}$

e) $\lim_{x \to +\infty} (2^x - x^4)$ f) $\lim_{x \to -\infty} (0{,}75^x - x^2)$

54 a) Troba $\lim_{x \to 1} \frac{x - 1}{\sqrt{x} - 1}$. Per a això, multiplica numerador i denominador pel binomi conjugat $(\sqrt{x} + 1)$ del denominador.

b) Amb el mateix procediment, calcula $\lim_{x \to 4} \frac{\sqrt{x} - 2}{x - 4}$.

55 Calcula els límits següents:

a) $\lim_{x \to \pm\infty} |x - 2|$ b) $\lim_{x \to \pm\infty} x|x|$

c) $\lim_{x \to \pm\infty} \frac{|x|}{x - 2}$ d) $\lim_{x \to \pm\infty} \frac{|x - 2|}{2x}$

56 Troba les asímptotes de les funcions següents:

a) $f(x) = \frac{|2x|}{x - 2}$ b) $f(x) = \frac{|x - 2|}{x}$

Autoavaluació

En el web Resolucions d'aquests exercicis.

1 Calcula el límit de $f(x) = \begin{cases} 2x - 5 & x \le 3 \\ x^2 - x - 7 & x > 3 \end{cases}$ en els punts d'abscisses 0, 3 i 5. Després, digues si la funció és contínua en aquests punts.

2 Troba els límits següents:

a) $\lim_{x \to 0} 2^{x-1}$ b) $\lim_{x \to 5} \frac{1}{\sqrt{x + 4}}$ c) $\lim_{x \to 4} \frac{x}{(x - 4)^2}$

3 a) 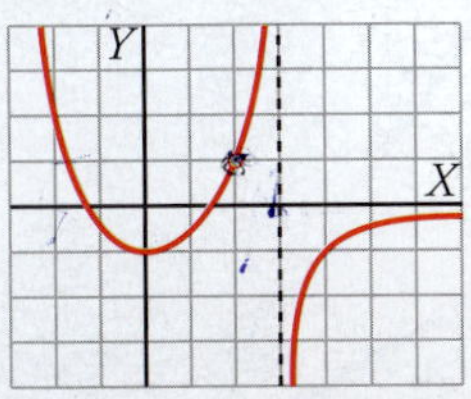

b) 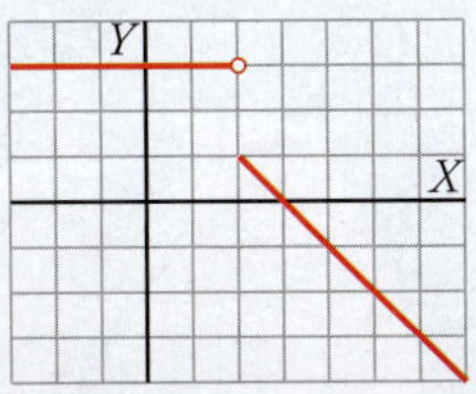

A partir de la gràfica d'aquestes dues funcions, troba, en cada cas, els límits següents:

$\lim_{x \to 3} f(x)$; $\lim_{x \to 2} f(x)$; $\lim_{x \to +\infty} f(x)$; $\lim_{x \to -\infty} f(x)$

4 Troba les asímptotes de la funció $f(x) = \frac{4x^2}{x^2 - 2x}$ i estudia la posició de la corba respecte d'elles.

5 Justifica quin valor ha de prendre a perquè la funció $f(x) = \begin{cases} ax - 2 & \text{si } x \le 1 \\ 4x - 2a & \text{si } x > 1 \end{cases}$ sigui contínua en $\mathbb{R}$.

6 Troba el límit de $f(x) = \frac{x^3 - 3x^2}{x^2 - 5x + 6}$ quan $x \to 3$, $x \to 2$, $x \to +\infty$ i $x \to -\infty$ i representa la informació que obtinguis.

7 Representa una funció que compleixi les condicions següents:

a) $\lim_{x \to 0^+} f(x) = -\infty$ b) $\lim_{x \to -2^+} f(x) = +\infty$

c) $\lim_{x \to +\infty} f(x) = 0$ d) $\lim_{x \to -\infty} f(x) = 2$

8 Estudia les branques infinites de $f(x) = \frac{2x^3}{x^2 + 4}$ i situa la corba respecte a la seva asímptota.

7 Derivades

El concepte de derivada

El concepte de **derivada** va sorgir com a resultat d'uns quants segles d'esforç dirigits a resoldre dos problemes: determinar la recta tangent a una corba en un dels seus punts i trobar velocitats instantànies en moviments no uniformes. Aquests problemes van interessar els matemàtics des de temps antics, però fins al segle XVI, la resolució de cada problema particular es feia mitjançant un mètode específic no generalitzable a d'altres problemes semblants.

Al segle XVII, els coneixements acumulats fins aleshores van permetre a **Newton** i **Leibniz** donar una resposta teòrica i completa a tots aquests tipus de problemes, mitjançant la invenció de la derivada (càlcul diferencial).

Un segle després, **Euler** va contribuir a millorar-la. No obstant això, la base lògica i, per tant, els conceptes formals desenvolupats per aquests matemàtics van ser insuficients perquè el càlcul de derivades fos un procés clar i sistemàtic.

Segell suís en honor de Leonhard Euler (1707-1783).

Isaac Newton (1642-1727).

Va ser **Cauchy**, al començament del segle XIX, qui, en relacionar de manera clara el concepte de derivada amb el de límit, va aconseguir un suport formal bàsic, gràcies al qual el càlcul de derivades es va reduir a senzilles operacions formals. Tant és així que un estudiant actual de batxillerat pot manejar aquests procediments amb més desimboltura que els grans matemàtics anteriors a Cauchy.

Per què van coincidir Newton i Leibniz?

Quan al final del segle XVII Newton i Leibniz van presentar, per separat, el descobriment del càlcul diferencial, els seus partidaris respectius es van embrancar en una disputa agra sobre qui havia copiat a qui. Amb el temps, es va demostrar que cap va plagiar l'altre. Casualitat immensa? No; el moment històric ho propiciava i aquests genis hi van ser.

En el web Biografia de Leibniz.

Gottfried Wilhelm Leibniz (1646-1716).

El càlcul diferencial, fruit de la seva època

Què va tenir el segle XVII que va propiciar la invenció del càlcul diferencial?

Les matemàtiques l'estaven demanant per resoldre, a més de problemes de tangents en un punt i velocitats instantànies, moltes altres situacions, com els complicats problemes astronòmics que havien sorgit amb la invenció del telescopi. Tinguem en compte, a més, que les matemàtiques, i les ciències en general, també són una manifestació de la seva època. I en el segle XVII es trenca amb les concepcions estàtiques d'èpoques anteriors i s'atén el moviment, el dinamisme. Com a exemple, observa aquests dos quadres dels segles XV i XVII:

Segle XVII: Dama bevent amb un cavaller, *de Johannes Vermeer.*

Segle XV: El matrimoni Arnolfini, *de Jan Van Eyck.*

Resol

Moviment d'una partícula

Un investigador, per estudiar el moviment d'una partícula, l'ha il·luminat amb llampades de flaix cada dècima de segon (0,1 s) durant quatre segons. Aquesta n'és la fotografia a escala real:

1. Aproxima la velocitat de la partícula en l'instant $t = 2$ s trobant la velocitat mitjana en els intervals [2; 2,5] i [2; 2,1]. Per a això, pren mesures sobre la fotografia.
2. Calcula les velocitats mitjanes anteriors prenent valors sobre l'equació del moviment d'aquesta partícula: $e = \frac{1}{2}(t^4 - 8t^3 + 18t^2)$
3. Troba ara les velocitats mitjanes en els intervals [2; 2,001] i [2; 2,000001] prenent de nou valors sobre l'equació del moviment de la partícula. Podem considerar que aquesta última velocitat mitjana és molt semblant a la velocitat instantània en $t = 2$ s?

1 Mesura del creixement d'una funció

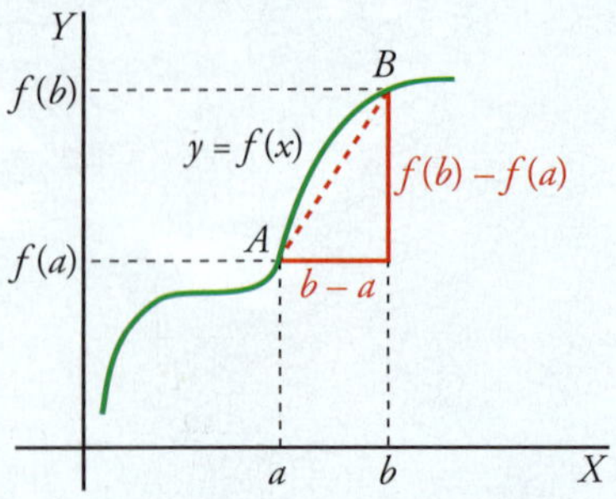

Creixement mitjà en un interval. Taxa de variació mitjana

S'anomena **taxa de variació mitjana (TVM)** d'una funció $y = f(x)$ en un interval $[a, b]$ el creixement mitjà de la funció en aquest interval:

$$\text{TVM } [a, b] = \frac{\text{variació de } f(x)}{\text{variació de } x} = \frac{f(b) - f(a)}{b - a}$$

La TVM de $f(x)$ en $[a, b]$ és el pendent del segment que uneix els punts $A(a, f(a))$ i $B(b, f(b))$.

Si una funció és **creixent** en $[a, b]$, la seva taxa de variació mitjana és positiva, i si és **decreixent**, negativa.

Ben sovint, l'interval es designa mitjançant l'expressió $[a, a + \text{h}]$, anomenant, així, un extrem de l'interval, a, i la longitud, h. En aquest cas, la taxa de variació mitjana s'obté així:

$$\text{TVM } [a, a + \text{h}] = \frac{f(a + \text{h}) - f(a)}{\text{h}}$$

Exercicis resolts

1 *Troba la TVM de la funció*

$f(x) = 5x - x^2$

en els intervals $[1, 2]$, $[1, 3]$, $[1, 4]$ i $[1, 5]$.

$$\text{TVM } [1, 2] = \frac{f(2) - f(1)}{2 - 1} = \frac{6 - 4}{1} = 2$$

$$\text{TVM } [1, 3] = \frac{f(3) - f(1)}{3 - 1} = \frac{6 - 4}{2} = 1$$

$$\text{TVM } [1, 4] = \frac{f(4) - f(1)}{4 - 1} = \frac{4 - 4}{3} = 0$$

$$\text{TVM } [1, 5] = \frac{f(5) - f(1)}{5 - 1} = \frac{0 - 4}{4} = -1$$

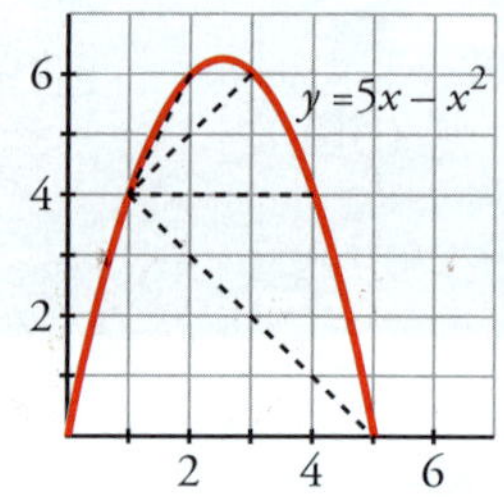

Fes-ho tu. Troba la TVM de $y = \sqrt{x - 1}$ en $[1, 2]$, $[1, 5]$ i $[1, 10]$.

2 *Troba la TVM de la funció de l'exercici anterior en un interval amb origen en el punt 1 i amb longitud variable, h. És a dir, en l'interval $[1, 1 + \text{h}]$.*

$f(1 + \text{h}) = 5(1 + \text{h}) - (1 + \text{h})^2 = 5 + 5\text{h} - (1 + 2\text{h} + \text{h}^2) = 4 + 3\text{h} - \text{h}^2$

$f(1) = 5 \cdot 1 - 1^2 = 4$

$$\text{TVM } [1, 1 + \text{h}] = \frac{f(1 + \text{h}) - f(1)}{\text{h}} = \frac{(4 + 3\text{h} - \text{h}^2) - 4}{\text{h}} = \frac{3\text{h} - \text{h}^2}{\text{h}} = 3 - \text{h}$$

Observa que, ara, si donem a h els valors 1, 2, 3 i 4, respectivament, obtenim les TVM obtingudes en els quatre intervals de l'exercici anterior.

Exercicis proposats

1 Cert o fals?

a) La TVM mesura el creixement mitjà d'una funció en un interval.

b) Si f és creixent en $[a, b]$, la TVM en aquest interval és positiva, i si és decreixent, la TVM és negativa.

c) Si la TVM de f en $[a, b]$ és 0, significa que f és constant en $[a, b]$.

2 Troba la TVM de la funció $y = x^2 - 8x + 12$ en els intervals següents:

$[1, 2]$, $[1, 3]$, $[1, 4]$, $[1, 5]$, $[1, 6]$, $[1, 7]$, $[1, 8]$

3 Troba la TVM de $y = x^2 - 8x + 12$ en l'interval variable $[1, 1 + \text{h}]$.

Comprova que, donant a h els valors adequats, s'obtenen els resultats de l'exercici anterior.

Creixement en un punt. Derivada

El creixement d'una funció $y = f(x)$ en un interval $[a, b]$ en el qual passa del punt $A(a, f(a))$ al punt $B(b, f(b))$ es mesura mitjançant el pendent de la recta que talla la corba en A i en B.

Com es mesura el creixement en un punt? La manera més natural de fer-ho és mitjançant el pendent de la recta tangent:

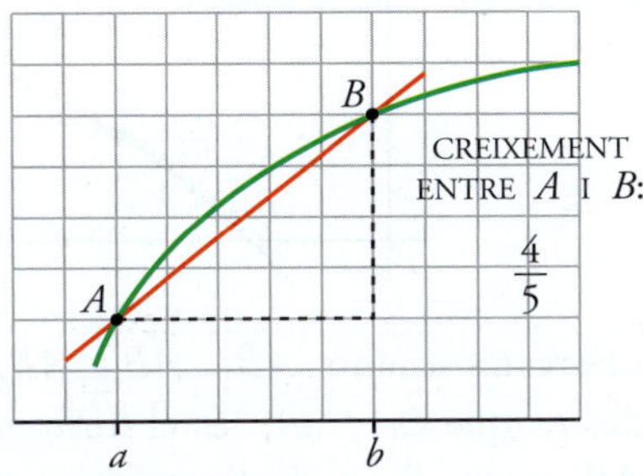

CREIXEMENT DE f entre A i B és el pendent de la recta que passa per A i B (TVM $[a, b]$).

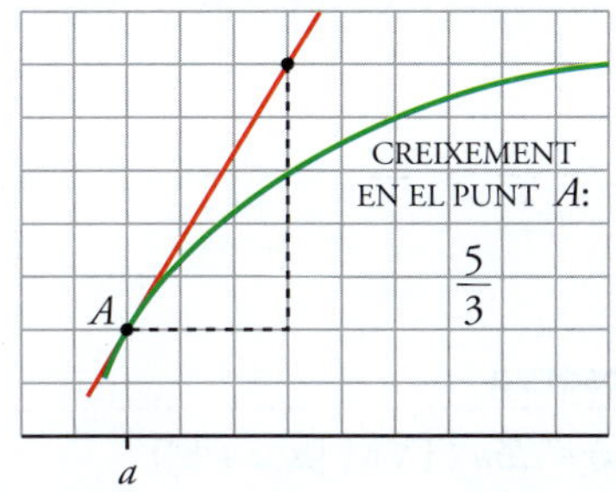

CREIXEMENT DE f en A és el pendent de la recta tangent a la corba en A.

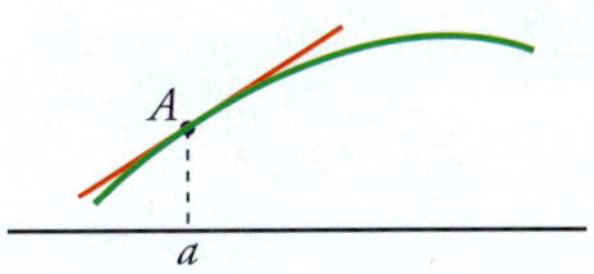

El creixement d'una funció en un punt es mesura mitjançant el **pendent de la recta tangent** a la corba en aquest punt. S'anomena **derivada** de f en a (sent a l'abscissa del punt). S'expressa $f'(a)$, que es llegeix f *prima de a*.

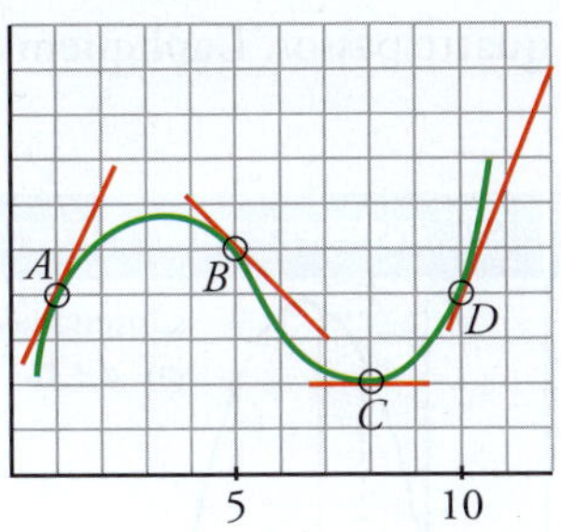

Per exemple, en la funció representada al marge, apareixen les rectes tangents en els punts $A(1, 4)$, $B(5, 5)$, $C(8, 2)$ i $D(10, 4)$. Els seus pendents són, respectivament, 2, –1, 0 i 2,5. Ho escrivim així:

$$f'(1) = 2 \qquad f'(5) = -1 \qquad f'(8) = 0 \qquad f'(10) = 2{,}5$$

$f'(1) = 2$ es llegeix «f prima d'1 és igual a 2», o bé «la derivada de f en el punt d'abscissa 1 és 2». Això significa que el pendent de la recta tangent a la corba en el punt d'abscissa 1 és 2.

Atenció! Observa que hem valorat la derivada en un punt a partir de la representació gràfica: la funció hi estava representada i, sobre la seva gràfica, hem traçat la recta tangent per mesurar-ne el pendent. Haurem de ser capaços d'obtenir aquest valor a partir de l'expressió analítica de la funció. Afrontarem aquest repte en les pàgines següents.

Exercici proposat

4

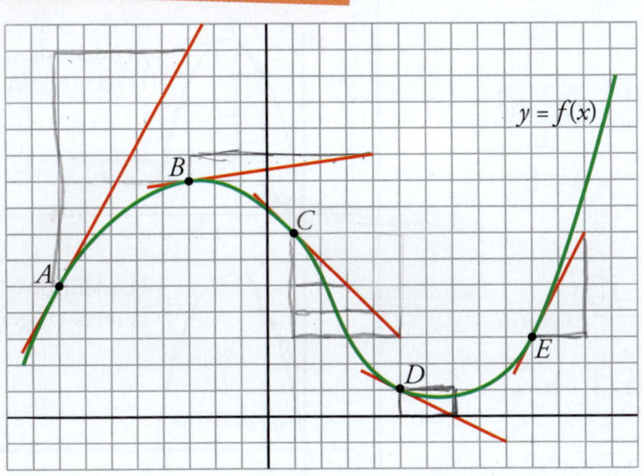

En la gràfica, en verd, de la funció $y = f(x)$ adjunta, s'han assenyalat cinc punts: A, B, C, D i E.

En cada un està traçada la recta tangent, el pendent de la qual es pot calcular.

Expressa'n els resultats usant expressions del tipus:

$$f'(a) = \ldots$$

Per exemple, per al punt B:

$$f'(-3) = \ldots$$

2 Obtenció de la derivada a partir de l'expressió analítica

En el web

Animació interactiva de la il·lustració de la dreta.

Hem definit $f'(a)$ com el pendent de la recta tangent a la corba $y = f(x)$ en el punt d'abscissa a. Com trobem el pendent de la tangent sense necessitat de traçar-la? Més encara, com el trobem sense tan sols representar la corba? És a dir, com calculem $f'(a)$ a partir de l'expressió de $f(x)$?

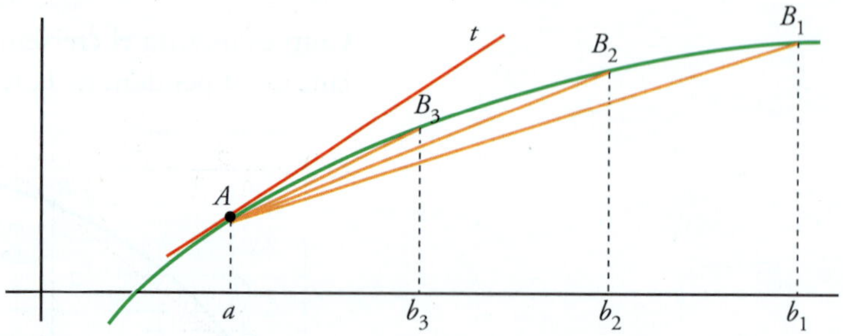

Les rectes secants AB_1, AB_2, AB_3, ... s'aproximen a la tangent, t. Així, el pendent de t, que és $f'(a)$, és el límit al qual tendeixen els pendents de les rectes secants AB_i quan $B_i \to A$. Per tant:

La **derivada de f en a** (pendent de la recta tangent) és el límit dels pendents de les rectes secants:

$$f'(a) = \lim_{x \to a} \frac{f(x) - f(a)}{x - a} = \lim_{h \to 0} \frac{f(a + h) - f(a)}{h}$$

Observa

$f'(a) = \lim_{h \to 0} (\text{TVM } [a, a + h])$

Per això, la derivada d'una funció en un punt s'anomena, també, **taxa de variació instantània.**

Regla pràctica per calcular $f'(a)$

Vegem una regla que ens permet calcular $f'(a)$ en quatre passos. L'apliquem al càlcul de $f'(1)$ per a $y = f(x) = 5x - x^2$:

	PASSOS	EXEMPLE	INTERPRETACIÓ GRÀFICA
I.	Es calcula l'ordenada en el punt $a + h$. $f(a + h)$	$f(1 + h) = 5 \cdot (1 + h) - (1 + h)^2 =$ $= 5 + 5h - 1 - 2h - h^2 =$ $= 4 + 3h - h^2$	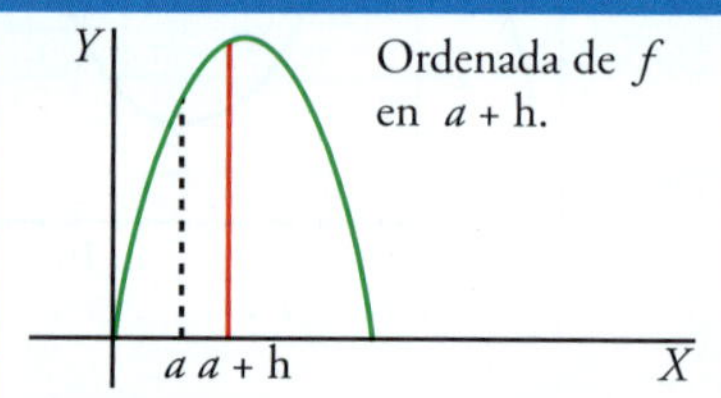
II.	S'obté l'increment de f en l'interval $[a, a + h]$. $f(a + h) - f(a)$	$f(1 + h) - f(1) =$ $= (4 + 3h - h^2) - 4 =$ $= 3h - h^2$	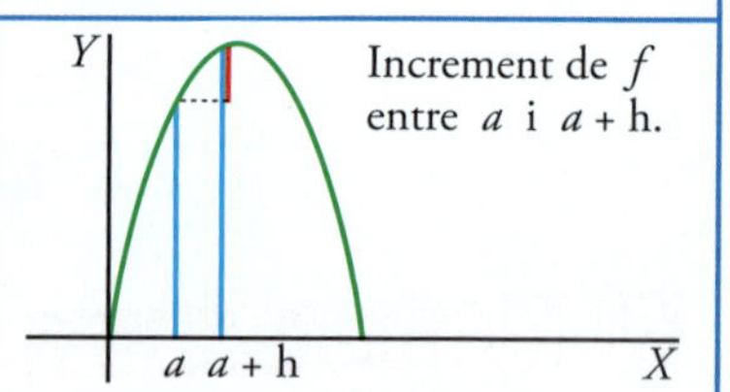
III.	Es troba la TVM de f en $[a, a + h]$. $\frac{f(a + h) - f(a)}{h}$	$\frac{f(1 + h) - f(1)}{h} = \frac{3h - h^2}{h} =$ $= 3 - h$	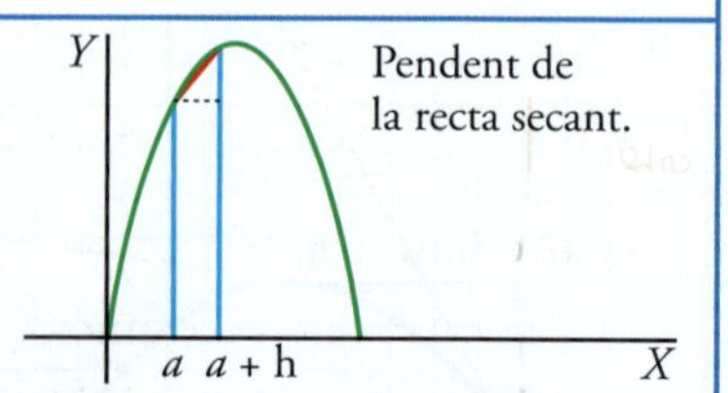
IV.	Es calcula el límit del quocient anterior. $\lim_{h \to 0} \frac{f(a + h) - f(a)}{h} = f'(a)$ Aquest és el valor de la derivada.	$\lim_{h \to 0} \frac{f(1 + h) - f(1)}{h} =$ $= \lim_{h \to 0} (3 - h) =$ $= 3$	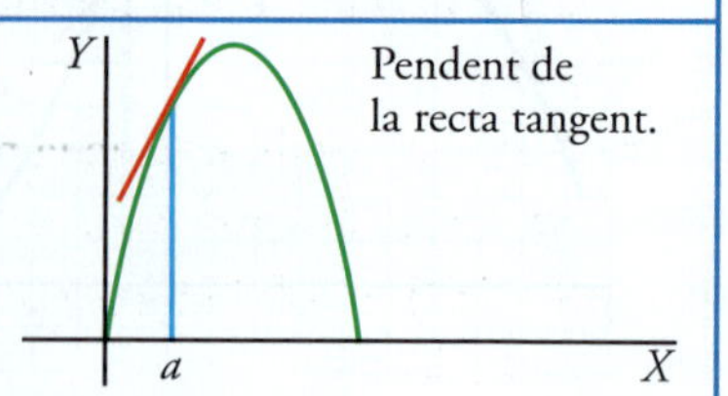

Exercicis resolts

1 *Troba la derivada de la funció $y = \frac{3}{x-2}$ en $x = 4$.*

Hem de calcular:

$$f'(4) = \lim_{h \to 0} \frac{f(4+h) - f(4)}{h}$$

$$f(4+h) = \frac{3}{(4+h)-2} = \frac{3}{2+h}$$

$$f(4) = \frac{3}{4-2} = \frac{3}{2}$$

$$f(4+h) - f(4) = \frac{3}{2+h} - \frac{3}{2} = \frac{6-3(2+h)}{(2+h)\cdot 2} = \frac{-3h}{4+2h}$$

$$\frac{f(4+h)-f(4)}{h} = \frac{-3h}{4+2h} : h = \frac{-3}{4+2h}$$

$$f'(4) = \lim_{h \to 0} \frac{-3}{4+2h} = -\frac{3}{4}$$

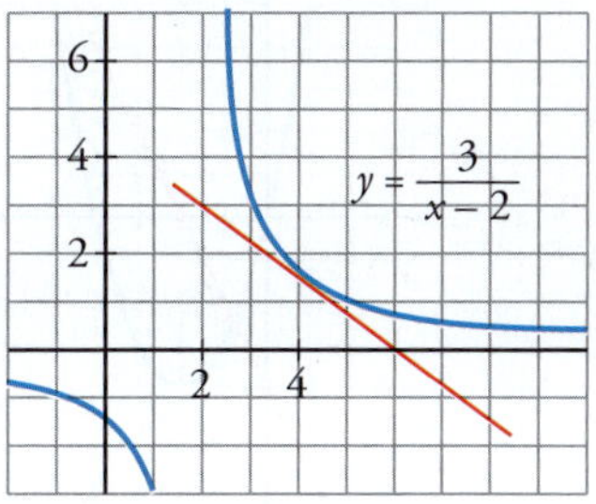

$f'(4) = -\frac{3}{4}$ és el pendent de la recta tangent a la corba en el punt d'abscissa 4.

Fes-ho tu. Troba la derivada de $y = \frac{3}{x-2}$ en els punts d'abscisses 1, –1 i 5.

2 *Troba la derivada de la funció $y = x^2 - 4x$ en els punts d'abscisses –1, 0, 1, 2, 3, 4 i 5.*

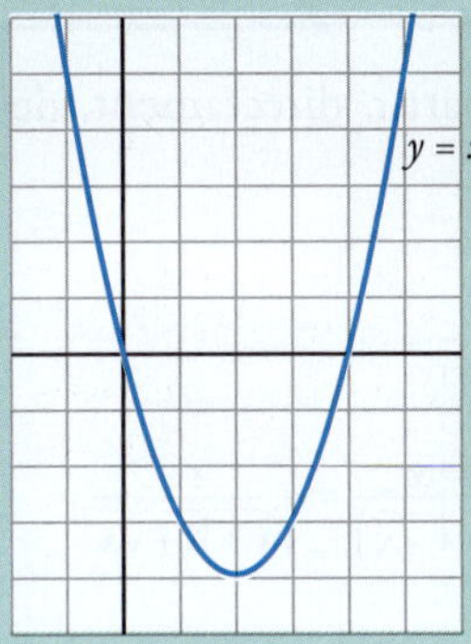

Ja que hem de calcular la derivada d'una mateixa funció en set punts, potser serà preferible procedir primer de manera general en un *punt genèric* i, després, particularitzar en cada punt demanat.

Com fer-ho de forma general? Com sempre, anomenant x aquest *punt genèric*. Vegem-ho:

$$f(x+h) = (x+h)^2 - 4(x+h) = x^2 + 2xh + h^2 - 4x - 4h$$

$$f(x+h) - f(x) = (x^2 + 2xh + h^2 - 4x - 4h) - (x^2 - 4x) = 2xh + h^2 - 4h$$

$$\frac{f(x+h)-f(x)}{h} = \frac{2xh + h^2 - 4h}{h} = 2x + h - 4$$

$$f'(x) = \lim_{h \to 0} \frac{f(x+h)-f(x)}{h} = \lim_{h \to 0} (2x + h - 4) = 2x - 4$$

Què significa això? Que la derivada de $y = x^2 - 4x$ en un punt d'abscissa x s'obté fent $2 \cdot x - 4$. És a dir:

$f'(-1) = 2 \cdot (-1) - 4 = -6$, $f'(0) = 2 \cdot 0 - 4 = -4$, i així successivament.

Fes-ho tu. Troba la derivada de $y = \frac{x^2}{2} + 7x$ en els punts amb $x = 0, 1, 2, 3, 4$ i 5.

Exercicis proposats

5 Cert o fals?

a) La derivada d'una funció, $y = f(x)$, en $x = a$ és el pendent de la recta tangent a la gràfica de la funció en aquest punt.

b) $f'(3) = 0$ significa que la tangent a la gràfica de $y = f(x)$ en $x = 3$ és paral·lela a l'eix X.

c) Si $f'(2) > 0$, aleshores f és creixent en el punt d'abscissa 2.

6 Troba la derivada de $y = \frac{1}{x}$ en el punt d'abscissa –2.

7 Troba la derivada de $y = -2x + 4$ en els punts d'abscisses –3, 0, 4 i 7. Explica per què obtens en tots els casos el mateix resultat.

8 Troba la derivada de $y = 3x^2 - 5x + 1$ en els punts d'abscisses –2, –1, 0, 1, 2, 3, 4, 5 i 6.

3 Funció derivada d'una altra

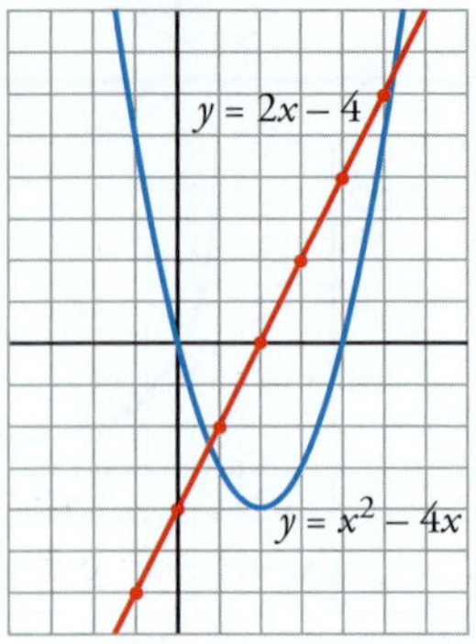

En la pàgina anterior hem vist que per calcular la derivada de la funció

$$f(x) = x^2 - 4x$$

en diversos dels seus punts, resultava eficaç obtenir el valor de la derivada «en forma general» per, després, particularitzar-ho en cada un dels punts. Hem obtingut com a expressió general de la derivada:

$$f'(x) = 2x - 4$$

Observa que es tracta d'una nova funció, f', que associa amb cada abscissa, x, el valor del pendent de la recta tangent a f en x.

$$x \to f'(x)$$

La funció f' s'anomena **funció derivada** de f [el nom de *derivada* ve d'ací, perquè la funció f' *deriva* (prové) de la funció f].

Hem obtingut, per tant, que la funció derivada de $f(x) = x^2 - 4x$ és $f'(x) = 2x - 4$.

En el web

Exemples interactius d'obtenció i representació de funcions derivades d'unes altres.

S'anomena **funció derivada de f** (o simplement **derivada de f**) una funció f' que associa amb cada abscissa, x, la derivada de f en aquest punt, $f'(x)$, és a dir, el pendent de la recta tangent a la corba $y = f(x)$ en aquest punt.
A la derivada de f l'anomenarem f' o bé Df.

$$Df(x) = f'(x) = \lim_{h \to 0} \frac{f(x+h) - f(x)}{h}$$

Exercici resolt

1 *Troba la funció derivada de la funció següent:*

$$f(x) = \sqrt{x}$$

Troba, a partir d'aquesta, $f'(1)$ i $f'(4)$.

Com que és una funció senzilla d'expressar, podem partir, directament, del quocient incremental:

$$\frac{f(x+h) - f(x)}{h} = \frac{\sqrt{x+h} - \sqrt{x}}{h} \overset{(*)}{=} \frac{(\sqrt{x+h} - \sqrt{x})(\sqrt{x+h} + \sqrt{x})}{h(\sqrt{x+h} + \sqrt{x})} =$$

$$= \frac{(\sqrt{x+h})^2 - (\sqrt{x})^2}{h(\sqrt{x+h} + \sqrt{x})} = \frac{x + h - x}{h(\sqrt{x+h} + \sqrt{x})} = \frac{1}{\sqrt{x+h} + \sqrt{x}}$$

$$\lim_{h \to 0} \frac{f(x+h) - f(x)}{h} = \lim_{h \to 0} \frac{1}{\sqrt{x+h} + \sqrt{x}} = \frac{1}{\sqrt{x} + \sqrt{x}} = \frac{1}{2\sqrt{x}}$$

Hem obtingut que $f'(x) = \frac{1}{2\sqrt{x}}$. Per tant, $f'(1) = \frac{1}{2}$ i $f'(4) = \frac{1}{4}$.

(*) Multipliquem i dividim pel conjugat per suprimir la diferència d'arrels.

Exercicis proposats

9 Cert o fals?

Les rectes tangents en un punt qualsevol, x_0, a les gràfiques de $y = f(x)$ i $y = f(x) + 5$ són paral·leles.

Això significa que les dues funcions tenen la mateixa funció derivada.

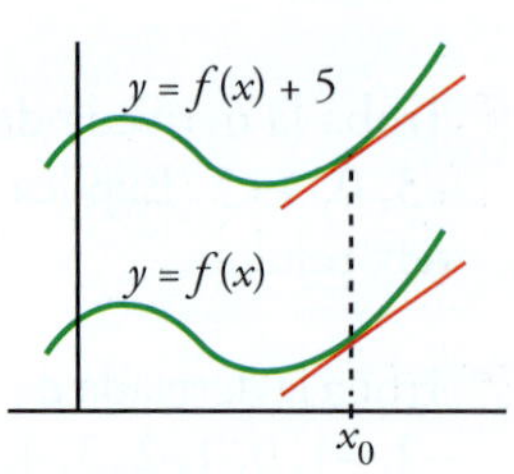

10 Troba la derivada de $f(x) = \frac{3}{x-2}$ i, a partir d'aquesta, calcula $f'(4)$, $f'(-1)$, $f'(1)$ i $f'(5)$.

11 Troba la funció derivada de $f(x) = \sqrt{x-3}$ i calcula els pendents de les rectes tangents a la corba en els punts d'abscisses $x = 4$ i $x = 7$.

12 Troba la funció derivada de $f(x) = x^3 + x^2$.

Com anomenem les funcions i les seves derivades

Funcions i variables

Per anomenar una funció, fem servir una lletra. Per exemple, f, g, h... Una funció lliga dues variables. Per exemple, x i y. Escrivim $y = f(x)$.

Paràmetres

Per designar el valor que pren una funció f per a un cert valor de x, per exemple, 4, posem $f(4)$. Però si no volem concretar aquest valor de x, aleshores posem a o c o una altra lletra que no exerceixi, habitualment, el paper de «variable»: $f(a)$, $f(c)$... Però potser a o c no són variables? Sí, ho són perquè *varien*, és a dir, poden prendre valors variats. Però no són *la variable* de la funció. Anomenem aquestes lletres *paràmetres*.

Funció derivada

Si f és una funció derivable, la derivada és, òbviament, una altra funció. Saps que es designa f' (f prima).

Prima significa *primera* (mira-ho en el diccionari). La funció derivada de f', que es designaria $(f')'$ s'anomena *derivada segona* de f i es denota simplement així: f'' (f *segona*). Anàlogament, $(f'')' = f'''$ (la derivada de f'' és f *tercera*).

Aquests símbols van ser, en principi, uns altres: f^{I}, f^{II}, f^{III}. L'ús va anar desfigurant les xifres romanes, que van acabar transformant-se en apòstrofs. Les derivades posteriors es designen f^{IV}, f^{V}, f^{VI}, ...

S'escriu f' o Df?

f' és el nom d'una nova funció. Df és l'ordre de derivar la funció f i el resultat és f', és a dir, $Df = f'$. Segons això, podem escriure $D(x^3 - 3x + \cos x)$, però no és correcte escriure $(x^3 - 3x + \cos x)'$, encara que a vegades s'escriu i no resulta massa greu.

És correcte escriure y'?

Quan escrivim

$$y = x^2 - 5x + 3 \;\rightarrow\; y' = 2x - 5$$

estem identificant la variable y amb la funció. Això és vàlid i en matemàtica superior s'usa ben sovint. No obstant això, creiem que en aquest nivell és preferible reservar la y com a nom de la variable dependent en exclusiva. D'aquesta manera, quan es desitja derivar una funció com l'anterior, o bé li posem un nom:

$$f(x) = x^2 - 5x + 3 \;\rightarrow\; f'(x) = 2x - 5$$

o bé usem l'ordre D:

$$D(x^2 - 5x + 3) = 2x - 5$$

Exercici proposat

13 En la fórmula que serveix per trobar l'equació de la tangent a la corba $y = f(x)$ en un punt

$$y = f(a) + f'(a)(x - a)$$

digues el paper que exerceix cada una de les lletres que hi intervenen.
De quina funció és variable independent la x?

4 Regles per obtenir les derivades d'algunes funcions

En la pàgina anterior hem calculat la derivada d'alguna funció aplicant-hi, pas a pas, la definició de derivada. El procés és llarg i feixuc. Per fortuna, hi ha unes senzilles regles pràctiques amb les quals es pot trobar, amb facilitat i eficàcia, la derivada de qualsevol funció elemental.

Totes les regles que donarem es poden demostrar. No obstant això, la majoria de les demostracions les deixarem per al pròxim curs. Ara ens limitarem a donar les regles i a ensenyar com es posen en pràctica.

Derivades d'algunes funcions molt senzilles

Funció constant $y = k$

$D(k) = 0$, perquè el pendent de la recta $y = k$ és 0 en tots els seus punts.

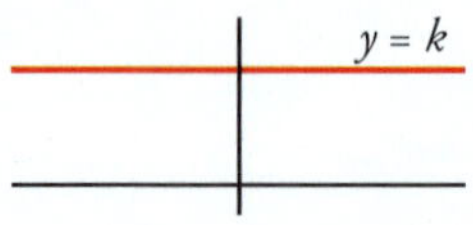

Funció identitat $y = x$

$D(x) = 1$, perquè la recta $y = x$ té pendent 1 en tots els punts.

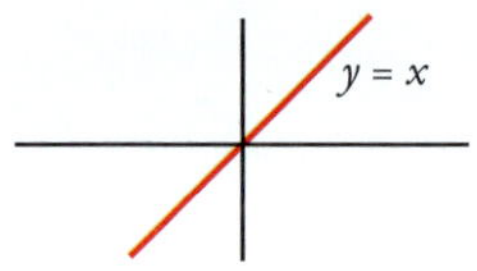

Funcions potència $y = x^n$

$$D(x^n) = n\,x^{n-1}$$

Demostració. Calculem, pas a pas, $\lim\limits_{h \to 0} \dfrac{(x+h)^n - x^n}{h}$:

$$(x+h)^n = x^n + \binom{n}{1}x^{n-1}\,h + \binom{n}{2}x^{n-2}\,h^2 + \ldots =$$

$$= x^n + n\,x^{n-1}\,h + \frac{n(n-1)}{2}x^{n-2}\,h^2 + \ldots$$

$$(x+h)^n - x^n = n\,x^{n-1}\,h + \frac{n(n-1)}{2}x^{n-2}\,h^2 + \ldots$$

$$\frac{(x+h)^n - x^n}{h} = n\,x^{n-1} + \frac{n(n-1)}{2}x^{n-2}\,h + \ldots$$ (els altres sumands tenen tots el factor h)

$$D(x^n) = \lim_{h \to 0} \frac{-3}{4+2h} = -\frac{3}{4} = n\,x^{n-1} + 0 + 0 + \ldots = n\,x^{n-1}$$

Atenció! Aquesta demostració només és vàlida per a n enter i $n \geq 2$. No obstant això, com es demostrarà en el curs vinent, la regla és vàlida per a qualsevol valor real de n. Això la fa molt més útil del que sembla a primera vista. Observa:

$$D(x^4) = 4\,x^3; \quad D\left(\frac{1}{x}\right) = D(x^{-1}) = (-1)x^{-1-1} = -x^{-2} = -\frac{1}{x^2}$$

$$D\left(\frac{1}{x^5}\right) = D(x^{-5}) = -5x^{-5-1} = -5x^{-6} = \frac{-5}{x^6}$$

$$D\left(\sqrt{x}\right) = D(x^{1/2}) = \frac{1}{2}x^{(1/2)-1} = \frac{1}{2}x^{-1/2} = \frac{1}{2\sqrt{x}}$$

$$D\left(\frac{x^2}{\sqrt[3]{x}}\right) = D(x^2 \cdot x^{-1/3}) = D(x^{5/3}) = \frac{5}{3}x^{(5/3)-1} = \frac{5}{3}x^{2/3} = \frac{5}{3}\sqrt[3]{x^2}$$

Resultats importants

Intenta memoritzar aquests resultats; són molt importants perquè apareixen amb molta freqüència!

$$D\left(\frac{1}{x}\right) = -\frac{1}{x^2}$$

$$D\left(\sqrt{x}\right) = \frac{1}{2\sqrt{x}}$$

Exercici proposat

14 Calcula: a) $D(x^5)$ b) $D\left(\dfrac{1}{x^2}\right)$ c) $D\left(\sqrt[3]{x}\right)$ d) $D\left(\sqrt[3]{x^2}\right)$ e) $D\left(\dfrac{\sqrt{x^3} \cdot \sqrt[3]{x^4}}{x^2}\right)$

Derivada de funcions trigonomètriques, exponencials i logarítmiques

Trigonomètriques

$D(\sin x) = \cos x$	$D(\cos x) = -\sin x$	$D(\operatorname{tg} x) = 1 + \operatorname{tg}^2 x = \dfrac{1}{\cos^2 x}$

Funcions exponencials i logarítmiques

$$D(e^x) = e^x \qquad D(a^x) = a^x \cdot \ln a$$

Per exemple: $D(2^x) = 2^x \cdot \ln 2$; $\quad D(10^x) = 10^x \cdot \ln 10$

$$D(\ln x) = \frac{1}{x} \qquad D(\log_a x) = \frac{1}{x} \cdot \frac{1}{\ln a}$$

Per exemple: $D(\log_2 x) = \dfrac{1}{x} \cdot \dfrac{1}{\ln 2}$; $\quad D(\log_{10} x) = \dfrac{1}{x} \cdot \dfrac{1}{\ln 10}$

Nombre *e*

Recorda que e és un nombre irracional:

$e = 2{,}718281\ldots$

Logaritme neperià

Recorda que $\ln x = \log_e x$.

Derivada de resultats operatius

Producte d'una funció per una constant

$$D[k\, f(x)] = k\, Df(x) = k\, f'(x)$$

Per exemple: $D(7x^3) = 7\, D(x^3) = 7 \cdot 3x^2 = 21x^2$

$$D(\sqrt{3x}) = D(\sqrt{3}\sqrt{x}) = \sqrt{3}\,D(\sqrt{x}) = \sqrt{3}\,\frac{1}{2\sqrt{x}} = \frac{1}{2}\sqrt{\frac{3}{x}}$$

Suma de funcions

$D[f(x) + g(x)] = f'(x) + g'(x)$

I, en general: $D[f(x) + g(x) + \ldots + h(x)] = f'(x) + g'(x) + \ldots + h'(x)$

Per exemple: $D(2x^4 - 5x^3 + 7x^2 - 3) = 8x^3 - 15x^2 + 14x - 0$

Diferència de funcions

La diferència és un cas particular de la suma.

$$D[f(x) - g(x)] = f'(x) - g'(x)$$

Producte de funcions

$D[f(x) \cdot g(x)] = f'(x) \cdot g(x) + f(x) \cdot g'(x)$

I, en general: $D[f \cdot g \cdot \ldots \cdot h] = f' \cdot g \cdot \ldots \cdot h + f \cdot g' \cdot \ldots \cdot h + \ldots + f \cdot g \cdot \ldots \cdot h'$

Per exemple: $D[x^2 \cdot \sin x] = D(x^2) \cdot \sin x + x^2 \cdot D(\sin x) = 2x \cdot \sin x + x^2 \cdot \cos x$

$$D[x^2 \cdot \sin x \cdot 2^x] = 2x \cdot \sin x \cdot 2^x + x^2 \cdot \cos x \cdot 2^x + x^2 \cdot \sin x \cdot 2^x \ln 2$$

Quocient de funcions

$$D\left[\frac{f(x)}{g(x)}\right] = \frac{f'(x) \cdot g(x) - f(x) \cdot g'(x)}{g(x)^2}$$

Per exemple: $D\left[\dfrac{\sin x}{\cos x}\right] = \dfrac{D(\sin x) \cdot \cos x - \sin x \cdot D(\cos x)}{(\cos x)^2} =$

$$= \frac{\cos x \cdot \cos x - \sin x \cdot (-\sin x)}{\cos^2 x} = \frac{\cos^2 x + \sin^2 x}{\cos^2 x} = \frac{1}{\cos^2 x}$$

Derivada de *tg x*

Observa que en aquest exemple de derivada d'un quocient de funcions hem obtingut la derivada de $\operatorname{tg} x$ posant-la com a quocient:

$$\operatorname{tg} x = \frac{\sin x}{\cos x}$$

Exercicis resolts

1 *Troba la funció derivada d'aquestes funcions:*

a) $f(x) = 2x^3 - 5x^2 + 3x - 2$

b) $g(x) = \sqrt{2x} + \sqrt[3]{5x^2}$

c) $h(x) = \dfrac{1}{x\sqrt{x}}$

a) $f'(x) = 2 \cdot 3x^2 - 5 \cdot 2x + 3 = 6x^2 - 10x + 3$

b) Traiem els nombres fora de les arrels i expressem en forma de potència:

$$g(x) = \sqrt{2} \cdot \sqrt{x} + \sqrt[3]{5} \cdot \sqrt[3]{x^2} = \sqrt{2}x^{1/2} + \sqrt[3]{5}x^{2/3}$$

$$g'(x) = \sqrt{2} \cdot \frac{1}{2}x^{-1/2} + \sqrt[3]{5} \cdot \frac{2}{3}x^{-1/3} = \frac{\sqrt{2}}{2\sqrt{x}} + \frac{2\sqrt[3]{5}}{3\sqrt[3]{x}}$$

c) Podríem derivar com a quocient:

$$h'(x) = \frac{0 \cdot x\sqrt{x} - 1\left(1 \cdot \sqrt{x} + x \cdot \dfrac{1}{2\sqrt{x}}\right)}{\left(x\sqrt{x}\right)^2} = \frac{-\sqrt{x} - \dfrac{1}{2}\sqrt{x}}{x^3} = -\frac{3}{2}\frac{\sqrt{x}}{x^3}$$

Però és molt més senzill si expressem $h(x)$ com a potència!

$$h(x) = \frac{1}{x \cdot x^{1/2}} = \frac{1}{x^{3/2}} = x^{-3/2}$$

$h'(x) = -\dfrac{3}{2}x^{-5/2}$ que coincideix amb l'expressió de dalt, com és natural.

Fes-ho tu. Troba la funció derivada de les funcions següents:

a) $f(x) = 5x^4 - 2x^2 + 3x - 7$ b) $g(x) = \sqrt{5x} - \sqrt[3]{3x^4}$ c) $h(x) = \dfrac{3x}{x^2\sqrt[3]{x}}$

2 *Troba la funció derivada d'aquestes funcions:*

a) $f(x) = 2^{3x}$

b) $g(x) = \dfrac{x^3}{x^2+1}$

c) $h(x) = \sqrt{x-3}$

a) Transformem la funció per treure el 3 de l'exponent:

$$f(x) = 2^{3x} = (2^3)^x = 8^x$$

$$f'(x) = D(8^x) = 8^x \ln 8$$

b) Derivem com a quocient:

$$g'(x) = \frac{3x^2 \cdot (x^2+1) - x^3 \cdot (2x)}{(x^2+1)^2} = \frac{3x^4 + 3x^2 - 2x^4}{x^4 + 2x^2 + 1} = \frac{x^4 + 3x^2}{x^4 + 2x^2 + 1}$$

c) Podríem derivar com a quocient, però sembla més còmode efectuar la divisió i després derivar:

$$h(x) = x^2 - 5x + \frac{3}{x} = x^2 - 5x + 3x^{-1}$$

$$h'(x) = 2x - 5 - 3x^{-2} = 2x - 5 - \frac{3}{x^2}$$

Fes-ho tu. Troba la funció derivada de les funcions següents:

a) $f(x) = \dfrac{5^{4x}}{125}$ b) $g(x) = \dfrac{x^2 - 3x + 1}{x^2 + x - 3}$ c) $h(x) = \dfrac{x^3 - 5x^2 + 2x - 1}{x}$

Exercicis proposats

Troba la funció derivada de les funcions següents:

15 $f(x) = 5x^2 + 7x - 2\sqrt{x}$

16 $f(x) = \sqrt{3x^3} \cdot e^x$

17 $f(x) = \dfrac{e^x \cdot \cos x}{2^{x+4}}$

18 $f(x) = x \cdot 3^x \cdot tg\, x$

19 $f(x) = \dfrac{\log_2 x}{x}$

20 $f(x) = \dfrac{2x^3 - 5x + 3}{x^2}$

21 $f(x) = \dfrac{x^2+1}{x^2-1}$

22 $f(x) = (\sin x)\left(x^2 + \dfrac{\pi}{2}\right)$

23 $f(x) = \dfrac{2^x}{\cos x}$

24 $f(x) = \dfrac{x^2 \cdot 5^x}{x^3}$

Nomenclatura

Hi ha funcions l'expressió de les quals és per si mateixa un nom. Per exemple, *sin*, *tg*, *log*.

D'altres necessiten la variable per expressar-se. Per exemple, les funcions polinòmiques com $3x^2 - 2x + 5$, el significat de les quals és obvi. En aquests casos, usem el signe ≡ per assignar-los noms. Per exemple, si posem $3x^2 - 2x + 5 \equiv f$ volem dir que $f(x) = 3x^2 - 2x + 5$.

Derivada d'una funció composta. Regla de la cadena

$$D\{g[f(x)]\} = g'[f(x)] \cdot f'(x) \Leftrightarrow D(g \circ f) = (g' \circ f) \cdot f'$$

Per exemple:

- $D(\sqrt{3x-1}) \begin{cases} g \equiv \sqrt{x} \rightarrow g' \equiv \dfrac{1}{2\sqrt{x}} \\ f \equiv 3x+1 \rightarrow f' \equiv 3 \end{cases}$

  Per tant: $D(\sqrt{3x-1}) = \dfrac{1}{2\sqrt{3x-1}} \cdot 3$

- $D(sin^2\, x) \begin{cases} g \equiv x^2 \rightarrow g' \equiv 2x \\ f \equiv sin \rightarrow f' \equiv cos \end{cases}$

  Per tant: $D(sin^2\, x) = 2\, sin\, x \cdot cos\, x$

Per a tres funcions encadenades, la regla és:

$$D[h\{g[f(x)]\}] = h'\{g[f(x)]\} \cdot g'[f(x)] \cdot f'(x) \Leftrightarrow D(h \circ g \circ f) = (h' \circ g \circ f) \cdot (g' \circ f) \cdot f'$$

Per exemple:

$$D(sin^3 \sqrt{x}) \begin{cases} h \equiv x^3 \rightarrow h' \equiv 3x^2 \\ g \equiv sin \rightarrow g' \equiv cos \\ f \equiv \sqrt{x} \rightarrow f' \equiv \dfrac{1}{2\sqrt{x}} \end{cases}$$

Per tant: $D(sin^3 \sqrt{x}) = 3\, sin^2 \sqrt{x} \cdot cos\, \sqrt{x} \cdot \dfrac{1}{2\sqrt{x}}$

Exercici resolt

1 *Troba les derivades de les funcions següents:*

a) $tg\, \sqrt{x^2+1}$

b) $\dfrac{2^{x^2-2x}}{sin\, x^3}$

a) $h \equiv tg \rightarrow h' = \dfrac{1}{cos^2\, x}$; $g \equiv \sqrt{x} \rightarrow g' \equiv \dfrac{1}{2\sqrt{x}}$; $f \equiv x^2 + 1 \rightarrow f' \equiv 2\,x$

Per tant: $D(tg\sqrt{x^2+1}) = \dfrac{1}{cos^2 \sqrt{x^2+1}} \cdot \dfrac{1}{2\sqrt{x^2+1}} \cdot 2x$

b) És un quocient en què el numerador i el denominador són funcions compostes.

$$D\left(\frac{2^{x^2-2x}}{sin\, x^2}\right) = \frac{\left[2^{x^2-2x} \cdot ln\, 2 \cdot (2x-2)\right] sin\, x^2 - 2^{x^2-2x}[cos\, x^2 \cdot 2x]}{(sin\, x^2)^2}$$

Exercicis proposats

Troba la funció derivada de les funcions següents:

25 $f(x) = sin\,(x^2 - 5x + 7)$

26 $f(x) = \sqrt[3]{(5x+3)^2} = (5x+3)^{2/3}$

27 $f(x) = sin^2\left(3x + \dfrac{\pi}{2}\right)$

28 $f(x) = \dfrac{log\, x^2}{x}$

29 $f(x) = cos\,(3x - \pi)$

30 $f(x) = \sqrt{1+2x}$

31 $f(x) = x\, e^{2x+1}$

32 $f(x) = \dfrac{sin\,(x^2+1)}{\sqrt{1-x^2}}$

5 Utilitat de la funció derivada

Si tenim una funció, $y = f(x)$, donada per la seva expressió analítica, la seva derivada $f'(x)$ dóna la inclinació (el **pendent**) de la corba en cada punt.

Això li confereix múltiples aplicacions molt interessants. Vegem-ho:

Obtenció del valor de la derivada en un punt

Per trobar la derivada de $f(x)$ en el punt d'abscissa a, $f'(a)$, se substitueix x per a en l'expressió de $f'(x)$.

Per exemple, trobem la derivada de $y = sin\ 3x$ en els punts d'abscisses 0 i $\underset{h\rightarrow}{l\acute{\imath}}$.
Comencem obtenint la funció derivada:

$$f(x) = sin\ 3x, \quad f'(x) = 3\ cos\ 3x$$

Substituint, $f'(0) = 3\ cos\ 0 = 3$, $f'\left(\frac{\pi}{6}\right) = 3 \cdot cos\left(3\frac{\pi}{6}\right) = 3 \cdot cos\ \frac{\pi}{2} = 0$.

Una important aplicació del que acabem de veure és l'obtenció de la recta tangent a una corba en un punt.

Equació de la recta tangent a $y = f(x)$ en el punt d'abscissa a

L'ordenada del punt d'abscissa a és $f(a)$. El pendent de la recta és $f'(a)$. L'equació és, per tant: $y = f'(a)(x - a) + f(a)$

Per exemple, trobem la recta tangent a $y = x^3 - 5x + 1$ en $x = 2$:

$$f(x) = x^3 - 5x + 1; \; f(2) = -1$$

$$f'(x) = 3x^2 - 5; \; f'(2) = 7$$

La recta tangent és $y = 7(x - 2) - 1$, és a dir, $y = 7x - 15$.

Obtenció dels punts en els quals la derivada té un cert valor

Per trobar els punts en els quals la derivada d'una funció, $f'(x)$, té un cert valor, k, es resol l'equació $f'(x) = k$. Les seves arrels són les abscisses dels punts buscats.

Recorda

L'equació de la recta que passa pel punt (x_0, y_0) i té pendent m és:

$$y = m(x - x_0) + y_0$$

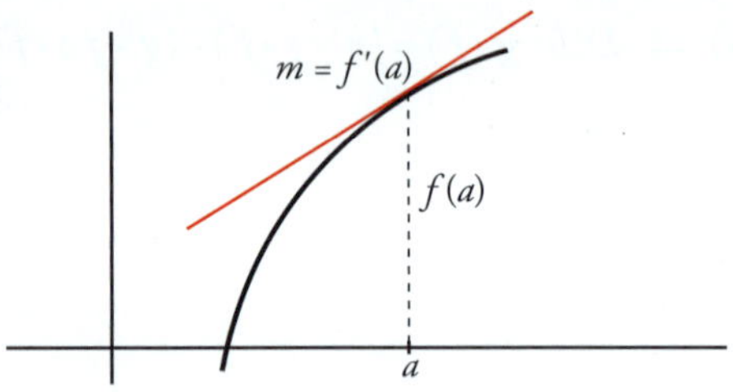

Recta normal a una corba

S'anomena *recta normal a una corba en un punt* la perpendicular a la recta tangent en aquest punt. Segons això, l'equació de la recta normal a $y = f(x)$ en el punt d'abscissa a és:

$$y = -\frac{\;}{\sqrt{x-1}}(x - a) + f(a)$$

Exercici resolt

1 *Troba les rectes tangents a la corba* $y = \frac{x^3 - 3x^2}{9}$ *paral·leles a la bisectriu del primer i tercer quadrants.*

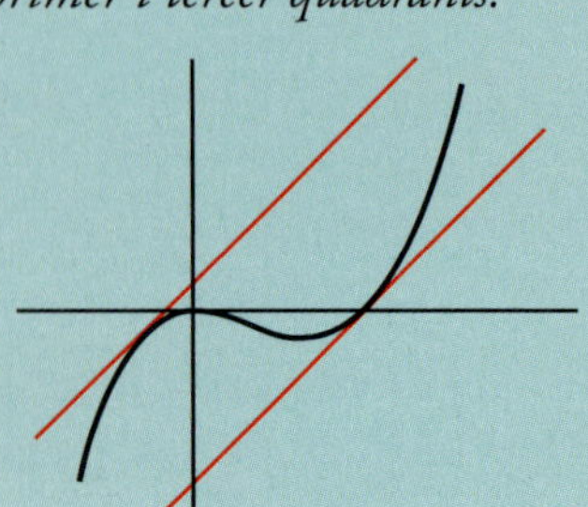

Busquem rectes paral·leles a $y = x$, és a dir, de pendent 1.

$f(x) = \frac{x^3 - 3x^2}{9}$, $f'(x) = \frac{3x^2 - 6x}{9} = \frac{x^2 - 2x}{3}$. L'equació $\frac{x^2 - 2x}{3} = 1$ ens proporciona les abscisses dels punts en què el pendent és 1. Les seves arrels són -1 i 3 (comprova-ho). Per tant, les rectes tangents a la corba en els punts d'abscisses -1 i 3 tenen pendent 1. Trobem-ne les ordenades:

$x = -1 \rightarrow f(-1) = -\frac{4}{9}$. Recta tangent, $y = 1(x + 1) - \frac{4}{9} \rightarrow y = x + \frac{5}{9}$

$x = 3 \rightarrow f(3) = 0$. Recta tangent, $y = 1(x - 3) + 0 \rightarrow y = x - 3$

Fes-ho tu. Troba les rectes tangents a $y = x^3 - 2x^2$ paral·leles a $y = -x$.

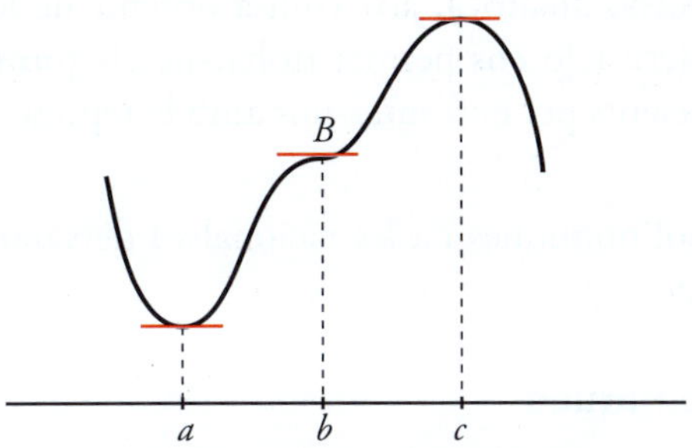

El punt B és singular, però no és màxim ni mínim relatiu. Aquests punts s'anomenen **punts d'inflexió**.

Obtenció dels punts singulars d'una funció

Aquesta és una aplicació directa del cas anterior: l'obtenció dels punts en els quals la derivada té valor zero.

S'anomenen **punts singulars** d'una funció els punts de tangent horitzontal, és a dir, els punts en els quals **la derivada és zero**. Entre aquests estan els màxims i mínims relatius, però n'hi pot haver uns altres.

Les abscisses dels punts singulars són les solucions de $f'(x) = 0$.

La identificació dels punts singulars és crucial per a la **representació de la gràfica de la funció**, com veurem més endavant. Amb aquests punts podem, a més, determinar els intervals en què la corba creix o decreix.

Exercici resolt

1 *Troba els punts singulars de la funció:*

$$y = x^3 - 6x^2 + 9x + 2$$

i determina els intervals on creix o decreix.

Per trobar els punts singulars, resolem l'equació $f'(x) = 0$.

$f'(x) = 0 \Leftrightarrow 3x^2 - 12x + 9 = 0 \Leftrightarrow x^2 - 4x + 3 = 0 \Leftrightarrow x_1 = 1,\ x_2 = 3$

$f(1) = 6 \rightarrow (1, 6)$ és un punt singular

$f(3) = 2 \rightarrow (3, 2)$ és un altre punt singular

Si, a més d'aquests punts singulars, tenim en compte les dues branques infinites, indicades en la gràfica, i sabent que la funció és contínua en tot $\mathbb{R}$, és evident que és creixent en $(-\infty, 1)$ i en $(3, +\infty)$ i decreixent en $(1, 3)$.

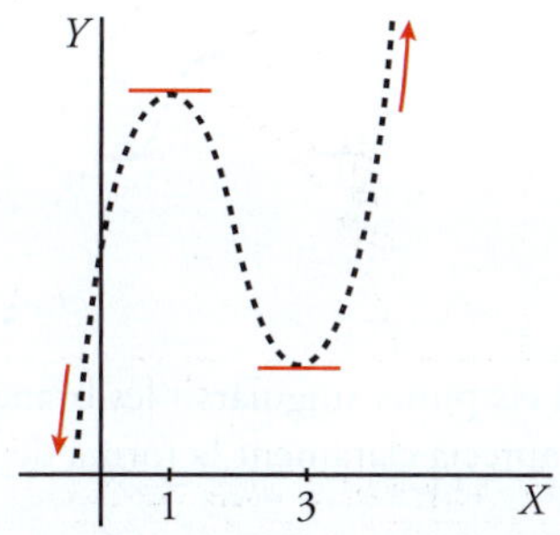

Fes-ho tu. Troba els punts singulars de $y = 2x^3 - 3x^2 - 12x + 3$ i determina els intervals on creix o decreix.

Optimització de funcions

Optimitzar una funció és esbrinar quin n'és el valor màxim (o mínim) i determinar per a quin valor de x s'aconsegueix.

Si $f(x)$ està definida en $[a, b]$, el **valor màxim** es troba en un dels extrems de l'interval o en un punt singular de l'interior d'aquest. De manera anàloga, passa el mateix amb el **valor mínim**.

Per exemple, per trobar el màxim de $y = x^3 - 6x^2 + 9x + 2$, $x \in [0; 3,5]$, calculem les abscisses dels punts singulars $[f'(x) = 0 \Leftrightarrow x_1 = 1,\ x_2 = 3]$. Ambdós són en l'interval en què està definida la funció, $[0; 3,5]$.

Ara obtenim el valor de la funció en 0, 1, 3 i 3,5:

$$f(0) = 2 \qquad f(1) = 6 \qquad f(3) = 2 \qquad f(3,5) = 2,875$$

Per tant, el màxim es troba en $x = 1$ i val 6.

Comprova que si el domini de definició fos $[0, 5]$, el màxim s'aconseguiria en l'extrem, $x = 5$. Quin valor prendria?

Nota

Ara ens hem referit a l'optimització de manera merament mecànica.

El curs pròxim tractarem amb deteniment el tema de l'optimització de funcions extretes de problemes geomètrics, físics, econòmics, biològics…

Exercicis proposats

33 a) Troba les equacions de les rectes tangents al gràfic de $y = x^4 - 8x^2 + 12x$ en els punts d'abscisses 1 i –1.

b) Troba les rectes tangents a la corba amb pendent 12.

34 Troba el valor màxim de la funció $y = -x^3 + 12x + 3$ en l'interval $[0, 3]$ i en l'interval $[-5, 3]$.

Troba el mínim de cadascun d'aquests intervals.

6 Representació de funcions

En la unitat anterior vam aprendre a esbrinar quin és el **domini de definició** d'una funció, $y = f(x)$, donada per la seva expressió analítica, així com a obtenir-ne les **branques infinites**. Ara, el maneig de la derivació ens permet trobar-ne els **punts singulars**. Amb tot això, posseïm eines suficients per enfrontar-nos amb la representació gràfica de funcions.

Aquest curs ens limitarem a les funcions polinòmiques i a les racionals, i deixarem per a l'any que ve d'altres de més complicades.

Tingues en compte

Les funcions lineals, $y = ax + b$, i les quadràtiques, $y = ax^2 + bx + c$, són polinòmiques de 1r i 2n grau, respectivament, i sabem representar-les amb senzillesa.

Representació de funcions polinòmiques

Les funcions polinòmiques són de la forma $y = f(x) = P(x)$, on $P(x)$ és un polinomi. Per exemple, $y = x^3 - 3x^2 + 2$ o $y = 3x^4 - 6x^3$.

Són funcions **definides** i **contínues** en tot $\mathbb{R}$, amb només dues branques infinites en $-\infty$ i $+\infty$.

Passos per a representar una funció polinòmica, $f(x) = P(x)$

- Branques infinites. S'obtenen calculant $\lim_{x \to -\infty} P(x)$ i $\lim_{x \to +\infty} P(x)$.
- Punts singulars. Les seves abscisses són les arrels de l'equació $P'(x) = 0$. Un cop conegudes les abscisses, s'obtenen les ordenades sobre la funció $P(x)$.
- S'uneixen entre si els punts obtinguts i les branques infinites, procurant no dibuixar uns altres punts singulars diferents dels ja obtinguts. D'aquesta manera s'esbrina quins són els màxims i mínims relatius.
- Si es pot, convé obtenir, també, els punts de tall amb els eixos i algun altre punt per aconseguir més precisió en la representació.

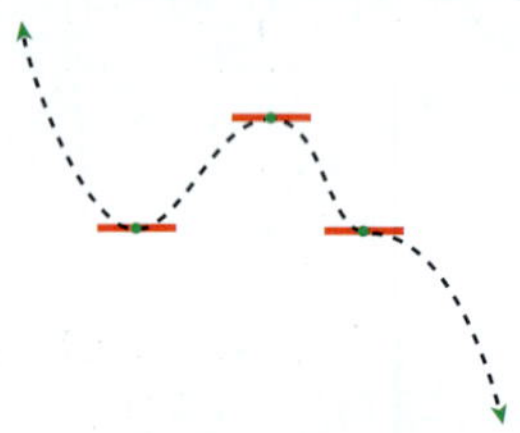

Amb els punts singulars i les branques infinites s'aprecia clarament la forma de la corba.

Exercicis resolts

1 *Representa la següent funció polinòmica:*

$$y = x^3 - 3x^2 + 4$$

- Branques infinites:

$\lim_{x \to -\infty} (x^3 - 3x^2 + 4) = -\infty$

$\lim_{x \to +\infty} (x^3 - 3x^2 + 4) = +\infty$

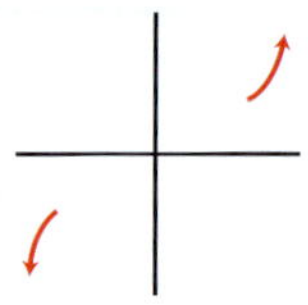

- Punts singulars:

$f'(x) = 3x^2 - 6x$

$f'(x) = 0 \Leftrightarrow 3x^2 - 6x = 0 \Leftrightarrow (3x - 6)x = 0$. Solucions: $x_1 = 0$, $x_2 = 2$

$\left.\begin{array}{l} x_1 = 0 \rightarrow f(0) = 0^3 - 3 \cdot 0^2 + 4 = 4 \\ x_2 = 2 \rightarrow f(2) = 2^3 - 3 \cdot 2^2 + 4 = 0 \end{array}\right\}$ Els punts singulars són (0, 4) i (2, 0).

- Talls amb els eixos:

Amb l'eix X: $f(x) = 0 \Leftrightarrow x^3 - 3x^2 + 4 = 0$. Solucions: 2 i –1

Talla l'eix X en els punts (–1, 0) i (2, 0).

Amb l'eix Y: Talla l'eix Y en (0, 4).

- Representació:

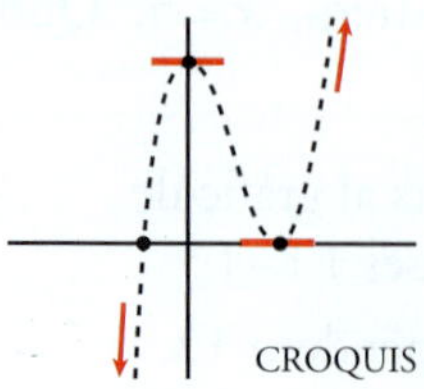

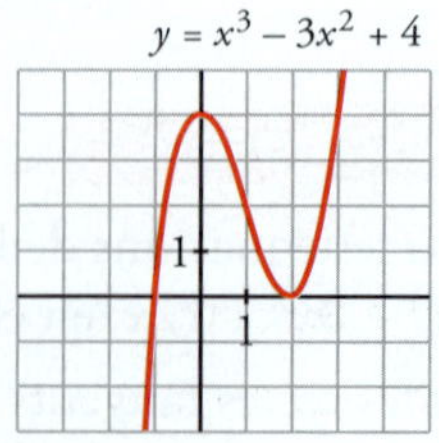

Exercicis resolts

1 *Representa la funció següent:*

$y = 3x^4 + 4x^3 - 36x^2 + 100$

- Branques infinites:

$$\lim_{x \to -\infty} (3x^4 + 4x^3 - 36x^2 + 100) = +\infty$$
$$\lim_{x \to +\infty} (3x^4 + 4x^3 - 36x^2 + 100) = +\infty$$

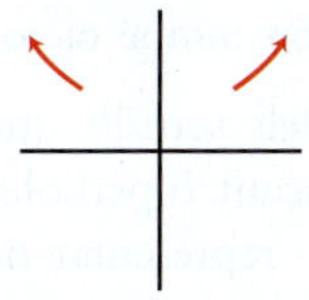

- Punts singulars:

$$\left.\begin{array}{l} f'(x) = 12x^3 + 12x^2 - 72x \\ f'(x) = 0 \Leftrightarrow x_1 = 0,\ x_2 = 2,\ x_3 = -3 \\ f(-3) = -89,\ f(0) = 100,\ f(2) = 36 \end{array}\right\} (-3, -89),\ (0, 100),\ (2, 36)$$

- Representació:

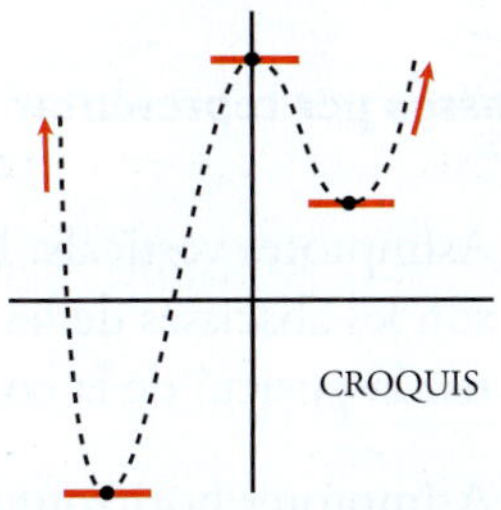

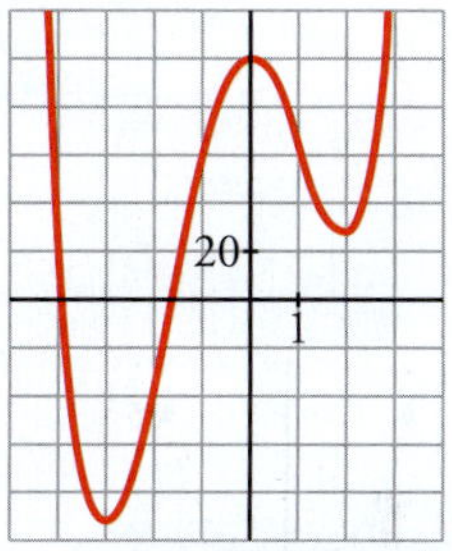

- No sabem calcular els talls amb l'eix X. Si volguéssim dibuixar la corba amb més precisió, podríem trobar altres punts: $(-4, 36)$, $(-2, -28)$, $(-1, 63)$…

2 *Representa la funció següent:*

$y = -3x^4 + 4x^3$

- Branques infinites:

$$\lim_{x \to -\infty} (-3x^4 + 4x^3) = -\infty$$
$$\lim_{x \to +\infty} (-3x^4 + 4x^3) = -\infty$$

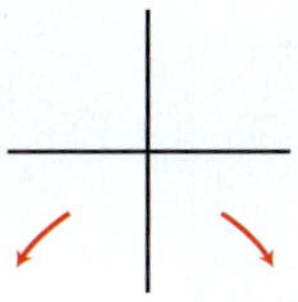

- Punts singulars:

$$\left.\begin{array}{l} f'(x) = -12x^3 + 12x^2 \\ f'(x) = 0 \Leftrightarrow -12x^2(x-1) = 0 \Leftrightarrow x_1 = 0,\ x_2 = 1 \\ f(0) = 0,\ f(1) = 1 \end{array}\right\} (0, 0),\ (1, 1)$$

- Talls amb els eixos:

Amb l'eix X: $f(x) = 0 \Leftrightarrow x^3(-3x + 4) = 0$. Solucions: 0 i 4/3

Talla l'eix X en els punts $(0, 0)$ i $(4/3, 0)$.

Amb l'eix Y: Talla l'eix Y en $(0, 0)$.

- Representació:

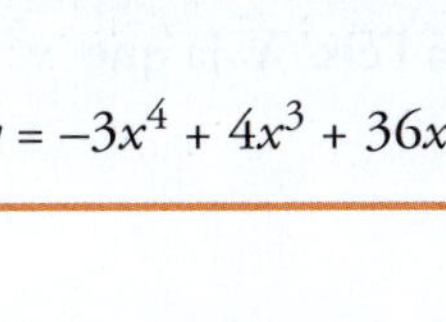

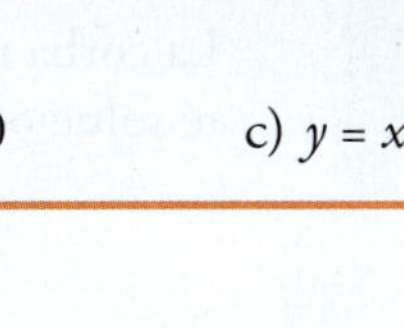

Baixa molt ràpidament, passa per $(-2, -\infty 0)$ i $(3, -135)$, però no té asímptotes verticals.

Exercici proposat

35 Representa aquestes funcions:

a) $y = 2x^3 - 3x^2 - 12x + 8$ b) $y = -3x^4 + 4x^3 + 36x^2 - 90$ c) $y = x^4 + 4x^3$

Tingues en compte

Les funcions $y = \dfrac{ax+b}{cx+d}$ són també racionals, però es tracta de models senzills que ja sabem representar mitjançant hipèrboles equilàteres. Aprendrem a representar-ne d'altres més complicades.

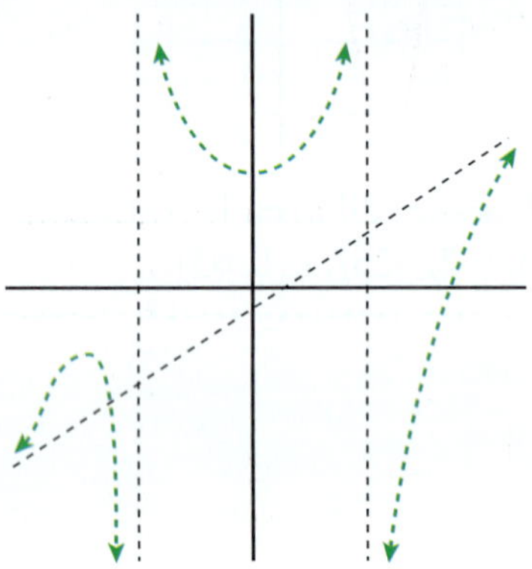

En les funcions racionals, coneixent les asímptotes i la posició de la corba respecte a aquestes, podem realitzar un esbós en què s'apreciï clarament la forma de la corba.

Representació de funcions racionals

Les funcions racionals són de la forma $y = f(x) = \dfrac{P(x)}{Q(x)}$, on $P(x)$ i $Q(x)$ són polinomis. Per exemple:

$$y = \frac{x^2-5x+7}{x-2} \qquad y = \frac{x^3}{x^2+1} \qquad y = \frac{1}{x^2+1}$$

Són definides i són contínues en tot $\mathbb{R}$ excepte en els punts l'abscissa dels quals anul·la el denominador.

Les que tractarem aquí són d'un nivell de dificultat semblant a les anteriors, amb denominadors de grau u o dos. Totes tenen la curiosa peculiaritat que *coneixent perfectament totes les seves branques infinites, podrem fer un esbós molt aproximat de la seva corba.*

Passos per representar una funció racional simplificada, $f(x) = \dfrac{P(x)}{Q(x)}$

- Asímptotes verticals. Les arrels del denominador (solucions de l'equació $Q(x) = 0$) són les abscisses de les asímptotes verticals. En cada asímptota vertical cal determinar la posició de la corba respecte a aquesta, a l'esquerra i a la dreta.
- Asímptotes horitzontals i obliqües.
  - Si *grau de $P(x) \le$ grau de $Q(x)$*, hi ha asímptota horitzontal.
  - Si *grau de $P(x)$ – grau de $Q(x) = 1$*, hi ha asímptota obliqua.

    En qualsevol dels casos anteriors, s'obté l'asímptota i la posició de la corba respecte a aquesta.
  - Si *grau de $P(x)$ – grau de $Q(x) \ge 2$*, no hi ha asímptota horitzontal ni obliqua, però sí branques infinites en $\pm\infty$; cal obtenir-les.
- Punts singulars. Les seves abscisses són les solucions de $f'(x) = 0$.
- Si es vol més precisió, es poden obtenir els punts de tall amb els eixos i, si de cas, altres punts.

Exercicis resolts

1 *Representa la funció*

$$y = \frac{x^2-5x+7}{x-2}$$

de la qual coneixem les asímptotes i la posició de la corba respecte a aquesta és:

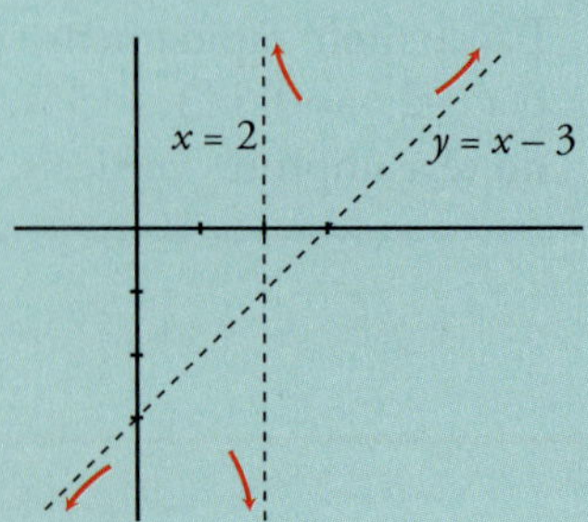

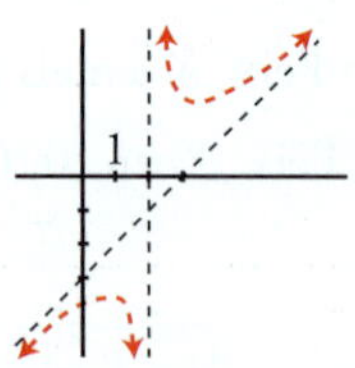

Observant l'esbós, sabem que hi ha un màxim relatiu a l'esquerra de $x = 2$ i un mínim relatiu a la dreta de $x = 2$. Obtinguem-los:

$$f'(x) = \frac{(2x-5)(x-2)-(x^2-5x+7)\cdot 1}{(x-2)^2} = \frac{x^2-4x+3}{(x-2)^2}$$

$f'(x) = 0 \iff x^2 - 4x + 3 = 0 \iff x_1 = 3,\ x_2 = 1$

$f(3) = 1,\ f(1) = -3$

Els punts singulars són (3, 1) i (1, –3).

En representar la corba amb aquests resultats, observem que (3, 1) és mínim relatiu i (1, –3) és màxim relatiu.

La corba no talla l'eix X ja que $x^2 - 5x + 7 = 0$ no té solucions.

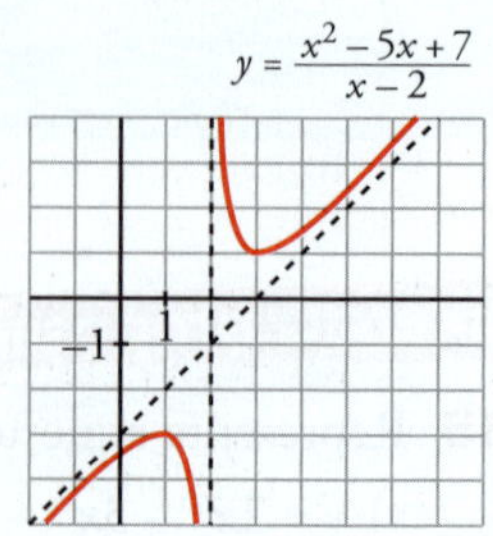

Exercicis resolts

1 *Representa la funció*

$$y = \frac{x^3}{x^2+1}$$

de la qual sabem que no té asímptotes verticals però sí asímptota obliqua:

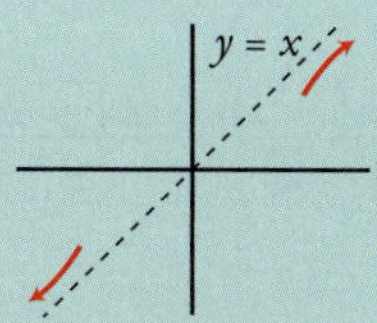

Com que no té asímptotes verticals, convé trobar-ne els punts singulars abans de realitzar un esbós de la corba.

$$f'(x) = \frac{3x^2(x^2+1) - x^3 \cdot 2x}{(x^2+1)^2} = \frac{x^4+3x^2}{(x^2+1)^2} = \frac{x^2(x^2+3)}{(x^2+1)^2}$$

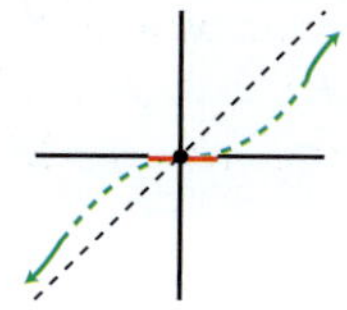

$f'(x) = 0 \iff x^2 = 0 \quad \text{o} \quad x^2 + 3 = 0 \iff x = 0$

$f(0) = 0$

Únic punt singular: (0, 0). No és màxim ni mínim, és un «punt d'inflexió».

No talla els eixos de coordenades en cap altre punt.

Obtenim més punts:

(1; 0,5), (2; 1,6), (3; 2,7), (–1; –0,5), (–2; –1,6), (–3; –2,7)

Ja podem representar-la amb prou precisió.

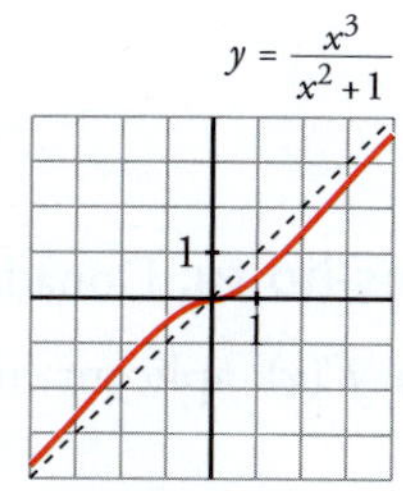

2 *Representa la funció*

$$y = \frac{x^2+1}{x^2-2x}$$

de la qual coneixem les asímptotes verticals, l'asímptota horitzontal i la posició de la corba respecte a aquestes:

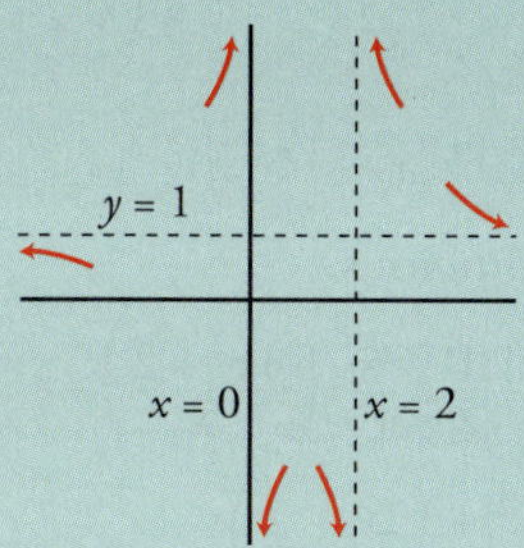

Amb les dades anteriors, podem fer l'esbós següent i, a partir d'aquest, deduïm que la corba tindrà un mínim a l'esquerra de 0 i un màxim entre 0 i 2.

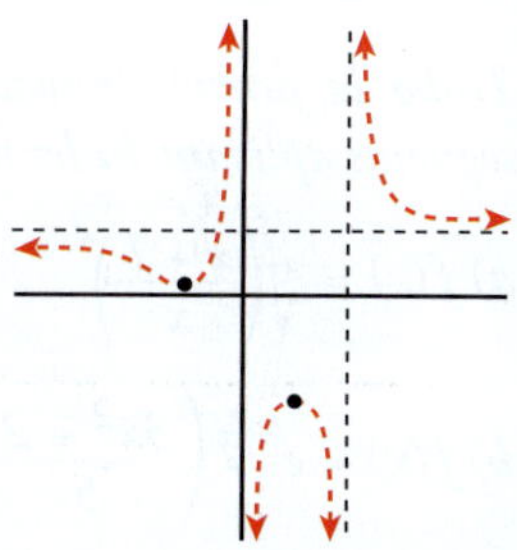

Vegem-ne la localització, i també si hi ha altres punts singulars a més d'aquests.

$$f'(x) = \frac{2x(x^2-2x) - (x^2+1)(2x-2)}{(x^2-2x)^2} =$$

$$= \frac{2x^3 - 4x^2 - 2x^3 + 2x^2 - 2x + 2}{(x^2-2x)^2} = \frac{-2x^2-2x+2}{(x^2-2x)^2}$$

$f'(x) = 0 \iff -2x^2 - 2x + 2 = 0$

Solucions: $x_1 = \frac{-1-\sqrt{5}}{2} \approx -1{,}62$; $x_2 = \frac{-1+\sqrt{5}}{2} \approx 0{,}62$

$$f(-1{,}62) \approx 0{,}62; \quad f(0{,}62) \approx -1{,}62$$

Els únics punts singulars són (–1,62; 0,62) i (0,62; –1,62). Amb aquests podem completar la representació:

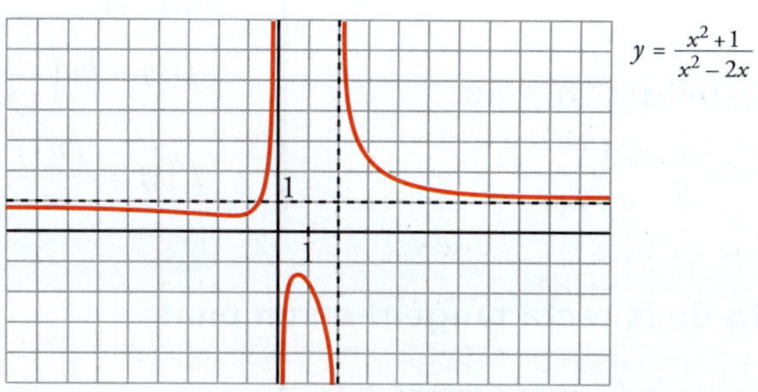

Exercici proposat

36 Representa les funcions racionals següents, seguint els passos de la pàgina anterior:

a) $y = \frac{x^2+3x+11}{x+1}$

b) $y = \frac{x^2+3x}{x+1}$

c) $y = \frac{x^2}{x^2+1}$

d) $y = \frac{1}{x^2+1}$

e) $y = \frac{x^2+2}{x^2-2x}$

f) $y = \frac{x^2-1}{x^2}$

Exercicis i problemes resolts

1. Funció derivada a partir de la definició

Demostra que la funció derivada de $f(x) = \frac{x+2}{x}$ és $f'(x) = \frac{-2}{x^2}$.

Recordem la definició de derivada:

$$f'(x) = \lim_{h \to 0} \frac{f(x+h) - f(x)}{h}$$

Calculem pas a pas:

$$f(x+h) = \frac{x+h+2}{x+h}$$

$$f(x+h) - f(x) = \frac{x+h+2}{x+h} - \frac{x+2}{x} = \frac{x^2 + xh + 2x - x^2 - xh - 2x - 2h}{x(x+h)} = \frac{-2h}{x(x+h)}$$

$$\frac{f(x+h) - f(x)}{h} = \frac{-2h}{x(x+h)} : h = \frac{-2}{x(x+h)}$$

$$\lim_{h \to 0} \frac{-2}{x(x+h)} = \frac{-2}{x^2}. \text{ Per tant, } f'(x) = \frac{-2}{x^2}.$$

Fes-ho tu. Donada $f(x) = \frac{x}{x+1}$, troba $f'(x)$ aplicant-hi la definició.

2. Regles de derivació

Troba la funció derivada de les funcions següents aplicant-hi les regles de derivació:

a) $f(x) = \sqrt[3]{\left(\frac{x+1}{x}\right)^2}$

b) $f(x) = e^{-\frac{x}{2}}\left(\frac{3x^2+2}{5}\right)$

c) $f(x) = ln \frac{x}{(3x-1)^2}$

a) Expressem la funció com a potència i hi apliquem la regla de derivació d'una funció elevada a una potència.

$$f(x) = \sqrt[3]{\left(\frac{x+1}{x}\right)^2} = \left(\frac{x+1}{x}\right)^{2/3}$$

$$f'(x) = \frac{2}{3}\left(\frac{x+1}{x}\right)^{-\frac{1}{3}} \cdot D\left(\frac{x+1}{x}\right) = \frac{2}{3}\left(\frac{x+1}{x}\right)^{-\frac{1}{3}} \cdot \frac{x-(x+1)}{x^2} = \frac{2}{3}\left(\frac{x}{x+1}\right)^{\frac{1}{3}}\left(\frac{-1}{x^2}\right)$$

$$f'(x) = \frac{-2}{3x^2}\sqrt[3]{\frac{x}{x+1}}$$

b) Apliquem la regla de derivació del producte de funcions.

$$f'(x) = D\left(e^{-\frac{x}{2}}\right) \cdot \left(\frac{3x^2+2}{5}\right) + e^{-\frac{x}{2}} \cdot D\left(\frac{3x^2+2}{5}\right) = -\frac{1}{2}e^{-\frac{x}{2}} \cdot \left(\frac{3x^2+2}{5}\right) + e^{-\frac{x}{2}} \cdot \left(\frac{6x}{5}\right) =$$

$$= e^{-\frac{x}{2}} \cdot \left(-\frac{1}{2} \cdot \frac{3x^2+2}{5} + \frac{6x}{5}\right) = e^{-\frac{x}{2}} \cdot \left(\frac{-3x^2+12x-2}{10}\right)$$

c) Apliquem les propietats del logaritme d'un quocient i d'una potència abans de derivar.

$$f(x) = ln\left(\frac{x}{(3x-1)^2}\right) = ln\, x - ln\,(3x-1)^2 = ln\, x - 2ln\,(3x-1)$$

$$f'(x) = \frac{D(x)}{x} - 2\frac{D(3x-1)}{3x-1} = \frac{1}{x} - 2\frac{3}{3x-1} = \frac{-3x-1}{x(3x-1)}$$

Fes-ho tu. Troba $f'(x)$ sent:

$$f(x) = ln\left(\frac{x+1}{x}\right)^2$$

3. Equació de la recta tangent en un punt

Escriu l'equació de la recta tangent a la corba $f(x) = \frac{2x^2}{x+1}$ en el punt d'abscissa $x = -3$.

- Calculem l'ordenada que correspon a $x = -3$: $f(-3) = \frac{18}{-3+1} = -9$
- Trobem el pendent de la recta tangent en aquest punt, $m = f'(-3)$.

$$f'(x) = \frac{4x(x+1) - 2x^2}{(x+1)^2} = \frac{2x^2+4x}{(x+1)^2} \to f'(-3) = \frac{18-12}{(-2)^2} = \frac{6}{4} = \frac{3}{2}$$

Amb el punt $P(-3, -9)$ i el pendent $m = \frac{3}{2}$ escrivim l'equació:

$$y = -9 + \frac{3}{2}(x+3)$$

4. Recta tangent paral·lela a una recta

Donada la paràbola $y = x^2 - 2x - 2$, es traça la corda que uneix els punts de la paràbola d'abscisses $x = 1$ i $x = 3$.

Troba l'equació de la recta tangent a la paràbola que és paral·lela a aquesta corda.

Fes-ho tu. Troba l'equació de la recta tangent a la corba $f(x) = 3x^2 - 4x$ que sigui paral·lela a la recta $2x - y + 5 = 0$.

El pendent de la recta tangent, $f'(a)$, ha de ser igual al pendent de la corda, m.

Trobem els extrems de la corda: $\begin{cases} x_1 = 1 \rightarrow y_1 = -3;\ A(1, -3) \\ x_2 = 3 \rightarrow y_2 = 1;\ B(3, 1) \end{cases}$

Pendent de la corda: $m = \dfrac{y_2 - y_1}{x_2 - x_1} = \dfrac{4}{2} = 2$

$$f'(a) = 2a - 2 = 2 \rightarrow a = 2,\ f(2) = -2$$

La tangent en el punt (2, –2) és paral·lela a la corda que uneix els punts A i B. Per tant, la seva equació, en forma punt-pendent, és:

$$y = -2 + 2(x - 2) \rightarrow y = 2x - 6$$

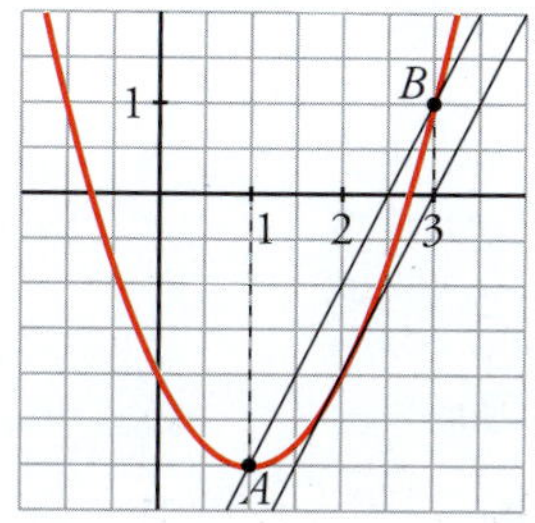

5. Punts de tangent horitzontal

Troba els punts de tangent horitzontal de la funció $f(x) = \dfrac{-x^3}{3} + 3x^2 - 8x + 16$.

Amb ajuda de les branques infinites, digues si són màxims o mínims.

Fes-ho tu. Troba els punts singulars de la funció $f(x) = x^3 - 6x^2$ i digues si són màxims o mínims.

- Trobem les abscisses dels punts singulars resolent l'equació $f'(x) = 0$:

$$f'(x) = -x^2 + 6x - 8 \rightarrow -x^2 + 6x - 8 = 0 \rightarrow x_1 = 2,\ x_2 = 4$$

Calculem les ordenades d'aquests punts:

$$f(2) = \frac{-8}{3} + 12 - 16 + 16 = \frac{28}{3} \qquad f(4) = \frac{-64}{3} + 48 - 32 + 16 = \frac{32}{3}$$

Els punts demanats són $P\left(2, \dfrac{28}{3}\right)$ i $Q\left(4, \dfrac{32}{3}\right)$.

- Branques infinites:

$$\lim_{x \to +\infty} f(x) = \lim_{x \to +\infty} \frac{-x^3}{3} + 3x^2 - 8x + 16 = -\infty$$

$$\lim_{x \to -\infty} f(x) = \lim_{x \to -\infty} \frac{-x^3}{3} + 3x^2 - 8x + 16 = +\infty$$

Per tant, $P\left(2, \dfrac{28}{3}\right)$ és un mínim i $Q\left(4, \dfrac{32}{3}\right)$ és un màxim.

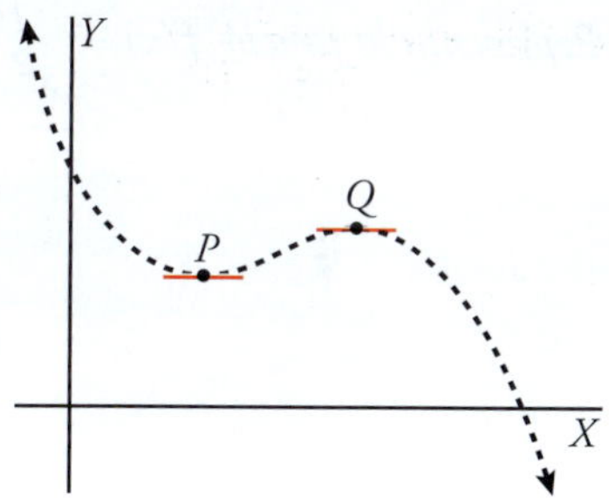

6. Coeficients d'una funció que té punts singulars

Calcula els coeficients a, b, c de la funció $f(x) = ax^3 + bx + c$ perquè passi per (0, 5) i tingui un punt singular en (2, –3).

Fes-ho tu. Troba b i c de manera que la funció $f(x) = x^3 + bx^2 + c$ passi per (1, 0) i $f'(1) = 5$.

Per trobar a, b, c hem de plantejar, amb les condicions donades, un sistema de tres equacions les incògnites de les quals siguin a, b, c.

- Si f passa per (0, 5), aleshores $f(0) = 5$; $a \cdot 0^3 + b \cdot 0 + c = 5 \rightarrow c = 5$
- Si (2, –3) és un punt singular, aleshores $f'(2) = 0$;

  $f'(x) = 3ax^2 + b \rightarrow f'(2) = 3a2^2 + b \rightarrow 12a + b = 0$
- Com que el punt (2, –3) pertany a f, aleshores $f(2) = a \cdot 2^3 + b \cdot 2 + c = -3$

Resolem el sistema resultant:

$$\left.\begin{array}{l} c = 5 \\ 12a + b = 0 \\ 8a + 2b + c = -3 \end{array}\right\} \rightarrow c = 5,\ b = -6,\ a = \frac{1}{2}$$

Per tant, la funció és $f(x) = \dfrac{1}{2}x^3 - 6x + 5$.

7. Intervals de creixement i de decreixement

Determina els intervals de creixement i de decreixement d'aquestes funcions:

a) $f(x) = x^3 - 12x - 8$

b) $f(x) = \dfrac{x}{1 - x^2}$

Fes-ho tu. Troba els intervals de creixement i de decreixement de la funció $f(x) = \dfrac{x^2}{2 - x}$.

Anàlisi del problema. *Si $f'(a) > 0$, f és creixent en $x = a$ i si $f'(a) < 0$, f és decreixent en $x = a$. Per tant, hem de buscar els valors de x per als quals $f'(x) > 0$ i aquells per als quals $f'(x) < 0$.*

a) Trobem els punts de tangent horitzontal:

$$f'(x) = 0 \rightarrow f'(x) = 3x^2 - 12 = 0 \rightarrow x_1 = 2,\ x_2 = -2$$

Estudiem el signe de f' en els intervals els extrems dels quals són les solucions de $f'(x) = 0$:

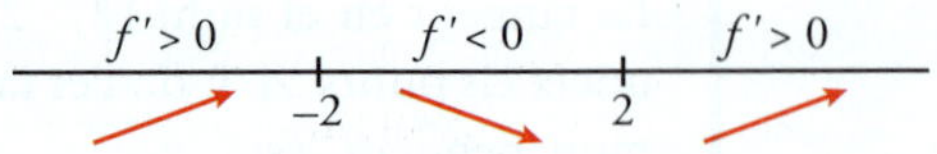

f creix en $(-\infty, -2) \cup (2, +\infty)$; f decreix en $(-2, 2)$.

b) Busquem els punts on $f'(x) = 0$:

$$f'(x) = \frac{1 - x^2 + 2x^2}{(1 - x^2)^2} = \frac{1 + x^2}{(1 - x^2)^2} = 0. \text{ No té solució.}$$

Per tant, f no té punts de tangent horitzontal.

Estudiem el signe de f' en el seu domini de definició, $Dom = \mathbb{R} - \{-1, 1\}$:

Per a qualsevol $x \in Dom$, el numerador i el denominador de $f'(x)$ són positius. Per això, $f'(x) > 0$ per a tot $x \in Dom$. Així doncs, f és creixent en tot el seu domini.

8. Gràfica d'una funció racional contínua

Representa la funció $f(x) = \dfrac{16x}{x^2 + 4}$.

Fes-ho tu. Estudia i representa la funció $f(x) = \dfrac{2x^2}{x^2 + 1}$.

El seu domini de definició és $\mathbb{R}$ perquè $x^2 + 4 \neq 0$ per a qualsevol valor de x. Per la mateixa raó, no té asímptotes verticals.

- Asímptota horitzontal: $y = 0$, perquè $\lim\limits_{x \to \infty} \dfrac{16x}{x^2 + 4} = 0$.
- Posició de la corba respecte a l'asímptota:

  Si $x \rightarrow +\infty$, $f(x) > 0$

  Si $x \rightarrow -\infty$, $f(x) < 0$

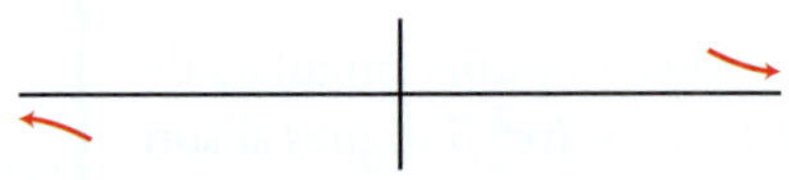

- Punts singulars:

$$f'(x) = 0 \rightarrow f'(x) = \frac{16(x^2 + 4) - 16x \cdot 2x}{(x^2 + 4)^2} = \frac{-16x^2 + 64}{(x^2 + 4)^2}$$

$$-16x^2 + 64 = 0 \rightarrow x^2 = 4 \rightarrow \begin{cases} x = 2, & f(2) = 4 \\ x = -2, & f(-2) = -4 \end{cases}$$

- Estudiem el signe de f'.

  Si $x < -2$, $f'(x) < 0 \rightarrow f$ és decreixent en $(-\infty, -2)$.

  Si $-2 < x < 2$, $f'(x) > 0 \rightarrow f$ és creixent en $(-2, 2)$.

  Si $x > 2$, $f'(x) < 0 \rightarrow f$ és decreixent en $(2, +\infty)$.

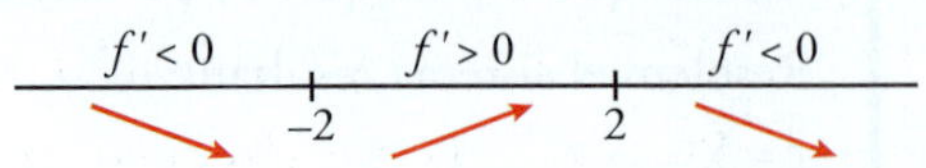

Per tant, la corba té un mínim en $(-2, -4)$ i un màxim en $(2, 4)$.

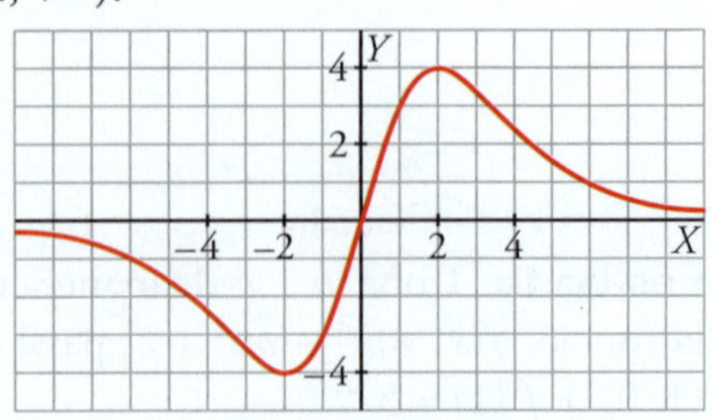

9. Estudi i representació d'una funció polinòmica

Estudia i representa aquesta funció:

$f(x) = 3 - (2 + x)^3$

- Com és una funció polinòmica, el seu domini és $\mathbb{R}$, és contínua i no té asímptotes.
- Branques infinites:

  $\lim_{x \to +\infty} [3 - (2 + x)^3] = -\infty$

  $\lim_{x \to -\infty} [3 - (2 + x)^3] = +\infty$

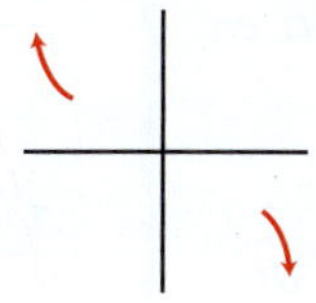

- Punts singulars:

  $f'(x) = 0 \rightarrow f'(x) = -3(2 + x)^2 = 0 \rightarrow x = -2$

  Com que $f(-2) = 3$, en el punt $(-2, 3)$ la tangent és horitzontal.

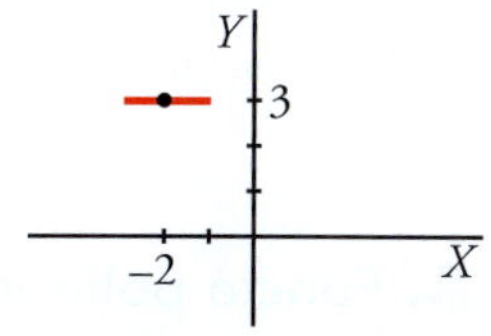

- Creixement i decreixement:

  Estudiem el signe de $f'(x)$.

  $f'(x) = -3(2 + x)^2 < 0$ per a qualsevol valor de x.

  Per tant, f és decreixent en tot el seu domini, i el punt $(-2, 3)$ no és màxim ni mínim.

- Talls amb els eixos:

  $x = 0 \rightarrow y = -5$

  $y = 0 \rightarrow x = \sqrt[3]{5} - 2 \approx -0,6$

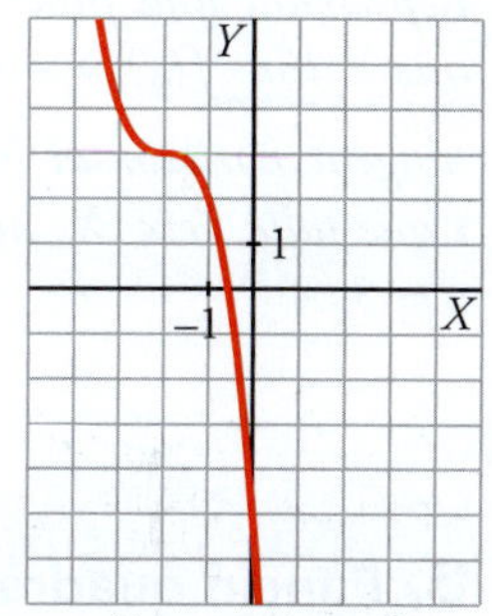

$f(x) = 3 - (2 + x)^3$

Fes-ho tu. Estudia i representa aquesta funció:

$f(x) = 1 + (x - 3)^3$

10. Estudi i representació d'una funció racional

Estudia i representa aquesta funció:

$f(x) = \dfrac{x^2 - 4}{x}$

- La funció no està definida en $x = 0 \rightarrow Dom = \mathbb{R} - \{0\}$
- Asímptota vertical, $x = 0$.

  Posició de la corba respecte a l'asímptota:

  Si $x \rightarrow 0^-$, $f(x) \rightarrow +\infty$

  Si $x \rightarrow 0^+$, $f(x) \rightarrow -\infty$

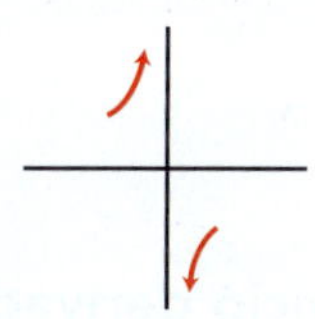

- Asímptotes horitzontals i obliqües:

  Té asímptota obliqua perquè el grau del numerador és una unitat major que el grau del denominador. Dividim:

  $f(x) = x - \dfrac{4}{x} \rightarrow$ L'asímptota és $y = x$.

  Posició: si $x = 100 \rightarrow f(x) - x = 99,96 - 100 < 0$. Corba sota l'asímptota.

  si $x = -100 \rightarrow f(x) - x = -99,96 + 100 > 0$. Corba sobre l'asímptota.

- Punts singulars:

  $f'(x) = 0 \rightarrow f'(x) = \dfrac{2x \cdot x - x^2 + 4}{x^2} = \dfrac{x^2 + 4}{x^2} = 0$

  No té solució. No té punts singulars.

- Creixement i decreixement:

  $f'(x) > 0$ per a qualsevol valor de $x \neq 0$.

  Per tant, $f(x)$ és creixent en tot el seu domini.

- Talls amb els eixos:

  $y = 0 \rightarrow x^2 - 4 = 0$: $x = 2 \rightarrow P(2, 0)$; $x = -2 \rightarrow Q(-2, 0)$

  No talla l'eix Y.

$f(x) = \dfrac{x^2 - 4}{x}$

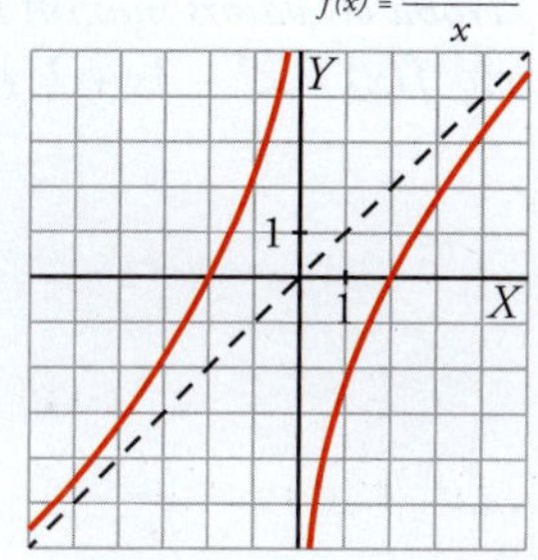

Fes-ho tu. Estudia i representa aquesta funció:

$f(x) = \dfrac{2x^2 + 8}{x}$

Exercicis i problemes guiats

1. Derivades sobre la gràfica

Observant la gràfica de la dreta, de $y = f(x)$, sobre la qual s'han traçat les tangents en $x = 1$ i en $x = 3$:

a) Troba el valor de $f'(-1)$ i $f'(3)$.

b) Per a quins valors de x és $f'(x) = 0$?

c) Per a quins valors de x és $f'(x) < 0$?

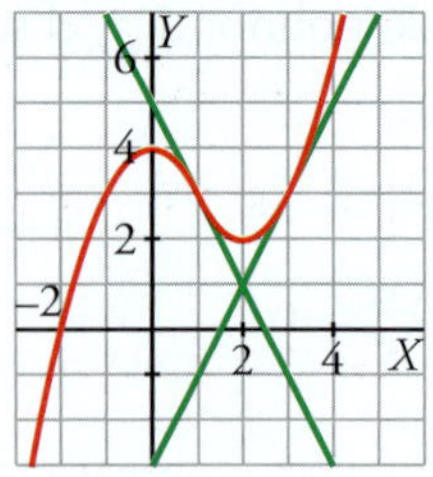

a) Saps que la derivada és igual al pendent de la recta tangent. Pren dos punts a cada recta i troba'n el pendent.

b) Si $f'(x) = 0$, la recta tangent serà horitzontal. En quins punts passa això?

c) Si $f'(x) < 0$, la funció decreix. Expressa com a interval el tram on decreix.

Solució: a) $f'(1) = -2$, $f'(3) = 2$ b) Per a $x = 0$ i $x = 2$ c) $f'(x) < 0$ si $x \in (0, 2)$

2. Funció polinòmica

Representa una funció polinòmica sabent que $\lim_{x \to \pm\infty} f(x) = -\infty$, que els punts de tangent horitzontal són $(0, -3)$ i $(3, 2)$, i que talla l'eix X només en $x = 2$ i en $x = 5$.

- Justifica per què no pot tenir asímptotes.
- Representa la informació de manera esquemàtica.
- Intenta traçar la corba des de $-\infty$ a $+\infty$ i raona si els punts de tangent horitzontal poden ser màxims o mínims.

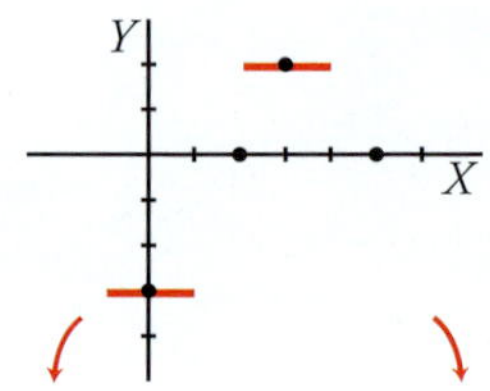

Solució:

(3, 2) és un màxim; (0, −3) no és màxim ni mínim.

3. Funció quadràtica

Troba la funció de segon grau que passi per $(0, 2)$ i en la qual el pendent de la recta tangent en el punt $(1, -3)$ valgui -1.

L'equació d'una funció quadràtica és $y = ax^2 + bx + c$.

- Escriu la condició perquè passi pels punts (0, 2) i (1, −3).
- El pendent de la recta tangent és igual al valor de la derivada de la funció en el punt de tangència $f'(1) = -1$.
- Resol el sistema format per aquestes tres condicions i obtindràs a, b i c.

Solució: $a = 4$, $b = -9$, $c = 2$

4. Gràfica de la funció derivada

Aquesta és la gràfica de f', funció derivada de f.

a) Obtén $f'(0)$ i $f'(4)$.

b) Té f algun punt singular?

c) Estudia el creixement de f.

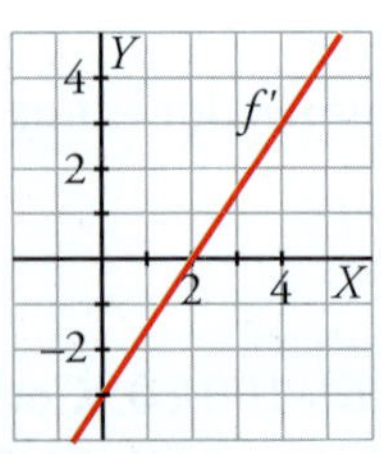

a) Sobre la gràfica de f' busca el valor de l'ordenada en $x = 0$ i en $x = 4$.

b) Hi ha cap punt en què $f'(x) = 0$?

c) Si $f'(x) > 0$, la gràfica estarà sobre l'eix X. Per a aquests valors de x, f és creixent.

Solució: a) $f'(0) = -3$, $f'(4) = 3$

b) Sí, en $x = 2$.

c) Creix en $(2, +\infty)$.

5. Màxim i mínim en un interval

Troba els valors màxim i mínim de la funció $f(x) = x^3 - 3x + 1$ en l'interval $[0, 3]$.

Anàlisi del problema: *Si una funció està definida en $[a, b]$, el seu valor màxim (o mínim) està en $x = a$ o $x = b$, o bé en un punt singular que estigui dins de l'interval.*

- Calcula el valor de la funció en els extrems de l'interval [0, 3].
- Troba els punts singulars de la funció i descarta els que no estiguin en [0, 3].
- Compara el valor de la funció en els punts singulars amb els obtinguts en $x = 0$ i $x = 3$ i decideix quin és el màxim i quin el mínim.

Solució: Màxim, $f(3) = 19$; mínim, $f(1) = -1$.

Exercicis i problemes proposats

Per practicar

Taxa de variació mitjana

1 Troba la taxa de variació mitjana d'aquestes funcions en l'interval [1, 3] i indica si creixen o decreixen en aquest interval:

a) $f(x) = 1/x$ b) $f(x) = (2-x)^3$

c) $f(x) = x^2 - x + 1$ d) $f(x) = 2^x$

2 a) Troba la TVM de les funcions $f(x) = -x^2 + 5x - 3$ i $g(x) = \dfrac{1}{x+1}$ en l'interval [1, 1 + h].

b) Calcula la TVM d'aquestes funcions en l'interval [1; 1,5] fent servir les expressions obtingudes en l'apartat anterior.

3 Compara la TVM de les funcions $f(x) = x^3$ i $g(x) = 3^x$ en els intervals [2, 3] i [3, 4], i digues quina de les dues creix més en cada interval.

4 Aquesta gràfica mostra la longitud d'un fetus durant l'embaràs. Estudia el creixement mitjà en els intervals [5,15] i [20, 30] i digues en quin període és més gran el creixement:

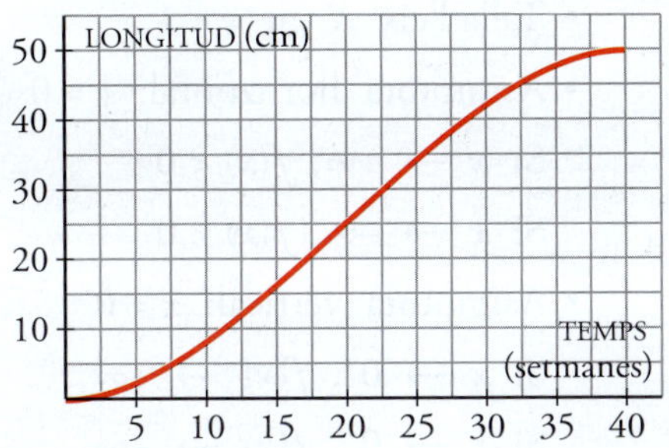

Definició de derivada

5 Troba la derivada de les funcions següents en $x = 1$, fent servir la definició de derivada:

a) $f(x) = 3x^2 - 1$ b) $f(x) = (2x+1)^2$

c) $f(x) = 3/x$ d) $f(x) = 1/(x+2)^2$

6 Aplica la definició de derivada per trobar el pendent de la tangent en $x = 2$ de les corbes $f(x) = 4x - x^2$ i $g(x) = \dfrac{1}{3x-7}$.

7

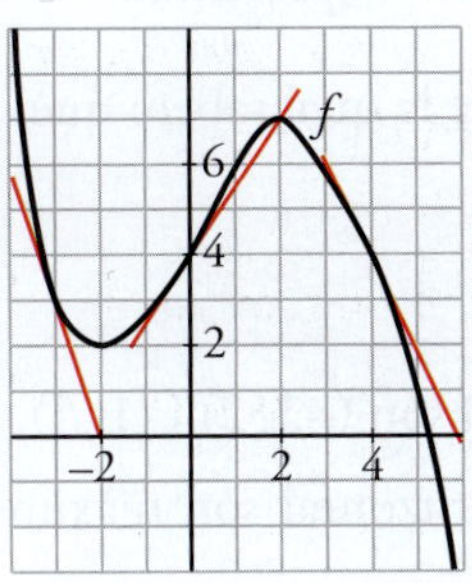

Observa la gràfica de f en la qual s'han traçat les tangents en $x = -3$, $x = 0$ i $x = 4$ i respon:

a) Quin és el valor de $f'(-3)$, $f'(0)$ i $f'(4)$?

b) En quins punts és $f'(x) = 0$?

c) En $x = 1$, la derivada és positiva o negativa? I en $x = 3$?

8 Troba la funció derivada de les funcions següents, aplicant-hi la definició:

a) $f(x) = \dfrac{(5x-3)}{2}$ b) $f(x) = x^2 + 7x - 1$

c) $f(x) = \dfrac{x^2 - 5x}{3}$ d) $f(x) = \dfrac{x-1}{x}$

Regles de derivació

9 Troba la funció derivada de les funcions següents i simplifica quan sigui possible:

a) $f(x) = \dfrac{x^3}{3} + 7x^2 - 4x$ b) $f(x) = 3e^{2x}$

c) $f(x) = \dfrac{1}{3x} + \sqrt{x}$ d) $f(x) = \dfrac{x^2}{x+1}$

e) $f(x) = \dfrac{1}{7x+1} + \dfrac{\sqrt{2x}}{3}$ f) $f(x) = ln\,(x^2 + 3x)$

g) $f(x) = \dfrac{\sqrt{x+1}}{x}$ h) $f(x) = ln\,3x + e^{-x}$

i) $f(x) = \dfrac{e^{x-3}}{5}$ j) $f(x) = \left(\dfrac{3-x}{x}\right) log_2\,x$

10 Aplica les regles de derivació i simplifica si és possible:

a) $f(x) = (5x-2)^3$ b) $f(x) = 3\,cos\,(x+\pi)$

c) $f(x) = sin\,\dfrac{x}{2}$ d) $f(x) = \dfrac{e^x + e^{-x}}{2}$

e) $f(x) = \sqrt{\dfrac{x+7}{x}}$ f) $f(x) = \left(\dfrac{x}{2}\right)^3 \cdot e^{2x+1}$

g) $f(x) = tg\,(3x)$ h) $f(x) = x \cdot sin\,x^2$

i) $f(x) = \sqrt{7 \cdot ln\,x}$ j) $f(x) = (x + ln\,x)^2$

11 Deriva les funcions següents:

a) $f(x) = \sqrt[3]{e^x + 1}$ b) $f(x) = \left(\dfrac{ln\,x}{x}\right)^2$

c) $f(x) = \dfrac{-3}{\sqrt{1-x^2}}$ d) $f(x) = \left(\dfrac{3x}{1-x^2}\right)^2$

e) $f(x) = \dfrac{x}{3}\,log_2\,(1-x^2)$ f) $f(x) = e^{-x}\,ln\,\dfrac{1}{x}$

g) $f(x) = \sqrt[3]{(5x+2)^2}$ h) $f(x) = ln\left(\dfrac{1}{4x} - \dfrac{x}{2}\right)$

12 Aplica les propietats dels logaritmes abans d'aplicar les regles de derivació, per obtenir la derivada d'aquestes funcions:

a) $f(x) = ln\,\dfrac{x^2+1}{x^2-1}$ b) $f(x) = ln\,(x \cdot e^{-x})$

c) $f(x) = ln\,(1-3x^2)^4$ d) $f(x) = log_2\,\sqrt[3]{5x - x^2}$

e) $f(x) = ln\sqrt{\dfrac{x}{x^2+1}}$ f) $f(x) = log\,\dfrac{(3x-5)^3}{x}$

g) $f(x) = log_2\sqrt{\dfrac{x-1}{x^3}}$ h) $f(x) = log\,\dfrac{1}{\sqrt{e^x}}$

Exercicis i problemes proposats

Recta tangent i recta normal

13 Troba l'equació de la recta tangent i de la recta normal a la funció f en el punt d'abscissa indicat en cada cas.

a) $f(x) = x^2 - 5x + 6$ en $x = 2$

b) $f(x) = \sqrt{x+1}$ en $x = 3$

c) $f(x) = \dfrac{2-x}{x^3}$ en $x = -1$

d) $f(x) = ln\, x$ en $x = e^2$

e) $f(x) = sin\left(x + \dfrac{\pi}{2}\right)$ en $x = \dfrac{\pi}{2}$

14 Troba els punts en què el pendent de la recta tangent a cada una de les funcions següents és igual a 2:

a) $y = x^2 - 2x$ b) $y = \dfrac{x}{x+2}$

c) $y = 4\sqrt{x+3}$ d) $y = ln\,(4x-1)$

15 Escriu, en cada cas, l'equació de la recta tangent a f, que sigui paral·lela a la recta donada.

a) $f(x) = x^2 + 4x + 1$ paral·lela a $2x + y + 1 = 0$

b) $f(x) = x^3 - 3x$ paral·lela a $y = 6x + 10$

c) $f(x) = \dfrac{x-3}{x+2}$ paral·lela a $5x - y = 0$

16 Escriu les equacions de les rectes tangents i de les rectes normals a la funció $y = 4 - x^2$ en els punts de tall amb l'eix d'abscisses.

17 Obtén els punts on la recta tangent és horitzontal i escriu-ne l'equació:

a) $y = 3x^2 - 2x + 5$ b) $y = 2x^3 - 3x^2 + 1$

c) $y = x^4 - 4x^3$ d) $y = x^3 - 12x$

e) $y = \dfrac{x^2+1}{x}$ f) $y = \dfrac{2x^2}{x^2+1}$

Punts singulars. Creixement i decreixement

18 Troba, en cada cas, els punts singulars de la funció i determina'n els intervals de creixement i de decreixement:

a) $f(x) = x^2 - 8x + 3$ b) $f(x) = 12x - 3x^2$

c) $f(x) = \dfrac{x^3}{3} - 3x^2$ d) $f(x) = x^3 + 6x^2 + 12x$

e) $f(x) = \dfrac{x^2}{x-1}$ f) $f(x) = \dfrac{x-1}{x+2}$

19 Comprova que les funcions següents no tenen punts singulars i determina'n els intervals on creixen o decreixen:

a) $y = x^3 + 3x$ b) $y = \dfrac{1}{x}$

c) $y = \sqrt{x}$ d) $y = ln\, x$

20 Troba els punts singulars de les funcions següents i, amb ajuda de les branques infinites, determina si són màxims o mínims:

a) $y = x^3 - 2x^2 + x + 2$ b) $y = 3x^2 - x^3$

c) $y = x^4 - 8x^2 + 10$ d) $y = -3x^4 - 12x$

e) $y = \dfrac{3}{x^2+1}$ f) $y = \dfrac{x^3+4}{x}$

21 Indica en cada una d'aquestes funcions els valors de x on f' és positiva i on f' és negativa:

a)
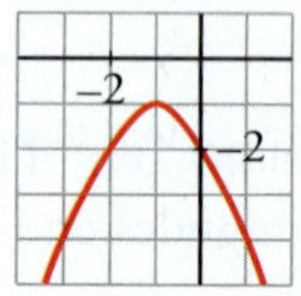

b)
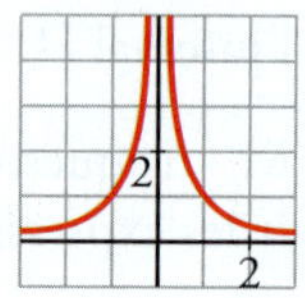

c)
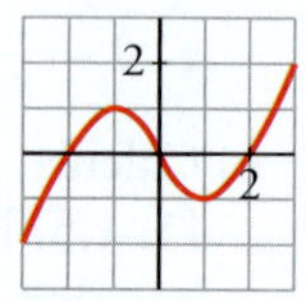

Gràfics de funcions polinòmiques i racionals

22 Representa una funció $y = f(x)$ de la qual coneixem:

- Domini de definició: $\mathbb{R} - \{0\}$
- Talla l'eix X en $x = 1$.
- Asímptota horitzontal: $y = 0$

  Si $x \to +\infty$, $f(x) < 0$

  Si $x \to -\infty$, $f(x) < 0$
- Asímptota vertical: $x = 0$

  Si $x \to 0^+$, $f(x) \to +\infty$

  Si $x \to 0^-$, $f(x) \to -\infty$
- Mínim en (2, 1)

23 Representa una funció $y = f(x)$ de la qual coneixem:

- Asímptota vertical: $x = 2$

  Si $x \to 2^+$, $f(x) \to +\infty$

  Si $x \to 2^-$, $f(x) \to -\infty$
- Asímptota obliqua: $y = x$

  Si $x \to +\infty$, $f(x) > x$

  Si $x \to -\infty$, $f(x) < x$

Té màxim o mínim la funció que has representat?

24 Representa una funció $y = f(x)$ de la qual sabem que:

- És contínua.
- $\lim\limits_{x \to -\infty} f(x) = +\infty$; $\lim\limits_{x \to +\infty} f(x) = -\infty$
- Els punts de tangent horitzontal són (–3, 2) i (1, 5).

Indica si els punts de tangent horitzontal són màxims o mínims.

25 Representa una funció polinòmica de la qual sabem:

- $\lim_{x \to -\infty} f(x) = +\infty$; $\lim_{x \to +\infty} f(x) = +\infty$
- La derivada és igual a 0 només en (–2, 2) i en (2, –1).
- Talla els eixos només en (0, 0) i en (4, 0).

26 Representa una funció contínua $y = f(x)$ tal que:

- Els punts de tangent horitzontal són (–1, –2) i (1, 2).
- Les branques infinites són així: 

27 Comprova que la funció $y = (x - 1)^3$ passa pels punts (0, –1), (1, 0) i (2, 1). La derivada s'anul·la en el punt (1, 0). Pot ser un màxim o un mínim aquest punt?

28 Comprova que la funció $y = \dfrac{x^2+1}{x}$ té dos punts de tangent horitzontal, (–1, –2) i (1, 2); les asímptotes són $x = 0$ i $y = x$ i la posició de la corba respecte de les asímptotes és la que s'indica en l'esbós. Representa-la.

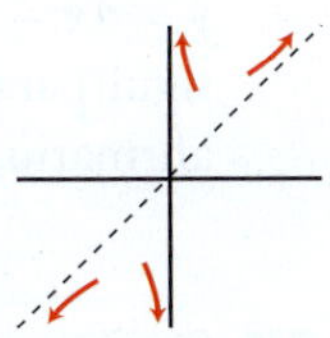

29

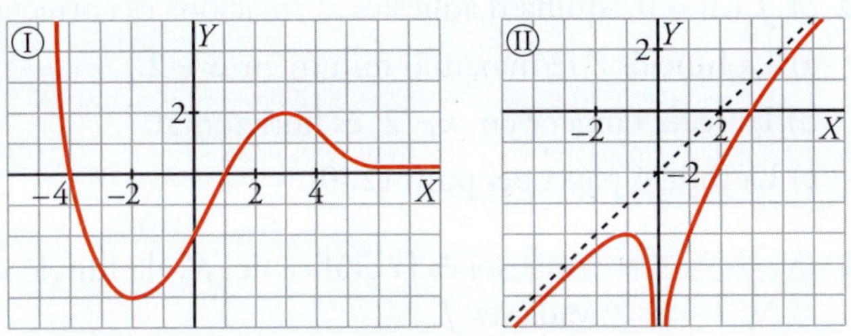

Observa aquestes gràfiques i descriu:

a) Les branques infinites, asímptotes i posició de la corba respecte a aquestes.

b) Els punts singulars, creixement i decreixement.

30 Donada la funció $y = \dfrac{2x^2}{x^2+1}$ comprova que:

- Té derivada nul·la en (0, 0).
- La recta $y = 2$ és una asímptota horitzontal.
- La posició de la corba respecte a l'asímptota és:

  Si $x \to -\infty$, $y < 2$ Si $x \to +\infty$, $y < 2$

Representa-la.

31 Completa la gràfica d'una funció que té tres punts singulars:

$\left(-3, \dfrac{-5}{2}\right)$, $(0, 0)$, $\left(3, \dfrac{5}{2}\right)$

i les branques infinites del qual són les representades a la dreta.

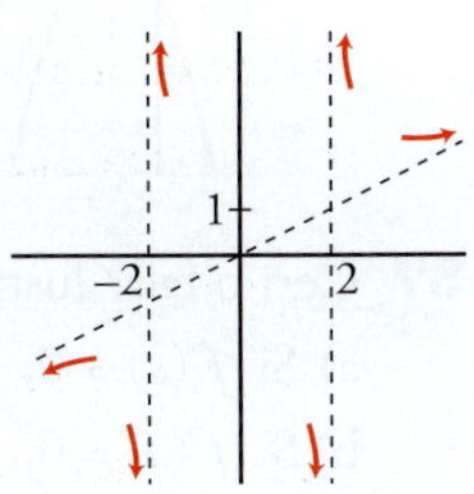

Per resoldre

32 a) Troba el vèrtex de la paràbola $y = x^2 + 6x + 11$ tenint en compte que en aquest punt la tangent és horitzontal.

b) Troba les coordenades del vèrtex d'una paràbola qualsevol $y = ax^2 + bx + c$.

33 Determina la paràbola $y = ax^2 + bx + c$ que és tangent a la recta $y = 2x - 3$ en el punt $A(2, 1)$ i que passa pel punt $B(5, -2)$.

34 Troba el valor de x per al qual les tangents a les corbes $y = 3x^2 - 2x + 5$ i $y = x^2 + 6x$ siguin paral·leles i escriu les equacions d'aquestes tangents.

35 Troba a, b i c en $f(x) = x^3 + ax^2 + bx + c$ de manera que la gràfica de f tingui tangent horitzontal en $x = -4$ i en $x = 0$ i que passi per (1, 1).

36 L'equació de la recta tangent a una funció $f(x)$ en el punt d'abscissa $x = 2$ és $4x - 3y + 1 = 0$. Quin és el valor de $f'(2)$? I el de $f(2)$?

37 Troba una funció de segon grau sabent que passa per (0, 1) i que el pendent de la recta tangent en el punt (2, –1) val 0.

38 Representa les funcions següents trobant els seus punts singulars i les branques infinites:

a) $f(x) = x^3 - 3x^2 + 1$ b) $f(x) = x^4 + 4x^3$

c) $f(x) = 12x - x^3$ d) $f(x) = -x^4 + 4x^2$

39 Estudia i representa:

a) $y = x^3 - 3x + 2$ b) $y = x^3 - 9x^2 + 24x - 20$

c) $y = x^5 - 6x^3 - 8x - 1$ d) $y = x^4 - 8x^2 + 2$

40 Comprova que aquestes funcions no tenen punts de tangent horitzontal. Representa-les estudiant-ne les branques infinites i els punts de tall amb els eixos:

a) $y = \dfrac{x-3}{x+2}$ b) $y = \dfrac{x^2-1}{x}$

c) $y = \dfrac{x^3}{3} + 4x$ d) $y = \dfrac{1}{(x-2)^2}$

41 Estudia i representa les funcions següents:

a) $y = \dfrac{x}{x^2-16}$ b) $y = \dfrac{x}{1-x^2}$

c) $y = \dfrac{x+2}{x^2-6x+5}$ d) $y = \dfrac{(x-1)^2}{x+2}$

e) $y = \dfrac{x^2-1}{x+2}$ f) $y = \dfrac{x^2}{1-x^2}$

42 Calcula el valor de a perquè $f(x) = ln\left(\frac{x^2}{x+a}\right)$ verifiqui que $f'(2) = 0$.

43 La funció $h(t) = 50 + 30t - 5t^2$ (h en metres, t en segons) mostra l'altura d'una pilota llançada cap amunt.

a) Calcula'n la velocitat mitjana entre $t = 0$ i $t = 2$.

b) En quin instant la velocitat és igual a 0?

c) Quina és l'altura màxima que aconsegueix i en quin moment l'aconsegueix?

44 El cost total (en dòlars) de fabricació de q unitats d'un article determinat és: $C(q) = 3q^2 + 5q + 75$

El cost mitjà per unitat és: $M(q) = \frac{C(q)}{q}$

a) Quantes unitats se n'han de fabricar perquè el cost mitjà per unitat sigui mínim?

b) Calcula $C(q)$ i $M(q)$ per al valor de q que has trobat en l'apartat a).

45 La funció $f(x) = \frac{60x}{x^2+9}$ indica els beneficis obtinguts per una empresa des que va començar a funcionar ($f(x)$ en milers d'euros, x en anys).

a) Representa-la gràficament.

b) Al cap de quant temps obté l'empresa el benefici màxim? Quin és aquest benefici?

c) Perdrà diners l'empresa en algun moment?

46 El cost de producció, en una empresa d'electrodomèstics, de x unitats fabricades, ve donat per la funció $C(x) = x^2 + 80x + 10\,000$, $C(x)$ en euros. El preu de venda d'una unitat és 880 €.

a) Escriu la funció que ens dóna el benefici de l'empresa si es venen totes les unitats fabricades.

b) Quantes unitats s'han de fabricar perquè el benefici sigui màxim? Quin serà aquest benefici?

47 Determina, en cada cas, els valors màxim i mínim de la funció en l'interval que s'hi indica:

a) $y = x^2 - 6x - 4, \quad x \in [0, 5]$

b) $y = x^3 - 6x^2 + 12x - 5, \quad x \in [-1, 4]$

c) $y = x^3 - 3x^2, \quad x \in [-2, 4]$

d) $y = \frac{x}{x^2+1}, \quad x \in [0, 2]$

48 L'àrea d'un rectangle, en funció de la base x, ve donada per l'expressió $S(x) = 20x - x^2$, $x \in [8, 18]$. Troba l'àrea màxima i l'àrea mínima en aquest interval.

Qüestions teòriques

49 Dibuixa una funció que tingui derivada nul·la en $x = 1$ i en $x = -1$, derivada negativa en l'interval $[-1, 1]$ i positiva per a qualsevol altre valor de x.

50 Posa exemples de funcions f la derivada de les quals sigui $f'(x) = 2x$. Quantes n'hi ha?

51 Aquesta és la gràfica de la funció $y = x^3$.

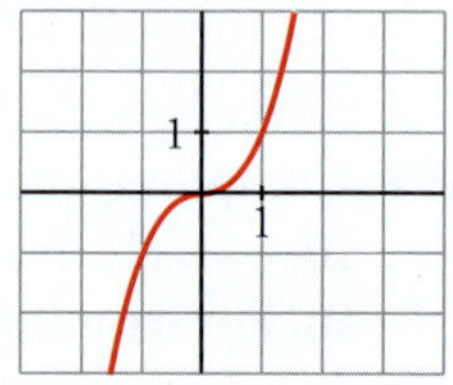

a) Té algun punt singular?

b) És creixent o decreixent en $x = 0$?

c) Quina és l'equació de la recta tangent en $x = 0$?

52 Hi ha algun punt de la funció $y = 4x - x^2$ en el qual la tangent sigui paral·lela a la recta r? En cas afirmatiu, troba'l.

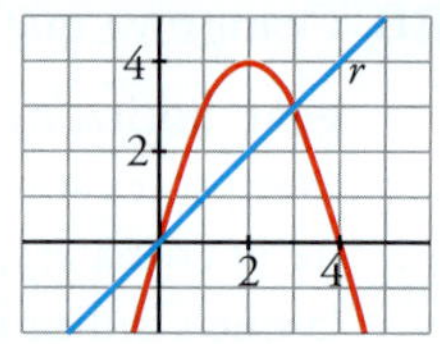

53 Si $f'(2) = 0$, quina d'aquestes afirmacions és correcta?

a) La funció f té màxim o mínim en $x = 2$.

b) La recta tangent en $x = 2$ és horitzontal.

c) La funció passa pel punt (2, 0).

54

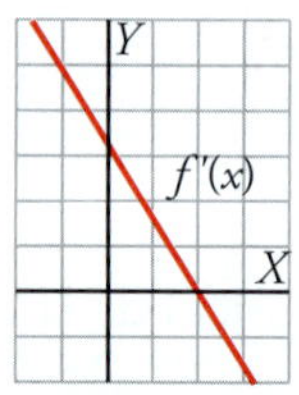

Aquesta és la gràfica de f', la funció derivada de f.

a) Té f algun punt de tangent horitzontal?

b) On és f creixent? I decreixent?

55 Sabem que $f(0) = 0$, $f'(0) = 1$ i $h(x) = e^{f(x)}$. Quin d'aquests tres valors correspon a $h'(0)$?:

a) $\frac{1}{e}$ b) 0 c) 1

56 Quina d'aquestes gràfiques correspon a la funció derivada d'una corba que té un màxim en $x = 1$? Per què?:

a)

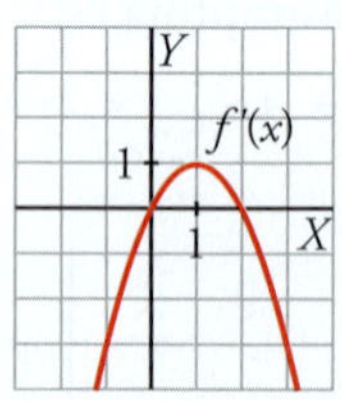

b)

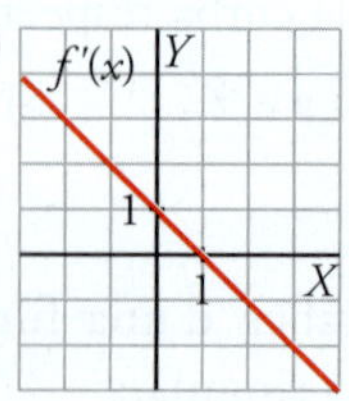

c)

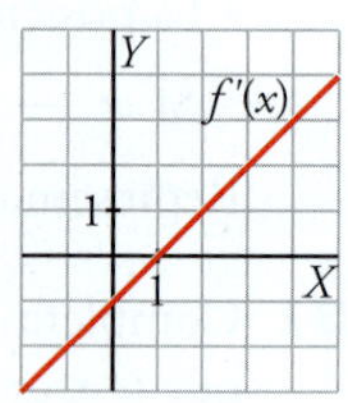

57 Cert o fals? Justifica la resposta.

a) Si $f'(a) > 0$, aleshores f és creixent en $x = a$.

b) Si $f'(a) = 0$, aleshores f no creix ni decreix en $x = a$.

c) Si f és decreixent en $x = a$, aleshores $f'(a) \leq 0$.

Per aprofundir

58 Donada $f(x) = 2x^3 + 12x^2 + ax + b$, troba el valor de a i b perquè la recta tangent a f en $x = -2$ sigui $y = 2x - 3$.

59 a) Calcula el valor que ha de tenir k perquè la funció $f(x) = x - \dfrac{k}{x}$ tingui un màxim en $x = 1$.

b) Després de trobar k, estudia i representa la funció obtinguda.

60 En els estudis de mercat previs a la implantació en una zona, una franquícia de botigues ha estimat que els beneficis setmanals, en milers d'euros, depenen del nombre de botigues que tinguin a la zona, segons l'expressió $B(n) = -8n^3 + 60n^2 - 96n$, sent n el nombre de botigues. Determina el nombre de botigues que han d'obrir per maximitzar-ne els beneficis setmanals, i el valor d'aquests beneficis.

61 D'una cartolina quadrada de 20 cm de costat, es tallen quadrats de costat x en cada cantó per fer una capsa sense tapa.

Calcula el costat del quadrat que cal tallar perquè el volum de la capsa sigui màxim.

62 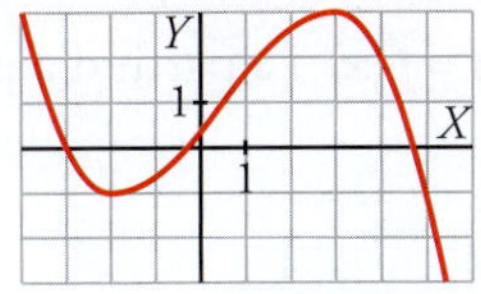

Aquesta és la gràfica d'una funció $y = f(x)$.

Quina de les gràfiques següents pot ser la de $f'(x)$? Justifica-ho:

a) 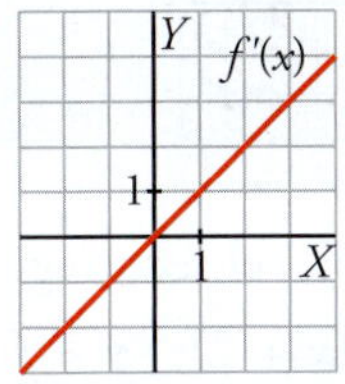

b) 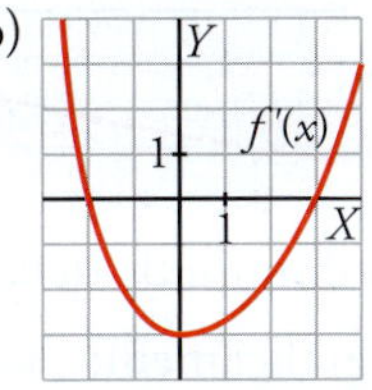

c) 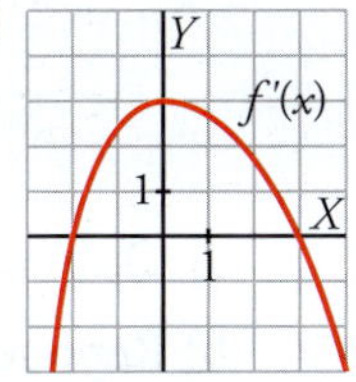

63 Associa a cada una de les gràfiques I, II, III la gràfica de la funció derivada que li correspongui.

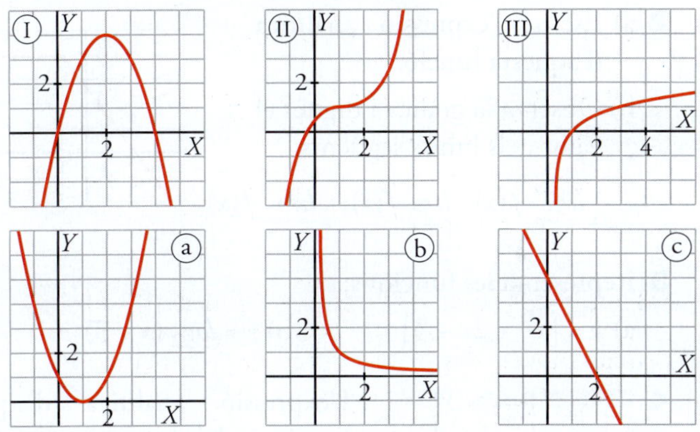

Autoavaluació

En el web — Resolució d'aquests exercicis.

1 Observa la gràfica de la funció $y = f(x)$ i respon:

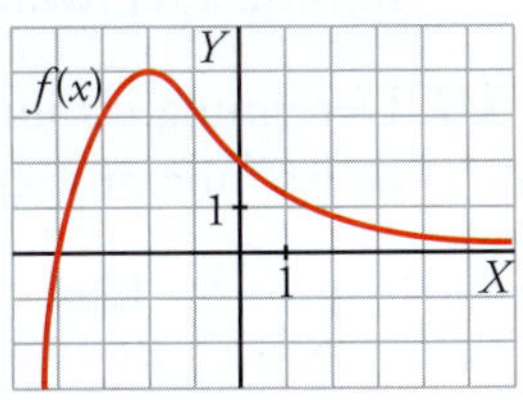

a) Quina és la TVM en els intervals [0, 3] i [–4, –2]?

b) Té cap punt de tangent horitzontal?

c) Per a quins valors de x és $f'(x) > 0$?

2 Donada $f(x) = x^2 - 3x$, prova que $f'(2) = 1$ aplicant-hi la definició de derivada.

3 Troba la derivada de les funcions següents:

a) $y = \sqrt[3]{x} + \dfrac{2}{x^2}$

b) $y = ln\left(\dfrac{x}{3} \cdot e^{-x}\right)$

c) $y = 3x^2 \cos(x + \pi)$

d) $y = \left(\dfrac{x^2}{x-2}\right)^3$

4 Escriu l'equació de la tangent a la corba $f(x) = \dfrac{x^3 - 5x}{2}$ en el punt d'abscissa $x = 1$.

5 Troba els punts de la gràfica de $f(x) = x^3 - 3x^2 + x$ en què la recta tangent és paral·lela a la recta $y = x$.

6 Observa la gràfica i descriu:

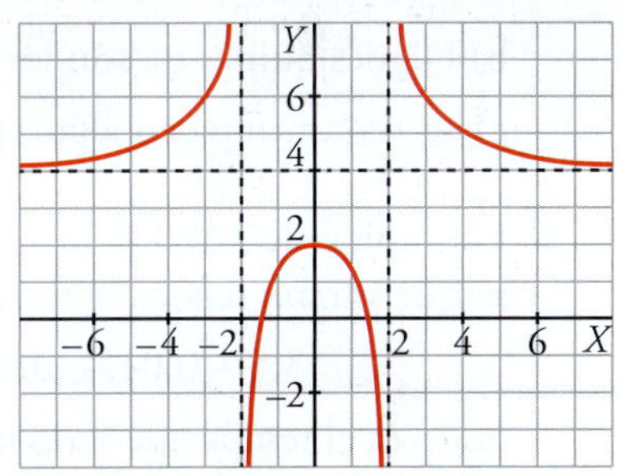

a) Les asímptotes i la posició de la corba respecte a aquestes.

b) Els punts singulars i els intervals de creixement.

7 Representa la funció $y = f(x)$ de la qual coneixem:

- Domini de definició: $\mathbb{R}$
- Mínim: (0, 0)
- Asímptota horitzontal: $y = 2$
- Si $x \to +\infty$, $f(x) < 2$
- Si $x \to -\infty$, $f(x) < 2$

A quina d'aquestes funcions correspon aquesta gràfica?

a) $f(x) = \dfrac{2x}{x^2+1}$ b) $f(x) = \dfrac{2x^2}{x^2-1}$ c) $f(x) = \dfrac{2x^2}{x^2+1}$

8 a) Estudia les branques infinites i els punts singulars de la funció $f(x) = x^3 - 12x + 6$. Té màxim o mínim?

b) Representa-la gràficament.

Autoavaluació. Bloc II: Anàlisi

1 Observa la gràfica de la funció $y = f(x)$ i a partir d'aquesta respon:

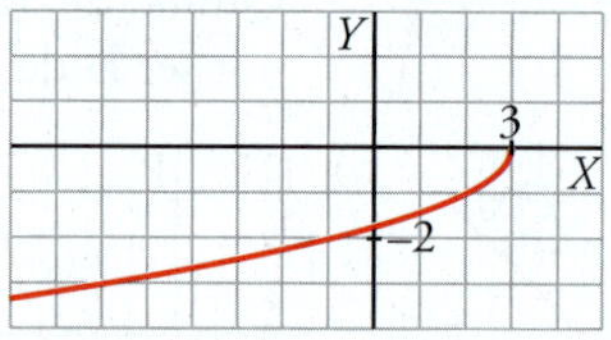

a) Quin n'és el domini de definició? I el recorregut?

b) Representa gràficament: $y = f(x + 2)$; $y = f(x) + 1$; $y = -f(x)$

c) Representa la funció inversa de $f(x)$.

2 a) Escriu l'expressió analítica d'aquesta funció.

b) Observa la gràfica i digues el valor dels límits següents:

$\lim\limits_{x \to -\infty} f(x)$; $\lim\limits_{x \to 1} f(x)$; $\lim\limits_{x \to +\infty} f(x)$

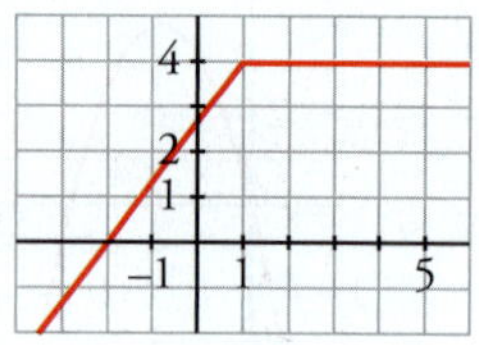

3 Represente les funcions:

a) $y = |x^2 + 2x - 3|$ b) $y = log_2\,(x + 3)$

4 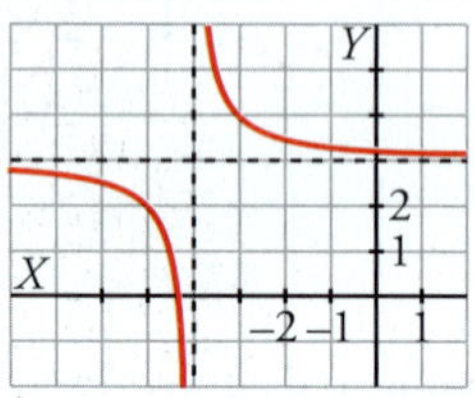

L'expressió analítica d'aquesta funció és del tipus:

$$y = a + \frac{1}{x - b}$$

a) Quins són els valors de a i de b?

b) Digues quines en són les asímptotes.

c) És discontínua en algun punt?

5 Un capital de 3 500 € invertit en fons d'inversió, se suposa que variarà segons la funció següent:

$$C = 3{,}5 + 0{,}04t - 0{,}001t^2$$

on t és el temps que dura la inversió, en mesos, i C és el valor en aquest instant, en milers d'euros.

a) En quin moment convé treure el capital perquè el valor en sigui el màxim?

b) Si no es fa en el moment oportú, en quin moment el que queda és igual al capital inicial?

c) Si ens descuidéssim i deixéssim la inversió indefinidament, en quin moment ens quedaríem sense res?

6 Amb les funcions $f(x) = e^x$ i $g(x) = \sqrt{x}$ hem obtingut, per composició, aquestes altres:

$$p(x) = e^{\sqrt{x}};\ q(x) = \sqrt{e^x};\ r(x) = \sqrt[4]{x}$$

Expressa les funcions p, q i r a partir de f i g.

7 Calcula el límit de la funció $f(x) = \dfrac{x^4 - x^3 - 6x^2}{x^3 - 6x^2 + 9x}$ en els casos següents:

a) $x \to 3$ b) $x \to 0$ c) $x \to +\infty$ d) $x \to -\infty$

8 Calcula els límits següents:

a) $\lim\limits_{x \to -\infty} \dfrac{3x - 5}{x^2 + 1}$ b) $\lim\limits_{x \to +\infty} e^{1 - x}$

9 En la funció:

$$f(x) = \begin{cases} 3x - b & \text{si } x < 2 \\ 3 & \text{si } x = 2 \\ -2x + 9 & \text{si } x > 2 \end{cases}$$

a) Calcula b perquè tingui límit en $x = 2$.

b) Després de trobar b, explica si f és contínua en $x = 2$.

10 Troba la derivada de les funcions següents:

a) $f(x) = \dfrac{ln\,x}{x}$ b) $f(x) = \left(\dfrac{2x - 5}{x + 1}\right)^2$

c) $f(x) = ln\left(\dfrac{x^2 - 1}{2x + 3}\right)$ d) $f(x) = \sqrt{2x^2 + x - 1}$

e) $f(x) = e^{\sqrt{x}} \cdot sin\,x$ f) $f(x) = \sqrt{1 + \sqrt{x}}$

11 Troba la recta tangent a la corba $y = -x^2 + 5x$, que és paral·lela a la recta $x + y + 3 = 0$.

12 Troba els punts singulars de $f(x) = -x^4 + 8x^2 - 5$. Amb ajuda de les branques infinites, digues si són màxims o mínims i representa'n la funció.

13 Determina els intervals de creixement i de decreixement de les funcions següents:

a) $y = x^3 - 12x$ b) $y = \dfrac{x^2 - 4}{x}$

14 En la funció $y = \dfrac{x^2}{x^2 - 4x + 3}$ estudia:

a) Les asímptotes i la posició de la corba respecte a aquestes.

b) Els màxims i els mínims relatius.

c) Representa'n la gràfica.

15 Quina d'aquestes funcions té asímptota obliqua?

a) $y = \dfrac{2x^2 - x^3}{x - 1}$ b) $y = 1 + \dfrac{3}{x}$ c) $y = \dfrac{4 + 2x^2}{x}$

Troba-la i situa la corba respecte a aquesta.

16 Calcula a i b de manera que la funció $y = x^3 + ax + b$ tingui un punt singular en (2, 1).

En el web Resolució d'aquests exercicis.

III Estadística i probabilitat

Notes històriques. Estadística i probabilitat

L'origen de l'estadística està estretament relacionat amb els censos realitzats al llarg de la història. Des de les cultures més antigues (Xina, Roma…) fins als nostres dies, hi ha la preocupació per conèixer el capital humà i la distribució dels recursos.

En principi, la teoria de la probabilitat va estar relacionada amb els jocs d'atzar. El trànsit del joc a la teoria es va produir, segurament, en intentar trobar regularitats en determinats jocs a fi de conèixer-los millor.

Des de principis del segle xx la teoria de la probabilitat i la de l'estadística estan íntimament relacionades.

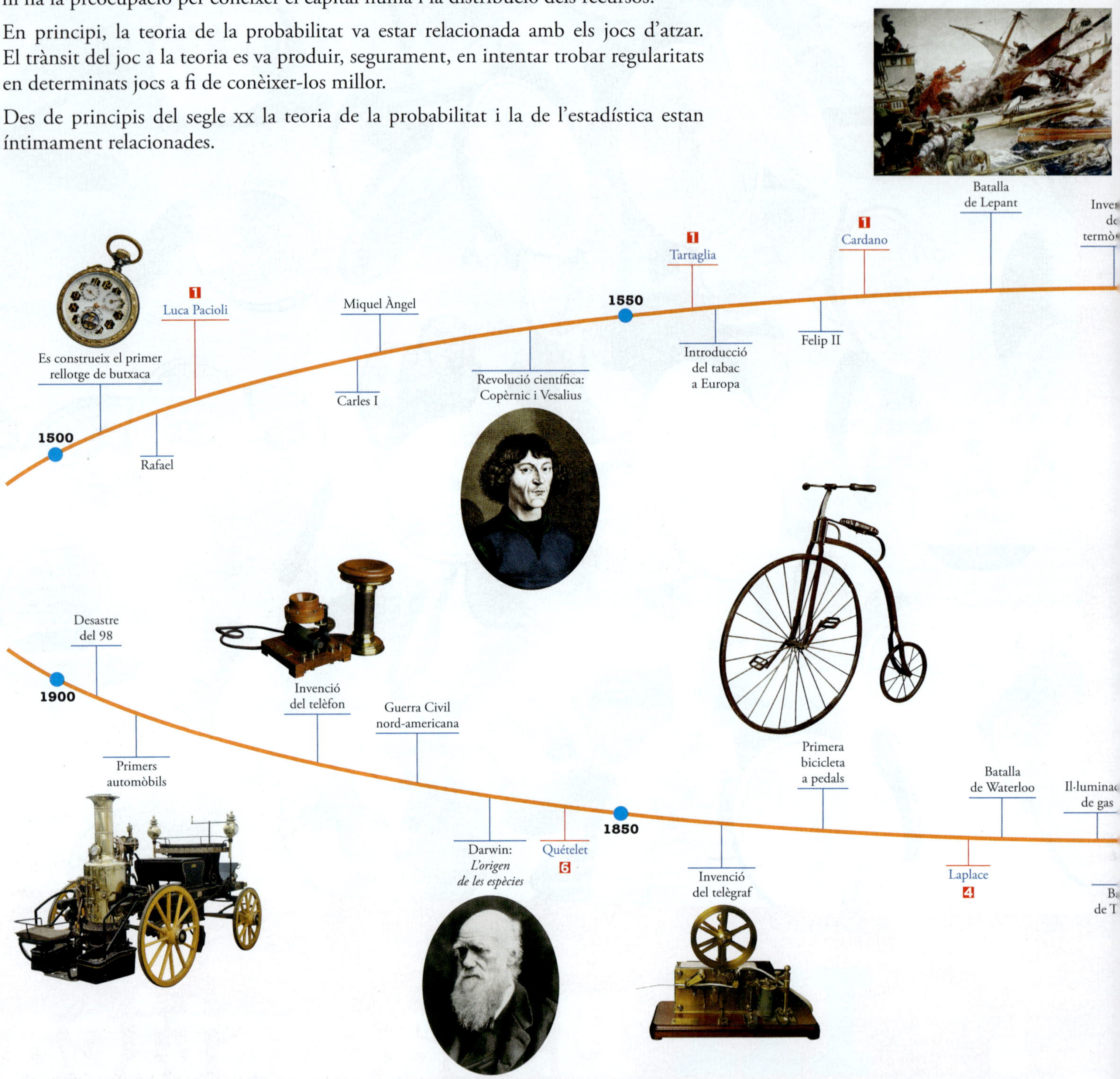

1 Els primers acostaments seriosos al que més tard s'anomenaria la probabilitat van ser gràcies als esforços de personatges com **Tartaglia, Luca Pacioli, Galileu** i **Cardano**. Aquest darrer escriu el primer tractat mitjanament organitzat sobre l'atzar: *Llibre dels jocs d'atzar.*

2 Sembla clar que les bases sobre les quals s'assenta la teoria matemàtica de la probabilitat parteixen de les investigacions fetes per **Pascal** (1623-1662) i **Fermat** (1601-1665) amb motiu de la resolució d'una sèrie de problemes sobre jocs d'atzar que els va proposar el cavaller De Méré.

3 L'any 1662, l'anglès **John Graunt** publicà un tractat amb observacions polítiques i naturals de la ciutat de Londres. Es pot considerar el primer treball estadístic seriós sobre la població. Neix així una nova ciència: l'estadística.

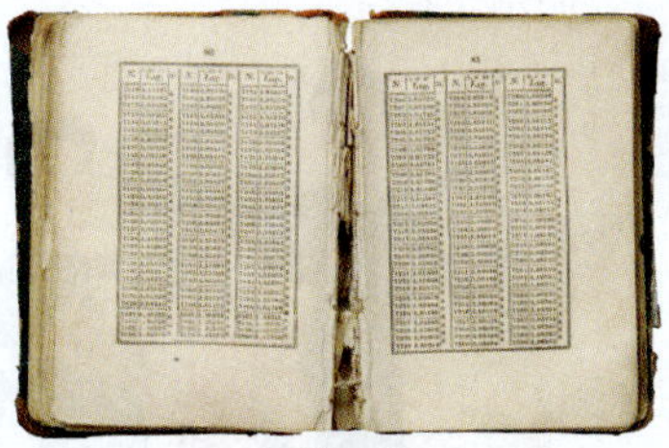

- 1600
- Shakespeare
- *Segle d'Or:* Cervantes, Góngora, Quevedo, Lope, Calderón
- **1** Galileu
- Publicació de la primera taula de logaritmes
- Pau de Westfàlia
- 1650
- **2** Pascal Fermat
- Invenció del rellotge de pèndol
- Molière
- **3** John Graunt
- Apogeu de l'estil barroc
- Llei de la gravitació universal
- 1700
- Primer termòmetre de mercuri
- Bernoulli **4**
- Els Borbons arriben a Espanya
- Vivaldi compon *Les quatre estacions*
- Batalla de Cartagena de Indias
- 1750
- G. Achenwall **5**
- Voltaire Rousseau
- Revolució Industrial
- Revolució Francesa
- 1800
- Napoleó

6 **Adolphe Quételet** (1796-1874) assenta les bases del futur treball estadístic amb conceptes com *desviació, valor mitjà, corba normal*...

4 El suís **J. Bernoulli** (1654-1705) amb l'*Art de conjecturar* o el francès **Laplace** (1749-1827) amb la *Teoria analítica de les probabilitats* van aprofundir en la teoria de la probabilitat.

5 Fins al segle XVIII, el terme *estadística* denotava les característiques més notables d'un estat. Amb l'escola alemanya d'aquest segle, el terme *estadística,* en la versió actual, queda definitivament encunyat. L'artífex va ser **G. Achenwall** (1719-1772).

En el web

- Ampliació de les notes històriques corresponents a aquest bloc.
- Lectura sobre coincidències d'aniversari.

8 Distribucions bidimensionals

Què és una distribució bidimensional

Si analitzem les estatures d'un grup de persones, estem analitzant una distribució estadística d'una variable. També és una distribució estadística d'una variable la dels pesos d'aquestes mateixes persones. Però si considerem la distribució en què anotem conjuntament l'*estatura* i el *pes* de cada persona, estem tractant amb una distribució de dues variables o **distribució bidimensional.** En aquest cas solem interessar-nos pel grau de relació que hi ha entre ambdues variables.

Distribucions bidimensionals avui dia

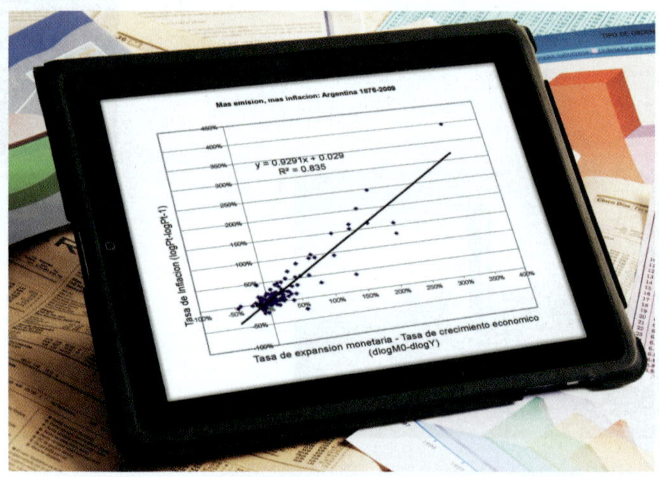

L'estudi estadístic de les distribucions bidimensionals s'utilitza en l'actualitat amb molta freqüència. Es pot fer de manera relativament senzilla, efectuant la representació gràfica de la distribució i analitzant-ne les característiques més evidents. O bé es pot realitzar de forma molt més complexa, efectuant complicats càlculs numèrics on solen intervenir molts centenars de dades. Tant en un cas com en un altre (anàlisi gràfica o càlculs numèrics) és fonamental l'auxili de l'ordinador i de programes especialment dissenyats per a aquest fi.

Es recorre a l'estudi de distribucions bidimensionals en totes les ciències, però de forma molt especial en les ciències socials: psicologia, sociologia, pedagogia, demografia, política (ocupació, discriminació, control de velocitat...), sanitat...

Regressió

El terme **regressió** va ser encunyat per **Francis Galton**, cosí del famós naturalista **Charles Darwin**. Galton va estudiar la següent distribució bidimensional:

Estatura mitjana d'un matrimoni - Estatura mitjana dels seus fills adults

Va trobar que com més gran era la primera, més gran era la segona. És a dir, com més alts són els pares, més alts tendeixen a ser-ne els fills.

No obstant això, va observar que a pares d'estatura molt elevada corresponen fills alts, però no tant. I a pares molt baixos corresponen fills no tan baixos. És a dir, sembla que l'estatura dels fills s'aproxima als valors mitjans de la població.

Segons Galton, l'estatura dels fills *torna* cap a la mitjana de la població. D'aquí el terme *regressió* que, des de llavors, s'associa a la relació entre dues variables de qualsevol estadística.

Francis Galton (1822-1911).

En el web Biografia de Galton.

Relació funcional i relació estadística

Si llancem un objecte cap amunt, arribarà molt més alt com més fort el llancem. I hi ha una fórmula que ens permet calcular, exactament, l'*altura* aconseguida en funció de la *velocitat* amb què es llanci. És una **relació funcional**.

Les persones, en general, pesen més com més altes són. Però no es pot donar una fórmula que permeti obtenir el pes de qualsevol persona coneguda la seva estatura. La relació entre les variables *estatura-pes* és estadística. Es diu que hi ha una **correlació** entre les dues.

També hi ha correlació entre la *distància* a què un jugador de bàsquet es col·loca de la cistella i el *nombre d'encistellades* que aconsegueix. Però en aquest cas, al contrari que en l'anterior, és **correlació negativa**: a *més* distància, *menys* nombre d'encistellades.

El llançament vertical és un exemple de relació funcional.

Resol

Relació funcional i relació estadística

En cadascun dels casos següents has de dir si, entre les dues variables que s'esmenten, hi ha relació funcional o relació estadística (correlació) i, en aquest darrer cas, indicar si és positiva o negativa:

a) En un conjunt de famílies:

Estatura mitjana dels pares - Estatura mitjana dels fills

b) Entre els països del món respecte a Catalunya:

Volum d'exportació - Volum d'importació

c) En els països del món:

Taxa de mortalitat infantil - Metges per cada 1 000 habitants

d) A les cases d'una ciutat:

kWh consumits durant el gener - Cost del rebut de la llum

Nombre de persones en cada casa - Cost del rebut de la llum

e) En els equips de futbol:

Posició en finalitzar la Lliga - Nombre de partits perduts

Posició en finalitzar la Lliga - Nombre de partits guanyats

Exemple de relació estadística

En el gràfic següent, cada punt correspon a un nen. L'abscissa és l'estatura del seu pare, i l'ordenada, la del nen:

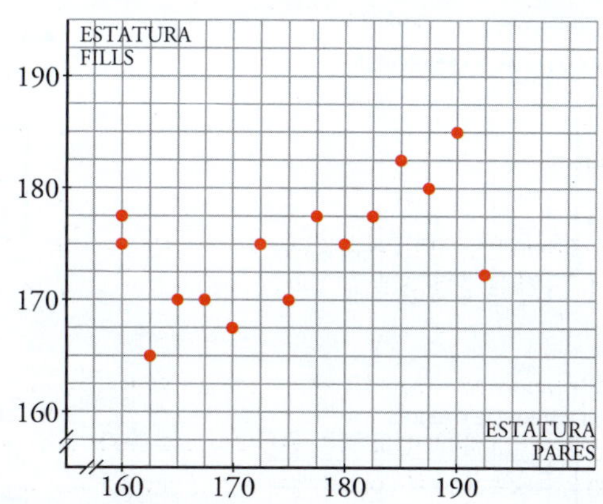

a) Identifica en Guillem i en Biel, germans de bona estatura, sabent que el seu pare és baix.

b) Identifica en Sergi, d'estatura normaleta, si saps que el seu pare és molt alt.

c) Podem dir que hi ha una certa relació entre les estatures d'aquests 15 nens i les dels pares?

1 Distribucions bidimensionals. Núvols de punts

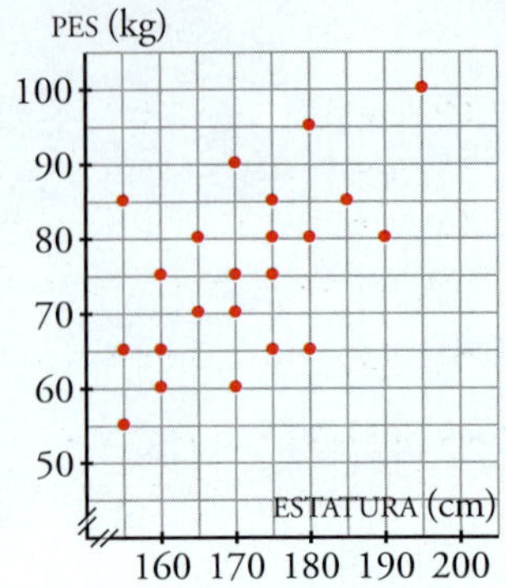

Cada punt del gràfic del marge representa un home. L'abscissa és l'estatura i l'ordenada, el pes. Hi apreciem, per exemple, un *gegant* de 195 cm i 100 kg i un obès baix, de 155 cm i 85 kg. El conjunt de tots forma una població estadística en la qual a cada individu s'associen els valors de dues variables, *estatura* i *pes*. Aquest tipus de distribucions estadístiques s'anomenen **distribucions bidimensionals**.

Vegem-ne d'altres:

En els països del món:

Extensió en quilòmetres quadrats - Població censada

En els alumnes d'una classe:

Número de calçat - Altura en centímetres

En els pobles d'una regió:

Nombre d'habitants - Pressupost de l'Ajuntament

S'anomena **distribució bidimensional** un col·lectiu en el qual cadascun dels individus duu associats els valors de dues variables, x, y. Si interpretem cada parell de valors (x_1, y_1), (x_2, y_2), …, (x_n, y_n), com un punt del pla, el conjunt de tots aquests es diu **núvol de punts** o **diagrama de dispersió**.

- Vegem altres distribucions que no són exactament d'aquest tipus però que es poden analitzar amb els mateixos instruments.

  - Preu de l'envàs de 2 *l* d'una certa marca de llet al llarg de 10 anys (preu inicial, 100).

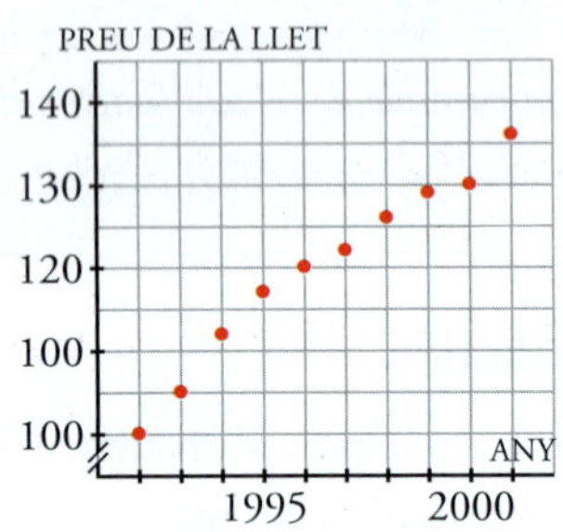

ANY	1992	1993	1994	1995	1996	1997	1998	1999	2000	2001
PREU	100	105	112	117	120	122	126	129	130	136

  - Cotització setmanal en borsa d'un cert producte financer (cotització inicial, 100).

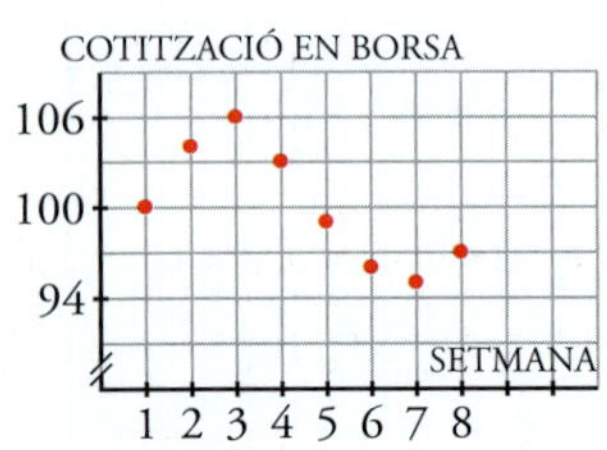

SETMANA	1	2	3	4	5	6	7	8
COTITZACIÓ	100	104	106	103	99	96	95	97

  - En una illa deserta s'introdueixen 48 cabres. Estudiem la població de cabres al llarg dels 10 anys següents.

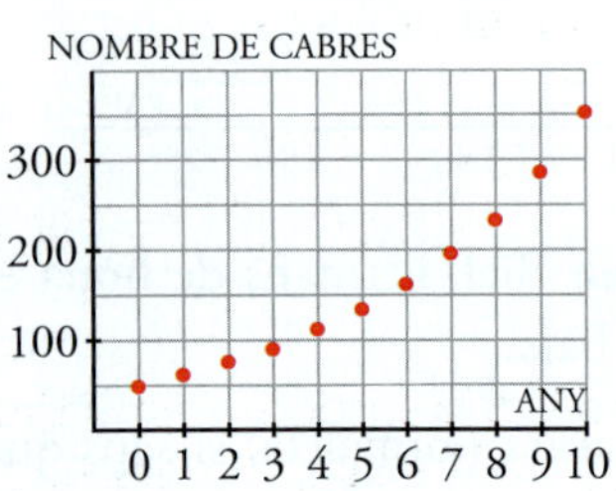

ANY	0	1	2	3	4	5	6	7	8	9	10
NRE. DE CABRES	48	61	75	89	111	133	161	195	232	285	351

Aquestes distribucions estadístiques, que relacionen dues variables, una de les quals és el temps, s'anomenen **sèries temporals**. La segona variable (preu, cotització, nre. de cabres…) és de tipus estadístic, per la qual cosa la distribució es pot tractar de la mateixa manera que les distribucions bidimensionals.

Corba de regressió

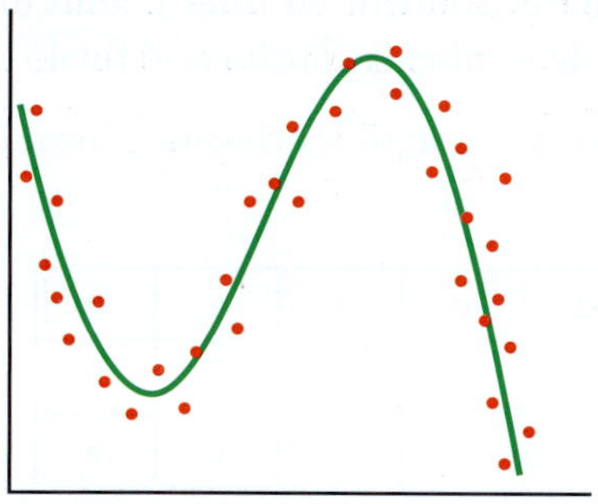

Una corba a la qual s'ajusten, en més o menys grau, els punts del núvol s'anomena **corba de regressió**.

Correlació. Regressió

Si observem el núvol de punts corresponent a la distribució d'estatures i pesos de la pàgina anterior, hi apreciem una certa relació entre les dues variables. És lògic, a més estatura hem d'esperar més pes. No podem pretendre una fórmula que relacioni les variables però sí una forma de mesurar el grau de relació que hi ha entre les dues.

Aquesta relació que apreciem entre les dues variables s'anomena **correlació**.

Per mesurar la correlació entre dues variables hem de determinar una funció (recta, polinomi, corba exponencial...) a la qual s'aproximen raonablement els punts del núvol. S'anomena **corba de regressió**.

- Els punts d'aquests dos diagrames s'aproximen, en més o menys grau, a sengles rectes (**rectes de regressió**).

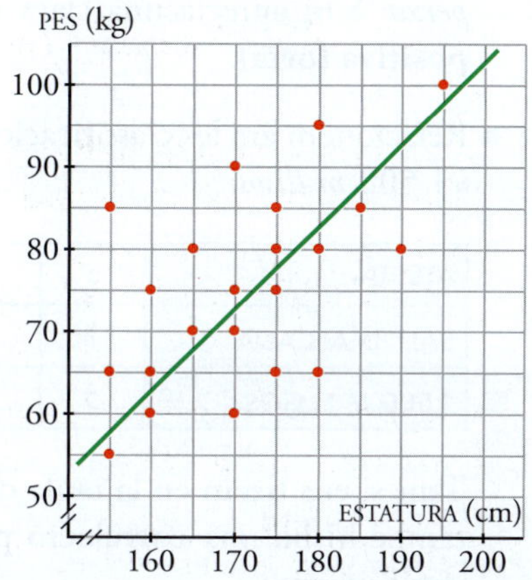

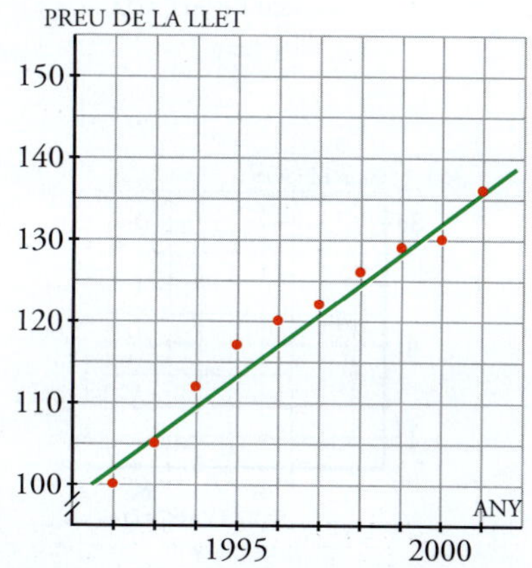

Direm que hi ha **correlació lineal**. El repte és mesurar aquesta correlació i determinar l'equació de la recta.

- En el cas de la cotització en borsa, no és raonable associar els punts, a la vista de com es distribueixen, a una recta.

  Aquí hauríem de procedir a una **correlació polinòmica**: determinar un polinomi (potser de 3r grau) que s'ajusti a aquests punts (**polinomi de regressió**).

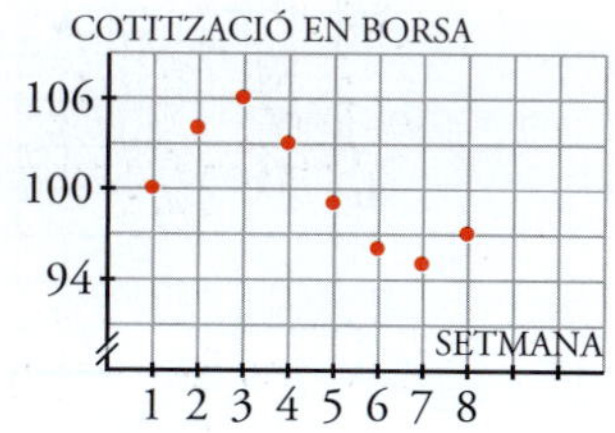

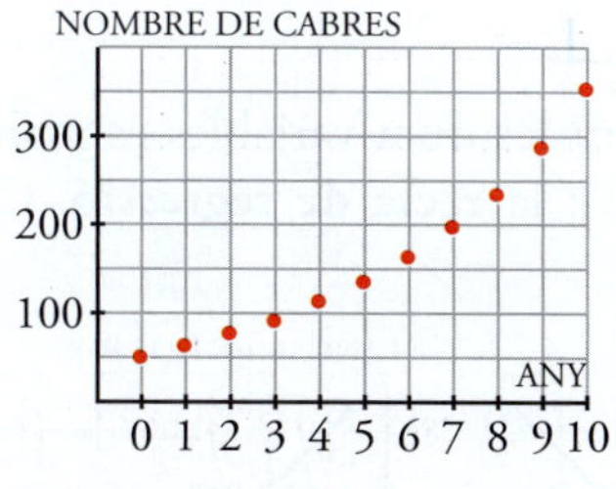

- I en el cas de la població de cabres, una funció **exponencial** és, possiblement, l'adequada per correlacionar aquests punts.

Tots aquests models (correlació lineal, polinòmica, exponencial), i d'altres, són objecte d'estudi en la teoria de la correlació aplicada a les distribucions bidimensionals. D'ara endavant ens dedicarem, en exclusiva, a la correlació lineal.

Exercici proposat

1 Cert o fals?

a) En una distribució bidimensional, per a cada valor de x només hi pot haver un valor de y.

b) Com més punts tingui una distribució bidimensional, més forta n'és la correlació.

c) Les sèries temporals són distribucions estadístiques en què una de les variables és el temps. Encara que no siguin distribucions bidimensionals pròpiament dites, es poden tractar de la mateixa manera que aquestes.

2 Correlació lineal

■ En atletisme, l'especialitat de decatló consisteix en una sèrie de 10 proves. Els atletes (s'anomenen *decatletes*) competeixen successivament en totes i, amb un cert sistema de puntuació, la suma dels resultats determina la classificació final.

En una competició participen vuit decatletes. Heus aquí les classificacions, el lloc que han ocupat, en dues de les proves:

ATLETA	a	b	c	d	e	f	g	h
SALT D'ALÇADA	1	2	3	4	5	6	7	8
SALT AMB PERXA	1	4	2	3	5	7	6	8

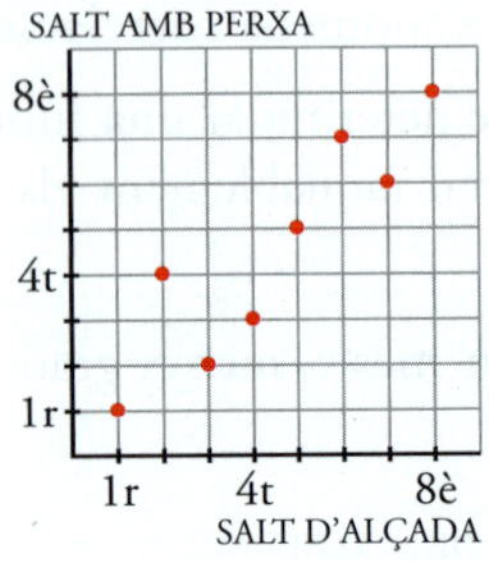

Es tracta d'una distribució bidimensional perquè a cada individu corresponen els valors de dues variables: la classificació en *salt d'alçada* i la classificació en *salt amb perxa*. S'hi aprecia una clara relació positiva entre les dues variables **(correlació positiva forta)**.

■ Relacionem ara les classificacions dels mateixos atletes en les proves de *salt d'alçada* i 1 500 *m llisos*:

ATLETA	a	b	c	d	e	f	g	h
SALT D'ALÇADA	1	2	3	4	5	6	7	8
1 500 M LLISOS	3	2	5	1	7	6	4	8

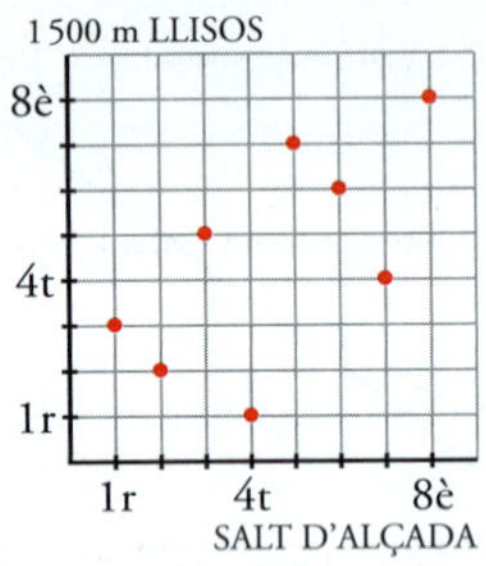

Tant si ens fixem en la taula de dades com en el núvol de punts, hi apreciem que també hi ha una **correlació positiva** entre les dues variables, però és **més dèbil** que l'anterior.

■ Relacionem, finalment, les classificacions dels mateixos vuit decatletes en *salt d'alçada* i *llançament de pes*:

ATLETA	a	b	c	d	e	f	g	h
SALT D'ALÇADA	1	2	3	4	5	6	7	8
LLANÇ. DE PES	7	5	8	6	4	1	3	2

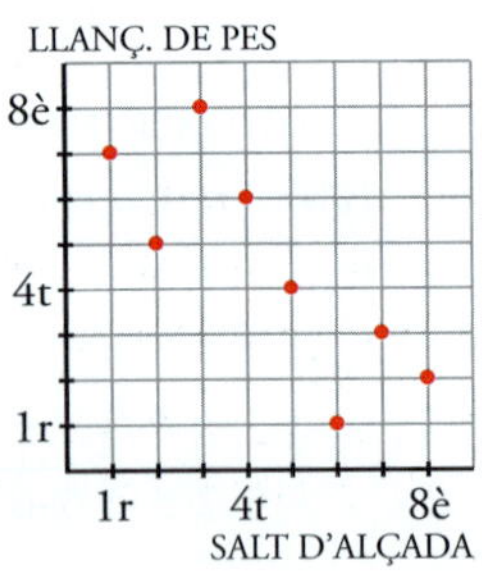

Sembla que, amb poques paraules, «a millor saltador, pitjor llançador» i viceversa. La **correlació** és **negativa** i prou forta perquè, en augmentar una variable tendeix a disminuir l'altra.

Aquesta forma de tendència a variar conjuntament les dues variables es marca mitjançant una recta que s'acobla al núvol de punts: la **recta de regressió**. Com es marca per una recta, més forta és la correlació.

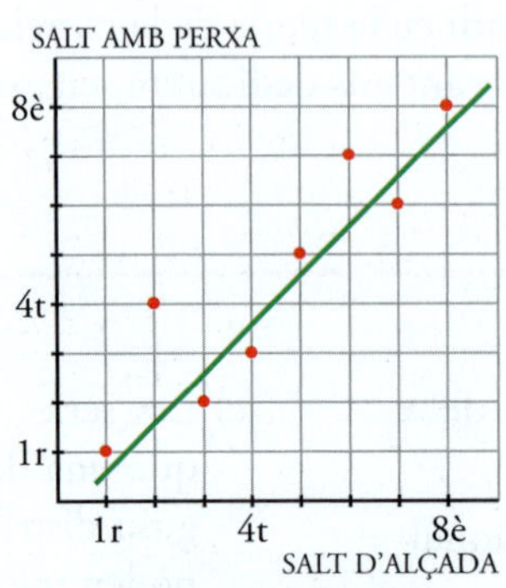

CORRELACIÓ FORTA POSITIVA

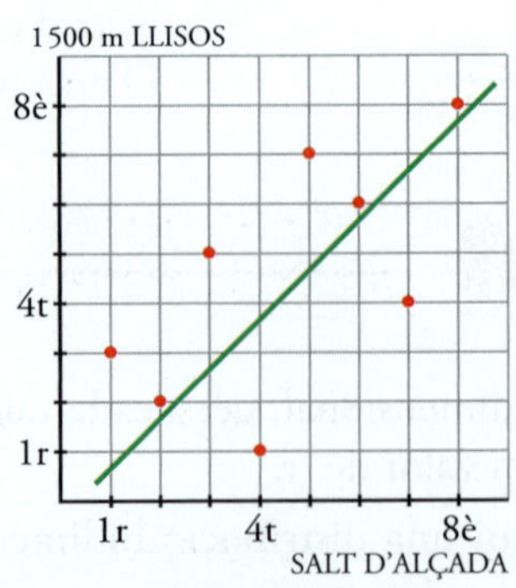

CORRELACIÓ DÈBIL POSITIVA

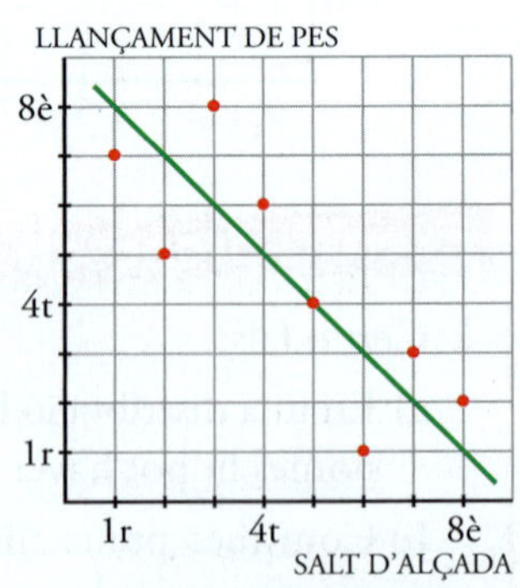

CORRELACIÓ FORTA NEGATIVA

10 proves de decatló

100 metres llisos
Salt de longitud
Llançament de pes
Salt d'alçada
400 metres llisos
110 metres tanques
Llançament de disc
Salt amb perxa
Llançament de javelina
1 500 metres llisos

Relació estadística i relació funcional

La **correlació** (relació estadística entre dues variables) es pot mirar en contraposició a la **relació funcional**. Entre dues variables x i y hi ha una relació funcional quan cada vegada que la variable x pren un cert valor, la variable y prendrà el corresponent de forma unívoca.

Per exemple, el temps, y, que tarda un objecte a arribar a terra és funció de l'alçada, x, des de la qual es deixa caure.

En el web

Exemples gràfics amb diferents tipus de correlació.

Correlació lineal. Partim d'una distribució bidimensional (n individus, dues variables x, y, així com els valors d'aquests individus per a cada variable). Podem identificar-hi una recta que s'ajusta, de forma més o menys clara, al núvol de punts. S'anomena **correlació lineal** el grau d'ajust dels punts a aquesta recta.

La correlació és més o menys forta segons com de compactes estiguin els punts del núvol a la **recta de regressió**.

La correlació s'anomena **positiva** o **negativa** segons el signe del pendent de la recta de regressió.

Si la forma del núvol de punts no suggereix cap recta, direm que entre les variables no hi ha correlació lineal, o que estan **incorrelades**.

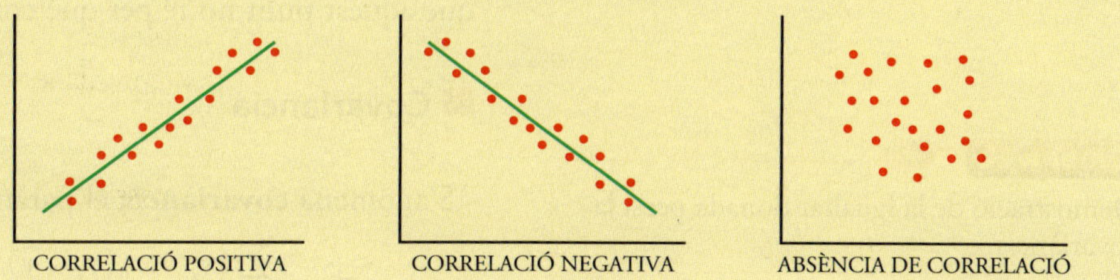

La valoració numèrica de la correlació i la determinació de la recta de regressió seran l'objectiu de les pròximes pàgines.

Vegem un exemple més de distribucions bidimensionals i com les variables que hi intervenen estan, en més o menys grau, correlades.

Se subministra, a cadascun dels 8 conills d'Índies, una dosi diària d'1 mg, 2 mg, …, 8 mg, respectivament, d'un cert fàrmac A. Al cap d'un mes, calculem l'augment de pes de cada conill. Repetim l'experiment amb 8 conills més i un altre fàrmac B i, finalment, un tercer experiment amb 8 conills més i un altre fàrmac C.

Els resultats es donen de forma gràfica:

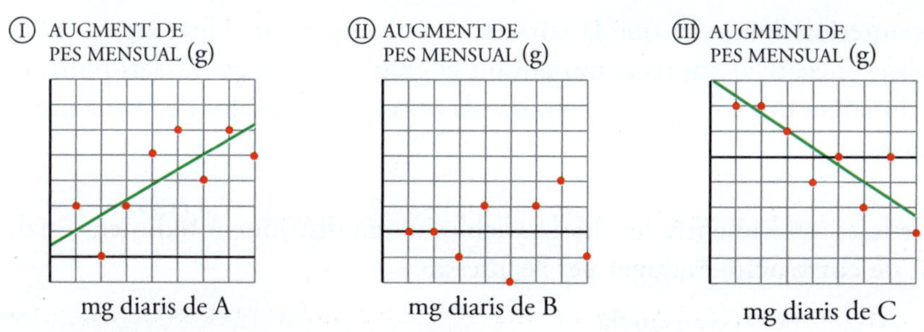

A la vista dels gràfics ens inclinem a pensar que A afavoreix l'engreixament dels conills d'Índies, B no hi influeix i C els produeix aprimament.

La correlació del gràfic (I) és positiva i la de la (III) és negativa, igual que els pendents de les rectes de regressió corresponents.

En la (II), no obstant això, el núvol de punts és amorf i no suggereix cap recta: no hi ha correlació entre les variables (es diu que són incorrelades).

Exercicis proposats

2 Cert o fals?

a) Com més pròxims estiguin a una recta els punts d'una distribució bidimensional, més forta n'és la correlació lineal.

b) Si la recta de regressió té pendent negatiu, la correlació lineal és negativa.

c) Si els punts del núvol no s'aproximen a cap recta, llavors les variables estan incorrelades.

3 La taula següent mostra com s'ordenen entre si deu països, A, B, C…, segons dues variables, R.P.C. (*renda per càpita*) i I.N. (*índex de natalitat*). Representa els resultats en un núvol de punts, traça'n la recta de regressió i digues què et sembla la correlació.

PAÏSOS	A	B	C	D	E	F	G	H	I	J
R.P.C.	1	2	3	4	5	6	7	8	9	10
I.N.	10	6	9	5	7	4	1	3	8	2

3 Paràmetres associats a una distribució bidimensional

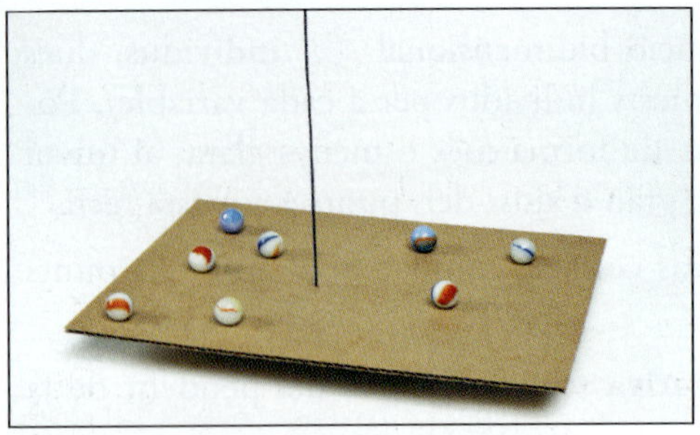

Si els punts del núvol fossin boles amb pes, el conjunt se sustentaria en $(\bar{x}, \bar{y})$.

Centre de gravetat

x_i	y_i
x_1	y_1
x_2	y_2
x_3	y_3
…	…
x_n	y_n

MITJANA DE LA VARIABLE x

$$\bar{x} = \frac{\sum x_i}{n}$$

MITJANA DE LA VARIABLE y

$$\bar{y} = \frac{\sum y_i}{n}$$

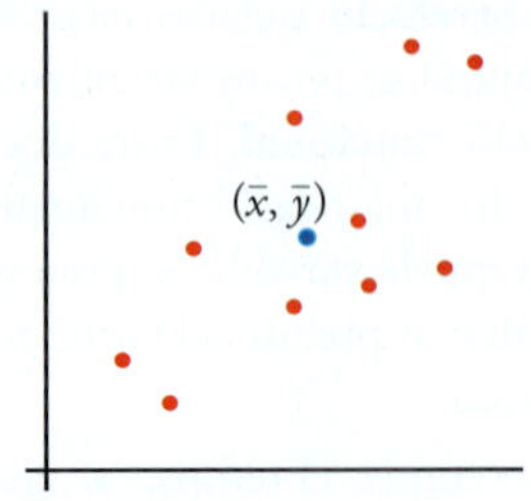

El punt $(\bar{x}, \bar{y})$ s'anomena **centre de gravetat** de la distribució. Tingues en compte que aquest punt no té per què coincidir amb cap dels punts del núvol.

En el web

Demostració de la igualtat donada per a la covariància.

Covariància

S'anomena **covariància** el paràmetre:

$$\sigma_{xy} = \frac{\sum (x_i - \bar{x})(y_i - \bar{y})}{n} = \frac{\sum x_i y_i}{n} - \bar{x}\,\bar{y}$$

Ambdues expressions coincideixen. La segona és més còmoda per obtenir numèricament la covariància.

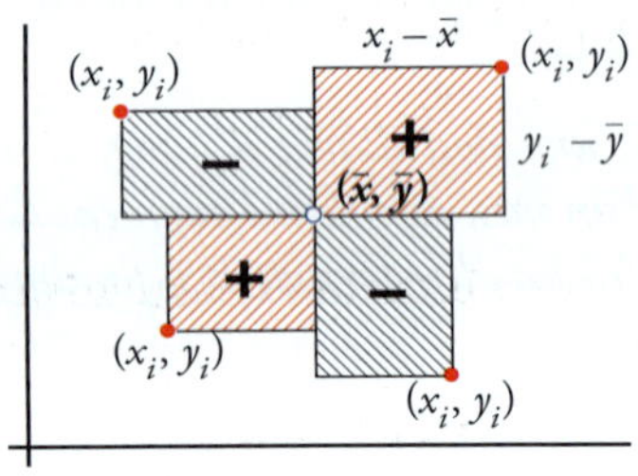

En la figura adjunta, cada sumand $(x_i - \bar{x})(y_i - \bar{y})$ de la covariància és l'àrea d'un rectangle com els que apareixen en la figura. Segons on estigui situat (x_i, y_i) respecte a $(\bar{x}, \bar{y})$, l'àrea $(x_i - \bar{x}) \cdot (y_i - \bar{y})$ serà positiva (vermell) o negativa (gris). Si els punts estan pròxims a una recta de pendent positiu, els sumands són gairebé tots positius i la covariància és gran.

Coeficient de correlació

En pàgines anteriors hem vist que la correlació entre dues variables (més o menys forta, positiva o negativa) s'aprecia mitjançant el grau de *compactació* dels punts del núvol. Ara donarem una fórmula que servirà per obtenir el seu valor de forma numèrica i inequívoca.

El valor de la correlació entre les dues variables d'una distribució bidimensional, **coeficient de correlació**, és donat per l'expressió:

$$r = \frac{\sigma_{xy}}{\sigma_x \sigma_y} \quad \begin{matrix} \leftarrow \text{covariància} \\ \leftarrow \text{producte de les desviacions típiques} \end{matrix}$$

Recorda

La desviació típica d'una variable x es calcula així:

$$\sigma_x = \sqrt{\frac{\sum x_i^2}{n} - \bar{x}^2}$$

El coeficient de correlació, r, té les propietats següents:

- No té dimensions. És a dir, no depèn de les unitats en què s'expressen els valors de les dues variables. Per tant, si es realitza un canvi d'unitats, el valor de r no varia.
- El valor de r està comprès entre -1 i 1.
  - Si la correlació és perfecta (punts del núvol alineats), llavors $|r| = 1$, és a dir, $r = 1$ o $r = -1$.
  - Si la correlació és forta, $|r|$ és pròxim a 1.
  - Si la correlació és dèbil, $|r|$ és pròxim a 0.

Coeficient de determinació

El quadrat del coeficient de correlació (r^2) s'anomena **coeficient de determinació**.

Exercici resolt

1 *Utilitzant la fórmula anterior, calcula la correlació entre les variables:*

x: nota en matemàtiques
y: nota en física

associades a un conjunt de 12 alumnes.

x_i	y_i
2	1
3	3
4	2
4	4
5	4
6	4
6	6
7	4
7	6
8	7
10	9
10	10

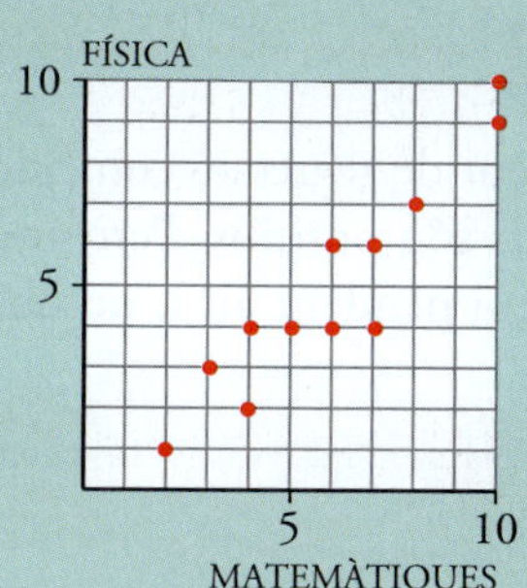

Elaborem una taula amb les columnes x_i, y_i, x_i^2, y_i^2, $x_i \cdot y_i$. Les sumes de la columna Σx_i, Σy_i, Σx_i^2, Σy_i^2, $\Sigma x_i \cdot y_i$, ens permeten calcular $\bar{x}$, $\bar{y}$, σ_x, σ_y, σ_{xy}.

x_i	y_i	x_i^2	y_i^2	$x_i \cdot y_i$
2	1	4	1	2
3	3	9	9	9
4	2	16	4	8
4	4	16	16	16
5	4	25	16	20
6	4	36	16	24
6	6	36	36	36
7	4	49	16	28
7	6	49	36	42
8	7	64	49	56
10	9	100	81	90
10	10	100	100	100
72	60	504	380	431

$$\bar{x} = \frac{\sum x_i}{n} = \frac{72}{12} = 6 \qquad \bar{y} = \frac{\sum y_i}{n} = \frac{60}{12} = 5$$

El **centre de gravetat** és el punt (6, 5). Observem que aquest punt no té perquè ser de la distribució.

$$\sigma_x = \sqrt{\frac{\sum x_i^2}{n} - \bar{x}^2} = \sqrt{\frac{504}{12} - 6^2} = \sqrt{6} = 2,45$$

$$\sigma_y = \sqrt{\frac{\sum y_i^2}{n} - \bar{y}^2} = \sqrt{\frac{380}{12} - 5^2} = \sqrt{6,67} = 2,58$$

$$\sigma_{xy} = \frac{\sum x_i y_i}{n} - \bar{x}\bar{y} = \frac{431}{12} - 6 \cdot 5 = 5,92$$

$r = \dfrac{\sigma_{xy}}{\sigma_x \sigma_y} = \dfrac{5,92}{2,45 \cdot 2,58} = 0,94$. És una correlació forta.

AMB CALCULADORA

- Es prepara la calculadora per al tractament bidimensional → mode LR
- S'esborra tot el que hi pugui haver en la memòria de càlculs anteriors → [SHIFT] [AC]
- S'hi introdueixen els punts: (x_i, y_i) → x_i [x_D, y_D] y_i [DATA]

Si dos o més punts tenen la mateixa abscissa, es poden introduir consecutivament sense tornar a repetir l'abscissa. Vegem-ho:

INTRODUCCIÓ DE DADES

2 [x_D, y_D] 1 [DATA]
3 [x_D, y_D] 3 [DATA]
4 [x_D, y_D] 2 [DATA]
4 [DATA]
5 [x_D, y_D] 4 [DATA]
6 [x_D, y_D] 4 [DATA]
6 [DATA]
… …

RECOLLIDA DE RESULTATS

MITJANES:
[SHIFT] [$\bar{x}$] → 6
[SHIFT] [$\bar{y}$] → 5

DESVIACIONS TÍPIQUES:
[SHIFT] [$x\sigma_n$] → 2.44…
[SHIFT] [$y\sigma_n$] → 2.58…

COVARIÀNCIA:
[K out] [Σxy] [÷] [K out] [n] [−] [SHIFT] [$\bar{x}$] [×] [SHIFT] [$\bar{y}$] → 5.91…

COEFICIENT DE CORRELACIÓ:
[SHIFT] [r] → 0.93…

Exercicis proposats

4 Cert o fals?

a) El signe de la correlació (r) coincideix amb el de la covariància (σ_{xy}).

b) Si canviem les unitats en què s'expressa la variable x, llavors es modifiquen els valors de $\bar{x}$, σ_x, σ_{xy}, i r.

c) Encara que canviem les unitats en què es dóna la variable x (o la y, o ambdues) el valor de la correlació, r, no es modifica.

5 Obtén mitjançant càlculs manuals els coeficients de correlació de les distribucions amb què hem treballat en l'epígraf anterior:

Salt d'alçada - Salt amb perxa

Salt d'alçada - 1 500 m llisos

Salt d'alçada - Llançament de pes

Fes-ho també amb una calculadora amb mode LR.

4 Recta de regressió

Al principi d'aquesta unitat hem traçat, a ull, rectes que *s'acoblaven bé* als núvols de punts. Les anomenàvem *rectes de regressió*. Procedirem, ara, a obtenir-les de forma precisa.

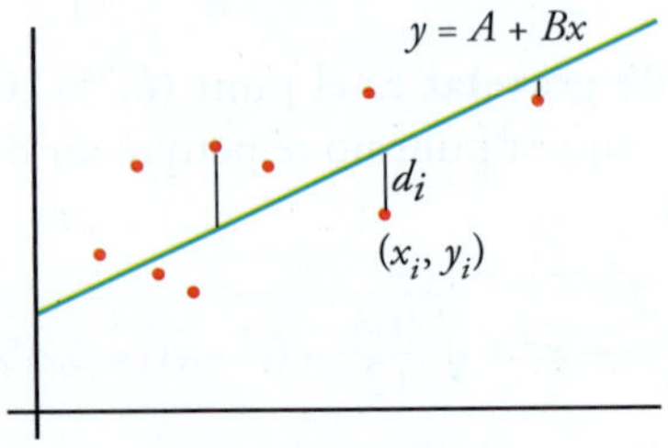

d_i = diferència entre les ordenades del punt i de la recta.

Mètode dels mínims quadrats

Partim del núvol de punts (x_1, y_1), (x_2, y_2), …, (x_n, y_n).

Hem de trobar la recta que *millor s'ajusti* al núvol.

Quin criteri seguim per a aquest *millor encaix*?

Considerarem totes les possibles rectes $y = A + Bx$ i ens quedarem amb aquella per a la qual els quadrats de les diferències, d_i, d'ordenades de cada punt i la recta sumen el mínim possible, és a dir, per a la qual Σd_i^2 és mínim (posem d_i^2 perquè tots els sumands siguin positius. Si no és així, els valors d_i negatius compensarien els positius).

D'aquesta manera s'arriba (amb mètodes matemàtics superiors a aquest curs) a això:

- La recta buscada passa pel centre de gravetat $(\bar{x}, \bar{y})$ de la distribució.
- El seu pendent és $m_{yx} = \dfrac{\sigma_{xy}}{\sigma_x^2}$.

La recta que fa mínima la suma Σd_i^2 té per equació:

$$y = \bar{y} + \frac{\sigma_{xy}}{\sigma_x^2}(x - \bar{x})$$

S'anomena **recta de regressió de *Y* sobre *X*.**

El pendent, $\dfrac{\sigma_{xy}}{\sigma_x^2}$, s'anomena **coeficient de regressió.**

En el web

Full de càlcul per treballar amb les distribucions bidimensionals: paràmetres, correlació, recta de regressió…

El signe del coeficient de correlació i el del coeficient de regressió coincideixen, perquè tenen el mateix numerador i els denominadors són positius. Però aquí acaba la coincidència: pot ser que la recta de regressió tingui pendent alt i, no obstant això, el coeficient de correlació sigui baix. O al contrari.

En el web

Activitat interactiva per determinar una recta de regressió. Exemple de càlcul i exercicis.

Exercici resolt

1 *En la distribució*

Nota de matemàtiques – Nota de física amb els paràmetres calculats en la pàgina anterior, obtén la recta de regressió de Y sobre X.

- Pendent → $m_{yx} = \dfrac{\sigma_{xy}}{\sigma_x^2} = \dfrac{5{,}92}{(\sqrt{6})^2} = 0{,}986$
- Equació → $y = 5 + 0{,}986(x - 6)$ → $y = -0{,}917 + 0{,}986x$

AMB CALCULADORA

Després d'introduir les dades com s'ha fet en la pàgina anterior, s'obté:

- Pendent de la recta: SHIFT [B] 0.98611111 → $B = 0{,}986$
- Ordenada en l'origen: SHIFT [A] -0.9166666 → $A = -0{,}917$

(En la calculadora, B és el pendent de la recta de regressió de Y sobre X. A n'és l'ordenada en l'origen).

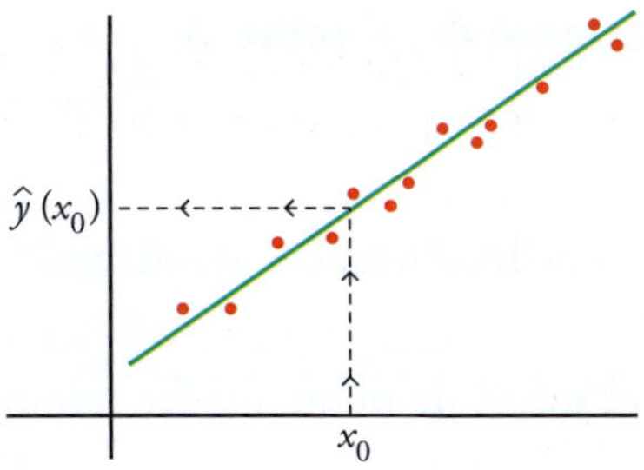

Atenció

L'estimació $\hat{x}(y_0)$ se sol realitzar, com veuràs en la pàgina següent, sobre *l'altra recta de regressió.*

La recta de regressió per fer estimacions

La recta de regressió s'adapta al núvol de punts i en descriu, *grosso modo*, la tendència. Per això, a partir de la recta de regressió, obtenim, de forma aproximada, el valor esperat de y per a un cert valor de x. Aquests valors s'anomenen *estimacions.*

$\hat{y}(x_0)$ és el **valor estimat de y** corresponent a $x = x_0$ sobre la recta de regressió.

- Les estimacions sempre es realitzen aproximadament i en termes de probabilitat: *és probable que si* $x = x_0$, *llavors* y *valgui, aproximadament,* $\hat{y}(x_0)$.
- L'aproximació és molt millor com més gran sigui $|r|$, perquè per a valors de r pròxims a 1 o a –1, els punts estan molt pròxims a la recta.
- Les estimacions només s'han de fer dins de l'interval de valors emprats o molt a prop d'aquests valors.

Exercici resolt

1 *La taula adjunta dóna les prolongacions d'una barra metàl·lica per efecte de canvis en la temperatura. Amb ajuda de la calculadora, calcula la recta de regressió i estima els valors de les prolongacions A per a temperatures T = 55°C, T = 100°C i T = 200°C.*

TEMP. (°C)	ALLARG. (mm)
0	0
8	1
16	2
25	3
40	5
50	6
60	7
75	9

Mode LR SHIFT AC. Designem temperatures, $T \to x$; prolongacions, $A \to y$.

0 [x_D, y_D] 0 DATA; 8 [x_D, y_D] 1 DATA; 16 [x_D, y_D] 2 DATA; …; 75 [x_D, y_D] 9 DATA

- Recta de regressió Y sobre X:

  Pendent SHIFT [B] {0.118667485}. Prenem $B = 0{,}119$.

  Ordenada en l'origen SHIFT [A] {0.060638624}. Prenem $A = 0{,}06$.

  Equació de la recta: $y = 0{,}06 + 0{,}119x$

- Correlació SHIFT [r] {0.999437044}. Prenem $r = 0{,}999$.
- Estimacions: 55 [$\hat{y}$] {6.587350322}. Prenem $\hat{y}(55) = 6{,}6$.

  100 [$\hat{y}$] {11.92738716}. Prenem $\hat{y}(100) = 11{,}9$.

- Interpretació: Per a una temperatura de 55 °C la barra s'allargarà 6,6 mm. Aquesta estimació és molt fiable, perquè r és gairebé igual a 1 i 55 està dins del rang de valors donats a x.

  L'estimació $A = 11{,}9$ mm per a $T = 100$ °C és menys precisa perquè 100 està fora de l'interval [0, 75] on s'han pres els valors.

  Per a $T = 200$ °C ni tan sols hem fet l'estimació, perquè està massa enfora i el resultat no seria gens fiable.

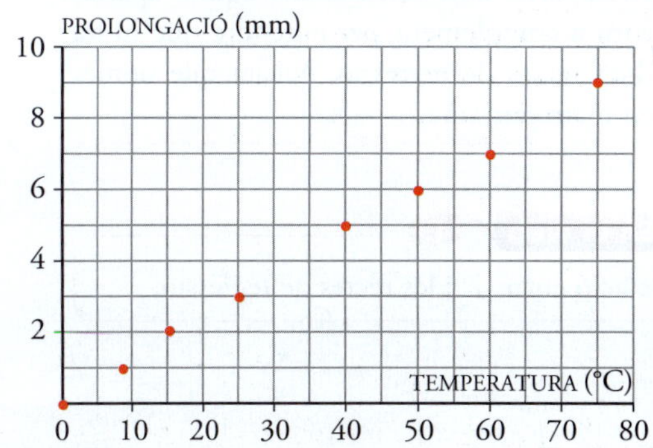

Exercici proposat

6 Cert o fals?

a) Com més forta sigui la correlació, més punts del núvol hi haurà exactament sobre la recta de regressió.

b) Com més forta sigui la correlació, més a prop de la recta de regressió estaran els punts del núvol.

c) Com més forta sigui la correlació, més fiables seran les estimacions fetes a partir de la recta de regressió.

5 Hi ha dues rectes de regressió

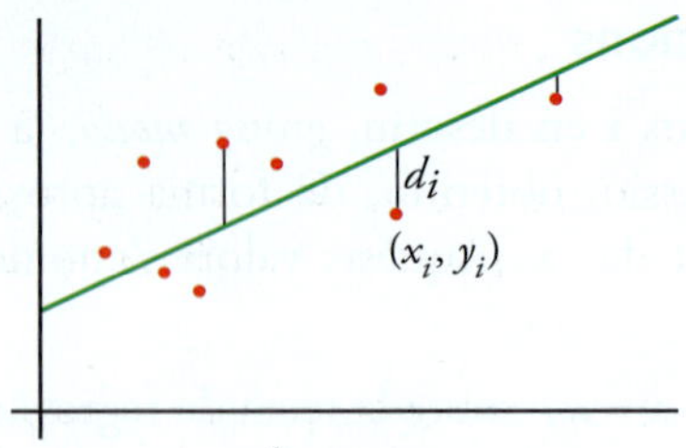

Σd_i^2 mínim

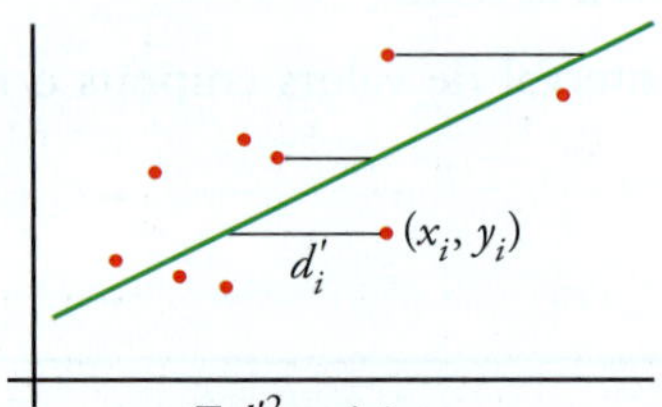

$\Sigma d_i'^2$ mínim

En l'apartat anterior hem vist que la **recta de regressió de Y sobre X**

$$y = \bar{y} + \frac{\sigma_{xy}}{\sigma_x^2}(x - \bar{x})$$

és aquella recta per a la qual la suma dels quadrats de les diferències d'ordenades, d_i, entre els punts i la recta sigui mínima.

Si el criteri que seguíssim per ajustar la recta al núvol de punts fos fer mínima la suma dels quadrats de les diferències d'abscisses del punt i de la recta ($\Sigma d_i'^2$ mínim) obtindríem una altra recta anomenada **recta de regressió de X sobre Y.**

L'equació de la **recta de regressió de X sobre Y** és:

$$x = \bar{x} + \frac{\sigma_{xy}}{\sigma_y^2}(y - \bar{y})$$

O bé, aïllant y: $y = \bar{y} + \dfrac{\sigma_y^2}{\sigma_{xy}}(x - \bar{x})$

Passa pel centre de gravetat, $(\bar{x}, \bar{y})$, i el pendent és $\dfrac{\sigma_y^2}{\sigma_{xy}}$.

Posicions de les dues rectes de regressió

- Quan la correlació és gairebé nul·la, les dues rectes formen un angle molt gran (pròxim a 90°):

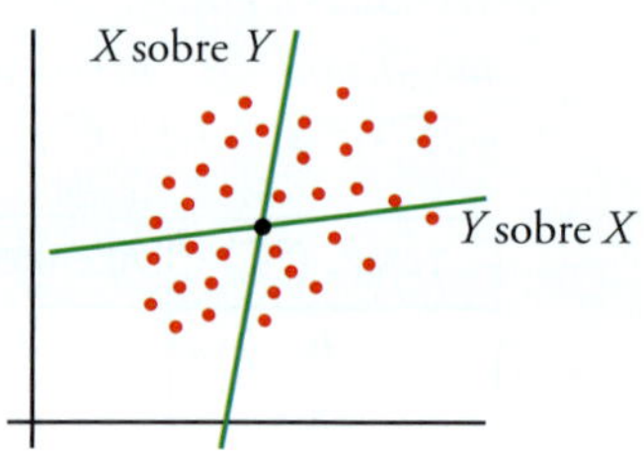

- Si la correlació és forta, l'angle que formen les dues rectes és petit:

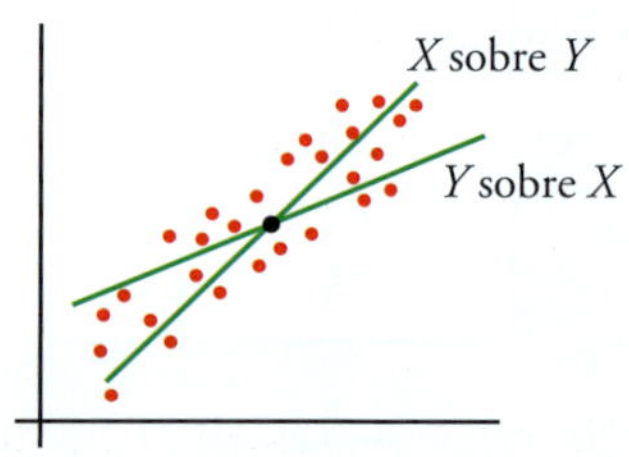

- Si $|r|$ és pròxim a 1, les rectes són gairebé coincidents:

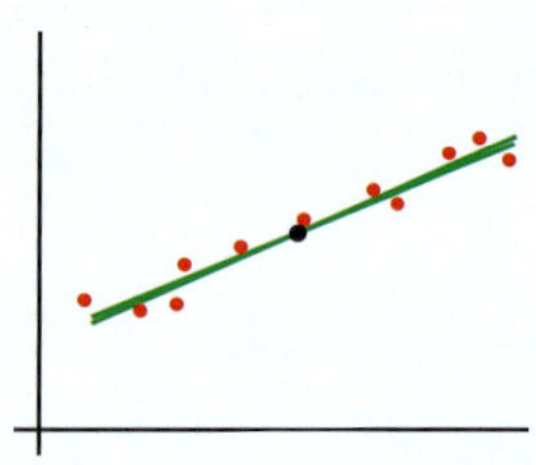

Atenció!

L'estimació $\hat{y}(x_0)$ es realitza sobre la recta de regressió de Y sobre X.

L'estimació $\hat{x}(y_0)$ s'ha de realitzar sobre la recta de regressió de X sobre Y.

No obstant això, les calculadores habituals només treballen amb la recta de regressió de Y sobre X i amb aquesta recta realitzen els dos tipus d'estimacions, per als quals empren les tecles $\hat{y}$, $\hat{x}$.

En aquest nivell n'hi ha prou a treballar amb aquesta recta (Y sobre X), com hem fet en l'apartat anterior, i deixar aquest apartat com a complement per entendre que hi ha dues rectes de regressió, encara que només en manegem una.

En el web

Relació entre r i les rectes de regressió.

Exercici proposat

7 Cert o fals?

a) En una distribució bidimensional en què s'estudien conjuntament les estatures (x) i els pesos (y) d'un grup de joves en la qual $\bar{x} = 170$ cm i $\bar{y} = 65$ kg, és impossible que les rectes de regressió siguin $y = 0{,}8x - 67$ i $y = 1{,}1x - 121$.

b) Si en una distribució bidimensional és $\bar{x} = 3$ i $\bar{y} = 5$, llavors és possible que les rectes de regressió siguin $y = 2x - 1$ i $y = -x + 8$, perquè ambdues es tallen en (3, 5).

c) Si les rectes de regressió són $y = \frac{1}{5}x + 10$ i $y = 11x - 2$, llavors la correlació és dèbil perquè les rectes formen un angle pròxim a 90°.

6 Taules de contingència

Les taules de contingència s'utilitzen per registrar i analitzar la relació entre dues variables. Per exemple:

S'ha fet una enquesta a 500 homes, majors d'edat, sobre les preferències televisives. Hi ha sis possibles respostes (com pots veure en el marge). Els resultats es donen en la taula següent:

Edat ☐

Dels tipus de programes televisius següents, quin prefereixes?:

Informatius .... ☐

Documentals .... ☐

Entreteniment (concursos, famosos, cor…) .... ☐

Esports .... ☐

Pel·lícules i sèries .... ☐

Altres .... ☐

y \ x	18-25	26-35	36-50	51-65	MÉS DE 65	TOTAL
INF	4	6	15	11	25	61
DOC	5	15	21	15	21	77
ENTR	10	10	22	15	16	73
ESP	20	34	56	40	50	200
PEL	11	15	20	16	11	73
ALTR	0	5	6	3	2	16
TOTAL	50	85	140	100	125	500

La variable x descriu les *edats* dels enquestats. Es presenta repartida en cinc trams. És una variable quantitativa.

La variable y descriu les *preferències televisives*. És una variable qualitativa.

Cada individu del col·lectiu ha estat comptabilitzat en una casella i només en una. Per tant, en cada casella apareix la freqüència corresponent a aquest parell de valors. Per exemple, el 34 de la segona columna és el «nombre d'individus que TENEN ENTRE 26 I 35 ANYS i que PREFEREIXEN ESPORTS».

Distribucions marginals

Distribució marginal de la x

Com es reparteixen els enquestats per *edats*, prescindint de les preferències televisives.

Si a cada grup d'edats assignem la freqüència corresponent de la darrera fila (TOTAL) obtenim la **distribució marginal de la x**.

x_i	18-25	26-35	36-50	51-65	MÉS DE 65	
f_i	50	85	140	100	125	500

Distribució marginal de la y

Com es reparteixen els enquestats per *preferència televisiva*, prescindint de les edats.

Anàlogament, la darrera columna (TOTAL) ens dóna les freqüències de la **distribució marginal de la y**.

y_i	f_i'
INF	61
DOC	77
ENTR	73
ESP	200
PEL	73
ALTR	16
	500

Exercicis proposats

8 Calcula la mitjana i la desviació típica de la distribució marginal de la x. Per a això, assigna a cada interval d'edats la seva marca de classe (punt mitjà) i al darrer interval assigna-li el valor 75.

9 La distribució marginal de la y correspon a una variable qualitativa. Per tant, no té mitjana ni desviació típica. L'únic paràmetre que podem assignar-li és la moda. Quina és?

Distribucions condicionades

y \ x	18-25	26-35	36-50	51-65	MÉS DE 65	TOTAL
INF	4	6	15	11	25	61
DOC	5	15	21	15	21	77
ENTR	10	10	22	15	16	73
ESP	20	34	56	40	50	200
PEL	11	15	20	16	11	73
ALTR	0	5	6	3	2	16
TOTAL	50	85	140	100	125	500

- Com es distribueixen les *preferències televisives* dels majors de 65 anys? Ho veiem en la cinquena columna de la taula: és la *distribució de la variable* y **condicionada** *que* x *sigui de l'interval «més de 65».*

VAR	FREQ
INF	25
DOC	21
ENT	16
ESP	50
PEL	11
ALTR	2

- La quarta fila de la taula ens dóna les freqüències de la distribució d'edats dels qui prefereixen esports. És la *distribució de la variable* x **condicionada** *que* y = *ESP*.

VAR	18-25	26-35	36-50	51-65	MÉS DE 65
FREQ	20	34	56	40	50

Variables independents

Imagina una taula de contingència que relacioni les variables:

x: grup sanguini

y: preferències televisives

És clar que haurien de ser independents, perquè el grup sanguini no afecta els gusts televisius. Per tant, per a cada grup sanguini les proporcions d'individus a qui els agrada això o allò altre han de ser semblants entre si i semblants al total.

Variables independents

Compararem les **freqüències relatives** d'aquestes distribucions:

— La distribució de la x condicionada a y = ESP.

— La distribució marginal de la x.

18-25	26-35	36-50	51-65	MÉS DE 65
$\frac{20}{200} = 0,10$	$\frac{34}{200} = 0,17$	$\frac{56}{200} = 0,28$	$\frac{40}{200} = 0,20$	$\frac{50}{200} = 0,25$
$\frac{50}{500} = 0,10$	$\frac{85}{500} = 0,17$	$\frac{140}{500} = 0,28$	$\frac{100}{500} = 0,20$	$\frac{125}{500} = 0,25$

Les freqüències relatives són idèntiques. És a dir, els qui prefereixen esports es reparteixen per edats de la mateixa manera que el col·lectiu total. Això ho concretem dient que l'opció PREFEREIX ESPORTS és **independent** de l'edat.

Quan tots els esdeveniments d'una variable són independents respecte de l'altra, es diu que **les dues variables són independents**.

En la taula que ens ocupa, els altres esdeveniments (y = INF, y = DOC, ...) no són independents de l'edat. Per això, aquestes dues variables x i y no són independents.

Exercicis proposats

10 Comprova que la taula següent correspon a la distribució de x condicionada a $y \in$ {INF, DOC}.

x	18-25	26-35	36-50	51-65	MÉS DE 65
f	9	21	36	26	46

Troba'n la mitjana i la desviació típica.

11 Fes la distribució de y condicionada a $x < 36$.

12 Comprova, calculant les freqüències relatives, que l'esdeveniment PEL no és independent de l'edat.

13 Fes la distribució de x condicionada a NO ESPORTS i compara'n les freqüències relatives amb les de la distribució marginal de la x.

Taules de contingència amb variables quantitatives

Recordem que les distribucions d'una variable, quan el nombre d'observacions és petit, es donen, simplement, enumerant les dades de forma ordenada. Però quan el nombre de dades és gran, es recorre a una taula de freqüències.

De la mateixa manera, en les distribucions bidimensionals, quan hi ha pocs parells de valors, simplement s'enumeren. Si algun parell està repetit, es torna a posar (és el que hem fet en els apartats 1 a 5 d'aquesta unitat). Però quan el nombre de dades és gran, es recorre a les **taules de doble entrada**, això és, taules de contingència amb les dues variables quantitatives.

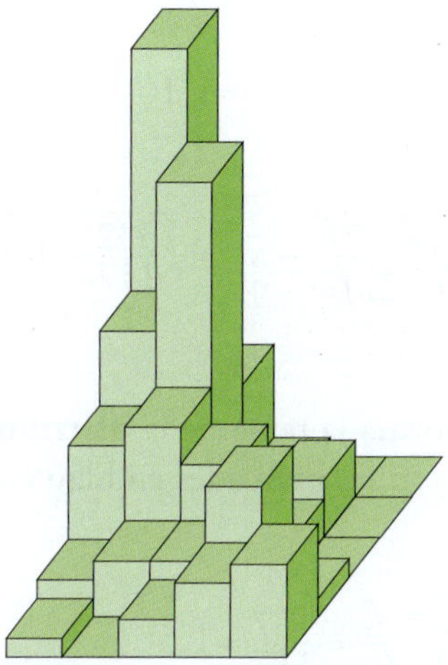

y_i \ x_i	0	1	2	3	4
0	24	6	1	0	0
1	11	19	2	3	0
2	7	8	6	2	0
3	2	3	3	7	1
4	1	0	2	4	5

Per exemple, en la taula adjunta apareixen els resultats de dos tests, un de *càlcul*, x, i un altre de *visió espacial*, y, passats a 117 persones. En cada casella es posa la freqüència corresponent al parell de valors que defineixen aquesta casella. Per exemple, hi ha 11 individus per als quals $x = 0$, $y = 1$. És a dir, el parell $(0, 1)$ hi apareix 11 vegades.

CÀLCUL DE PARÀMETRES AMB CALCULADORA

Observa com s'introdueixen aquestes dades en una calculadora:

0 [x_D,y_D] 0 [×] 24 [DATA] 1 [×] 11 [DATA] 2 [×] 7 [DATA] 3 [×] 2 [DATA] 4 [DATA]	1 [x_D,y_D] 0 [×] 6 [DATA] 1 [×] 19 [DATA] 2 [×] 8 [DATA] 3 [×] 3 [DATA]	2 [x_D,y_D] 0 [DATA] 1 [×] 2 [DATA] 2 [×] 6 [DATA] 3 [×] 3 [DATA] 4 [×] 2 [DATA]
3 [x_D,y_D] 1 [×] 3 [DATA] 2 [×] 2 [DATA] 3 [×] 7 [DATA] 4 [×] 4 [DATA]	4 [x_D,y_D] 3 [DATA] 4 [×] 5 [DATA]	

Si les dades s'han introduït correctament en la calculadora, ens proporcionarà directament tots els paràmetres.

CÀLCUL DE PARÀMETRES SENSE CALCULADORA

Per trobar els paràmetres manualment, es procedeix així:

— En la distribució marginal de la x trobem $\bar{x}$ i σ_x.

— En la distribució marginal de la y trobem $\bar{y}$ i σ_y.

— En cada casella de la taula trobem el producte dels valors de les variables per la freqüència corresponent.

Per exemple, en la casella en què hi ha un 8, els valors de les variables són $x = 1$, $y = 2$; la freqüència és 8; el producte és $8 \cdot 1 \cdot 2 = 16$. La suma de tots aquests productes és Σxy, correspon a la fórmula de la covariància.

En la pàgina següent trobem, pas a pas, el coeficient de correlació d'aquesta distribució.

En el web

Full de càlcul en el qual pots treballar amb les taules de doble entrada.

En el web

Full de càlcul per treballar amb alguns aspectes d'aquesta unitat.

Recorda

La fórmula de la covariància és:

$$\sigma_{xy} = \frac{\sum xy}{n} - \bar{x}\,\bar{y}$$

y_i \ x_i	0	1	2	3	4	
0	24	6	1	0	0	**31**
1	11	19	2	3	0	**35**
2	7	8	6	2	0	**23**
3	2	3	3	7	1	**16**
4	1	0	2	4	5	**12**
	45	**36**	**14**	**16**	**6**	

Càlcul del coeficient de correlació de la distribució donada en la pàgina anterior mitjançant una taula

— Comencem ampliant la taula amb les sumes de les files i de les columnes.

— Per calcular $\bar{x}$ i σ_x recorrem a la **distribució marginal de la *x*** (les freqüències són els valors marcats en vermell sobre la taula):

x_i	f_i	$x_i f_i$	$x_i^2 f_i$
0	45	0	0
1	36	36	36
2	14	28	56
3	16	48	144
4	6	24	96
	117	136	332

$$\bar{x} = \frac{\sum x_i f_i}{\sum f_i} = \frac{136}{117} = 1,16$$

$$\sigma_x = \sqrt{\frac{\sum x_i^2 f_i}{\sum f_i} - \bar{x}^2} = \sqrt{\frac{332}{117} - 1,16^2} = 1,22$$

— Anàlogament, per obtenir $\bar{y}$ i σ_y es forma la taula de la **distribució marginal de la *y*** (les freqüències, en aquest cas, són les marcades en blau en la taula):

y_i	f_i	$y_i f_i$	$y_i^2 f_i$
0	31	0	0
1	35	35	35
2	23	46	92
3	16	48	144
4	12	48	192
	117	177	463

$$\bar{y} = \frac{\sum y_i f_i}{\sum f_i} = \frac{177}{117} = 1,5$$

$$\sigma_y = \sqrt{\frac{\sum y_i^2 f_i}{\sum f_i} - \bar{y}^2} = \sqrt{\frac{463}{117} - 1,5^2} = 1,3$$

— Per calcular la **covariància** hi aplicarem la fórmula $\sigma_{xy} = \dfrac{\sum x \cdot y \cdot f}{\sum f} - \bar{x} \cdot \bar{y}$, on

x i *y* representen cadascun dels valors que pot prendre cada variable:

$$(x_1, y_1),\ (x_1, y_2),\ \ldots,\ (x_4, y_3),\ (x_4, y_4)$$

i *f* són les freqüències de cadascun d'aquests parells.

$$\sum x \cdot y \cdot f = 1 \cdot 1 \cdot 19 + 1 \cdot 2 \cdot 8 + 1 \cdot 3 \cdot 3 + 1 \cdot 4 \cdot 0 + 2 \cdot 1 \cdot 2 + 2 \cdot 2 \cdot 6 + 2 \cdot 3 \cdot 3 + 2 \cdot 4 \cdot 2 + 3 \cdot 1 \cdot 3 + 3 \cdot 2 \cdot 2 + 3 \cdot 3 \cdot 7 + 3 \cdot 4 \cdot 4 + 4 \cdot 1 \cdot 0 + 4 \cdot 2 \cdot 0 + 4 \cdot 3 \cdot 1 + 4 \cdot 4 \cdot 5 = 330$$

$$\sigma_{xy} = \frac{\sum x \cdot y \cdot f}{\sum f} - \bar{x} \cdot \bar{y} = \frac{330}{117} - 1,16 \cdot 1,5 = 1,08$$

— Finalment, per calcular el **coeficient de correlació** hi apliquem la fórmula corresponent.

$$r = \frac{\sigma_{xy}}{\sigma_x \cdot \sigma_y} = \frac{1,08}{1,22 \cdot 1,3} = 0,68$$

Exercici proposat

14 Un altre grup de 154 persones han realitzat els mateixos tests, amb els resultats que es donen en la taula de la dreta. Troba'n el coeficient de correlació.

y_i \ x_i	0	1	2	3	4
0	17	22	6	4	1
1	15	14	8	2	0
2	13	6	10	5	1
3	5	4	2	6	2
4	3	1	0	3	4

Exercicis i problemes resolts

1. Relació funcional i relació estadística

La taula de la dreta mostra els resultats que s'han obtingut en mesurar la temperatura (en °C) i la pressió atmosfèrica (en mmHg) durant set dies en una localitat determinada:

a) És una distribució bidimensional? Quines variables s'hi relacionen?

b) Representa el núvol de punts corresponent.

c) És una relació estadística o funcional?

TEMPERATURA (°C)	15	16	17	20	18	16	12
PRESSIÓ (mmHg)	800	810	800	820	810	750	750

a) És una distribució bidimensional on es relacionen les variables x: *temperatura* i y: *pressió atmosfèrica,* corresponents a set dies, en aquesta localitat.

b)

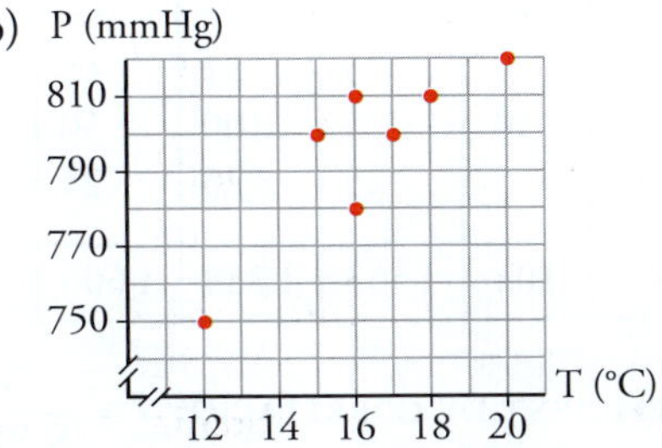

c) Entre les dues variables hi ha una clara relació estadística però no funcional, ja que hi ha punts amb la mateixa temperatura i pressió diferent. És a dir, el valor de la temperatura no determina el valor de la pressió.

Fes-ho tu. Fes el mateix amb les variables *Hores de sol - Temperatura mitjana a Almeria.*

	G	F	Mç	Ab	Mg	Jn	Jl	Ag	S	O	N	D
HORES DE SOL	216	251	271	300	335	329	377	321	244	225	159	194
TEMPERATURA MITJANA	12,2	10,8	14,5	15,6	20,4	24,1	25,8	26,7	23,7	19,3	16,4	13,5

2. Anàlisi gràfica d'una distribució bidimensional

La taula de la dreta mostra:

- *Les notes d'un examen de matemàtiques de 10 estudiants.*
- *Les hores dedicades a la seva preparació.*
- *Les hores que van veure la televisió els dies previs a l'examen.*
- *El pes de cada estudiant.*

Estudia gràficament la correlació entre la nota i cadascuna de les altres variables.

NOTA	3	4	5	6	6	7	7	8	8	9
HORES D'ESTUDI	3	5	7	12	5	7	11	12	15	14
HORES TV	18	12	14	10	6	8	6	5	8	4
PES (kg)	60	54	70	68	59	72	55	65	52	64

(I) NOTA-HORES D'ESTUDI

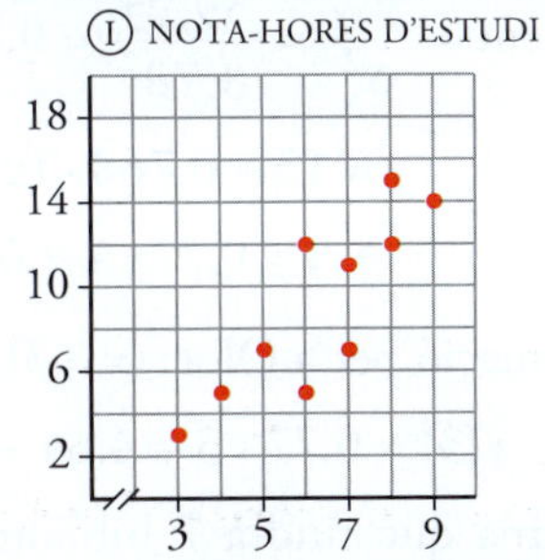

(II) NOTA-HORES TV

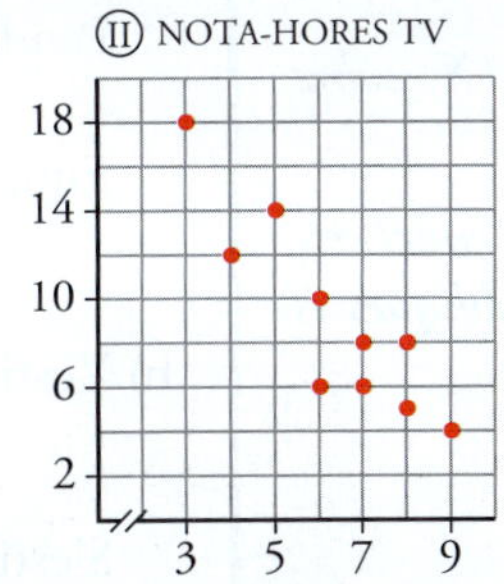

(III) NOTA-PES

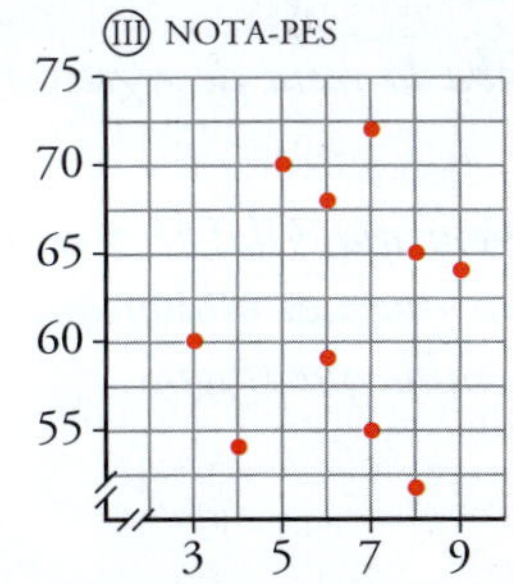

A la vista dels gràfics, podem dir que hi ha una correlació prou forta en els casos (I) i (II): en el primer cas, positiva, i en el segon, negativa. No obstant això, en el tercer cas no hi ha cap correlació apreciable. Els resultats són raonables: hem d'esperar que a més hores d'estudi millor sigui la nota obtinguda i que a més hores veient la televisió la nota sigui pitjor. El pes no influeix en la nota, naturalment.

Fes-ho tu. Estudia la correlació entre la NOTA d'un examen de matemàtiques i les altres variables que apareixen en la taula següent:

NOTA	3	4	5	6	6	7	7	8	8	9
NOTA DE L'ANY PASSAT	4	2	6	6	8	5	6	9	7	10
QUOCIENT INTEL·LECTUAL	120	102	118	105	95	110	103	107	115	125

Exercicis i problemes resolts

3. Càlcul del coeficient de correlació

La taula següent mostra el nombre de centres cívics i el nombre de biblioteques públiques en vuit localitats catalanes:

CIUTAT	x: CENTRES CÍVICS	y: BIBLIOTEQUES PÚBLIQUES
Barcelona	31	30
Badalona	19	16
Tarragona	9	12
Lleida	7	11
Girona	6	11
Manresa	5	9
L'Hospitalet de Llobregat	5	10
Sabadell	5	5

Calcula el coeficient de correlació que hi ha entre ambdues variables.

x_i	y_i	x_i^2	y_i^2	$x_i \cdot y_i$
31	30	961	900	930
19	16	361	256	304
9	12	81	144	108
7	11	49	121	77
6	11	36	121	66
5	9	25	81	45
5	10	25	100	50
5	5	25	25	25
87	104	1563	1748	1605

MITJANES: $\bar{x} = \frac{87}{8} = 10{,}875$; $\bar{y} = \frac{104}{8} = 13$

DESVIACIONS TÍPIQUES:

$$\sigma_x = \sqrt{\frac{1563}{8} - 10{,}875^2} = 8{,}78$$

$$\sigma_y = \sqrt{\frac{1748}{8} - 13^2} = 7{,}04$$

COVARIÀNCIA:

$$\sigma_{xy} = \frac{1605}{8} - 10{,}875 \cdot 13 = 59{,}25$$

COEFICIENT DE CORRELACIÓ: $r = \frac{59{,}25}{8{,}78 \cdot 7{,}04} = 0{,}96$

És una correlació molt forta, molt pròxima a 1.

AMB CALCULADORA

Mode LR

S'esborra tot el que hi hagi en la memòria: SHIFT AC

S'hi introdueixen les dades:

31 [x_D, y_D] 30 DATA   19 [x_D, y_D] 16 DATA   …   5 [x_D, y_D] 9 DATA 10 DATA 5 DATA 1

S'obtenen els paràmetres $\bar{x}$, $\bar{y}$, σ_x, σ_y, σ_{xy} i r amb les tecles específiques.

4. Recta de regressió de Y sobre X

A partir dels resultats obtinguts en l'exercici anterior:

a) Troba la recta de regressió de Y sobre X.

b) Sabent que Olot té 3 centres cívics, estima quantes biblioteques públiques és esperable que tingui.

a) Trobem la recta de regressió:

$$\text{Pendent} = \frac{\sigma_{xy}}{\sigma_x^2} = \frac{59{,}25}{8{,}78^2} = 0{,}768$$

Equació: $y = 13 + 0{,}768 \cdot (x - 10{,}875) \rightarrow$

$\rightarrow y = 0{,}77x + 4{,}64$

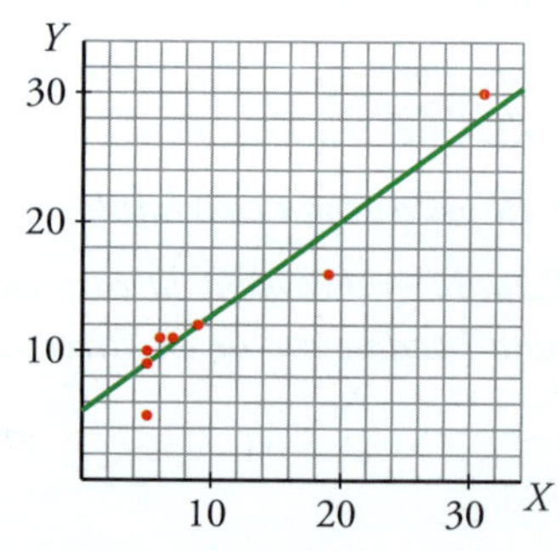

b) L'estimació per a Olot $(x = 3)$ serà:

$$\hat{y}(3) = 0{,}77 \cdot 3 + 4{,}64 = 6{,}95 \approx 7$$

S'estima que tindrà 7 biblioteques públiques. L'estimació és poc fiable perquè, encara que el coeficient de correlació és gran (pròxim a 1), el valor $x = 3$ està fora de l'interval [5, 31] en el qual es donen les dades.

AMB CALCULADORA

Recta de regressió:

Pendent de la recta: SHIFT [B]

Ordenada en l'origen: SHIFT [A]

Estimació per a Olot:

Valor de y estimat per a $x = 3$: 3 [$\hat{y}$]

Comprova que, amb calculadora, els resultats són els mateixos que els que s'han obtingut manualment.

Exercicis i problemes guiats

1. Dues rectes de regressió. Estimacions

La taula següent relaciona les variables

x: despeses en publicitat (milers d'euros)

y: vendes (milers d'euros)

durant els 6 primers mesos de promoció d'un cert producte:

x	1	2	3	4	5	6
y	10	17	30	28	39	47

a) Troba les dues rectes de regressió.

b) Efectua l'estimació $\hat{y}(5,5)$ i explica'n el significat.

c) Per obtenir unes vendes de 20 000 €, quants milers d'euros s'estima que s'han de gastar en publicitat?

Seran fiables aquestes estimacions?

a) • Confecciona una taula amb les columnes x_i, y_i, x_i^2, y_i^2, $x_i \cdot y_i$ i troba el valor dels paràmetres $\bar{x}$, $\bar{y}$, σ_x, σ_y i σ_{xy}.

• Troba el pendent de la recta de regressió de Y sobre X, $m_{yx} = \dfrac{\sigma_{xy}}{\sigma_x^2}$, i escriu l'equació d'aquesta recta.

• Troba el pendent de la recta de regressió de X sobre Y, $m_{xy} = \dfrac{\sigma_y^2}{\sigma_{xy}}$, i escriu l'equació d'aquesta recta.

b) Per calcular l'estimació $\hat{y}(5,5)$, dóna a x el valor 5,5 en l'equació de la recta de regressió de Y sobre X.

c) Has de calcular $\hat{x}(20)$ en l'equació de la recta de regressió de X sobre Y.

Troba el valor de $r = \dfrac{\sigma_{xy}}{\sigma_x \cdot \sigma_y}$ per decidir sobre la *qualitat* de les estimacions.

Solució:

a) $\bar{x} = 3,5$; $\bar{y} = 28,5$; $\sigma_x = 1,71$; $\sigma_y = 12,45$; $\sigma_{xy} = 20,75$

Recta de regressió de Y sobre X: $y = 7,1x + 3,65$

Recta de regressió de X sobre Y: $y = 7,47x + 2,36$

b) $\hat{y}(5,5) = 42,7$. Significa que per a una despesa en publicitat de 5 500 €, les vendes s'acostaran als 42 700 €.

c) Estimam amb la recta de regressió X sobre Y, el valor de x que correspon a $y = 20$. És a dir, $\hat{x}(20) = 2,36$.

Com que la correlació $r = 0,97$ és alta, les estimacions són fiables (diem que «en gastar 5 500 € en publicitat és probable que les vendes estiguin entre 40 000 € i 45 000 €»; i que «per obtenir unes vendes de 20 000 €, és probable que calgui gastar entre 2 300 € i 2 400 €»).

2. Taula de doble entrada

Una companyia discogràfica ha recopilat en la taula de la dreta la següent informació sobre el nombre de concerts donats per 15 grups musicals durant un estiu, i les vendes de discos d'aquests grups (en milers).

a) Calcula el nombre mitjà de discos venuts.

b) Quin és el coeficient de correlació?

c) Obtén la recta de regressió de Y sobre X.

d) Si un grup musical ven 18 000 discos, quin nombre de concerts es preveuen?

CONC. (y) / DISCOS (x)	10 - 30	30 - 40	40 - 80
1 - 5	3	0	0
5 - 10	1	4	1
10 - 20	0	1	5

• Substitueix els valors de x i de y per les *marques de classe* corresponents.

• Fes les distribucions marginals de x i de y (repassa-ho a les pàgines 225 i 228) i troba $\bar{x}$ i σ_x.

• Troba $\sum x \cdot y \cdot f$ i calcula $\bar{y}$, σ_y, σ_{xy}, r i m_{yx}.

• Troba l'equació de la recta de regressió de Y sobre X.

• Calcula $\hat{y}(18)$ sobre l'equació anterior.

Solució:

a) $\bar{x} = 9,6$; és a dir, 9 600 discos venuts.

b) $r = 0,81$

c) $y = 2,86x + 13,51$

d) $\hat{y}(18) = 65$ concerts

Per practicar

Sense fórmules

1 Per a cadascun dels casos següents, indica:

- Quines són les variables que s'hi relacionen.
- Si es tracta d'una relació funcional o d'una relació estadística i, en aquest darrer cas, el signe de la correlació.

a) *Renda mensual d'una família - Despesa mensual en electricitat*

b) *Radi d'una esfera - Volum d'aquesta esfera*

c) *Litres de pluja recollits en una ciutat - Temps dedicat a mirar la televisió pels seus habitants*

d) *Longitud del trajecte recorregut en una línia de rodalia - Preu del bitllet*

e) *Pes dels alumnes de 1r de Batxillerat - Número de calçat que duen*

f) *Tones de tomàquets en una collita - Preu del quilo de tomàquets al mercat*

g) *Superfície d'una casa - Valor de la casa*

2 a) Copia en el quadern i traça a ull una recta de regressió per a cadascuna d'aquestes distribucions bidimensionals:

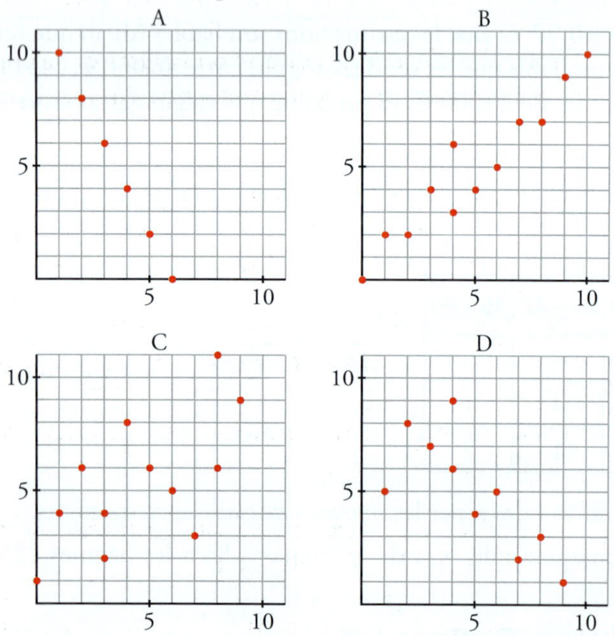

b) Quines tenen correlació positiva i quines tenen correlació negativa?

c) Sense fer càlculs, tria, d'entre els valors següents, la correlació de cadascuna de les distribucions:

0 0,64 1 –0,98 0,95 –1 –0,76

d) Una d'aquestes distribucions presenta una relació funcional; quina? Dóna l'expressió analítica de la funció que relaciona les dues variables.

3 Cadascuna d'aquestes sis distribucions bidimensionals està representada per les seves dues rectes de regressió:

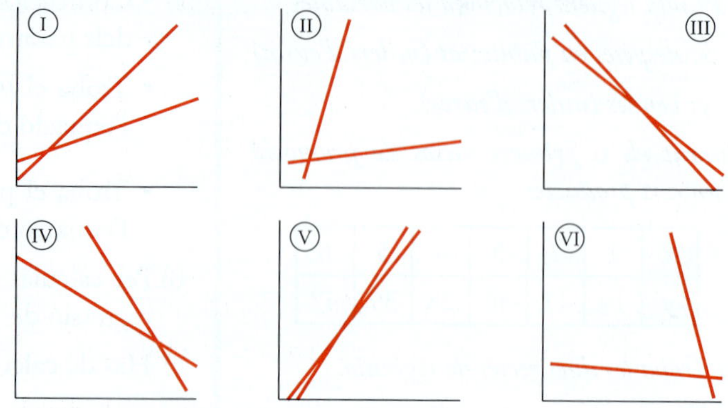

Els seus coeficients de correlació són, desordenats:

–0,9 0,99 0,6 –0,2 –0,5 0,1

Assigna'n, raonadament, el valor a cada distribució.

4 Representa el núvol de punts d'aquesta distribució i estima quin d'aquests tres pot ser el coeficient de correlació:

a) $r = 0{,}98$ b) $r = -0{,}87$ c) $r = 0{,}58$

x	0	1	2	3	3	4	5	6	7	8	9
y	1	4	6	2	4	8	6	5	3	6	9

5 Representa sobre paper quadriculat el núvol de punts corresponent a aquesta distribució.

x	1	2	3	4	5	6
y	10	8	6	4	2	0

Quin creus que és el coeficient de correlació?

6 a) Al teu quadern, en una quadrícula com aquesta, situa deu punts de manera que estimis que la seva correlació sigui 0,9 i una de les rectes de regressió sigui la que veus.

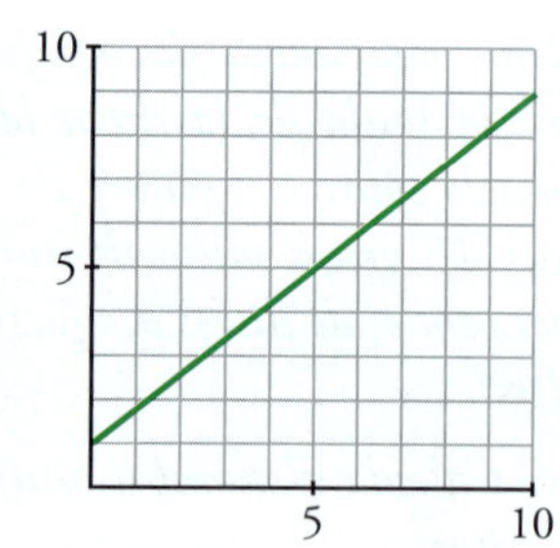

b) Repeteix l'experiència per aconseguir un coeficient de correlació de 0,6.

c) Fes el mateix per a un coeficient de 0,3.

* *Atenció: es demana estimar, però no calcular.*

7 Les estatures de 10 nenes i les de les seves mares són:

x_i	158	162	164	165	168	169	172	172	174	178
y_i	163	155	160	161	164	158	175	169	166	172

a) Representa aquests valors mitjançant un núvol de punts.

b) Traça a ull una recta de regressió i digues si la correlació és positiva o negativa i més o menys forta del que esperaves.

Amb fórmules

8 Aquesta és la distribució bidimensional donada pel núvol de punts B de l'exercici 2:

x	0	1	2	3	4	4	5	6	7	8	9	10
y	0	2	2	4	3	6	4	5	7	7	9	10

Troba:

a) $\bar{x}$, $\bar{y}$, σ_x, σ_y, σ_{xy}.

b) El coeficient de correlació, r. Interpreta'l.

c) Les equacions de les dues rectes de regressió.

9 a) Representa el núvol de punts corresponent a la distribució bidimensional següent:

x	0	1	2	3	3	4	5	6	7	8	9
y	1	4	6	2	4	8	6	5	3	6	9

b) Comprova amb la calculadora que els paràmetres són:

$\bar{x} = 4{,}4$ $\bar{y} = 4{,}9$ $\sigma_{xy} = 3{,}67$

$\sigma_x = 2{,}77$ $\sigma_y = 2{,}31$ $r = 0{,}58$

c) Troba les equacions de les dues rectes de regressió, X sobre Y i Y sobre X, i representa-les juntament amb el núvol de punts.

10 Una distribució bidimensional en què els valors de x són 12, 15, 17, 21, 22 i 25, té una correlació $r = 0{,}99$ i la recta de regressió és $y = 10{,}5 + 3{,}2x$.

a) Calcula $\hat{y}(13)$, $\hat{y}(20)$, $\hat{y}(30)$, $\hat{y}(100)$.

b) Quines de les estimacions anteriors són fiables, quina poc fiable i quina no s'ha de fer?

c) Expressa els resultats en termes adequats.

Per exemple:

$\hat{y}(13) = 52{,}1$. «Per a $x = 13$ és molt probable que el valor corresponent de y sigui pròxim a 52».

11 Observa la distribució D de l'exercici 2.

a) Descriu-la mitjançant una taula de valors.

b) Realitza els càlculs per obtenir-ne el coeficient de correlació.

c) Representa els punts al teu quadern.

Troba l'equació de la recta de regressió de Y sobre X i representa-la.

d) Calcula $\hat{y}(4{,}5)$, $\hat{y}(11)$, $\hat{y}(20)$ dilucidant com de fiables són aquestes estimacions.

12 Calcula les correlacions corresponents als núvols de punts que has inventat en l'exercici 6. Comprova si les correlacions obtingudes s'assemblen a les que pretenies aconseguir.

Per resoldre

13 La taula següent recull les dades econòmiques d'algunes de les pel·lícules més rendibles d'un any (les quantitats estan donades en milions d'euros):

x: DESPESES	18	15	20	11	10	6	6	14	16	12
y: RECAPTACIÓ	93	83	80	47	46	44	36	34	33	26

a) Troba'n el coeficient de correlació.

b) Obtén la recta de regressió de Y sobre X i estima quina recaptació han d'esperar si s'inverteixen 30 milions d'euros en una pel·lícula.

14 Un excursionista, en deu marxes diferents, pren les mesures següents:

x: altura de lloc (en m)

y: pressió atmosfèrica (en mmHg)

z: nombre de pulsacions en repòs

x	0	184	231	481	730	911	1 343	1 550	1 820	2 184
y	760	745	740	720	700	685	650	630	610	580
z	73	78	75	78	83	80	89	80	85	92

Troba el coeficient de correlació i la recta de regressió per a la distribució x-y i per a la distribució x-z i analitza'n els resultats.

15 En la taula següent es consignen els gols a favor (x) i els gols en contra (y) al final del campionat de Lliga de 1a divisió de futbol de 10 equips:

x	95	102	64	54	62	60	62	46	45	35	54	41
y	21	33	44	44	61	55	53	55	46	42	68	56

Troba el coeficient de correlació entre les dues variables i analitza el que hi has obtingut.

16 La taula següent relaciona el nombre atòmic de diversos metalls, x, amb la seva densitat, y:

ELEMENT	K	Ca	Ti	V	Mn	Fe	Co	Ni
NRE. ATÒMIC	19	20	22	23	25	26	27	28
DENSITAT	0,86	1,54	4,50	5,60	7,11	7,88	8,70	8,80

a) Representa els punts, troba el coeficient de correlació i calcula l'equació de la recta de regressió de Y sobre X.

b) Estima la densitat del crom sabent que el seu nombre atòmic és 24 → Cr (24).

c) Estima la densitat de l'escandi → Sc (21).

Exercicis i problemes proposats

17 La taula següent relaciona tres variables sociomètriques relatives a dotze països:

PAÍS	x: RENDA PER CÀPITA ($)	y: ÍNDEX DE NATALITAT (‰)	z: EXPECTATIVA DE VIDA EN NÉIXER (anys)
A	873	50	49
B	402	48	50
C	536	47	54
D	869	44	57
E	1 171	41	61
F	636	36	64
G	1 417	35	59
H	2 214	31	63
I	1 334	28	63
J	769	26	61
K	1 720	25	64
L	2 560	24	70

a) Troba el coeficient de correlació entre les variables x-y i entre les variables x-z.

b) Quines conclusions extreus dels resultats obtinguts?

18 La taula següent expressa les dades de vuit alumnes de secundària d'un centre escolar, relatives al nombre d'hores per dia que miren la televisió i la nota mitjana obtinguda en la darrera avaluació:

x: NRE. D'HORES DE TV	0	2	1	3	4	2	1	3
y: NOTA MITJANA	8	6	8	6	1	4	7	3

a) Representa'n gràficament les dades. Permet l'anàlisi gràfica deduir el signe del coeficient de correlació de Y sobre X? I el de X sobre Y?

b) Troba el coeficient de correlació de les dues variables.

c) Calcula l'equació de la recta de regressió de Y sobre X.

d) Quina nota mitjana pot esperar qui mira la televisió tres hores i mitja diàries? I qui la mira cinc hores?

19 Triem sis automòbils a l'atzar. L'antiguitat, en anys, i el nombre de quilòmetres que han rodat, en milers de quilòmetres, estan relacionats per la taula següent:

ANTIGUITAT	1	2	4	4	5	6	7
QUILÒMETRES RECORREGUTS	15	45	32	61	60	132	93

a) Calcula la mitjana i la desviació típica de les dues variables que hi intervenen.

b) Calcula'n el coeficient de correlació i interpreta'l.

c) Si un automòbil té tres anys, quants quilòmetres estimes que ha recorregut?

d) I si té cinc anys? I deu? Justifica'n les respostes.

Qüestions teòriques

20 El coeficient de correlació d'una distribució bidimensional és 0,87.

Si els valors de les variables es multipliquen per 10, quin serà el coeficient de correlació d'aquesta nova distribució?

21 Hem calculat la covariància d'una certa distribució i ha resultat negativa.

Justifica per què podem afirmar que tant el coeficient de correlació com els pendents de les dues rectes de regressió són nombres negatius.

22 Quin punt tenen en comú les dues rectes de regressió?

23 Quina condició ha de complir r perquè les estimacions fetes amb la recta de regressió siguin fiables?

24 Prova que el producte dels coeficients de regressió m_{yx} i m_{xy} és igual al quadrat del coeficient de correlació.

25 Explica com es calculen $\bar{x}$ i $\bar{y}$ a partir de les dues rectes de regressió d'una distribució bidimensional. Aplica-ho a aquest cas:

La recta de regressió de Y sobre X és: $y = 8,7 - 0,76x$

La recta de regressió de X sobre Y és: $y = 11,36 - 1,3x$

26 Explica com es troba el coeficient de correlació a partir de les dues rectes de regressió d'una distribució bidimensional. Aplica-ho al cas de l'exercici anterior.

27 L'estatura mitjana de 100 escolars és de 155 cm amb una desviació típica de 15,5 cm.

La recta de regressió de l'estatura respecte al pes és $y = 80 + 1,5x$ (x: pes; y: estatura)

a) Quin és el pes mitjà d'aquests escolars?

b) Quin és el signe del coeficient de correlació entre pes i estatura?

28 Cert o fals?

a) Si el pendent de la recta de regressió de Y sobre X és 1, la correlació entre les dues variables és molt forta.

b) Si el pendent de la recta de regressió de Y sobre X és negatiu, el pendent de la recta de regressió de X sobre Y també és negatiu.

c) En una relació funcional lineal les dues rectes de regressió coincideixen.

d) Com més forta sigui la correlació entre les variables x i y, més gran és r^2.

Per aprofundir

29 En una autoescola, cada alumne realitza un total de 80 tests repartits en 4 tandes de 20. La taula següent relaciona les variables número de tanda (x) i nombre d'errors (y):

x \ y	0 - 3	4 - 7	8 - 11	12 - 15
1	0	4	11	5
2	1	10	7	2
3	12	7	1	0
4	16	4	0	0

Per exemple: En la tercera tanda, en 12 dels tests es van trobar de 0 a 3 errors; en 7, de 4 a 7 errors…

a) Calcula'n el coeficient de correlació i troba l'equació de la recta de regressió de Y sobre X.

b) Quants errors s'estima que tindrà un alumne en la primera tanda? I en la segona? I en la darrera?

30 En un estudi realitzat als treballadors d'una cadena de fabricació de peces de cotxes sobre la seva productivitat quinzenal, es relacionen les hores treballades (x) amb les unitats produïdes (y).

Sabem que:

- La recta de regressió de Y sobre X és:

  $y = 3{,}47x + 32{,}01$

- La recta de regressió de X sobre Y és:

  $y = 3{,}81x + 5{,}36$

- L'interval d'hores emprades pels treballadors és [60, 85].

a) Troba $\bar{x}$, $\bar{y}$ i el coeficient de correlació.

b) Si un operari treballa 70 hores en una quinzena, quantes unitats s'estima que produirà? Com és de fiable aquesta estimació? I si treballa en total 40 hores? I si fossin 120 hores?

c) Si un empleat ha arribat a produir 300 peces aquesta quinzena, quantes hores s'estima que ha treballat?

Autoavaluació

En el web — Resolucions d'aquests exercicis.

1 Observa aquestes distribucions bidimensionals:

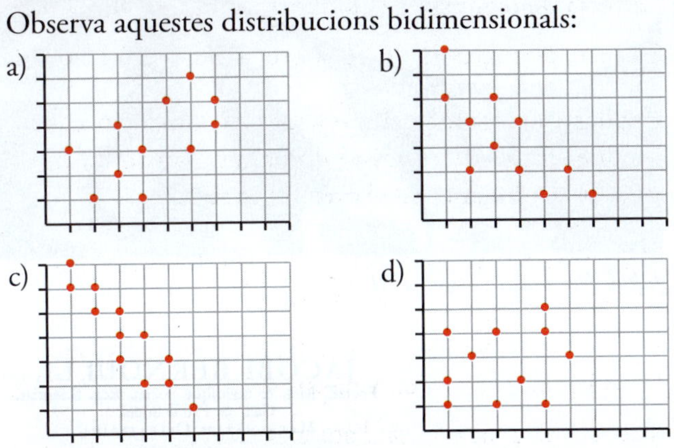

Assigna raonadament un dels coeficients de correlació següents a cada gràfic:

0,2   −0,9   −0,7   0,6

2 Representa aquesta distribució bidimensional:

x	1	2	2	3	4	6	7	8	8	9
y	2	4	3	4	6	5	8	9	10	9

a) Calcula els paràmetres $\bar{x}$, $\bar{y}$, σ_x, σ_y i σ_{xy}.

b) Troba'n el coeficient de correlació.

c) Troba la recta de regressió de Y sobre X.

d) Estima el valor de y per a $x = 5$ i per a $x = 10$. Són *bones* aquestes estimacions?

3 La recta de regressió de Y sobre X d'una certa distribució bidimensional és $y = 1{,}6x - 3$. Sabem que $\bar{x} = 10$ i $r = 0{,}8$.

a) Calcula $\bar{y}$.

b) Estima el valor de y per a $x = 12$ i per a $x = 50$. Quina estimació et sembla més fiable?

c) Troba la recta de regressió de X sobre Y.

4 El *consum mensual d'energia per càpita*, y, en milers de kWh, i la *renda per càpita*, x, en milers d'euros, de sis països són:

	A	B	C	D	E	F
x	11,1	8,5	11,3	4,5	9,9	6,5
y	5,7	5,0	5,1	2,7	4,6	3,1

a) Calcula la recta de regressió de Y sobre X.

b) Troba el coeficient de correlació entre el consum i la renda.

c) Quina predicció podem fer sobre el consum d'energia per càpita d'un país la renda per càpita del qual és de 4 400 €? (Recorda que en la taula es dóna la renda en milers d'euros.)

d) Estima la *renda per càpita* que tindrà un país en el qual el *consum d'energia per càpita* ha estat de 9 000 kWh.

e) Com són de fiables aquestes estimacions?

9 Distribucions de probabilitat de variable discreta

Què és una distribució de probabilitat

Una distribució de probabilitat assigna a cada esdeveniment d'una experiència aleatòria la probabilitat que li correspon. Això només és possible si l'experiència és de variable discreta. Si la variable és contínua, la forma d'assignar probabilitats no pot ser aquesta (no hi ha *casos* aïllats als quals assignar-los probabilitats). En la pròxima unitat veurem com es fa.

Les distribucions de probabilitat són idealitzacions de les distribucions estadístiques quan s'hi utilitzen freqüències relatives. Les distribucions estadístiques són experimentals, mentre que les distribucions de probabilitat són teòriques.

Jakob Bernoulli (1654-1705).

La distribució binomial

Entre totes les distribucions de probabilitat de variable discreta, la *binomial* o *distribució de Bernoulli* és la més senzilla i la més bàsica. Apareix en multitud d'ocasions pràctiques, i els càlculs relacionats es valen dels nombres combinatoris.

Jakob Bernoulli, membre d'una gran família

Esmentar *Bernoulli* en matemàtiques és com esmentar *Bach* en música. Els Bernoulli van constituir una família nombrosa de científics dels quals almenys tres van ser matemàtics eminents. Qui es va dedicar amb un èxit especial a la probabilitat, entre molts altres camps, va ser Jakob, qui el 1713 va publicar una magnífica obra en llatí amb el títol *Ars conjectandi* (*L'art de conjecturar*). En aquest llibre van anar prenent forma precisa les idees sorgides de l'intercanvi de cartes entre Fermat i Pascal i es resolgueren problemes molt interessants que encara estaven pendents. El treball de Jakob Bernoulli influí decisivament en el perfeccionament de la teoria de la probabilitat.

En el web Biografia de Bernoulli.

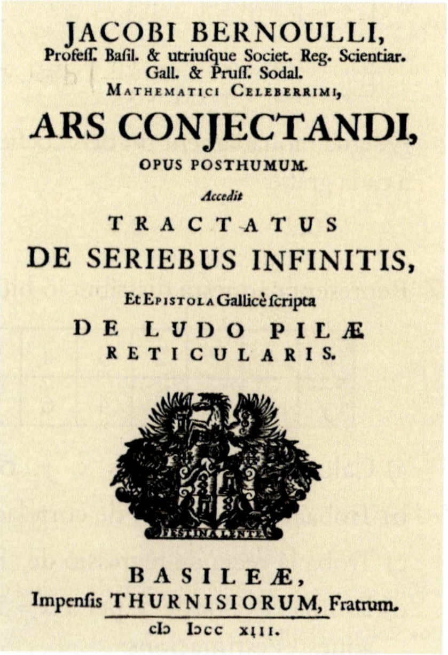

JACOBI BERNOULLI,
Profess. Basil. & utriusque Societ. Reg. Scientiar. Gall. & Pruss. Sodal.
MATHEMATICI CELEBERRIMI,
ARS CONJECTANDI,
OPUS POSTHUMUM.
Accedit
TRACTATUS
DE SERIEBUS INFINITIS,
Et EPISTOLA Gallicè scripta
DE LUDO PILÆ RETICULARIS.
BASILEÆ,
Impensis THURNISIORUM, Fratrum.
cIↄ Iↄcc xiii.

Portada de la primera edició del llibre Ars conjectandi, *publicada el 1713.*

L'aparell de Galton

En la unitat anterior vam presentar sir Francis Galton com qui va encunyar el terme *regressió*. En la pròxima unitat s'esmentarà de nou aquest il·lustre matemàtic com a gran admirador de la corba normal.

També en duu el nom aquest artefacte curiós:

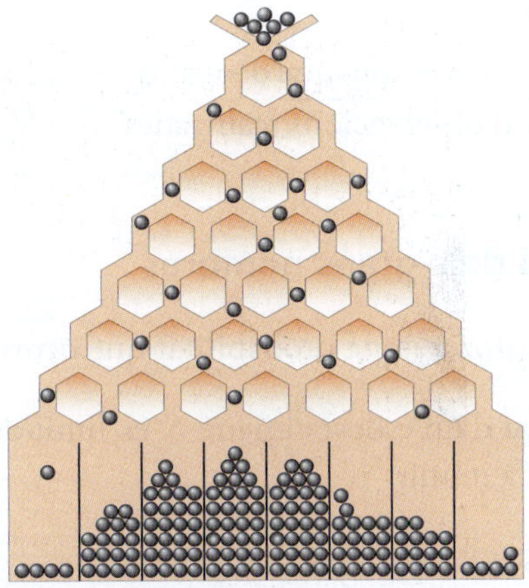

Aparell de Galton.

Per fer-lo funcionar, se situa verticalment i, per l'embut, es deixen caure un grapat de perdigons, que en anar descendint s'ajunten a les caselles inferiors.

El repartiment de perdigons a les diferents caselles té a veure amb les disjuntives successives (dreta o esquerra) que cadascun dels perdigons troba durant el recorregut. La descripció precisa d'aquesta distribució és un cas particular de la distribució binomial que ocupa la part principal d'aquesta unitat.

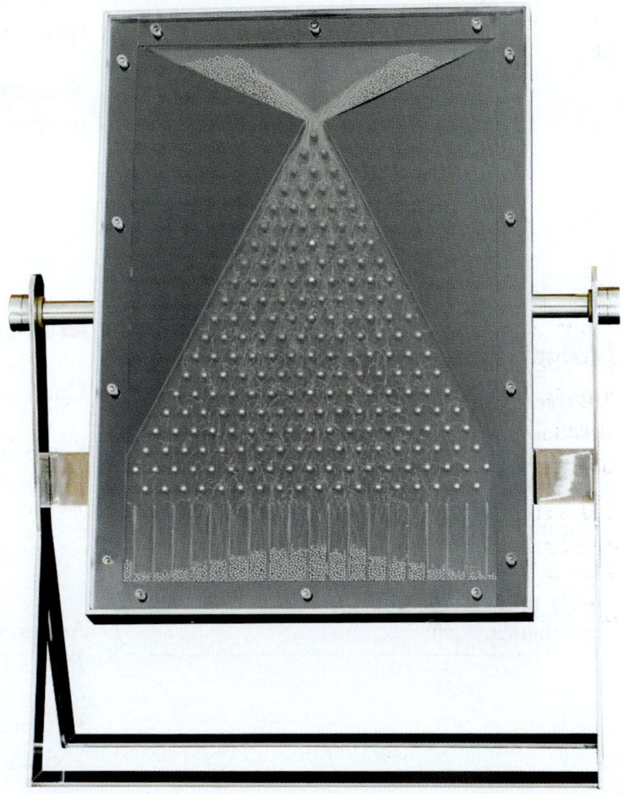

Aparell de Galton del museu Parc de les Ciències de Granada.

Resol

Per què les caselles centrals de l'aparell de Galton estan més plenes que les extremes? Per explicar-ho, seguim el camí recorregut per un perdigó: en la trajectòria troba 7 bifurcacions i, en cada una, té la mateixa probabilitat $\left(\frac{1}{2}\right)$ d'anar cap a l'esquerra o cap a la dreta.

- Imita el recorregut d'un perdigó llançant una moneda 7 vegades i fent l'assignació CARA → dreta, CREU → esquerra. Per exemple, si obtens:

  C C C + C + C

  quin seria l'itinerari corresponent? Repeteix l'experiència i obtén altres recorreguts diferents.

- Intenta trobar una llei que associï el nombre de cares de la sèrie, sigui quin sigui l'ordre en què surten en llançar la moneda, amb el caseller on cau el perdigó.

- Es podria repetir l'experiència tirant 7 monedes simultàniament i anotant-ne només el nombre de cares?

  Intenta ara explicar per què hi ha més perdigons a les caselles centrals que a les extremes.

1 Càlcul de probabilitats

Esdeveniments aleatoris

Un **esdeveniment aleatori** és el que depèn de l'atzar. L'estudi dels esdeveniments aleatoris es pot realitzar obtenint-los experimentalment (daus, monedes, tria de cartes...) o mitjançant l'observació sistemàtica.

S'anomena **freqüència relativa** d'un esdeveniment, S, la proporció de vegades que ocorre:

$$fr(S) = \frac{\text{nombre de vegades que ocorre } S}{\text{nombre d'observacions realitzades}} = \frac{f(S)}{N}$$

Probabilitat. Llei dels grans nombres

Cada esdeveniment aleatori té una probabilitat que ocorri.

S'anomena **probabilitat** d'un esdeveniment S el límit de $fr(S)$ quan el nombre N d'observacions tendeix a infinit:

$$P[S] = \lim_{N \to +\infty} fr(S) \quad \text{LLEI DELS GRANS NOMBRES}$$

Axiomàtica de Kolmogórov

El tractament rigorós dels esdeveniments, les probabilitats associades a aquests i les propietats amb què es regeixen uns i altres es denomina **axiomàtica de Kolmogórov** en honor al matemàtic rus que la va construir.

En el pròxim curs trobaràs un tractament de la probabilitat que s'aproxima a aquesta axiomàtica.

Aquesta és una definició teòrica, i no podem obtenir inequívocament el valor de $P[S]$. En la pràctica, es procedeix d'una d'aquestes dues formes:

- Experimentant un nombre de vegades prou gran, N, i prenent com a valor aproximat de $P[S]$ el de $fr(S)$. L'assignació serà més fiable com més gran sigui N.
- Si l'experiència és *regular* (un dau o una moneda correctes, una carta d'una baralla...), podem suposar que tots els *esdeveniments elementals* (cada cara del dau, cada carta de la baralla...) tenen la mateixa probabilitat (són *equiprobables*). En aquest cas, la probabilitat d'un esdeveniment S es troba mitjançant l'anomenada **Llei de Laplace**:

$$P[S] = \frac{\text{nombre d'esdeveniments elementals de què consta } S}{\text{nombre total d'esdeveniments elementals}}$$

Llei de Laplace

Aquesta llei es resumeix així:

$$P[S] = \frac{\text{casos favorables}}{\text{casos possibles}}$$

Per exemple, en una baralla espanyola de 40 cartes:

$$P[\text{AS}] = \frac{\text{nombre d'ASOS}}{\text{nombre total de cartes}} = \frac{4}{40} = \frac{1}{10}$$

Hi ha experiències regulars que, perquè siguin interpretades correctament, és necessari que se les consideri compostes d'altres (dues o més).

Per exemple, en llançar dos daus i sumar-ne les puntuacions, els possibles resultats (2, 3, 4, 5, ..., 10, 11, 12) no són equiprobables. Per assignar-los probabilitats de forma correcta, hem de considerar els 36 *parells de resultats* possibles en llançar dos daus (observa la taula del marge).

	⚀	⚁	⚂	⚃	⚄	⚅
⚀	2	3	4	5	6	7
⚁	3	4	5	6	7	8
⚂	4	5	6	7	8	9
⚃	5	6	7	8	9	10
⚄	6	7	8	9	10	11
⚅	7	8	9	10	11	12

D'aquesta manera, s'obté:

$$P[2] = \frac{1}{36},\ P[3] = \frac{2}{36},\ \ldots,\ P[7] = \frac{6}{36},\ P[8] = \frac{5}{36},\ \ldots,\ P[12] = \frac{1}{36}$$

Experiències compostes

«Llançar dos daus» és una **experiència composta** de dues experiències simples: «llançar un dau» i «llançar un altre dau». És equivalent a «llançar un dau dues vegades».

«Treure dues cartes d'una baralla» o «extreure dues boles d'una bossa» són experiències compostes de dues més: «treure'n una» i «treure'n una altra».

Hi ha experiències que poden considerar-se compostes per dues o més experiències simples.

En les experiències compostes per extraccions successives (d'una baralla de cartes, d'una bossa amb boles...) es poden donar dues modalitats que és important saber distingir:

- Extraccions **amb reemplaçament**

  Són aquelles en què, després de cada extracció, l'element extret (carta, papereta, bola...) es reposa (es torna la carta a la pila i es remena, es fica la bola a la bossa i es remou...). D'aquesta manera, *cada extracció es realitza en les mateixes condicions que l'anterior.*

- Extraccions **sense reemplaçament**

  En aquests casos, les extraccions successives es fan sense tornar l'element anteriorment extret. *Les condicions de cada extracció són diferents* i depenen de quin o quins siguin els elements extrets anteriorment.

  Extreure dues o més cartes d'una baralla sense reemplaçament és equivalent a extraure-les simultàniament.

Experiències dependents i independents

- Dues o més experiències s'anomenen **independents** quan el resultat de cadascuna no depèn del resultat de les altres.

  Les extraccions successives amb reemplaçament són experiències independents, perquè en reposar cada vegada l'element extret, el que aquest sigui un o un altre no influeix en les extraccions posteriors.

  També són independents els llançaments de daus, de monedes...

- Dues o més experiències són **dependents** quan el resultat de cada una influeix en les probabilitats de les següents.

  Per exemple, si extraiem, sense reemplaçament, dues cartes d'una baralla espanyola de 40 unitats, en la segona extracció només hi queden 39 cartes i, segons quina és la que falta, les probabilitats dels diferents esdeveniments seran unes o unes altres: si en la primera extracció s'obté un AS, hi queden 39 cartes de les quals 3 són ASOS.

  Per tant, en la segona, $P[\text{AS}] = \frac{3}{39}$.

  No obstant això, si la primera no és un as, en la segona $P[\text{AS}] = \frac{4}{39}$.

  Es veu, per tant, que el resultat de la primera extracció influeix en les probabilitats de la segona.

Càlcul de probabilitats en experiències compostes independents

Tingues en compte

És molt més senzill calcular les probabilitats dels esdeveniments compostos descomponent-los en esdeveniments simples.

> Quan diverses expressions aleatòries són independents, la probabilitat que ocorri S_1 en la 1a, S_2 en la 2a, ... és:
>
> $$P[S_1 \text{ en 1a, } S_2 \text{ en 2a, } \dots] = P[S_1 \text{ en 1a}] \cdot P[S_2 \text{ en 2a}] \cdot \dots$$

Exemple 1. Llancem un dau i una moneda. Quina és la probabilitat d'obtenir «5» en el dau i «cara» en la moneda?

$$P[5 \text{ i C}] = P[5] \cdot P[\text{C}] = \frac{1}{6} \cdot \frac{1}{2} = \frac{1}{12}$$

Exemple 2. Llancem dos daus. Probabilitat de «5» en el 1r i «PARELL» en el 2n.

$$P[\text{«5» en 1r i «PARELL» en 2n}] = P[\text{«5» en 1r}] \cdot P[\text{«PARELL» en 2n}] =$$
$$= \frac{1}{6} \cdot \frac{3}{6} = \frac{1}{12}$$

Exemple 3. Llancem dos daus. Probabilitat d'un «5» i un «PARELL».

$$P[\text{un «5» i un «PARELL»}] = P[\text{«5» en 1r}] \cdot P[\text{«PARELL» en 2n}] +$$
$$+ P[\text{«PARELL» en 1r i «5» en 2n}] = \frac{1}{5} \cdot \frac{1}{2} + \frac{1}{2} \cdot \frac{1}{5} = 2 \cdot \frac{1}{10} = \frac{1}{5}$$

Exemple 4. Llancem tres daus. Probabilitat de dos «5» i un «PARELL».

5, 5, PARELL
5, PARELL, 5
PARELL, 5, 5
} Hi ha 3 formes d'obtenir dos «5» i un «PARELL»

$$P[\text{«5» en 1r, «5» en 2n i «PARELL» en 3r}] = \frac{1}{6} \cdot \frac{1}{6} \cdot \frac{1}{2} = \frac{1}{72}$$

$$P[\text{dos «5» i un «PARELL»}] = 3 \cdot P[\text{«5» en 1r, «5» en 2n i «PARELL» en 3r}] =$$
$$= 3 \cdot \frac{1}{72} = \frac{1}{24}$$

Exemple 5. Llancem tres daus. Probabilitat d'un «5», un «PARELL» i un «1».

5, PARELL, 1
5, 1, PARELL
PARELL, 5, 1
PARELL, 1, 5
1, 5, PARELL
1, PARELL, 5
} Hi ha 6 formes d'obtenir un «5», un «PARELL» i un «1»: $3! = 6$

$$P[\text{«5» en 1r, «PARELL» en 2n i «1» en 3r}] = \frac{1}{6} \cdot \frac{1}{2} \cdot \frac{1}{6} = \frac{1}{72}$$

$$P[\text{un «5», un «PARELL» i un «1»} = 6 \cdot P[\text{«5» en 1r, «PARELL» en 2n i «1» en 3r}] =$$
$$= 6 \cdot \frac{1}{72} = \frac{1}{12}$$

Exemple 6. Llancem quatre daus. P [dos «1» i dos «NO 1»].

1, 1, NO, NO
1, NO, 1, NO
1, NO, NO, 1
NO, 1, 1, NO
NO, 1, NO, 1
NO, NO, 1, 1
} Hi ha 6 formes d'obtenir dos «1», i dos «NO 1»: $C_4^2 = \binom{4}{2} = \frac{4 \cdot 3}{2} = 6$

$$P[\text{«1» en 1r, «1» en 2n, «NO 1» en 3r i «NO 1» en 4t}] =$$
$$= \frac{1}{6} \cdot \frac{1}{6} \cdot \frac{5}{6} \cdot \frac{5}{6} = \frac{25}{1296}$$

$$P[\text{dos «1» i dos «NO 1»}] = 6 \cdot \frac{25}{1296} = \frac{25}{216}$$

Exercicis proposats

1 Llancem dues monedes. Calcula:

a) P[2 cares], b) P[2 creus], c) P[1 cara i 1 creu]

2 Llancem tres monedes. Calcula:

a) P[C en 1a, + en 2a i C en 3a], b) P[dues C]

3 Llancem quatre monedes. Calcula:

a) P[tres C i una +], b) P[dues C i dues +]

4 Llancem quatre daus. Calcula:

a) P[tres PARELL i un 5], b) P[un 1, un 3, un 5 i un PARELL]

Càlcul de probabilitats en experiències compostes dependents

Si els esdeveniments S_1 i S_2 corresponen a dues proves dependents, la probabilitat que ocorri S_1 en la 1a i S_2 en la 2a és:

$P[S_1$ en 1a i S_2 en 2a$] =$

$= P[S_1$ en 1a$] \cdot P[S_2$ en 2a/suposat que va ocórrer S_1 en 1a$]$

La $P[S_2$ en 2a/suposat que va ocórrer S_1 en 1a$]$ es designa així:

$P[S_2$ en 2a$/S_1$ en 1a$]$

i s'anomena **probabilitat** de S_2 **condicionada** a S_1.

Si són tres esdeveniments S_1, S_2 i S_3 corresponents a proves dependents:

$P[S_1$ en 1a i S_2 en 2a i S_3 en 3a$] =$

$= P[S_1$ en 1a$] \cdot P[S_2$ en 2a$/S_1$ en 1a$] \cdot P[S_3$ en 3a$/S_1$ en 1a i S_2 en 2a$]$

Tingues en compte

Encara que l'extracció sigui simultània, és molt avantatjós resoldre el problema raonant com si s'extraguessin una a una.

Exemple 1. Extraiem dues cartes d'una baralla de 40. Quina és la probabilitat que siguin dos ASOS?

$$P[\text{dos ASOS}] = P[\text{1a AS i 2a AS}] = P[\text{1a AS}] \cdot P[\text{2a AS / 1a AS}] \overset{(*)}{=} \frac{4}{40} \cdot \frac{3}{39} = \frac{1}{130}$$

(*) Després d'extreure un AS, queden 3 ASOS en un total de 39 cartes.

Exemple 2. Extraiem tres boles de l'urna (marge). Probabilitat que siguin vermelles.

$P[3$ ●$] = P[$1a ● i 2a ● i 3a ●$] =$

$= P[$1a ●$] \cdot P[$2a ●/1a ●$] \cdot P[$3a ●/1a ● i 2a ●$] = \frac{3}{6} \cdot \frac{2}{5} \cdot \frac{1}{4} = \frac{1}{20}$

Exemple 3. Extraiem tres boles de l'urna anterior. Troba la probabilitat que, entre aquestes boles, n'hi hagi alguna de vermella i alguna de verda.

Ens valdrem d'un diagrama d'arbre per seguir el procés:

Descriurem només els casos favorables.

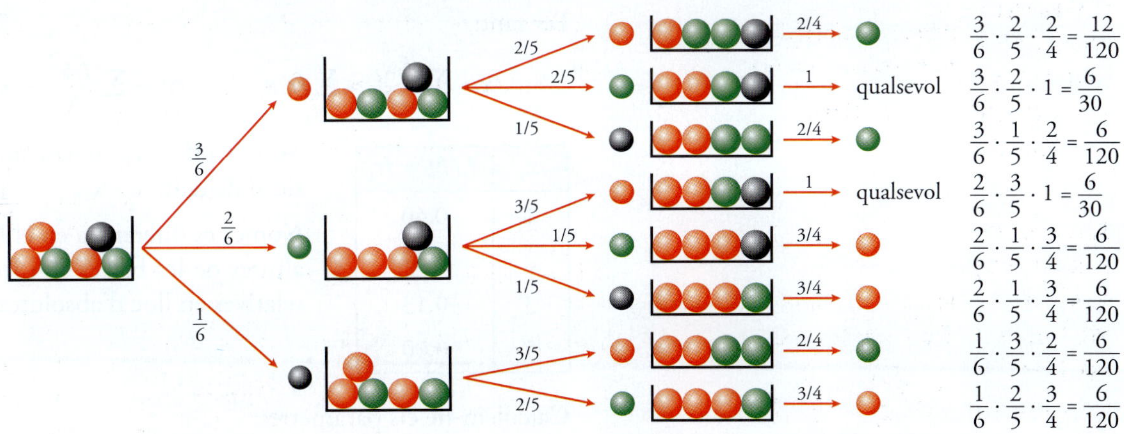

$P[$alguna ● i alguna ●$] = \frac{12}{120} + \frac{6}{30} + \frac{6}{120} + \frac{6}{30} + \frac{6}{120} + \frac{6}{120} + \frac{6}{120} + \frac{6}{120} = \frac{3}{4}$

Exercicis proposats

5 Extraiem tres cartes d'una baralla de 40. Calcula:

a) P[3 ASOS], b) P[un AS, un CAVALL i un REI]

6 Extraiem tres boles de l'urna descrita a dalt. Calcula:

a) P[alguna d'aquestes sigui la negra], b) P[la negra i alguna de vermella]

2 Distribució estadística i distribució de probabilitat

Estudi d'un exemple

Una distribució de freqüències

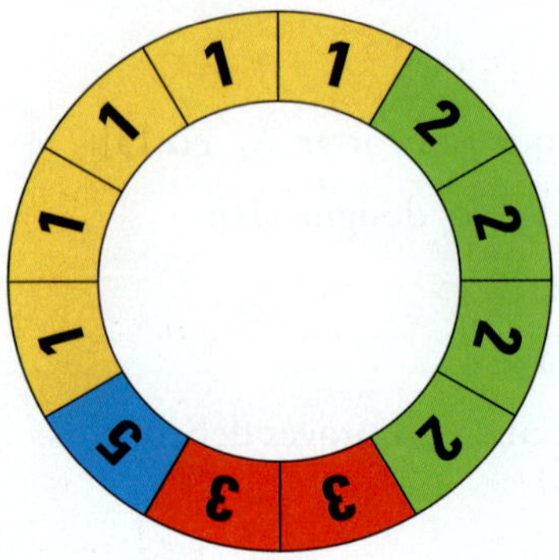

En un joc infantil hi ha una ruleta on la bola pot caure en 12 caselles, amb les puntuacions que es marquen en el dibuix del marge.

Juguem 100 vegades, i n'obtenim els resultats següents:

x_i	f_i
1	40
2	37
3	13
5	10

Es tracta d'una **distribució estadística** en què es donen, mitjançant una taula de freqüències, els resultats obtinguts.

Com que la **variable** és **discreta**, es representa mitjançant un diagrama de barres.

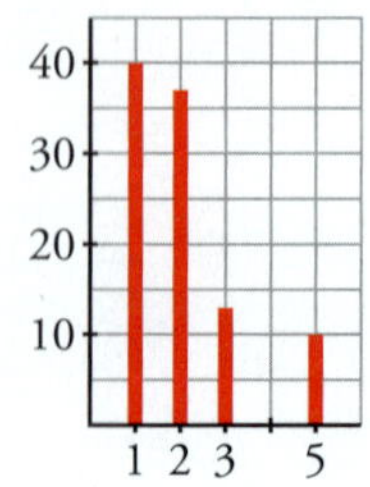

En calculem els paràmetres:

x_i	f_i	$f_i\,x_i$	$f_i\,x_i^2$
1	40	40	40
2	37	74	148
3	13	39	117
4	10	50	250
	100	203	555

$$N = \sum f_i = 100$$

$$\bar{x} = \frac{\sum f_i x_i}{N} = \frac{203}{100} = 2{,}03$$

$$\sigma = \sqrt{\frac{\sum f_i x_i^2}{N} - \bar{x}^2} = \sqrt{\frac{555}{100} - 2{,}03^2} = 1{,}195$$

Distribució de freqüències relatives

La freqüència relativa d'un esdeveniment és la proporció de vegades que ocorre.

S'obté dividint-ne la freqüència pel nombre d'experimentacions:

$$fr_i = \frac{f_i}{N}$$

Per tant:

$$\bar{x} = \sum \frac{f_i x_i}{N} = \sum fr_i x_i \qquad \sigma^2 = \sum \frac{f_i x_i^2}{N} - \bar{x}^2 = \sum fr_i x_i^2 - \bar{x}^2$$

x_i	$f_i/N = fr_i$
1	0,40
2	0,37
3	0,13
5	0,10

Aquest gràfic és pràcticament idèntic al de dalt.

Només es diferencia en el fet que les altures de les barres són freqüències relatives en lloc d'absolutes.

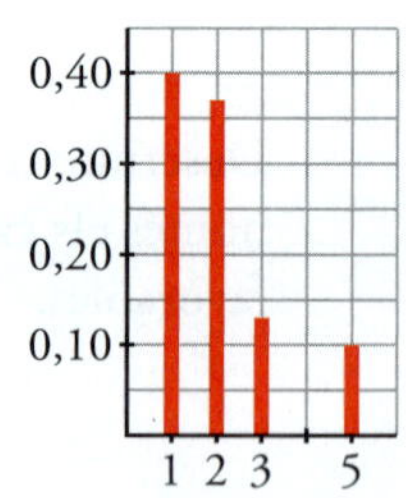

Calculem-ne els paràmetres:

x_i	fr_i	$fr_i\,x_i$	$fr_i\,x_i^2$
1	0,40	0,40	0,40
2	0,37	0,74	1,48
3	0,13	0,39	1,17
5	0,10	0,50	2,5
	1	2,03	5,55

$$\sum fr_i = 1$$

$$\bar{x} = \sum fr_i x_i = 2{,}03$$

$$\sigma = \sqrt{\sum fr_i x_i^2 - \bar{x}^2} = \sqrt{5{,}55 - 2{,}03^2} = 1{,}195$$

■ Distribució de probabilitat

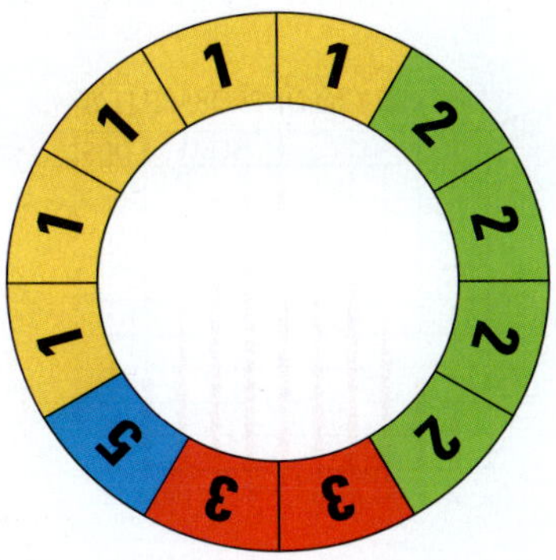

Les probabilitats dels diferents resultats que es poden obtenir amb aquesta ruleta són:

$$P[1] = \frac{5}{12},\quad P[2] = \frac{4}{12},\quad P[3] = \frac{2}{12},\quad P[5] = \frac{1}{12}$$

Hi podem elaborar la distribució de probabilitat corresponent:

x_i	p_i
1	5/12 = 0,417
2	4/12 = 0,333
3	2/12 = 0,167
5	1/12 = 0,083

A cada valor de la variable se n'associa la probabilitat.

És una idealització de la distribució de freqüències relatives.

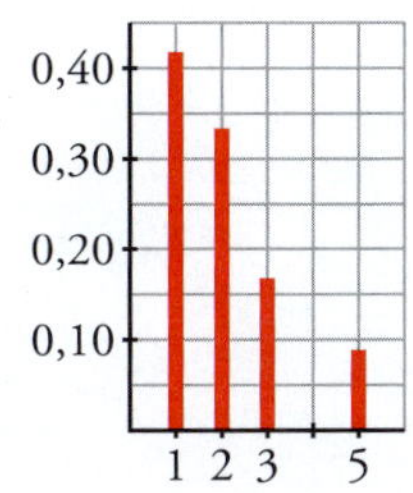

Els paràmetres corresponents s'obtenen de forma semblant a com es feia amb les freqüències relatives, substituint fr_i per p_i:

x_i	p_i	$p_i\,x_i$	$p_i\,x_i^2$
1	0,417	0,417	0,417
2	0,333	0,666	1,332
3	0,167	0,501	1,503
5	0,083	0,415	2,075
	1	1,999	5,327

$\sum p_i = 1$

mitjana $= \sum p_i x_i = 1{,}999$

desv. tip. $= \sqrt{\sum p_i x_i^2 - \text{mitjana}^2} =$

$= \sqrt{5{,}327 - 1{,}999^2} = 1{,}15$

Observa

Els paràmetres de la distribució de probabilitat no els hem anomenat $\bar{x}$ i σ. En la pàgina següent s'explica per què.

Un altre exemple

Llancem 100 vegades un dau amb els resultats següents:

x_i	1	2	3	4	5	6
f_i	19	16	15	21	17	12

Contemplarem conjuntament les dues distribucions: la de freqüències relatives i la de probabilitat, suposant el dau correcte:

x_i	fr_i	p_i
1	0,19	$0,1\widehat{6}$
2	0,16	$0,1\widehat{6}$
3	0,15	$0,1\widehat{6}$
4	0,21	$0,1\widehat{6}$
5	0,17	$0,1\widehat{6}$
6	0,12	$0,1\widehat{6}$
	1	1

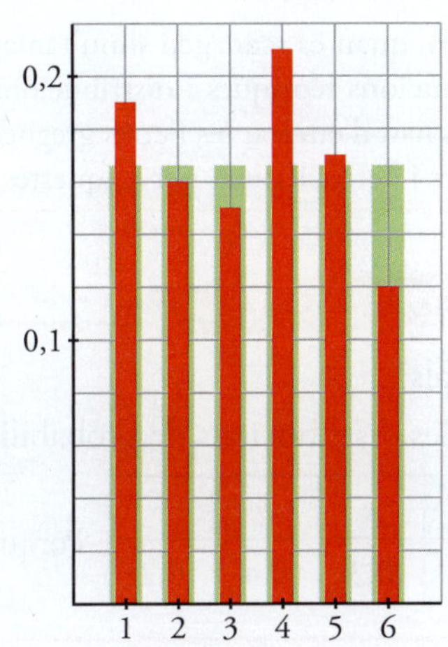

3 Distribucions de probabilitat de variable discreta

Les **distribucions de probabilitat** són idealitzacions teòriques de les **distribucions de freqüències relatives**, que s'obtenen empíricament (experimentant o observant). Quan la variable és discreta, unes i altres es representen mitjançant diagrames de barres.

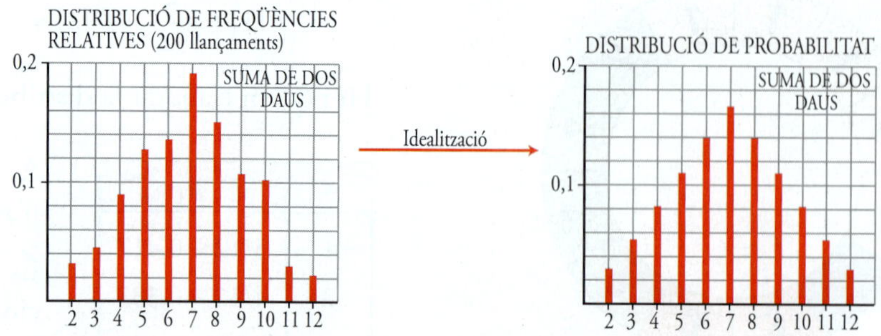

x_i	$P[x_i] = p_i$
x_1	p_1
x_2	p_2
⋮	⋮
x_n	p_n

Una **distribució de probabilitat de variable discreta** és el resultat d'assignar *a cada valor de la variable,* x_i, *la seva probabilitat,* p_i.

- Cada p_i és un nombre comprès entre 0 i 1: $0 \le p_i \le 1$
- La suma de tots els p_i és 1: $p_1 + p_2 + \dots + p_n = \sum p_i = 1$
- Es representa mitjançant un diagrama de barres.

Paràmetres. Es defineixen de forma similar als paràmetres de les distribucions estadístiques:

MITJANA: $\mu = p_1 x_1 + p_2 x_2 + \dots + p_n x_n = \sum p_i x_i$

VARIÀNCIA: $\sigma^2 = p_1(x_1 - \mu)^2 + p_2(x_2 - \mu)^2 + \dots + p_n(x_n - \mu)^2 = \sum p_i (x_i - \mu)^2$

o bé: $\sigma^2 = (p_1 x_1^2 + p_2 x_2^2 + \dots + p_n x_n^2) - \mu^2 = \sum p_i x_i^2 - \mu^2$

DESVIACIÓ TÍPICA: $\sigma = \sqrt{\text{VARIÀNCIA}} = \sqrt{\sum p_i (x_i - \mu)^2} = \sqrt{\sum p_i x_i^2 - \mu^2}$

Llenguatge matemàtic

Quan s'empren distribucions estadístiques (empíriques) i distribucions de probabilitat (teòriques), els paràmetres de les primeres es designen mitjançant lletres llatines ($\bar{x}$ o m, s) mentre que els paràmetres de les segones es designen mitjançant lletres gregues (μ, σ).

Fins ara hem emprat la σ per a la desviació típica en les distribucions estadístiques. Per què σ i no s? Perquè σ és la lletra que s'empra en les calculadores.

Però, repetim, quan es manegen simultàniament distribucions teòriques i distribucions empíriques s'han d'emprar les lletres gregues per a aquelles i lletres llatines per a aquestes.

Observa les dues fórmules de la variància:

- En la primera es veu clar el significat de la variància: suma ponderada dels quadrats de les diferències de cada valor a la mitjana.
- La segona és molt més còmoda per calcular la variància a partir de les dades (mira els exemples de la pàgina següent).

Però, naturalment, ambdues són equivalents, com podràs comprovar amb la demostració següent:

$$\sum p_i (x_i - \mu)^2 = \sum p_i (x_i^2 - 2x_i \mu + \mu^2) = \sum p_i x_i^2 + \sum p_i (-2x_i \mu) + \sum p_i \mu^2 =$$
$$= \sum p_i x_i^2 - 2\mu \sum p_i x_i + \mu^2 \sum p_i \overset{(*)}{=}$$
$$= \sum p_i x_i^2 - 2\mu\mu + \mu^2 \cdot 1 =$$
$$= \sum p_i x_i^2 - \mu^2$$

(*) perquè $\sum p_i x_i = \mu$ i $\sum p_i = 1$

Exercici proposat

7 Cert o fals?

Cap de les distribucions de probabilitat següents no està definida correctament:

a)

x_i	a	b	c
p_i	0,3	0,4	0,2

Perquè $\sum p_i \ne 1$.

b)

x_i	a	b	c	d
p_i	0,3	0,4	0,5	–0,2

Perquè una de les probabilitats és negativa.

Exercicis resolts

1 *En una loteria popular hi ha 1 000 números. Es rifa un número, que guanya 5 000 €. L'anterior i el següent guanyen 1 000 € cadascun. Tots els que tenen la mateixa terminació que el guanyador s'enduen 10 €, i la resta, res.*

Com es descriu la probabilitat de premi d'una persona que té un únic número?

x_i	p_i	$p_i x_i$	$p_i x_i^2$
5 000	0,001	5	25 000
1 000	0,002	2	2 000
10	0,099	0,99	9,9
0	0,898	0	0
	1	7,99	27 009,9

Hem construït una taula en què s'associa a cada premi, x_i, la probabilitat d'aconseguir-lo, p_i.

Completem la taula amb les columnes $p_i x_i$ i $p_i x_i^2$, les sumes de les quals ens serveixen per calcular els paràmetres.

MITJANA: $\mu = \sum p_i x_i = 7,99$ (Això significa que si juguéssim moltíssimes vegades un número a aquesta loteria, guanyaríem 7,99 € de mitjana. Això, sense comptar el que ens costa el bitllet.)

DESVIACIÓ TÍPICA: $\sigma = \sqrt{\sum p_i x_i^2 - \mu^2} = \sqrt{27\,009,9 - 7,99^2} = 164,15$

2 *Troba μ i σ en la distribució que s'obté en sumar les puntuacions de dos daus.*

+	⚀	⚁	⚂	⚃	⚄	⚅
⚀	2	3	4	5	6	7
⚁	3	4	5	6	7	8
⚂	4	5	6	7	8	9
⚃	5	6	7	8	9	10
⚄	6	7	8	9	10	11
⚅	7	8	9	10	11	12

x_i	2	3	4	5	6	7	8	9	10	11	12
f_i	1	2	3	4	5	6	5	4	3	2	1

x_i són els possibles valors per a la suma de dos daus i f_i són les corresponents *freqüències esperades* per a 36 llançaments.

x_i	p_i	$p_i x_i$	$p_i x_i^2$
2	1/36	2/36	4/36
3	2/36	6/36	18/36
4	3/36	12/36	48/36
5	4/36	20/36	100/36
6	5/36	30/36	180/36
7	6/36	42/36	294/36
8	5/36	40/36	320/36
9	4/36	36/36	324/36
10	3/36	30/36	300/36
11	2/36	22/36	242/36
12	1/36	12/36	144/36
	1	252/36	1 974/36

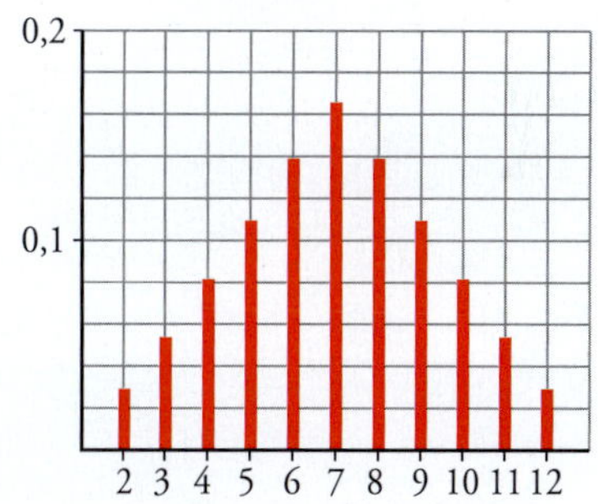

MITJANA:

$$\mu = \frac{252}{36} = 7$$

DESVIACIÓ TÍPICA:

$$\sigma = \sqrt{\frac{1974}{36} - 7^2} = 2,415$$

Per obtenir els resultats amb la calculadora en el mode SD (o STAT), introduïm les probabilitats com si fossin freqüències:

2 × (1 ÷ 36) DATA, 3 × (2 ÷ 36) DATA, … 4 × (3 ÷ 36) DATA, …

En acabar, la suma de les freqüències, n, ha de ser igual a 1.

La mitjana, μ, s'obté amb el botó $\bar{x}$.

Exercicis proposats

8 Calcula la mitjana i la desviació típica de la distribució de probabilitat corresponent a la puntuació obtinguda en el llançament d'un dau.

9 Si es tiren dues monedes, podem obtenir 0, 1 o 2 cares. Calcula la mitjana i la desviació típica de la distribució de probabilitat corresponent.

10 En una bossa tenim un cert nombre de boles numerades:

9 boles amb un *u*, 5 amb un *dos* i 6 amb un *tres*

En traiem una bola a l'atzar i veiem quin nombre té.

a) Quina és la distribució de probabilitat?

b) Calcula'n la mitjana i la desviació típica.

4 La distribució binomial

EXPERIÈNCIA DICOTÒMICA

Si en una experiència aleatòria destaquem un esdeveniment A i prestem atenció, exclusivament, a si ocorre A o el seu contrari, A', es tracta d'una **experiència dicotòmica**.

L'esdeveniment A es denomina **èxit**, i la probabilitat, $P[A] = p$.

La probabilitat del contrari és $P[A'] = 1 - p = q$.

Per exemple, són experiències dicotòmiques les següents:

1. *Llançar una moneda:* A = CARA, A' = NO CARA = CREU.

$$p = P[\text{CARA}] = \frac{1}{2} \qquad q = P[\text{CREU}] = \frac{1}{2}$$

2. *Llançar un dau i veure si surt 5 o no:* $A = \{5\}$, $A' = \text{no } \{5\} = \{1, 2, 3, 4, 6\}$.

$$p = P[«5»] = \frac{1}{6} \qquad q = P[«\text{no } 5»] = \frac{5}{6}$$

3. *Llançar una xinxeta:* A = , A' = 

$p = P[$$] = 0{,}3$ (per exemple) $\qquad q = P[$$] = 0{,}7$

4. *Extraure una carta d'una baralla espanyola i veure si és figura:*

A = FIGURA = {AS, SOTA, CAVALL, REI}; A' = NO FIGURA = {2, 3, 4, 5, 6, 7}

$p = P[\text{FIGURA}] = 0{,}4 \qquad q = P[\text{NO FIGURA}] = 0{,}6$

5. *Tenim un munt de perns fabricats per una màquina que, de mitjana, en produeix un 2 % de defectuosos. N'extraiem un a l'atzar.* A = *DEFECTUÓS*, A' = *NO DEFECTUÓS*.

$p = P[\text{DEFECTUÓS}] = 0{,}02 \qquad q = P[\text{NO DEFECTUÓS}] = 0{,}98$

6. *En una pregunta d'un test es donen 4 possibles respostes i només una és correcta. Se'n respon a l'atzar una i ens preguntem si s'encertarà o no.*

A = *«la resposta és correcta»*, A' = *«la resposta és incorrecta»*.

$p = P[A] = 0{,}25 \qquad q = P[A'] = 0{,}75$

DISTRIBUCIÓ BINOMIAL

Es repeteix n vegades una mateixa experiència dicotòmica. Ens preguntem pel nombre, x, d'èxits.

La variable x és discreta i pot prendre els valors $0, 1, 2, \ldots, n$.

La distribució de probabilitat de la variable x s'anomena **distribució binomial** i es designa així: $B(n, p)$.

$p = P[A]$ és la probabilitat d'*èxit* de cadascuna de les experiències.

n és el nombre de vegades que es repeteix l'experiència.

La variable en una *B*(*n*, *p*) és discreta

En una distribució $B(n, p)$, la variable x és el *nombre d'èxits*. Ja que l'experiència es repeteix n vegades, x pot prendre els valors $0, 1, 2, 3, \ldots, n$.

És, evidentment, una variable discreta.

És important destacar que es repeteix n vegades la *mateixa experiència*. És a dir, que en les repeticions successives s'han de donar les mateixes condicions i, per tant, la probabilitat d'èxit ha de ser la mateixa en tots els casos.

Com a exemples, vegem en cadascuna de les distribucions següents si es tracta d'una binomial o no. En cas afirmatiu, n'identifiquem els valors de n i de p:

1. *Llancem 10 monedes i ens preguntem pel nombre de cares.*

   Suposant que les 10 monedes són correctes, es tracta d'una distribució binomial amb $n = 10$ i $p = 0{,}5 \rightarrow B(10; 0{,}5)$.

2. *Llancem 6 daus correctes i ens preguntem pel nombre de «cincs».*

   És una distribució binomial amb $n = 6,\ p = \frac{1}{6} \rightarrow B\left(6, \frac{1}{6}\right)$.

3. *Deixem caure a terra 100 xinxetes i comptem quantes cauen amb la punta cap amunt.*

   Si les xinxetes són del mateix tipus, sí que és una binomial amb $n = 100$ i $p = P$[].

   Suposant que P[] $= 0{,}3$, serà $B(100; 0{,}3)$.

4. *Extraiem cinc cartes d'una baralla i ens preguntem quantes figures n'hi haurà.*

   No és una distribució binomial, perquè cada vegada que se n'extreu una carta, canvia la composició de la pila i es modifica la probabilitat de FIGURA en l'extracció següent. És a dir, les cinc proves successives *no són idèntiques*.

5. *Extraiem una carta d'una baralla espanyola, observem si és o no figura i la tornem a la pila. Remenem i tornem a extraure'n. Repetim cinc vegades l'experiència. És a dir, extraiem cinc cartes amb reemplaçament.*

   Sí que és una distribució binomial: $n = 5,\ p = 0{,}4 \rightarrow B(5; 0{,}4)$.

6. *Ens preguntem quants partits guanyarà el Lleida en les pròximes deu jornades.*

   No és binomial, perquè la probabilitat de vèncer en un partit és molt diferent de la de vèncer en d'altres. És a dir, les deu experiències no són idèntiques.

7. *Una màquina produeix perns i, de mitjana, un 2 % són defectuosos. S'empaqueten en caixes de 100. Ens preguntem quants perns defectuosos hi haurà a cada caixa.*

   És una distribució binomial amb $n = 100$ i $p = 0{,}02 \rightarrow B(100; 0{,}02)$.

8. *En un examen tipus TEST hi ha 20 preguntes i en cadascuna apareixen 4 respostes possibles. Un estudiant no sap res i les respon totes a l'atzar. Ens preguntam quants encerts farà.*

   Sí que és una distribució binomial: $n = 20,\ p = 0{,}25 \rightarrow B(20; 0{,}25)$.

9. *En un examen tipus TEST hi ha 20 preguntes i per a cadascuna hi ha 4 respostes possibles. Un estudiant en sap respondre 8 i contesta la resta a l'atzar. Ens preguntem quants encerts farà.*

   El nombre d'encerts, x, en les 12 preguntes de les quals ignora la resposta sí que és una distribució binomial amb $n = 12$ i $p = 0{,}25$, és a dir, $B(12; 0{,}25)$.

   El nombre total d'encerts és $8 + x$.

Aparell de Galton

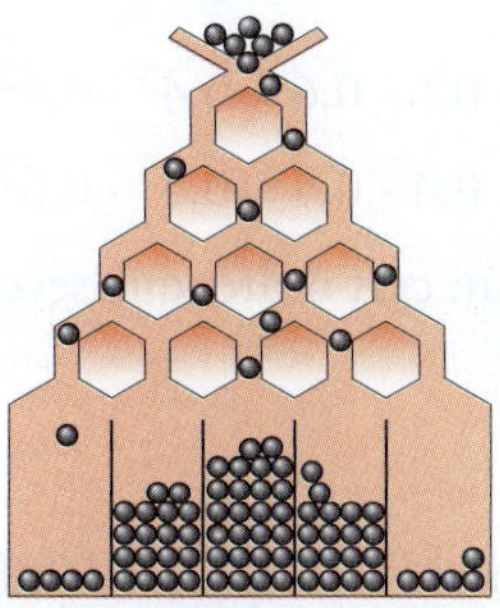

L'aparell de Galton es comporta, per a cada bola, com una distribució binomial $B(4, 1/2)$.

La bola troba en el camí quatre bifurcacions i, en cada cas, la probabilitat que vagi cap a un costat o un altre és 1/2.

Exercicis proposats

11 Quins valors pot prendre la variable x en cada distribució dels exemples 1, 2, 3, 5 i 7 anteriors?

12 Inventa experiències semblants a les dels exemples 4 i 6, però que sí que siguin binomials.

5 Càlcul de probabilitats en una distribució binomial

Estudi d'un exemple

La probabilitat d'extreure «FIGURA» en una baralla de 40 cartes és $P[F] = 0{,}4$.

Si **es realitzen sèries de 5 extraccions amb reemplaçament**, és a dir, reposant cada vegada la carta extreta i remenant, obtenim files de 5 resultats amb les probabilitats següents:

$$F, F', F, F, F' \xrightarrow{\text{Prob.}} 0{,}4 \cdot 0{,}6 \cdot 0{,}4 \cdot 0{,}4 \cdot 0{,}6 = 0{,}4^3 \cdot 0{,}6^2$$

$$F', F', F', F, F' \xrightarrow{\text{Prob.}} 0{,}6 \cdot 0{,}6 \cdot 0{,}6 \cdot 0{,}4 \cdot 0{,}6 = 0{,}4 \cdot 0{,}6^4$$

Càlcul de la probabilitat d'obtenir tres figures: $P[3 \text{ FIGURES}]$

Hem vist que $P[F, F', F, F, F'] = 0{,}4^3 \cdot 0{,}6^2$

Anàlogament: $P[F, F, F, F', F'] = 0{,}4 \cdot 0{,}4 \cdot 0{,}4 \cdot 0{,}6 \cdot 0{,}6 = 0{,}4^3 \cdot 0{,}6^2$

$P[F', F', F, F, F] = 0{,}6 \cdot 0{,}6 \cdot 0{,}4 \cdot 0{,}4 \cdot 0{,}4 = 0{,}4^3 \cdot 0{,}6^2$

En general, la probabilitat d'obtenir tres figures en un cert ordre, qualsevol que sigui aquest ordre, serà:

$$P[3 \text{ FIGURES en un cert ordre}] = 0{,}4^3 \cdot 0{,}6^2$$

El nombre de formes en què podem ordenar $3F$ i $2F'$ és $\binom{5}{3} = 10$. Per això, la probabilitat d'obtenir 3 FIGURES (i, per tant, 2 NO FIGURES) és:

$$P[3F \text{ i } 2F' \text{ en qualsevol ordre}] = \binom{5}{3} \cdot 0{,}4^3 \cdot 0{,}6^2 = 10 \cdot 0{,}4^3 \cdot 0{,}6^2$$

Es tracta d'una distribució binomial

Si extraiem, amb reemplaçament, 5 cartes d'una baralla de 40 i ens preguntem pel nombre de figures que s'obté, es tracta d'una distribució binomial $B(5; 0{,}4)$.

Hem vist que $P[x = 3] = \binom{5}{3} \cdot 0{,}4^3 \cdot 0{,}6^2$.

Anàlogament, $P[x = 1] = \binom{5}{1} \cdot 0{,}4^1 \cdot 0{,}6^4$.

Recorda: combinacions

El nombre de formes en què podem seleccionar els tres llocs on col·locarem les F és igual al nombre de subconjunts de 3 elements que hi ha en el conjunt {1r, 2n, 3r, 4t, 5è} i aquest és el nombre de **combinacions** de 5 elements presos 3 a 3:

$$C_5^3 = \binom{5}{3} = \frac{5 \cdot 4 \cdot 3}{3 \cdot 2 \cdot 1} = 10$$

En general,

$$C_m^n = \binom{m}{n} = \frac{m(m-1)\dots(n \text{ factors})}{n \cdot (n-1) \cdot \dots \cdot 3 \cdot 2 \cdot 1}$$

Els nombres $\binom{m}{n}$ s'anomenen *nombres combinatoris* i serveixen per comptar el nombre de subconjunts de n elements que es poden formar amb m elements.

Recordem alguns resultats senzills i importants:

$$\binom{m}{0} = \binom{m}{m} = 1; \qquad \binom{m}{1} = \binom{m}{m-1} = m$$

Reflexió sobre un cas general

En una distribució $B(n, p)$, on $P[A] = p$, $P[A'] = 1 - p = q$, quina és la probabilitat de k vegades A i $n - k$ vegades A' en un cert ordre?

$$P[k \text{ vegades } A \text{ i } n-k \text{ vegades } A' \text{ en un cert ordre}] = p^k \cdot q^{n-k}$$

Tenim $\underbrace{A, A, \dots, A}_{k}$ i $\underbrace{A', A', \dots, A'}_{n-k}$ en qualsevol ordre.

Hi ha $\binom{n}{k}$ formes d'ordenar-les. Per tant:

$$P[k \text{ vegades } A \text{ i } n-k \text{ vegades } A' \text{ en qualsevol ordre}] = \binom{n}{k} p^k \cdot q^{n-k}$$

És a dir, en una distribució binomial $B(n, p)$, la probabilitat de k èxits és:

$$P[x = k] = \binom{n}{k} p^k \cdot q^{n-k}$$

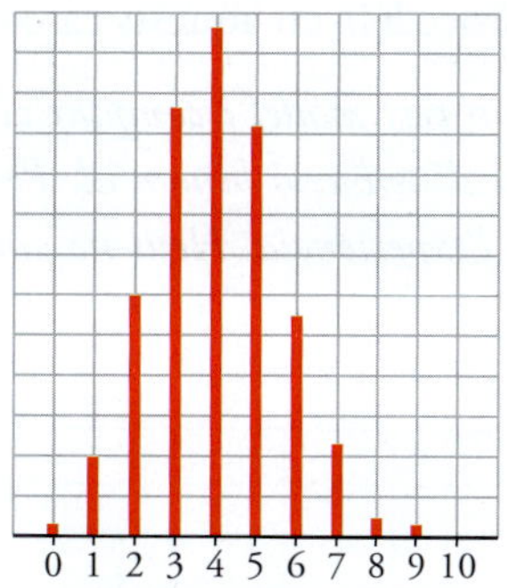

Representació gràfica de la binomial $B(10; 0{,}4)$

Si x és una variable que segueix una distribució $B(n, p)$, la probabilitat $P[x = k]$ d'obtenir k èxits és:

$$P[x = k] = \binom{n}{k} p^k \cdot q^{n-k}$$

S'obté així la distribució de probabilitat següent:

VARIABLE x	0	…	k	…	n
PROBABILITAT $P[x = k]$	$\binom{n}{0}p^0q^n = q^n$	…	$\binom{n}{k}p^kq^{n-k}$	…	$\binom{n}{n}p^nq^0 = p^n$

Els paràmetres d'aquesta distribució són:

MITJANA .... $\mu = np$

DESVIACIÓ TÍPICA.................. $\sigma = \sqrt{npq}$

Exercicis resolts

1 *En una binomial $B(8; 0{,}2)$, calcula $P[x = 0]$, $P[x \neq 0]$, $P[x = 2]$, així com els paràmetres μ i σ.*

$P[x = 0] = 0{,}8^8 = 0{,}167$ (probabilitat de «cap èxit»)

$P[x \neq 0] = 1 - 0{,}8^8 = 0{,}833$ (probabilitat d'«algun èxit»)

$P[x = 2] = \binom{8}{2} 0{,}2^2 \cdot 0{,}8^6 = 28 \cdot 0{,}04 \cdot 0{,}262 = 0{,}29$

MITJANA .... $\mu = np = 8 \cdot 0{,}2 = 1{,}6$

DESVIACIÓ TÍPICA.................. $\sigma = \sqrt{npq} = \sqrt{1{,}28} = 1{,}13$

Fes-ho tu. En una binomial $B(12; 0{,}25)$, calcula $P[x = 0]$, $P[x \neq 0]$, $P[x = 3]$, així com els paràmetres μ i σ.

2 *En el procés de fabricació de bombetes, el 0,5 % són defectuoses. Es comercialitzen en paquets de 100. Troba les probabilitats que en un paquet:*

a) No n'hi hagi cap de defectuosa.

b) N'hi hagi alguna de defectuosa.

c) N'hi hagi dues de defectuoses.

Troba els paràmetres μ i σ d'aquesta distribució.

És una distribució binomial amb $n = 100$, $p = 0{,}005$, $q = 0{,}995$

a) $P[\text{cap de defectuosa}] = P[x = 0] = \binom{100}{0} 0{,}005^0 \cdot 0{,}995^{100} = 0{,}606$

b) $P[\text{alguna de defectuosa}] = 1 - P[x = 0] = 0{,}394$

c) $P[\text{dues de defectuoses}] = \binom{100}{2} 0{,}005^2 \cdot 0{,}995^{98} = 0{,}076$

PARÀMETRES:

$\mu = np = 100 \cdot 0{,}005 = 0{,}5$

$\sigma = \sqrt{npq} = \sqrt{100 \cdot 0{,}005 \cdot 0{,}995} = 0{,}705$

Fes-ho tu. Resol el mateix problema suposant que només el 2 % de les bombetes són defectuoses.

Exercicis proposats

13 En una distribució binomial $B(10; 0{,}4)$, troba $P[x = 0]$, $P[x = 3]$, $P[x = 5]$, $P[x = 10]$.

Calcula el valor de cadascun dels paràmetres μ i σ.

14 Llancem 7 monedes. Calcula les probabilitats de 3 cares, 5 cares i 6 cares.

Troba els valors de μ i σ.

6 Ajust d'un conjunt de dades a una distribució binomial

De vegades, convé saber si és raonable acceptar que una sèrie de dades obtingudes experimentalment (distribució empírica) provenen d'una distribució binomial (distribució teòrica). Vegem amb un exemple com es procedeix en aquests casos:

Volem conèixer si en llançar 5 xinxetes qualssevol d'un cert model i comptar el nombre que queden amb la punta cap amunt, se segueix una distribució binomial. Per a això, cadascun dels 35 alumnes d'una classe fa 10 vegades l'experiència. Heus-ne aquí els resultats:

x_i	f_i
0	60
1	135
2	99
3	45
4	11
5	0
	350

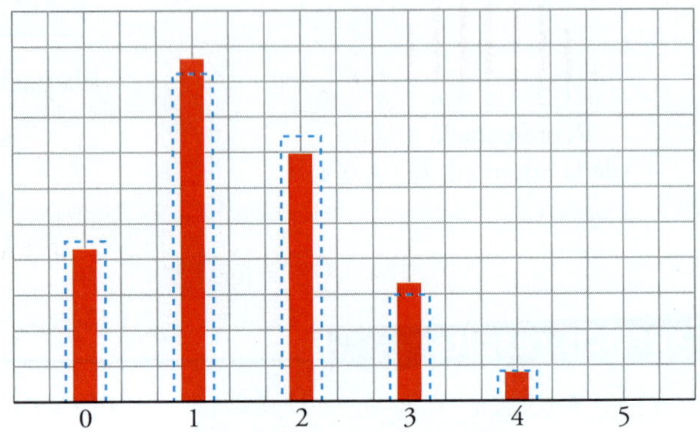

Hem de comparar la distribució empírica dels 350 llançaments de cinc xinxetes, representada mitjançant barres vermelles, amb una distribució teòrica, binomial (barres blaves), $B(n, p)$, amb $n = 5$ i amb la mateixa mitjana que la distribució empírica.

La comparació, que sobre els gràfics s'ha realitzat visualment, faria falta fer-la numèricament. En definitiva, consistirà a decidir si les diferències es poden atribuir a l'atzar o no.

Disposem d'una sèrie de N observacions (en l'exemple, els 350 llançaments) relatives a n individus (en l'exemple, les 5 xinxetes). En cada observació expliquem el nombre, k, d'aquests que compleixen una condició determinada (el nombre de xinxetes que queden amb la punta cap amunt).

En definitiva, tenim una taula de freqüències que la variable pren els valors 0, 1, …, n.

Per estudiar si aquesta sèrie de N dades que s'han obtingut de forma experimental pot provenir d'una distribució binomial $B(n, p)$, procedim de la manera següent:

- Calculem la mitjana $\bar{x}$ de les dades i la igualem a la mitjana $\mu = np$ de la teòrica binomial. Així obtenim el valor de p.
- Comparem la distribució empírica amb la teòrica. Per a això:
  - — Trobem les probabilitats $P[x = k]$ per a $k = 0, 1, \dots, n$ en la $B(n, p)$ i les multipliquem per N per esbrinar com es repartirien els N individus en la distribució teòrica.
  - — Per a cada valor de k, trobem la diferència entre el valor empíric i el valor teòric.
  - — Segons que la més gran de les diferències sigui prou petita o no, acceptem o rebutgem la hipòtesi que les dades provenen d'una binomial.

Exercici resolt

1 *Resol numèricament l'ajust plantejat en la pàgina anterior referent a 350 llançaments de 5 xinxetes d'un mateix tipus.*

x_i	f_i
0	60
1	135
2	99
3	45
4	11
5	0

Comencem per calcular la mitjana de la variable «nombre de xinxetes que queden amb la punta cap amunt».

x_i	f_i	$f_i x_i$
0	60	0
1	135	135
2	99	198
3	45	135
4	11	44
5	0	0
	350	512

MITJANA: $\bar{x} = \dfrac{512}{350} = 1,46$

La mitjana μ de la binomial és:

$$\mu = np = 5p$$

Com que han de coincidir les dues mitjanes ($\mu = \bar{x}$), serà:

$$5p = 1,46 \rightarrow p = \frac{1,46}{5} = 0,29$$

$$q = 1 - 0,29 = 0,71$$

Compararem la distribució empírica amb una distribució binomial $B(5; 0,29)$. En aquesta distribució, la variable x pren els valors 0, 1, 2, 3, 4, 5, amb unes probabilitats $p_i = P[x = x_i]$. El nombre teòric de llançaments en què hi ha x_i xinxetes amb la punta cap amunt és $350 \cdot p_i$.

x_i	$p_i = P[x = x_i]$	$350 \cdot p_i$	NOMBRES TEÒRICS	NOMBRES OBSERVATS	DIFERÈNCIES
0	$0,71^5 = 0,180$	63,00	63	60	3
1	$5 \cdot 0,71^4 \cdot 0,29 = 0,368$	128,80	129	135	6
2	$10 \cdot 0,71^3 \cdot 0,29^2 = 0,301$	105,35	105	99	6
3	$10 \cdot 0,71^2 \cdot 0,29^3 = 0,123$	43,05	43	45	2
4	$5 \cdot 0,71 \cdot 0,29^4 = 0,025$	8,75	9	11	2
5	$0,29^5 = 0,002$	0,70	1	0	1

Les diferències són prou petites com per suposar que l'ajust és bo, és a dir, que les dades inicials provenien d'una distribució binomial.

Atenció! El darrer pas, en el qual es decideix si les diferències són *prou petites*, s'ha donat de forma completament subjectiva. Hem de saber que hi ha mètodes estadístics per prendre aquesta decisió de manera objectiva, encara que aquí no els aprenguem perquè superen el nivell d'aquest curs.

Exercici proposat

15 Un professor d'idiomes té una classe amb quatre alumnes adults. Dels 100 dies de classe, hi assisteixen 4, 3, 2, 1 o cap d'aquests, segons la taula adjunta. Ajusta les dades a una distribució binomial i digues si et sembla que l'ajust és bo o no.

x_i	4	3	2	1	0
f_i	23	48	17	9	3

Exercicis i problemes resolts

1. Càlcul de probabilitats compostes

Extraiem tres boles d'una urna composta per: 🔴🔴🔴🔴🔴🔵🔵🔵🟢🟢

Calcula la probabilitat d'obtenir:

a) Una bola vermella i dues de verdes.

b) Una bola vermella, una de blava i una de verda.

Fes-ho tu. Fes la mateixa activitat suposant que a l'urna hi ha aquestes boles: 🔴🔴🟢🟢🟢🔵🔵🔵🔵🔵

a) Treure tres boles és el mateix que extreure'n primer una, després una altra i després una altra. Hi ha tres maneres d'obtenir una bola vermella i dues de verdes: 🔴🟢🟢, 🟢🔴🟢, 🟢🟢🔴. I les tres tenen la mateixa probabilitat d'ocórrer.

$P[1$ 🔴 $i\ 2$ 🟢$] = P[$🔴🟢🟢$] + P[$🟢🔴🟢$] + P[$🟢🟢🔴$] =$

$= \frac{5}{10}\cdot\frac{2}{9}\cdot\frac{1}{8}+\frac{2}{10}\cdot\frac{5}{9}\cdot\frac{1}{8}+\frac{2}{10}\cdot\frac{1}{9}\cdot\frac{5}{8} = 3\cdot P[$🔴🟢🟢$] = 3\cdot\frac{5}{10}\cdot\frac{2}{9}\cdot\frac{1}{8}=\frac{1}{24}$

b) N'hi ha 3! = 6 maneres d'extreure'n una de vermella, una de blava i una de verda, i les sis tenen la mateixa probabilitat.

$P[$🔴, 🔵, 🟢$] = 6\cdot P[1a$ 🔴, $2a$ 🔵, $3a$ 🟢$] = 6\cdot\frac{5}{10}\cdot\frac{3}{9}\cdot\frac{2}{8}=\frac{1}{4}$

2. Càlcul de probabilitats. Diagrama d'arbre

Tirem tres daus. Quina és la probabilitat d'obtenir algun «1» i algun PARELL*?*

Fes-ho tu. Un dau té 3 cares vermelles, 2 de blanques i 1 de negra. Llancem tres daus amb aquestes característiques. Quina probabilitat hi ha d'obtenir alguna cara blanca i alguna de negra?

Considerem tres possibilitats: «1», PARELL = {2, 4, 6} i un ALTRE RESULTAT = {3, 5}.

Construïm un diagrama en arbre per continuar el procés: aconseguir almenys un «1» i un PARELL.

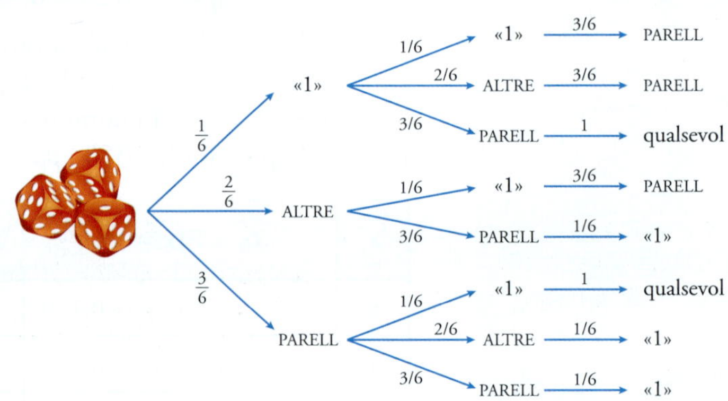

$\frac{1}{6}\cdot\frac{1}{6}\cdot\frac{3}{6}=\frac{3}{216}$

$\frac{1}{6}\cdot\frac{2}{6}\cdot\frac{3}{6}=\frac{6}{216}$

$\frac{1}{6}\cdot\frac{3}{6}\cdot 1=\frac{3}{36}$

$\frac{2}{6}\cdot\frac{1}{6}\cdot\frac{3}{6}=\frac{6}{216}$

$\frac{2}{6}\cdot\frac{3}{6}\cdot\frac{1}{6}=\frac{6}{216}$

$\frac{3}{6}\cdot\frac{1}{6}\cdot 1=\frac{3}{36}$

$\frac{3}{6}\cdot\frac{2}{6}\cdot\frac{1}{6}=\frac{6}{216}$

$\frac{3}{6}\cdot\frac{3}{6}\cdot\frac{1}{6}=\frac{9}{216}$

$P[\text{algun «1» i algun PARELL}] = \frac{3}{216}+\frac{6}{216}+\frac{3}{36}+\frac{6}{216}+\frac{6}{216}+\frac{3}{36}+\frac{6}{216}+\frac{9}{216} =$

$= \frac{72}{216}=\frac{1}{3}$

3. Distribució de probabilitat de variable discreta

Es llança un dodecaedre amb les cares numerades com es mostra en el desenvolupament pla:

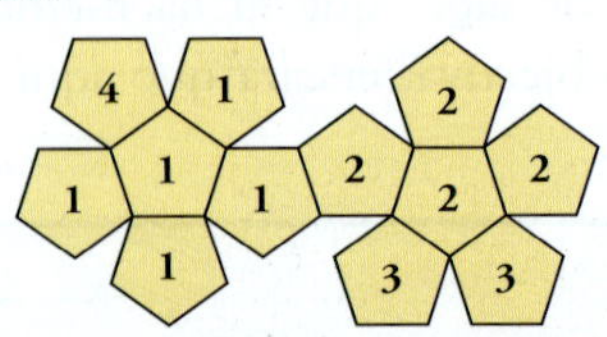

Construeix-ne la taula amb la distribució de probabilitat i troba'n μ *i* σ.

Fes-ho tu. En un dau irregular,

$P[1] = P[2] = P[3] = 0,1$

i $P[4] = P[5] = 0,2$

Esbrina $P[6]$ i el valor de μ i σ.

Mirant el desenvolupament del dodecaedre, observem que hi ha:

- 5 cares numerades amb 1
- 4 cares numerades amb 2
- 2 cares numerades amb 3
- 1 cara numerada amb 4

Amb aquestes dades construïm la distribució de probabilitat. En la taula afegim les columnes $p_i x_i$ i $p_i x_i^2$. Les sumes d'aquestes columnes, $\sum p_i x_i$ i $\sum p_i x_i^2$, serveixen per calcular-ne els paràmetres μ i σ.

x_i	p_i	$p_i\,x_i$	$p_i\,x_i^2$
1	5/12	5/12	5/12
2	4/12	8/12	16/12
3	2/12	6/12	18/12
4	1/12	4/12	16/12
TOTALS	1	23/12	55/12

$\mu = \sum p_i x_i = \frac{23}{12} = 1,92$

$\sigma = \sqrt{\sum p_i x_i^2 - \mu^2} = \sqrt{\frac{55}{12} - 1,92^2} = 0,95$

4. Distribució binomial

L'Aina té una probabilitat de 0,72 d'encistellar un triple. En un concurs de triples s'ha de tirar 15 vegades. La millor marca ha estat la de la Raquel, amb 13 cistelles.

a) Quina probabilitat té l'Aina de batre la Raquel?

b) Quina probabilitat té l'Aina d'igualar o millorar la marca de la Raquel?

c) Calcula els paràmetres μ i σ corresponents a la variable que descriu el nombre d'encerts de l'Aina en 15 llançaments.

Es tracta d'una binomial $B(15; 0{,}72)$, ja que la probabilitat que té l'Aina d'encistellar per a cadascun dels 15 tirs a cistella és la mateixa, 0,72.

a) La probabilitat que l'Aina superi la marca de la Raquel és:

$$P[x > 13] = P[x = 14] + P[x = 15]$$

Calculem $P[x = 14]$ y $P[x = 15]$ per separat, aplicant-hi la fórmula:

$$P[x = k] = \binom{n}{k} \cdot p^k \cdot q^{n-k}$$

$$\left.\begin{array}{l} P[x = 14] = \binom{15}{14} \cdot 0{,}72^{14} \cdot 0{,}28^1 = 0{,}0423 \\ P[x = 15] = 0{,}72^{15} = 0{,}0072 \end{array}\right\} \rightarrow$$

$$P[x > 13] = P[x = 14] + P[x = 15] = 0{,}0423 + 0{,}0072 = 0{,}0495$$

La probabilitat que l'Aina guanyi a la Raquel és 0,0495; és a dir, menys d'un 5 %.

b) La probabilitat de què l'Aina iguali o guanyi a la Raquel és la de guanyar-la més la d'igualar-la:

$$P[x = 13] = \binom{15}{13} \cdot 0{,}72^{13} \cdot 0{,}28^2 = 0{,}1150$$

$$P[x \geq 13] = P[x = 13] + P[x > 13] = 0{,}1150 + 0{,}0495 = 0{,}1645$$

c) Els paràmetres corresponents a 15 llançaments de l'Aina són:

$$\mu = np = 15 \cdot 0{,}72 = 10{,}8$$

$$\sigma = \sqrt{npq} = \sqrt{3{,}024} = 1{,}74$$

Fes-ho tu. Si l'Albert tingués una probabilitat de 0,93 d'encistellar un triple, quina probabilitat tindria de guanyar a la Raquel?

5. Ajust a una binomial

Es vol estudiar l'eficàcia d'una incubadora en els ous fecundats amb èxit en una granja de gallines. Per a això, s'han pres 1 000 caixes de mitja dotzena d'ous. Aquests en són els resultats:

NRE. D'ÈXITS	NRE. DE CAIXES
0	0
1	0
2	1
3	17
4	101
5	348
6	533
TOTAL	1 000

Podem suposar que aquestes dades s'ajusten a una distribució binomial? Comprova-ho.

La mitjana d'*èxits* és $\bar{x} = \frac{5\,395}{1\,000} = 5{,}395$. Igualem la mitjana empírica amb la teòrica:

$6p = 5{,}395 \rightarrow p = 0{,}899 \approx 0{,}9 \rightarrow q = 1 - 0{,}9 = 0{,}1$.

Volem comprovar si la distribució empírica es pot ajustar a una $B(6; 0{,}9)$.

Comparem les distribucions:

x_i	$p_i = P[x = x_i]$	$1\,000 \cdot p_i$	NOMBRES TEÒRICS	NOMBRES OBSERVATS	DIFERÈNCIES
0	$0{,}1^6 = 0{,}000001$	0	0	0	0
1	$6 \cdot 0{,}9 \cdot 0{,}1^5 = 0{,}000054$	0,05	0	0	0
2	$15 \cdot 0{,}9^2 \cdot 0{,}1^4 = 0{,}001215$	1,22	1	1	0
3	$20 \cdot 0{,}9^3 \cdot 0{,}1^3 = 0{,}014580$	14,58	15	17	2
4	$15 \cdot 0{,}9^4 \cdot 0{,}1^2 = 0{,}098415$	98,42	98	101	3
5	$6 \cdot 0{,}9^5 \cdot 0{,}1 = 0{,}354294$	354,29	354	348	6
6	$0{,}9^6 = 0{,}531441$	531,44	531	533	2

Les diferències són molt petites, per la qual cosa podem suposar que segueix una binomial.

Fes-ho tu. Dibuixa en vermell el diagrama de barres amb els valors empírics (observats) i en verd, sobre l'anterior, el diagrama de barres amb els valors teòrics.

Exercicis i problemes guiats

1. Càlcul de probabilitats i distribució de probabilitat

En una urna hi ha 12 boles blanques, 8 de vermelles, 3 de verdes i 1 de groga. Se n'agafen tres boles a l'atzar i s'anota el nombre que són blanques.

a) Fes una taula amb la distribució de probabilitat.

b) La distribució de probabilitat anterior, ens permet calcular la probabilitat que les tres boles extretes siguin verdes? Per què?

c) Calcula la probabilitat que almenys dues boles siguin blanques.

a) Has de trobar aquestes probabilitats:

P[0 BLANQUES] = P[no BLANCA en 1a] · P[no BLANCA en 2a/no BLANCA en 1a] · · P[no BLANCA en 3a/no BLANCA en 1a ni en 2a]

P[1 BLANCA] = P[BLANCA en la 1a i no BLANCA en la 2a i 3a] + + P[no BLANCA en la 1a i BLANCA en la 2a i no BLANCA en la 3a] + + P[no BLANCA en la 1a i la 2a i BLANCA en la 3a] = = 3 · P[1 BLANCA i 2 no BLANQUES]

P[2 BLANQUES] = … P[3 BLANQUES] = …

$\mu = \sum p_i x_i$ $\sigma = \sqrt{\sum p_i x_i^2 - \mu^2}$

b) Observa que a partir de la taula només pots trobar les probabilitats del nombre de blanques.

c) S'ha de calcular P[2 BLANQUES] + P[3 BLANQUES].

Solució:

a)

x_i	0	1	2	3
p_i	5/46	9/23	9/23	5/46

b) Amb la taula no es pot trobar el nombre de boles verdes extretes perquè només dóna informació sobre l'extracció de boles blanques.

c) P[almenys dues siguin BLANQUES] = $\frac{1}{2}$

2. Binomial

Un examen tipus test consta de 10 preguntes, cadascuna amb quatre respostes, de les quals només una és correcta. Si un alumne contesta a l'atzar:

a) Quina és la probabilitat que contesti correctament 4 preguntes?

b) I la probabilitat que contesti bé més de 2 preguntes?

c) Calcula la probabilitat que contesti malament alguna pregunta.

Es tracta d'una distribució binomial? Quin és el valor de n? I el de p?

a) Aplica la fórmula $P[x = k] = \binom{n}{k} p^k q^{n-k}$.

b) $P[x > 2] = 1 - P[x \leq 2] = 1 - (P[x = 0] + P[x = 1] + P[x = 2])$

c) $P[x \leq 9] = 1 - P[x = 10]$

Solució:

a) 0,146 b) 0,474 c) 0,999999046

3. Binomial

En una família amb 6 fills, quina d'aquestes dues opcions és més probable?

- *Que hi hagi tantes noies com nois.*
- *Que hi hagi més noies que nois.*

La distribució del «nombre de noies» és binomial $B(6, 1/2)$.

- Tantes *noies* com *nois* $\rightarrow P[x = 3]$
- Més *noies* que *nois* $\rightarrow P[x > 3] = P[x = 4] + P[x = 5] + P[x = 6]$

Ja que és igualment probable que hi hagi «més *noies* que *nois*» que «més *nois* que *noies*», la segona probabilitat també es podria resoldre així:

$$P[x > 3] = \frac{P[x \neq 3]}{2} = \frac{1 - P[x = 3]}{2}$$

Solució:

$P[x = 3] = 5/16$; $P[x > 3] = 11/32$. Per tant, és més probable que hi hagi més *noies* que *nois*.

Exercicis i problemes proposats

Per practicar

Càlcul de probabilitats

1 Llancem tres monedes. Calcula la probabilitat que:

a) Les tres siguin cara.

b) S'obtinguin dues cares i una creu.

c) Hi hagi almenys una cara.

2 a) En un joc de dòmino, tenim sobre la taula la fitxa 3-5. Quina probabilitat hi ha que una altra extreta a l'atzar enllaci amb aquesta?

b) I si tinguéssim la 5-5?

3 Extraiem tres boles amb reemplaçament d'aquesta urna. Calcula la probabilitat que:

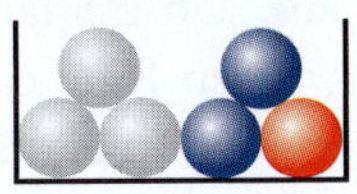

a) Cadascuna sigui d'un color.

b) No n'hi hagi cap de blanca.

c) Se n'obtinguin dues de blaves.

Repeteix l'activitat si l'extracció fos sense reemplaçament.

4 Extraiem dues boles d'aquesta urna:

a) Què és més probable, treure'n dues boles VERMELLES amb reemplaçament o sense?

b) Què és més probable, treure'n una bola VERMELLA i una altra de BLAVA amb reemplaçament o sense?

Distribucions de probabilitat

5 Completa la taula de probabilitats següent i calcula'n els paràmetres μ i σ:

x_i	0	1	2	3
p_i	0,1	0,3	…	0,1

6 En una urna hi ha deu boles amb els nombres 1, 1, 2, 3, 3, 3, 4, 5, 5, 6. En traiem una bola i n'anotem el resultat. Elabora la distribució de probabilitat i calcula'n μ i σ.

7 Tenim dues monedes, una de correcta i una altra de defectuosa en què la probabilitat d'obtenir creu és 0,2. Les llancem i n'anotem el nombre de creus.

Fes-ne una taula amb la distribució de probabilitat i troba la probabilitat d'obtenir almenys una creu.

8 Extraiem amb reemplaçament dues cartes d'una baralla i n'anotem el nombre d'ASOS.

a) Quins són els resultats possibles?

b) Quina és la distribució de probabilitat?

c) Calcula la mitjana i la desviació típica.

Distribució binomial

9 Reconeix en cadascun dels casos següents una distribució binomial i digues els valors de n, p, q, μ i σ.

- Un examen tipus test consta de 50 preguntes, cadascuna amb tres respostes, de les quals només una és correcta. Es respon a l'atzar. Quin és el nombre de preguntes encertades?
- En l'examen descrit en l'apartat anterior, un alumne coneix les respostes de 20 preguntes i respon les restants a l'atzar. Ens preguntem quantes n'encertarà.
- Una moneda es llança 400 vegades. Nombre de cares.
- L'11 % dels bitllets de loteria reben algun tipus de premi, encara que sigui el reintegrament. En una família juguen a 46 números. En quants s'obtindrà premi?
- L'1 % de certes soldadures són defectuoses i en revisem mil. Nombre de soldadures defectuoses que hi ha.

10 En una distribució binomial $B(7; 0,4)$, determina:

a) $P[x = 2]$ b) $P[x = 5]$ c) $P[x = 0]$

d) $P[x > 0]$ e) $P[x > 3]$ f) $P[x < 5]$

11 En una distribució binomial $B(9; 0,2)$, calcula:

a) $P[x < 3]$ b) $P[x \geq 7]$ c) $P[x = 0]$

d) $P[x \neq 0]$ e) $P[x \leq 9]$ f) $P[x \geq 9]$

12 Tots els jugadors d'un equip de futbol A tenen la mateixa probabilitat de marcar un penal, 0,85. Al final del partit, a la tanda de penals, cada equip en tira cinc, i sabem que l'equip contrari B n'ha marcat tres:

a) Quina probabilitat hi ha que hagi guanyat l'equip A després d'aquests cinc llançaments? I el B?

b) Quina és la probabilitat que quedin empatats i hagin de llançar un sisè penal?

c) Calcula la probabilitat que l'equip A falli tots els penals. Troba també la probabilitat que els marqui tots.

13 En un magatzem hi ha 5 aparells de televisió antics. Sabem que la probabilitat que qualsevol tingui una deficiència és 0,2. Calcula aquestes probabilitats:

a) P[cap de defectuós]

b) P[almenys dos de defectuosos]

c) P[algun de defectuós]

14 En un procés de fabricació de perns se sap que el 2 % són defectuosos. Els empaquetem en capses de 50. Troba la probabilitat que en una capsa hi hagi aquest nombre de perns defectuosos:

a) Cap. b) Un. c) Més de dos.

Exercicis i problemes proposats

Per resoldre

15 En Toni i la Maria tenen dues baralles de cartes. Cada un extreu una carta de la seva baralla a l'atzar.

a) Quina probabilitat hi ha que sigui la mateixa carta?

b) Quina probabilitat hi ha que sigui el mateix nombre encara que siguin de diferent coll?

c) Quina probabilitat hi ha que siguin del mateix coll?

16 S'extreu una carta d'una baralla i després es tira un dau. Si surt el 5 o el 6, es torna la carta a la pila; si no, aquesta es retira. Es remena i se'n torna a extreure una. Quina és la probabilitat d'obtenir dos ASOS?

17 La distribució de probabilitat d'una variable aleatòria discreta ve donada per aquesta taula:

x_i	0	1	2	3	4
p_i	0,1	a	b	c	0,2

Sabem que $P[x \le 2] = 0{,}7$ i que $P[x \ge 2] = 0{,}75$. Troba els valors de a, b i c i calcula μ i σ.

18 Una caixa conté cinc boles amb un 2, tres amb un 1 i dues amb un 0. Se'n treuen dues boles i se'n sumen els nombres.

a) Construeix la taula de la distribució de probabilitat i calcula μ i σ.

b) Fes una altra taula suposant que es treu una bola a l'atzar, es mira el nombre, es torna a ficar a la caixa, es repeteix l'operació i se sumen els dos nombres extrets.

19 Recorda quines són les puntuacions de les 28 fitxes d'un dòmino. Si a cada fitxa sumem els punts de les dues meitats, obtenim les possibles sumes 0, 1, 2, ..., 10, 11 i 12 amb probabilitats diferents. Fes-ne la taula amb la distribució de probabilitats i calcula'n μ i σ.

20 Un alumne ha estudiat 12 temes dels 30 que entren en un examen. Es trien 2 temes a l'atzar. L'alumne en pot haver estudiat els dos, un o cap.

a) Fes-ne la taula amb la distribució de probabilitat i representa-la gràficament.

b) Troba μ i σ.

c) Quina és la probabilitat que almenys li toqui un tema dels que ha estudiat?

21 En les famílies amb 4 fills, comptem el nombre de noies.

a) Determina la distribució de probabilitat, suposant que la probabilitat que neixi un nen o una nena és la mateixa.

b) Representa-la gràficament.

22 En una caixa A hi ha cinc fitxes numerades de l'1 al 5 i en una altra caixa B hi ha quatre fitxes numerades del 6 al 9. Es llança una moneda: si surt cara, es treu una fitxa de A, i si surt creu, es treu de B. S'anota el nombre obtingut.

a) Fes-ne la taula de distribució de probabilitat, representa-la i calcula μ i σ.

b) Quina probabilitat hi ha d'obtenir un nombre més gran que 6?

23 La probabilitat que una fletxa llançada per un arquer doni a la diana és 0,6. Si llança 6 fletxes, troba la probabilitat que:

a) Només una doni a la diana.

b) Almenys una doni a la diana.

c) Més de la meitat encertin la diana.

24 Un tractament contra una malaltia produeix una millora en 8 de cada 10 malalts a qui s'aplica. Si se subministra a 5 malalts, calcula la probabilitat que:

a) Els cinc pacients millorin.

b) Almenys, tres no experimentin millora.

25 Per controlar la qualitat d'un producte envasat, es trien a l'atzar tres envasos d'una caixa amb 50 envasos. De mitjana, a cada caixa n'hi ha 5 de qualitat deficient.

a) Troba la probabilitat que, dels tres, no n'hi hagi cap, un o dos de deficients.

b) Si el primer resulta deficient, quina és la probabilitat que, dels tres, n'hi hagi un o dos de deficients?

26 En un bombo de loteria tenim 10 boles numerades del 0 al 9. Cada vegada que se n'extreu una, es torna al bombo. Si en traiem 5 boles, calcula la probabilitat que:

a) El 0 surti només una vegada.

b) S'hi hagin obtingut més de dos uns.

c) No s'hi obtinguin nombres més grans que 7.

27 Per provar l'eficàcia d'una vacuna, es va administrar una dosi a 100 grups de 4 germans amb risc de contagi, i els resultats observats van ser els de la taula.

NRE. DE CONTAGIATS	NRE. DE GRUPS
0	36
1	14
2	8
3	16
4	26
TOTAL	100

a) Podem suposar que segueix una distribució binomial? Comprova-ho.

b) Dibuixa en vermell el diagrama de barres amb els valors empírics (observats) i en verd, sobre l'anterior, el diagrama de barres amb els valors teòrics.

Qüestions teòriques

28 a) En una distribució $B(4;\ 0{,}5)$, comprova aquesta igualtat: $P[x = 1] = P[x = 3]$

b) En una distribució $B(n,\ p)$ es compleix el següent: $P[x = k] = P[x = n - k]$. Quant val p?

29 Un jugador d'escacs s'enfronta a un altre de la mateixa mestria. Què és més probable, que guanyi dues partides de quatre o que guanyi tres partides de sis? (Les taules no es consideren.)

30 En una mà de pòquer es donen 5 cartes a cada jugador. Ens preguntem per la probabilitat que un jugador tingui k figures ($k = 0, 1, 2, 3, 4$ o 5). Per què no és una distribució binomial?

31 Sabem que n és parell, que X segueix una $B(n;\ 0{,}5)$ i que Y segueix una $B(n + 1;\ 0{,}5)$. Determina quina de les probabilitats següents és més gran: $P[x = n/2]$ o $P[y = n/2]$.

32 Cert o fals?

a) La distribució binomial $B(7;\ 0{,}2)$ és una distribució de probabilitat amb la variable que només pot prendre els valors 0, 1, 2, 3, 4, 5, 6 i 7.

b) Sabem que el 20 % dels joves utilitza una determinada xarxa social. En una aula hi ha 30 joves. La probabilitat que el 10 % utilitzi aquesta xarxa és $\binom{30}{10} \cdot 0{,}2^{10} \cdot 0{,}8^{20}$.

Per aprofundir

33 a) Extraiem tres cartes d'una baralla de 40 cartes. Quina probabilitat hi ha d'obtenir algun AS i alguna FIGURA? (FIGURES: SOTA, CAVALL i REI)

b) Extraiem dues cartes d'una baralla de 40 cartes. Quina probabilitat hi ha d'obtenir alguna FIGURA i algun OR? (*FIGURA d'OROS val com a FIGURA i com a OR*).

34 Extraiem una bola de la primera urna i la introduïm en la segona. Després traiem una bola de la segona urna.

1a URNA

2a URNA

a) Quina probabilitat hi ha d'obtenir C en la segona extracció?

b) Calcula: P[1a B i 2a B]; P[1a C i 2a B]

c) Calcula: P[1a A i 2a A]; P[1a B i 2a A]; P[1a C i 2a A] i, en conseqüència, P[2a A].

35 Extraiem una bola de la primera urna i la introduïm en la segona urna. Després traiem una bola de la segona.

1a URNA

2a URNA

Quina és la probabilitat d'obtenir A de la segona urna?

Autoavaluació

En el web Resolucions d'aquests exercicis.

1 Tirem un dau. Si surt 5 o 6, extraiem una bola de l'urna A i si no, l'extraiem de l'urna B.

a) Quina probabilitat hi ha d'obtenir un 5 o un 6 i extreure'n una bola vermella?

b) Quina probabilitat hi ha d'obtenir un 4 i una bola verda?

2 Completa aquesta taula de distribució de probabilitat:

x_i	5	6	7	8	9	10
p_i	0,1	0,3	0,2	0,1	0,1	…

Troba μ i σ.

3 Tenim dues fitxes: A, amb un 1 en una cara i un 2 en l'altra; i B, amb un 2 en una cara i un 3 en l'altra.

a) Llancem les dues fitxes i en sumem els valors. Els possibles resultats són 3, 4 i 5. Elabora'n la distribució de probabilitat i calcula μ i σ.

b) Llancem sis vegades les dues fitxes. Quina probabilitat hi ha d'obtenir 5 en tres ocasions? I en més de tres?

4 En una binomial $B(5,\ 1)$, calcula aquestes probabilitats:

a) $P[x = 5]$ b) $P[x < 5]$ c) $P[x > 3]$

5 L'Eva és saltadora de longitud, i en el 80 % dels salts aconsegueix superar els 6 m. Sabent que en una competició ha de saltar quatre vegades, troba la probabilitat que:

a) En totes superi els 6 m.

b) No els superi en cap.

c) Almenys ho faci en dues ocasions.

d) Si el primer salt va ser nul, superi els 6 m en, almenys, una ocasió.

6 En la parada d'una fira, per un tiquet et deixen tirar 6 vegades a una cistella. Si encertes almenys dos llançaments, t'enduus un premi. Se suposa que cada persona té una probabilitat de 0,15 de fer cistella en cada llançament.

a) Quina probabilitat hi ha que una persona guanyi un premi amb un tiquet?

b) Si juguen 1 000 persones al llarg de la setmana, quantes, aproximadament, s'enduran premi?

10 Distribucions de probabilitat de variable contínua

La distribució normal

La *normal* és la més important de les distribucions de probabilitat. El primer que la descriu i la dóna a conèixer, l'any 1733, és **De Moivre** en un article titulat *Aproximació a la suma dels termes del binomi* $(a + b)^n$ *desenvolupat com una sèrie.* Hi va arribar experimentant amb monedes i altres instruments aleatoris, però el seu descobriment va caure en l'oblit, perquè l'aplicació als jocs donava poc de si; en aquella època semblava que això era el que més importava.

Bitllet alemany de 10 marcs del 1993 en el qual apareix Gauss amb la famosa corba que duu el seu nom.

Carl Friedrich Gauss (1777-1855).

Va fer falta esperar més de mig segle perquè fos redescoberta per **Laplace** (1749-1827) i **Gauss** (1777-1855) en estudiar la distribució dels errors en les mesures. Per això la van anomenar *corba d'errors.*

El matemàtic **Adolphe Quételet** (1796-1874) va esbrinar que molts resultats de censos, mesures, etc., mostraven inesperadament unes distribucions de freqüència amb les mateixes característiques que la *corba d'errors*. Aquesta corba es va començar a aplicar en els camps més dispars: demografia, sanitat, genètica, psicologia, assegurances... El mateix Gauss l'havia emprat en els seus càlculs per a l'astronomia.

L'admiració per la corba normal va fer dir a **Galton** (1822-1911):

> *No conec res que captivi de tal manera la intel·ligència com la meravellosa expressió de l'ordre còsmic que tanca la* llei de freqüència d'error. *Si els grecs l'haguessin conegut, l'haurien adorat com a un déu. Regna amb serenitat enmig de la més salvatge confusió.*

Pierre-Simon Laplace (1749-1827).

Abraham De Moivre

Abraham De Moivre (1667-1754) va ser un gran matemàtic francès. Exiliat a Londres per qüestions religioses, va ser membre de la societat científica més antiga del Regne Unit, la Royal Society, i amic de Newton, que el va admirar profundament pels seus coneixements matemàtics. A pesar d'això, va viure pobrament i fins i tot es diu que sovint recorria a guanyar una mica de diners jugant als escacs als cafès.

Al final de la seva vida, De Moivre va ser atacat per una estranya malaltia que l'adormia i el deixava letàrgic durant el dia per períodes de temps cada vegada més prolongats. Es va adonar que cada dia es quedava adormit durant 15 minuts més que el dia anterior abans de poder sortir de la letargia; i així, basant-se en el càlcul d'aquests increments en el temps de letargia, va pronosticar que la seva mort ocorreria el 27 de novembre de 1754, dia en què es quedaria adormit durant 24 hores seguides i ja no despertaria mai. I, efectivament, així va ser.

En el web Biografia de De Moivre.

Reunió de la Royal Society presidida per Newton.

Resol

Distribució d'edats

Les edats dels habitants d'una població es distribueixen segons el gràfic adjunt (comprova que a sota d'aquest gràfic hi ha, exactament, 100 quadradets).

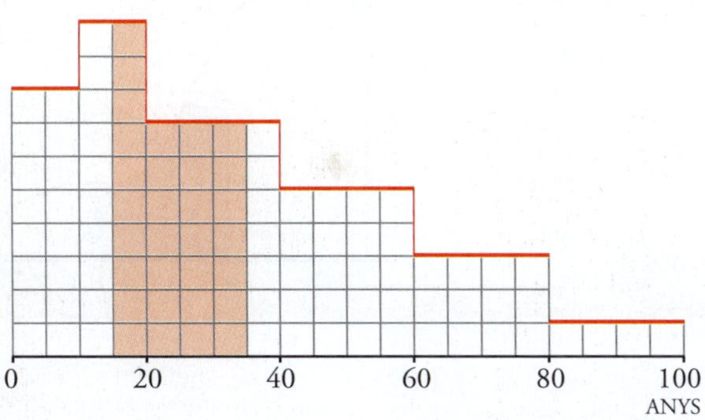

Si triem a l'atzar un habitant d'aquesta població, la probabilitat que tingui entre 15 i 35 anys és del 31 % (comprova-ho): $P[15 \le x \le 35] = 0{,}31$

- Troba les probabilitats següents i interpreta el que signifiquen:

a) $P[x \le 15]$ b) $P[45 \le x \le 65]$

c) $P[x \le 80]$ d) $P[25 \le x \le 70]$

Temps d'espera

L'autobús que ens duu a la feina és una mica impuntual. Ha de passar a les 8, però es pot retardar fins a 20 minuts. No obstant això, és més probable que arribi prop de les 8 h que prop de les 8 h i 20 min.

Si arribem a la parada a les 8 en punt, el gràfic adjunt ens ajuda a calcular la probabilitat del temps d'espera.

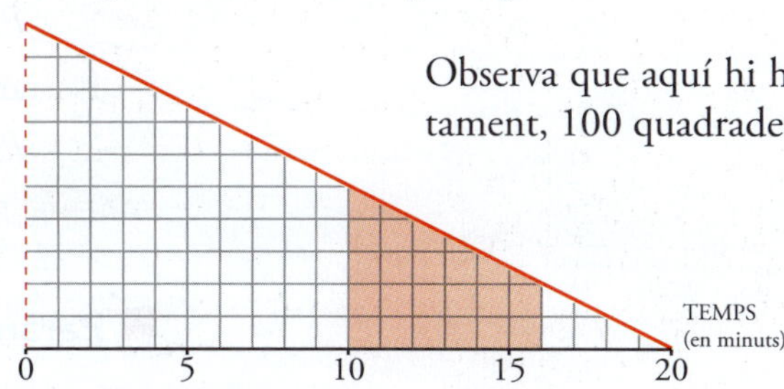

Observa que aquí hi ha, exactament, 100 quadradets.

La probabilitat que hàgim d'esperar entre 10 i 16 minuts és del 21 % (comprova-ho).

És a dir: $P[10 \le x \le 16] = 0{,}21$

- Troba i interpreta aquestes probabilitats:

a) $P[x \le 2]$ b) $P[5 \le x \le 10]$

c) $P[x \le 10]$ d) $P[5 \le x \le 6]$

1 Distribucions de probabilitat de variable contínua

Les distribucions de probabilitat de variable contínua són idealitzacions de les distribucions estadístiques de variable contínua. Aquestes s'obtenen empíricament (experimentant o observant). Aquelles són distribucions teòriques.

Per exemple, estatures, pesos, temps... són variables contínues.

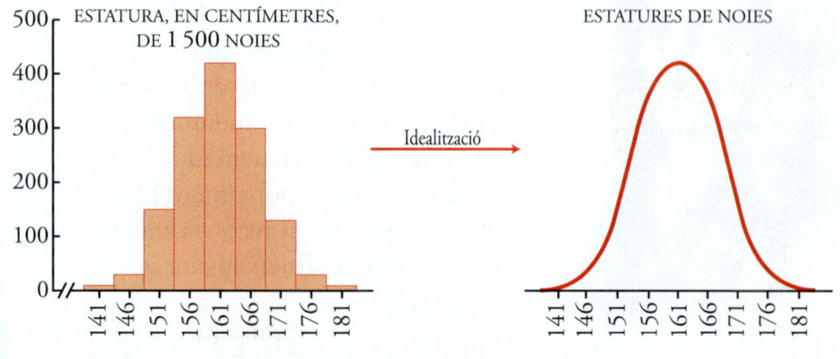

Les distribucions de probabilitat de variable contínua es defineixen per mitjà d'una funció, $y = f(x)$, que s'anomena *funció de probabilitat* o *funció de densitat*, les condicions de la qual descrivim a continuació.

Perquè $f(x)$ sigui la **funció de densitat** o **funció de probabilitat** d'una variable aleatòria, és necessari que:

— $f(x)$ sigui no negativa: $f(x) \geq 0$ per a tot x.

— L'àrea sota la corba $y = f(x)$ sigui igual a 1.

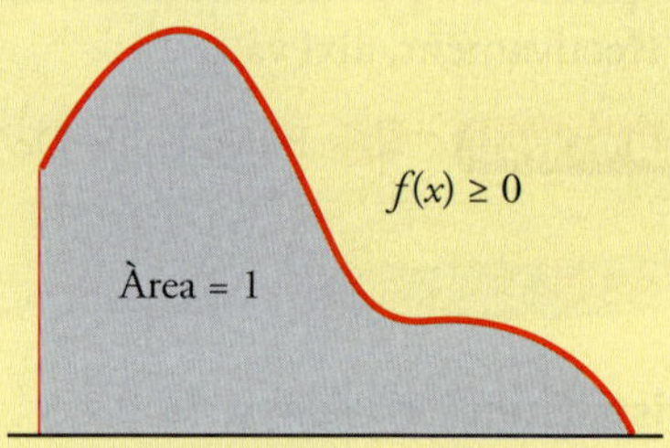

- Per trobar la probabilitat $P[a \leq x \leq b]$, obtenim l'àrea que hi ha sota la corba de l'interval $[a, b]$:

  $P[a \leq x \leq b]$ = àrea davall de la corba de $[a, b]$

- Les probabilitats de successos puntuals són zero:

  $P[x = a] = 0, \quad P[x = b] = 0, \quad \ldots$

  Per tant:

  $P[a \leq x \leq b] = P[a < x < b]$

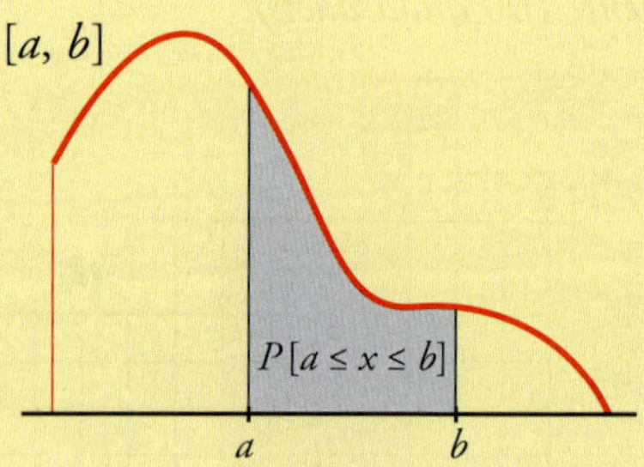

Paràmetres

La mitjana, μ, i la desviació típica, σ, tenen els mateixos significats que en les distribucions estadístiques:

MITJANA, μ: centre de gravetat de la distribució.

DESVIACIÓ TÍPICA, σ: mesura de la dispersió. Quantifica el grau de separació dels valors respecte de la mitjana.

Aquests paràmetres poden ser assignats a ull, de forma aproximada. Però el càlcul exacte en requereix el domini d'unes eines matemàtiques que encara no coneixes.

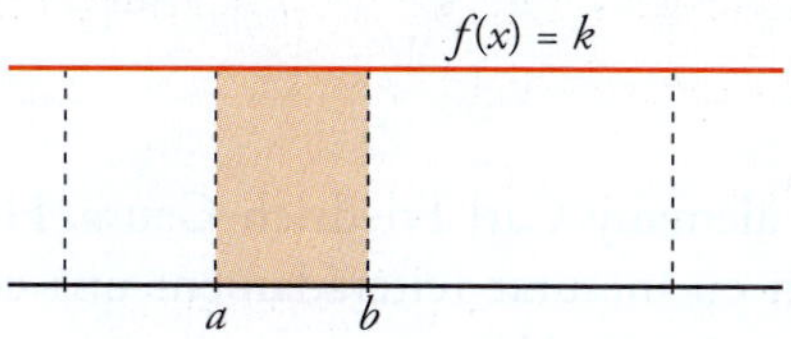

En el web

Ampliació teòrica sobre la funció de distribució.

Càlcul de probabilitats a partir de la funció de densitat $y = f(x)$

Ja sabem que, per calcular probabilitats en distribucions de probabilitat de variable contínua, s'han de trobar les àrees sota la corba que representa la funció de densitat $y = f(x)$. Però, com fer-ho de forma exacta quan $f(x)$ es donada mitjançant l'expressió analítica? Desconeixes encara l'instrument matemàtic –el càlcul integral– que permet realitzar-ho. No obstant això, hi ha distribucions senzilles per a les quals la tasca és possible. Per exemple, si la distribució és uniforme $[f(x) = k]$ (gràfic del marge), la probabilitat $P[a \le x \le b]$ és l'àrea d'un rectangle de base $b - a$ i altura k:

$$P[a \le x \le b] = (b - a) \cdot k$$

Exercicis resolts

1 *Calcula k perquè la funció*

$$f(x) = \begin{cases} k, & x \in [1, 5] \\ 0, & x \notin [1, 5] \end{cases}$$

sigui una funció de densitatt.

Troba la probabilitat:

$P[2 \le x \le 3]$

Recordem que *l'àrea total sota la corba ha de ser igual a 1.*

$$P[-\infty < x < +\infty] = P[1 \le x \le 5] = 4 \cdot k = 1$$

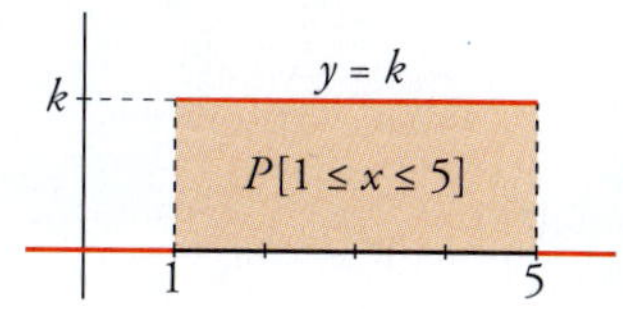

Per tant, $k = \frac{1}{4}$. Així, podem calcular la probabilitat demanada:

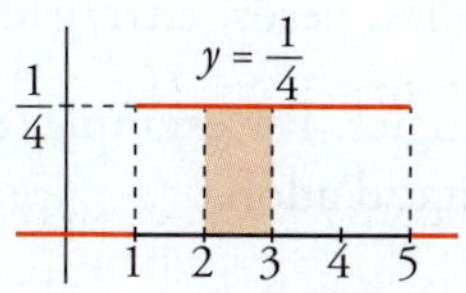

$$P[2 \le x \le 3] = (3 - 2) \cdot \frac{1}{4} = \frac{1}{4}$$

Fes-ho tu. Calcula: a) $P[2 \le x \le 5]$ b) $P[2 \le x \le 2{,}5]$

2 *Calcula m perquè la funció*

$$f(x) = \begin{cases} mx, & x \in [0, 4] \\ 0, & x \notin [0, 4] \end{cases}$$

sigui una funció de densitat.

Troba $P[2 \le x \le 3]$.

Calculem m perquè l'àrea del triangle sigui igual a 1.

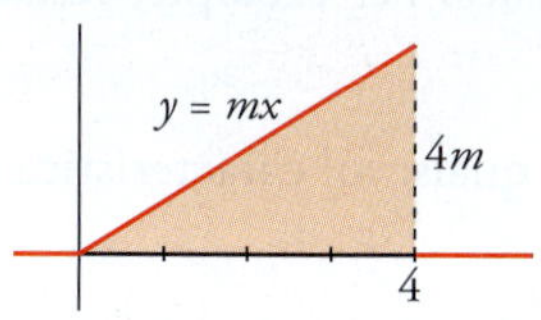

Àrea del triangle: $\frac{4 \cdot 4m}{2} = 8m$. Per tant:

$$P[-\infty < x < +\infty] = P[0 \le x \le 4] = 8m = 1$$

$$8m = 1 \rightarrow m = \frac{1}{8}$$

La funció de densitat és $y = x/8$, $x \in [0, 4]$, $y = 0$ en la resta.

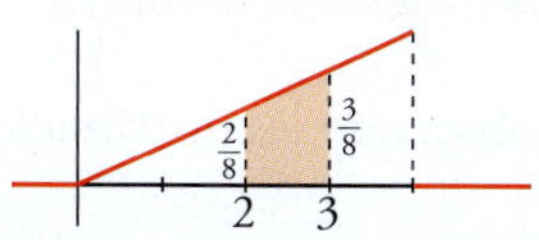

$P[2 \le x \le 3]$ és l'àrea del trapezi vermell.

$$P[2 \le x \le 3] = \frac{(2/8 + 3/8) \cdot 1}{2} = \frac{5}{16}$$

Fes-ho tu. Calcula:

a) $P[0 \le x \le 2]$ b) $P[3 \le x \le 4]$

Exercicis proposats

1 Calcula k perquè $f(x) = \begin{cases} k, & x \in [3, 8] \\ 0, & x \notin [3, 8] \end{cases}$ sigui una funció de densitat. Troba les probabilitats:

a) $P[4 < x < 6]$ b) $P[2 < x \le 5]$

c) $P[x = 6]$ d) $P[5 < x \le 10]$

2 Calcula m perquè $f(x) = \begin{cases} mx, & x \in [3, 7] \\ 0, & x \notin [3, 7] \end{cases}$ sigui una funció de densitat. Troba les probabilitats:

a) $P[3 < x < 5]$ b) $P[5 \le x < 7]$

c) $P[4 \le x \le 6]$ d) $P[6 \le x < 11]$

2 La distribució normal

La **corba normal** és una funció de probabilitat **contínua** i **simètrica**, el màxim de la qual coincideix amb la mitjana, μ.

Aquesta corba va ser descrita pel matemàtic alemany Carl Friedrich Gauss. Hi va arribar estudiant els errors que es produeixen en mesurar reiteradament una certa magnitud. Aquestes en són l'equació i la representació gràfica:

$$y = \frac{1}{\sigma\sqrt{2\pi}}\, e^{-\frac{1}{2}\left(\frac{x-\mu}{\sigma}\right)^2}$$

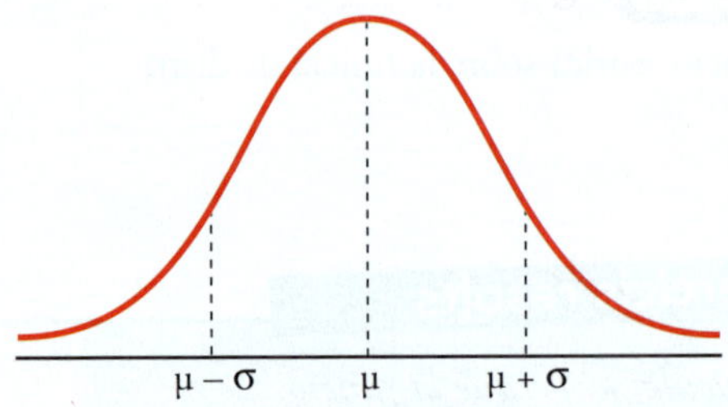

Per la forma acampanada, es denomina **campana de Gauss**.

La gran importància d'aquesta distribució es deu a l'enorme freqüència amb què apareix en les situacions més variades. Entre les moltes variables que es distribueixen *normalment*, podem esmentar:

- Caràcters morfològics d'individus (persones, animals, plantes) d'una mateixa raça. Per exemple: talles, pesos, envergadures, etc.
- Caràcters fisiològics. Per exemple, efectes d'una mateixa dosi d'un fàrmac o d'una mateixa quantitat d'adob.
- Caràcters sociològics. Per exemple, consum de certs productes per individus d'un mateix grup humà.
- Caràcters físics. Per exemple, resistència a la ruptura de peces aparentment idèntiques.

I, en general, qualsevol característica que s'obtingui com a suma de molts factors.

Per a cada valor de μ (mitjana) i cada valor de σ (desviació típica), hi ha una corba normal, que es designa per $N(\mu, \sigma)$.

Per exemple, observem les distribucions $N(0, 4)$, $N(10, 4)$ i $N(10, 2)$.

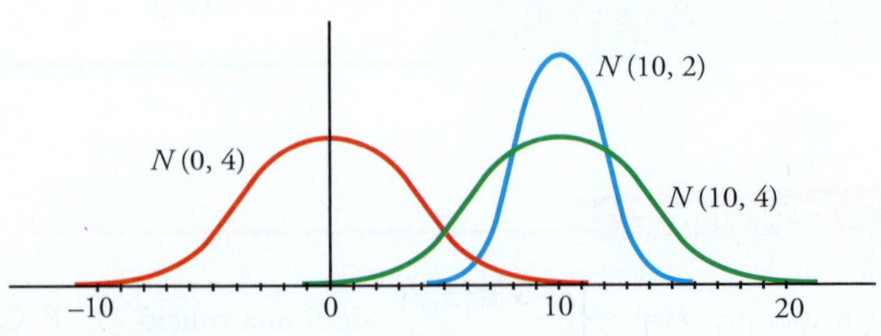

Aparentment, aquestes corbes són diferents. No obstant això, el repartiment de probabilitats és pràcticament idèntic. Només depèn dels paràmetres μ i σ.

Observem que dues corbes normals amb la mateixa desviació típica són idèntiques. I si tenen una desviació típica diferent, són semblants: iguals excepte un canvi d'escala.

Distribució de probabilitats sota la corba normal

En una primera aproximació, el repartiment de probabilitats en una distribució $N(\mu, \sigma)$ qualsevol es realitza de la manera següent:

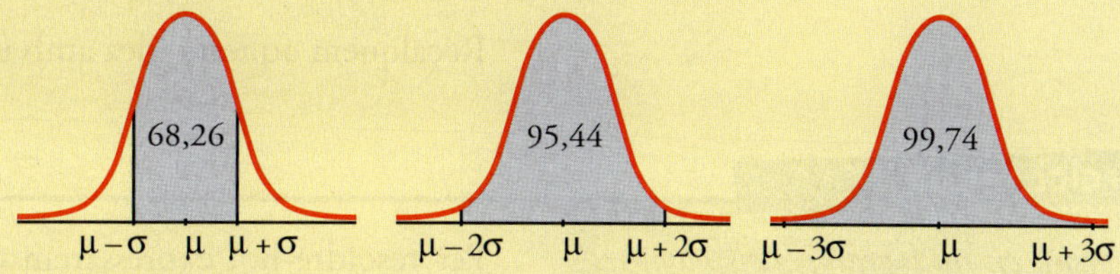

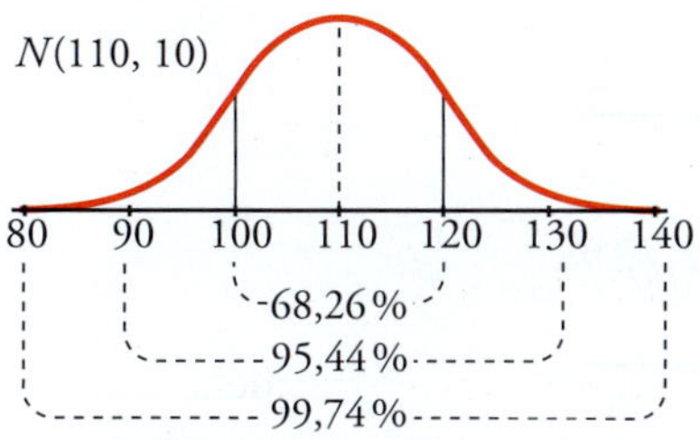

Això significa que si, per exemple, el quocient intel·lectual (QI) d'un grup de persones té una distribució $N(110, 10)$, llavors:

— El 68,26 % d'elles té un QI entre 100 i 120.

— El 95,44 % d'elles té un QI entre 90 i 130.

— El 99,74 % d'elles té un QI entre 80 i 140.

Amb aquestes dades, i tenint en compte que la distribució és simètrica, es poden obtenir probabilitats com les següents:

a) $P[x > 130]$ b) $P[100 < x < 130]$

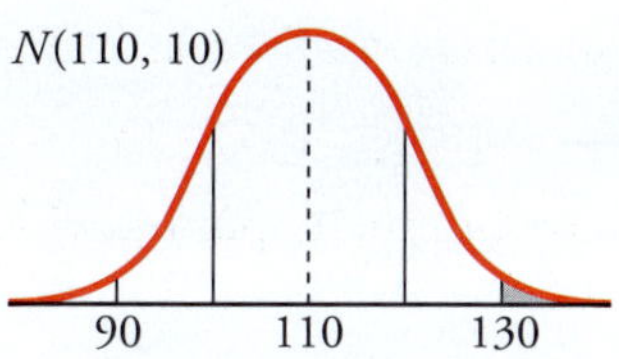

a) $P[90 < x < 130] = 0{,}9544$

$P[x < 90] + P[x > 130] = 1 - 0{,}9544 = 0{,}0456$

Així, $P[x > 130] = \frac{1}{2} \cdot 0{,}0456 = 0{,}0228$

b) $0{,}9544 - 0{,}6826 = 0{,}2718$

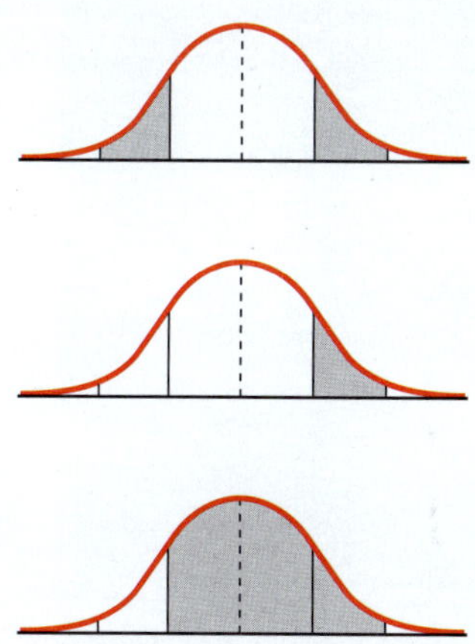

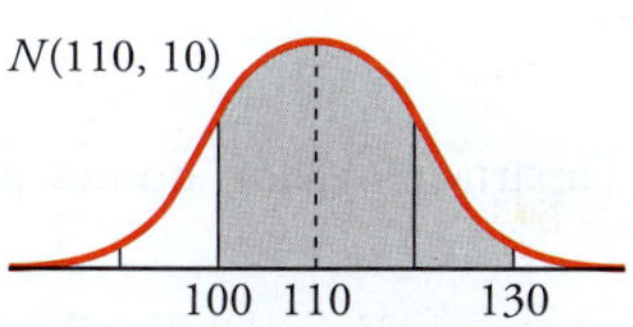

$\frac{1}{2} \cdot 0{,}2718 = 0{,}1359$

$0{,}6826 + 0{,}1359 = 0{,}8185$

Exercici proposat

3 En una distribució $N(110, 10)$, calcula:

a) $P[x > 110]$

b) $P[110 < x < 120]$

c) $P[110 < x < 130]$

d) $P[120 < x < 130]$

e) $P[90 < x < 100]$

f) $P[90 < x < 120]$

g) $P[x < 100]$

3 Càlcul de probabilitats en distribucions normals

En l'apartat anterior hem calculat probabilitats d'una distribució normal, però en tots els casos els extrems dels intervals distaven de la mitjana un nombre enter de desviacions típiques, perquè les dades que teníem només ens permetien arribar fins aquí. Per poder obtenir probabilitats en intervals no enters necessitem més dades.

Recalquem aquesta idea amb un altre exemple.

Exercici resolt

1 *Els pesos, en quilograms, dels bombers d'un parc determinat tenen una distribució N(66, 8). Volem saber quina proporció d'aquests bombers pesa:*

a) Més de 66.

b) Entre 66 i 82.

c) Menys de 58.

d) Menys de 70.

e) Més de 80.

f) Entre 70 i 80.

Quines d'aquestes qüestions es poden resoldre amb les dades que tenim?

Per resoldre-ho, expressarem els extrems dels intervals en funció de μ i de σ ($\mu = 66$, $\sigma = 8$).

a) Més de 66 kg $\rightarrow$ $\mu < x$ $\rightarrow$ 50 %

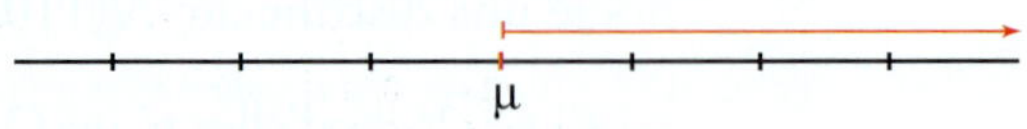

b) Entre 66 i 82 kg $\rightarrow$ $\mu < x < \mu + 2\sigma$ $\rightarrow$ 47,72 %

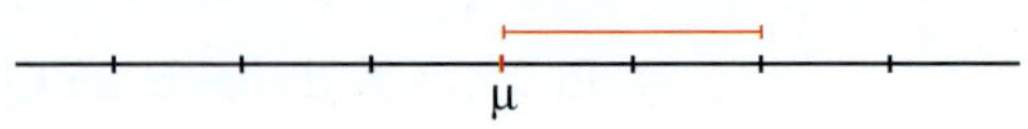

c) Menys de 58 kg $\rightarrow$ $x < \mu - \sigma$ $\rightarrow$ 15,87 %

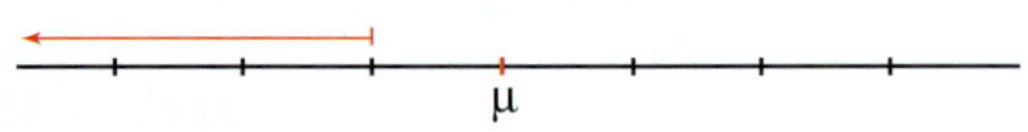

d) Menys de 70 kg $\rightarrow$ $x < \mu + 0{,}5\sigma$

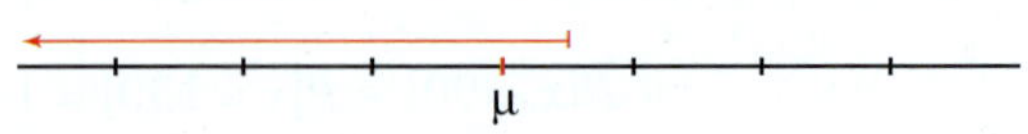

e) Més de 80 kg $\rightarrow$ $\mu + 1{,}75\sigma < x$

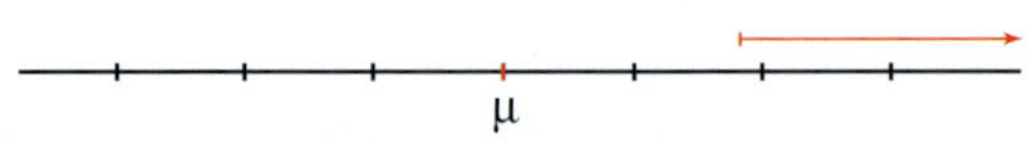

f) Entre 70 i 80 kg $\rightarrow$ $\mu + 0{,}5\sigma < x < \mu + 1{,}75\sigma$

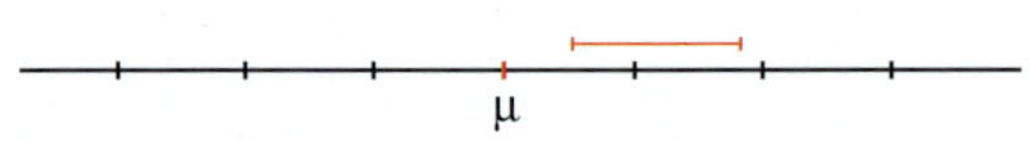

De moment, amb la informació que tenim de l'apartat anterior, només podem respondre les tres primeres preguntes.

Per respondre als apartats d), e) i f), necessitaríem conèixer la distribució de probabilitats per a intervals més petits, les amplituds dels quals siguin fraccions de σ.

En la pàgina següent donem unes taules que responen a aquesta necessitat.

Exercici proposat

4 Calcula les probabilitats dels apartats a), b) i c) de l'exercici resolt anterior.

Estima el valor aproximat de les probabilitats d), e) i f) del mateix exercici.

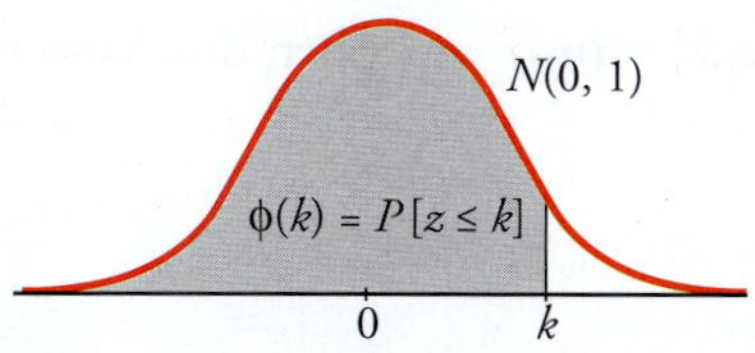

Taula d'àrees sota la corba normal $N(0, 1)$

Per facilitar les expressions en els canvis de variables que es donaran més endavant, en la distribució $N(0, 1)$, se sol designar la variable per la lletra z. La taula que apareix a continuació ens dóna les probabilitats $P[z \leq k]$ per a valors de k de 0 a 3,99, de centèsima en centèsima. Aquestes probabilitats s'anomenen $\phi(k)$:

$$\phi(k) = P[z \leq k], \; z \text{ es distribueix } N(0, 1)$$

UNITATS I DÈCIMES		CENTÈSIMES									
	k	0	1	2	3	4	5	6	7	8	9
	0,0	0,5000	0,5040	0,5080	0,5120	0,5160	0,5199	0,5239	0,5279	0,5319	0,5359
	0,1	0,5398	0,5438	0,5478	0,5517	0,5557	0,5596	0,5636	0,5675	0,5714	0,5754
	0,2	0,5793	0,5832	0,5871	0,5910	0,5948	0,5987	0,6026	0,6065	0,6103	0,6141
	0,3	0,6179	0,6217	0,6255	0,6293	0,6331	0,6368	0,6406	0,6443	0,6480	0,6517
	0,4	0,6554	0,6591	0,6628	0,6664	0,6700	0,6736	0,6772	0,6808	0,6844	0,6879
	0,5	0,6915	0,6950	0,6985	0,7019	0,7054	0,7088	0,7123	0,7157	0,7190	0,7224
	0,6	0,7258	0,7291	0,7324	0,7357	0,7389	0,7422	0,7454	0,7486	0,7518	0,7549
	0,7	0,7580	0,7612	0,7642	0,7673	0,7704	0,7734	0,7764	0,7794	0,7823	0,7852
	0,8	0,7881	0,7910	0,7939	0,7967	0,7996	0,8023	0,8051	0,8078	0,8106	0,8133
	0,9	0,8159	0,8186	0,8212	0,8238	0,8264	0,8289	0,8315	0,8340	0,8365	0,8389
	1,0	0,8413	0,8438	0,8461	0,8485	0,8508	0,8531	0,8554	0,8577	0,8599	0,8621
	1,1	0,8643	0,8665	0,8686	0,8708	0,8729	0,8749	0,8770	0,8790	0,8810	0,8830
	1,2	0,8849	0,8869	0,8888	0,8907	0,8925	0,8944	0,8962	0,8980	0,8997	0,9015
	1,3	0,9032	0,9049	0,9066	0,9082	0,9099	0,9115	0,9131	0,9147	0,9162	0,9177
	1,4	0,9192	0,9207	0,9222	0,9236	0,9251	0,9265	0,9279	0,9292	0,9306	0,9319
	1,5	0,9332	0,9345	0,9357	0,9370	0,9382	0,9394	0,9406	0,9418	0,9429	0,9441
	1,6	0,9452	0,9463	0,9474	0,9484	0,9495	0,9505	0,9515	0,9525	0,9535	0,9545
	1,7	0,9554	0,9564	0,9573	0,9582	0,9591	0,9599	0,9608	0,9616	0,9625	0,9633
	1,8	0,9641	0,9649	0,9656	0,9664	0,9671	0,9678	0,9686	0,9693	0,9699	0,9706
	1,9	0,9713	0,9719	0,9726	0,9732	0,9738	0,9744	0,9750	0,9756	0,9761	0,9767
	2,0	0,9772	0,9778	0,9783	0,9788	0,9793	0,9798	0,9803	0,9808	0,9812	0,9817
	2,1	0,9821	0,9826	0,9830	0,9834	0,9838	0,9842	0,9846	0,9850	0,9854	0,9857
	2,2	0,9861	0,9864	0,9868	0,9871	0,9875	0,9878	0,9881	0,9884	0,9887	0,9890
	2,3	0,9893	0,9896	0,9898	0,9901	0,9904	0,9906	0,9909	0,9911	0,9913	0,9916
	2,4	0,9918	0,9920	0,9922	0,9925	0,9927	0,9929	0,9931	0,9932	0,9934	0,9936
	2,5	0,9938	0,9940	0,9941	0,9943	0,9945	0,9946	0,9948	0,9949	0,9951	0,9952
	2,6	0,9953	0,9955	0,9956	0,9957	0,9959	0,9960	0,9961	0,9962	0,9963	0,9964
	2,7	0,9965	0,9966	0,9967	0,9968	0,9969	0,9970	0,9971	0,9972	0,9973	0,9974
	2,8	0,9974	0,9975	0,9976	0,9977	0,9977	0,9978	0,9979	0,9979	0,9980	0,9981
	2,9	0,9981	0,9982	0,9982	0,9983	0,9984	0,9984	0,9985	0,9985	0,9986	0,9986
	3,0	0,9987	0,9987	0,9987	0,9988	0,9988	0,9989	0,9989	0,9989	0,9990	0,9990
	3,1	0,9990	0,9991	0,9991	0,9991	0,9992	0,9992	0,9992	0,9992	0,9993	0,9993
	3,2	0,9993	0,9993	0,9994	0,9994	0,9994	0,9994	0,9994	0,9995	0,9995	0,9995
	3,3	0,9995	0,9995	0,9995	0,9996	0,9996	0,9996	0,9996	0,9996	0,9996	0,9997
	3,4	0,9997	0,9997	0,9997	0,9997	0,9997	0,9997	0,9997	0,9997	0,9997	0,9998
	3,5	0,9998	0,9998	0,9998	0,9998	0,9998	0,9998	0,9998	0,9998	0,9998	0,9998
	3,6	0,9998	0,9998	0,9999	0,9999	0,9999	0,9999	0,9999	0,9999	0,9999	0,9999
	3,7	0,9999	0,9999	0,9999	0,9999	0,9999	0,9999	0,9999	0,9999	0,9999	0,9999
	3,8	0,9999	0,9999	0,9999	0,9999	0,9999	0,9999	0,9999	0,9999	0,9999	0,9999
	3,9	1,0000	1,0000	1,0000	1,0000	1,0000	1,0000	1,0000	1,0000	1,0000	1,0000

El valor de k se cerca així:

Unitats i **dècimes** en la columna de l'esquerra.

Centèsimes en la fila de dalt.

El nombre que ens dóna la taula és el valor de:

$$\phi(k) = P[z \leq k]$$

- Exemples:

$P[z \leq 0{,}45] = \phi(0{,}45) = 0{,}6736$

$P[z \leq 1{,}2] = \phi(1{,}20) = 0{,}8849$

$P[z \leq 1] = \phi(1{,}00) = 0{,}8413$

Recíprocament, si coneixem el valor de la probabilitat $\phi(k)$, es pot saber el valor de k.

- Exemples:

$P[z \leq k] = \phi(k) = 0{,}7190 \rightarrow k = 0{,}58$

$P[z \leq k] = \phi(k) = 0{,}8643 \rightarrow k = 1{,}10$

$P[z \leq k] = \phi(k) = 0{,}5560 \rightarrow k \approx 0{,}14$

En el web

Taula de la normal.

Recordem que en una distribució de variable contínua les probabilitats puntuals són nul·les: $P[x = k] = 0$. Per tant, $P[x \leq k] = P[x < k]$.

Exercicis proposats

5 Troba les probabilitats següents:

a) $P[z \leq 0{,}84]$ b) $P[z < 1{,}5]$

c) $P[z < 2]$ d) $P[z < 1{,}87]$

e) $P[z < 2{,}35]$ f) $P[z \leq 0]$

g) $P[z < 4]$ h) $P[z = 1]$

6 Digues el valor de k en cada cas:

a) $P[z \leq k] = 0{,}7019$ b) $P[z < k] = 0{,}8997$

c) $P[z \leq k] = 0{,}5040$ d) $P[z < k] = 0{,}7054$

7 Digues el valor aproximat de k en cada cas:

a) $P[z < k] = 0{,}9533$ b) $P[z \leq k] = 0{,}62$

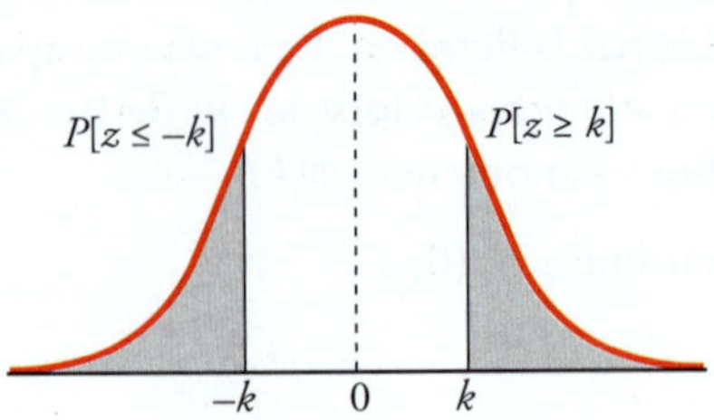

Càlcul de probabilitats en una distribució $N(0, 1)$

- Si $k \geq 0$, les probabilitats $P[z \leq k] = P[z < k] = \phi(k)$ es troben directament en les taules.
- $P[z \geq k] = 1 - P[z < k] = 1 - \phi(k)$
- Per a abscisses negatives (recorda que la corba és simètrica):

  $P[z \leq -k] = P[z \geq k] = 1 - \phi(k)$

Les probabilitats restants es poden obtenir a partir d'aquestes, com es veu en els exemples següents:

1. $P[z \geq 1{,}73] = 1 - P[z < 1{,}73] = 1 - \phi(1{,}73) =$

   $= 1 - 0{,}9582 = 0{,}0418$

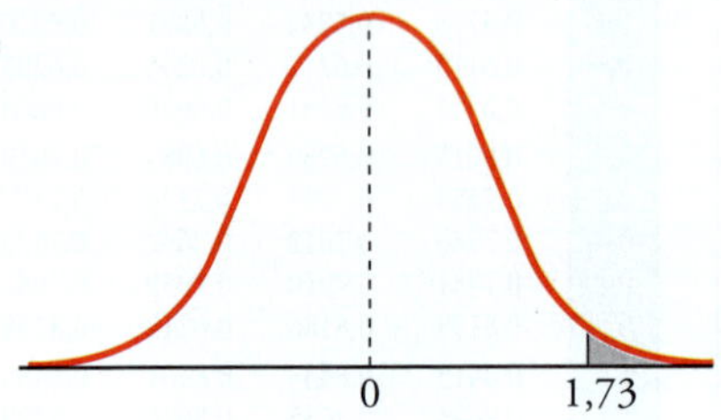

2. $P[0{,}21 < z \leq 1{,}34] = \phi(1{,}34) - \phi(0{,}21) =$

   $= 0{,}9099 - 0{,}5832 = 0{,}3267$

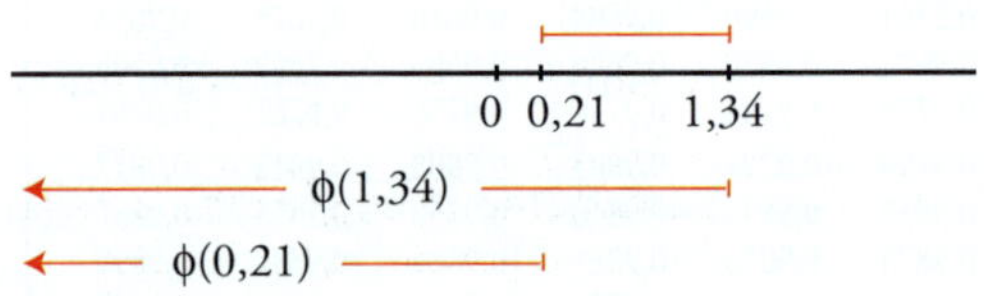

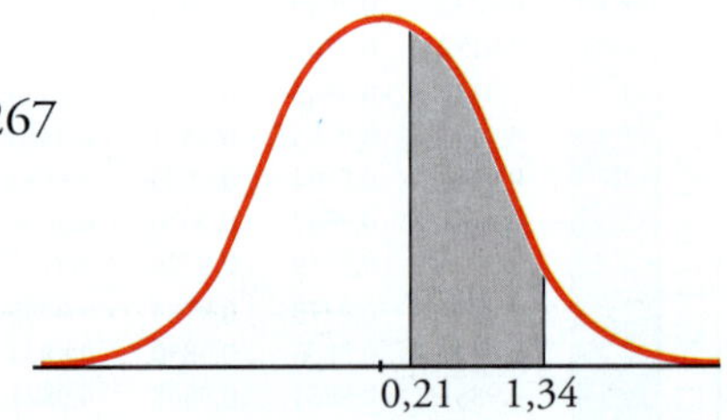

3. $P[-0{,}83 < z \leq 2{,}3] = P[z \leq 2{,}3] - P[z \leq -0{,}83] =$

   $= \phi(2{,}3) - P[z \geq 0{,}83] = \phi(2{,}3) - (1 - \phi(0{,}83)) =$

   $= \phi(2{,}3) + \phi(0{,}83) - 1 = 0{,}9893 + 0{,}7967 - 1 =$

   $= 0{,}7860$

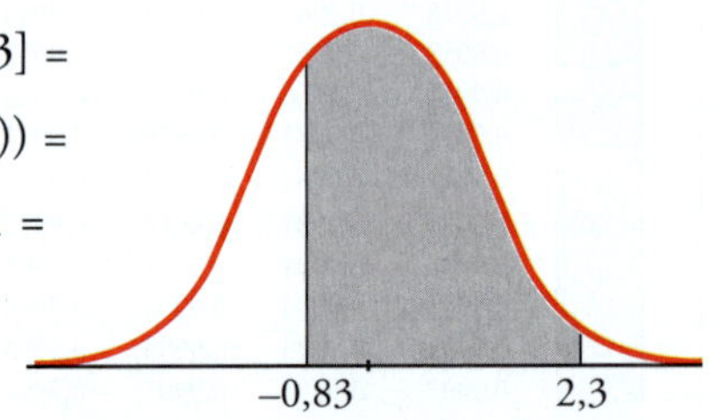

4. $P[-1{,}95 < z < -1] = P[1 < z < 1{,}95] = \phi(1{,}95) - \phi(1) =$

   $= 0{,}9744 - 0{,}8413 = 0{,}1331$

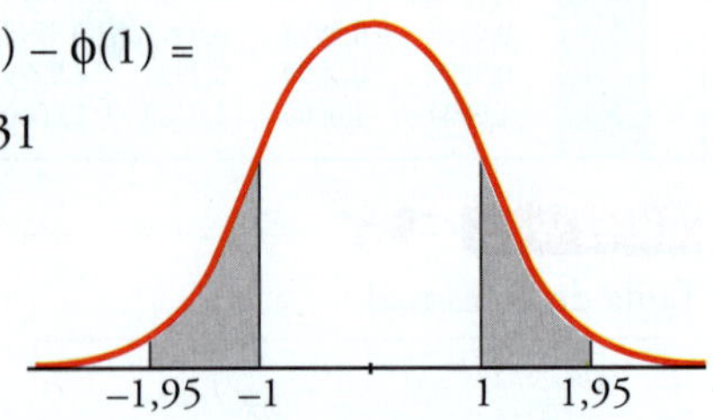

Exercicis proposats

8 Troba:

a) $P[z > 1{,}3]$ b) $P[z < -1{,}3]$ c) $P[z > -1{,}3]$

d) $P[1{,}3 < z < 1{,}96]$ e) $P[-1{,}96 < z < -1{,}3]$

f) $P[-1{,}3 < z < 1{,}96]$ g) $P[-1{,}96 < z < 1{,}96]$

9 Troba, a partir de la taula, les probabilitats següents:

a) $P[-1 \leq z \leq 1]$ b) $P[-2 \leq z \leq 2]$

c) $P[-3 \leq z \leq 3]$ d) $P[-4 \leq z \leq 4]$

e) $P[0 \leq z \leq 1]$ f) $P[0 \leq z \leq 4]$

En el web Animació interactiva on es compara una $N(\mu, \sigma)$ amb una $N(0, 1)$.

Càlcul de probabilitats en una distribució $N(\mu, \sigma)$

Com ja sabem, les probabilitats en dues distribucions normals qualssevol es reparteixen de forma anàloga. Per tant, per calcular probabilitats d'una distribució $N(\mu, \sigma)$, la relacionarem amb la $N(0, 1)$, per a la qual disposem del recurs de les taules. Per exemple:

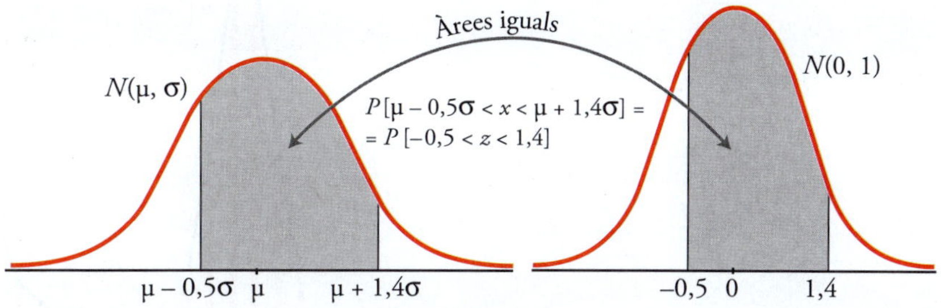

Per establir la relació amb la $N(0, 1)$, farà falta expressar els extrems dels intervals en *nombre de desviacions típiques que se separen de la mitjana*. Això s'anomena **tipificar** la variable.

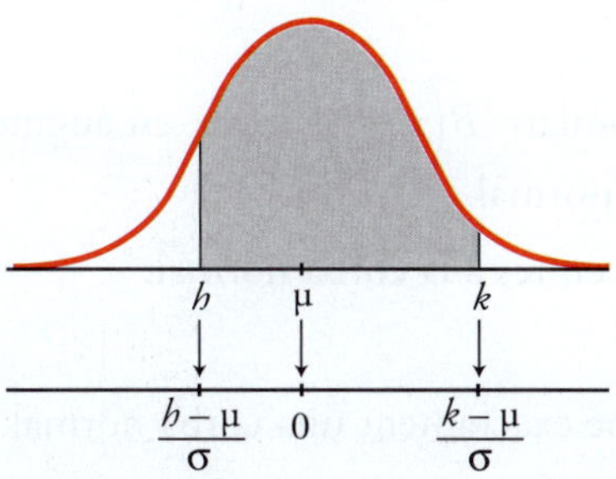

Si x és $N(\mu, \sigma)$, per calcular la probabilitat $P[h < x < k]$ es procedeix de la manera següent:

$$P[h < x < k] = P\left[\frac{h-\mu}{\sigma} < z < \frac{k-\mu}{\sigma}\right]$$

El canvi $k \rightarrow \dfrac{k-\mu}{\sigma}$ s'anomena **tipificació de la variable.**

La variable ja tipificada, z, segueix una distribució $N(0, 1)$.

ATENCIÓ: Observa que hem anomenat x la variable d'una distribució $N(\mu, \sigma)$ qualsevol, i z la variable de la distribució $N(0, 1)$. Així ho farem sempre.

Exercici resolt

1 *En una $N(6, 4)$, calcula les probabilitats següents:*

a) $P[x \le 3]$

b) $P[x \ge 12]$

c) $P[5 \le x \le 8]$

a) $P[x \le 3] = P\left[z \le \frac{3-6}{4}\right] = P[z \le -0,75] = 1 - \phi(0,75) =$

$= 1 - 0,7734 = 0,2266$

b) $P[x \ge 12] = P\left[z \ge \frac{12-6}{4}\right] = P[z \ge 1,5] = 1 - P[z \le 1,5] =$

$= 1 - \phi(1,5) = 1 - 0,9332 = 0,0668$

c) $P[5 \le x \le 8] = P[-0,25 \le z \le 0,5] = P[z \le 0,5] - P[z \le -0,25] =$

$= P[z \le 0,5] - (1 - P[z \le 0,25]) = \phi(0,5) + \phi(0,25) - 1 =$

$= 0,6915 + 0,5987 - 1 = 0,2902$

Exercici proposat

10 En una distribució $N(173, 6)$, troba les probabilitats següents:

a) $P[x \le 173]$

b) $P[x \ge 180,5]$

c) $P[174 \le x \le 180,5]$

d) $P[161 \le x \le 180,5]$

e) $P[161 \le x \le 170]$

f) $P[x = 174]$

g) $P[x > 191]$

h) $P[x < 155]$

En el web Exercicis de càlcul de probabilitats en una distribució $N(\mu, \sigma)$.

4 La distribució binomial s'aproxima a la normal

Veurem que, per a certs valors de n i p, les distribucions binomials tenen una semblança extraordinària amb les distribucions normals corresponents.

Comencem observant aquestes distribucions $B\left(n, \frac{1}{2}\right)$ per a diferents valors de n:

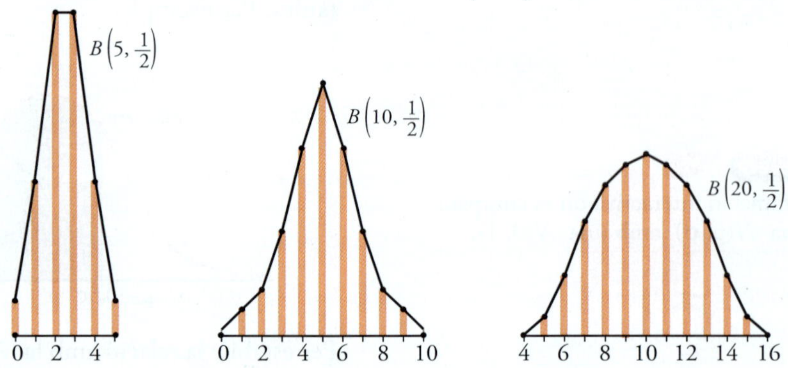

La probabilitat es marcada per les barres. Les línies que les envolten s'han traçat per marcar-ne la similitud amb la normal, que en la segona és clara, i en la tercera, notable.

Hi pots observar el mateix efecte amb les binomials $B\left(n, \frac{1}{5}\right)$: com, en augmentar n, les corbes s'assemblen cada vegada més a la normal.

Mira-les bé. La primera $(n = 5)$ no s'assembla en res a la corba normal.

A poc a poc s'hi van assemblant més i més.

La darrera, una binomial $B(50; 0{,}2)$, és gairebé exactament una corba normal.

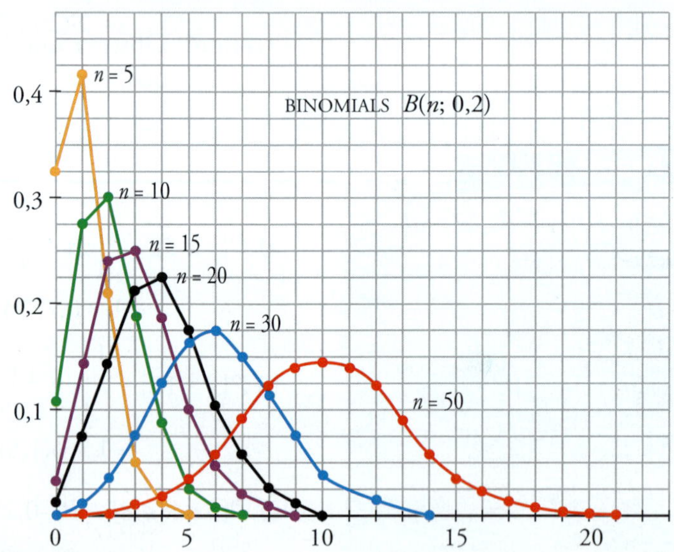

Important

Si $n \cdot p \geq 3$ i $n \cdot q \geq 3$, llavors:

$$B(n, p) \approx N(np, \sqrt{npq})$$

En aquesta similitud no s'ha d'oblidar que la binomial és discreta, i la normal, contínua. En la pàgina següent s'atén a aquesta diferència important.

En general, una binomial $B(n, p)$ s'assembla a una corba normal, molt més com més gran és el producte np (o nq, si $q < p$).

Quan np i nq són tots dos més grans que 3, l'aproximació és bastant bona. I si superen 5, l'aproximació és quasi perfecta.

Naturalment, la corba normal a la qual s'aproxima té la mateixa mitjana i la mateixa desviació típica que la binomial, és a dir:

$$\mu = np \qquad \sigma = \sqrt{npq}$$

Tingues en compte

Si x és $B(n, p)$ i x' és $N(np, \sqrt{npq})$:

$$P[x = k] = P[k - 0{,}5 < x' < k + 0{,}5]$$

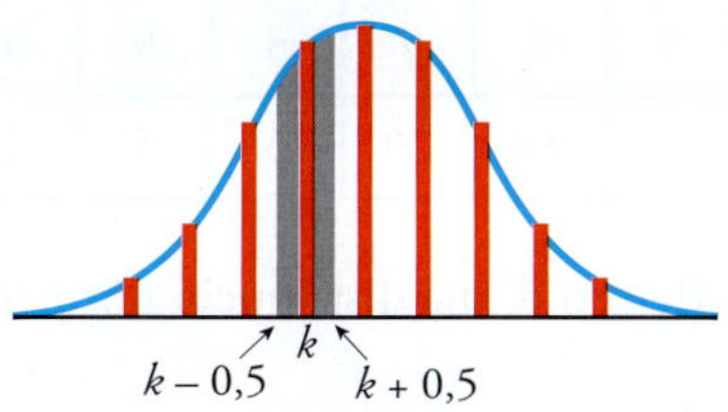

L'àrea de la part grisa, de base 1, és pràcticament igual a la longitud de la barra vermella.

Regla pràctica per calcular probabilitats mitjançant el pas d'una binomial a una normal

Si x és $B(n, p)$ i s'assembla molt a x', $N(np, \sqrt{npq})$, el càlcul de probabilitats de x es pot fer a partir de x' de la manera següent:

$$P[x = k] = P[k - 0{,}5 < x' < k + 0{,}5]$$

És a dir, a cada valor puntual de x $(0, 1, 2, \dots, k, \dots, n)$ s'associa en x' un interval centrat en k i de radi 0,5. Per tant:

$P[a \le x < b] = P[a - 0{,}5 < x' < b - 0{,}5]$

$P[a < x \le b] = P[a + 0{,}5 < x' < b + 0{,}5]$

$P[a < x] = P[a + 0{,}5 < x']$

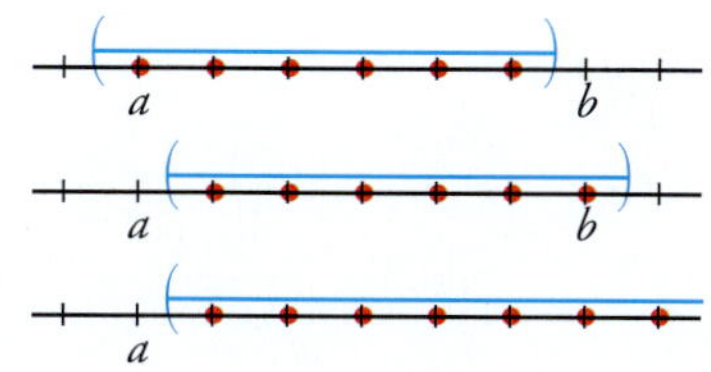

Per exemple:

- $P[3 < x < 5] = P[x = 4] = P[3{,}5 < x' < 4{,}5]$
- $P[3 \le x < 5] = P[x = 3 \text{ o } x = 4] = P[2{,}5 < x' < 4{,}5]$
- $P[3 \le x \le 5] = P[x = 3 \text{ o } x = 4 \text{ o } x = 5] = P[2{,}5 < x' < 5{,}5]$

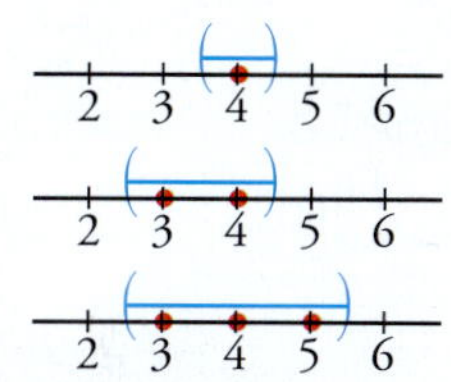

Exercicis resolts

1 *En una distribució $B(200; 0{,}3)$, calcula $P[x \ge 70]$.*

$$\left.\begin{array}{l}\mu = 200 \cdot 0{,}3 = 60\\ \sigma = \sqrt{200 \cdot 0{,}3 \cdot 0{,}7} = 6{,}48\end{array}\right\}$$ Ja veiem que $np > 5$ i és clar que nq també.

$$x \text{ és } B(200; 0{,}3) \to x' \text{ és } N(60; 6{,}48) \to z \text{ és } N(0, 1)$$

$$P[x \ge 70] = P[x' > 69{,}5] = P\left[z > \frac{69{,}5 - 60}{6{,}48}\right] = P[z > 1{,}47] =$$

$$= 1 - P[z \le 1{,}47] = 1 - \phi(1{,}47) = 0{,}0708$$

2 *El 2% dels perns fabricats per una màquina presenten defectes. En un lot de 2 000 perns, quina és la probabilitat que n'hi hagi menys de 50 de defectuosos?*

És una binomial $B(2\,000; 0{,}02)$, amb $\mu = np = 40$ i $\sigma = \sqrt{npq} = 6{,}26$.

Ja veiem que $np = 40 > 5$ i també $nq > 5$. Per tant, podem assegurar que s'aproxima a la normal $N(40; 6{,}26)$.

$$x \text{ és } B(2\,000; 0{,}02) \to x' \text{ és } N(40; 6{,}26) \to z \text{ és } N(0, 1)$$

$$P[x < 50] = P[x' \le 49{,}5] = P\left[z \le \frac{49{,}5 - 40}{6{,}26}\right] = P[z \le 1{,}52] =$$

$$= \phi(1{,}52) = 0{,}9357$$

La probabilitat demanada és 0,9357.

Exercici proposat

11 Calcula les probabilitats de les distribucions binomials següents mitjançant l'aproximació corresponent a la normal. En totes, tingues en compte l'ajust de mitja unitat que s'ha de fer en passar d'una variable discreta a una de contínua.

a) x és $B(100; 0{,}1)$. Calcula $P[x = 10]$, $P[x < 2]$ i $P[5 < x < 15]$.

b) x és $B(1\,000; 0{,}02)$. Calcula $P[x > 30]$ i $P[x < 80]$.

c) x és $B(50; 0{,}9)$. Calcula $P[x > 45]$ i $P[x \le 30]$.

5 Ajust d'un conjunt de dades a una distribució normal

Ben sovint convé saber si es pot suposar que una sèrie de dades obtingudes experimentalment (distribució empírica) provenen d'alguna distribució normal (distribució teòrica). Com procedir-hi? Vegem-ho amb un exemple.

S'ha passat una prova a 119 alumnes i s'han obtingut els resultats següents:

PUNTUACIÓ	1	2	3	4	5	6	7	8	9	10
NRE. D'ALUMNES	2	9	17	22	19	18	20	6	5	1

És raonable suposar que aquests resultats procedeixen d'una distribució normal?

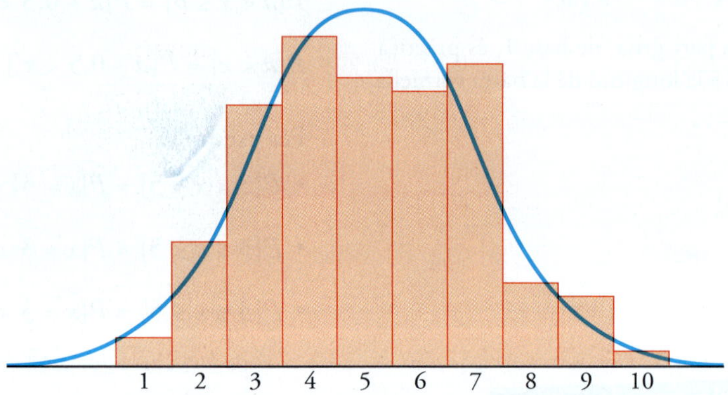

Hem de comparar la distribució empírica, representada mitjançant un histograma de barres vermelles, amb una distribució teòrica, normal, la mitjana i la desviació típica de la qual coincideixin amb les de la distribució empírica.

La comparació que en el gràfic es realitza visualment, s'ha de fer numèricament i, en definitiva, consisteix a decidir si les diferències observades es poden atribuir a l'atzar o no.

Per estudiar si una sèrie de n dades obtingudes experimentalment poden provenir d'una distribució normal, procedim de la manera següent:

- Calculem els paràmetres $\bar{x}$ (mitjana) i s (desviació típica) de la distribució empírica.
- Comparem la distribució empírica amb una normal $N(\mu, \sigma)$, amb $\mu = \bar{x}$ i $\sigma = s$.
  - Per efectuar la comparació, tallem el recorregut de la variable en intervals, $[x_k, x_{k+1}]$, i esbrinem com es repartirien en aquests intervals n individus d'una distribució $N(\mu, \sigma)$.
  - Trobem la diferència, a cada interval, dels nombres teòric i empíric.
  - Si la més gran de les diferències és prou petita, acceptem(*) la hipòtesi de normalitat, perquè suposem que les diferències són degudes a l'atzar.
  - Si la més gran de les diferències és gran, rebutgem la hipòtesi de normalitat.

(*) En rigor, si les diferències són petites, el que es dedueix és que «no hi ha motius per rebutjar la hipòtesi de normalitat». No obstant això, aquí, per simplificar, direm que «s'accepta la hipòtesi de normalitat».

Exercici resolt

1 *Resol numèricament l'ajust plantejat en la pàgina anterior referent a les puntuacions de 119 alumnes en una prova.*

Per resoldre-ho, fem els passos següents:

- Calculem els paràmetres $\bar{x}$ i s d'aquesta distribució. Obtenim: $\bar{x} = 5{,}08$, $s = 1{,}96$.
- Hem de comparar, per tant, la distribució empírica amb una normal $N(5{,}08;\ 1{,}96)$. Per a això:
  - Tallem en intervals el recorregut de la variable: [0,5; 1,5], [1,5; 2,5], [2,5; 3,5], …, [9,5; 10,5] i veiem com es distribuirien 119 individus d'una teòrica $N(5{,}08;\ 1{,}96)$ en aquests intervals.
  - Després, compararem aquesta distribució amb la distribució empírica i n'avaluarem les diferències.

EXTREMS D'INTERVALS x_k	EXTREMS TIPIFICATS z_k	$P[z \le z_k]$	$p_k = P[z_k < z < z_{k+1}]$	$119 \cdot p_k$	NOMBRES TEÒRICS	NOMBRES OBTINGUTS	|DIFERÈNCIES|
0,5	–2,34	0,0096					
			0,0240	2,8	3	2	1
1,5	–1,83	0,0336					
			0,0598	7,1	7	9	2
2,5	–1,32	0,0934					
			0,1156	13,7	14	17	3
3,5	–0,81	0,2090					
			0,1731	20,6	21	22	1
4,5	–0,30	0,3821					
			0,2011	23,9	24	19	5
5,5	0,21	0,5832					
			0,1810	21,5	22	18	4
6,5	0,72	0,7642					
			0,1265	15,1	15	20	5
7,5	1,23	0,8907					
			0,0648	7,7	8	6	2
8,5	1,74	0,9591					
			0,0290	3,5	4	5	1
9,5	2,26	0,9881					
			0,0091	1,1	1	1	0
10,5	2,77	0,9972					

La més gran de les diferències, 5, és prou petita com per acceptar que les dades empíriques provenen d'una distribució normal, per la qual cosa les discrepàncies són atribuïbles a l'atzar.

Atenció! Observa que el darrer pas —decidir si les diferències són prou petites o no ho són— s'ha realitzat de manera subjectiva. Hi ha mètodes estadístics, de nivell superior al d'aquest curs, amb els quals es pren aquesta decisió de forma absolutament rigorosa. No obstant això, seguirem fent-ho d'aquesta manera, però sent conscients que el mètode s'ha de millorar.

Exercici proposat

12 La taula adjunta correspon a les estatures de 1 400 noies. Estudia si és acceptable considerar que provenen d'una distribució normal.

EXTREMS D'INTERVALS	138,5 - 143,5	143,5 - 148,5	148,5 - 153,5	153,5 - 158,5	158,5 - 163,5	163,5 - 168,5	168,5 - 173,5	173,5 - 178,5	178,5 - 183,5
FREQÜÈNCIES	2	25	146	327	428	314	124	29	5

Exercicis i problemes resolts

1. Funció de densitat

a) Calcula el valor de k *perquè* f(x) *sigui funció de densitat.*

$$f(x) = \begin{cases} kx & \text{si } 0 \le x \le 2 \\ k & \text{si } 2 < x \le 4 \\ 0 & \text{en la resta} \end{cases}$$

b) Troba les probabilitats següents: $P[x \le 1]$ *i* $P[1 \le x \le 3]$.

a) Representem el gràfic en funció del paràmetre k.

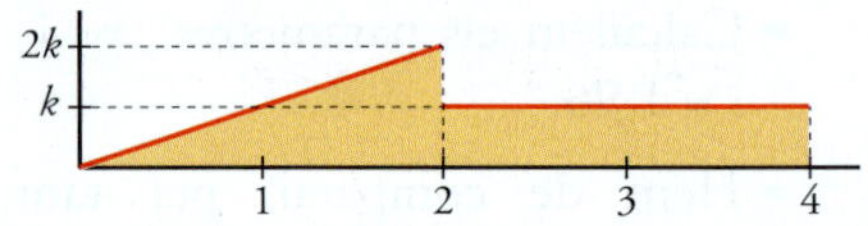

L'àrea del recinte taronja és $\frac{2 \cdot 2k}{2} + 2k = 4k$. Com que l'àrea tancada sota de la funció de densitat ha de ser igual a 1, llavors: $4k = 1 \rightarrow k = 1/4$.

b) Representem la funció de densitat amb el valor de k trobat.

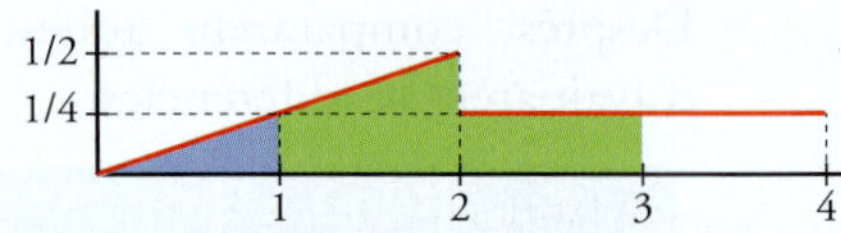

$P[x \le 1]$ és l'àrea del recinte blau, un triangle de base 1 i altura 1/4:

$$P[x \le 1] = \frac{1 \cdot (1/4)}{2} = \frac{1}{8} = 0{,}125$$

$P[1 \le x \le 3]$ és l'àrea del recinte verd; és a dir, l'àrea del trapezi rectangle de bases 1/4 i 1/2 i altura 1 més l'àrea del rectangle de base 1 i altura 1/4.

$$P[1 \le x \le 3] = \frac{(1/2)+(1/4)}{2} \cdot 1 + \frac{1}{4} \cdot 1 = \frac{5}{8} = 0{,}625$$

Fes-ho tu. Troba el valor de k perquè $f(x) = 0{,}4 + kx$, si $x \in [0, 4]$ i 0 en la resta, sigui funció de densitat. Calcula $P[x \ge 3]$, $P[x \le 1]$ i $P[1 \le x \le 3]$.

2. Maneig de la taula de la *N*(0, 1)

En una distribució normal N(0, 1), *calcula les probabilitats següents:*

a) $P[z \le 1{,}2]$

b) $P[z \ge 1{,}15]$

c) $P[z \le -0{,}83]$

d) $P[z > -1{,}27]$

e) $P[0{,}7 < z < 1{,}6]$

f) $P[-1 < z < 0{,}35]$

g) $P[-1{,}27 < z < -0{,}83]$

a)

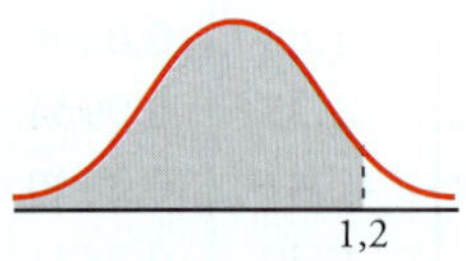

S'obté directament en les taules.

$P[z \le 1{,}2] = \phi(1{,}2) = 0{,}8849$

b)

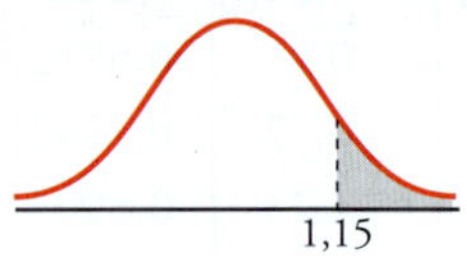

$z \ge 1{,}15$ és el contrari de $z < 1{,}15$

$P[z \ge 1{,}15] = 1 - P[z < 1{,}15] = 1 - \phi(1{,}15) =$
$= 1 - 0{,}8749 = 0{,}1251$

c)

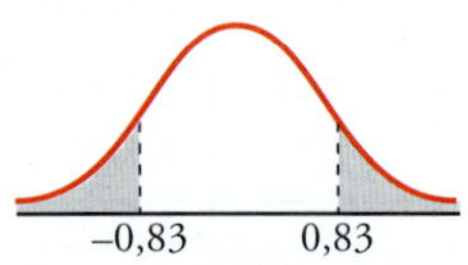

Es resol per simetria.

$P[z \le -0{,}83] = P[z > 0{,}83] = 1 - P[z \le 0{,}83] =$
$= 1 - \phi(0{,}83) = 1 - 0{,}7967 = 0{,}2033$

d)

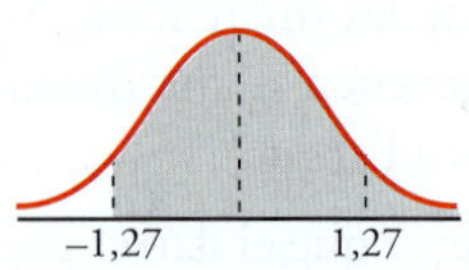

Es resol per simetria.

$P[z > -1{,}27] = P[z \le 1{,}27] = \phi(1{,}27) = 0{,}8980$

e)

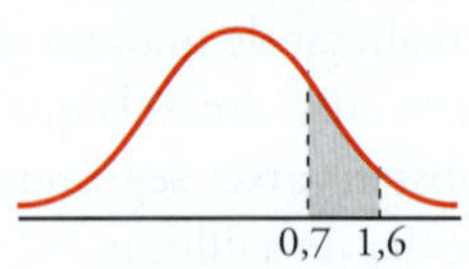

És la diferència de dues probabilitats que s'obtenen directament de les taules.

$P[0{,}7 < z < 1{,}6] = P[z \le 1{,}6] - P[z \le 0{,}7] =$
$= \phi(1{,}6) - \phi(0{,}7) = 0{,}9452 - 0{,}7580 = 0{,}1872$

f)

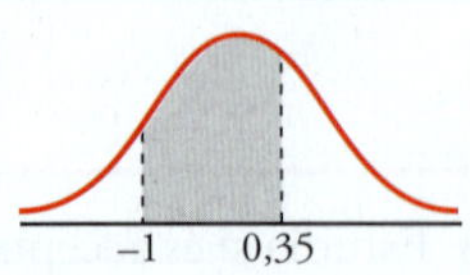

És la diferència de dues probabilitats: una de les dues s'obté en les taules i l'altra es resol per simetria.

$P[-1 < z < 0{,}35] = P[z \le 0{,}35] - (1 - P[z \le 1]) =$
$= \phi(0{,}35) - [1 - \phi(1)] = 0{,}6368 - 1 + 0{,}8413 = 0{,}4781$

g)

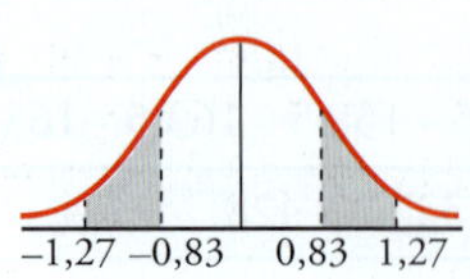

Es resol per simetria.

$P[-1{,}27 < z < -0{,}83] = P[0{,}83 < z < 1{,}27] =$
$= P[z \le 1{,}27] - P[z \le 0{,}83] = \phi(1{,}27) - \phi(0{,}83) =$
$= 0{,}8980 - 0{,}7967 = 0{,}1013$

Fes-ho tu. Calcula $P[-0{,}83 < z < 0{,}83]$.

3. Distribució normal

La distribució del nombre de tonyines capturades pels vaixells pesquers que surten a pescar en una zona concreta és una normal de mitjana 110. Se sap que, agafant un vaixell a l'atzar, la probabilitat que capturi més de 125 tonyines és 0,1587.

a) Calcula la desviació típica de la distribució.

b) Es considera que la campanya ha estat bona si es capturen més de 100 tonyines. Quin percentatge estimat de vaixells no tindran una bona campanya?

c) Quantes tonyines ha de capturar un vaixell per estar en el percentil 90?

a) Sabem que x segueix una $N(110, \sigma)$, i anomenem z la variable tipificada $N(0, 1)$.

$$P[x > 125] = P\left[z > \frac{125-110}{\sigma}\right] = P\left[z > \frac{15}{\sigma}\right] = 1 - \phi\left(\frac{15}{\sigma}\right) = 0{,}1587 \rightarrow$$

$$\rightarrow \phi\left(\frac{15}{\sigma}\right) = 0{,}8413$$

Mirem la taula: si $\phi(k) = 0{,}8413 \rightarrow k = 1$

$$\frac{15}{\sigma} = 1 \rightarrow \sigma = 15$$

b) Calculem $P[x \leq 100]$ i multipliquem el resultat per 100 per expressar-lo en tants per cent.

$$P[x \leq 100] = P\left[z \leq \frac{100-110}{15}\right] = P[z \leq -0{,}67] = 1 - P[z \leq 0{,}67] =$$

$$= 1 - \phi(0{,}67) = 1 - 0{,}7486 = 0{,}2514$$

El percentatge de vaixells que no tindran una bona campanya és del 25,14 %.

c) Hem de calcular el valor de la variable que deixa per sota el 90 % de la població. Coneixem el valor de la probabilitat i hem de trobar k.

$$P[z \leq k] = \phi(k) = 0{,}90$$

Busquem en la taula el valor més pròxim a 0,90 $\rightarrow$ 0,8997, que correspon a $k = 1{,}28$.

En aquest cas s'ha de fer el procés oposat a la tipificació: coneixem el valor tipificat i hem d'obtenir el valor sense tipificar.

$$\frac{k'-110}{15} = 1{,}28 \rightarrow k' = 15 \cdot 1{,}28 + 110 = 129{,}2$$

Per estar en el percentil 90 s'han de capturar 129 tonyines.

4. Aproximació de la binomial a la normal

En una classe hi ha 30 alumnes.

a) Quina és la probabilitat que almenys un alumne hagi nascut al desembre?

b) Quina és la probabilitat que almenys un terç de la classe hagi nascut a l'estiu?

a) Es tracta d'una distribució binomial $B(30, 1/12) = B(30; 0{,}083)$.

En aquest cas no ens interessa aproximar la binomial a la normal, ja que és fàcil resoldre-ho amb la fórmula de la binomial. Però si la resolució ho hagués requerit, com que $np = 30 \cdot 0{,}083 = 2{,}49 < 3$, no hauríem pogut fer-ho.

Que almenys un alumne hagi nascut al desembre és el contrari que cap hagi nascut al desembre. Per tant:

$$P[x \geq 1] = 1 - P[x = 0] = 1 - 0{,}917^{30} = 1 - 0{,}074 = 0{,}926$$

b) Ara la distribució és binomial $B(30, 1/4) = B(30; 0{,}25)$.

Com que $np = 30 \cdot 0{,}25 = 7{,}5 > 3$, podem aproximar la distribució binomial a la normal. Per a això, hem de calcular μ i σ en la binomial.

$$\mu = 7{,}5 \qquad \sigma = \sqrt{30 \cdot 0{,}25 \cdot 0{,}75} = 2{,}37$$

x és $B(30; 0{,}25) \rightarrow x'$ és $N(7{,}5; 2{,}37) \rightarrow z$ és $N(0, 1)$

Per calcular $P[x \geq 10]$ és fonamental interpretar correctament els extrems de l'interval per a x', tenint en compte que x és discreta i x' és contínua.

$$P[x \geq 10] = P[x' > 9{,}5] = P\left[z > \frac{9{,}5-7{,}5}{2{,}37}\right] = P[z > 0{,}84] = 1 - P[z \leq 0{,}84] =$$

$$= 1 - \phi(0{,}84) = 1 - 0{,}7996 = 0{,}2004$$

Fes-ho tu. a) En el primer apartat hem agafat desembre com 1/12 de l'any. Troba la mateixa probabilitat agafant desembre com 31 dies dels 365 de l'any.

b) Quina probabilitat hi ha que almenys 5 alumnes hagin nascut un diumenge?

Exercicis i problemes guiats

1. Funcions de densitat

a) Calcula el valor de a *perquè* f(x) *sigui funció de densitat.*

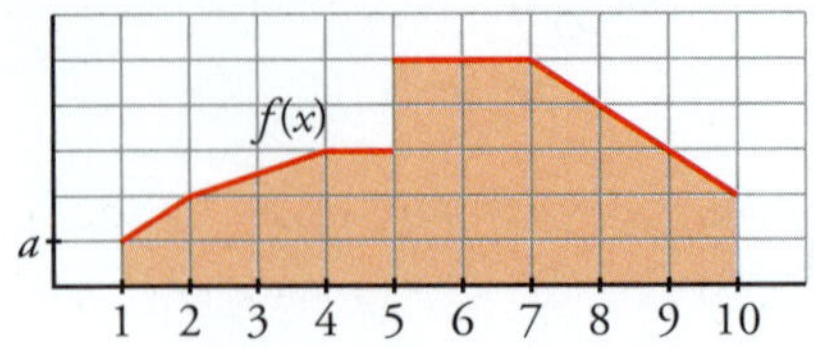

b) Troba les probabilitats següents:

P*[x < 4]* P*[4 < x < 9]*

P*[1 < x < 10]* P*[x = 6]*

P*[0 < x < 2]* P*[7 < x < 15]*

a) Esbrina l'àrea que hi ha dins del recinte comptant els rectangles sencers i les fraccions de rectangles. La suma de l'àrea de tots ha de ser igual a 1 (observa que l'àrea d'un rectangle complet és a). Amb aquest resultat pots trobar el valor de a.

b) Calcula, en cada cas, l'àrea dels recintes corresponents. Tingues en compte que:

- La probabilitat d'un valor puntual és zero.
- La probabilitat dels recintes fora de l'interval [1, 10] és zero; és a dir, $P[7 < x < 15] = P[7 < x \leq 10]$.

Solució:

a) $a = 1/30$

b) $P[x < 4] = 13/60$; $P[4 < x < 9] = 7/10$; $P[1 < x < 10] = 1$; $P[x = 6] = 0$; $P[0 < x < 2] = 1/20$; $P[7 < x < 15] = 7/20$

2. Tipificació

En una prova determinada, les puntuacions tipificades de dos estudiants van ser 0,8 i –0,4 i les notes reals de 88 i 64 punts, respectivament. Quina és la mitjana i quina la desviació típica de les puntuacions de l'examen?

- Expressa que 0,8 és el resultat de tipificar 88 punts: $\dfrac{88 - \mu}{\sigma}$
- Expressa que –0,4 és el resultat de tipificar 64 punts.
- Resol el sistema de dues equacions i dues incògnites.

Solució:

$\mu = 72$; $\sigma = 20$

3. Ajust d'una distribució empírica a una normal

Un científic ha pres mesures de la longitud de 1 000 granotes d'una espècie determinada. Els resultats es mostren en aquesta taula:

LONGITUD (EN cm)	NRE. DE GRANOTES
(10, 12]	25
(12, 14]	228
(14, 16]	475
(16, 18]	240
(18, 20]	32
TOTAL	1 000

Comprova si els resultats s'ajusten a una distribució normal.

- Troba els paràmetres $\bar{x}$ i s de la distribució.
- Considera la distribució $N(\mu, \sigma)$ amb $\mu = \bar{x}$ i $\sigma = s$.
- Calcula la freqüència teòrica corresponent a cada interval. Per a això, troba la probabilitat que x (que segueix una $N(\mu, \sigma)$) pertanyi a cada interval i multiplica-la per 1 000 (que és el nombre d'individus).

  Per exemple: $P[10 < x \leq 12] = 0{,}0303$, per la qual cosa el nombre teòric de granotes la longitud de les quals està entre 10 cm i 12 cm és $1\,000 \cdot 0{,}0303 = 30{,}3 \approx 30$. Segueix així amb tots els intervals.
- Compara numèricament i gràficament les freqüències teòriques amb les observades.
- A partir del resultat, determina subjectivament si les dades observades s'ajusten a una distribució normal. (Per realitzar una valoració rigorosa de l'ajust es requereixen mètodes superiors als continguts d'aquest curs.)

Solució: $\bar{x} \approx 15{,}1$; $\sigma \approx 1{,}67$

LONGITUD (EN cm)	NOMBRES OBTINGUTS	NOMBRES TEÒRICS	DIFERÈNCIES
(10, 12]	25	30	5
(12, 14]	228	223	5
(14, 16]	475	458	17
(16, 18]	240	246	6
(18, 20]	32	40	8

Les diferències són molt petitetes; podem admetre la hipòtesi de normalitat. Les longituds de les granotes estudiades segueixen una distribució normal.

Exercicis i problemes proposats

Per practicar

Funció de densitat

1 Justifica si poden ser funcions de densitat les següents:

a) $f(x) = 0{,}5 + 0{,}5x$ amb $x \in [0, 2]$

b) $f(x) = 0{,}5 - x$ amb $x \in [0, 2]$

c) $f(x) = 1 - 0{,}5x$ amb $x \in [0, 2]$

2 Troba el valor de k perquè aquesta funció sigui de densitat:

$$f(x) = \begin{cases} kx & \text{si } 0 \le x \le 2 \\ 2k(x-1) & \text{si } 2 < x \le 4 \\ 0 & \text{en la resta} \end{cases}$$

Troba aquestes probabilitats:

$P[1 \le x \le 3]$, $P[x \le 3]$, $P[0 \le x \le 7]$

3 Calcula el valor de a perquè aquesta funció sigui de densitat:

$$f(x) = \begin{cases} 1/4 & \text{si } 1 \le x \le a \\ 1/2 & \text{si } a < x \le 4 \\ 0 & \text{en la resta} \end{cases}$$

Calcula, a més, les probabilitats següents:

$P[1 \le x \le 2]$, $P[x \le 3]$, $P[x > 2]$

4 Calcula el valor de a perquè el gràfic següent sigui una representació d'una funció de densitat. Escriu-ne l'expressió analítica:

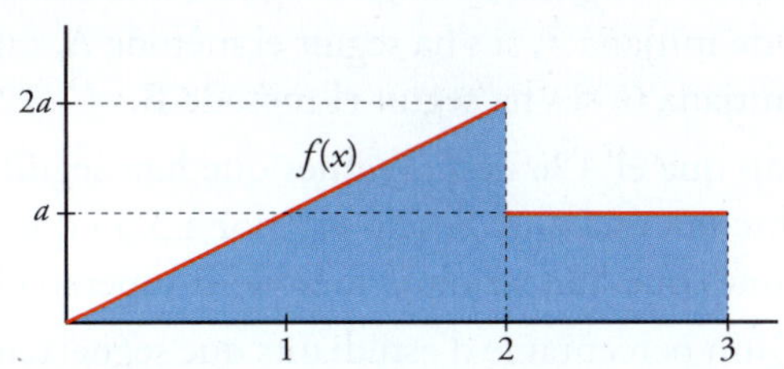

Maneig de la taula N(0, 1)

5 En una distribució $N(0, 1)$, calcula aquestes probabilitats:

a) $P[z = 2]$ b) $P[z \le 2]$

c) $P[z \ge 2]$ d) $P[z \le -2]$

e) $P[z \ge -2]$ f) $P[-2 \le z \le 2]$

6 En una distribució $N(0, 1)$, calcula:

a) $P[z \le 1{,}83]$ b) $P[z \ge 0{,}27]$

c) $P[z \le -0{,}87]$ d) $P[z \ge 2{,}5]$

7 En una distribució $N(0, 1)$, calcula aquestes probabilitats:

a) $P[z = 1{,}6]$ b) $P[-2{,}71 \le z \le 1{,}83]$

c) $P[1{,}5 \le z \le 2{,}5]$ d) $P[-1{,}87 \le z \le 1{,}25]$

8 Calcula k en cada un dels casos següents:

a) $P[z < k] = 0{,}8365$ b) $P[z > k] = 0{,}8365$

c) $P[z < k] = 0{,}1894$ d) $P[-k < z < k] = 0{,}95$

Tipificació

9 En un examen tipus test, la mitjana va ser 28 punts i la desviació típica, 10 punts. Calcula la puntuació tipificada en els alumnes que van obtenir:

a) 38 punts b) 14 punts

c) 45 punts d) 10 punts

10 Si a l'examen del problema anterior la puntuació tipificada d'un alumne va ser 0,8, quants punts hi va obtenir? Quants punts corresponen al valor tipificat de −0,2?

11 Els pesos d'un grup d'elefants mascles adults tenen una mitjana de 6 tones. Si el pes tipificat d'un exemplar de 7 000 kg és 0,625, quina és la desviació típica de la població? Quina tipificació correspon a un pes de 5 200 kg?

Càlcul de probabilitats en N(μ, σ)

12 En una distribució $N(43, 10)$, calcula cada una d'aquestes probabilitats:

a) $P[x \ge 43]$ b) $P[x \le 30]$

c) $P[40 \le x \le 55]$ d) $P[30 \le x \le 40]$

13 En una distribució $N(151, 15)$, calcula:

a) $P[x \le 136]$ b) $P[120 \le x \le 155]$

c) $P[x \ge 185]$ d) $P[140 \le x \le 160]$

14 En una distribució $N(22, 5)$, calcula:

a) $P[x \le 27]$ b) $P[x \ge 27]$

c) $P[x \ge 12{,}5]$ d) $P[15 \le x \le 20]$

e) $P[15 \le x \le 27]$ f) $P[12{,}5 \le x \le 15]$

Binomial → Normal

15 Si llancem un dau mil vegades, quina és la probabilitat que el nombre de cincs obtinguts sigui més petit que 100?

16 Una moneda es llança 400 vegades. Calcula la probabilitat que el nombre de cares:

a) sigui més gran que 200.

b) estigui entre 180 i 220.

17 Es llança 2 000 vegades un dau de 12 cares. Quina és la probabilitat d'obtenir almenys 180 uns?

Per resoldre

18 El temps necessari perquè una ambulància arribi a un centre esportiu es distribueix segons una variable normal de mitjana 17 minuts i desviació típica 3 minuts.

Calcula la probabilitat que el temps d'arribada estigui comprès entre 13 minuts i 21 minuts.

19 La talla mitjana de les 200 alumnes d'un centre escolar és de 165 cm, i la desviació típica, de 10 cm.

Si les talles es distribueixen normalment, calcula la probabilitat que una alumna triada a l'atzar faci més de 180 cm.

Quantes alumnes es pot esperar que facin més de 180 cm?

20 Per aprovar un examen d'ingrés en una escola, es necessita obtenir 50 punts o més. Per experiència d'anys anteriors, sabem que la distribució de punts obtinguts pels alumnes és normal, amb una mitjana de 55 punts i una desviació típica de 10.

a) Quina probabilitat hi ha que un alumne aprovi?

b) Si es presenten a l'examen 400 alumnes, quants s'ha d'esperar que ingressin en aquesta escola?

21 En una ciutat, les temperatures màximes diàries durant el mes de juliol es distribueixen normalment amb una mitjana de 26 °C i una desviació típica de 4 °C. Quants dies es pot esperar que tinguin una temperatura màxima compresa entre 22 °C i 28 °C?

22 Per il·luminar el recinte d'un estadi esportiu es volen instal·lar focus. El subministrador assegura que el temps de vida dels focus és una variable normal amb una mitjana de 1 500 h i una desviació típica de 200 h.

a) Quina és la probabilitat que un focus triat a l'atzar funcioni almenys 1 000 hores?

b) Si es compren 2 000 focus, quants es pot esperar que il·luminin almenys 1 000 hores?

23 Els pesos de 2 000 vedells presenten una distribució normal de mitjana 75 kg i desviació típica 8 kg. Troba la probabilitat que un vedell triat a l'atzar pesi:

a) més de 71 kg.

b) entre 73 i 79 kg.

c) menys de 80 kg.

d) més de 85 kg.

24 La durada d'un cert tipus de motor és una variable normal amb una mitjana de 10 anys i una desviació típica de 2 anys. El fabricant garanteix el bon funcionament dels motors per un període de 13 anys. Quin percentatge dels motors s'espera que no compleixin la garantia?

25 El 20 % dels alumnes amb millor nota d'una escola poden accedir a estudis superiors. Sabem que les notes mitjanes finals en aquesta escola tenen una distribució normal de mitjana 5,8 i desviació típica 2. Quina és la nota mitjana mínima que ha d'obtenir un alumne si vol fer estudis superiors?

26 Un test de sensibilitat musical dóna resultats que es distribueixen segons una $N(65, 18)$.

Es vol fer un barem pel qual, a cada persona, juntament amb la puntuació obtinguda, se li assigni un dels comentaris següents:

- dur d'orella,
- poc sensible a la música,
- normal,
- sensible a la música,
- extraordinàriament dotat per a la música,

de manera que hi hagi en cada un dels grups, respectivament, un 10 %, un 35 %, un 30 %, un 20 % i un 5 % del total d'individus observats.

a) En quines puntuacions posaries els límits entre els diferents grups?

b) Quin comentari se li faria a una persona que obtingués una puntuació de 80? I a una altra que obtingués una puntuació de 40?

27 En una població d'estudiants s'ha comprovat que la qualificació obtinguda en anglès segueix una distribució normal de mitjana 5, si s'ha seguit el mètode A, i una normal de mitjana 6, si s'ha seguit el mètode B.

Se sap que el 4 % dels alumnes que han seguit el mètode A obtenen una qualificació inferior a 3,5 i que el 2 % dels alumnes que han seguit el mètode B superen el 8.

a) Quin percentatge d'estudiants que segueixen el mètode A no superen la qualificació de 6,5?

b) Quin percentatge d'estudiants del mètode B obtenen una qualificació compresa entre 4 i 6?

28 En un examen psicotècnic, les notes de la Blanca i d'en Carles van ser, respectivament, 84 i 78. Sabem que aquestes puntuacions tipificades són 1,75 i 1 respectivament. Calcula la mitjana i la desviació típica de la distribució.

29 Les alçades dels alumnes d'una classe segueixen una $N(\mu, \sigma)$. La Sònia, amb 172 cm, i la Begonya, amb 167 cm, tenen unes alçades tipificades d'1,4 i 0,4, respectivament.

a) Quina és l'alçada real de l'Estefania si la seva alçada tipificada és de -1?

b) Quina és la tipificació de l'alçada de l'Agnès si fa 165 cm?

30 El diàmetre mitjà de les peces produïdes en una fàbrica és de 45 mm.

a) Determina'n la desviació típica sabent que la probabilitat que una peça tingui un diàmetre més gran que 50 mm és igual a 0,0062.

b) Si s'analitzen 820 peces, quantes s'estima que tindran un diàmetre comprès entre 39,7 i 43,5 mm?

31 Una companyia d'autobusos sap que el retard en l'arribada segueix una distribució normal de mitjana 5 min, i que el 68,26 % dels autobusos arriben entre 2 i 8 minuts tard.

a) Quina és la desviació típica?

b) Quina és la probabilitat que un autobús arribi puntual o abans de l'hora?

32 En un bombo de loteria tenim 10 boles numerades del 0 al 9. Cada vegada que se n'extreu una, es torna al bombo. Si fem 100 extraccions, calcula la probabilitat que el 0 surti més de 12 vegades.

33 Un joc consisteix a llançar tres daus. Guanyes si obtens tres resultats diferents i la suma dels dos més petits és igual al més gran. Quina probabilitat hi ha de guanyar almenys 100 vegades de 600 partides?

34 En un hospital, el 54 % dels naixements són nenes. Troba la probabilitat que de 2 500 naixements, el nombre de nens estigui entre 1 200 i 1 400, ambdós inclosos.

35 Un examen tipus test té 50 preguntes i cada pregunta, tres respostes diferents, i només una és correcta.

Per aprovar, fa falta respondre bé 25 preguntes; per treure un notable, 35; i per a un excel·lent, 45.

Si es respon a l'atzar, quina és la probabilitat d'aprovar? I la de treure un notable? I un excel·lent?

Qüestions teòriques

36 Quina relació guarden dues corbes de la distribució normal amb la mateixa mitjana i desviació típica diferent?

I si tenen la mateixa desviació típica i mitjana diferent?

37 Les notes d'un examen segueixen una normal. El 15,87 % té una nota superior a 7, i el 15,87 %, una nota inferior a 5.

a) Quina és la mitjana de l'examen?

b) Quin percentatge d'alumnes té una nota entre 6 i 7?

Per aprofundir

38 En la fabricació d'una peça intervenen dues màquines. A produeix un forat cilíndric amb un diàmetre, en mil·límetres, de $N(23; 0,5)$. B secciona les peces amb un gruix que és, en centímetres, $N(11,5; 0,4)$. Ambdós processos són independents.

a) Calcula quin percentatge de peces té un forat comprès entre 20,5 i 24 mm.

b) Troba el percentatge de peces que tenen un gruix comprès entre 10,5 i 12,7 cm.

c) Suposant que només són vàlides les peces amb les mesures donades en a) i en b), calcula quin percentatge de peces acceptables s'aconsegueix.

39 Es llancen dos daus 120 vegades i se sumen els punts:

SUMA	2	3	4	5	6	7	8	9	10	11	12
VEGADES	3	8	9	11	20	19	16	13	11	6	4

Es pot acceptar que aquesta distribució prové d'una normal?

Autoavaluació

En el web — Resolucions d'aquests exercicis.

1 Comprova que $y = \frac{x}{2} - 1$, $2 \le x \le 4$ és una funció de densitat. Representa-la i calcula:

a) $P[x = 3]$ b) $P[x < 3]$

c) $P[x > 3,5]$ d) $P[3 \le x < 3,5]$

2 Sabem que una variable z és $N(0, 1)$.

a) Calcula les probabilitats següents:

$P[1,53 < z < 2,1]$ $P[-1,53 < z < 2,1]$

b) Troba b i k perquè es compleixi el següent:

$P[z < b] = 0,4$ $P[-k < z < k] = 0,9$

3 En una distribució normal de mitjana 15, la dada 17 es tipifica com 1. Troba la desviació típica de la distribució.

4 El quocient intel·lectual (QI) d'un col·lectiu de bombers és de distribució normal, amb mitjana 108 i desviació típica 3,5. Anomenem x el QI d'un bomber agafat a l'atzar. Calcula:

a) $P[x < 100]$ b) $P[x > 115]$ c) $P[100 < x < 115]$

5 El temps que tardo a arribar a classe segueix una normal de mitjana 20 minuts. He comprovat que el 94,5 % dels dies tardo menys de 28 minuts. Si en tot l'any vaig 177 dies a classe, quants dies puc estimar que tardaré menys d'un quart d'hora a arribar?

6 El 7 % de les persones pateixen un petit defecte anatòmic. En una empresa treballen 80 persones. Quina és la probabilitat que n'hi hagi més de 10 amb aquest defecte?

Autoavaluació. Bloc III: Estadística i probabilitat

1 Observa aquestes dues distribucions bidimensionals:

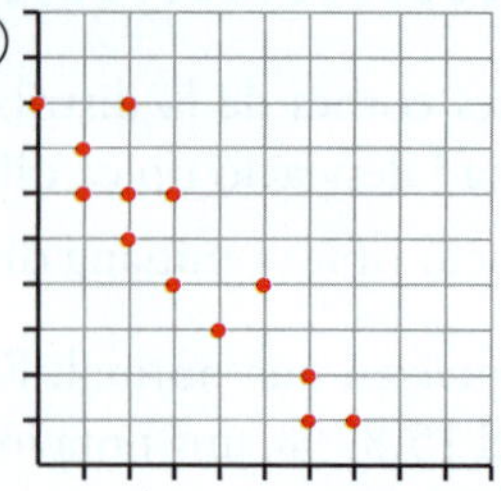

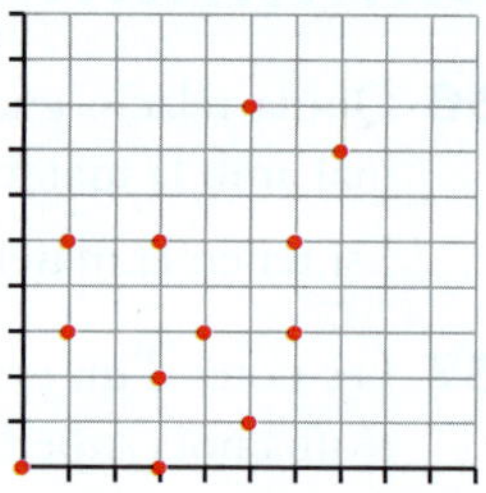

Assigna a cadascuna un coeficient de correlació agafant-lo d'entre els valors següents:

0,11; –0,11; 0,46; –0,46; 0,92; –0,92; 1; –1

Respon raonadament (observa que no se't demana que facis operacions, sinó que raonis a partir dels núvols de punts).

2 A 10 alumnes d'una classe se'ls prenen les mesures següents:

x = nombre de faltes d'assistència a classe en 1 mes

y = nota de matemàtiques

x	0	2	3	3	4	5	5	6	7	9
y	9	6	4	9	6	1	8	3	5	1

a) Representa la distribució mitjançant un núvol de punts i calcula: $\bar{x}$, $\bar{y}$, σ_x, σ_y, σ_{xy}.

b) Troba'n el coeficient de correlació.

c) Troba la recta de regressió de Y sobre X.

d) Un altre alumne de la mateixa classe que hi hagi faltat una vegada, quina nota de matemàtiques estimes que tindrà? Creus que és una bona estimació?

3 Disposem d'un dau i de dues urnes amb boles:

A 

B 

Llancem el dau; si surt 1, traiem bola de B i si surt una altra puntuació, la traiem de A. Calcula:

P[/1] P[1 i ] P[/1] P[1 i ]

4 Extraiem dues boles amb reemplaçament d'aquesta urna:

Calcula la probabilitat de:

a) Treure'n una bola vermella i una altra de blava.

b) Extreure'n dues boles verdes.

Repeteix la mateixa activitat en el cas que no hi hagi reemplaçament de boles.

5 Extraiem tres cartes d'una baralla espanyola (40 naips). Calcula la probabilitat de:

a) Obtenir algun AS i alguna FIGURA (FIGURA: SOTA, CAVALL i REI).

b) Extreure'n algun OR.

c) No obtenir ni FIGURES ni ESPASES.

6 a) Calcula k perquè la taula següent correspongui a una distribució de probabilitat:

x_i	11	12	13	14	15	16
p_i	0,15	0,1	0,12	0,17	k	k

b) Troba $P[13 \le x_i \le 15]$.

c) Calcula'n els paràmetres μ i σ.

7 En una distribució $B(10; 0{,}4)$ calcula:

a) $P[x = 0]$, $P[x = 1]$, $P[x > 1]$

b) Els paràmetres μ i σ.

8 Sabem que una de cada 20 tonyines està contaminada amb plom i altres residus. Si avui hem pescat 60 tonyines, quina és la probabilitat que almenys tres estiguin contaminades?

9 En una distribució $N(0, 1)$, calcula:

a) $P[0{,}25 \le z \le 1{,}45]$ b) $P[-0{,}25 \le z \le 1{,}45]$

c) El valor de k perquè $P[-k \le z \le k] = 0{,}90$.

10 En una distribució $N(20, 4)$, calcula:

a) $P[x = 21]$ b) $P[x < 21]$

c) $P[19 \le x \le 21]$ d) $P[x > 19]$

e) El valor de k tal que $P[-k \le x \le k] = 0{,}95$.

11 Les alçades dels alumnes d'un centre d'educació secundària segueixen una distribució normal de mitjana 172 i desviació típica 4. Calcula la probabilitat que, si es tria un alumne a l'atzar:

a) Faci més de 178 cm.

b) Faci menys de 168 cm.

c) Faci entre 168 cm i 178 cm.

d) Sabent que hi ha 250 alumnes al centre, digues, aproximadament, quants n'hi haurà que facin entre 168 cm i 178 cm.

12 La proporció de persones nascudes un 29 de febrer és 1/1461. Justifica per què.

Quina és la probabilitat que en una localitat de 20 000 habitants hi hagi menys de 8 persones nascudes un 29 de febrer?

En el web Resolucions d'aquests exercicis.

Solucions de les autoavaluacions

Solucions de les autoavaluacions

Unitat 1

1 $\mathbb{N}$: $\frac{51}{17}$

$\mathbb{Z}$: $\frac{51}{17}$, $\sqrt[3]{-8}$

$\mathbb{Q}$: $\frac{51}{17}$; $\sqrt[3]{-8}$; $-\frac{58}{45}$; $1,0\widehat{7}$

$\mathbb{R}$: $\frac{51}{17}$; $\sqrt[3]{-8}$; $-\frac{58}{45}$; $1,0\widehat{7}$; $\frac{\pi}{3}$; $\sqrt[5]{2^3}$

2 a) $(-2, 5]$ b) $(-1, 9)$

3 $a^{-1/4} : a^{3/2} = a^{-7/4}$

4 $\frac{16}{3\sqrt{15}} = \frac{16\sqrt{15}}{45}$

5 a) $\frac{(4+\sqrt{6})\sqrt{3}}{6} = \frac{4\sqrt{3}+3\sqrt{2}}{6}$

b) $\frac{2}{3-\sqrt{3}} = \frac{2(3+\sqrt{3})}{9-3} = \frac{3+\sqrt{3}}{3}$

6 $4\sqrt{7}$

7 $2,75 \cdot 10^6$

E.A. $< 5 \cdot 10^3$ E.R. $< 0,0018 = 0,18\,\%$

8 a) $x = \frac{1}{3}$ b) $x = 10^2\sqrt{10}$ c) $x = e^2$

9 a) $x = -5,18$ b) $x = 331,68$

10 $A = \frac{45}{4}$

11 1,8

12 $6a^2 = 12$ 8 $a = \sqrt{2}$

$R = \frac{\sqrt{2}}{2}$

$h = \sqrt{2}$

$A_T = 2\pi\frac{\sqrt{2}}{2}\cdot\sqrt{2} + 2\pi\left(\frac{\sqrt{2}}{2}\right)^2 = 3\pi \text{ cm}^2$

Unitat 2

1 No va superar la prova el 6,9 % de les bombetes.

Es van testar 15 000 bombetes.

2 Índex de variac.: 1,04; Percentatge de pujada: 4 %

3 Índex de variac. total: 0,48; Preu final: 24 €.

4 $n = 15$ anys

5 • Períodes de capitalització mensuals:

TAE = 7,23 %; Capital final: 13 797,93 €

• Períodes de capitalització semestrals:

TAE = 7,12 %; Capital final: 13 769,63 €

6 El pagament pujarà a 6 700,48 €.

7 El primer any pagarem 6 500 €, el segon, 6 000 € i el tercer, 5 500 €.

8 $m = 323,93$ €

Unitat 3

1 a) $P(x) = (x + 1)(x - 2)(x + 2)$

Arrels: –2, –1 i 2.

b) $Q(x) = 2x(x - 1)(x + (1/2))$

Arrels: –1/2, 0 i 1.

2 a) $\frac{5-x}{(x+5)^3}$ b) $\frac{3x+2}{2x^2+2x}$

3 a) $x_1 = 0,\ x_2 = 4/9$ b) $x_1 = -3,\ x_2 = 3$

c) $x_1 = 1,\ x_2 = 1/2$ d) $x_1 = 4,\ x_2 = -3$

4 a) $x_1 = 2,\ x_2 = -2$ b) $x = 2,\ x_2 = -1$

c) $x = 5$ d) $x = 7$

5 a) Hi ha dos parells de solucions:

$x_1 = -4/3,\ y_1 = 3/2;\ x_2 = 1,\ y_2 = -2$

b) $x = -2,\ y = -3$

6 a) $x = 1,\ y = -1,\ z = 3$

b) No té solució.

7 a) $(-\infty, -5] \cup [0, +\infty)$

b) $(-5, 5)$

c) $[3, 7]$

d) La solució és el recinte ombrejat.

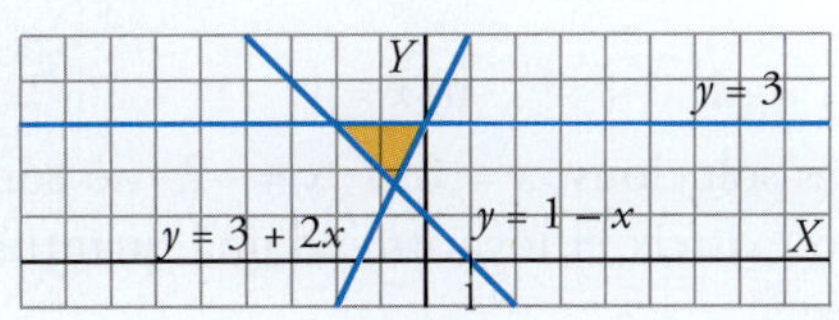

8 El botiguer en va comprar 125 kg a 1 €/kg.

Solucions de les autoavaluacions

Bloc I

1 a) Fals. Els nombres irracionals són nombres decimals que no es poden expressar com a fracció.

b) Cert.

c) Cert. Per exemple, $\sqrt{2}\cdot\sqrt{2}=2$.

d) Fals. Per exemple, $1,6:2,4=0,\widehat{6}$.

2 a) $(-2, 6)$ b) $[1, 5]$

3 a) $x=4,\ x=-1$ b) $x\in(3, 7)$

4 a) $a\sqrt{a}$ b) 30

c) $\sqrt{3}+2\sqrt{2}$ d) $\dfrac{3\sqrt{2}-4\sqrt{6}}{6}$

5 a) –3, 9 b) 1,3 c) –3,3

6 a) $x=\dfrac{1}{4}$ b) $x=\dfrac{3}{e^2}$

7 $3{,}70\cdot10^{11}$

E.A. $<5\cdot10^{8}$

E.R. $<0{,}00135<0{,}14\,\%$

8 La llet ha pujat, en total, un 8,56 %.

9 a) 6 067,76 € b) 6 073,60 €

c) TAE = 6,14 % per a períodes trimestrals, i TAE = 6,17 % per a períodes mensuals.

10 Disposarà de 130 683,62 € en el moment de la jubilació.

11 Es tarda 4 anys a liquidar el deute.

12 967,45 €

13 a) $x(x+3)(x-3)$ b) $x^2(x+1)(x-2)(3x-1)$

14 a) $\dfrac{x^4+3x^2+2x}{x^4+2x^2+1}$ b) 2

15 a) $x_1=0,\ x_2=-2$ b) $x_1=\sqrt{2},\ x_2=-\sqrt{2}$

c) $x_1=0,\ x_2=-1,\ x_3=2,\ x_4=1/3$

d) $x=1$ e) $x=3$

f) $x=4$. Es comprova que la solució $x=\dfrac{400}{9}$ no és vàlida.

g) $x_1=1,\ x_2=-1$ h) $x=1$

i) $x=2$. Les solucions $x=0$ i $x=-2$ no són vàlides perquè no existeix el logaritme d'una quantitat nul·la o negativa.

j) $x_1=\sqrt{e+1},\ x_2=-\sqrt{e+1}$

16 a) $x_1=0,\ y_1=3;\ x_2=4,\ y_2=-1$

b) $x=9,\ y=1$

c) $x=1,\ y=2,\ z=3$

d) $x=1,\ y=-1,\ z=2$

17 a) $x\in(-\infty,-2)\cup(3,+\infty)$

b) $x\in(-\infty,-1]\cup[1,2]$ c) $x\in(2,5]$

d) La solució és el conjunt de punts pertanyents a la zona ombrejada en taronja més els punts de la semirecta blava que la delimita.

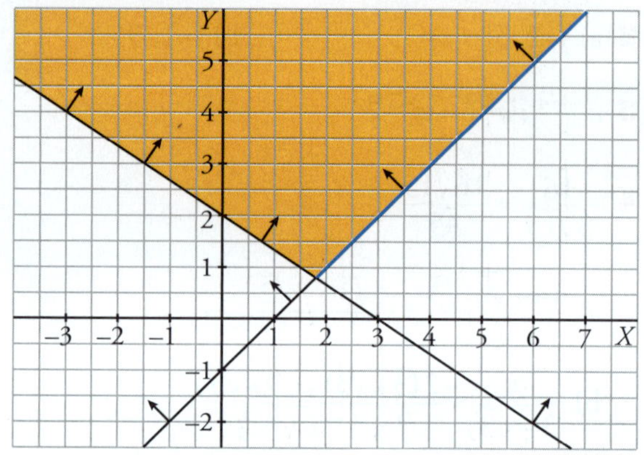

18 A tarda 6 hores i B, 3 hores.

19 S'hi van vendre 5 pastissos de nata, 10 de xocolata i 12 de formatge.

Unitat 4

1 a) $\mathbb{R}$ b) $\mathbb{R}-\{3\}$

c) $(-\infty, 2]$ d) $[0, 5]$

2 a)

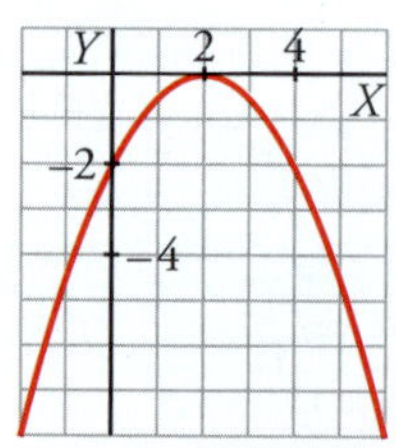

b)

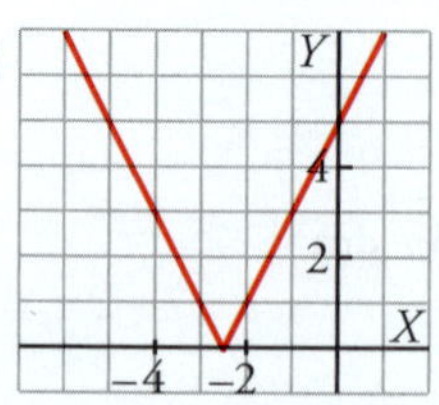

c)

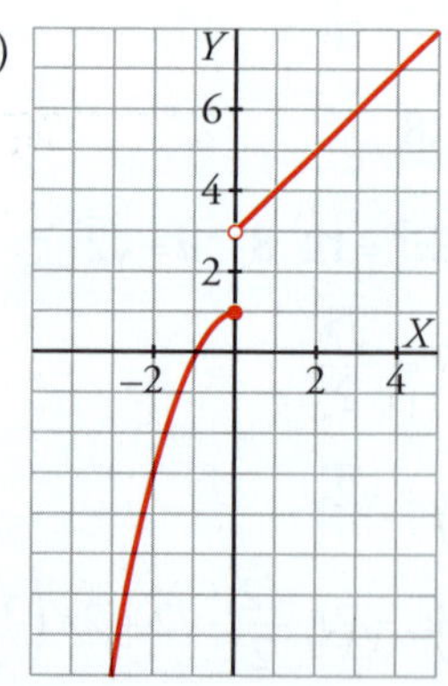

3 a)

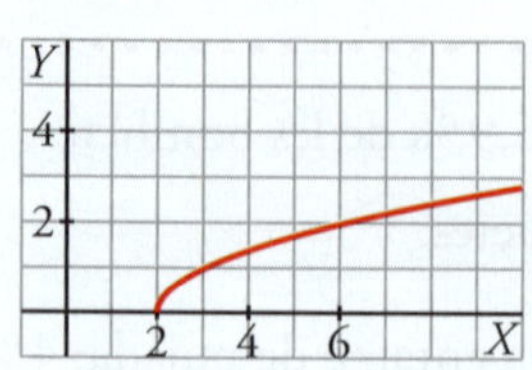

b)

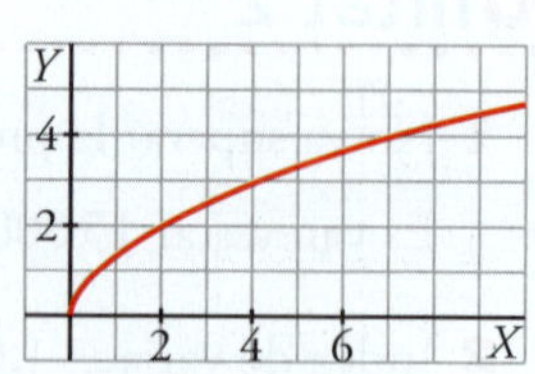

c) 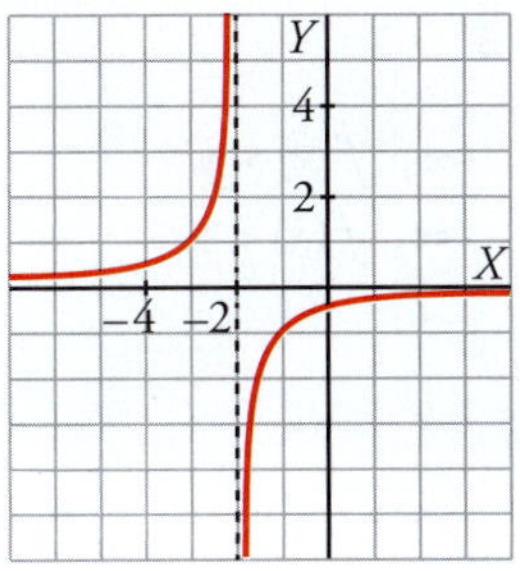

d) 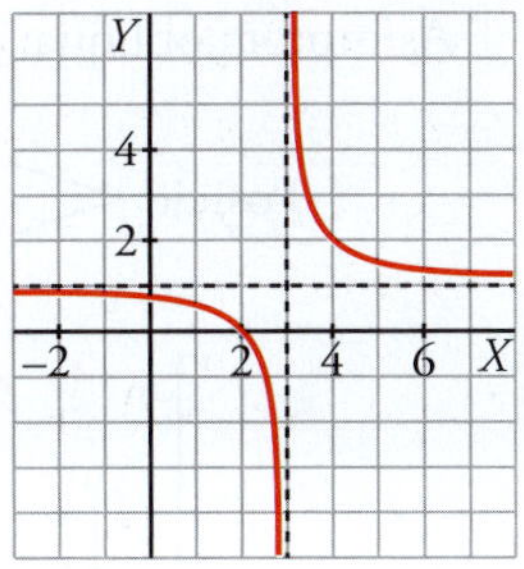

4 $y = 36x + 30$; $x = 10 \rightarrow y = 390$ €

5 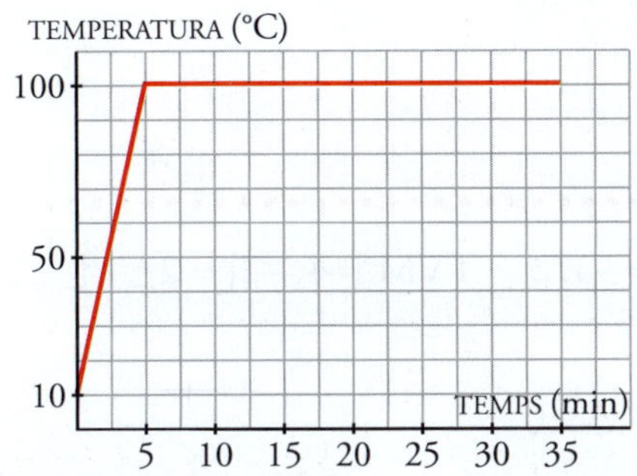

$$f(x) = \begin{cases} 18x + 10 & \text{si } 0 \leq x \leq 5 \\ 100 & \text{si } 5 < x \leq 35 \end{cases}$$

6 a) 500 000 €

b) $I(x) = -0{,}01x^2 + 15x$

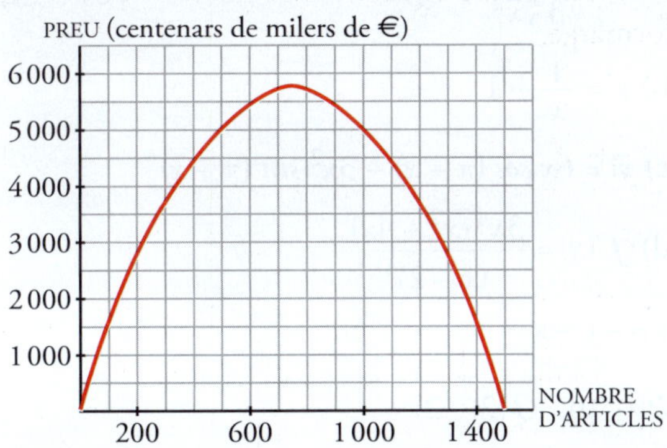

c) $x = 750$

Unitat 5

1 a) $f[g(2)] = 0$ b) $g[f(15)] = 1$

c) $f \circ g(x) = \sqrt{\dfrac{1}{x-3} + 1} = \sqrt{\dfrac{x-2}{x-3}}$

d) $g^{-1}(x) = \dfrac{1}{x} + 3$

2 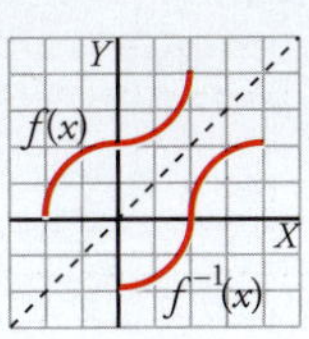

3 $a = 2$, $b = -1$. És una funció decreixent perquè en augmentar la x, disminueix la y.

4 9 anys

5 $y = 50 \cdot 1{,}8^t$. Hi tardarà 8 h.

6 a) 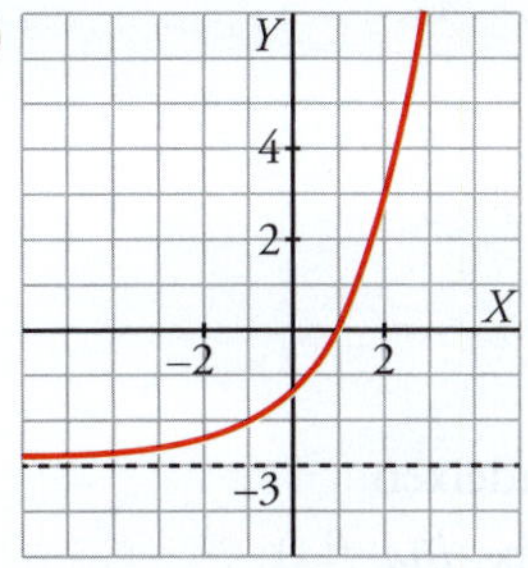

b) 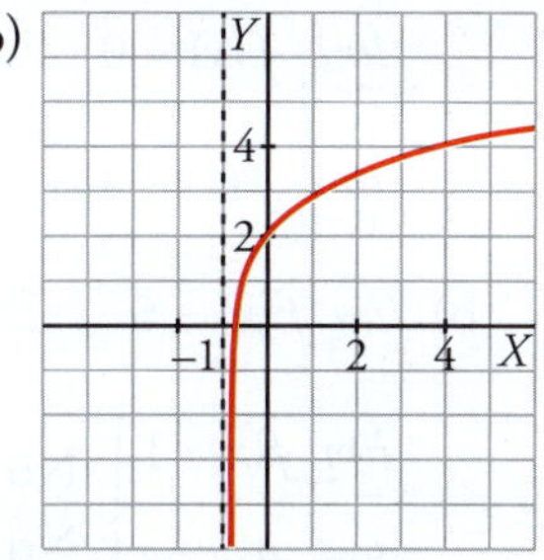

a) $f^{-1}(x) = log_2\left(\dfrac{x+3}{1,5}\right) = log_2\left(\dfrac{2x+6}{3}\right)$

b) $f^{-1}(x) = 1 + e^{x-2}$

7 Correspon a $y = cos\ 2x$. El període és π.

$\left(\dfrac{5\pi}{6}, -\sqrt{3}\right)$ $\left(\dfrac{4\pi}{3}, -1\right)$ $\left(-\dfrac{\pi}{4}, \sqrt{2}\right)$

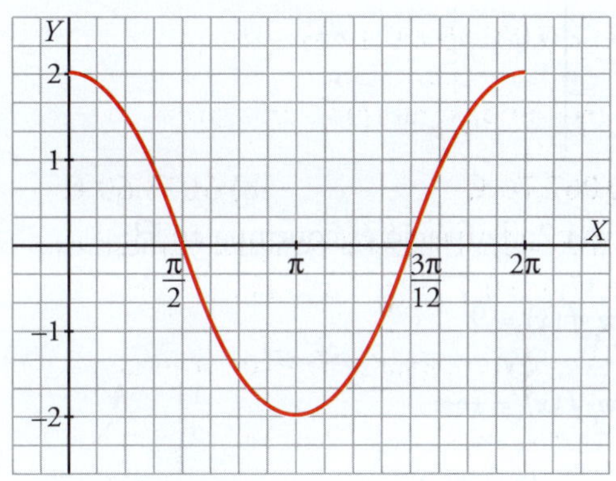

Unitat 6

1 $\lim\limits_{x \to 0} f(x) = -5$

$\left.\begin{array}{l} \lim\limits_{x \to 3^+} f(x) = -1 \\ \lim\limits_{x \to 3^-} f(x) = 1 \end{array}\right\}$ No coincideixen. No existeix $\lim\limits_{x \to 3} f(x)$.

$\lim\limits_{x \to 5} f(x) = 13$

La funció és contínua en $x = 0$ i en $x = 5$. No és contínua en $x = 3$.

2 a) $\lim\limits_{x \to 0} 2^{x-1} = \dfrac{1}{2}$ b) $\lim\limits_{x \to 5} \dfrac{1}{\sqrt{x+4}} = \dfrac{1}{3}$

c) $\lim\limits_{x \to 4} \dfrac{x}{(x-4)^2} = +\infty$

3 a) $\left.\begin{array}{l}\lim\limits_{x\to 3^+} f(x) = -\infty \\ \lim\limits_{x\to 3^-} f(x) = +\infty\end{array}\right\}$ No coincideixen. No existeix $\lim\limits_{x\to 3} f(x)$.

$\lim\limits_{x\to 2} f(x) = 1$

$\lim\limits_{x\to +\infty} f(x) = 0$

$\lim\limits_{x\to -\infty} f(x) = +\infty$

b) $\lim\limits_{x\to 3} f(x) = 0$

$\left.\begin{array}{l}\lim\limits_{x\to 2^+} f(x) = 1 \\ \lim\limits_{x\to 2^-} f(x) = 3\end{array}\right\}$ No coincideixen. No existeix $\lim\limits_{x\to 2} f(x)$.

$\lim\limits_{x\to +\infty} f(x) = -\infty$

$\lim\limits_{x\to -\infty} f(x) = 3$

4

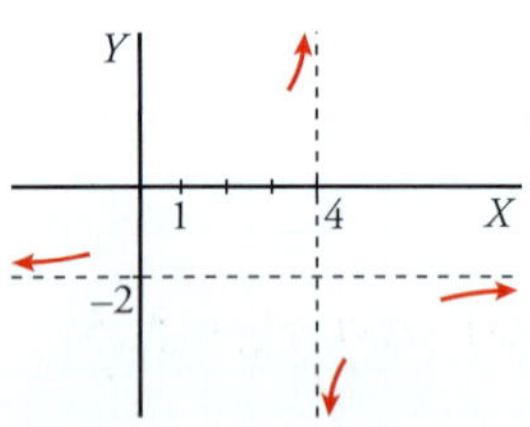

5 Si $a = 2$, la funció és contínua en $\mathbb{R}$.

6 $\lim\limits_{x\to 3} f(x) = 9$

$\lim\limits_{x\to 2} f(x) = \pm\infty$:

$\lim\limits_{x\to 2^+} f(x) = +\infty$

$\lim\limits_{x\to 2^-} f(x) = -\infty$

$\lim\limits_{x\to +\infty} f(x) = +\infty$

$\lim\limits_{x\to -\infty} f(x) = -\infty$

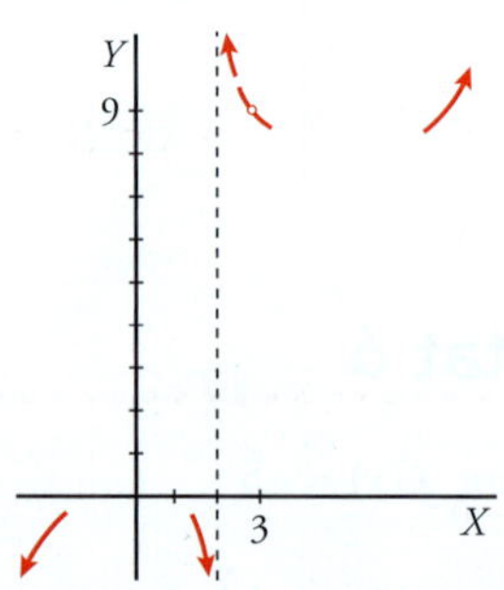

7

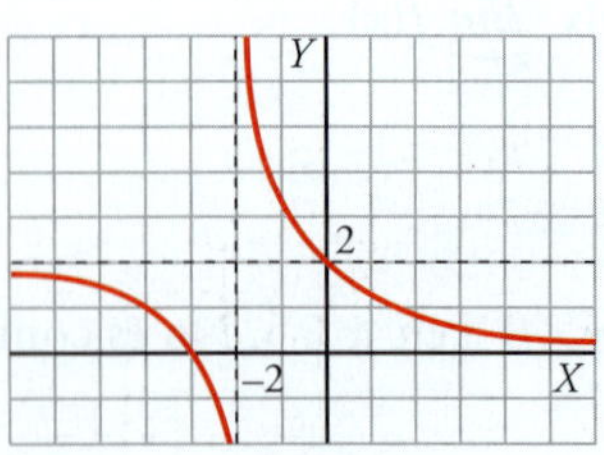

8 Asímptota vertical: $x = 2$

Posició $\begin{cases} \text{Si } x \to 2^-, \ f(x) \to -\infty \\ \text{Si } x \to 2^+, \ f(x) \to +\infty \end{cases}$

Asímptota obliqua: $y = x + 2$

Posició $\begin{cases} \text{Si } x \to +\infty, \ f(x) > y \\ \text{Si } x \to -\infty, \ f(x) < y \end{cases}$

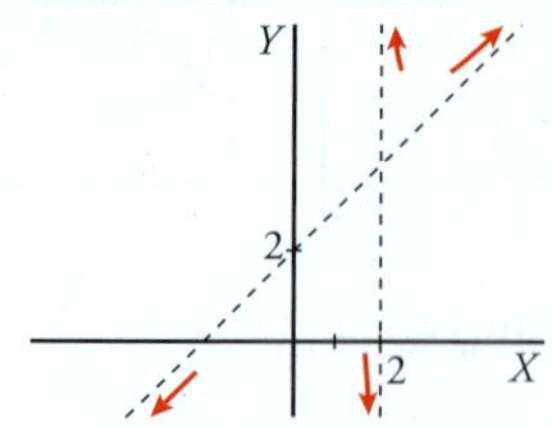

Unitat 7

1 a) TVM $[0, 3] = -1/2$ TVM $[-4, -2] = 2$

b) Sí, $P(-2, 4)$

c) Si $x < -2$, $f'(x) > 0$

2 $f'(2) = \lim\limits_{h\to 0} \dfrac{f(2+h) - f(2)}{h} = \lim\limits_{h\to 0} \dfrac{h^2 + h}{h} =$

$= \lim\limits_{h\to 0} (h + 1) = 1$

3 a) $y' = \dfrac{1}{3\sqrt[3]{x^2}} - \dfrac{4}{x^3}$

b) $y' = \dfrac{1}{x} - 1$

c) $y' = 6x \cos(\pi + x) - 3x^2 \sin(\pi + x)$

d) $f'(x) = \dfrac{3x^4(x^2 - 4x)}{(x-2)^4}$

4 $y = -1 - x$

5 $P(0, 0)$, $Q(2, -2)$

6 a) Asímptotes verticals: $x = 2$, $x = -2$

$x = 2 \begin{cases} \text{Si } x \to 2^-, \ f(x) \to -\infty \\ \text{Si } x \to 2^+, \ f(x) \to +\infty \end{cases}$

$x = -2 \begin{cases} \text{Si } x \to -2^-, \ f(x) \to +\infty \\ \text{Si } x \to -2^+, \ f(x) \to -\infty \end{cases}$

Asímptota horitzontal: $y = 4$

$y = 4 \begin{cases} \text{Si } x \to +\infty, \ f(x) > 4 \\ \text{Si } x \to -\infty, \ f(x) > 4 \end{cases}$

b) Màxim en $(0, 2)$.

Creix en $(-\infty, -2) \cup (-2, 0)$

Decreix en $(0, 2) \cup (2, +\infty)$

7

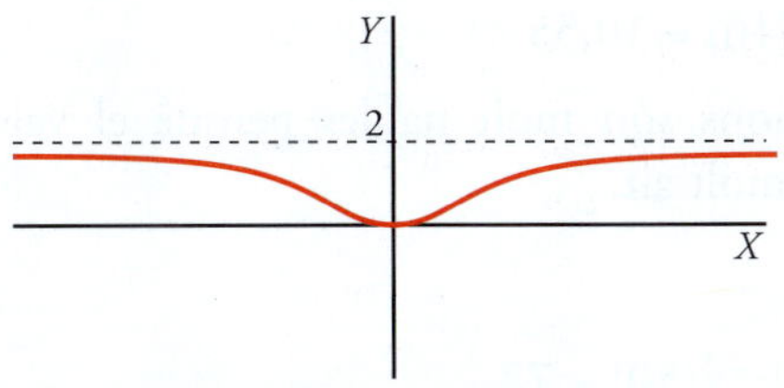

Correspon a c) $f(x) = \dfrac{2x^2}{x^2+1}$.

8 a) Si $x \to +\infty,\ f(x) \to +\infty$

Si $x \to -\infty,\ f(x) \to -\infty$

Màxim en (–2, 22).

Mínim en (2, –10).

b)

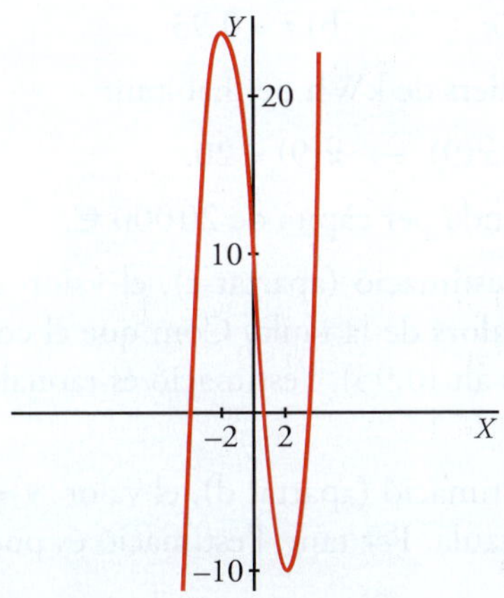

Bloc II

1 a) *Dom* $f = (-\infty, 3]$; *Recorregut* $f = (-\infty, 0]$

b)

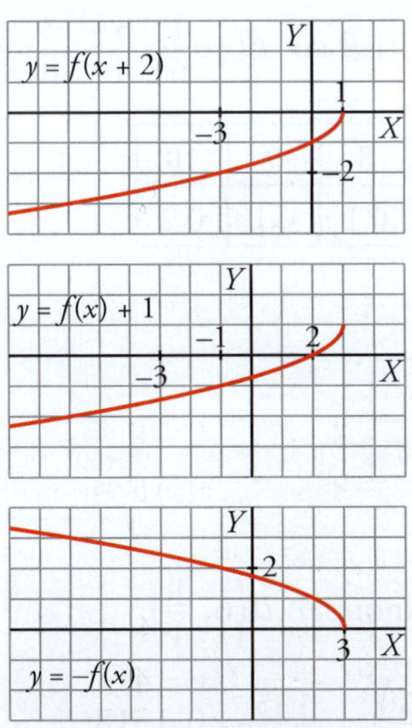

c)

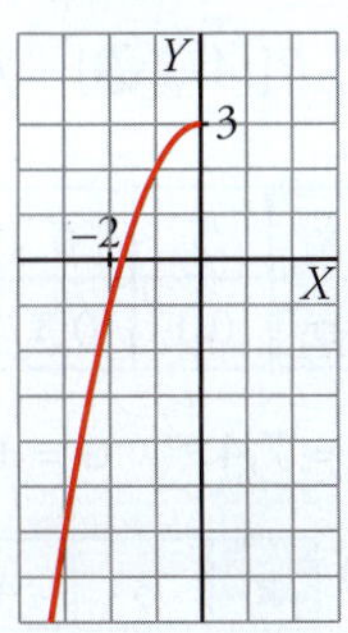

2 a) $f(x) = \begin{cases} \dfrac{4}{3}(x+2) & \text{si } x < 1 \\ 4 & \text{si } x \geq 1 \end{cases}$

b) $\lim\limits_{x \to -\infty} f(x) = -\infty$

$\lim\limits_{x \to 1} f(x) = 4$

$\lim\limits_{x \to +\infty} f(x) = 4$

3 a)

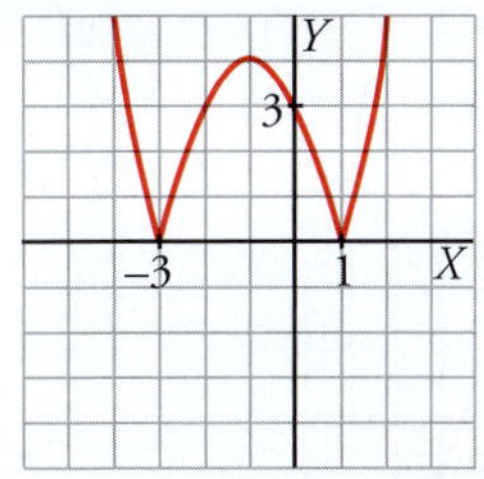

b)

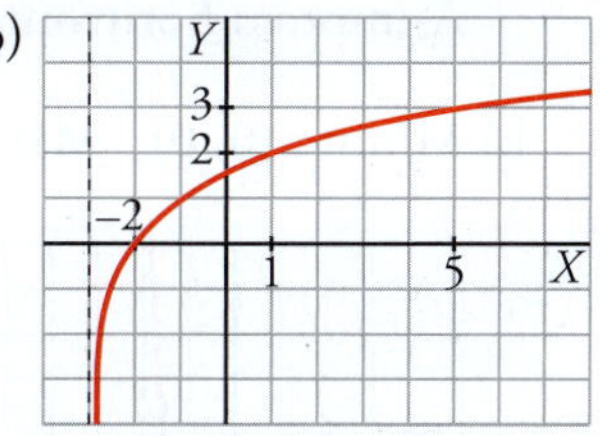

4 a) $a = 3$; $b = -4$

b) As. vertical: $x = -4$; As. horitzontal: $y = 3$

c) És discontínua en $x = -4$, punt en què la funció no està definida.

5 a) $t = 20$ mesos

b) $t = 40$ mesos

c) Als 83 mesos.

6 $p(x) = (f \circ g)(x)$; $q(x) = (g \circ f)(x)$; $r(x) = (g \circ g)(x)$

7 a) $+\infty$ b) 0 c) $+\infty$ d) $-\infty$

8 a) 0 b) 0

9 a) $b = 1$

b) $\lim\limits_{x \to 2} f(x) \neq f(2)$

Per tant, $f(x)$ no és contínua en $x = 2$.

10 a) $\dfrac{1 - \ln x}{x^2}$ b) $\dfrac{28x - 70}{(x+1)^3}$

c) $\dfrac{2x^2 + 6x + 2}{(x^2-1)(2x+3)}$ d) $\dfrac{4x+1}{2\sqrt{2x^2+x+1}}$

e) $e^{\sqrt{x}}\left(\dfrac{\sin x}{2\sqrt{x}} + \cos x\right)$ f) $\dfrac{1}{4\sqrt{x}\sqrt{1+\sqrt{x}}}$

11 $y = 9 - x$

12 Punts singulars: (0, –5), (2, 11) i (–2, 11)

Màxims: (2, 11) i (–2, 11)

Mínim: (0, –5)

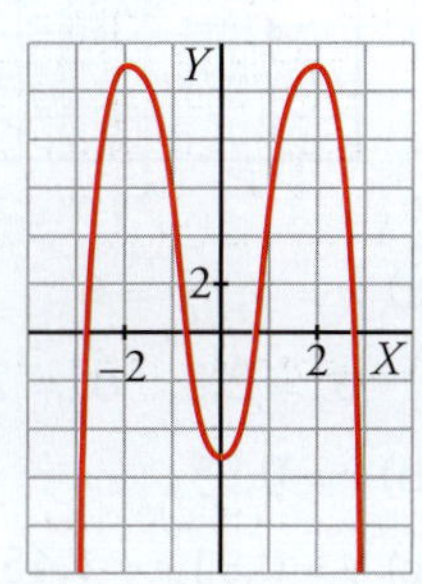

13 a) f creix en $(-\infty, -2) \cup (2, +\infty)$.

f decreix en $(-2, 2)$.

b) f és creixent en tot el seu domini: $\mathbb{R} - \{0\}$

14 a) Asímptotes verticals: $x = 1, \ x = 3$

Asímptota horitzontal: $y = 1$

b) Mínim: (0, 0); Màxim: $\left(\dfrac{3}{2}, -3\right)$

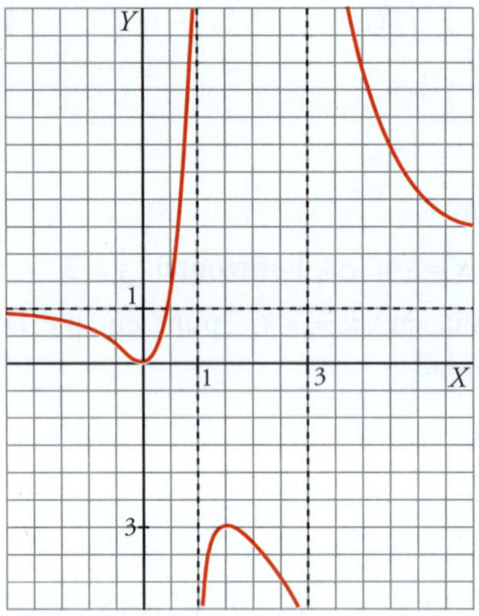

15 Té una asímptota obliqua $y = \dfrac{4 + 2x^2}{x} = \dfrac{4}{x} + 2x$.

L'asímptota és $y = 2x$.

Si $x \to +\infty$, corba > asímptota

Si $x \to -\infty$, corba < asímptota

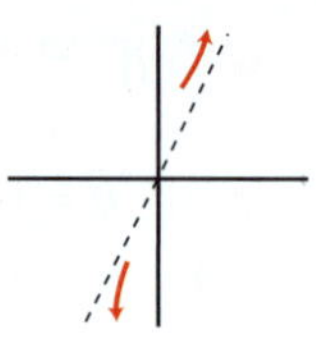

16 $a = -12, \ b = 17$

Unitat 8

1 a) 0,6 b) –0,7 c) –0,9 d) 0,2

2

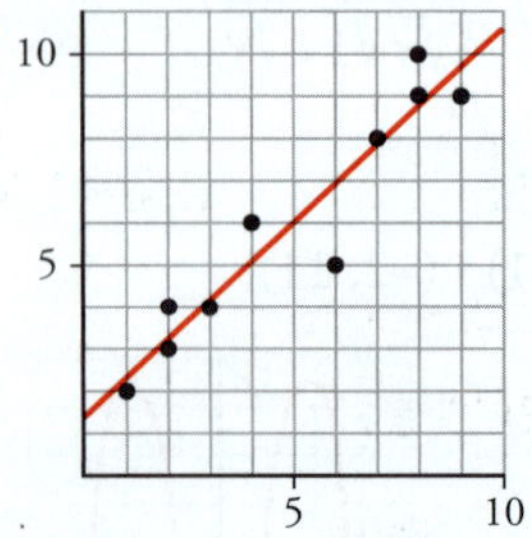

a) $\bar{x} = 5; \ \bar{y} = 6$

$\sigma_x = 2{,}8; \ \sigma_y = 2{,}7; \ \sigma_{xy} = 7{,}1$

b) $r = 0{,}95$

c) $y = 0{,}91x + 1{,}45$

d) $\hat{y}(5) = 6; \ \hat{y}(10) = 10{,}55$

Les estimacions són molt fiables perquè el valor de $r = 0{,}95$ és molt alt.

3 a) $\bar{y} = 13$

b) $\hat{y}(12) = 16{,}2; \ \hat{y}(50) = 77$

La primera estimació és acceptable, perquè 12 està pròxim a $\bar{x} = 10$ i el coeficient de correlació és alt (0,8).

La segona estimació és poc significativa, perquè 50 se separa massa de $\bar{x}$.

c) $y = 13 + 2{,}5(x - 10)$

4 a) $y = 0{,}80 + 0{,}41x$ b) $r = 0{,}93$

c) $\hat{y}(4{,}4) = 2{,}6$ milers de kWh per habitant

d) $9 = 0{,}80 + 0{,}41\hat{x}(9) \ \to \ \hat{x}(9) = 20$.

S'estima una renda per càpita de 20 000 €.

e) En la primera estimació (apartat c), el valor $x = 4{,}4$ és pròxim als valors de la taula. Com que el coeficient de correlació és alt (0,93), l'estimació és raonablement fiable.

En la segona estimació (apartat d), el valor $y = 9$ està fora dels de la taula. Per tant, l'estimació és poc fiable.

Unitat 9

1 a) $P[\{5, 6\}$ i 🔴$] = P[\{5, 6\}] \cdot P[$🔴 en $A] = \dfrac{1}{3} \cdot \dfrac{1}{2} = \dfrac{1}{6}$

b) $P[\{4\}$ i 🟢$] = P[4] \cdot P[$🟢 en $B] = \dfrac{1}{6} \cdot \dfrac{3}{8} = \dfrac{3}{48} = \dfrac{1}{16}$

2

x_i	5	6	7	8	9	10
p_i	0,1	0,3	0,2	0,1	0,1	0,2

$\mu = 7{,}4 \quad \sigma = 1{,}69$

3 a)

x_i	3	4	5
p_i	1/4	1/2	1/4

$\mu = 4 \quad \sigma = 0{,}707$

b) És una distribució binomial $B\left(6, \dfrac{1}{4}\right)$.

$$P[x = 3] = \binom{6}{3}\left(\frac{1}{4}\right)^3\left(\frac{3}{4}\right)^3 = \frac{135}{1024} = 0{,}1318$$

$P[x = 4] = 0{,}0330; \ P[x = 5] = 0{,}0044$

$P[x = 6] = 0{,}0002 \ \to \ P[x > 3] = 0{,}0376$

4 a) $P[x = 5] = 1$; $P[x \neq 5] = 0$ (sempre surt èxit)

Per tant:

b) $P[x < 5] = 0$

c) $P[x > 3] = 1$

5 $p = 0{,}8$. És una distribució $B(4; 0{,}8)$.

a) $P[x = 4] = 0{,}8^4 = 0{,}4096$

b) $P[x = 0] = 0{,}2^4 = 0{,}0016$

c) $P[\text{almenys } 2] = P[x \geq 2] = 1 - P[x < 2] =$

$= 1 - P[x = 0] - P[x = 1]$

$P[x = 1] = 4 \cdot 0{,}8 \cdot 0{,}2^3 = 0{,}0256$

$P[x \geq 2] = 0{,}9728$

d) $P[\text{cap}] = 0{,}2^3 = 0{,}008$

$P[\text{alguna}] = 1 - 0{,}008 = 0{,}992$

6 $B(6; 0{,}15)$

a) $P[x \geq 2] = 1 - P[x < 2] = 1 - P[x = 0] - P[x = 1] = 0{,}224$

b) 224 persones, aproximadament.

Unitat 10

1 És una funció de densitat: és no negativa i conté una àrea 1.

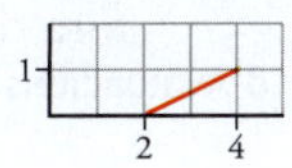

a) 0 b) 0,25 c) 0,4375

d) $0{,}75 - 0{,}4375 = 0{,}3125$

2 a) $P[1{,}53 < z < 2{,}1] = 0{,}0451$

$P[-1{,}53 < z < 2{,}1] = 0{,}9191$

b) $b = -0{,}25$; $k = 1{,}65$

3 $\frac{17-15}{q} = 1$ **8** $q = 2$

4 a) 0,0113

b) 0,0228

c) 0,9659

5 $P[z < k] = 0{,}945 \rightarrow k = 1{,}60$

$\frac{28-20}{q} = 1{,}60$ **8** $q = 5$

x és $N(20, 5)$, $P[x < 15] = P[z = -1] = 0{,}1587$

$0{,}1587 \cdot 177 = 28$

Aproximadament, 28 dies.

6 La probabilitat és de 0,0158.

Bloc III

1 I és forta i negativa. El seu valor és –0,92.

II és positiva però dèbil. El seu valor és 0,46.

2 a)

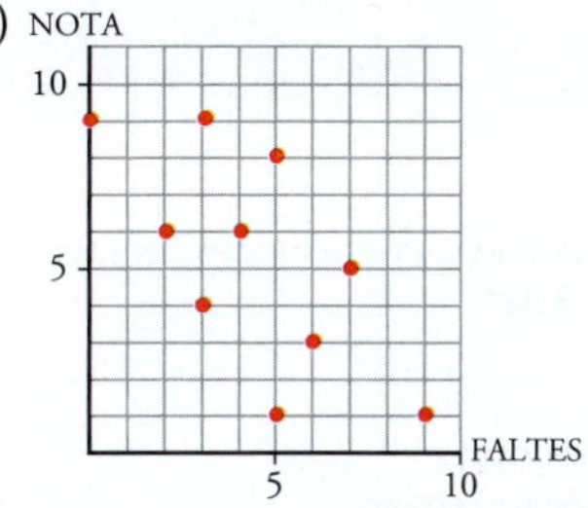

$\bar{x} = 4{,}4$

$\bar{y} = 5{,}2$

$\sigma_x = 2{,}46$

$\sigma_y = 2{,}82$

$\sigma_{xy} = -4{,}68$

b) $r = -0{,}68$

c) $y = -0{,}77x + 8{,}59$

d) $\hat{y}(1) = 7{,}82$. L'estimació és baixa.

3 $P[$🔴$/1] = \frac{1}{5}$ $P[1 \text{ i } $🔴$] = \frac{1}{30}$

$P[$⚫$/1] = \frac{4}{5}$ $P[1 \text{ i } $⚫$] = \frac{2}{15}$

4 • Amb reemplaçament:

a) $\frac{3}{10}$ b) $\frac{1}{25}$

• Sense reemplaçament:

a) $\frac{1}{3}$ b) $\frac{1}{45}$

5 a) 0,5891 b) 0,1346 c) 0,1506

6 a) $k = 0{,}23$ b) 0,52 c) $\mu = 13{,}92$; $\sigma = 1{,}74$

7 a) $P[x = 0] = 0{,}0060$; $P[x = 1] = 0{,}0403$;

$P[x > 1] = 0{,}9537$

b) $\mu = 4$ i $\sigma = 1{,}55$

8 0,58257

9 a) 0,3278 b) 0,5252 c) $k \approx 1{,}64$

10 a) 0 b) 0,5987

c) 0,1974 d) 27,84

11 a) 0,0668 b) 0,1587

c) 0,7745 d) Aproximadament, 194.

12 a) És 29 de febrer cada 4 anys, 1 461 dies.

b) La probabilitat és 0,0475.

Aquest llibre correspon al primer curs de Matemàtiques, matèria de la modalitat d'Humanitats i Ciències Socials de batxillerat, forma part del Projecte Editorial de Barcanova i ha estat elaborat d'acord amb l'ordenació curricular establerta pel Departament d'Ensenyament de la Generalitat de Catalunya.

Equip editorial:

Coordinació editorial: Mercedes García-Prieto i Agnès Bergua
Edició: Vicente Vallejo i Feliu Roset

Direcció d'art: Javier Serrano
Disseny de la coberta: Laura Rodríguez
Disseny d'interiors: Patricia Gómez Serrano
Gràfics: José Luis Román
Edició gràfica: Beatriz Gutiérrez
Il·lustracions: Pablo Espada

Coordinació tècnica digital: Montse Cascales
Edició digital: Jaume Vila

Fotografia de la coberta. AGE-Fotostock. Representa l'anomenat Joc Reial d'Ur, un joc de tauler datat abans del 2600 aC; se'n va trobar dos taulers a les tombes reials d'Ur, un dels quals es conserva al Museu Britànic de Londres.

Fotografies: AGE-Fotostock, Album, Arxiu Anaya (Boé, O.; Candel, C.; Cosano, P.; García Pelayo, A.; Giorcelli, G.; Hernández Moya, B.; Leiva, A.; Liarte Sales, A.; Lucas, J.; Martin, J.; Martin J.A.; Marín, E.; Rivera Jove, V.; Ruiz Pastor, L.; Steel, M.; Valls, R.; Velasco, P. - Fototeca d'Espanya), Biblioteca Nacional de França, Biblioteca Universitat de Sevilla, Corbis/Cordon Press, Cordon Press, Getty images, INDEX, NASA, Prisma, Scala Archives, 123RF.

Agraïm a Raquel Palacios Sadornil la seva col·laboració en el Generador d'Avaluacions corresponent a aquest llibre.

Rosa Sensat, 9-11, 4a planta. 08005 Barcelona
Telèfon 932 172 054
barcanova@barcanova.cat
www.barcanova.cat

Primera edició: juny de 2016
Tercera impressió: maig de 2020
ISBN: 978-84-489-4029-4
DL B 14132-2016
Printed in Spain

PAPER DE FIBRA CERTIFICAT